0	11	12	13	14					族
									周期
								2 He ヘリウム	1
			5 B ホウ素	6 C 炭素	7 N 窒素	8 O 酸素	9 F フッ素	10 Ne ネオン	2
			13 Al アルミニウム	14 Si ケイ素	15 P リン	16 S 硫黄	17 Cl 塩素	18 Ar アルゴン	3
Ni ケル	29 Cu 銅	30 Zn 亜鉛	31 Ga ガリウム	32 Ge ゲルマニウム	33 As ヒ素	34 Se セレン	35 Br 臭素	36 Kr クリプトン	4
Pd ジウム	47 Ag 銀	48 Cd カドミウム	49 In インジウム	50 Sn スズ	51 Sb アンチモン	52 Te テルル	53 I ヨウ素	54 Xe キセノン	5
Pt 金	79 Au 金	80 Hg 水銀	81 Tl タリウム	82 Pb 鉛	83 Bi ビスマス	84 Po ポロニウム	85 At アスタチン	86 Rn ラドン	6
Ds チウム	111 Rg レントゲニウム	112 Cn コペルニシウム	113 Nh ニホニウム	114 Fl フレロビウム	115 Mc モスコビウム	116 Lv リバモリウム	117 Ts テネシン	118 Og オガネソン	7

典型元素

ハロゲン　貴ガス　詳しいことがわからない元素

と含めない場合がある。

大学受験 一問一答シリーズ

化学一問一答【完全版】

3rd edition

東進ハイスクール・東進衛星予備校 講師
橋爪健作（はしづめけんさく）

東進ブックス

第1部：理論化学①
――物質の状態――

溶液の性質 01
物質の三態と状態変化 02
気体 03
結晶 04

第2部：理論化学②
――物質の変化――

化学反応と熱・光 05
電池と電気分解 06

第3部：理論化学③
――物質の変化と平衡――

【化学平衡①】反応速度と平衡 07
【化学平衡②】電離平衡 08

第4部：無機化学

金属イオンの反応 09
気体の製法と性質 10
典型元素とその化合物 11
遷移元素とその化合物 12

第5部：有機化学

有機化学の基礎 13
異性体 14
アルカン・アルケン・アルキン 15
アルコールとエーテル 16
アルデヒドとケトン 17
脂肪族カルボン酸 18
エステルと油脂 19
芳香族炭化水素 20
フェノール類 21
芳香族カルボン酸 22
芳香族アミンとアゾ化合物 23
有機化合物の分析 24

第6部：高分子化合物

天然高分子化合物 25
合成高分子化合物 26

はしがき

2014年12月に『化学一問一答【完全版】』を出版し，およそ10年が経過しました。この10年間の入試の変化として目立つのは，思考力を試す問題を出題することで問題の分量が増えた大学が多くなったことです（受験生にとって厳しい変化ですね）。そこで，時代の変化に対応した改訂を行いました。改訂にあたって重視したのは，次の2点です。

(1)　入試問題に対する即答力がつくこと

(2)　思考力が自然と身につくこと

これらは，本書を繰り返し演習することで達成できます。加えて，皆さんが本書に特に期待してくれている無機物質，有機化合物，高分子化合物の各内容についてはさらなる充実を図りました。

また，『化学基礎 一問一答【完全版】』と併せて使っていただけると「化学基礎・化学」を完全にカバーするパーフェクトな一問一答になるようにも工夫して執筆しました(化学基礎と化学で重複している分野は，違う問題を扱っています)。

本書の執筆については，次のように行いました。

〜〜

まず，**約80校の大学（共通テストや旧センター試験を含む）の過去問を多年度にわたって取得し，問題を分野別に並べ，用語問題を中心にデータベース化し，その中から頻出問題を中心に抽出**しました。

次に，**データに基づき選んだ問題の中からベスト問題を選び，このベスト問題をただ並べるのではなく，意味をもたせた問題配列**にしました。意味をもたせるというのは，問題に答えながら入試に必要な用語が身につくようにするだけでなく，**問題文を読み，問題を解く中で思考過程も身につくような問題配列**にしました。

〜〜

そして，次の方針のもと，**「暗記だけではない一問一答」**を作成しました。

▼**本書の方針**

① 入試問題をそのまま収録することで，実戦力がつくようにする。
② 厳選したベスト問題を余すところなく有効に利用する。
③ 問題演習により，教科書や参考書を熟読する効果が得られる。
④ わかりやすさを追求するため，計算問題は数値と単位を併記し，計算過程を省略しないようにする。
⑤ 計算問題はもちろんのこと，用語問題も思考過程をマスターできる工夫をする。
⑥ 暗記しなければいけない用語は，反復学習により確実に覚えられるような構成を目指す。

電車・バスの通学時間や学校・塾の休み時間など，すきまの時間を有効活用して，本書を繰り返し演習してください。そうすれば，必要とされる思考力や用語知識が身につき，柔軟に入試問題に対応できるようになり，試験本番でどのような問題が出題されても自信をもって解答できるようになるはずです。

勉強をしていると，その途中にはつらいことがたくさんあると思います。そのつらさを乗り越えて最後まで頑張ることで，皆さんが目標とする「共通テストでの高得点」や「第一志望校合格」に確実に近づきます。最後の最後まで諦めず，自信をもって試験に臨んでください。応援しています。

最後になりましたが，執筆について適切なアドバイスをくださった東進ブックスの中島亜佐子さん，松尾朋美さんには，この場をお借りして感謝いたします。

2024年2月

橋爪健作

本書の使い方

本書は，下図のような一問一答式（空欄１つにつき解答は１つ）の問題集です。大学入試に必要な『化学』（化学基礎・化学のうちの化学）の知識（用語の知識など）を，全６部（全 26 章）に分け，余すところなくすべて収録しています。

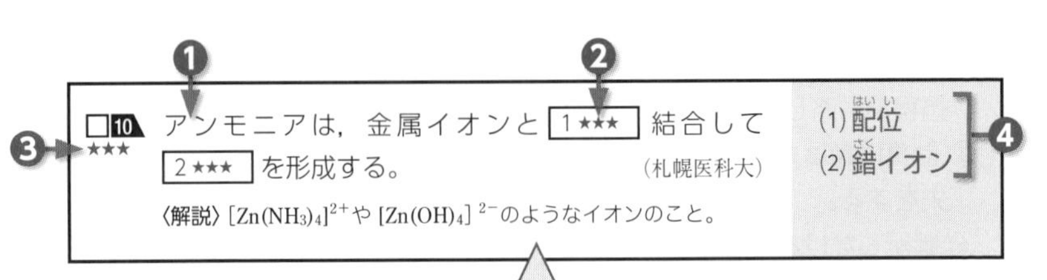

❶…**問題文**。膨大な大学入試問題をデータベース化し，一問一答式に適した問題を厳選して収録。問題文はできる限り**そのままの形**で収録していますが，抜粋時の都合や解きやすさを考えて改編したところもあります。問題文のあとには出題された**大学名**を表示。なお，問題文の下には**解説**が入る場合もあります。

※入試問題は，『化学』（化学基礎・化学のうちの化学）の分野で旧課程時のものを含みます。

❷…**空欄（＋頻出度）**。重要な用語や知識が空欄になっています。空欄内の★印は，大学入試における頻出度を３段階で表したもので，★印が多いものほど頻出で重要な用語です。また，同じ用語で★印の数が異なる場合は，その用語の問われ方の頻出度のちがいです。なお，数字など用語以外で★印のものは，同内容の問題の頻出度を表します。

頻出度【低】 ★ ＜ ★★ ＜ ★★★ **【高】**

- ★★★ …超頻出の基礎用語。全員必修。
- ★★ …頻出用語。共通テストだけの生徒も，国公立大二次・私大志望の生徒も，基本的に全員必修。
- ★ …応用的な用語。「高得点（９割以上）は狙わない」という生徒は覚えなくてもよい。

※同じ答えが入る空欄は，基本的に同じ番号（１～９など）で表示されています。

❸…**問題の頻出度（平均）**。各空欄の頻出度の平均を表示。★は 0.1 ～ 0.9 を表し，★ ＜ ★★ ＜ ★★ ＜ ★★★ ＜ ★★★ と★印が多いものほど頻出で重要な問題です。

❹…**正解**。問題の正解です。正解は赤シートで隠し，１つ１つずらしながら解き進めることもできます。問題に特に指定がない場合は，物質の名称と元素記号・化学式などを併記し，どちらで問われても対応できるようにしました。

【その他の記号】

発展 …**発展マーク**。国公立二次試験などに必要な発展的知識であるという意味。

[別]…**別解マーク**。直前にある正解の「別解」として考えられる解答。

本書はさまざまな使い方ができるので，工夫して使ってください。

1 ふつうの一問一答集として使う

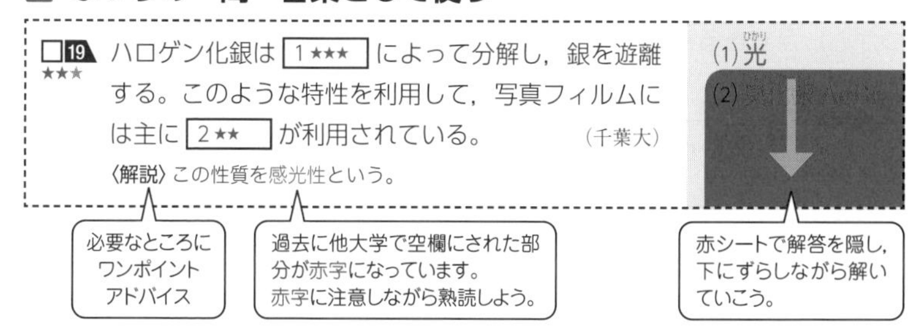

2 1つの問題を効果的に利用する

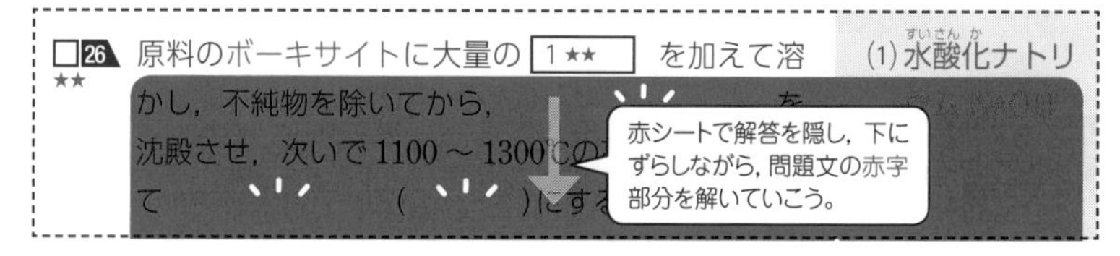

3 計算問題は，赤シートを上から下，左から右へずらして思考過程をマスターする

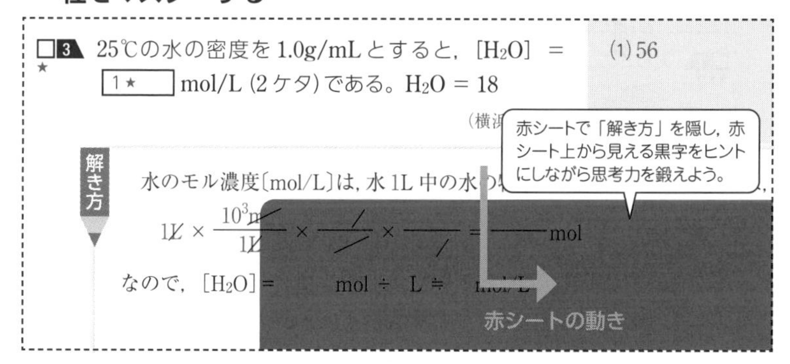

1 必要な知識を完全網羅!!

テーマ別に配列し，入試に必要な知識を完全収録。体系的な理解（流れをつかむ）ができる構成で，教科書を熟読する効果＆反復学習の効果が得られます。

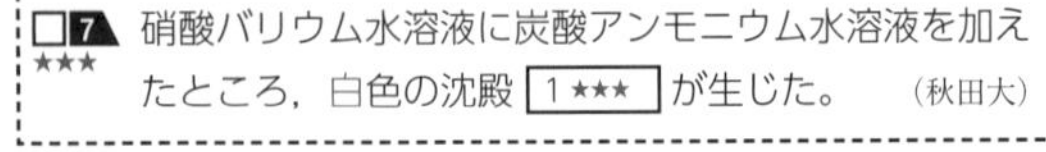

(1) 炭酸（たんさん）バリウム
$BaCO_3$

異なる問題で同じ答えを問い，
反復学習の効果が得られる。

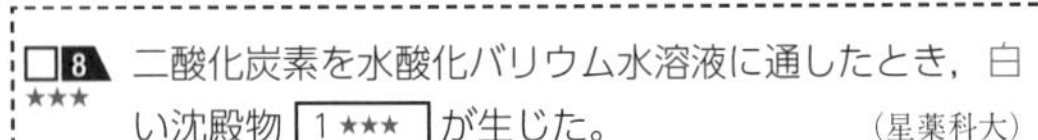

(1) 炭酸（たんさん）バリウム
$BaCO_3$

2 短期間で最大の効果をあげる!!

! ★印で「覚える用語」を選べる

頻出度を３段階の★印で表示。どれを重点的に覚えればよいかがわかります。

! テーマごとに，「基礎→応用」という流れで問題を配列

読み進めていくだけで，応用力が身につきます。

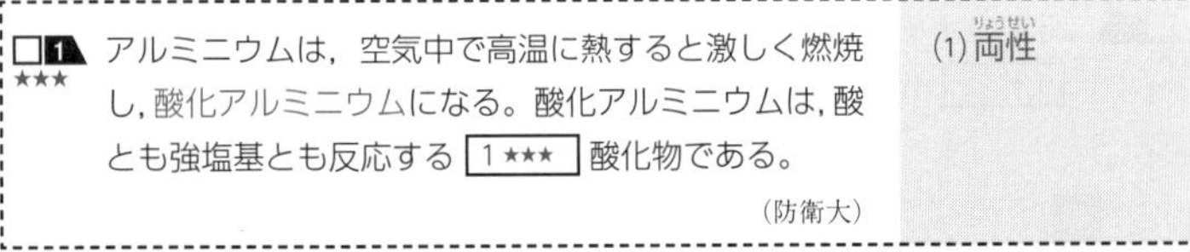

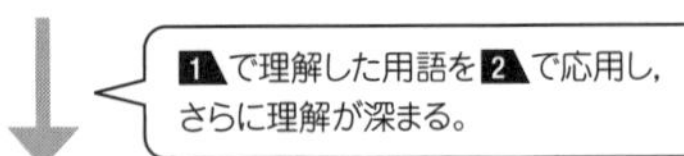

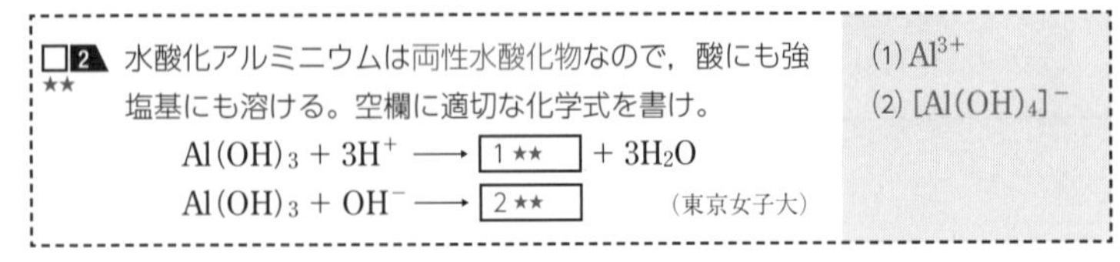

3 「試験に出る」形で覚えられる!!

入試問題をそのまま収録

実際の試験でどのように問われるのかがわかり，実戦力がつきます。

入試で問われる図が満載。しかもキレイ！

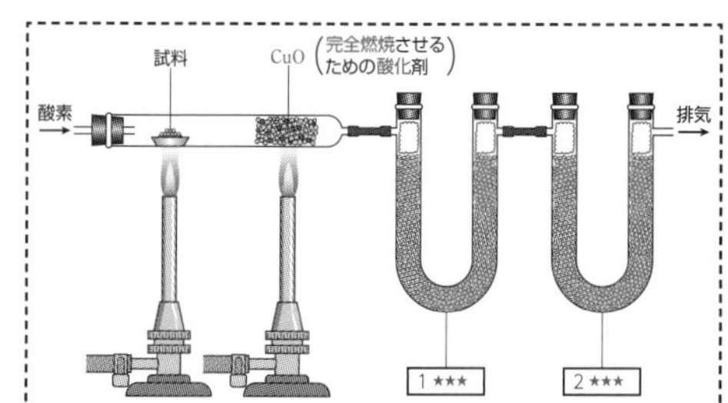

図で理解すると
忘れにくい!

4 詳しい解説だから徹底的に理解できる!!

覚えにくい内容にはゴロ合わせなどを紹介

〈解説〉 Cl^- は，Ag^+，Pb^{2+} などと沈殿する。
「現(Ag^+)ナマ(Pb^{2+})で苦労(Cl^-)する」と覚えよう。

暗記しやすいように工夫

計算問題の「解き方」には単位を併記し，わかりやすさを追求

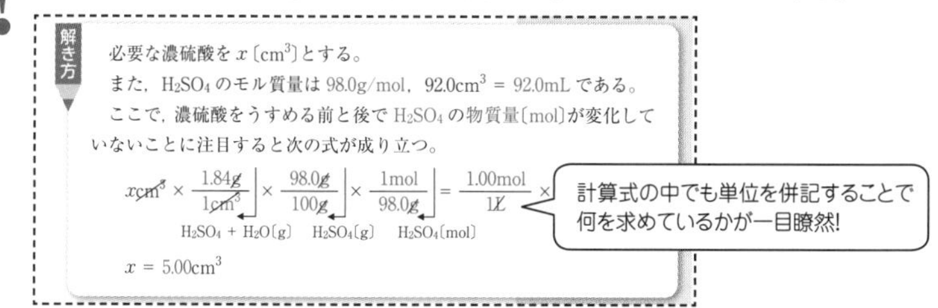

解き方

必要な濃硫酸を x〔cm^3〕とする。

また，H_2SO_4 のモル質量は 98.0g/mol，$92.0cm^3 = 92.0mL$ である。

ここで，濃硫酸をうすめる前と後で H_2SO_4 の物質量〔mol〕が変化していないことに注目すると次の式が成り立つ。

$$x\,\text{cm}^3 \times \frac{1.84\,\text{g}}{1\,\text{cm}^3} \times \frac{98.0\,\text{g}}{100\,\text{g}} \times \frac{1\,\text{mol}}{98.0\,\text{g}} = \frac{1.00\,\text{mol}}{1\,\text{L}} \times$$

$H_2SO_4 + H_2O$〔g〕　H_2SO_4〔g〕　H_2SO_4〔mol〕

$x = 5.00cm^3$

計算式の中でも単位を併記することで
何を求めているかが一目瞭然!

「考え方」で思考方法を紹介

化学的思考力が身につき，さまざまな問題に応用が可能です。

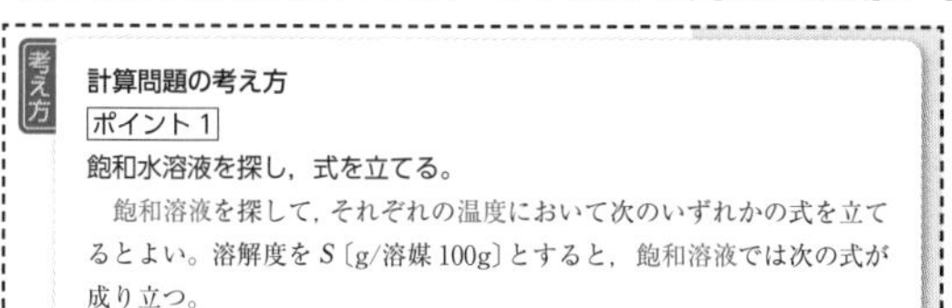

考え方

計算問題の考え方

ポイント1

飽和水溶液を探し，式を立てる。

飽和溶液を探して，それぞれの温度において次のいずれかの式を立てるとよい。溶解度を S〔g/溶媒 100g〕とすると，飽和溶液では次の式が成り立つ。

5 圧倒的な入試カバー率

共通テスト（旧センター試験）や国立大学，私立大学の入試に出題された『化学』（化学基礎･化学のうちの化学）用語を，本書に収録されている『化学』用語がどのくらいカバーしているのかを表したのが「カバー率」です。

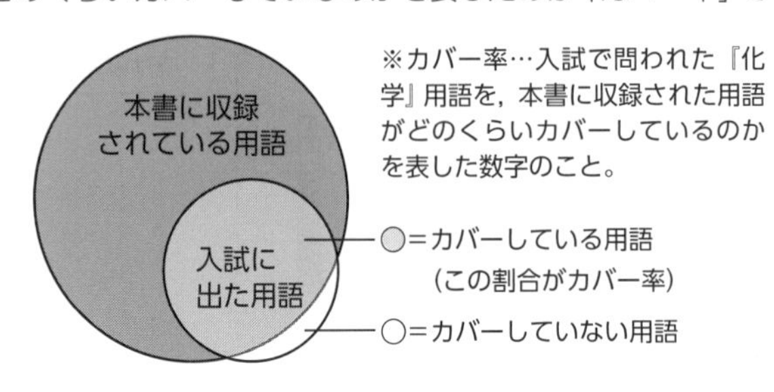

例えば，大学入試で「疎水コロイド」「核酸」など，**『化学』用語**が合計 100 語出題されたとします。その 100 語のうち 98 語が本書に収録されてあった（残りの 2 語は収録されていなかった）とすれば，カバー率は 98%です。入試に出た用語の 98%を本書はカバーしているという意味です。

◆カバー率の集計方法

カバー率の集計作業は下記の通りに行いました。そして，共通テスト（旧センター試験），主要な国立大学，私立大学の入試問題について，この方法で用語のカバー率を算出し，一覧にしたのが右ページの表です。

❶ 共通テスト（旧センター試験）・主要国立・私立大学の入試から，カバー率の対象となる『化学』用語（以下参照）を抜き出す。

- 選択肢にあるすべての用語（正解含む）
- 設問文で問われている用語
- 問題文中の下線が引かれてある用語
- その他，正解のキーワードとなる用語

→ これらの用語（＝対象用語）を抜き出す

※つまり，「その用語の知識があれば正解がわかる（絞り込める）」という用語を抜き出す。

❷ 対象用語と本書の用語データをコンピューターで照合する。

対象用語が
- 本書の用語データにある→◎（カバーしている）
- 本書の用語データにない→×（カバーしていない）

❸「◎の数÷対象用語の数＝カバー率」という計算でカバー率を出す。
例：「対象用語＝ 65 語　◎＝ 60 語　×＝ 5 語」のとき，60 ÷ 65 ≒ 92.3%

▼大学入試別カバー率一覧表

		大学名	年度／学部	カバー語数／総語数	カバー率
共テ・センター	1	共通テスト（本試）	2024年度	150 ／ 150	100.0%
	2	〃	2023年度	148 ／ 148	100.0%
	3	〃	2022年度	164 ／ 164	100.0%
	4	〃	2021年度	116 ／ 116	100.0%
	5	センター試験（本試）	2020年度	154 ／ 154	100.0%
国立大学	6	東京大学	理科一類，二類，三類	91 ／ 92	98.9%
	7	京都大学	理系学部全体	59 ／ 59	100.0%
	8	北海道大学	理系学部全体	137 ／ 138	99.3%
	9	東北大学	理系学部全体	135 ／ 135	100.0%
	10	東京工業大学	全学院	161 ／ 161	100.0%
	11	名古屋大学	理系学部全体	93 ／ 93	100.0%
	12	大阪大学	理系学部全体	81 ／ 81	100.0%
	13	神戸大学	理系学部全体	65 ／ 66	98.5%
	14	九州大学	理系学部全体	68 ／ 68	100.0%
	15	筑波大学	理系学部全体	76 ／ 77	98.7%
	16	信州大学	理系学部全体	66 ／ 66	100.0%
	17	金沢大学	理系学部全体	154 ／ 154	100.0%
	18	静岡大学	理系学部全体	64 ／ 64	100.0%
	19	富山大学	理系学部全体	126 ／ 126	100.0%
	20	岡山大学	理系学部全体	98 ／ 98	100.0%
	21	広島大学	理 ほか	116 ／ 117	99.2%
	22	熊本大学	理系学部全体	79 ／ 80	98.8%
私立大学	23	早稲田大学	基幹理工 ほか	91 ／ 91	100.0%
	24	慶應義塾大学	理工	75 ／ 75	100.0%
	25	上智大学	理工	68 ／ 68	100.0%
	26	東京理科大学	創域理工	136 ／ 136	100.0%
	27	明治大学	理工	223 ／ 226	98.7%
	28	青山学院大学	理工	24 ／ 24	100.0%
	29	立教大学	理	74 ／ 74	100.0%
	30	中央大学	理工	86 ／ 86	100.0%
	31	関西学院大学	理 ほか	94 ／ 94	100.0%
	32	関西大学	環境都市工 ほか	101 ／ 102	99.0%
	33	同志社大学	理工 ほか	123 ／ 123	100.0%
	34	立命館大学	理工 ほか	199 ／ 199	100.0%
	35	近畿大学	理工 ほか	156 ／ 156	100.0%

＊「理系学部全体」は，化学の試験を課している理系学部を指します。
＊国立大学，私立大学は2023年度の試験問題を対象としています。
＊「総語数」とは，左ページにある「対象用語」の総語数です。

目次

理論化学①
——物質の状態——

第01章 溶液の性質

1 溶液……14
2 濃度……20
3 気体の溶解度……22
4 蒸気圧降下／沸点上昇……26
5 凝固点降下……29
6 浸透圧……32
7 コロイド……36

第02章 物質の三態と状態変化

1 物質の三態……40
2 気液平衡／蒸気圧……44

第03章 気体

1 気体／蒸気圧計算／実在気体……47

第04章 結晶

1 結晶の種類……59
2 金属結晶の構造……60
3 イオン結晶の構造……66
4 分子と共有結合……73
5 分子間にはたらく力……77
6 分子結晶……80
7 共有結合の結晶……83

第2部

理論化学②
——物質の変化——

第05章 化学反応と熱・光

1 化学反応／熱の出入り／化学発光……88
2 温度と熱量／結合エネルギー……93
3 ヘスの法則……97

第06章 電池と電気分解

1 電池・ボルタ電池・ダニエル電池……105
2 鉛蓄電池……110
3 さまざまな電池……114
4 陽極と陰極の反応……119
5 水溶液の電気分解……123
6 電気分解と電気量……127

理論化学③
——物質の変化と平衡——

第07章 【化学平衡①】反応速度と平衡

1 反応速度……132
2 化学平衡……142
3 平衡の移動……150

第08章 【化学平衡②】電離平衡
1 水溶液中の化学平衡 156
2 pH 計算 158
3 溶解度積 173

第4部 無機化学

第09章 金属イオンの反応
1 金属イオンの検出（沈殿） 178
2 金属イオンの分離 187

第10章 気体の製法と性質
1 気体の製法 190
2 気体の捕集法・乾燥法 198
3 気体の検出法 202

第11章 典型元素とその化合物
1 水素とアルカリ金属（1族元素） 204
2 アンモニアソーダ法 208
3 アルカリ土類金属（2族元素） 211
4 アルミニウムとその製錬 215
5 炭素・ケイ素（14族元素） 220
6 スズ・鉛（14族元素） 225
7 窒素・リン（15族元素） 227
8 ハーバー・ボッシュ法／オストワルト法 233
9 酸素・硫黄（16族元素）／接触法 235
10 ハロゲン元素（17族元素） 242
11 貴ガス元素（18族元素） 246

第12章 遷移元素とその化合物
1 鉄 247
2 鉄の製錬 251
3 銅・銀・金 253
4 銅の製錬 257
5 クロム・亜鉛・その他の遷移元素 259

第5部 有機化学

第13章 有機化学の基礎
1 有機化合物の分類と官能基 264
2 元素分析 268
3 組成式と分子式 270

第14章 異性体
1 構造異性体 272
2 シス-トランス異性体／鏡像異性体 274
3 異性体の探し方 278

第15章 アルカン・アルケン・アルキン
1 アルカン 284
2 シクロアルカン 288
3 石油 289
4 アルケン 290
5 アルキン 293

第16章 アルコールとエーテル
1 アルコール R−OH …… 297
2 エーテル R−O−R' …… 304

第17章 アルデヒドとケトン
1 アルデヒド R−CHO …… 305
2 ケトン R−CO−R' …… 310

第18章 脂肪族カルボン酸
1 カルボン酸 …… 312
2 酸無水物 …… 315

第19章 エステルと油脂
1 エステル …… 318
2 エステル化と加水分解 …… 320
3 油脂 …… 322
4 セッケン・合成洗剤 …… 325

第20章 芳香族炭化水素
1 ベンゼンの構造と性質 …… 330
2 置換反応・付加反応 …… 332

第21章 フェノール類
1 フェノール類の性質 …… 336
2 フェノールの製法 …… 339

第22章 芳香族カルボン酸
1 安息香酸/フタル酸/サリチル酸 …… 342

第23章 芳香族アミンとアゾ化合物
1 アニリンの製法と性質 …… 346
2 アゾ化合物 …… 349

第24章 有機化合物の分析
1 有機化合物の分離 …… 352

第6部 高分子化合物

第25章 天然高分子化合物
1 食品(炭水化物・タンパク質・脂質) …… 356
2 医薬品 …… 358
3 染料 …… 362
4 単糖 …… 364
5 二糖 …… 368
6 多糖 …… 372
7 アミノ酸 …… 376
8 タンパク質 …… 387
9 検出反応 …… 391
10 酵素 …… 393
11 核酸 …… 397
12 生命を維持する化学反応 …… 402

第26章 合成高分子化合物
1 繊維 …… 403
2 プラスチック …… 412
3 イオン交換樹脂 …… 420
4 ゴム …… 424
5 合金・ガラス …… 426
6 肥料・セメント …… 427

巻末 索引 …… 429

理論化学①
——物質の状態——

THEORETICAL CHEMISTRY

01 ▶ P.14
溶液の性質

P.40 ◀ 02
物質の三態と状態変化

03 ▶ P.47
気体

P.59 ◀ 04
結晶

溶液の性質

1 溶液 ▼ANSWER

□1 ★★★ 塩化ナトリウムのように水溶液中で電離する物質を［1★★★］，スクロースのように電離しないで溶ける物質を［2★★★］という。（香川大）

(1) 電解質
(2) 非電解質

□2 ★★★ 塩化ナトリウムの結晶はイオン間の強い結合によって高い融点を示すが，水には溶けやすい。水中では，例えば Na^{+} のまわりには，水分子内で［1★★］の電荷をいくらか帯びた［2★★］原子が引きつけられる。このようにイオンと極性をもつ水との間に引力がはたらき，イオンが水分子に囲まれる。この現象を［3★★★］といい，これによってイオンが溶液中に拡散する現象が溶解である。（名古屋大）

(1) 負［㊓マイナス］
(2) 酸素 O
(3) 水和

〈解説〉

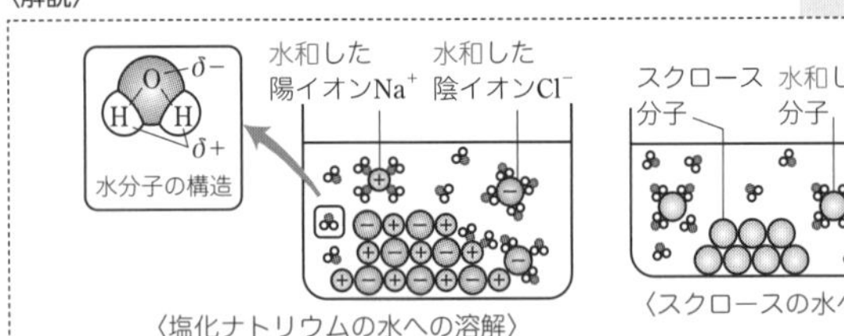

〈塩化ナトリウムの水への溶解〉

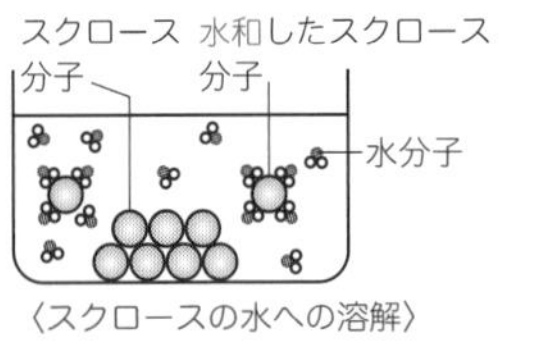

〈スクロースの水への溶解〉

□3 ★★★ エタノール C_2H_6O の分子には極性が大きい［1★★★］基と極性が小さい［2★★］基が存在し，水分子と水素結合をつくり水和している。一般に［1★★★］基のように水和しやすい部分を［3★★★］基，［2★★］基のように水和しにくい部分を［4★★★］基という。（三重大）

(1) ヒドロキシ
(2) エチル
［㊓アルキル，炭化水素］
(3) 親水
(4) 疎水［㊓親油］

〈解説〉

C_2H_5 エチル基（疎水基）　$O-H$ ヒドロキシ基（親水基）

---- は水素結合

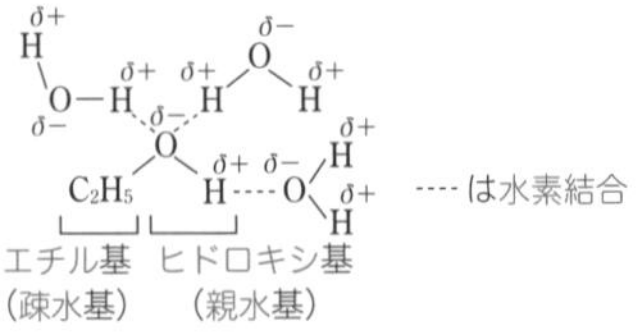

□4 ★★★ スクロースが水によく溶けるのは，両者の間に [1★★★] が存在するからである。ヨウ素が水にほとんど溶けないのは，両者の [2★★★] が大きく異なるからである。一方，ヨウ素にヨウ化カリウムを添加すると，[3★] を生じて，水に溶けるようになる。（三重大）

〈解説〉黒紫色の I_2 は無色の KI 水溶液には I_3^- となり溶け，溶液は褐色になる。

$$I_2 + I^- \rightleftarrows I_3^-$$

極性分子からなる溶媒を極性溶媒，無極性分子からなる溶媒を無極性溶媒という。

(1) 水素結合（すいそけつごう）
(2) 極性（きょくせい）
(3) 三ヨウ化物イオン I_3^-（さん かぶつ）

□5 ★★★ 溶媒の種類と温度が同じであるなら一定量の溶媒に溶かすことのできる溶質の量は一定となる。そこで，溶解度を溶媒 100g に溶かすことのできる溶質のグラム単位の質量で表したりする。[1★★★] では，固体から溶け出す量と溶液から析出する量が同じになって，見かけ上，溶解と析出が止まった状態になっている。この状態を [2★★] という。（熊本大）

〈解説〉固体の溶解度は溶媒が水のとき，ふつう S〔g/ 水 100g〕と表す。

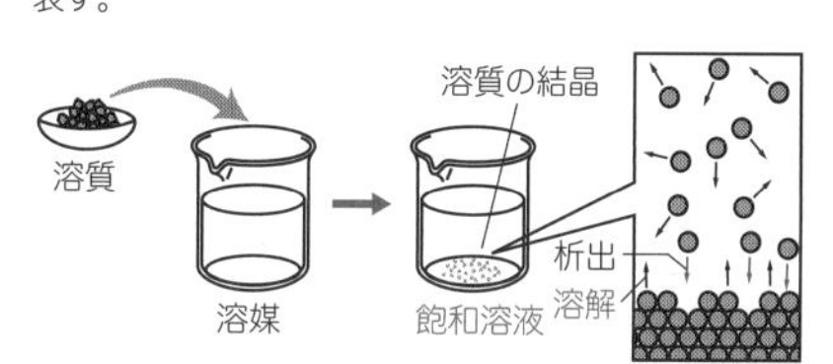

(1) 飽和溶液（ほうわようえき）
(2) 溶解平衡（ようかいへいこう）

□6 ★★★ 塩化カリウムの水に対する [1★★★] は [2★★★] の増加とともに [3★★] している。これは [2★★★] の増加とともに [4★★★] が進むことを示しているので，[5★★★] から，溶解は [6★★] 反応である。

（徳島大）

〈解説〉KCl（固）+ aq $\rightleftarrows$ K^+ aq + Cl^- aq　$\Delta H = 17.2$kJ（> 0）

注一般に，可逆反応のエンタルピー変化 ΔH は，正反応のエンタルピー変化を表す。

温度を上げると，ルシャトリエの原理より $\Delta H > 0$ の吸熱反応の方向である右（⟶）に平衡が移動し溶解が進む。多くの物質では，水に対する固体の溶解度は，温度が高くなると大きくなる。

(1) 溶解度（ようかいど）
(2) 温度（おんど）
(3) 増加（ぞうか）
(4) 溶解（ようかい）
(5) ルシャトリエの原理［別 平衡移動の原理］（げんり／へいこう いどう げんり）
(6) 吸熱（きゅうねつ）

□7 ★★★
物質が溶解している水溶液の条件を変えて目的とする固体を析出させることで物質を精製する方法を[1★★★]という。（北海道大）

(1) 再結晶（さいけっしょう）

□8 ★★★
塩化銀の[1★★★]水溶液に塩化ナトリウムを加えると[2★★]の濃度が高くなるため，[2★★]の濃度が減少する方向に平衡が移動し，塩化銀の固体が析出する。この現象を[3★★]という。（大阪公立大）

〈解説〉 $AgCl \rightleftarrows Ag^+ + Cl^-$ …（＊）
NaClを加えると$[Cl^-]$が大きくなり，（＊）の平衡が左へ移動し，AgClが析出する。

(1) 飽和（ほうわ）
(2) 塩化物イオン（えんかぶつ） Cl^-
(3) 共通イオン効果（きょうつう こう か）

□9 ★★★
溶媒100gに溶かすことのできる溶質の質量〔g〕を[1★★★]とよび，この値は温度と共に変化し，この[1★★★]と温度との関係を示す曲線を[2★★★]という。（慶應義塾大）

(1) 溶解度（ようかいど）
(2) 溶解度曲線（ようかいどきょくせん）

□10 ★★
試験管(ア)，(イ)，(ウ)に，水5.0gを正確にはかってそれぞれ入れた。次に，硝酸カリウムの結晶を，(ア)には1.6g，(イ)には3.2g，(ウ)には5.5gそれぞれ加えた。試験管を温め，硝酸カリウムを完全に溶解させた後，試験管を冷却し，結晶が析出しはじめる温度を測定した。その結果，(ア)，(イ)，(ウ)の試験管では，それぞれ20℃，40℃，60℃で析出がはじまった。この結果から，硝酸カリウムの溶解度は，試験管(ア)の条件では[1★★]〔g/水100g〕，(イ)の条件では[2★★]〔g/水100g〕，(ウ)の条件では[3★★]〔g/水100g〕であることがわかった。（立命館大）

(1) 32
(2) 64
(3) 110

解き方

溶解度〔g/水100g〕をそれぞれS_1，S_2，S_3とすると，

(ア) $\frac{1.6\text{g}}{\text{水 }5.0\text{g}} = \frac{S_1}{\text{水 }100\text{g}}$ より，$S_1 = 1.6 \times \frac{100}{5.0} = 32$

(イ) $\frac{3.2\text{g}}{\text{水 }5.0\text{g}} = \frac{S_2}{\text{水 }100\text{g}}$ より，$S_2 = 3.2 \times \frac{100}{5.0} = 64$

(ウ) $\frac{5.5\text{g}}{\text{水 }5.0\text{g}} = \frac{S_3}{\text{水 }100\text{g}}$ より，$S_3 = 5.5 \times \frac{100}{5.0} = 110$

考え方

計算問題の考え方

ポイント1

飽和水溶液を探し，式を立てる。

飽和溶液を探して，それぞれの温度において次のいずれかの式を立てるとよい。溶解度を S〔g/溶媒100g〕とすると，飽和溶液では次の式が成り立つ。

$$\frac{\text{溶質の質量〔g〕}}{\text{溶媒の質量〔g〕}} = \frac{S}{100} \cdots \text{(A)}$$

$$\frac{\text{溶質の質量〔g〕}}{\text{飽和溶液の質量〔g〕}} = \frac{S}{100 + S} \cdots \text{(B)}$$

ポイント2

うわずみ液(うわずみの溶液)に注目する。

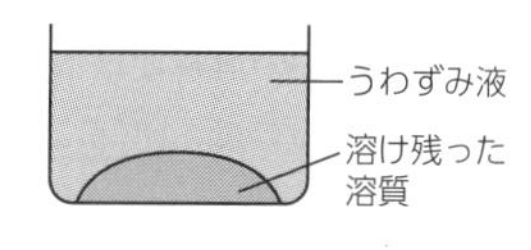

うわずみ液とは，溶質が溶けきれなくなって，ビーカーの底に析出したときの液体のみの部分をいう。

うわずみ液は，これ以上は溶質が溶けない(➡つまり，限界まで溶けている)ので，飽和溶液になる。

ポイント3

水和水をもつ物質は，無水物と水に分ける。

例えば，水和水をもつ物質には，$CuSO_4 \cdot 5H_2O$ がある。$CuSO_4 = 160$, $H_2O = 18$ なので，$CuSO_4 \cdot 5H_2O = 250$ で，$CuSO_4 \cdot 5H_2O$ が X〔g〕あったとすると，次のように無水物 $CuSO_4$ と水 H_2O に分けることができる。

$CuSO_4$	H_2O

$CuSO_4 \cdot 5H_2O$　X〔g〕

$CuSO_4$：$X\text{g}_{\cancel{CuSO_4 \cdot 5H_2O}} \times \dfrac{160\text{g}_{CuSO_4}}{250\text{g}_{\cancel{CuSO_4 \cdot 5H_2O}}} = \dfrac{160}{250}X\text{g}_{CuSO_4}$　$CuSO_4$

H_2O：$X\text{g}_{\cancel{CuSO_4 \cdot 5H_2O}} \times \dfrac{(5 \times 18)\text{g}_{H_2O}}{250\text{g}_{\cancel{CuSO_4 \cdot 5H_2O}}} = \dfrac{90}{250}X\text{g}_{H_2O}$　H_2O

★★

60℃の硝酸ナトリウムの飽和水溶液200gには，［1★★］g（整数）の硝酸ナトリウムが溶けており，この水溶液を20℃に冷却すると，［2★★］g（整数）の硝酸ナトリウムが析出する。ただし，60℃および20℃における硝酸ナトリウムの溶解度（水100gに溶ける溶質のg数）を，それぞれ124および88とする。

（早稲田大）

(1) 111

(2) 32

解き方

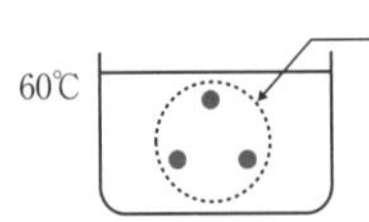

60℃の溶解度は$NaNO_3$ 124g/水100gで，飽和水溶液の質量がわかっているので，［ポイント1］の(B)式を立てる。

$$\frac{\overset{\text{溶質}}{x}}{\underset{\text{飽和水溶液}}{200\text{g}}} = \frac{\overset{\text{溶解度}}{124\text{g}}}{100 + \underset{\text{溶解度}}{124\text{g}}} \qquad x = 110.7 \fallingdotseq 111\text{g}$$

60℃の$NaNO_3$飽和水溶液200gを20℃に冷却すると，

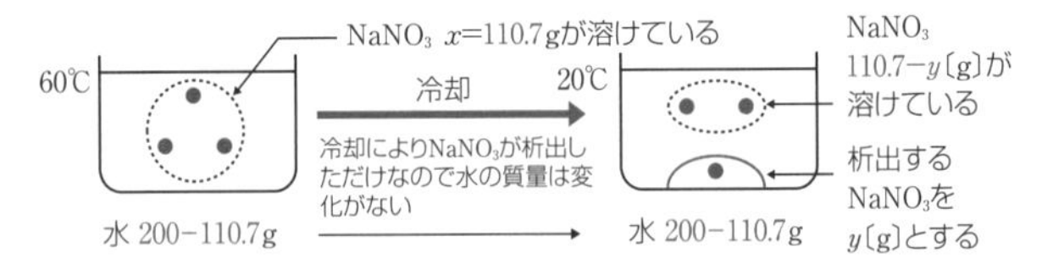

となり，20℃では水200 − 110.7gに110.7 − y〔g〕の$NaNO_3$が溶けている。20℃の溶解度は$NaNO_3$ 88g/水100gなので，［ポイント1］の(A)式を立てる。

$$\frac{\overset{\text{溶質}}{110.7 - y\,\text{〔g〕}}}{\underset{\text{溶媒}}{200 - 110.7\text{g}}} = \frac{\overset{\text{溶解度}}{88\text{g}}}{100\text{g}} \qquad y \fallingdotseq 32\text{g}$$

□12 ★★ 無水炭酸ナトリウム(Na_2CO_3:式量106)の水に対する溶解度は25℃で30〔g/水100g〕である。十水和物($Na_2CO_3 \cdot 10H_2O$:式量286)を用いて25℃の飽和水溶液130gをつくるのに必要な水の質量は [1★★] g(整数)である。 (中央大)

(1) 49

解き方

[ポイント3]より,水和水をもつ物質は,無水物と水に分ける。

$Na_2CO_3 \cdot 10H_2O = 286$, $Na_2CO_3 = 106$, $H_2O = 18$ なので,25℃で飽和水溶液130gをつくるのに $Na_2CO_3 \cdot 10H_2O$ x〔g〕を用いたとすると,無水物と水は,

$Na_2CO_3 \cdot 10H_2O$ x〔g〕 → Na_2CO_3 $\frac{106}{286}x$〔g〕, H_2O $\frac{180}{286}x$〔g〕

となる。つまり,25℃の飽和水溶液130g中に Na_2CO_3 は $\frac{106}{286}x$〔g〕が溶けているので,[ポイント1]の(B)式を立てる。

$$\frac{\frac{106}{286}x}{130\text{g}} = \frac{30\text{g}}{100+30\text{g}}$$

(溶質:$\frac{106}{286}x$,飽和水溶液:130g,溶解度:30g)

$x \fallingdotseq 80.9\text{g}$

よって,25℃の飽和水溶液130gをつくるのに必要な水の質量は,

$130 - 80.9 \fallingdotseq 49\text{g}$

(130:飽和水溶液〔g〕,80.9:用いた十水和物〔g〕)

□13 ★★★ 炭酸ナトリウムの十水和物には,水和水の一部を失う [1★★★] という性質がある。 (福島大)

(1) 風解(ふうかい)

〈解説〉$Na_2CO_3 \cdot 10H_2O$(無色結晶)が,白色粉末状の $Na_2CO_3 \cdot H_2O$ になる。

□14 ★★ Na_2CO_3 は白色の固体で,水に溶けて,加水分解によって水溶液は [1★★] 性を示す。 (信州大)

(1) (弱(じゃく))塩基(えんき) [⑩(弱(じゃく))アルカリ]

〈解説〉$CO_3^{2-} + H_2O \rightleftarrows HCO_3^- + OH^-$

2 濃度

▼ANSWER

□1 ★★★ 20℃における塩化カリウム結晶の溶解度34g/水100gを，モル濃度 [1 ★★★] mol/L，質量モル濃度 [2 ★★★] mol/kgで示せ(2ケタ)。なお，20℃における溶解平衡時の溶液の密度を$1.2g/cm^3$, KCl = 75とする。(徳島大)

(1) 4.1
(2) 4.5

解き方

(1) KClのモル質量が75g/mol，$1cm^3$ = 1mLより密度$1.2g/cm^3$は1.2g/mLとも書くことができる。よって，

モル濃度〔mol/L〕= 溶質〔mol〕÷ 溶液〔L〕

$$= \underbrace{\left\{34\cancel{g} \times \frac{1mol}{75\cancel{g}}\right\}}_{溶質〔mol〕} \div \underbrace{\left\{(100+34)\cancel{g} \times \frac{1\cancel{mL}}{1.2\cancel{g}} \times \frac{1L}{10^3\cancel{mL}}\right\}}_{溶液〔L〕}$$

$$= \frac{\frac{34}{75}mol}{134 \times \frac{1}{1.2} \times \frac{1}{10^3}L} \fallingdotseq 4.1mol/L$$

(2) 質量モル濃度〔mol/kg〕= 溶質〔mol〕÷ 溶媒〔kg〕

$$= \underbrace{\left\{34\cancel{g} \times \frac{1mol}{75\cancel{g}}\right\}}_{溶質〔mol〕} \div \underbrace{\left\{100\cancel{g} \times \frac{1kg}{10^3\cancel{g}}\right\}}_{溶媒〔kg〕} = \frac{\frac{34}{75}mol}{\frac{100}{1000}kg} \fallingdotseq 4.5mol/kg$$

□2 ★★★ 14mol/Lのアンモニア水の質量パーセント濃度は [1 ★★★] %(2ケタ)となる。ただし，このアンモニア水の密度は$0.90g/cm^3$とし，NH_3 = 17とする。(センター)

(1) 26

解き方

NH_3のモル質量が17g/mol，$1cm^3$ = 1mLより密度$0.90g/cm^3$は0.90g/mLとも書くことができる。よって，

$$\frac{14\cancel{mol} \times \frac{17g}{1\cancel{mol}}}{1\cancel{L} \times \frac{10^3\cancel{mL}}{1\cancel{L}} \times \frac{0.90g}{1\cancel{mL}}} \times 100 \fallingdotseq 26\%$$

（分子：NH_3〔g〕，分母：$NH_3 + H_2O$〔g〕）

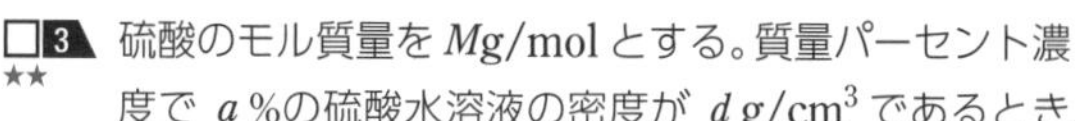

□3 ★★ 硫酸のモル質量を Mg/mol とする。質量パーセント濃度で a %の硫酸水溶液の密度が d g/cm^3 であるとき，この水溶液の硫酸のモル濃度は [1 ★★] mol/L であり，質量モル濃度は [2 ★★] mol/kg である。（明治大）

(1) $\dfrac{10ad}{M}$

(2) $\dfrac{1000a}{(100-a)M}$

解き方

質量パーセント濃度は，溶液 100g の中に溶けている溶質の質量〔g〕を表すので，

$$\frac{a\,〔\mathrm{g}〕\,\mathrm{H_2SO_4}}{100\mathrm{g}\ 水溶液}$$

と表せ，$1\mathrm{cm^3} = 1\mathrm{mL}$ なので水溶液の密度は d〔g/mL〕とも表すことができる。よって，硫酸のモル濃度は，

$$\frac{a\,\mathrm{g} \times \dfrac{1\mathrm{mol}}{M\,\mathrm{g}}\ \ (\mathrm{H_2SO_4}〔\mathrm{mol}〕)}{100\mathrm{g} \times \dfrac{1\mathrm{mL}}{d\,\mathrm{g}} \times \dfrac{1\mathrm{L}}{10^3\mathrm{mL}}\ \ (\mathrm{H_2SO_4 + H_2O}〔\mathrm{L}〕)} = \frac{10ad}{M}〔\mathrm{mol/L}〕$$

であり，質量モル濃度は，

$$\frac{a\,\mathrm{g} \times \dfrac{1\mathrm{mol}}{M\,\mathrm{g}}\ \ (\mathrm{H_2SO_4}〔\mathrm{mol}〕)}{\underbrace{(100-a)}_{水}\,\mathrm{g} \times \dfrac{1\mathrm{kg}}{10^3\mathrm{g}}\ \ (\mathrm{H_2O}〔\mathrm{kg}〕)} = \frac{1000a}{(100-a)M}〔\mathrm{mol/kg}〕$$

□4 ★★ 98.0%の濃硫酸 H_2SO_4（式量 98.0，密度 1.84g/cm^3）を用いて，1.00mol/L の希硫酸 92.0cm^3 をつくるのに，濃硫酸は [1 ★★] cm^3（3 ケタ）必要である。

（宮崎大）

(1) 5.00

解き方

必要な濃硫酸を x〔cm^3〕とする。

また，H_2SO_4 のモル質量は 98.0g/mol，$92.0\mathrm{cm^3} = 92.0\mathrm{mL}$ である。

ここで，濃硫酸をうすめる前と後で H_2SO_4 の物質量〔mol〕が変化していないことに注目すると次の式が成り立つ。

$$x\,\mathrm{cm^3} \times \underbrace{\frac{1.84\mathrm{g}}{1\mathrm{cm^3}}}_{\mathrm{H_2SO_4+H_2O}〔\mathrm{g}〕} \times \underbrace{\frac{98.0\mathrm{g}}{100\mathrm{g}}}_{\mathrm{H_2SO_4}〔\mathrm{g}〕} \times \underbrace{\frac{1\mathrm{mol}}{98.0\mathrm{g}}}_{\mathrm{H_2SO_4}〔\mathrm{mol}〕} = \frac{1.00\mathrm{mol}}{1\mathrm{L}} \times \underbrace{\frac{92.0}{1000}\mathrm{L}}_{\mathrm{H_2SO_4}〔\mathrm{mol}〕}$$

$x = 5.00\mathrm{cm^3}$

3 気体の溶解度

▼ANSWER

□1 ★★ 水に気体を溶かした場合，一般に，一定圧力のもとでは，溶質である気体の溶解度は，温度が高くなると［1★★］する。（埼玉大）

(1) 低下［㊀減少］

□2 ★★ 一般に，溶媒への気体の溶解度は温度が低くなると［1★★］くなる。温度が低いときは気体分子の熱運動がおだやかであるため，溶媒分子と気体分子の間にはたらく［2★★］のために，多くの気体分子が溶媒中に存在する。一方，温度が高くなると，気体分子の熱運動がはげしくなり，［2★★］を振り切って，溶媒から飛び出していく気体分子が多くなる。（甲南大）

〈解説〉気体の溶解度は，①温度が高く②圧力が低いほど小さくなる。

(1) 大き［㊀高］
(2) 分子間力

□3 ★★★ 水に対する気体の溶解度は，通常，圧力が一定のとき温度が低くなると［1★★］なる。また，一定温度で一定の液体に溶ける気体の物質量は，温度が変化しなければ，一般に液体に接している気体の［2★★］に比例する。これを［3★★★］の法則という。（大分大）

〈解説〉物質量〔mol〕はもちろん，質量〔mg, g〕も比例する。

(1) 大きく［㊀高く］
(2) 分圧［㊀圧力］
(3) ヘンリー

□4 ★★ ヘンリーの法則は，溶解度が［1★★］く，溶媒と［2★★］しない気体に対して，圧力のあまり高くない範囲で成り立つ。（甲南大）

〈解説〉水に非常によく溶ける塩化水素 HCl やアンモニア NH_3 については成り立たない。

(1) 小さ［㊀低］
(2) 反応

□5 ★★ 気体分子が液体に溶けると，［1★★］が著しく低下し，その分が［2★★］に変換される。すなわち，気体の溶解は［3★★］を伴う過程である。（立教大）

(1) 運動エネルギー［㊀熱運動］
(2) 熱(エネルギー)
(3) 発熱

□6 ★ 気体の酸素 1mol を多量の水に溶かすと，25℃で 11.7kJ の熱量を放出する。酸素が水に溶解する過程をエンタルピー変化を付した反応式で示せ。［1★］（島根大〈改〉）

〈解説〉O_2 の水への溶解は $\Delta H < 0$ の発熱反応なので，ルシャトリエの原理から低温ほど O_2 は水によく溶けることがわかる。

(1) O_2(気)＋aq ⟶ O_2aq　$\Delta H = -11.7$kJ

□7 ★★★ 気体分子の運動エネルギーは，液体に溶けると著しく低下し，その分だけ [1★★] に変換される。つまり，気体の溶解現象は [2★★] 反応であり，ルシャトリエの原理により，高温になれば平衡は [3★★★] 反応の方向に移動するので，気体の溶解度は高温ほど [4★★] する。（岐阜大）

(1) 熱(ねつ)(エネルギー)
(2) 発熱(はつねつ)
(3) 吸熱(きゅうねつ)
(4) 低下(ていか)[⑩減少(げんしょう)]

□8 ★★★ 混合気体の場合，気体間に反応がおこらない場合には，一定温度下における各成分気体の溶解量はそれぞれの気体の [1★★★] に比例する。例えば，空気を窒素と酸素が体積の比で 4：1 の混合気体とみなした場合，1.01×10^5Pa の空気中の窒素と酸素の [1★★★] はそれぞれ [2★★★] Pa と [3★★★] Pa(ともに 3 ケタ) であり，窒素と酸素の溶解量はこの値によって決まる。すなわち，着目した気体の溶解量に関しては，他の気体の存在を無視して計算することができる。（岐阜大）

(1) 分圧(ぶんあつ)
(2) 8.08×10^4
(3) 2.02×10^4

解き方

圧力，温度一定では，「体積比＝物質量〔mol〕比」となるので，$N_2 : O_2 = 4 : 1$ (mol 比)となり，分圧＝全圧×モル分率より，

$$P_{N_2} = 1.01 \times 10^5 \times \frac{4}{5} = 8.08 \times 10^4 \text{Pa}$$

$$P_{O_2} = 1.01 \times 10^5 \times \frac{1}{5} = 2.02 \times 10^4 \text{Pa}$$

□9 ★★★ 気体の圧力が P〔Pa〕のとき，一定量の水に溶解している気体の物質量を n〔mol〕とすると，温度一定のままで気体の圧力を 3 倍にしたとき，溶解した気体の物質量〔mol〕は [1★★★] 〔mol〕になる。（神戸薬科大）

(1) $3n$

〈解説〉水に溶解する気体の物質量〔mol〕は，その気体の圧力に比例する。

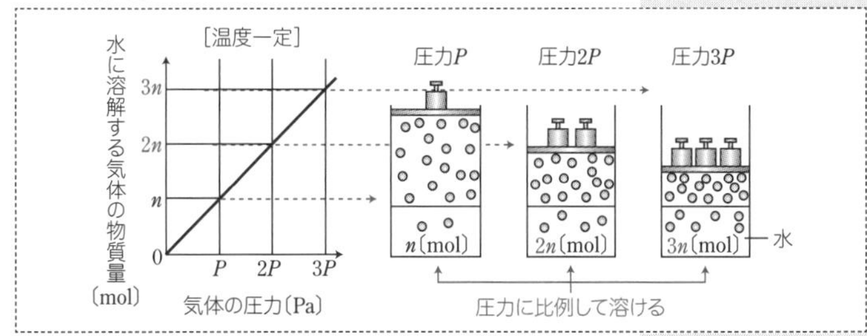

□10 ★★ 空気は O_2 と N_2 が 20：80 の体積比で混合した気体とみなせる。20℃で 1.00L の水に 1.01×10^5Pa の空気が接しているとき，この水の中に溶けている O_2 は [1 ★★] mg (3ケタ)となる。ただし，20℃での 1.00L の水への O_2 の溶解度は，O_2 の分圧が 1.01×10^5Pa のとき，1.40×10^{-3}mol であり，$O_2 = 32.0$ とする。

(甲南大)

(1) 8.96

〈解説〉ヘンリーの法則を利用して計算する場合，問題文で与えられている条件を，

$$\frac{\text{水に溶ける気体の物質量〔mol〕または質量〔mg, g〕}}{\text{気体の圧力〔Pa〕・水の体積〔mL, L〕}}$$

の形で表し，単位を消去しながら計算していけばよい。
よって，本問の場合，20℃での酸素 O_2 の水への溶解度は，

$$\frac{1.40 \times 10^{-3}\text{mol}}{1.01 \times 10^5\text{Pa} \cdot \text{水 } 1.00\text{L}} \quad \cdots (*)$$

と表すことができる。

（1.40×10^{-3}mol：1.01×10^5Pa の下，水 1.00L に溶解する量〔mol〕 溶解する／1.01×10^5Pa：酸素 O_2 の分圧 の下で／水 1.00L に対して）

解き方

O_2 の分圧は $1.01 \times 10^5 \times \dfrac{20}{20 + 80} = 2.02 \times 10^4$Pa となり，この水の中に溶けている O_2 は，$O_2 = 32.0$ つまり 32.0g/mol と(＊)より，

$$\frac{1.40 \times 10^{-3}\text{mol}}{1.01 \times 10^5\text{Pa} \cdot \text{水 } 1.00\text{L}} \times 2.02 \times 10^4\text{Pa} \times 1.00\text{L} \times \frac{32.0\text{g}}{1\text{mol}} \times \frac{10^3\text{mg}}{1\text{g}}$$

(＊)より

水の体積は 1.00L なので

O_2 の分圧が 2.02×10^4Pa で水 1.00L に溶けている O_2 の物質量〔mol〕

O_2 の質量〔mg〕

$$= 1.40 \times 10^{-3} \times \frac{2.02 \times 10^4}{1.01 \times 10^5} \times \frac{1.00}{1.00} \times 32.0 \times 10^3 = 8.96\text{mg}$$

□11 ★★★ 溶解度の小さい気体では，一定温度で一定量の溶媒に溶け込む気体の [1 ★★] は，その気体の圧力 P に比例する。これを [2 ★★★] の法則という。また [2 ★★★] の法則は，「一定温度で一定量の溶媒に溶ける気体の [3 ★★] は，[4 ★★] の変化に関係なく一定である」と表すこともできる。

(防衛医科大)

(1) 物質量（ぶっしつりょう）〔mol〕［⑩質量（しつりょう）］
(2) ヘンリー
(3) 体積（たいせき）
(4) 圧力（あつりょく）

□12 ★★ 0℃で水 1.0L に溶解する窒素の体積は，0℃，1.0 × 10^5Pa で，22.4mL であるとすると，0℃，5.0 × 10^5Pa で，水 1.0L に溶ける窒素について，そのときの温度，圧力下で溶解した体積は [1 ★★] mL である。（立命館大）

(1) 22.4

〈解説〉圧力を変えたときに溶ける気体の体積は，溶かしたときの圧力のもとで測れば，圧力に関係なく一定である。

□13 ★★ 大気圧を 1.0 × 10^5Pa とし，0℃，1.013 × 10^5Pa（標準状態）における気体 1mol の体積を 22.4L とする。

分圧 1.0 × 10^5Pa の二酸化炭素は，0℃，1.013 × 10^5Pa（標準状態）に換算して 25℃の純水 1L に 0.75L 溶解する。大気中の二酸化炭素の体積百分率を 0.036% とすると，大気中の二酸化炭素の分圧は [1 ★★] Pa（2 ケタ）である。二酸化炭素の溶解はヘンリーの法則に従うものとすると，大気中において純水に溶解した二酸化炭素の濃度は [2 ★★] × 10^{-5}mol/L（2 ケタ）となる。（東京理科大）

(1) 36
(2) 1.2

解き方

25℃，1.0 × 10^5Pa で純水 1L に溶解する CO_2 の物質量〔mol〕は，その体積が 0℃，1.013 × 10^5Pa（標準状態）に換算されているので，

$$\frac{0.75}{22.4}\text{mol}$$

◀ 0℃，1.013 × 10^5Pa（標準状態）における気体のモル体積は 22.4L/mol なので

となり，与えられている条件は，

$$\frac{\frac{0.75}{22.4}\text{mol}}{1.0\times10^5\text{Pa}\cdot\text{純水 1L}}$$

と表すことができる。

大気中の CO_2 の分圧は，$P_{CO_2} = 1.0\times10^5\times\frac{0.036}{100} = 36\text{Pa}$

であり，純水 1L に溶解した CO_2 の物質量〔mol〕は，

$$\frac{\frac{0.75}{22.4}\text{mol}}{1.0\times10^5\cancel{\text{Pa}}\cdot\text{純水 1}\cancel{\text{L}}}\times36\cancel{\text{Pa}}\times\text{純水 1}\cancel{\text{L}}$$

$$\fallingdotseq 1.2\times10^{-5}\text{mol}$$

となる。純水 1L に CO_2 1.2 × 10^{-5}mol が溶解した水溶液の体積はほぼ 1L なので，純水に溶解した CO_2 の濃度は，

1.2 × 10^{-5}mol/Ⓛ ―― 水溶液 1L あたり

となる。

4 蒸気圧降下／沸点上昇

▼ANSWER

□1 ★★★ 不揮発性の物質が溶けた水溶液と純粋な水(純水)を比べた場合，不揮発性の物質が溶けた水溶液では，水溶液中の水分子の割合が，純水に比べて 1★★ し，同じ温度の純水に比べて蒸気圧は 2★★★ なる。このような現象を 3★★★ という。 (名古屋大)

(1) 減少（げんしょう）
(2) 低（ひく）く
(3) 蒸気圧降下（じょうきあつこうか）

〈解説〉蒸気圧降下の様子

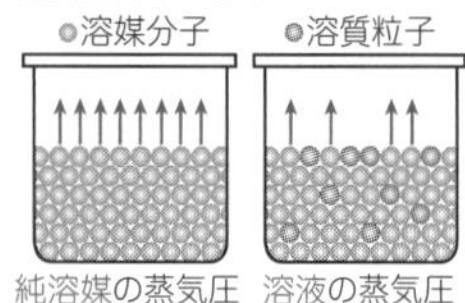

□2 ★★★ 純粋な液体は，それぞれの温度において固有の蒸気圧(飽和蒸気圧)を示す。これに不揮発性の物質を溶かして溶液にすると，その溶液の蒸気圧は純粋な液体(溶媒)より 1★★★ くなる。この現象を 2★★★ という。そのため，大気圧下における溶液の沸点は溶媒の沸点より 3★★★ くなる。この現象を 4★★★ といい，溶媒と溶液の沸点の差を 5★★★ という。 (福岡大)

(1) 低（ひく）
(2) 蒸気圧降下（じょうきあつこうか）
(3) 高（たか）
(4) 沸点上昇（ふってんじょうしょう）
(5) 沸点上昇度（ふってんじょうしょうど）
[㊞沸点上昇（ふってんじょうしょう）の大（おお）きさ]

〈解説〉蒸気圧降下と沸点上昇

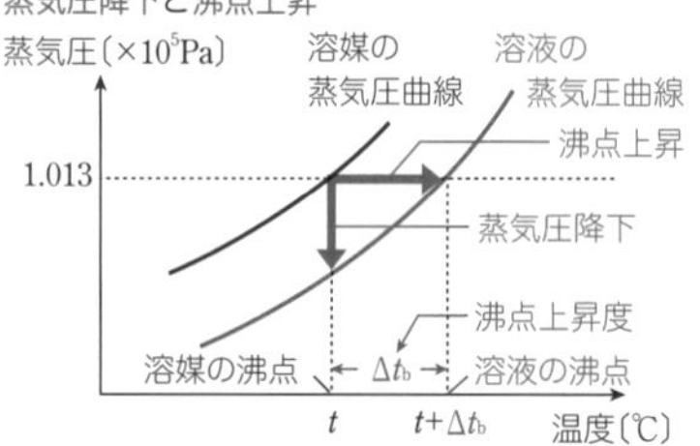

□3 ★★★ 沸点とは外圧(大気圧)と 1★★★ が等しくなる温度である。富士山山頂では横浜国立大学キャンパス内よりも外圧が低いため沸点は 2★★★ なり，同じ外圧でも食塩水は純水よりも 1★★★ が低いため，沸点は 3★★★ なる。 (横浜国立大)

(1) (飽和（ほうわ）)蒸気圧（じょうきあつ）
(2) 低（ひく）く
(3) 高（たか）く

□4 ★★★ 溶液の沸点と純溶媒のそれとの差を 1★★★ という。溶質が非電解質の場合，1★★★ は溶液の 2★★★ に比例する。この比例定数を 3★★ といい，4★★★ の種類によって決まる。電解質溶液では溶質の一部はイオンに電離するので，1★★★ は溶液中に存在するすべての粒子（分子とイオン）の 2★★★ に比例する。

（帯広畜産大）

(1) 沸点上昇度（ふってんじょうしょうど）［㊀沸点上昇の大きさ］
(2) 質量モル濃度（しつりょうモルのうど）
(3) モル沸点上昇（ふってんじょうしょう）
(4) 溶媒（ようばい）

□5 ★★ 不揮発性の非電解質の希薄溶液の質量モル濃度を m〔mol/kg〕，沸点上昇度を Δt_b〔K〕，モル沸点上昇を K_b〔K･kg/mol〕とすると，m，Δt_b，K_b の間には 1★★ の関係が成り立つ。

（東京薬科大）

(1) $\Delta t_b = K_b \times m$

□6 ★★★ 尿素の 1.0mol/kg 水溶液の沸点が純水と比べて 0.52K ずれるとき，塩化ナトリウムの 1.0mol/kg 水溶液の沸点は 1★★ K（3ケタ）ずれることになる。これは水溶液中で塩化ナトリウムが 2★★★ するためである。

（金沢工業大）

(1) 1.04
(2) 電離（でんり）

解き方

電解質溶液の場合，m には電離後の全溶質粒子（全イオン）の質量モル濃度を代入する。

尿素は電離しないので，$\Delta t_b = K_b \times 1.0 = 0.52$ となり，$K_b = 0.52$ とわかる。塩化ナトリウム NaCl は $\underbrace{NaCl}_{1mol が} \longrightarrow \underbrace{Na^+ + Cl^-}_{2mol に電離する}$

と電離するので $\Delta t_b = \underbrace{0.52}_{K_b} \times 1.0 \times 2 = 1.04K$

□7 ★★★ 純粋な溶媒に物質を溶かすと，一般に溶媒の蒸気圧は 1★★★ 。また，沸点は 2★★★ 。下記の溶液について，大気圧下での沸点が高いものから順に並べると 3★★ のようになる。H = 1.0，C = 12，O = 16

A　0.08mol/kg 塩化カリウム水溶液

B　34.2g のスクロース（$C_{12}H_{22}O_{11}$）を 1kg の水に溶かした溶液

C　0.05mol/kg 硫酸ナトリウム（Na_2SO_4）水溶液

（中央大）

(1) 低下（ていか）する
(2) 上昇（じょうしょう）する
(3) A ＞ C ＞ B

解き方

電離後の質量モル濃度が大きいほどΔt_bが大きくなり，沸点が高くなる。

A　$KCl \longrightarrow K^+ + Cl^-$と電離し，0.08 × 2 = 0.16mol/kg

B　スクロースは電離せず，$C_{12}H_{22}O_{11}$ = 342 つまり 342g/mol より，

$$\frac{\frac{34.2}{342}\,\text{mol}}{1\text{kg}} = 0.10\text{mol/kg}$$

C　$Na_2SO_4 \longrightarrow 2Na^+ + SO_4{}^{2-}$と電離し，0.05 × 3 = 0.15mol/kg

すべての粒子（分子とイオン）の質量モル濃度は，

A　0.16mol/kg ＞ C　0.15mol/kg ＞ B　0.10mol/kg

の順になる。

□8 ★★ 不揮発性で，分子量Mの非電解質w〔g〕の溶質を，W〔g〕の溶媒に溶かす。この溶液の沸点上昇度をΔt〔K〕とし，質量モル濃度をm〔mol/kg〕，モル沸点上昇をK_b〔K・kg/mol〕とすると，$\Delta t = K_b m$となり，この関係から分子量Mを求めると，M = [1★★] となる。

（福岡大）

(1) $\dfrac{1000K_b w}{\Delta t W}$

解き方

この溶液の質量モル濃度〔mol/kg〕は，

$$m = \frac{w\text{g} \times \dfrac{1\text{mol}}{M\text{g}}}{W\text{g} \times \dfrac{1\text{kg}}{10^3\text{g}}}$$

であり，これを$\Delta t = K_b m$に代入すると，

$$\Delta t = K_b \times \frac{\dfrac{w}{M}}{\dfrac{W}{1000}} \text{ なので，} M = \frac{1000K_b w}{\Delta t W}$$

5 凝固点降下

▼ANSWER

□1 ★★ 保温器の中で，0℃の水に0℃の氷を入れたとき，とける水分子の数と，こおる水分子の数とは [1★]，氷の量は変化 [2★] ように見える。0℃の水のかわりに，水に他の物質（溶質）を溶かして0℃にした水溶液に0℃の氷を入れたとき，溶かした溶質に水分子が [3★★★] するため，水分子の割合が減るので，こおる水分子の数が [4★] なり，氷の量は [5★] る。（信州大）

(1) 等しく (2) しない (3) 水和 (4) 少なく (5) 減

〈解説〉このとき，温度をさらに下げることで，固体から溶媒分子が溶け出す数を減少させると，固体と溶液のつり合った状態になる。すなわち，溶液の凝固点は溶媒の凝固点より低くなる。この現象を凝固点降下という。

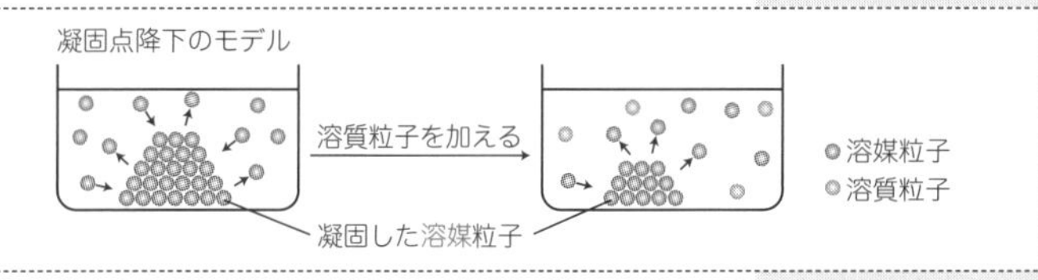

□2 ★★★ 水は0℃で凝固するが，食塩水は0℃よりも [1★★★] い温度で凝固する。この現象を [2★★★] という。非電解質の希薄溶液の場合，溶媒と溶液の凝固点の差は，溶質の種類に関係せず，一定量の溶媒に溶けている溶質の [3★★★] に比例する。（岡山理科大）

(1) 低 (2) 凝固点降下 (3) 物質量〔mol〕

〈解説〉凝固点降下度（凝固点の差）Δt_f〔K〕は，一定量の溶媒に溶けている溶質の物質量つまり質量モル濃度 m〔mol/kg〕に比例する。

$\Delta t_f = K_f \times m$ （K_f〔K·kg/mol〕は，溶媒の種類で決まる比例定数）
（K_f：モル凝固点降下）

□3 ★★★ 純溶媒と溶液との凝固点の差を [1★★★] という。（千葉大）

(1) 凝固点降下度［㊙凝固点降下の大きさ］

□4 ★★★ 非電解質の希薄溶液の凝固点降下度は，[1★★★] の種類には無関係で，その質量モル濃度に [2★★★] して変化する。溶質の濃度が1mol/kgの溶液の凝固点降下度をモル凝固点降下といい，[3★★★] に固有の値になる。（東邦大）

(1) 溶質 (2) 比例 (3) 溶媒

〈解説〉$\Delta t_f = K_f \times \underbrace{1}_{m} = K_f$ となる。

★★★

凝固点降下の大きさは，モル凝固点降下と希薄溶液の質量モル濃度の積で与えられることが知られている。溶質が電解質の場合は，その［1★★★］を考慮した質量モル濃度を考える必要がある。そのため，0.100mol/kg の塩化ナトリウム水溶液に対しての凝固点降下の大きさは［2★★］K（3ケタ）となる。ただし水のモル凝固点降下は 1.85K・kg/mol とする。　（甲南大）

(1) 電離
(2) 0.370

解き方

塩化ナトリウム NaCl は $\mathrm{NaCl} \longrightarrow \mathrm{Na^+} + \mathrm{Cl^-}$ と電離するので，
$\Delta t_f = K_f \times m = 1.85 \times 0.100 \times 2 = 0.370$K となる。

□6
★★★

非電解質の希薄溶液の凝固点降下度は，溶質の種類に無関係で溶液の質量モル濃度に［1★★★］する。スクロース（分子式：$C_{12}H_{22}O_{11}$）1.0g を 10g の水に溶かした水溶液 A のスクロースの質量モル濃度は［2★★］mol/kg（2ケタ）である。水溶液 A の凝固点が −0.54℃であることから，水のモル凝固点降下は［3★★］K・kg/mol（2ケタ）と計算される。ただし，$C_{12}H_{22}O_{11}$ = 342 とする。　（山口大）

(1) 比例
(2) 0.29
(3) 1.8

解き方

$C_{12}H_{22}O_{11}$ = 342　つまり 342g/mol から，その質量モル濃度は，

$$\frac{\dfrac{1.0}{342}\,\mathrm{mol}}{\dfrac{10}{1000}\,\mathrm{kg}} = 0.292 \fallingdotseq 0.29\,\mathrm{mol/kg}$$ となる。

スクロースは電離せず，水溶液 A の凝固点が −0.54℃であることから

$\Delta t_f = 0 - (-0.54) = 0.54℃ = 0.54\mathrm{K}$

0：純粋な水の凝固点　(−0.54)：水溶液 A の凝固点　温度差を考えるときは℃＝K となる

$\Delta t_f = K_f \times m$ より $0.54 = K_f \times 0.292$ となり，$K_f \fallingdotseq 1.8$K・kg/mol

★★★

液体を凝固点以下に冷却しても，凝固がおこらない場合がある。こうした現象を［1★★★］と言う。この状態で結晶を投入するなどの刺激を与えると，液体は一気に凝固を始め大量の凝固熱を［2★★］する。（筑波大）

(1) 過冷却
(2) 放出

□8 ★★★ 図は，液体が純溶媒とある物質の希薄溶液のときの冷却曲線を表している。点Aは，直線CDの延長線と冷却曲線との交点であり，Δtは凝固点降下度である。液体を冷却していくと，時間と共に液体の温度は低下し，[1★★★]点で凍り始めた。冷却曲線に極小がみられる現象は[2★★★]によるものである。B点を過ぎると温度はC点まで上昇した。この現象は，状態変化にともない[3★★★]熱が放出されたことによる。 （鹿児島大）

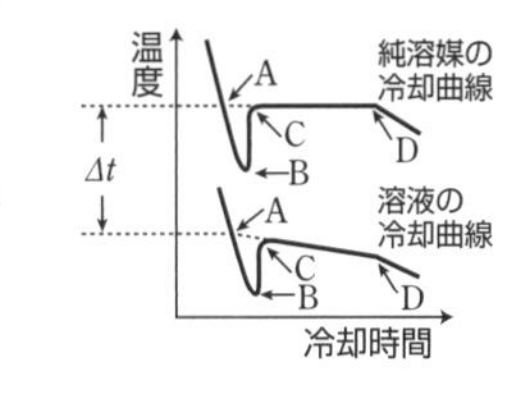

〈解説〉～A～B ……液体のみ存在(A～B過冷却)
B ……凝固が始まる点
B～C～D……液体と固体が共存
D～ ……固体のみ存在
純溶媒のA点の温度は純溶媒の凝固点，溶液のA点の温度は溶液の凝固点。
B～Cで温度が上昇している理由：固体を加熱すると液体になるので，固体＋熱⟶液体と表せる。右辺から左辺に向かってみると，液体⟶固体＋熱となる。液体が固体になる(凝固する)ときに発生する熱を凝固熱(凝固熱は，凝固エンタルピーとよぶこともある)という。この凝固熱が放出されたため，温度が上昇している。

(1) B
(2) 過冷却（かれいきゃく）
(3) 凝固（ぎょうこ）

□9 ★★★ 1.013×10^5Paのもとで不揮発性の溶質を溶かした希薄水溶液(水溶液Aとする)をゆっくりと冷却すると，図の冷却曲線のように変化する。水溶液Aの凝固点は，純水の凝固点より[1★★★]なる。この現象を[2★★★]という。a点からb点の間は，生じた氷の分だけ溶液全体に対する[3★★★]の割合が減少するため，溶液の濃度が[4★★★]なり，さらに[2★★★]が進むことで温度が下がっていく。

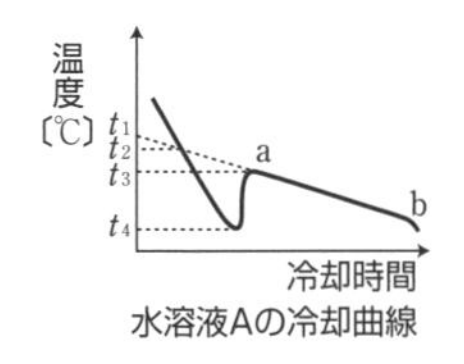

水溶液Aの冷却曲線

水溶液Aの凝固点は図中のt_1～t_4のうちの[5★★★]となる。 （大阪公立大）

(1) 低く（ひく）
(2) 凝固点降下（ぎょうこてんこうか）
(3) 溶媒（ようばい）[例 水（みず）]
(4) 大きく（おお）
(5) t_2

6 浸透圧

▼ANSWER

□1 ★★★ U字管を水分子は通すが溶質分子は通さない 1★★★ で仕切って，左側に水，右側に水溶液を入れ，液面の高さが同じになるようにした。この状態で長時間放置すると，水分子が移動するため，水溶液側の液面が 2★★ し，水側の液面が 3★★ し，一定の高さで止まる。このような水分子が移動する現象を浸透という。

水溶液側と水側の液面に高さの違いが生じるのは，1★★★ を境にして，4★★ 側から 5★★ 側に液面の高さの差の分だけ圧力が作用しているからである。この液面の高さを同じにするためには，5★★ 側の液面に圧力を加えなければならない。これに相当する圧力を浸透圧という。一方で，この浸透圧よりも大きい圧力を 5★★ 側に作用させると，上記とは異なる浸透となる。この現象は，逆浸透と呼ばれ，工業排水の再利用などに応用されている。 （昭和薬科大）

(1) 半透膜（はんとうまく）
(2) 上昇（じょうしょう）
(3) 下降（かこう）
(4) 水（みず）
(5) 水溶液（すいようえき）

〈解説〉溶液の浸透圧

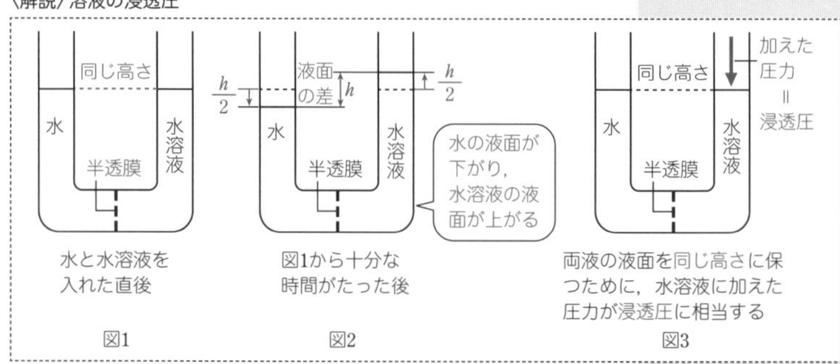

□2 ★★★ 希薄溶液の浸透圧を Π〔Pa〕とすると，希薄溶液の体積 V〔L〕，溶質の物質量 n〔mol〕，気体定数 R〔Pa・L/(K・mol)〕，絶対温度 T〔K〕との関係は Π = 1★★★ となる。 （大分大）

(1) $\frac{n}{V}RT$

〈解説〉気体の状態方程式と同じ形の式になる。

□3 ★★★ 溶液の浸透圧 Π〔Pa〕は，溶液の濃度をモル濃度 c〔mol/L〕と表し，R〔Pa・L/(mol・K)〕を気体定数，T〔K〕を温度とすると，Π = 1 ★★★ と表される。ここで，溶液の体積を V〔L〕，溶質の質量を w〔g〕，分子量を M とすると，M = 2 ★★★ となる。なお，電解質溶液の場合には，電解質が溶液中でイオンに電離するので，その影響を考慮する必要がある。（福岡大）

(1) cRT

(2) $\dfrac{wRT}{\Pi V}$

溶質の物質量を n〔mol〕とする。

$\Pi V = nRT$ は，モル濃度 c〔mol/L〕を用いると，

$$\Pi = \frac{n}{V} \times RT = cRT$$

となり，浸透圧は溶液のモル濃度と絶対温度に比例する。

また，$n = \dfrac{w}{M}$ と表すことができるので，

$\Pi \times V = \dfrac{w}{M} \times R \times T$ となり，

$$M = \frac{wRT}{\Pi V}$$

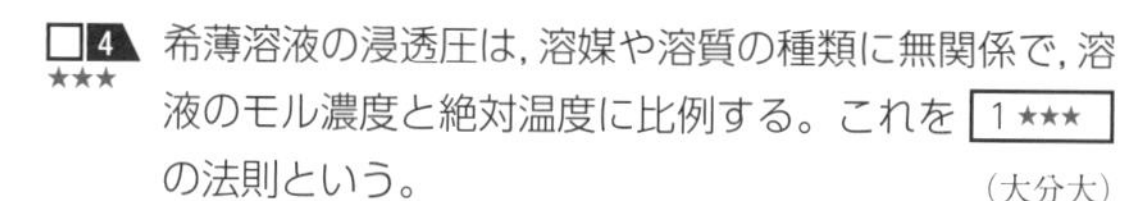

□4 ★★★ 希薄溶液の浸透圧は，溶媒や溶質の種類に無関係で，溶液のモル濃度と絶対温度に比例する。これを 1 ★★★ の法則という。（大分大）

(1) ファントホッフ

□5 ★★ すべての溶液の密度は 1.00g/mL とし，気体定数は 8.30×10^3Pa・L/(K・mol) を用いよ。

5.04%（質量パーセント濃度）のグルコース（分子量 180）を含む水溶液のモル濃度は 1 ★★ mol/L（3ケタ）で，27℃での浸透圧は，2 ★★ kPa（3ケタ）となる。同じ浸透圧を示す塩化ナトリウム（式量 58.5）水溶液を 100mL つくるには，3 ★★ g（3ケタ）の塩化ナトリウムが必要である。なお，塩化ナトリウムの電離度は 1.00 とする。（東京理科大）

(1) 0.280

(2) 697

(3) 0.819

解き方

グルコースを含む水溶液のモル濃度〔mol/L〕は，グルコースのモル質量が 180g/mol，水溶液の密度が 1.00g/mL より，

$$\frac{5.04\text{g} \times \dfrac{1\text{mol}}{180\text{g}}}{100\text{g} \times \dfrac{1\text{mL}}{1.00\text{g}} \times \dfrac{1\text{L}}{10^3\text{mL}}} = 0.280\text{mol/L}$$

となる。

グルコースは電離しないので，浸透圧は，

$$\Pi = 0.280 \times 8.30 \times 10^3 \times (273 + 27) = 697200\text{Pa}$$

$$697200\text{Pa} \times \frac{1\text{kPa}}{10^3\text{Pa}} \fallingdotseq 697\text{kPa}$$ ◀ $1\text{kPa} = 10^3\text{Pa}$

塩化ナトリウム水溶液が 27℃で 0.280mol/L のグルコース水溶液と同じ浸透圧を示すには，全溶質粒子のモル濃度が 0.280mol/L となればよい。必要な NaCl（式量 58.5）を x〔g〕とし，NaCl が完全に電離することに注意すると次の式が成り立つ。

完全に電離し，NaCl 1mol から Na^+ と Cl^- を合わせて 2mol 生じるので

$$0.280\text{mol/L} = \frac{\dfrac{x}{58.5} \times 2\ \text{mol}}{\dfrac{100}{1000}\text{L}} \qquad x = 0.819\text{g}$$

□6 ★★ 次の図に示すように断面積 S〔cm^2〕である U 字管の A 側と B 側を半透膜で仕切り，A 側に分子量 M の非電解質 W〔g〕を水に溶かして V〔mL〕とした水溶液を入れ，B 側に純水を V〔mL〕入れた。絶対温度 T〔K〕でしばらく放置したところ，U 字管の両液面の高さの差が h〔cm〕となった。水溶液および純水の密度を d〔g/cm^3〕，水銀の密度を 13.6g/cm^3 とすると，浸透圧 Π〔Pa〕= [1 ★★]（3 ケタ）と表される。ただし，大気圧 1.013×10^5Pa のとき，水銀柱の高さは 76.0cm とする。また，このときの浸透圧 Π〔Pa〕については，

$$\Pi \times (\boxed{2 ★★}) \times 10^{-3} = \frac{W}{M} \times R \times T$$

が成り立つ。

(1) $98.0hd$
(2) $V + \dfrac{Sh}{2}$

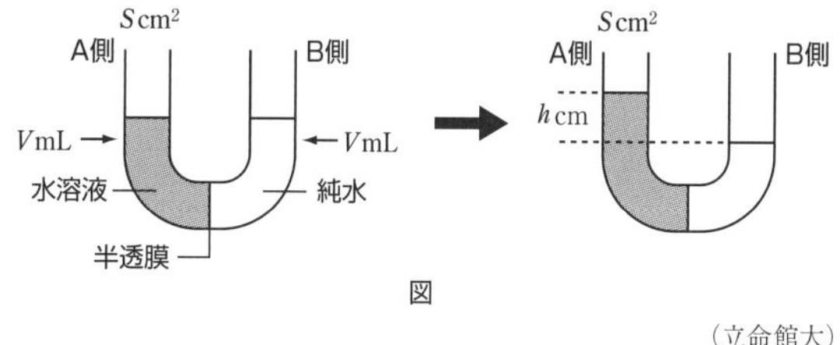

図

(立命館大)

解き方

大気圧 1.013×10^5Pa は，76.0cm の水銀柱(密度 13.6g/cm^3)の圧力と等しい。また，純水が浸透して濃度が薄くなった水溶液(密度 d〔g/cm^3〕)の浸透圧 Π〔Pa〕は，液面差 h〔cm〕から求めることができる。ここで，

圧力 と $\dfrac{\text{底面積}\times\text{高さ}\times\text{密度}}{\text{底面積}}=\text{高さ}\times\text{密度}$ が比例するので，

次の比が成り立つ。

$$\underbrace{1.013\times10^5\text{Pa}}_{\text{大気圧}}:\underbrace{\Pi}_{\text{浸透圧}}=\underbrace{76.0\times13.6}_{\text{高さ×密度}}:\underbrace{h\times d}_{\text{高さ×密度}}$$

よって，$\Pi=\dfrac{1.013\times10^5\times hd}{76.0\times13.6}=98.0hd$〔Pa〕

純水の浸透によって，水溶液(A 側)の液面が $\dfrac{h}{2}$〔cm〕高くなり，純水(B 側)の液面が $\dfrac{h}{2}$〔cm〕低くなることで，両液面の高さの差が h〔cm〕になる。つまり，水溶液の体積は，

$\underbrace{S}_{\text{断面積}}\times\underbrace{\dfrac{h}{2}}_{\text{高さ}}$〔cm^3〕増加する。よって，純水が浸透して濃度が薄くなった

水溶液の体積は，$\left(V+\dfrac{Sh}{2}\right)\times10^{-3}$〔L〕になる。

この体積を用いることで，ファントホッフの法則が成り立つ。

7 コロイド

▼ANSWER

□1 ★ コロイド粒子は直径が10^{-9}～10^{-7}m程度の大きさを持ち，他の物質に均一に分散している。コロイド粒子を分散させている物質を［1★］といい，コロイド粒子となっている物質を［2★］という。（三重大）

(1) 分散媒（ぶんさんばい）
(2) 分散質（ぶんさんしつ）

□2 ★★ セッケンやデンプンなどのコロイド溶液は，わずかににごって見える。コロイドはふつうのろ紙を通ってしまうが，セロハンなどの半透膜を通ることはできない。分散媒が気体のコロイドを［1★］といい，固体のコロイドを固体コロイドという。また，液体状態のコロイドをコロイド溶液または［2★★］といい，ゼリーのように流動性を失った状態を［3★★］とよぶ。（熊本大）

(1) エーロゾル
［別エアロゾル，気体（きたい）コロイド］
(2) ゾル
(3) ゲル

□3 ★★ 海藻であるテングサを乾燥し，熱湯で溶出させると流動性のあるコロイド溶液（［1★★］）が得られる。この溶液を冷却すると流動性を失ったかたまり（この状態を［2★★］という）になる。さらに，このかたまりから水分を除去すると乾燥した寒天（この状態を［3★］という）ができる。（共通テスト）

(1) ゾル
(2) ゲル
(3) キセロゲル

□4 ★★★ 分散コロイドは，本来混ざり合わない2つの物質の一方が分散質であるコロイド粒子，他方が分散媒となっているものである。分散コロイドのコロイド粒子の多くは何らかの理由で同符号の電荷を帯び，その反発によって互いに集まりにくくなっている。分散コロイドの表面には［1★★★］性の基は少ないため，［1★★★］コロイドに対して［2★★★］コロイドと呼ばれる。

（大阪医科薬科大）

(1) 親水（しんすい）
(2) 疎水（そすい）

〈解説〉

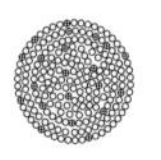

分散コロイド
（難溶性微粒子）
例 Au，S，水酸化鉄(Ⅲ)注

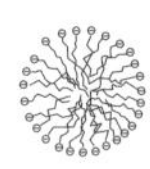

分子コロイド（1分子）
例デンプン，
タンパク質，ゼラチン

ミセルコロイド
（分子が集合）
例セッケン

疎水コロイド ｜ 親水コロイド

注 水酸化鉄(Ⅲ)は，酸化水酸化鉄(Ⅲ) FeO(OH)や$Fe_2O_3 \cdot nH_2O$などからなる混合物であり，1つの化学式で表すことが難しい。

□5 ★★★ デンプンは分子内に多くの [1★★★] 基をもっており，そのコロイドは [1★★★] コロイドと呼ばれる。また，デンプンのような高分子化合物は，分子1個でコロイド粒子の大きさをもつことから [2★★] コロイドとも呼ばれる。セッケン水は，小さなセッケン分子が [3★★] の部分を外側にして多数集まり集合体を形成して水中に分散している。このようなコロイドは [4★★] コロイドと呼ばれる。（近畿大）

(1) 親水（しんすい）
(2) 分子（ぶんし）
(3) 親水性（しんすいせい）[㊊親水基（しんすいき）]
(4) 会合（かいごう）[㊊ミセル]

□6 ★★★ 水酸化鉄（Ⅲ）のコロイド粒子は，水との親和力が小さく [1★★★] コロイドとよばれ，その表面が正の電荷を帯びているので，互いに反発して沈殿しにくいが，コロイド溶液に少量の電解質を加えると沈殿を生じる。この現象を [2★★★] という。一般にコロイド粒子のもつ電荷と反対符号の電荷をもち，その価数の [3★★★] イオンほど少量でコロイド粒子の沈殿をおこさせやすい。

一方，デンプンのコロイド水溶液では，コロイド粒子が水分子と強く結びついているので，少量の電解質を加えても沈殿しない。このようなコロイドを [4★★★] コロイドという。しかし，多量の電解質を加えると [4★★★] コロイドのコロイド粒子も沈殿してくる。これを [5★★★] という。（東邦大）

(1) 疎水（そすい）
(2) 凝析（ぎょうせき）
(3) 大きい（おお）[㊊大きな]
(4) 親水（しんすい）
(5) 塩析（えんせき）

〈解説〉

□7 ★★★ 水酸化鉄（Ⅲ）のコロイド溶液について，同じ物質量で，このコロイド粒子を沈殿させる効果が最も大きいイオンは，次の (a) ～ (f) のうちの [1★★★] である。

(a) Na^+　(b) Cl^-　(c) NO_3^-
(d) Mg^{2+}　(e) SO_4^{2-}　(f) Al^{3+}　（防衛大）

(1) (e)

〈解説〉凝析効果：“反対符号”で“その価数の大きい”イオンの効果が大きい。
㊐水酸化鉄（Ⅲ）（＋に帯電）… $PO_4^{3-} > SO_4^{2-} > Cl^-$，$NO_3^-$
　粘土　　　　（－に帯電）… $Al^{3+} > Mg^{2+} > Na^+$

□8 ★★★
墨汁には炭素の析出を防ぐ目的で，にかわが添加されている。にかわのような作用を有する 1★★★ コロイドを特に 2★★★ コロイドという。（明治薬科大）

(1) 親水（しんすい）
(2) 保護（ほご）

〈解説〉疎水コロイドの安定化のために加える親水コロイドを保護コロイドという。保護コロイドには，インキ(疎水コロイド)に加えるアラビアゴムや，墨汁(疎水コロイド)に加えるにかわがある。

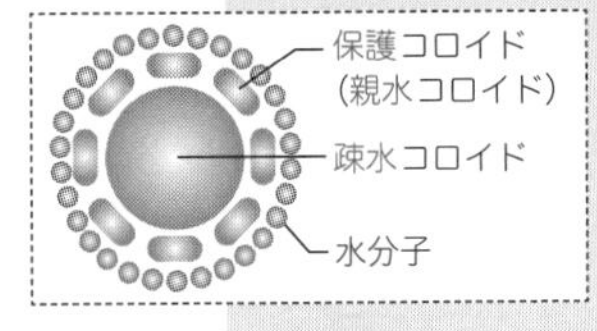

□9 ★★★
水酸化鉄(Ⅲ)コロイド粒子は，溶液内で互いに反発し合い 1★★ する。水酸化鉄(Ⅲ)のコロイド溶液をガラスビーカーに入れレーザー光をあてると，レーザー光がコロイド粒子により 2★★ されるため，光の通路が見える。これは 3★★★ とよばれる。（東北大）

(1) 分散（ぶんさん）
(2) 散乱（さんらん）
(3) チンダル現象（げんしょう）

〈解説〉チンダル現象

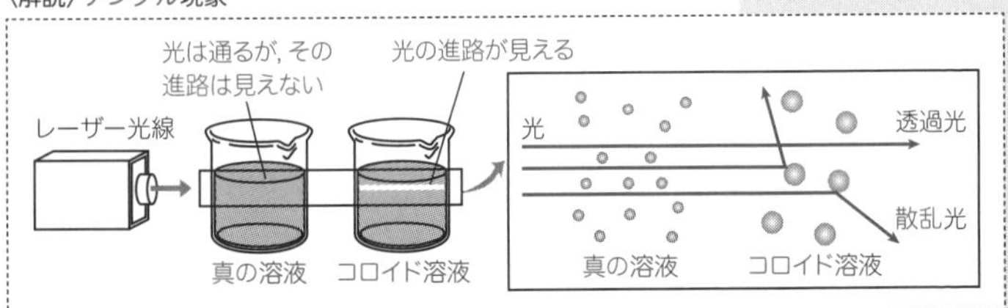

□10 ★★★
水酸化鉄(Ⅲ)のコロイド溶液に横から強い光をあてると，光の進路が光って見える。この現象を 1★★★ という。また，水酸化鉄(Ⅲ)のコロイド溶液を限外顕微鏡で観察すると，光った粒子が不規則に運動しているのが確認できる。この運動を 2★★★ という。（帝京大）

(1) チンダル現象（げんしょう）
(2) ブラウン運動（うんどう）

〈解説〉ブラウン運動

熱運動している溶媒分子(分散媒分子)が分散質であるコロイド粒子に不規則に衝突している

11 ★★★ 塩化鉄(Ⅲ)水溶液を沸騰水中に滴下すると，[1 ★★★]色の[2 ★★★]のコロイド溶液Aが得られる。次に，Aをセロハン袋にとり，ビーカーに入れた純水中に浸しておくと，袋中の小さい分子やイオンのみが除かれる。この操作を[3 ★★★]といい，このとき，ビーカー内の水溶液に硝酸銀水溶液を加えると[4 ★★★]色の[5 ★★★]が沈殿する。 （摂南大）

(1) 赤［別 赤褐］
(2) 水酸化鉄(Ⅲ)
※混合物なので1つの化学式で表すことが難しい
(3) 透析
(4) 白
(5) 塩化銀 AgCl

〈解説〉塩化鉄(Ⅲ) $FeCl_3$ ＋沸騰水 ⟶ 水酸化鉄(Ⅲ)＋塩酸 HCl 注
　　　　　　　　　　　　　　　コロイド　　　不純物
このコロイド溶液をセロハン膜(半透膜)の袋に入れる

注 この化学反応式は，生成物を酸化水酸化鉄(Ⅲ) FeO(OH)とみなして，

$$FeCl_3 + 2H_2O \longrightarrow FeO(OH) + 3HCl$$

と表すことがある。

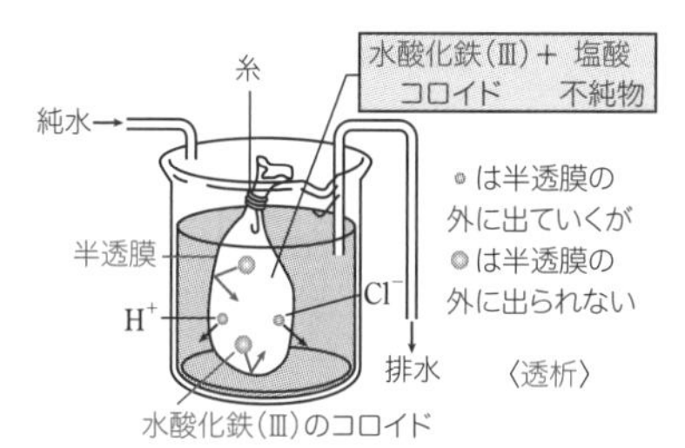

硝酸銀 $AgNO_3$ 水溶液を加えると，
$Ag^+ + Cl^- \longrightarrow AgCl\downarrow$ (白)の反応が起こる。

12 ★★ 精製した水酸化鉄(Ⅲ)コロイドの溶液をU字管に入れて直流電源につないだ電極を入れると，このコロイド粒子は[1 ★★]極の方へ移動する。このような現象を[2 ★★★]という。 （岡山理科大）

(1) 陰
(2) 電気泳動

〈解説〉電気泳動

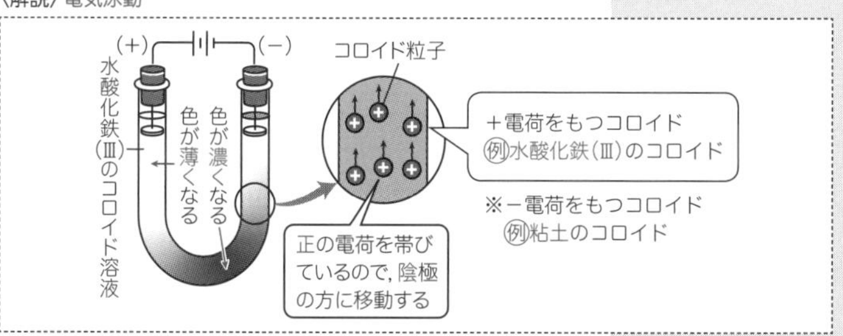

第02章

物質の三態と状態変化

1 物質の三態

▼ANSWER

1 ★★★ 真空であるピストン状容器に分子結晶をつくっているある物質 1mol を入れ，容器に 1.0×10^5Pa の圧力を加えて，温度 t_1 から加熱したとき，加えた熱量と温度の関係が図のようになった。

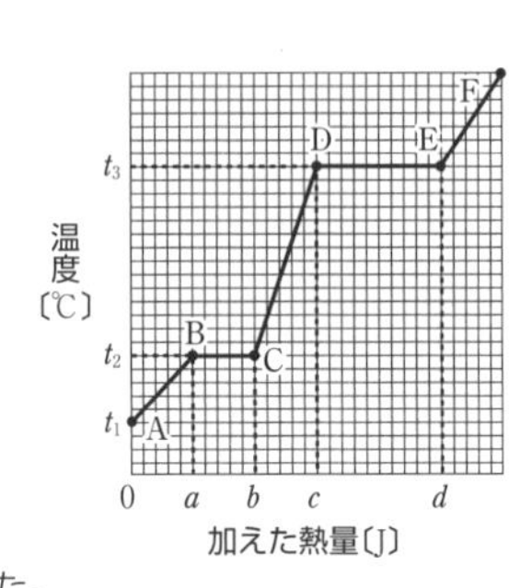

物質の状態は AB 間では [1★★★]，BC 間では [2★★★]，CD 間では [3★★★]，DE 間では [4★★★]，EF 間では [5★★★] である。また，温度 t_2 は [6★★★]，t_3 は [7★★★] であり，熱量 $(b - a)$ は [8★★★]，$(d - c)$ は [9★★★] とよばれている。 （名城大）

(1) 固体(のみ)
(2) 固体と液体(が共存)
(3) 液体(のみ)
(4) 液体と気体(が共存)
(5) 気体(のみ)
(6) 融点
(7) 沸点
(8) 融解熱[㊙融解エンタルピー]
(9) 蒸発熱[㊙蒸発エンタルピー]

2 ★★★ 物質には固体の状態で存在するものもあれば，液体や気体の状態で存在するものもある。これら 3 つの状態を物質の [1★★★] とよぶ。固体を構成している分子は，分子間で引き合い，規則正しく配列している。しかし，固体を加熱していくと分子の熱運動は温度が高くなるにつれて激しくなり，ある温度以上になると，分子間の引力に打ち勝ち液体となる。この現象は [2★★★] とよばれる。純物質では，[2★★★] が始まってから完全に液体になるまでの温度は一定であり，この温度を [3★★★] とよぶ。さらに温度を上げていくと，液体から大きな運動エネルギーを持つ分子が放出される。この現象を [4★★★] とよぶ。物質によっては，固体から，直接，気体になるものもあり，この現象を [5★★★] とよぶ。 （鹿児島大）

(1) 三態
(2) 融解
(3) 融点
(4) 蒸発
(5) 昇華

□3 ★★★ 物質は，一般に 1★★★ ， 2★★★ および 3★★★ （(1)〜(3)順不同）の3種類の状態をとる。これを物質の三態という。三態間の変化は，温度および圧力を変えることでおこる。例えば，氷を加熱すると水になる。このような変化を 4★★★ ，その逆を 5★★★ という。水から水蒸気になる変化を 6★★★ ，その逆を 7★★★ という。この他，氷が直接水蒸気になる変化を 8★★★ ，その逆を 9★★★ という。（岩手大）

〈解説〉水蒸気（気体）から氷（固体）への直接の変化を昇華ということもある。

(1) 固体
(2) 液体
(3) 気体
(4) 融解
(5) 凝固
(6) 蒸発
(7) 凝縮
(8) 昇華
(9) 凝華［別 昇華］

□4 ★★★ 図(i)は水，図(ii)は二酸化炭素の状態図である。3本の曲線(あ)〜(う)のうち，(い)は 1★★★ 曲線，(う)は 2★★★ 曲線という。3本の曲線で分けられた領域X，Y，Zのうち，Xは 3★★★ 体の状態で存在する。同様に，Yは 4★★★ 体，Zは 5★★★ 体の状態で存在する。線が途切れた点(ア)を 6★★ といい，それ以上の温度，圧力を表す領域Wでは，物質は 4★★★ 体と 5★★★ 体の中間的な性質をもつ。

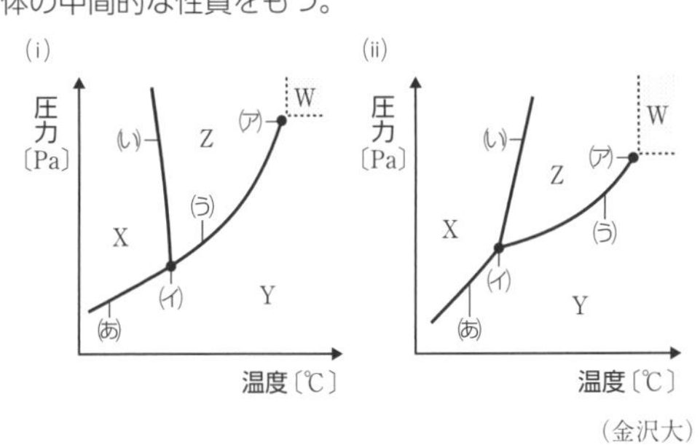

（金沢大）

〈解説〉点(イ)は三重点，(あ)は昇華圧曲線，領域Wの状態の物質は超臨界流体。

(1) 融解
(2) 蒸気圧
(3) 固
(4) 気
(5) 液
(6) 臨界点

□5 ★★ 図は水の状態図を模式的に示したものである。空欄にA，B，Cのいずれかを入れよ。

i）液体の水を加熱すると沸騰して水蒸気になる。この現象は図中の［1★★］から［2★★］への変化である。

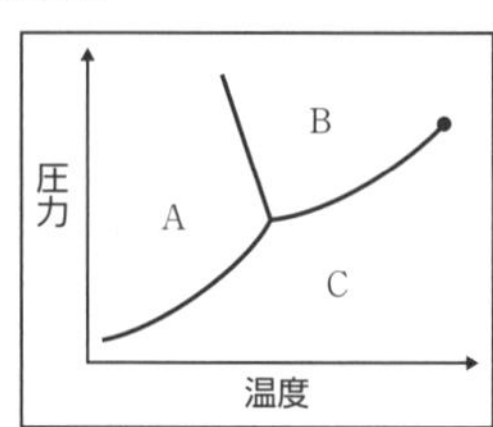

ii）アイススケートでは，スケート靴に取り付けられている金属製の刃と氷の間に発生する圧力により，氷の一部が液体の水に変化し，氷と金属の刃の間に液体が生じるのでなめらかに滑ることができるとされている。これは図中の［3★★］から［4★★］への変化を利用したものである。

iii）インスタントコーヒーはフリーズドライという方法で製造することが多い。これはコーヒーの成分を水で抽出した後に凍結させ，減圧下で氷を昇華させて水分を除く方法である。昇華を用いるこの方法は，図中の［5★★］から［6★★］への変化を利用したものである。（明治大）

〈解説〉ii）水の融解曲線は負の急な傾きをもっているため，氷に圧力が加わると水に変化する。

(1) B
(2) C
(3) A
(4) B
(5) A
(6) C

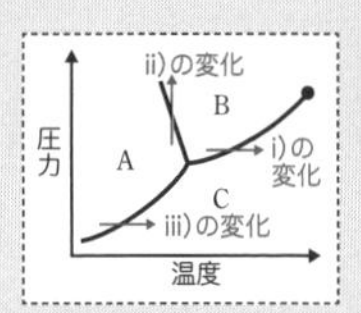

□6 ★★★ 水と水蒸気を分ける曲線は蒸気圧曲線で，水と氷を分けるのは［1★★★］曲線である。［1★★★］曲線の傾きが負であることから，0℃，1.013×10^5Pa の状態にある氷におもりをのせると［1★★★］することが分かる。この負の傾きは，氷が溶けると水素結合が切れてすき間が埋められ，体積が［2★★］することに関係している。（名古屋大）

(1) 融解（ゆうかい）
(2) 減少（げんしょう）

□7 ★★ 二酸化炭素の状態図の概略を示す。状態図からわかるように，二酸化炭素の液化は [1★] ℃以下ではおこらない。二酸化炭素は大気圧（1.0×10^5Pa）のもとで，低温であれば固体状態で存在し，ドライアイスとして食品の保冷剤に使用されている。温度一定で液化炭酸ガスの圧力を [2★★] することにより，ドライアイスに変えることができる。大気圧（1.0×10^5Pa）のもとで，ドライアイスは [3★★★] とよばれる状態変化をおこす。そのときの温度は [4★] ℃であるが，圧力を上げるとその状態変化の温度は [5★★] なる。二酸化炭素の状態図において，状態Ⅱと状態Ⅲの境界になる線は，温度 31.0℃，圧力 7.4×10^6Pa のところで途切れる。二酸化炭素は，それ以上の温度と圧力では超臨界状態という液体と気体の両方の特性をもった特殊な状態になり，コーヒーや紅茶からカフェインを除去する抽出溶媒などに使用されている。（名古屋工業大）

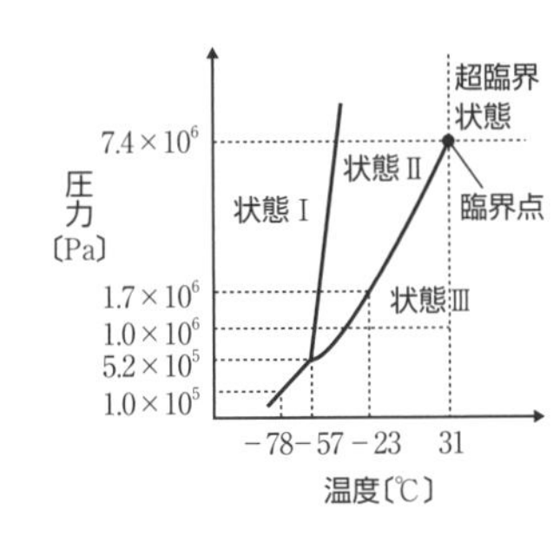

〈解説〉二酸化炭素の融解曲線は正の傾きをもっている。

(1) −57
(2) 高（たか）く
(3) 昇華（しょうか）
(4) −78
(5) 高（たか）く

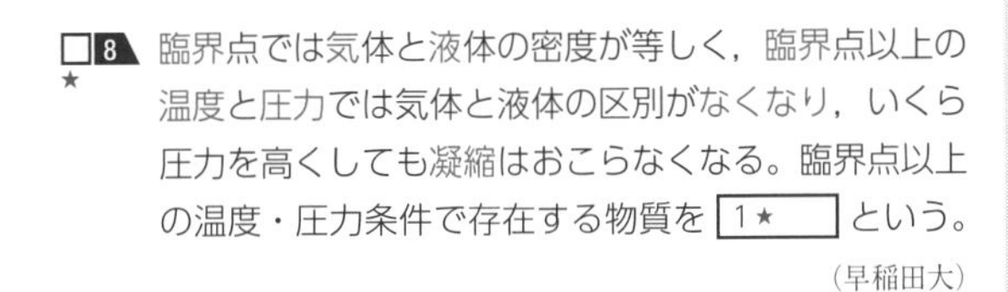

□8 ★ 臨界点では気体と液体の密度が等しく，臨界点以上の温度と圧力では気体と液体の区別がなくなり，いくら圧力を高くしても凝縮はおこらなくなる。臨界点以上の温度・圧力条件で存在する物質を [1★] という。

（早稲田大）

〈解説〉蒸気圧曲線は三重点から発して臨界点で終わる。

(1) 超臨界流体（ちょうりんかいりゅうたい）

2 気液平衡／蒸気圧

▼ANSWER

□1 ★★★ 体積が変化しない真空容器内に適当な量の水を入れてしばらく放置すると一部の水が [1★★★] し，容器上部の空間は水蒸気で飽和する(飽和状態)。このとき，単位時間あたりに [1★★★] する水分子の数と，[2★★★] する水分子の数は等しくなり，見かけ上 [1★★★] と [2★★★] が止まっているように見える状態となる。この状態を [3★★★] という。この状態になっていれば，液体の水が残っている限り，容器上部の空間の水蒸気の圧力は温度によって決まる値となり，この圧力を [4★★★] という。 (甲南大)

(1) 蒸発(じょうはつ)
(2) 凝縮(ぎょうしゅく)
(3) 気液平衡(きえきへいこう) [別 蒸発平衡(じょうはつへいこう)]
(4) 蒸気圧(じょうきあつ) [別 飽和蒸気圧(ほうわじょうきあつ)]

〈解説〉気液平衡

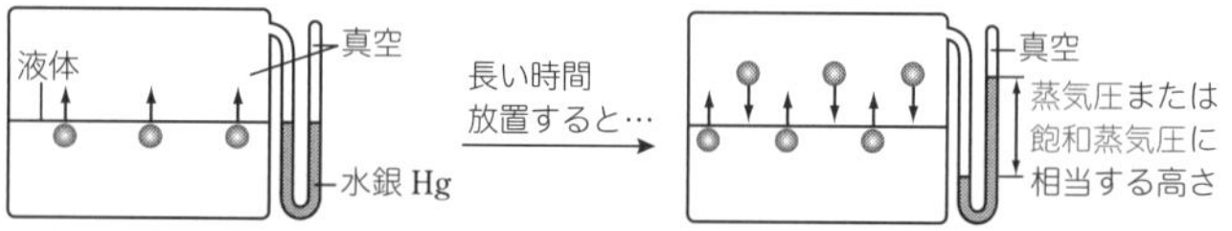

はじめは，液体からの蒸発が起こる

蒸発する液体分子の数と凝縮する気体分子の数が等しい

□2 ★★★ 蒸気圧は温度のみに依存し，物質によって固有の値をとる。一般に，温度が高いほど，液体分子の [1★★★] が激しくなって蒸発が盛んになり，容器内の気体分子の数が増える。同時に気体分子の [1★★★] も激しくなるので，蒸気圧は [2★★] くなる。また，蒸気圧は，他の気体が存在しても影響を受けない。 (埼玉大)

(1) 熱運動(ねつうんどう)
(2) 大き(おお) [別 高(たか)]

□3 ★★ 蒸気圧は温度が上がると増加するが，同じ温度における物質の蒸気圧は，一般に，分子間力の [1★★] い物質ほど低くなる。 (同志社大)

〈解説〉分子間力の強い物質ほど蒸発しにくい。

(1) 強(つよ) [別 大き(おお)]

□4 ★★★ 図は液体 a～c の蒸気圧曲線である。液体 a～c の中で，蒸発熱が最も小さいものは [1 ★★★] で，分子間力が最も大きいものは [2 ★★★] である。

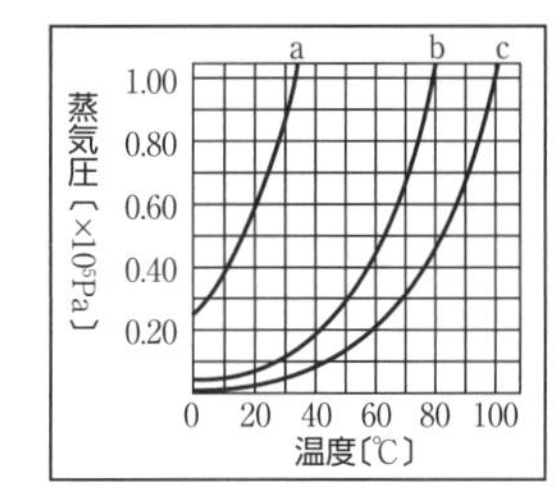

（日本女子大）

(1) a
(2) c

〈解説〉蒸発熱が小さいと蒸発しやすく，同じ温度で蒸気圧が高くなる。また，分子間力が大きい（強い）と蒸発しにくく，同じ温度で蒸気圧が低くなる。

□5 ★ 図のように，一端を閉じた十分に長いガラス管に水銀（密度 $13.6 g/cm^3$）を満たし，水銀の入った容器の上に倒立させたところ，管内の水銀柱の高さ h は 76.0cm となった。この実験を，同じ気圧下において，水銀の代わりに水（密度 $1.00 g/cm^3$）を用いて行うと，水柱の高さは [1 ★] m（3ケタ）になる。（芝浦工業大）

(1) 10.3

水銀にはたらく大気圧は，76.0cm の水銀柱にはたらく重力による圧力とつり合う。

つまり，1.013×10^5Pa ＝ 1atm ＝ 76.0cmHg ＝ 760mmHg となる。

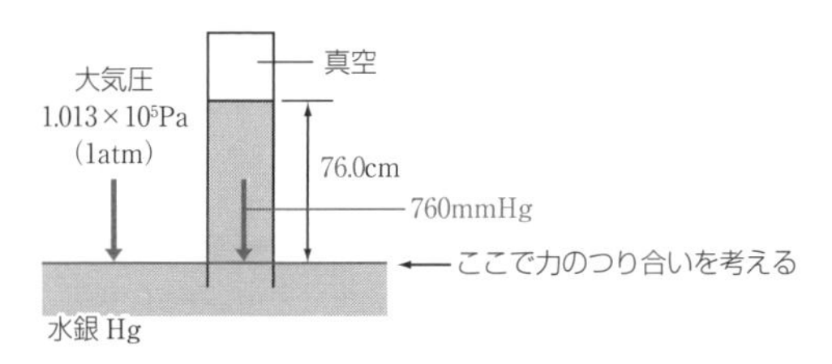

水銀 Hg の代わりに水 H_2O を用いると，

$$\left(76.0 \times \frac{13.6}{1.00}\right)\text{cm} \times \frac{1\text{m}}{10^2\text{cm}} \fallingdotseq 10.3\text{m}$$ になる。

↑水 $(1.00 g/cm^3)$ は，水銀 $(13.6 g/cm^3)$ よりも $\frac{13.6}{1.00}$ 倍 高くなる

□6 ★★★ 一定の大気圧下で液体を加熱すると，温度が高くなるにつれて蒸気圧は高くなる。やがて，蒸気圧が大気圧(外圧)に等しくなると，液体の表面からだけでなく液体の内部からも蒸発が起こり，気泡が形成されるようになる。この現象を [1 ★★★] といい，このときの温度を沸点という。 (信州大)

(1) 沸騰(ふっとう)

〈解説〉沸騰の様子

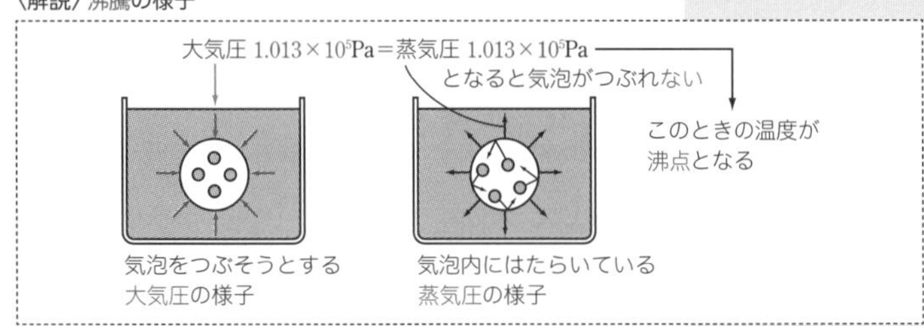

□7 ★★★ 液体が沸騰するのは蒸気圧が [1 ★★★] と等しくなるときである。 (埼玉大)

(1) 外圧(がいあつ)［㊞大気圧(たいきあつ)］

□8 ★★★ 水の沸点は，大気圧が 1.013×10^5Pa のもとでは [1 ★★★] ℃である。これは，水の飽和蒸気圧が [1 ★★★] ℃で大気圧と等しくなるからであり，気圧の低い高山では水の沸点は [1 ★★★] ℃より [2 ★★★] なる。 (立命館大)

(1) 100
(2) 低(ひく)く

〈解説〉高山での水の沸点

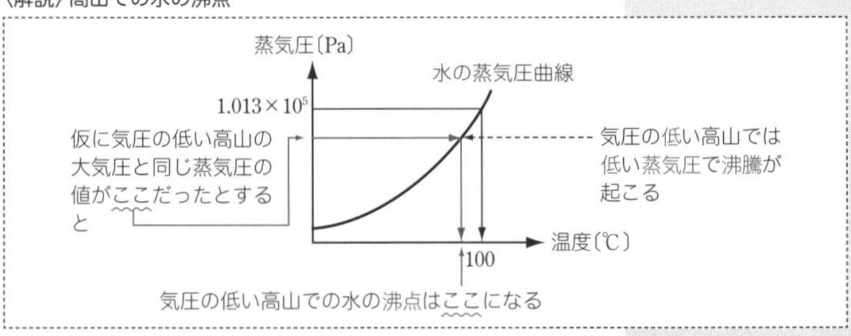

気体

1 気体／蒸気圧計算／実在気体 ▼ANSWER

□1 ★★ 気体を容器内に導くと，気体分子は [1★★] をすることにより拡散し，容器内の濃度が一定になる。（徳島大）

(1) 熱運動（ねつうんどう）

□2 ★★★ 次の⑴～⑶の法則を表すグラフとして適切なものを図の(A)～(D)の中から選び，記号で答えよ。

⑴ボイルの法則 [1★★★]　⑵シャルルの法則 [2★★★]

⑶アボガドロの法則 [3★★★]

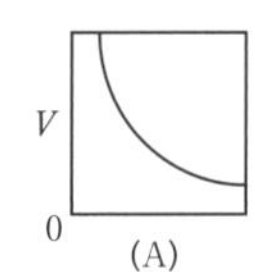

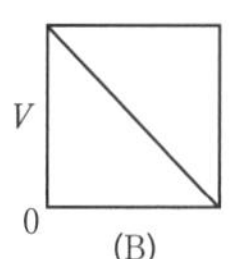

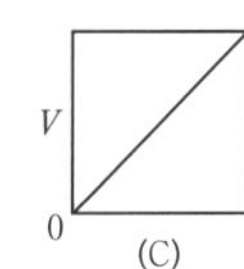

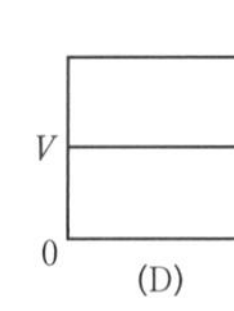

横軸は圧力 P，温度 T，あるいは物質量 n のいずれかを示す。（岩手大）

〈解説〉⑶温度と圧力が一定のとき，V と n は比例する。

(1) (A)
(2) (C)
(3) (C)

□3 ★★ 1662年ロバート・ボイルは，一定 [1★★] 下において，一定物質量の気体の体積が [2★★] に反比例して変化することを見いだした。（防衛医科大）

(1) 温度（おんど）
(2) 圧力（あつりょく）

□4 ★★ 1787年，フランスの [1★★] は，圧力一定のとき，一定物質量の気体の体積 V は，その温度を1℃上昇させるごとに，0℃のときの体積 V_0 の 1/273 だけ増加することを発見した。この関係を [1★★] の法則という。ボイルの法則と [1★★] の法則を一つにまとめたものは [2★★] の法則とよばれる。（広島市立大）

(1) シャルル
(2) ボイル・シャルル

□5 ★★★ ボイルの法則の関係式 [1★★★] ＝(一定)，シャルルの法則の関係式 [2★★★] ＝(一定)，およびボイル・シャルルの法則の関係式 [3★★★] ＝(一定)を V，P，T を用いてかけ。（徳島大）

〈解説〉T は，セルシウス温度 t〔℃〕に273を加えた絶対温度 T〔K〕を用いる。T〔K〕$= t$〔℃〕$+ 273$ となる。

(1) PV
(2) $\frac{V}{T}$
(3) $\frac{PV}{T}$

□6 ★★
ボイル・シャルルの法則や気体の [1★★] 方程式に厳密にしたがう気体を理想気体という。（岐阜大）

(1) 状態（じょうたい）

□7 ★★★
気体の状態方程式 $PV = nRT$ (P：圧力，n：物質量) の R は [1★★★] とよばれ，8.3×10^3〔Pa·L/(K·mol)〕の値をもっている。この式を用いると，27℃で 15L を占める 2.0mol の気体の圧力は [2★★★] Pa (2ケタ) となる。（京都産業大）

(1) 気体定数（きたいていすう）
(2) 3.3×10^5

解き方
R の単位から，P は Pa，V は L，T は K，n は mol を代入する。
$P \times 15 = 2.0 \times 8.3 \times 10^3 \times (273 + 27)$
$P \fallingdotseq 3.3 \times 10^5$Pa

□8 ★★★
温度 0℃，圧力 1.013×10^5Pa の条件（標準状態）において，1.00mol の気体の体積 V は，$V = 22.4$L である。気体定数 R〔Pa·L/(K·mol)〕を求めると [1★★★] (2ケタ) となる。（岩手大）

(1) 8.3×10^3

解き方
$PV = nRT$ より，
$$R = \frac{PV}{nT} = \frac{1.013 \times 10^5\text{Pa} \cdot 22.4\text{L}}{1.00\text{mol} \cdot (273 + 0)\text{K}} \fallingdotseq 8.3 \times 10^3\text{Pa} \cdot \text{L}/(\text{K} \cdot \text{mol})$$

□9 ★★★
気体の質量を w〔g〕，モル質量を M〔g/mol〕とすれば，その物質量は [1★★★]〔mol〕である。気体の圧力を P〔Pa〕，体積を V〔L〕，温度を T〔K〕，気体定数を R〔Pa·L/(K·mol)〕とすると，理想気体の状態方程式より M = [2★★★]〔g/mol〕が得られる。（大阪公立大）

〈解説〉物質量：n〔mol〕$= w\cancel{g} \times \dfrac{1\text{mol}}{M\cancel{g}}$ を $PV = nRT$ に代入して M について求める。

(1) $\dfrac{w}{M}$
(2) $\dfrac{wRT}{PV}$

□10 ★★
混合気体では，気体を構成する成分の比を使って平均した分子量を考えると便利である。これを [1★★] という。混合気体は，[1★★] をもつ単一成分の気体と同じように扱うことができる。（熊本大）

(1) 平均分子量（へいきんぶんしりょう）
[⑩見かけの分子量（みかけのぶんしりょう）]

★★

気体Aの分子量を a とし，気体Bの分子量を $2a$ とする。この混合気体の総物質量に対する気体Aの物質量の割合（気体Aのモル分率）を x としたとき，気体Bのモル分率を x を用いて表すと [1 ★★] となり，この混合気体の平均分子量 M を a と x を用いて表すと [2 ★★] となる。（静岡大）

(1) $1 - x$
(2) $M = a(2 - x)$

〈解説〉 モル分率＝ $\dfrac{\text{成分気体の物質量〔mol〕}}{\text{混合気体の全物質量〔mol〕}}$

解き方

気体Aと気体Bの混合気体の平均分子量＝気体Aの分子量×気体Aのモル分率＋気体Bの分子量×気体Bのモル分率

$$M = a \times x + 2a \times (1 - x)$$
$$= a(2 - x)$$

★★★

空気を窒素と酸素のみからなる混合気体（物質量比 4：1）とみなすと，空気の（平均）分子量は [1 ★★★] （3ケタ）となる。この空気で内部が満たされている容積 831mL のフラスコを考える。大気圧を 1.00×10^5Pa，温度を 300K とすると，フラスコ内部の空気の質量は [2 ★★★] g（3ケタ）となる。N = 14.0，O = 16.0，$R = 8.31 \times 10^3$〔Pa・L/(K・mol)〕とする。（弘前大）

(1) 28.8
(2) 0.960

解き方

求める質量を w〔g〕とする。
空気の（平均）分子量を $\bar{M}$ とすると，$N_2 = 28.0$，$O_2 = 32.0$ より，

$$\bar{M} = 28.0 \times \frac{4}{4+1} + 32.0 \times \frac{1}{4+1} = 28.8$$ と求められる。これを，

$PV = \dfrac{w}{\bar{M}} RT$ に代入すると，

$$1.00 \times 10^5 \times \frac{831}{1000} = \frac{w}{28.8} \times 8.31 \times 10^3 \times 300$$

$$w = 0.960\text{g}$$

□13 ★★ 絶対温度 T〔K〕において，圧力 P〔Pa〕の混合気体の密度は d〔g/L〕であった。このとき，この混合気体の平均分子量 M を P，T，d および気体定数 R〔Pa·L/(K·mol)〕を用いて表すと $M =$ [1 ★★] となる。

（静岡大）

(1) $\frac{dRT}{P}$

解き方

気体の質量を w〔g〕とすれば，その物質量は $\frac{w}{M}$〔mol〕となり，

$PV = \frac{w}{M}RT$ が成り立つ。

$PM = \frac{w}{V}RT$ とすれば，d〔g/L〕$= \frac{w\text{〔g〕}}{V\text{〔L〕}}$ より，

$$M = \frac{dRT}{P}$$

□14 ★★ 気体Aと気体Bを混合した気体の体積と圧力をそれぞれ V と P とする。気体Aあるいは気体Bが単独で体積 V を占めるときに示す圧力を，それぞれ P_A と P_B とすると，$P = P_A + P_B$ が成立する。この法則は [1 ★★] とよばれ，[2 ★★] により発見された。（東海大）

(1) 分圧（ぶんあつ）の法則（ほうそく）
(2) ドルトン

□15 ★★★ 一定温度で，200kPa の二酸化炭素 2L と 300kPa の一酸化炭素 1L を内容積 5L の容器に入れた。混合後の二酸化炭素の分圧を P_{CO_2} とすると，二酸化炭素について混合前後でボイルの法則が成り立つので，$P_{CO_2} =$ [1 ★★★] kPa（整数）となる。

一酸化炭素についても同様にすると，全圧は [2 ★★★] kPa（整数）と求まる。（九州産業大）

(1) 80
(2) 140

解き方

気体計算の解き方

①問題文の操作を簡単な図で表現する。

②$PV = nRT$ の中で，操作の前後で変化していない値（一定の値）を探し，□をつけ，まとめることで新しく得られる式を使う。(P:圧力，V:体積，n：物質量〔mol〕，R：気体定数，T：絶対温度〔K〕)

(1) 一定の値を探す

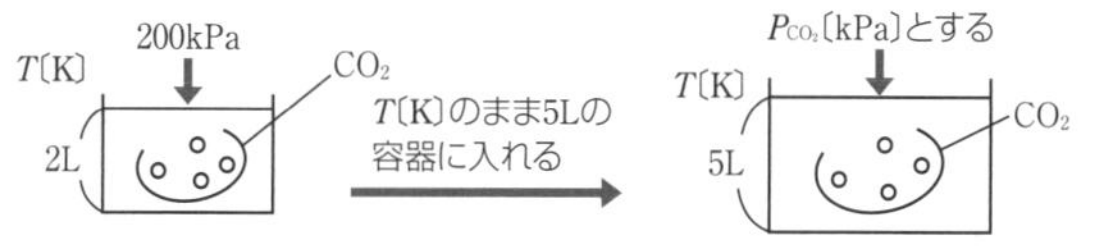

2つの容器の温度 T〔K〕，CO_2 の物質量 n〔mol〕，気体定数 R が変化していないので，$PV = \boxed{n}\boxed{R}\boxed{T}$ より PV ＝一定（ボイルの法則）となり，PV の値が操作の前後で等しくなることがわかる。

$PV = 200 \times 2 = P_{CO_2} \times 5$　よって，$P_{CO_2} = 80\text{kPa}$

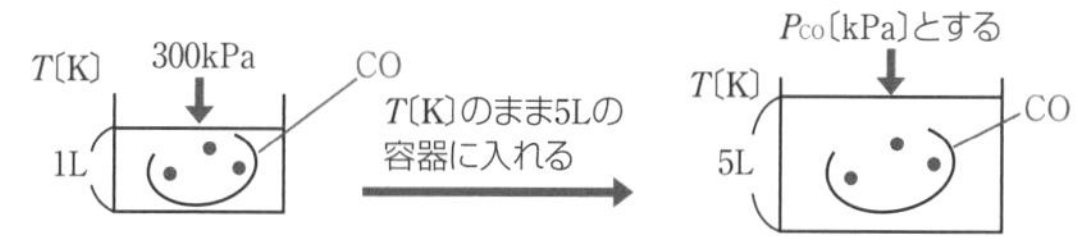

CO_2 のときと同様，T，n，R が変化していないので $PV = \boxed{n}\boxed{R}\boxed{T}$ となり，$PV = 300 \times 1 = P_{CO} \times 5$　よって，$P_{CO} = 60\text{kPa}$

(2) V，T：一定で分ける

CO_2 や CO がそれぞれ単独で混合気体と同じ体積を占めたときに，CO_2 や CO が示すそれぞれの圧力 P_{CO_2}，P_{CO} を CO_2 の分圧，CO の分圧といい，混合気体が示す圧力を全圧 P という。

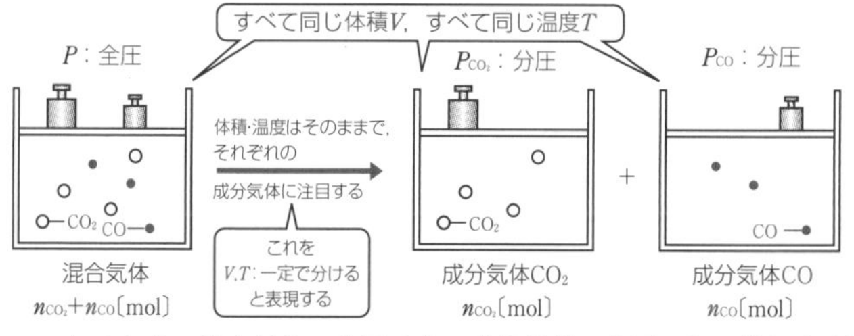

このとき，混合気体の全圧はその成分気体の分圧の和に等しく（ドルトンの分圧の法則）なる。

$P = P_{CO_2} + P_{CO} = 80 + 60 = 140\text{kPa}$　◀圧力を足すことができる

また，圧力比＝物質量〔mol〕比も成り立つ。

$P : P_{CO_2} : P_{CO} = (n_{CO_2} + n_{CO}) : n_{CO_2} : n_{CO}$　◀圧力と物質量〔mol〕が比例する

容積 4.0L と 2.0L の 2 つの容器 V と W がコックを閉じた状態で連結されている。V には酸素が 3.0×10^4Pa の圧力で，W には窒素が 1.2×10^5Pa の圧力で詰められている。温度を一定に保ったまま，コックを開けて，2 つの気体を混合した。酸素の分圧は［1 ★★★］Pa（2 ケタ）であり，混合気体の全圧は［2 ★★★］Pa（2 ケタ）である。また，この混合気体の平均分子量は［3 ★★］（2 ケタ）である。N = 14，O = 16　（早稲田大）

(1) 2.0×10^4
(2) 6.0×10^4
(3) 29

解き方

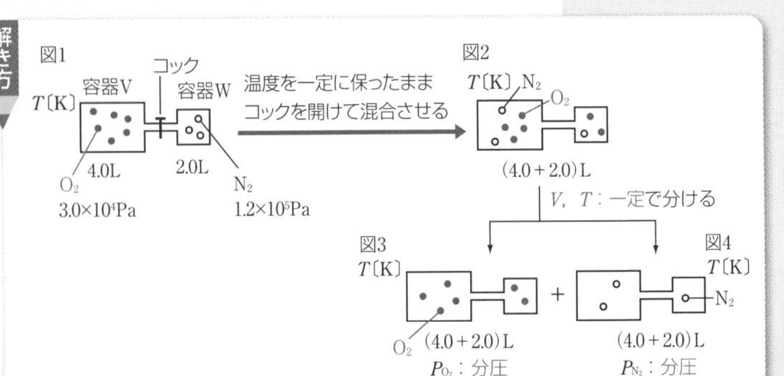

O_2 については図 1 と図 3 を比較すると，n，R，T が変化していないため $PV = \boxed{n}\boxed{R}\boxed{T}$ となり，

$$PV = 3.0 \times 10^4 \times 4.0 = P_{O_2} \times (4.0 + 2.0)$$

$$P_{O_2} = 2.0 \times 10^4 \text{Pa}$$

N_2 については図 1 と図 4 を比較すると，n，R，T が変化していないため $PV = \boxed{n}\boxed{R}\boxed{T}$ となり，

$$PV = 1.2 \times 10^5 \times 2.0 = P_{N_2} \times (4.0 + 2.0)$$

$$P_{N_2} = 4.0 \times 10^4 \text{Pa}$$

全圧 P は図 3 と図 4 より，

$$P = P_{O_2} + P_{N_2} = 2.0 \times 10^4 + 4.0 \times 10^4 = 6.0 \times 10^4 \text{Pa}$$

V，T：一定で分けたとき圧力比＝物質量比より，

$$n_{O_2} : n_{N_2} = 2.0 \times 10^4 : 4.0 \times 10^4 = 1 : 2$$

となり，O_2 = 32，N_2 = 28 よりこの混合気体の平均分子量は，

$$\underbrace{32}_{O_2\text{の分子量}} \times \underbrace{\frac{1}{1+2}}_{O_2\text{のモル分率}} + \underbrace{28}_{N_2\text{の分子量}} \times \underbrace{\frac{2}{1+2}}_{N_2\text{のモル分率}} \fallingdotseq 29$$

□17 ★★★ 理想気体は分子自身に [1★★★] がなく，分子間の [2★★★] が存在しないと仮定された気体である。

（近畿大）

(1) 体積[⑩大きさ]
(2) 引力

□18 ★★★ 現実に存在する気体を実在気体という。実在気体は，厳密には気体の状態方程式には従わない。しかし，実在気体の振る舞いは，十分に [1★★★] 温・かつ [2★★★] 圧になると理想気体に近づく。（名古屋市立大）

(1) 高
(2) 低

□19 ★★★ 実在の気体は，[1★★★] 温，[2★★★] 圧では状態方程式に従わないが，[3★★★] 温になると運動エネルギーの大きな分子の割合が増して分子間力の影響が小さくなり，理想気体に近づく。また，[4★★★] 圧では一定体積の気体に含まれる分子数が [5★★★] ので分子自身の体積の影響が小さくなり，理想気体に近づく。

（中央大）

(1) 低
(2) 高
(3) 高
(4) 低
(5) 少ない

□20 ★★★ 分子量が [1★★] く，極性が [2★★] 分子からなる気体は，[3★★★] が弱いために理想気体に近くなる。

（東北大）

(1) 小さ
(2) ない
(3) 分子間力

□21 ★★★ 実在気体の性質は，物質量 n〔mol〕の気体の体積 V〔L〕を，一定温度 T〔K〕のもと圧力 P〔Pa〕を変えながら測定し，Z 値（式 1）を計算することにより調べることができる。

$$Z = \frac{PV}{nRT} \cdots \text{（式 1）}$$

R：気体定数 8.31×10^3〔Pa·L/(K·mol)〕

いま，3 種類の純粋な気体 A ～ C（各 1.00mol）それぞれについて $T = 273$K における Z 値と P の関係を調べた（右図）。ただし，気体 A ～ C は，水素，二酸化炭素，メタンのどれかに該当する。

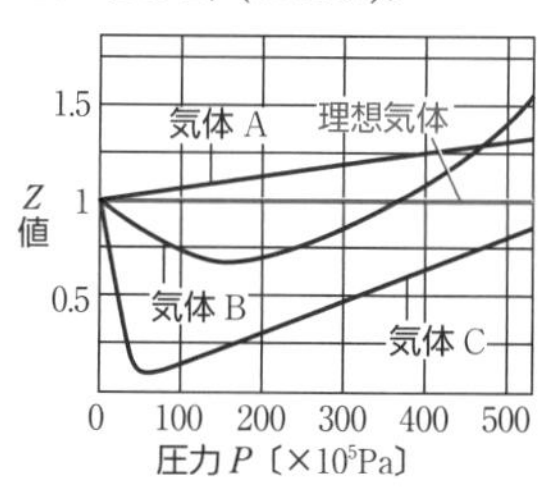

理想気体では圧力によらず $Z = 1$ となるが，実在気体の Z 値は 1 からずれている。気体 A においては，

[1★★★] の影響が現れず主に [2★★★] の影響が現れているため，Z 値は理想気体の値よりも大きくなり，圧力の上昇に伴い単調に増加している。気体Bにおいては，Z 値は低圧領域では理想気体の値より小さくなっている。これは，低圧領域では [3★★★] の影響が大きいためである。一方，圧力を高くしていくと，Z 値は増加する傾向を示す。これは，高圧領域では [4★★★] の影響を強く受けるからである。気体Cにおいては，加圧していくと，Z 値は低圧領域では急激な減少を示す。これは，気体Cの凝縮によるものである。その後，圧力が 50×10^5Pa の付近で曲線が折れ曲がり，Z 値は上昇する。よって，気体Aは [5★★]，気体Bは [6★★]，気体Cは [7★★] となる。 （北里大）

〈解説〉分子量が大きいほど分子間力が大きい。

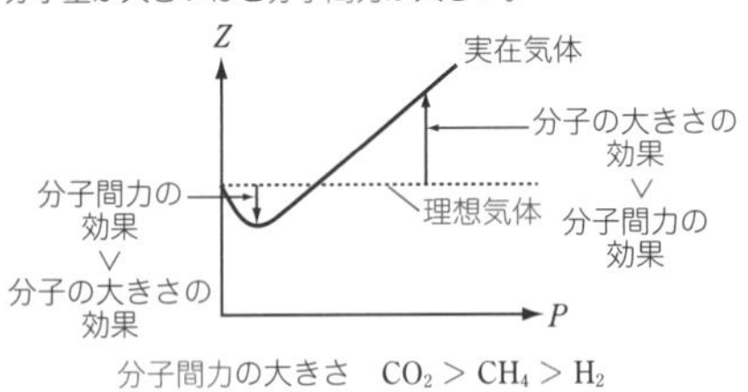

分子間力の大きさ　$CO_2 > CH_4 > H_2$

(1) 分子間力（ぶんしかんりょく）
(2) 分子自身の体積（ぶんしじしんのたいせき）[⑳分子の大きさ]
(3) 分子間力（ぶんしかんりょく）
(4) 分子自身の体積（ぶんしじしんのたいせき）[⑳分子の大きさ]
(5) 水素（すいそ） H_2
(6) メタン CH_4
(7) 二酸化炭素（にさんかたんそ） CO_2

□22 ★★ 図は，ある一定温度での CO_2 について，圧力 P に対する圧縮係数 Z の変化を示したグラフである。ただし曲線①，②，③は温度が異なる。曲線①，②，③を温度の高い方から順に並べよ。 [1★★]

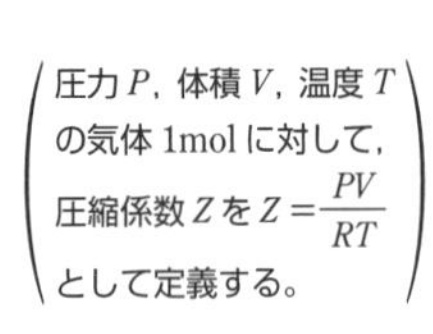

（圧力 P，体積 V，温度 T の気体 1mol に対して，圧縮係数 Z を $Z = \frac{PV}{RT}$ として定義する。）

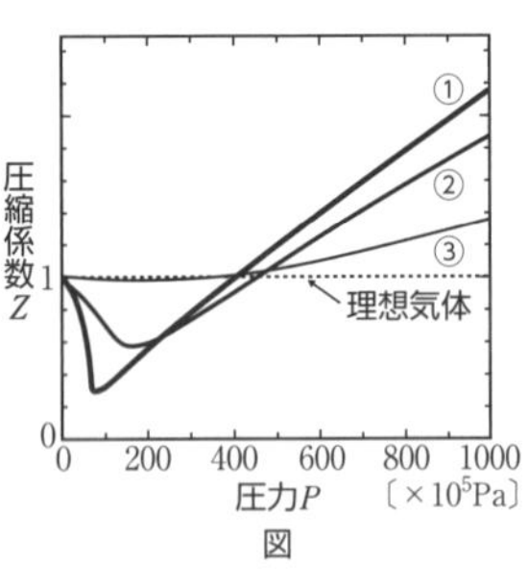

図

（弘前大）

〈解説〉温度が高くなるほど，実在気体は理想気体に近づく。

(1) ③，②，①

□23 ★★★ 理想気体では，［1★★★］と［2★★★］を無視しているが，実在の気体では，［1★★★］により，分子が自由に運動できる空間が減少する。また，実在気体では，［2★★★］が働いており，壁に衝突しようとする分子を引きつけて圧力を弱めるように働く。 （関西学院大）

(1) 分子自身の体積［別 分子の大きさ］
(2) 分子間力

□24 ★★★ ファンデルワールスの状態方程式 $(P+\frac{a}{V^2})(V-b)=RT$ は，1mol の実在気体の圧力 P，体積 V，絶対温度 T，および気体定数 R の間の関係だけでなく，気体が液化する現象も近似的に表す。ここで定数 a，b はどちらも正の値をもち，a は分子間に働く［1★★★］の効果を，また b は分子の［2★★★］が無視できない効果を表し，それぞれ理想気体からのずれに対して相反する性質を示す。 （慶應義塾大）

(1) 引力
(2) 体積［別 大きさ］

〈解説〉理想気体の状態方程式を補正してつくったファンデルワールスの状態方程式は実在気体でも成り立つ。
1mol の実在気体なので，問題文ではファンデルワールスの状態方程式

$$(P_{実}+\frac{n^2}{V_{実}{}^2}a)(V_{実}-nb)=nRT$$

に $n=1$ を代入している。定数 a，b はファンデルワールスの定数とよばれる。

□25 ★★ ジエチルエーテルと乾いた空気を密閉容器内に入れ温度を 20℃に保ったところ，ジエチルエーテルの液体が残った状態で平衡状態になった。容器内の圧力が 1.0×10^5Pa であったとすると，容器内の空気の分圧は［1★★］$\times10^4$Pa（2ケタ）となる。ただし，20℃でのジエチルエーテルの飽和蒸気圧は 0.60×10^5Pa とする。 （東北学院大）

(1) 4.0

液体が存在する限り，ジエチルエーテルの分圧は飽和蒸気圧 0.60×10^5Pa を示す。

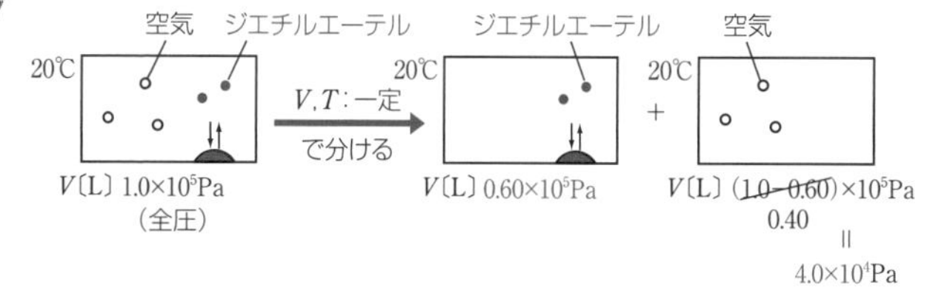

□26 ★★★ 容積10Lの容器Aの内部を真空にして水3.6gを注入し，容器内の温度を90℃に保ったとき，容器A内の圧力は［1★★★］Pa（2ケタ）となる。

ただし，90℃における飽和水蒸気圧を7.0×10^4Pa，気体定数は8.3×10^3〔Pa·L/(K·mol)〕，$H_2O = 18$とする。（東京薬科大）

(1) 6.0×10^4

〈解説〉

すべて気体と仮定したときの仮の圧力≦飽和蒸気圧 ➡ すべて気体
すべて気体と仮定したときの仮の圧力＞飽和蒸気圧 ➡ 一部が液体として存在
↑
（気液平衡）

解き方

容器Aに注入したH_2O $3.6\text{g} \times \dfrac{1\text{mol}}{18\text{g}} = 0.20$molがすべて気体であると仮定して仮の$H_2O$の圧力$P_{if}$を求める。

$$P_{if} \times 10 = 0.20 \times 8.3 \times 10^3 \times (273 + 90)$$

よって，$P_{if} \fallingdotseq 6.0 \times 10^4$Pa

90℃における飽和水蒸気圧は7.0×10^4Paなので，

$$P_{if} \fallingdotseq 6.0 \times 10^4\text{Pa} < 7.0 \times 10^4\text{Pa}$$

となり，仮定が正しかったことになる。つまり，容器A内には気体のH_2Oだけが存在していて，容器A内の圧力は，

6.0×10^4Pa

となる。

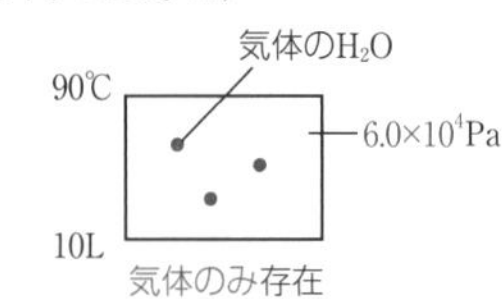

容積 10L の容器 A の内部を真空にして水 3.6g を注入後，容器内の温度を 60℃に保ったとき，容器 A 内に液体として存在する水は [1 ★★] g (2 ケタ) となる。

ただし，60℃における飽和蒸気圧を 2.0×10^4Pa，気体定数は 8.3×10^3〔Pa·L/(K·mol)〕，$H_2O = 18$ とする。

（東京薬科大）

(1) 2.3

解き方

液体の H_2O と気体の H_2O が共存していることを確かめるために，容器 A に注入した H_2O $3.6\text{g} \times \dfrac{1\text{mol}}{18\text{g}} = 0.20$mol がすべて気体であると仮定して仮の H_2O の圧力 P_{if} を求める。

$$P_{if} \times 10 = 0.20 \times 8.3 \times 10^3 \times (273 + 60)$$

よって，$P_{if} \fallingdotseq 5.5 \times 10^4$Pa

60℃における飽和水蒸気圧は 2.0×10^4Pa なので，

$$P_{if} \fallingdotseq 5.5 \times 10^4\text{Pa} > 2.0 \times 10^4\text{Pa}$$

となり，仮定が誤っていたことになる。つまり，容器 A 内には液体の H_2O と気体の H_2O が共存していて，容器 A 内の圧力は，

$$2.0 \times 10^4\text{Pa}$$

となる。

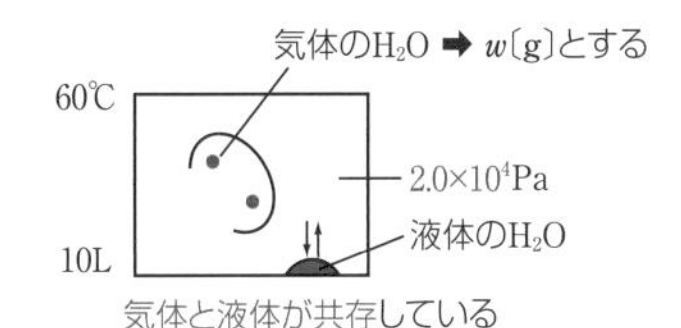

気体と液体が共存している

このとき，容器 A 内に気体として存在する H_2O を w〔g〕とすると，$PV = nRT$ より，次の式が成り立つ。

$$2.0 \times 10^4 \times 10 = \frac{w}{18} \times 8.3 \times 10^3 \times (273 + 60)$$

$$w \fallingdotseq 1.30\text{g}$$

よって，容器 A 内に液体として存在する H_2O は，

$$3.6 - w \fallingdotseq 2.3\text{g}$$

となる。

□28 ★★ 水素を発生させて水上置換で捕集したところ，27℃，1.036×10^5Pa で，350mL の体積を得た。捕集した気体中の水素の分圧は [1★★] Pa(2ケタ)となり，このとき得られた水素は [2★★] mol(2ケタ)となる。ただし，27℃での水の飽和蒸気圧は 3.6×10^3Pa，気体定数 $R = 8.3 \times 10^3$〔Pa·L/(K·mol)〕とする。

（千葉工業大〈改〉）

(1) 1.0×10^5
(2) 1.4×10^{-2}

解き方

水上置換で H_2 を捕集したときには，容器内は H_2 と H_2O の混合気体となっている。

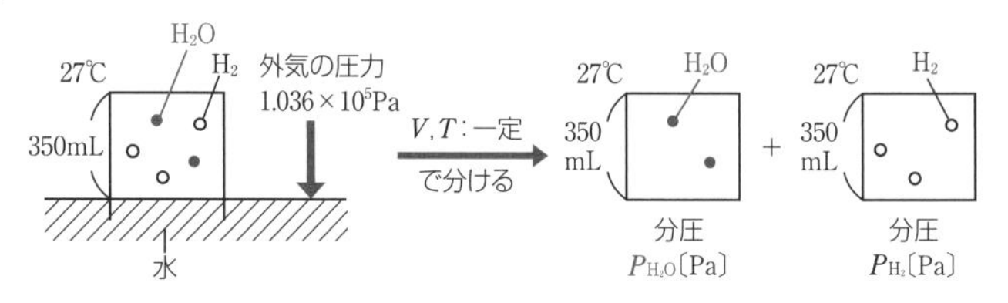

水上置換で捕集したときには，H_2O の分圧は水の飽和蒸気圧になる。

$P_{H_2O} = 3.6 \times 10^3$ Pa

ここで，外気の圧力と容器内の全圧は等しくなるから，次の式が成り立つ。

$$\underbrace{1.036 \times 10^5}_{\text{外気の圧力}} = \underbrace{3.6 \times 10^3}_{\text{水の飽和蒸気圧}} + \underbrace{P_{H_2}}_{\text{水素の分圧}}$$

$P_{H_2} = 1.0 \times 10^5$Pa

$PV = nRT$ より，

$$1.0 \times 10^5 \times \frac{350}{1000} = n_{H_2} \times 8.3 \times 10^3 \times (273 + 27)$$

$n_{H_2} \fallingdotseq 1.4 \times 10^{-2}$mol

結晶

1 結晶の種類

▼ ANSWER

□1 ★★ 原子，分子，イオンなどが立体的に規則正しく繰り返し配列した固体を結晶という。結晶は，金属結晶，イオン結晶，分子結晶，共有結合の結晶に分類することができる。一方，ガラスのように粒子配置が不規則な固体を [1 ★★] という。 （愛媛大）

〈解説〉固体 ┬ 結晶
　　　　　　└ 非晶質（アモルファス）

(1) 非晶質（ひしょうしつ）[㊥アモルファス]

□2 ★★★ 金属結晶：金属原子が価電子を共有することで，原子間に結合が生じて結晶が形成されている。価電子は，特定の原子に固定されず，多数の原子間を容易に移動でき，[1 ★★★] とよばれる。 （島根大）

(1) 自由電子（じゆうでんし）

□3 ★★★ イオン結晶：陽イオンと陰イオンとの間にはたらく [1 ★★★] 力とよばれる力によって結晶が形成されている。この結晶の代表的なものに，塩化ナトリウムがある。イオン結晶は，電気を通さないが，加熱して融解させたり，水に溶解させると電気を通す。 （島根大）

(1) 静電気（せいでんき）[㊥クーロン]

□4 ★★★ 分子結晶：[1 ★★★] 力とよばれる弱い力で分子どうしが引き合って結晶が形成されている。この結晶は，融点や沸点が [2 ★★★] ものや，軟らかいものが多い。 （島根大）

(1) 分子間（ぶんしかん）[㊥ファンデルワールス]
(2) 低（ひく）い

□5 ★★★ 共有結合の結晶：ダイヤモンドや黒鉛のように，原子間の共有結合によって結晶が形成されている。ダイヤモンドと黒鉛は，ともに炭素の単体で互いに [1 ★★★] の関係にあるが，構造も性質も異なっている。（島根大）

(1) 同素体（どうそたい）

□6 ★★★ 天然に存在する水晶やケイ砂の化学式は [1 ★★★] であり，その固体中では，ケイ素 (Si) 原子と酸素 (O) 原子からなる正四面体が，三次元的に規則的に繰り返し結合している。 （慶應義塾大）

(1) SiO_2

2 金属結晶の構造

▼ANSWER

□1 ★★★
金属結晶では，金属原子から放出された 1★★★ は，すべての金属原子に共有されている。このような 1★★★ を特に 2★★★ という。（金沢大）

(1) 価電子
(2) 自由電子

□2 ★★★
金属結晶では，自由電子が金属原子を規則正しく結びつけている。このような結合を特に 1★★★ 結合という。金属は，結晶全体を自由に動くことができる自由電子のため， 2★★★ および 3★★★ （順不同）の伝導性が高く，光をよく反射する。（静岡大）

(1) 金属
(2) 熱
(3) 電気

□3 ★★★
1★★★ が周囲の特定の原子と結合をつくっていないので，外部から力を加えると，金属の変形がおきる。金属をたたくと薄く箔状に広がる性質を 2★★★ ，引っ張ると細い線状にのびる性質を 3★★★ という。このような性質を利用して，金箔や銅線がつくられている。（新潟大）

(1) 自由電子［別 価電子］
(2) 展性
(3) 延性

□4 ★★★
金属は原子半径が 1★★★ ほど，また価電子数が 2★★★ ほど金属結合が強くなり，融点や沸点が 3★★★ なる。一般に，典型元素の金属より遷移元素の金属の方が融点や沸点が 4★★★ ，密度の 5★★★ ものが多い。（横浜国立大）

(1) 小さい［別 短い］
(2) 多い
(3) 高く
(4) 高く
(5) 大きい

□5 ★★★
金属結晶の構造には， 1★★★ 格子， 2★★★ 格子（順不同）， 3★★★ 構造などがある。結晶構造の繰り返しの最小単位を単位格子という。（早稲田大）

(1) 体心立方
(2) 面心立方
(3) 六方最密（充塡）

〈解説〉

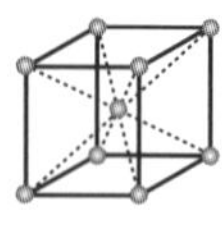

体心立方格子
例 Na，K などのアルカリ金属

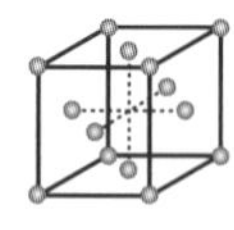

面心立方格子
例 Cu，Ag，Al

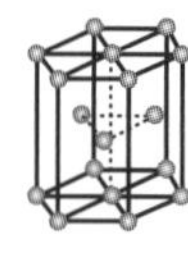

六方最密構造
（六方最密充塡構造）
例 Mg，Zn

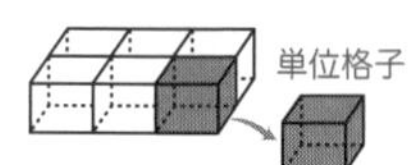

これを調べて全体の様子とする

□6 ★★★ 単位格子中の原子数は，体心立方格子では 1★★★ 個，面心立方格子では 2★★★ 個，六方最密構造では 3★★★ 個である。 （早稲田大）

(1) 2
(2) 4
(3) 2

単位格子に含まれる原子の個数

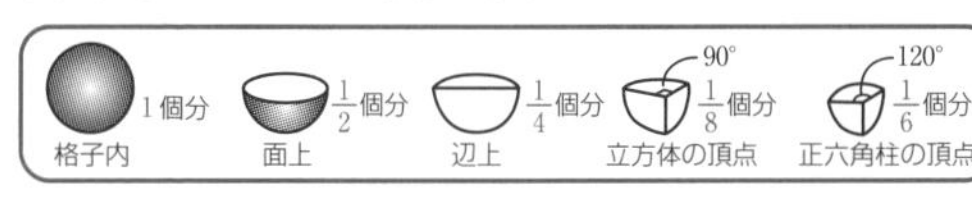

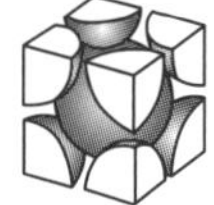

体心立方格子

面心立方格子

六方最密構造

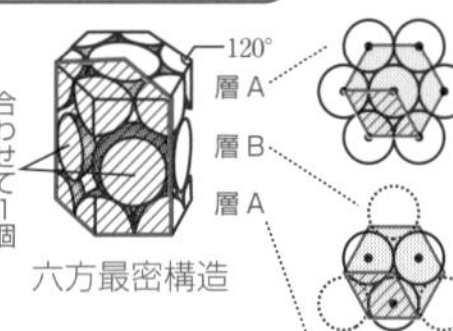

層A，層Bにおける原子の配列（上から見た図）

体心立方格子：$\underbrace{\frac{1}{8}}_{\text{頂点の原子}} \times 8 + \underbrace{1}_{\text{格子内の原子}} = 2$ 個

面心立方格子：$\underbrace{\frac{1}{8}}_{\text{頂点の原子}} \times 8 + \underbrace{\frac{1}{2}}_{\text{面上の原子}} \times 6 = 4$ 個

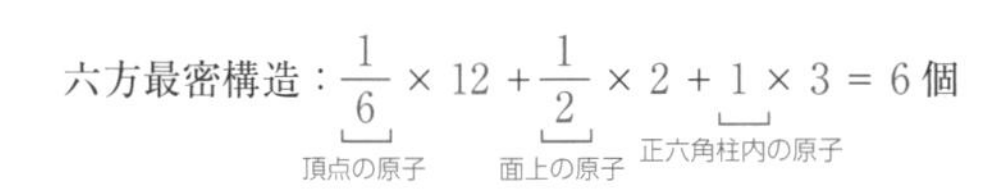

六方最密構造：$\underbrace{\frac{1}{6}}_{\text{頂点の原子}} \times 12 + \underbrace{\frac{1}{2}}_{\text{面上の原子}} \times 2 + \underbrace{1}_{\text{正六角柱内の原子}} \times 3 = 6$ 個

の原子が正六角柱内に含まれている。
ただし，<u>六方最密構造の単位格子はこの正六角柱の3分の1に相当する</u>ので，

$6 \div 3 = 2$ 個

の原子が単位格子に含まれている。

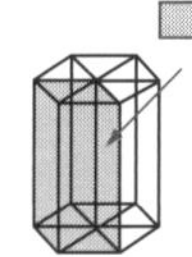
単位格子を横から見た図

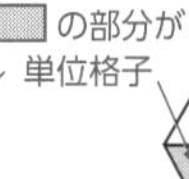
単位格子を上から見た図

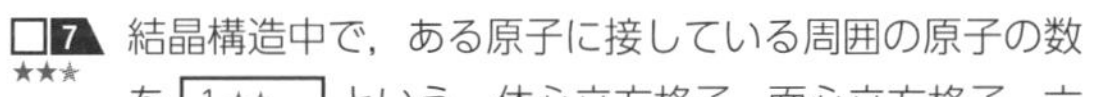

□7 ★★★ 結晶構造中で，ある原子に接している周囲の原子の数を 1★★ という。体心立方格子，面心立方格子，六方最密構造の 1★★ は，それぞれ 2★★★，3★★★，4★★★ である。 （早稲田大）

(1) 配位数（はいいすう）
(2) 8
(3) 12
(4) 12

〈解説〉

○1個は ●8個に囲まれている
体心立方格子

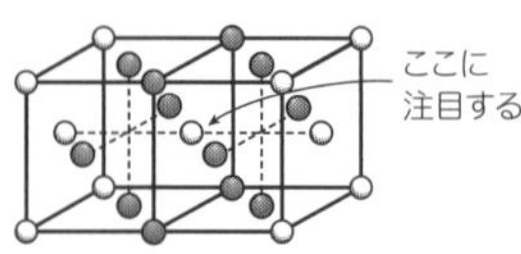

○1個は ●12個に囲まれている
面心立方格子

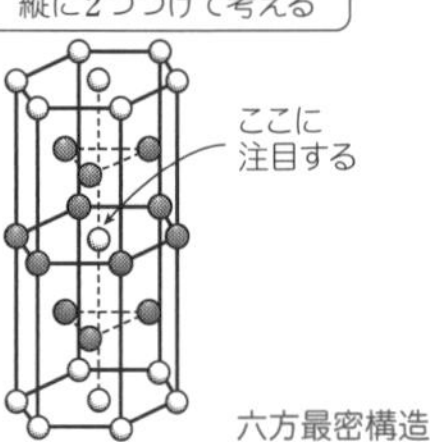

六方最密構造
○1個は ●12個に囲まれている

□8 ★★★ リチウム，ナトリウム，カリウム，セシウムなどのアルカリ金属は柔らかく，結晶構造は [1★★★] 格子である。これに比べ，金，銀，銅などの貴金属は固く，結晶構造は [2★★★] 格子である。（奈良女子大）

(1) 体心立方（たいしんりっぽう）
(2) 面心立方（めんしんりっぽう）

□9 ★★★ 結晶中で鉄原子は半径 r の球である。鉄は室温で図に示すような体心立方格子の結晶構造をとる。その単位格子中には [1★★★] 個の鉄原子が含まれ，単位格子の1辺の長さは [2★★★] となる。

体心立方格子

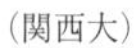

（関西大）

(1) 2
(2) $\dfrac{4\sqrt{3}}{3}r$
［別 $\dfrac{4}{\sqrt{3}}r$］

解き方

原子の半径 r と単位格子1辺の長さ a との関係は，単位格子の切断面に注目して求める。

下図より，$4r = \sqrt{3}\,a$ となり，1辺の長さ $a = \dfrac{4}{\sqrt{3}}r = \dfrac{4\sqrt{3}}{3}r$

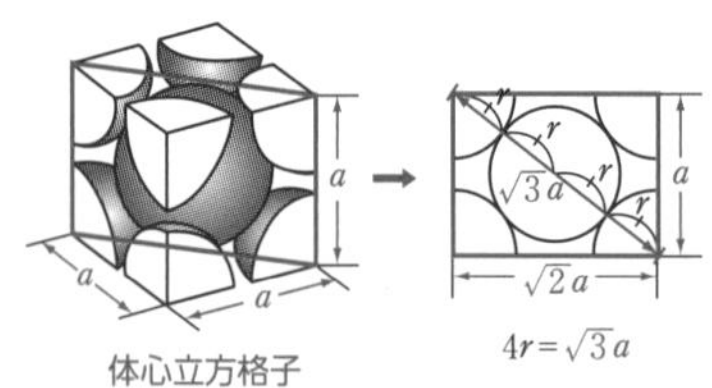

体心立方格子

$4r = \sqrt{3}a$

□10 ★★ 鉄原子を大きさが一定の球とすると，体心立方格子における原子の充填率は [1★★] %（整数）となる。なお，$\sqrt{3} = 1.73$，$\pi = 3.14$ とする。（愛媛大）

(1) 68

〈解説〉原子を球と考えたとき，球が空間に占める体積の割合を充填率という。

$$充填率〔\%〕=\frac{単位格子中の原子の体積}{単位格子の体積}\times 100$$

解き方

$$体心立方格子の充填率=\frac{\frac{4}{3}\pi r^3\times 2}{a^3}\times 100$$

（原子の半径を r，単位格子1辺の長さを a とする）

$$=\frac{\frac{4}{3}\pi\left(\frac{\sqrt{3}}{4}a\right)^3\times 2}{a^3}\times 100$$

◀ $4r=\sqrt{3}\,a$ なので，$r=\frac{\sqrt{3}}{4}a$ として代入する

$\fallingdotseq$ 68% ◀ $\pi=3.14$，$\sqrt{3}=1.73$ を利用する

□11 ★★★ ナトリウムの結晶は図のような構造で，ナトリウム結晶の単位格子の1辺の長さは 4.3×10^{-8}cm である。この結晶 1cm^3 中に [1 ★★] 個（2ケタ）のナトリウム原子が含まれ，このナトリウムの結晶の密度は [2 ★★★] g/cm^3（2ケタ）となる。ただし，Na = 23.0，アボガドロ定数 6.0×10^{23}/mol，$(4.3)^3=80$ とする。（弘前大）

ナトリウムの結晶構造

(1) 2.5×10^{22}
(2) 9.6×10^{-1}

解き方

個 ÷ cm^3 で個 /cm^3 つまり 1cm^3 中のナトリウム原子の個数が求められる。体心立方格子であるナトリウムは，単位格子中に2個の原子を含む。

よって，$\underbrace{2個}_{単位格子中の原子の個数}\div\underbrace{(4.3\times10^{-8})^3\,\mathrm{cm^3}}_{単位格子の体積〔\mathrm{cm^3}〕}\fallingdotseq 2.5\times10^{22}$ 個 /cm^3

また，g ÷ cm^3 で g/cm^3 つまり 1cm^3 あたりの質量〔g〕（密度）が求められる。

$$よって，\underbrace{\left\{2個\times\frac{1\mathrm{mol}}{6.0\times10^{23}個}\times\frac{23.0\mathrm{g}}{1\mathrm{mol}}\right\}}_{単位格子の質量〔\mathrm{g}〕}\div\underbrace{(4.3\times10^{-8})^3\mathrm{cm^3}}_{単位格子の体積〔\mathrm{cm^3}〕}$$

$\fallingdotseq 9.6\times10^{-1}$g/cm^3

別解 (1)の結果を利用して求めることもできる。

$$\frac{2.5\times10^{22}個\times\frac{1\mathrm{mol}}{6.0\times10^{23}個}\times\frac{23.0\mathrm{g}}{1\mathrm{mol}}}{1\mathrm{cm^3}}\fallingdotseq 9.6\times10^{-1}\mathrm{g/cm^3}$$

面心立方格子を図の色塗りした面で切断した断面の原子配置を示せ。

1 ★★

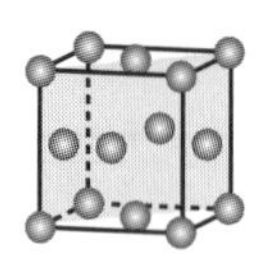

（東北大）

(1)

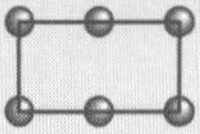

□13 ★★★

面心立方格子をもつ金属単体の結晶の単位格子を考える。原子が球であり，互いに接していると仮定すると，原子半径は単位格子の1辺の長さ a を用いて [1 ★★★] a と表される。（京都大）

(1) $\frac{\sqrt{2}}{4}$

解き方

原子の半径 r と単位格子1辺の長さ a との関係式は，図のように単位格子の面の部分に注目して求める。

$4r = \sqrt{2}\,a$ より，$r = \frac{\sqrt{2}}{4}a$

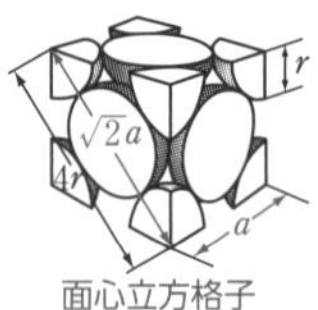

面心立方格子

□14 ★★

銅の単体は面心立方格子をとる。単位格子の1辺の長さが 0.36nm のとき，最近接原子間距離は [1 ★★] nm（2ケタ）である。なお，$\sqrt{2} = 1.4$ とする。

（横浜市立大）

(1) 0.25

解き方

原子の半径を r とすると，最近接原子間距離は $2r$ になる。

単位格子の1辺の長さを a とすると，$a =$ 0.36nm であり，$\sqrt{2}\,a = 4r$ より，

$2r = \frac{\sqrt{2}}{2}a = \frac{1.4}{2} \times 0.36 \fallingdotseq 0.25$nm

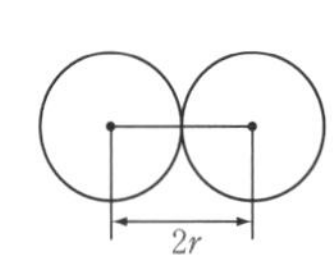

□15 ★★★ Ptの単位格子は，図の面心立方格子である。単位格子中にPt原子は，1★★★ 個含まれる。図の単位格子の1辺の長さ a は，3.92×10^{-8} cmであるのでPtの密度は 2★★★ g/cm^3（3ケタ）と求まる。原子量は，Pt＝195.0とし，アボガドロ定数は 6.02×10^{23}/molとせよ。（大阪大）

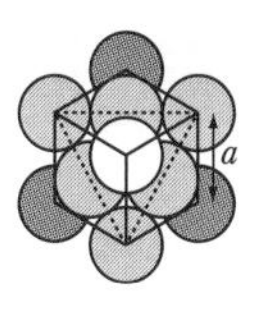

(1) 4
(2) 21.5

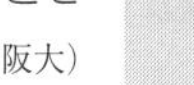

解き方

単位格子中のPt原子は，$\underbrace{\frac{1}{8}}_{\text{頂点}}\times8+\underbrace{\frac{1}{2}}_{\text{面}}\times6=4$ 個なので，

Ptの密度〔g/cm^3〕は，

$$\frac{4\text{個}\times\dfrac{1\text{mol}}{6.02\times10^{23}\text{個}}\times\dfrac{195.0\text{g}}{1\text{mol}}}{(3.92\times10^{-8})^3\text{cm}^3}\fallingdotseq21.5\text{g/cm}^3$$

となる。

□16 ★★☆ 面心立方格子の単位格子の中の原子の数は 1★★★ 個で充填率は 2★★ %（整数）である。なお，$\sqrt{2}=1.41$，$\pi=3.14$ とする。（横浜国立大）

(1) 4
(2) 74

〈解説〉充填率〔%〕＝$\dfrac{\text{単位格子中の原子の体積}}{\text{単位格子の体積}}\times100$

解き方

面心立方格子の充填率＝$\dfrac{\frac{4}{3}\pi r^3\times4}{a^3}\times100$　（原子の半径を r，単位格子1辺の長さを a とする）

$$=\frac{\frac{4}{3}\pi\left(\frac{\sqrt{2}}{4}a\right)^3\times4}{a^3}\times100$$ ◀ $4r=\sqrt{2}\,a$ なので，$r=\frac{\sqrt{2}}{4}a$ として代入する

$\fallingdotseq74\%$ ◀ $\pi=3.14$，$\sqrt{2}=1.41$ を利用する

参考　最密充填構造である面心立方格子（立方最密構造ともいう）と六方最密構造の充填率は同じ74%になる。

3 イオン結晶の構造

▼ANSWER

□1 ★★★ 陽イオンと陰イオンの間の［1★★★］力による結合を［2★★★］結合という。［2★★★］結合によってできている結晶を［2★★★］結晶とよぶ。（大阪公立大）

(1) 静電気（せいでんき）［㊀クーロン］
(2) イオン

□2 ★★★ イオン結晶は固体のままでは電気伝導性がないが，［1★★★］したり［2★★★］したり（順不同）すると電気伝導性を示す。（弘前大）

(1) 融解（ゆうかい）
(2) 溶解（ようかい）

□3 ★★ イオン結合性の化合物は，一般に高い融点を示し，その固体は電気伝導性を示さない絶縁体である。また，特定の面に沿って割れやすい［1★★］性があり，水によく溶けるものが多い。（東北大）

(1) へき開（かい）

〈解説〉

□4 ★★★ ［1★★★］結晶の融点を表に示す。陽イオンと陰イオンの並び方は，すべて同じである。［2★★★］力は，イオン間の距離が大きいほど［3★★］。ハロゲン化物イオンの半径は，ハロゲンの原子番号が大きくなるにつれて［4★★］なる。したがって，［2★★★］力は原子番号が大きくなるにつれて［5★★］なり，融点は原子番号が大きくなるにつれて［6★★］なる。

	NaF	NaCl	NaBr	NaI
融点〔℃〕	993	801	747	651

（大阪公立大）

(1) イオン
(2) 静電気（せいでんき）［㊀クーロン］
(3) 弱（よわ）い
(4) 大（おお）きく
(5) 弱（よわ）く
(6) 低（ひく）く

〈解説〉①イオン半径：$F^- < Cl^- < Br^- < I^-$
②イオン結晶の融点は，静電気力（クーロン力）が強くはたらくほど，高くなる。イオン間にはたらく静電気力は，イオン間の距離（$r^+ + r^-$）が短いほど強くなり，イオンの価数（a，b）が大きいほど強くなる。

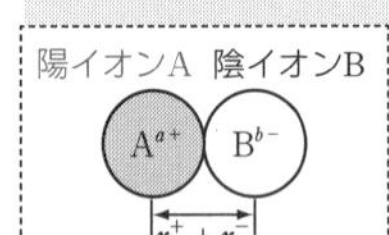

 ★★★ 塩化ナトリウム結晶の単位格子を図に示す。この単位格子は立方体で，単位格子１個あたり，ナトリウムイオンと塩化物イオンは，それぞれ正味 [1★★★] 個ずつ入っている。（広島市立大）

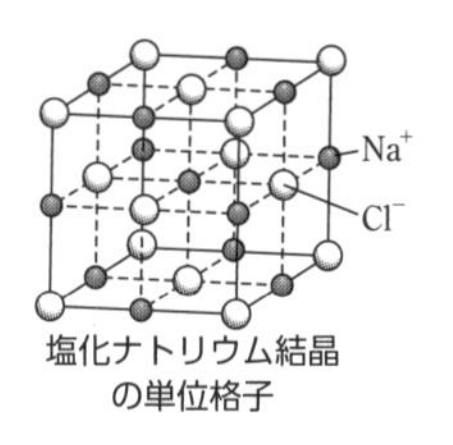

塩化ナトリウム結晶の単位格子

(1) 4

〈解説〉
Na^+ ● $\underset{\text{格子内の}Na^+}{\underline{1}} + \underset{\text{辺上の}Na^+}{\underline{\frac{1}{4}}} \times 12 = 4$ 個　Cl^- ○ $\underset{\text{面上の}Cl^-}{\underline{\frac{1}{2}}} \times 6 + \underset{\text{頂点の}Cl^-}{\underline{\frac{1}{8}}} \times 8 = 4$ 個

□6 ★★★ 塩化ナトリウム結晶において，Na^+に最も近接するCl^-の数，およびCl^-に最も近接するNa^+の数はそれぞれ [1★★★] である。（龍谷大）

(1) 6

解き方

イオン結晶の場合，ふつう「●の最も近くに存在する○の数」を「●の配位数」，「○の最も近くに存在する●の数」を「○の配位数」とよぶ。

NaCl：下図から，●の配位数は6，○の配位数は6

あと $\frac{1}{2}$ 格子加えた図から考える

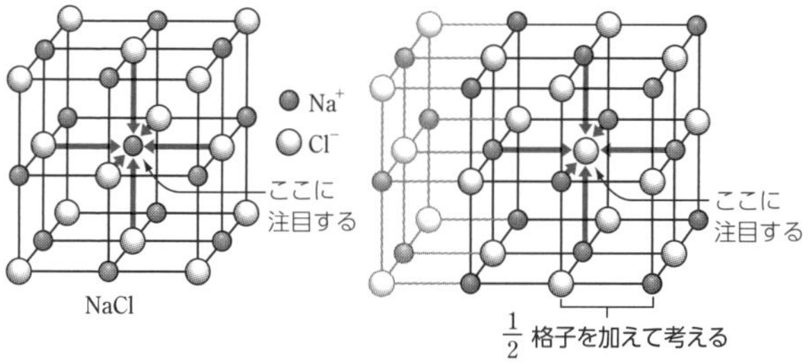

□7 ★★★ イオン結晶中において，イオンが接している反対符号のイオンの数を [1★★★] という。イオン結晶は，[1★★★] が大きいほど安定であるが，陰イオンに対して陽イオンが小さくなりすぎ，陰イオン同士が接するようになると結晶は不安定になる。（筑波大）

(1) 配位数（はいいすう）

□8 ★★★ 塩化ナトリウム型のイオン結晶では，陽イオンと陰イオンはそれぞれ 1★★★ 格子を形成するように配列し，両イオンは静電気的引力により互いに引き合って結びついている。（慶應義塾大）

(1) 面心立方（めんしんりっぽう）

〈解説〉NaCl 型について，Cl^- や Na^+ に注目して考える。

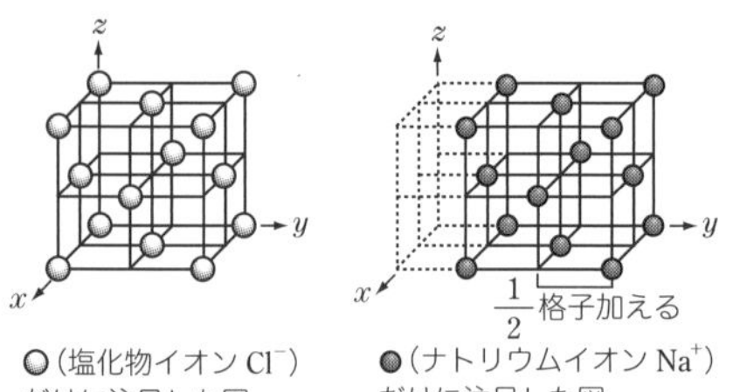

○（塩化物イオン Cl^-）だけに注目した図　●（ナトリウムイオン Na^+）だけに注目した図

□9 ★★★ 塩化ナトリウムの結晶の単位格子の1辺の長さは 5.64 × 10^{-8}cm であるので隣接するナトリウムイオンと塩化物イオンの中心間の距離は 1★★★ cm (3ケタ) となる。（千葉工業大）

(1) 2.82×10^{-8}

解き方

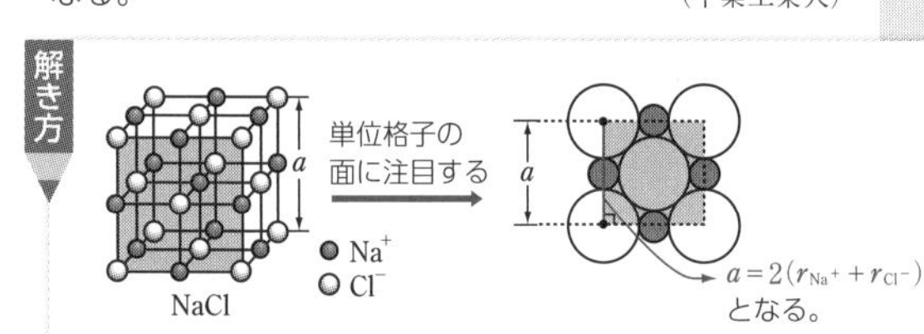

よって，$r_{Na^+} + r_{Cl^-} = \dfrac{a}{2}$ となり，$a = 5.64 \times 10^{-8}$cm なので，

$$r_{Na^+} + r_{Cl^-} = \frac{5.64 \times 10^{-8}}{2} = 2.82 \times 10^{-8}\text{cm}$$

□10 ★★ 図は塩化ナトリウム型のイオン結晶において陰イオンと陰イオン，陽イオンと陰イオンがともに接している状態を示している。イオン半径比 $\left(\frac{r}{R}\right)$ の値が図の状態のイオン半径比 $\left(\frac{r}{R}\right)_c$ よりも小さくなると塩化ナトリウム型の構造が不安定になり，閃亜鉛鉱（せんあえん）型の結晶構造をとりやすくなる。$\sqrt{2}=1.41$ より，$\left(\frac{r}{R}\right)_c$ の値は［1★★］（2ケタ）となる。（北海道大）

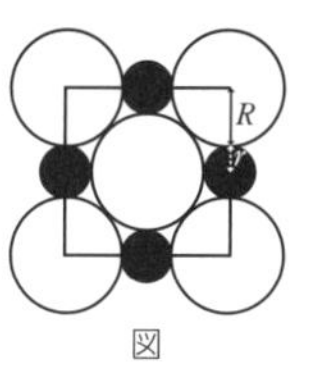

図

(1) 0.41

解き方

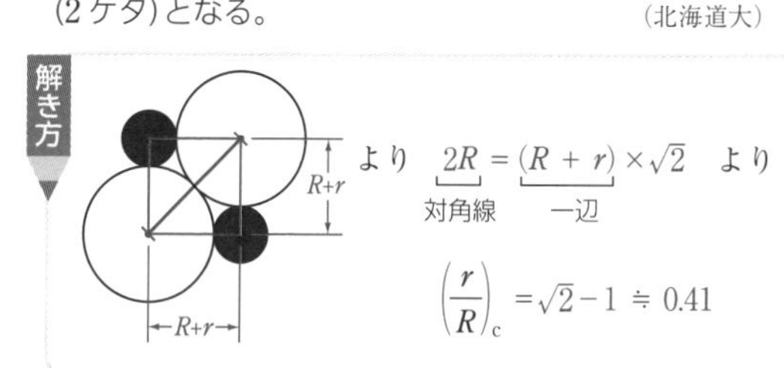

より $\underbrace{2R}_{\text{対角線}} = \underbrace{(R+r)}_{\text{一辺}} \times \sqrt{2}$ より

$$\left(\frac{r}{R}\right)_c = \sqrt{2}-1 \fallingdotseq 0.41$$

□11 ★★★ Na^+ および Cl^- のイオン半径をそれぞれ，0.10nm，0.18nm，$1\text{nm} = 10^{-9}\text{m}$，アボガドロ定数を 6.0×10^{23}/mol，Na = 23.0，Cl = 35.5 とすると，NaCl 結晶の密度は［1★★★］g/cm^3（2ケタ）と求められる。（山口大）

(1) 2.2

解き方

$1\text{nm} = 10^{-9}\text{m} = 10^{-7}\text{cm}$，

$a = 2(r_{Na^+} + r_{Cl^-}) = 2(0.10 + 0.18) = 0.56\text{nm}$，

NaCl = 23.0 + 35.5 = 58.5　つまり 58.5g/mol となり，単位格子中に Na^+ 4個と Cl^- 4個，つまり NaCl が4個含まれていることから密度〔g/cm^3〕は，

$$\frac{4\,\text{個} \times \dfrac{1\text{mol}}{6.0 \times 10^{23}\,\text{個}} \times \dfrac{58.5\text{g}}{1\text{mol}}}{\left(0.56\text{nm} \times \dfrac{10^{-7}\text{cm}}{1\text{nm}}\right)^3} \fallingdotseq 2.2\text{g/cm}^3$$

□12 ★★
塩化セシウムの結晶の単位格子の構造を，セシウムイオンを黒丸，塩化物イオンを白丸として，示せ。
1★★
（お茶の水女子大）

(1)
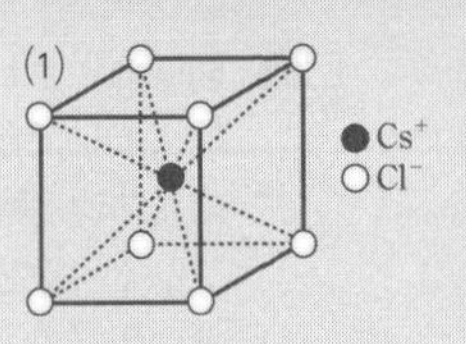

□13 ★★★
塩化セシウムの結晶において，単位格子中に含まれるセシウムイオンは 1★★★ 個，塩化物イオンは 2★★★ 個である。
（お茶の水女子大）

(1) 1
(2) 1

〈解説〉12の解答より，

Cs^+●は 1（格子内）個，Cl^-○は $\frac{1}{8}$（頂点）$\times 8 = 1$ 個

□14 ★★
塩化セシウムの結晶におけるセシウムイオンの配位数は 1★★ ，塩化物イオンの配位数は 2★★ となる。
ただし，配位数とは１つのイオンに最も接近した他のイオンの数である。
（お茶の水女子大）

(1) 8
(2) 8

〈解説〉CsCl 型の配位数の考え方

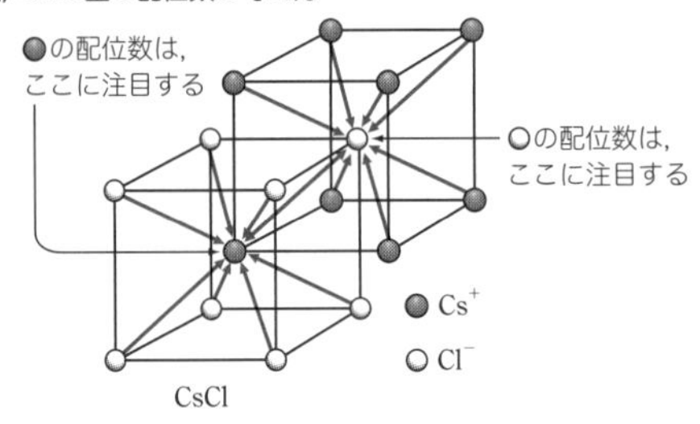

□15 ★★★
塩化セシウムの単位格子の1辺の長さ a をセシウムイオンの半径 r_{Cs^+} と塩化物イオンの半径 r_{Cl^-} で表すと，a ＝ 1★★★ となる。
（予想問題）

(1) $\frac{2}{\sqrt{3}}(r_{Cs^+} + r_{Cl^-})$

［別 $\frac{2\sqrt{3}}{3}(r_{Cs^+} + r_{Cl^-})$］

〈解説〉CsCl 型の a と r の関係式

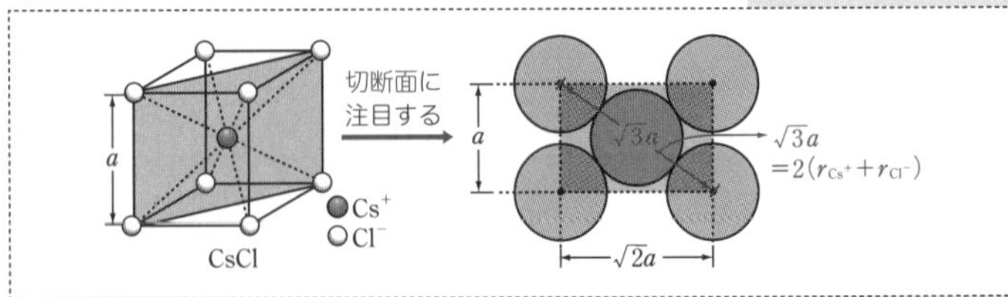

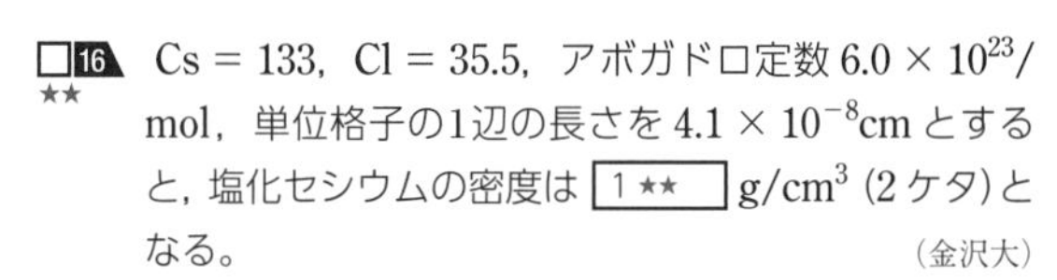

□16 ★★ Cs = 133，Cl = 35.5，アボガドロ定数 6.0×10^{23}/mol，単位格子の1辺の長さを 4.1×10^{-8}cm とすると，塩化セシウムの密度は [1 ★★] g/cm³（2ケタ）となる。（金沢大）

(1) 4.1

解き方

単位格子中には Cs^+ 1個，Cl^- 1個，つまり CsCl が1個分含まれており，CsCl = 168.5 つまり 168.5g/mol より，その密度〔g/cm³〕は，

$$\frac{1\ \text{個} \times \frac{1\text{mol}}{6.0 \times 10^{23}\ \text{個}} \times \frac{168.5\text{g}}{1\text{mol}}}{(4.1 \times 10^{-8})^3\text{cm}^3} \fallingdotseq 4.1\text{g/cm}^3$$

□17 ★ 右の図は，亜鉛の鉱物である閃亜鉛鉱の結晶構造である。1辺の長さが a の単位格子において，硫黄原子Sは面心立方格子と同じ位置に原子が配置し，亜鉛原子Znは各辺を2等分してできる体積 $\frac{a^3}{8}$ の小立方体の体心を1つおきに占めている。

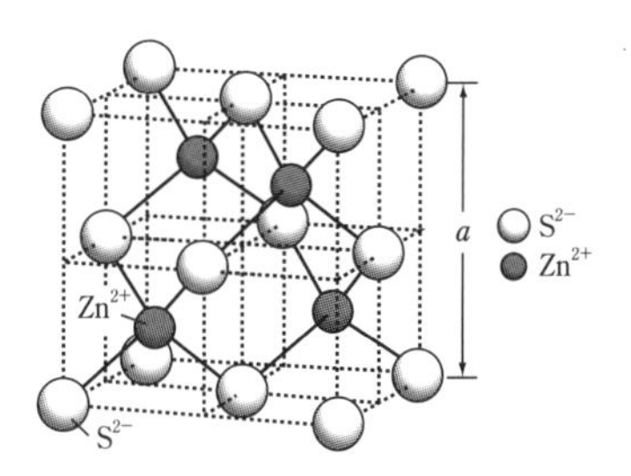

図の単位格子中に Zn^{2+} は [1 ★] 個，S^{2-} は [2 ★] 個存在することから，その組成式は [3 ★] と表される。閃亜鉛鉱は，イオン結晶に分類される。（松山大）

(1) 4
(2) 4
(3) ZnS

〈解説〉Zn^{2+} ● $1 \times 4 = 4$ 個（格子内），S^{2-} ○ $\frac{1}{8} \times 8 + \frac{1}{2} \times 6 = 4$ 個（$\frac{1}{8}$：頂点，$\frac{1}{2}$：面）

$Zn^{2+} : S^{2-} = 4 : 4 = 1 : 1$

□18 ★★ 閃亜鉛鉱型における陽イオンの配位数は [1 ★★]，陰イオンの配位数は [2 ★★] となる。（北海道大）

(1) 4
(2) 4

〈解説〉**ZnS** 型の配位数の考え方

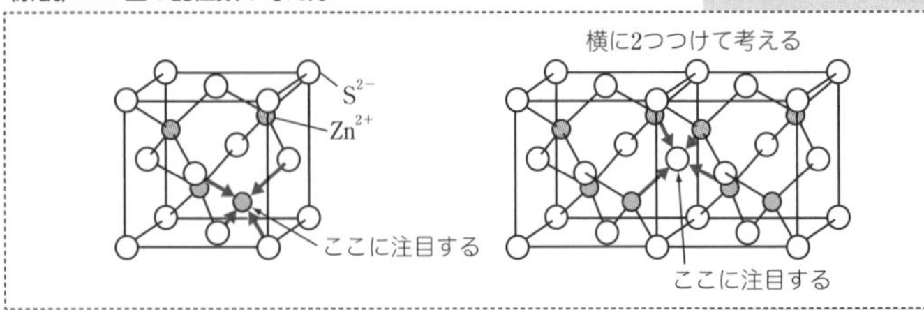

□**19** ★★ ZnS 結晶の単位格子は一辺の長さが 0.54nm の立方体であるとして，Zn^{2+} と S^{2-} の結合距離は [1 ★★] nm (2ケタ) となる。なお，$\sqrt{3}$ ＝1.7 とする。(九州大)

(1) 0.23

解き方

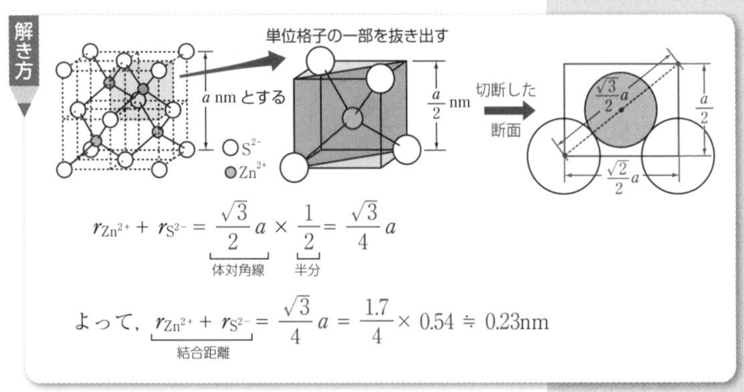

$$r_{Zn^{2+}} + r_{S^{2-}} = \underbrace{\frac{\sqrt{3}}{2}a}_{\text{体対角線}} \times \underbrace{\frac{1}{2}}_{\text{半分}} = \frac{\sqrt{3}}{4}a$$

よって，$\underbrace{r_{Zn^{2+}} + r_{S^{2-}}}_{\text{結合距離}} = \frac{\sqrt{3}}{4}a = \frac{1.7}{4} \times 0.54 \fallingdotseq 0.23\text{nm}$

□**20** ★ 閃亜鉛鉱型の硫化亜鉛の単位格子の1辺の長さを a〔nm〕とすると，硫化亜鉛の密度〔g/cm^3〕は a を用いて $\frac{[\ 1\ ★\ ]}{a^3}$〔g/cm^3〕(2ケタ) のように表される。なお，Zn = 65.4，S = 32.0，アボガドロ定数 6.0 × 10^{23} /mol，1nm = 1 × 10^{-9}m である。(北海道大)

(1) 0.65

解き方

$1\text{nm} = 10^{-9}\text{m} = 10^{-7}\text{cm}$

ZnS = 65.4 + 32.0 = 97.4 つまり 97.4g/mol となり，単位格子中に Zn^{2+} 4個と S^{2-} 4個，つまり ZnS が4個含まれていることから密度〔g/cm^3〕は

$$\frac{4\text{個} \times \frac{1\text{mol}}{6.0 \times 10^{23}\text{個}} \times \frac{97.4\text{g}}{1\text{mol}}}{\left(a\text{nm} \times \frac{10^{-7}\text{cm}}{1\text{nm}}\right)^3} \fallingdotseq \frac{0.65}{a^3}\text{〔g/cm}^3\text{〕}$$

4 分子と共有結合

▼ ANSWER

□1 ★★★ 一般に，2個の原子が，最外殻にある 1★★★ を1個ずつ出し合って，2★★★ をつくってできる結合を共有結合という。異なる種類の原子間に形成された共有結合では，2★★★ はどちらかの原子に引きつけられて，電荷のかたよりができる。このとき，結合は 3★★★ をもつといい，原子が電子を引きつける強さの尺度を 4★★★ という。（防衛大）

〈解説〉 $\overset{\delta+}{H}-\overset{\delta-}{Cl}$ ◀ 電気陰性度は，Cl > H

(1) 価電子 [別 不対電子]
(2) (共有)電子対
(3) 極性
(4) 電気陰性度

□2 ★★★ 異なる2原子間の共有結合では 1★★★ はどちらかの原子の方へより強く引きつけられている。この引きつける強さを相対的な数値で表したものを原子の 2★★★ という。2★★★ は，周期表（18族を除く）で同じ族の元素間では周期の番号が小さくなるほど 3★★★ なり，また同じ周期の元素間では族の番号が 4★★★ なるほど大きくなる傾向にある。（昭和薬科大）

(1) 共有電子対
(2) 電気陰性度
(3) 大きく
(4) 大きく

□3 ★★★ 結合している原子が電子を引きつける能力である 1★★★ が大きい原子と小さい原子が結合した場合，2★★★ にかたよりが生じる。これを結合の 3★★★ という。1★★★ が異なる原子からなる二原子分子は 3★★★ をもつ。分子全体として電荷のかたよりをもつ分子を 4★★★ という。一方，同一の原子からなる二原子分子の場合は 2★★★ のかたよりがない。また，2★★★ にかたよりがあっても，分子の形の対称性により分子全体の 3★★★ が打ち消される分子もある。これらを 5★★★ という。（早稲田大）

(1) 電気陰性度
(2) 共有電子対
(3) 極性
(4) 極性分子
(5) 無極性分子

□4 ★★★ 一般に，HF，HClのように異なる原子からなる二原子分子は 1★★★ の例であり，H_2，Cl_2，N_2 のように同じ原子からなる二原子分子は 2★★★ の例である。一方，CO_2 は異なる原子からなる三原子分子であるが，その構造は 3★★★ であるため 2★★★ である。それに対して H_2O は 4★★★ 構造をとるため 1★★★ である。（新潟大）

(1) 極性分子
(2) 無極性分子
(3) 直線形
(4) 折れ線形 [別 V字形]

〈解説〉極性分子と無極性分子

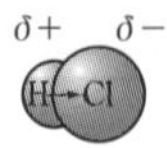

塩化水素

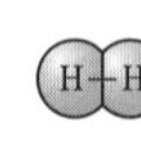

水素

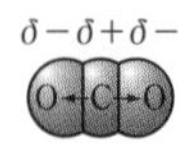

二酸化炭素

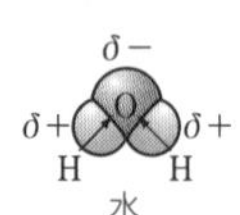

水

□5 ★★★ メタンは正四面体の重心と4つの頂点にそれぞれ炭素原子と水素原子が配置された分子形状をもち，炭素に共有電子対がかたよる。しかし，4つの共有結合における電荷のかたよりの方向と大きさがそれぞれ打ち消し合い，メタンは［1★★★］分子となる。（横浜国立大）

(1) 無極性（むきょくせい）

〈解説〉メタン CH_4 の形と結合の極性

$H^{\delta+}$ — $C^{\delta-}$ — $H^{\delta+}$, $H^{\delta+}$, $H^{\delta+}$

□6 ★★★ 分子全体の極性は，分子を構成する各結合の極性と分子の立体構造の両方がわかれば，ほぼ正確に決めることができる。例えば分子が直線形の窒素・二酸化炭素および［1★★★］構造の四塩化炭素は［2★★★］分子であり，直線形の塩化水素・フッ化水素や［3★★★］形の水・二酸化硫黄および［4★★★］構造のアンモニアは［5★★★］分子である。（昭和薬科大）

(1) 正四面体（せいしめんたい）
(2) 無極性（むきょくせい）
(3) 折れ線（おれせん）［㊡V字（じ）］
(4) 三角すい（さんかく）
(5) 極性（きょくせい）

〈解説〉分子の形と結合の極性

N≡N　窒素

$O^{\delta-}=C^{\delta+}=O^{\delta-}$　二酸化炭素

$C^{\delta+}$ と $Cl^{\delta-}$ ×4　四塩化炭素

$H^{\delta+}-Cl^{\delta-}$　塩化水素

$H^{\delta+}-F^{\delta-}$　フッ化水素

$H^{\delta+}$ — $O^{\delta-}$ — $H^{\delta+}$　水

$O^{\delta-}$ ＝ $S^{\delta+}$ → $O^{\delta-}$　二酸化硫黄

$N^{\delta-}$ と $H^{\delta+}$ ×3　アンモニア

(←)は配位結合を表す

★★★

メタン，アンモニア，水は，それぞれ，炭素，窒素，酸素の水素化合物である。これらの分子の形を決める要因として，電子対どうしの [1★★] があげられる。電子は負の電荷を持っていることから，電子対どうしが互いに [1★★] しあい，分子内で最も [2★★] 位置関係になろうとする。すなわち，[3★★★] 電子対や [4★★★] 電子対の間に生じる [1★★] を考えれば，分子の形や隣り合う2個の結合のなす角度（結合角）を予想することができる。メタン分子では，4個の価電子を持つ炭素原子が1個の価電子を持つ水素原子4個と4組の [3★★★] 電子対をつくり，分子が形成される。この4組の [3★★★] 電子対が互いに最も [2★★] 位置になるために，4個の水素原子を考えるとメタン分子は [5★★★] 形となり，H-C-H の結合角はいずれも約 109.5° となっている。また，アンモニア分子には3組の [3★★★] 電子対と1組の [4★★★] 電子対が存在し，それぞれの電子対どうしが [1★★] することから，アンモニア分子は [6★★★] 形となる。ここで，アンモニア分子の H-N-H の結合角は約 106.7° となり，メタン分子の場合よりも小さい。これは電子対どうしの [1★★] する力が，電子対の種類の組み合わせによって異なるためである。水分子も同様に，[3★★★] 電子対と [4★★★] 電子対の組の数を考えると折れ線形となり，H-O-H の結合角は約 104.5° となる。また，アンモニア分子や水分子は，水素イオン H^+ と [7★★★] 結合すると，それぞれ，[8★★] 形のアンモニウムイオン，[9★★] 形のオキソニウムイオンを形成する。（東京農工大）

(1) 反発（はんぱつ）
(2) 遠い（とお）
(3) 共有（きょうゆう）
(4) 非共有（ひきょうゆう）[㊞孤立（こりつ）]
(5) 正四面体（せいしめんたい）
(6) 三角すい（さんかく）
(7) 配位（はいい）
(8) 正四面体（せいしめんたい）
(9) 三角すい（さんかく）

〈解説〉電子対どうしが反発する力の順は，非共有電子対どうし＞非共有電子対と共有電子対＞共有電子対どうしになる。

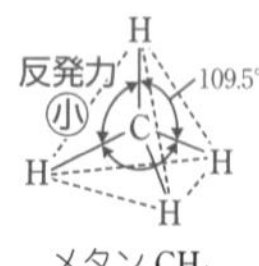

メタン CH_4
（正四面体形）

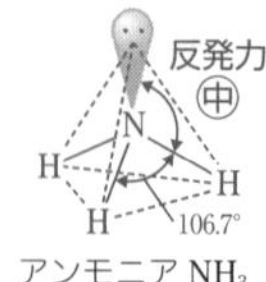

アンモニア NH_3
（三角すい形）

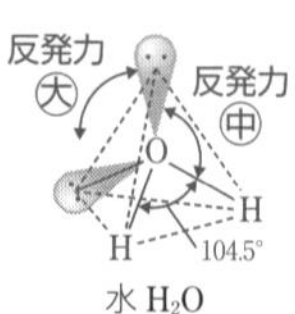

水 H_2O
（折れ線形）

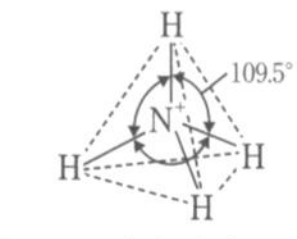

アンモニウムイオン NH_4^+
（正四面体形）

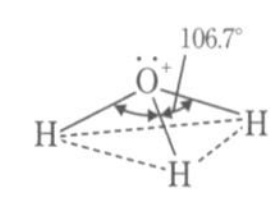

オキソニウムイオン H_3O^+
（三角すい形）

□8 ★★★
濃アンモニア水に濃塩酸を近づけると，空気中で反応し塩化アンモニウムの白色の煙を生ずる。この反応では，［1★★★］分子中の［2★★★］電子対に［3★★★］が結合しており，このときできる結合は［4★★★］結合とよばれる。（東京理科大）

〈解説〉$NH_3 + HCl \longrightarrow NH_4Cl$（固）
白煙

(1) アンモニア NH_3
(2) 非共有（ひきょうゆう）［別 孤立（こりつ）］
(3) 水素イオン（すいそ） H^+［別 陽子（ようし）］
(4) 配位（はいい）

□9 ★★★
オキソニウムイオンは水素イオンが水分子に［1★★★］結合して生成される。オキソニウムイオンに含まれる共有電子対の数は［2★★］組，非共有電子対は［3★★］組である。（中央大）

〈解説〉オキソニウムイオン中の3つのO－H結合は，すべて同等であり，どれが配位結合によるものかは区別できない。

非共有電子対　配位結合する　配位結合で生じた共有電子対

$^+H\,(\;) + (:)\ddot{O}:H$（下にH） ⟶ $[H:\ddot{O}:H]^+$（下にH）　$[H-O-H]^+$（下にH）　または　$[H\leftarrow O-H]^+$（下にH）

水素イオン　水　オキソニウムイオン　〈構造式〉

(1) 配位（はいい）
(2) 3
(3) 1

□10 ★★★
アンモニアは，金属イオンと［1★★★］結合して［2★★★］を形成する。（札幌医科大）

〈解説〉$[Zn(NH_3)_4]^{2+}$ や $[Zn(OH)_4]^{2-}$ のようなイオンのこと。

(1) 配位（はいい）
(2) 錯イオン（さく）

5 分子間にはたらく力

▼ANSWER

□1 ★★★ 大気を構成している酸素や窒素は [1★★★] 結合による分子である。酸素や窒素は常温で気体であるが，分子間には弱い [2★★★] がはたらいているため，低温にすると液体になる。 (熊本大)

(1) 共有(きょうゆう)
(2) ファンデルワールス力(りょく)［㊀分子間力(ぶんしかんりょく)］

□2 ★★★ 一般に，[1★★★] をもつ分子どうしには，[2★★] の偏りにより生じた正と負に帯電した部分が静電気的に引き合う [3★★★] が働く。[3★★★] の大きさは，原子間の化学結合に比べて弱い力であるが，物質の重要な特性に影響を与える。 (防衛医科大)

(1) 極性(きょくせい)
(2) 電荷(でんか)
(3) 静電気力(せいでんきりょく)［㊀クーロン力(りょく)］

□3 ★★★ ヨウ化水素のような [1★★★] をもつ分子の間には，主に静電気力による引力がはたらいて液体や固体を形成している。一方，[1★★★] をもたない窒素分子やヘキサン分子のような [2★★★] 分子の間にも引力がはたらく。[2★★★] 分子の間にはたらく分子間力を [3★★★] とよんでいる。ハロゲンやアルカンのような [2★★★] 分子では，一般に [4★★★] が大きいほど [3★★★] は強くなり，これらの物質の融点と [5★★★] がともに高くなる傾向にある。 (名古屋大)

(1) 極性(きょくせい)
(2) 無極性(むきょくせい)
(3) ファンデルワールス力(りょく)
(4) 分子量(ぶんしりょう)
(5) 沸点(ふってん)

〈解説〉

分子間力 ─┬ ファンデルワールス力
　　　　　├ ※極性分子間にはたらく静電気的な引力　$^{\delta+}H-I^{\delta-}\cdots{}^{\delta+}H-I^{\delta-}$
　　　　　└ 水素結合

注 ※の引力もまとめてファンデルワールス力とよぶこともある。

□4 ★★★ 水素原子が，酸素，フッ素，窒素のような [1★★★] の大きい原子と結合し，H_2O，HF，NH_3 のような分子を生成するとき，その水素原子は他の分子中の [1★★★] の大きい原子と結合することができる。このような，水素原子を介した分子間の結合を [2★★★] という。 (新潟大)

(1) 電気陰性度(でんきいんせいど)
(2) 水素結合(すいそけつごう)

〈解説〉H_2O，HF，NH_3 の水素結合の様子

□5 ★★★
水素結合は一般に，共有結合，イオン結合，金属結合などの化学結合に比べてはるかに弱い結合であるが，分子の結晶構造や化学的性質，さらには生体内の諸現象に重要な役割を果たしている。水素結合は，水素原子Hよりも［1★★★］の大きな原子XとYがH原子を仲立ちとして引き合うことで生じるものであり，X－H…Yの形で示される。ここで，実線(－)は単結合を，点線(…)は水素結合を表す。また，XとYは互いに同じ原子であっても異なる原子であってもよい。
(九州大)

〈解説〉X，Yは，F，O，Nのいずれか。

(1) 電気陰性度(でんきいんせいど)

□6 ★★★
水 H_2O は16族元素の水素化合物の一つであるが，その融点と沸点は同族の水素化合物で，より大きな分子量をもつ H_2S，H_2Se，H_2Te の融点と沸点に比べて異常に［1★★★］。これは H_2O 分子の間に水素結合が存在しているためである。すなわち H_2O 分子では，O原子とH原子の［2★★★］の違いから，O原子はわずかに［3★★］の電荷を帯び，H原子はわずかに［4★★］の電荷を帯びるため，H_2O 分子間にはO－H…Oの形で表される水素結合が生じている。(九州大)

〈解説〉16族元素の水素化合物の沸点の順
$H_2O \gg H_2Te > H_2Se > H_2S$
（$H_2Te > H_2Se > H_2S$：分子量が大きいほど沸点が高い）

(1) 高い(たか)
(2) 電気陰性度(でんきいんせいど)
(3) 負(ふ)［®マイナス］
(4) 正(せい)［®プラス］

□7 ★★★
酸素原子の［1★★★］は水素原子より大きいので，エタノール分子内のヒドロキシ基では水素原子側に正の電荷がかたよっている。この水素原子は隣のエタノール分子内の酸素原子と［2★★★］とよばれる分子間力で結合している。ジメチルエーテルの沸点は－25℃であるのに同じ分子量のエタノールの沸点が78℃であるのは，エタノールでは［2★★★］が大きくはたらき，分子間の結合を切断するのにジメチルエーテル分子より大きなエネルギーを必要とするためである。(山口大)

〈解説〉エタノール $C_2H_5-\overset{\delta-}{O}\overset{\delta+}{H}$（ヒドロキシ基）　ジメチルエーテル CH_3-O-CH_3

(1) 電気陰性度(でんきいんせいど)
(2) 水素結合(すいそけつごう)

★

安息香酸は水素結合を介して二量体を形成する。この二量体の構造を，構造式で書け。 [1★] （名古屋大）

〈解説〉2 つの分子が結合したものを二量体という。

C₆H₅−C(=O)−O−H　安息香酸

(1) C₆H₅−C(=O···H−O)(−O−H···O=)C−C₆H₅

□9 ★★★

右の図はいろいろな水素化合物の 1 気圧 (1013hPa) における沸点を示したものである。一般に，分子構造が似ている物質では， [1★★★] が大きいほど分子間力が強く，沸点は高くなる。H_2O，HF および NH_3 の沸点が異常に高いのは，分子間に引力を生じる原子の間で [2★★★] の差が大きく，分子間に [3★★★] が形成されるためである。 [3★★★] の強さはファンデルワールス力の約 [4★] 倍，共有結合の強さの約 [5★] である。 （星薬科大）

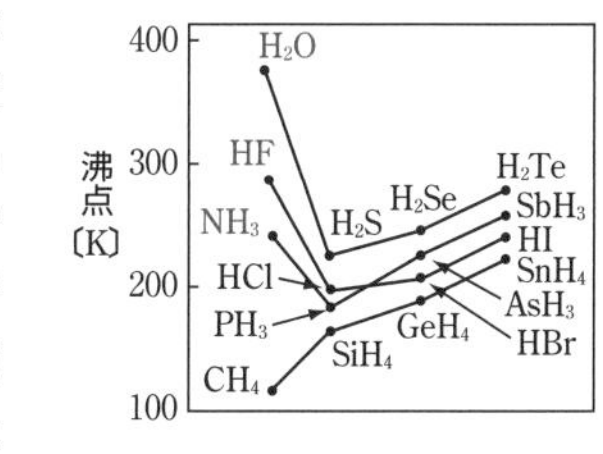

〈解説〉粒子の間にはたらく力の大きさの順
共有結合≧イオン結合，金属結合≫水素結合＞ファンデルワールス力

(1) 分子量（ぶんしりょう）
(2) 電気陰性度（でんきいんせいど）
(3) 水素結合（すいそけつごう）
(4) 10
(5) $\frac{1}{10}$

□10 ★★★

14 族元素の水素化合物は分子が [1★★★] 形をした無極性分子であり，分子量が大きいほど分子間力の一つである [2★★★] 力が強くなるため，沸点が高くなる。このように，一般に構造のよく似ている分子では分子量が大きいほど [2★★★] 力が大きく沸点が高くなる傾向がある。 （名古屋市立大）

(1) 正四面体（せいしめんたい）
(2) ファンデルワールス

6 分子結晶

▼ANSWER

□1 ★★★ ドライアイスに代表される [1★★★] 結晶では，構成粒子間に [2★★★] とよばれる力が作用して結合を形成する。氷も [1★★★] 結晶の一例だが，氷では特に [3★★★] 結合とよばれる力が作用して結晶を形成している。（琉球大）

(1) 分子（ぶんし）
(2) ファンデルワールス力（りょく） [⑩分子間力（ぶんしかんりょく）]
(3) 水素（すいそ）

□2 ★★ ヨウ素の分子結晶は [1★★] 原子分子からなり昇華性のある黒紫色の固体である。硫黄は [2★★] 原子分子からなる安定な黄色の分子結晶をつくる。（東京理科大）

(1) 2
(2) 8

〈解説〉斜方硫黄 S_8

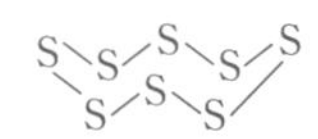

□3 ★★★ 二酸化炭素分子の形は [1★★★] 構造である。二酸化炭素の固体は [2★★★] とよばれ，常圧では−79℃で固体から直接気体になるので，保冷剤として使われている。[2★★★] は [3★★★] によって分子が互いに結びついて固体を形成しているため，木づちでたたくだけで容易に砕ける。また，[2★★★] の分子結晶の単位格子は1辺が 5.6×10^{-8}cm の立方体で，各面の中心と各頂点に分子が配列している [4★★★] である。したがって，単位格子中には [5★★★] 個の分子が存在することになる。（鳥取大）

(1) 直線（ちょくせん）
(2) ドライアイス
(3) ファンデルワールス力（りょく） [⑩分子間力（ぶんしかんりょく）]
(4) 面心立方格子（めんしんりっぽうこうし）
(5) 4

〈解説〉ドライアイス（面心立方格子）の単位格子中の分子の数

$$\underbrace{\frac{1}{2}}_{面} \times 6 + \underbrace{\frac{1}{8}}_{頂点} \times 8 = 4 \text{個}$$

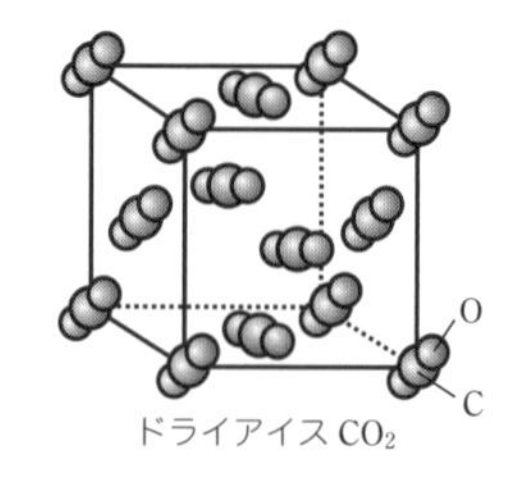

ドライアイス CO_2

□4 ★★ CO_2 の分子結晶は面心立方格子を形成し，C 原子が単位格子の頂点と面心を占めている。CO_2 結晶の単位格子の1辺の長さは 0.56nm であった。この結晶において，1 つの CO_2 分子に含まれる C 原子から最も近い位置に存在する C 原子までの距離は [1★★] nm（2 ケタ）である。なお，$\sqrt{2} = 1.4$ とする。（京都大）

(1) 0.39

解き方

中心間距離 $2r$〔nm〕を求める。面心立方格子では，単位格子の一辺の長さを a〔nm〕とすると，$\sqrt{2}a = 4r$ が成り立つ。よって，$a = 0.56$nm，$\sqrt{2} = 1.4$ より，

$$2r = \frac{\sqrt{2}}{2}a = \frac{1.4}{2} \times 0.56 \fallingdotseq 0.39\text{nm}$$

□5 ★★★ ドライアイスは，二酸化炭素の分子が [1★★★] により規則正しく配列した [2★★★] である。この結晶格子は面心立方格子で，格子の1辺は 0.56nm（$1\text{nm} = 10^{-9}$ m）であるので，その密度は [3★★] g/cm^3（2 ケタ）である。ただし，$CO_2 = 44$，アボガドロ定数 6.0×10^{23}〔/mol〕とする。（早稲田大）

(1) ファンデルワールス力（りょく）
〔別 分子間力（ぶんしかんりょく）〕
(2) 分子結晶（ぶんしけっしょう）
(3) 1.7

解き方

単位格子中の CO_2 分子は，$\underbrace{\frac{1}{8}}_{\text{頂点}} \times 8 + \underbrace{\frac{1}{2}}_{\text{面}} \times 6 = 4$ 個

よって，ドライアイスの密度〔g/cm^3〕は，

$$0.56\text{nm} \times \frac{10^{-9}\text{m}}{1\text{nm}} \times \frac{10^{2}\text{cm}}{1\text{m}} = 0.56 \times 10^{-7}\text{cm より，}$$

$$\frac{4\text{ 個} \times \dfrac{1\text{mol}}{6.0 \times 10^{23}\text{ 個}} \times \dfrac{44\text{g}}{1\text{mol}}}{(0.56 \times 10^{-7})^3\text{cm}^3} \fallingdotseq 1.7\text{g/cm}^3$$

04 結晶 6 分子結晶

□6 ★★★ 氷では，ひとつの水分子が [1★★★] 個の水分子に囲まれていて，一つひとつの水分子が [2★★★] の頂点に位置してダイヤモンドに類似した構造の結晶をつくっている。この構造は水分子間の [3★★★] でつくられている。（明治大）

(1) 4
(2) 正四面体（せいしめんたい）
(3) 水素結合（すいそけつごう）

〈解説〉氷 H_2O

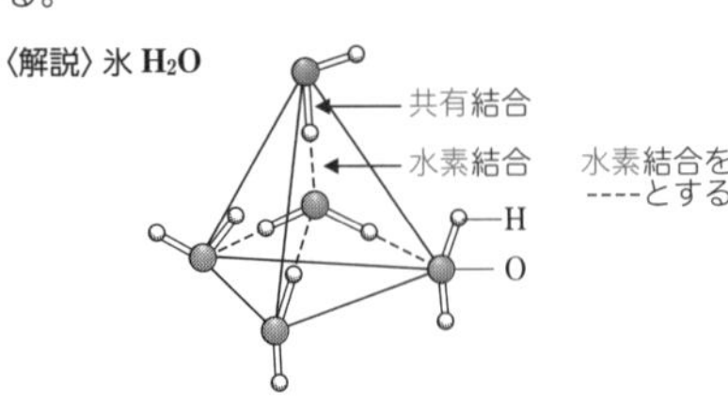

□7 ★★ 通常，同一物質における固体の密度は液体の密度よりも [1★★] が，構造中のすき間のできやすさの違いにより，氷の密度は水よりも [2★★] 。（岩手大）

(1) 大（おお）きい
(2) 小（ちい）さい

□8 ★★★ 水が凝固して氷になると，密度が [1★★] する。これは，氷では1個の水分子に対して [2★★★] 個の水分子が [3★★★] 結合で結びついた [4★★★] 結晶になり，隙間の多い構造となるからである。（信州大）

(1) 減少（げんしょう）
(2) 4
(3) 水素（すいそ）
(4) 分子（ぶんし）

□9 ★★★ 氷では，水分子の2個の水素原子は他の水分子の酸素原子と [1★★★] をつくることから，水1分子が4個の水分子と弱く結合して正四面体構造を形成し結晶となる。固体としては軽く，軟らかいという特徴もこの構造に由来する。温度が上がると [1★★★] の一部が切れ，結晶構造がこわれて氷は融解し，密度は [2★★] する。（北海道大）

〈解説〉氷が融解して水になると，すき間が少なくなり体積が減少するので密度は増加する。

(1) 水素結合（すいそけつごう）
(2) 増加（ぞうか）

□10 ★★★ 水の単位体積あたりの質量，つまり密度は [1★★] ℃のとき最 [2★★] で1g/cm³ である。氷が水面に浮くのは，密度が [3★★★] なるからである。氷は外から圧力を加えると，その圧力から逃げようとして，体積のより [4★★] い液体の [5★★] になる。（信州大）

(1) 4
(2) 大（だい）
(3) 小（ちい）さく
(4) 小（ちい）さ
(5) 水（みず）

7 共有結合の結晶

▼ANSWER

□1 ★★★ 炭素やケイ素のように，[1★★] 価の原子価をもつ原子は，多数の原子が [2★★★] で結合し，結晶をつくることがある。このような結晶を [2★★★] の結晶といい，炭素およびケイ素の単体や [3★★★] のような化合物が知られている。[3★★★] は石英，水晶，けい砂などとして天然に存在している。これらの結晶は，一般的に [4★★★] が非常に高く，硬いものが多い。(信州大)

(1) 4
(2) 共有結合（きょうゆうけつごう）
(3) 二酸化ケイ素（にさんかけいそ） SiO_2
(4) 融点（ゆうてん）

〈解説〉共有結合の結晶の例

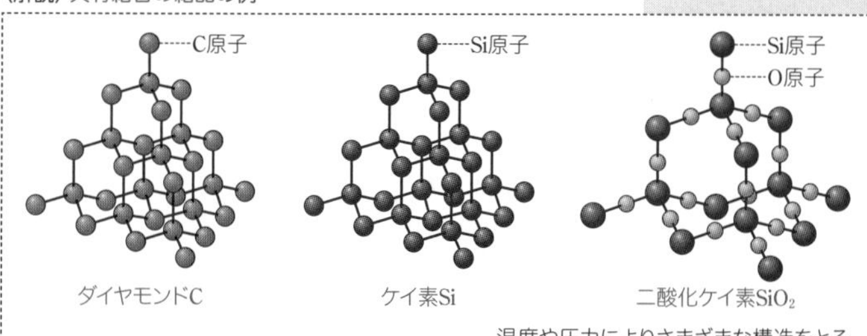

□2 ★★★ 炭素は価電子を [1★★★] 個もつ。炭素の単体であるダイヤモンドの結晶は，炭素原子が他の [2★★★] 個の炭素原子と結合して巨大な分子となっている。黒鉛は，価電子のうち [3★★] 個が他の炭素原子と結合して，網目状の [4★★] 構造をつくり，この [4★★] がいくつも重なり合っている。このため黒鉛は，各炭素原子の残りの [5★★] 個の価電子が [4★★] 構造の中を動くので，[6★★] を示す。(横浜国立大)

(1) 4
(2) 4
(3) 3
(4) 平面（へいめん）
(5) 1
(6) 導電性（どうでんせい）[㊥電気伝導性（でんきでんどうせい）]

〈解説〉$_6C$ K (2) L (4)
価電子

平面構造は弱い分子間の力で積み重なっているために，軟らかくて，薄くはがれやすい。

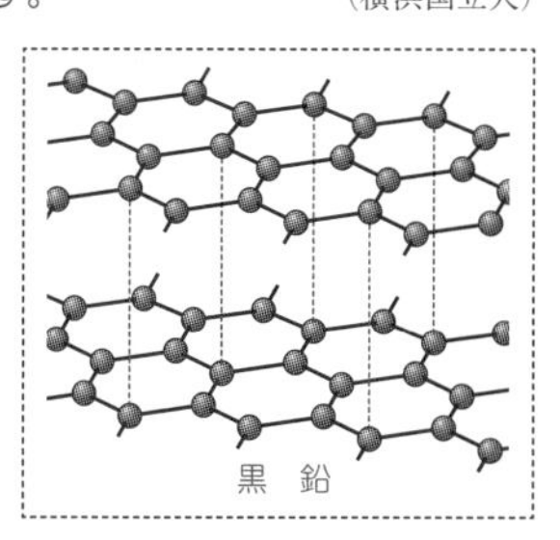

□3 ★★ 二酸化ケイ素の結晶は，ケイ素原子を中心として［1★★］個の酸素原子を頂点とする［2★★］が連なってできる三次元網目構造をもつ。組成式は SiO_2 と表され，1個のケイ素原子は［3★★］個の酸素原子と結合し，1個の酸素原子は［4★★］個のケイ素原子と結合している。（東京理科大）

(1) 4
(2) 正四面体（せいしめんたい）
(3) 4
(4) 2

□4 ★★ ダイヤモンドの結晶は，図1の模式図に示した単位格子をもっている。図1中の黒丸●の位置にあるC原子は面心立方格子を形成し，白丸○の位置にある4つのC原子はその面心立方格子の内側に完全に入っているため，ダイヤモンドの単位格子に含まれるC原子の数は［1★★］個となる。

立方体型の二酸化ケイ素では，Si原子が図1のC原子と同じ位置を占めて，その間に酸素(O)の原子が入り込むことでSi原子とO原子が［2★★★］結合する。この二酸化ケイ素は図2の模式図に示した立方体型の単位格子を形成する。したがって，この二酸化ケイ素単位格子に含まれるSi原子の数は［3★］個であり，O原子の数は，二酸化ケイ素の化学式から考えると，［4★］個であることがわかる。

(1) 8
(2) 共有（きょうゆう）
(3) 8
(4) 16

図1

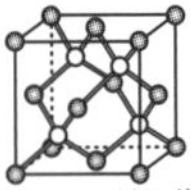

ダイヤモンドの単位格子
●と○はC原子の位置を示す。

図2

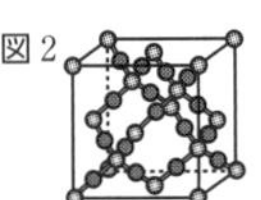

立方体型二酸化ケイ素の単位格子
●がSi原子，●はO原子の位置を示す。

図1および図2の●○や●は原子の大きさを表すものではない。

（埼玉大）

解き方

ダイヤモンドの単位格子に含まれるC原子の数は，

$$\underbrace{\frac{1}{8}}_{\text{頂点●}} \times 8 + \underbrace{\frac{1}{2}}_{\text{面上●}} \times 6 + \underbrace{1}_{\text{格子内○}} \times 4 = 8 \text{個}$$

二酸化ケイ素 SiO_2 の単位格子に含まれるSi原子の数は，Si原子が図1のダイヤモンドの単位格子のC原子と同じ位置を占めるので8個となり，O原子の数は二酸化ケイ素の化学式 SiO_2 から考えると，

（O原子の数 → x〔個〕とする。）

Si : O = 1 : 2 = 8 : x　より　x = 16 個

★★★

右図のダイヤモンドの単位格子は立方体で，面心立方格子を作る白丸の炭素原子に黒丸の炭素原子が加わった構造である。ダイヤモンドは炭素原子がすべて［1★★★］で結合し，［2★★★］の構造をとっている。単位格子には炭素原子が［3★★★］個含まれている。単位格子の一辺の長さは 0.357nm であるため，ダイヤモンドの密度は［4★★★］g/cm^3（2ケタ）である。また，ダイヤモンドの炭素原子間距離は［5★★★］nm（2ケタ）となる。ただし，C＝12.0，アボガドロ定数 6.02×10^{23}/mol，$(357)^3 = 4.55 \times 10^7$，$\sqrt{3} = 1.73$，1nm＝$10^{-7}$cm である。（東京理科大）

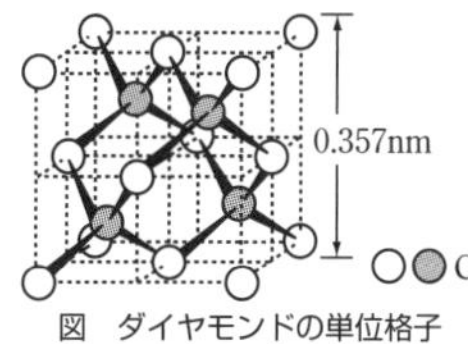

図　ダイヤモンドの単位格子

(1) 共有結合（きょうゆうけつごう）
(2) 正四面体（せいしめんたい）
(3) 8
(4) 3.5
(5) 0.15

解き方

単位格子中の炭素原子は，$\underbrace{\frac{1}{8}}_{\text{頂点}} \times 8 + \underbrace{\frac{1}{2}}_{\text{面上}} \times 6 + \underbrace{1}_{\text{格子内}} \times 4 = 8$ 個

0.357nm ＝ 0.357×10^{-7}cm ＝ 357×10^{-10}cm であり，ダイヤモンドの密度〔g/cm^3〕は，C＝12.0 より

$$\frac{8\text{個} \times \frac{1\text{mol}}{6.02 \times 10^{23}\text{個}} \times \frac{12.0\text{g}}{1\text{mol}}}{(357 \times 10^{-10})^3\text{cm}^3} = \frac{\frac{8 \times 12.0}{6.02 \times 10^{23}}\text{g}}{4.55 \times 10^7 \times 10^{-30}\text{cm}^3} \fallingdotseq 3.5\text{g/cm}^3$$

原子半径を r〔nm〕として，単位格子の一部を拡大した図の断面に注目すると，

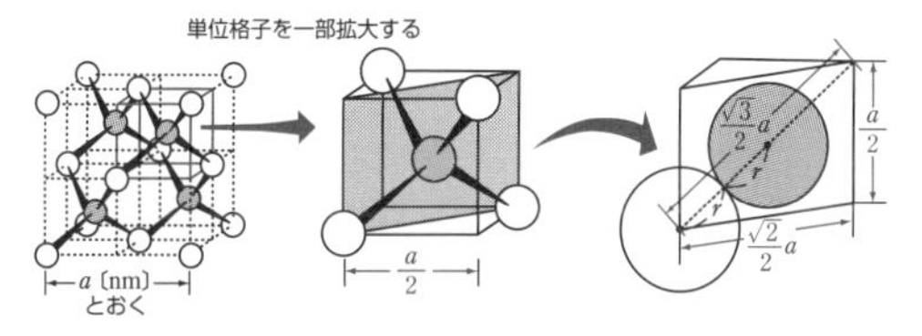

上図のようになり，原子間距離 $2r$〔nm〕は，

$$2r = \underbrace{\frac{\sqrt{3}}{2}a}_{\text{体対角線}} \times \underbrace{\frac{1}{2}}_{\text{半分}} = \frac{\sqrt{3}}{4}a \quad \text{よって，} 2r = \frac{1.73}{4} \times 0.357 \fallingdotseq 0.15\text{nm}$$

理論化学②

——物質の変化——

THEORETICAL CHEMISTRY

05 ▶ P.88
化学反応と熱・光

P.105 ◀ 06
電池と電気分解

第05章

化学反応と熱・光

1 化学反応／熱の出入り／化学発光

▼ANSWER

□1 ★★ 物質は 1★★ と呼ばれる固有のエネルギーを持っている。 1★★ は，原子などの構成粒子間の化学結合によって蓄えられたものである。化学反応では反応物の持つエネルギーの総和と生成物の持つエネルギーの総和が異なることから，その差に相当するエネルギーが熱として出入りする。（公立千歳科学技術大）

(1) 化学（かがく）エネルギー

□2 ★★★ 熱が発生する反応を 1★★★ 反応，熱を吸収する反応を 2★★★ 反応と呼ぶ。（関西学院大）

(1) 発熱（はつねつ）
(2) 吸熱（きゅうねつ）

□3 ★ 大気圧のような一定圧力のもと，化学反応にともなって，放出されたり吸収されたりする熱量を 1★ という。（信州大〈改〉）

(1) 反応（はんのう）エンタルピー［㊍反応（はんのう）熱（ねつ）］

□4 ★ 反応エンタルピーは温度・圧力に依存するので，通常，温度 1★ ℃，圧力 2★ hPaのときの熱量で表す。（早稲田大〈改〉）

〈解説〉h（ヘクト）$= 10^2$。よって，1013hPaは，1013×10^2Paつまり1.013×10^5Paとなる。

(1) 25
(2) 1013

□5 ★ エンタルピー変化を付した反応式は，化学反応式の右辺の後に 1★ を書く。（早稲田大〈改〉）

〈解説〉エンタルピー変化を付した反応式の例

$$H_2(気) + \frac{1}{2}O_2(気) \longrightarrow H_2O(液) \quad \Delta H = -286\text{kJ}$$

(1) 反応（はんのう）エンタルピーΔH［㊍エンタルピー変化（へんか）］

□6 ★★ ある反応が発熱反応の場合，反応エンタルピーΔHは 1★★ となり，吸熱反応の場合，反応エンタルピーΔHは 2★★ となる。（千葉大）

(1) 負（ふ）（の値（あたい））［㊍$\Delta H < 0$］
(2) 正（せい）（の値（あたい））［㊍$\Delta H > 0$］

□7 ★★★ 反応エンタルピーが－で表される場合は 1★★★ 反応であり，＋で表される場合は 2★★★ 反応である。（早稲田大〈改〉）

(1) 発熱（はつねつ）
(2) 吸熱（きゅうねつ）

8 ★★ 反応式の左辺に書かれた反応物がもつエンタルピーが生成物がもつエンタルピーよりも [1★★] 場合は$\Delta H < 0$の発熱反応となり，反応物がもつエンタルピーが生成物がもつエンタルピーよりも [2★★] 場合は$\Delta H > 0$の吸熱反応となる。 （静岡大〈改〉）

〈解説〉エネルギー図の読み取り方

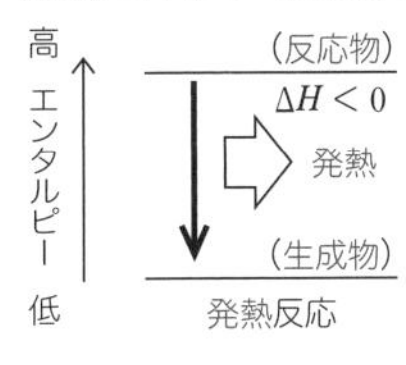

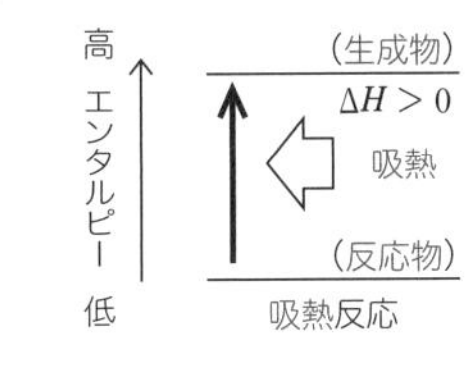

（反応物がもつエンタルピー）＞（生成物がもつエンタルピー）➡ エンタルピーが減少するので，$\Delta H < 0$になり発熱する

（反応物がもつエンタルピー）＜（生成物がもつエンタルピー）➡ エンタルピーが増加するので，$\Delta H > 0$になり吸熱する

(1) 大きい
(2) 小さい

9 ★ 物質の状態により反応エンタルピーは異なるので，気体，液体，固体，水溶液を区別する記号，(g)，(l)，(s)，[1★] や物質名を化学式に書き添える。

（早稲田大〈改〉）

〈解説〉(g)は（気），(l)は（液），(s)は（固）と書いてもよい。
g は gas，l は liquid，s は solid，aq は aqua（水）の略。

(1) aq

10 ★★★ 生成エンタルピーとは化合物 1mol が，その成分元素の [1★★★] から生成するときに [2★★★] または [3★★★] （(2)(3)順不同）する熱量をいう。燃焼エンタルピーは燃焼する物質 1mol が，酸素と反応して完全燃焼するときに [4★★★] する熱量をいう。 （大阪公立大〈改〉）

〈解説〉生成エンタルピーは物質により$\Delta H < 0$や$\Delta H > 0$になるが，燃焼エンタルピーは常に$\Delta H < 0$になる。

(1) 単体
(2) 放出[㊍発生]
(3) 吸収
(4) 放出[㊍発生]

05 化学反応と熱・光 1 化学反応／熱の出入り／化学発光

□11 ★★ 0℃，1.013×10^5Pa の条件下で 1.12L の体積のメタンを，25℃，1.013×10^5Pa の条件下で，空気中で完全燃焼させたときに発生した熱量は，44.6kJ であった。これより，メタンの燃焼エンタルピーは [1 ★★] kJ/mol（整数）となる。 （神戸大〈改〉）

〈解説〉kJ/mol は kJ ÷ mol で求められる。

(1) −892

発熱反応は，$\Delta H < 0$ になる。0℃，1.013×10^5Pa（標準状態）の条件下，気体のモル体積は 22.4L/mol なので，$\frac{1.12}{22.4} = 0.0500$mol となり，メタンの燃焼エンタルピー$\Delta H$ は，$\Delta H = -44.6\text{kJ} \div 0.0500\text{mol} = -892$ kJ/mol になる。

□12 ★★★ 反応エンタルピーには，溶質 1mol を多量の溶媒に溶かしたときに放出または吸収する熱量である [1 ★★★] がある。 （静岡大〈改〉）

(1) 溶解（ようかい）エンタルピー

□13 ★★ 塩化ナトリウム 1.00×10^2g を多量の水に溶かすと，6.63kJ の熱量が吸収される。塩化ナトリウムの水への溶解エンタルピーは [1 ★★] kJ/mol（3ケタ）となる。ただし，NaCl = 58.5 とする。 （筑波大〈改〉）

(1) 3.88

吸収されるので吸熱反応であり，吸熱反応は$\Delta H > 0$ になる。

$$6.63\text{kJ} \div \frac{1.00 \times 10^2}{58.5}\text{mol} \fallingdotseq 3.88\text{kJ/mol}$$

$$\text{NaCl（固）} + \text{aq} \longrightarrow \text{NaClaq} \quad \Delta H = 3.88\text{kJ}$$

14 ★★★ 酸と塩基との反応で1molの水が生成するときに放出する熱量を［1★★★］エンタルピーといい，溶質1molを多量の溶媒に溶かしたときに放出または吸収する熱量を［2★★★］エンタルピーという。

希塩酸と水酸化ナトリウム水溶液との反応における［1★★★］エンタルピーは−56.5kJ/molである。一方，希塩酸と固体の水酸化ナトリウムとを直接反応させて水が生成する際の反応エンタルピーは−101kJ/molである。以上から，水酸化ナトリウムの［2★★★］エンタルピーは［3★★］kJ/mol(3ケタ) となり，これは［4★★］反応であることがわかる。 （立命館大〈改〉）

(1) 中和（ちゅうわ）
(2) 溶解（ようかい）
(3) −44.5
(4) 発熱（はつねつ）

解き方

中和エンタルピーは，強酸と強塩基の希薄溶液どうしでは，酸や塩基の種類に関わらずほぼ一定で，−56.5kJ/molとなる。(→次の①式)

$$HClaq + NaOHaq \longrightarrow NaClaq + H_2O（液） \quad \Delta H_1 = -56.5kJ \cdots ①$$

$$HClaq + NaOH（固） \longrightarrow NaClaq + H_2O（液） \quad \Delta H_2 = -101kJ \cdots ②$$

②式は，NaOH(固)の溶解エンタルピー（$\Delta H_3 = x$〔kJ〕とする）と中和エンタルピーΔH_1の和を表しているので，$\underbrace{x}_{\Delta H_3} + \underbrace{(-56.5kJ)}_{\Delta H_1} = \underbrace{(-101kJ)}_{\Delta H_2}$

が成り立つ。よって，$x = (-101kJ) - (-56.5kJ) = -44.5kJ$と求められ，NaOH(固)の溶解エンタルピー$\Delta H_3$は$\Delta H_3 = -44.5kJ/mol$となり，これは$\Delta H < 0$の発熱反応であることがわかる。

15 ★★ 自然界には物質の構成粒子(原子，分子，イオンなど)の乱雑さの度合いが［1★★］い状態から［2★★］い状態へ変化しようとする傾向があり，この傾向は高温で著しくなる。例えば，固体のドライアイスが気体の二酸化炭素になる変化は，乱雑さの度合いが高くなる変化である。化学反応の進む方向は，このような乱雑さの効果と，エンタルピーの効果の兼ね合いで決まる。 （同志社大）

(1) 低（ひく）［別 小（ちい）さ］
(2) 高（たか）［別 大（おお）き］

16 ★★★ 光は，電磁波の一種であり，波長に反比例する大きさのエネルギーをもっている。つまり，短波長の光の方がエネルギーが大きい。［1★★★］発光は，高エネルギー分子が安定な分子に分解するときに生じる余剰エネルギーが光として放出されるものである。 （東京慈恵会医科大）

(1) 化学（かがく）

□17 ★ 光の色は波長によって異なる。次の選択肢の中から最も短波長の色 [1★] および最も長波長の色 [2★] を選べ。

① 黄　② 緑　③ 紫　④ 赤　⑤ 青

（立命館大）

〈解説〉波長が短いほどエネルギーは大きくなる。また，紫色より波長の短い光は紫外線，赤色より波長の長い光は赤外線といい，いずれも目には見えない。

(1) ③
(2) ④

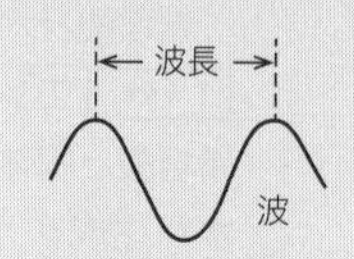

□18 ★★★ 葉緑体をもつ植物は，[1★★★] によって [2★★] と水からグルコースを合成している。（金沢大）

〈解説〉光合成は，CO_2 と H_2O からグルコース $C_6H_{12}O_6$ などの糖を合成し，O_2 を発生させる。

(1) 光合成(こうごうせい)［㊞光(ひかり)］
(2) 二酸化炭素(にさんかたんそ) CO_2

□19 ★★★ ハロゲン化銀は [1★★★] によって分解し，銀を遊離する。このような特性を利用して，写真フィルムには主に [2★★] が利用されている。（千葉大）

〈解説〉この性質を感光性という。

$$2AgBr \xrightarrow{光} 2Ag + Br_2$$

(1) 光(ひかり)
(2) 臭化銀(しゅうかぎん) AgBr

□20 ★★ 光の吸収によって起こる反応を [1★] といい，ルミノール反応などのように光を放出する反応を [2★★★] という。（高知大）

〈解説〉化学発光を示す反応の多くは酸化還元反応である。

(1) 光化学反応(こうかがくはんのう)
(2) 化学発光(かがくはっこう)［㊞化学(かがく)ルミネセンス］

□21 ★★ 科学捜査における血痕の鑑識法である [1★★] 反応は化学発光の例である。[1★★] は，血液中の成分などを触媒として，塩基性溶液中で過酸化水素などによって酸化されると青く発光する。（立命館大）

(1) ルミノール

□22 ★★ ホタルなど生体内の化学反応によって起こる光の放出現象を [1★★] という。（金沢大）

(1) 生物発光(せいぶつはっこう)

□23 ★★ 酸化チタン(Ⅳ) TiO_2 は，白色顔料やペンキ材料として製品化されているほか，光(紫外線)が当たると有機化合物を分解する [1★★] としても利用されている。たとえば TiO_2 をコーティングした窓ガラスに太陽光や蛍光灯の光が当たると，表面に付着した汚れや細菌などは電子を奪われ分解する。（徳島大）

(1) 光触媒(ひかりしょくばい)

2 温度と熱量／結合エネルギー

▼ ANSWER

□1 ★★★ 液体 1mol が蒸発するときのエンタルピー変化を [1 ★★★] という。逆に気体 1mol が凝縮するときのエンタルピー変化は，[2 ★★★] という。（予想問題）

〈解説〉例　H_2O(液)＋熱 ⟶ H_2O(気)（吸熱反応）
（＋熱：水を加熱すると水蒸気となる）

よって，　H_2O(液) ⟶ H_2O(気)　$\Delta H > 0$(蒸発エンタルピー)
また，　H_2O(気) ⟶ H_2O(液)　$\Delta H < 0$(凝縮エンタルピー)

(1) 蒸発（じょうはつ）エンタルピー
(2) 凝縮（ぎょうしゅく）エンタルピー

□2 ★★★ 固体 1mol が融解するときのエンタルピー変化を [1 ★★★] という。逆に液体 1mol が凝固するときのエンタルピー変化は，[2 ★★★] という。（予想問題）

〈解説〉例　H_2O(固)＋熱 ⟶ H_2O(液)（吸熱反応）
（＋熱：氷を加熱すると水となる）

よって，　H_2O(固) ⟶ H_2O(液)　$\Delta H > 0$(融解エンタルピー)
また，　H_2O(液) ⟶ H_2O(固)　$\Delta H < 0$(凝固エンタルピー)

(1) 融解（ゆうかい）エンタルピー
(2) 凝固（ぎょうこ）エンタルピー

□3 ★★★ 物質を加熱したとき，物質が受け取るエネルギーを熱エネルギーといい，その量を熱量という。物質 1g の温度を 1K(1℃) 上げるのに必要な熱量を [1 ★★★] という。[1 ★★★] が [2 ★★] ほど，その物質は温まりにくく，冷めにくい。（防衛大）

(1) 比熱（ひねつ）（容量（ようりょう））
(2) 大（おお）きい

□4 ★★★ 反応エンタルピーは熱量計により測定される。1.0L の水を含む熱量計中で，ある反応をおこさせたところ，水の温度が 15℃上昇した。1g の水の温度を 1K 上げるのに必要な熱量を 4.2J とすると，この実験で発生した熱量は [1 ★★★] kJ(整数)となる。（神奈川大〈改〉）

〈解説〉物質 1g の温度を 1K（1℃）上げるのに必要な熱量を，その物質の比熱(比熱容量)という。解き方のように分数式で表して，単位に注目しながら計算するとよい。

(1) 63

解き方

$$\text{熱量}〔\mathrm{J}〕= \underbrace{\frac{4.2\,\mathrm{J}}{1\,\mathrm{g}\cdot 1\,\mathrm{K}}}_{\text{比熱}} \times \underbrace{\mathrm{g}}_{\text{質量}} \times \underbrace{\Delta t\,\mathrm{K}}_{\text{温度変化}}$$

より水 1.0L ≒ 1000g，温度変化 15℃ = 15K なので，

$$\frac{4.2\,\mathrm{J}}{1\,\mathrm{g}\cdot 1\,\mathrm{K}} \times 1000\,\mathrm{g} \times 15\,\mathrm{K} \times \frac{1\,\mathrm{kJ}}{10^3\,\mathrm{J}} = 63\,\mathrm{kJ}$$

となる。◀単位に注目すること

★★★

図は，1013hPaのもとで単位時間あたりに一定量の熱を加え続けたときの，水の温度と加熱時間との関係の概略図である。水の状態はAB間では [1★★★]，CD間では [2★★★]，EF間では [3★★★] である。また，1013hPaで0℃の氷90.0gを加熱してすべて100℃の水蒸気にするために必要な熱量は [4★★] kJ(3ケタ)となる。ただし，H_2O = 18.0，0℃での氷の融解熱は6.01kJ/mol，100℃での水の蒸発熱は40.7kJ/mol，および0℃から100℃までの水の比熱は4.18J/(g·℃)とする。

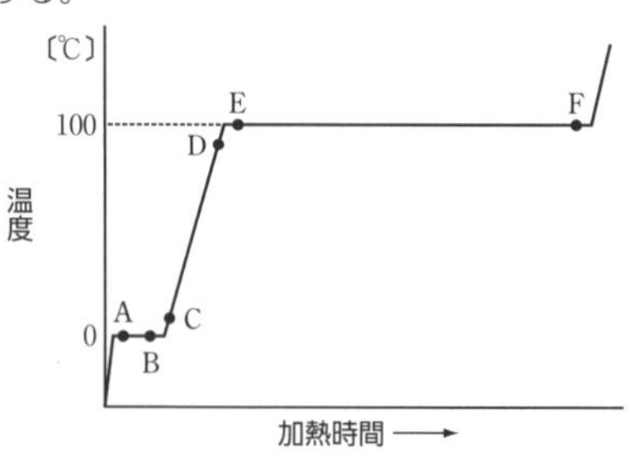

（大阪工業大）

(1) 固体と液体(が共存)[㊙氷と水(が共存)]
(2) 液体(のみ)[㊙水(のみ)]
(3) 液体と気体(が共存)[㊙水と水蒸気(が共存)]
(4) 271

解き方

氷90.0g＝水90.0gとなり，その物質量は $90.0\not{g} \times \dfrac{1\text{mol}}{18.0\not{g}} = 5.00\text{mol}$

① 0℃の氷90.0g(5.00mol)がすべて0℃の水90.0g(5.00mol)に変化するまでに必要な熱量〔kJ〕は，

$$\frac{6.01\text{kJ}}{1\not{\text{mol}}} \times 5.00\not{\text{mol}} = 30.05\text{kJ}$$

② 0℃の水90.0gがすべて100℃の水90.0gに変化するまでに必要な熱量〔kJ〕は，

$$\frac{4.18\not{J}}{1\not{g}\cdot 1\not{℃}} \times 90.0\not{g} \times (100-0)\not{℃} \times \frac{1\text{kJ}}{10^3\not{J}} = 37.62\text{kJ}$$

③ 100℃の水90.0g(5.00mol)がすべて100℃の水蒸気90.0gに変化するまでに必要な熱量〔kJ〕は，

$$\frac{40.7\text{kJ}}{1\not{\text{mol}}} \times 5.00\not{\text{mol}} = 203.5\text{kJ}$$

よって，求める熱量は①＋②＋③より，

$30.05 + 37.62 + 203.5 \fallingdotseq 271\text{kJ}$

□6 ★★★ 化学反応では原子間結合の切断と化合物の生成がおこり，熱の出入りを伴う。例えば，1mol の水素に 436kJ のエネルギーを与えると，2mol の水素原子に解離する。このように，気体分子内の 1mol の [1 ★★] を切断するのに必要とするエネルギーを [2 ★★★] という。（東京理科大）

(1) 共有結合（きょうゆうけつごう）
(2) 結合エネルギー〔㊙結合エンタルピー〕

〈解説〉気体分子内の共有結合 1mol を切り離すのに必要なエネルギーのことを結合エネルギーという。
㊖ H−H の結合エネルギー 436kJ/mol は次のように表せる。

H−H(気) ＋(結合エネルギー) ⟶ H(気) ＋ H(気)(吸熱反応)

気体状　左辺に結合エネルギーを加えて結合を切断する　バラバラになっても気体状のまま

よって，H_2(気) ⟶ 2H(気)　$\Delta H = 436$kJ

□7 ★★★ 分子中の 2 個の原子間の共有結合を切断するのに必要なエネルギーを結合エネルギーという。例えば，1mol の酸素分子 O_2 は 490kJ の熱量を吸収して 2mol の酸素原子 O になる。したがって，O=O の結合エネルギーは [1 ★★★] kJ/mol (整数) である。（摂南大）

(1) 490

〈解説〉O_2(気) ⟶ 2O(気)　$\Delta H = 490$kJ

□8 ★★★ C=O の結合エネルギーが 804kJ/mol であるとき，二酸化炭素 1mol 中の結合をすべて切って，原子をばらばらにするために必要なエネルギーは [1 ★★★] kJ (整数) となる。（広島大）

(1) 1608

解き方

結合エネルギーの合計を求めればよい。CO_2 1 分子(1mol)中には C=O 結合が 2 か所(2mol)あるので，

$$\frac{804\text{kJ}}{1\cancel{\text{mol}}} \times 2\cancel{\text{mol}} = 1608\text{kJ}$$

□9 ★★★ 気体分子内の結合を切ってばらばらの原子にするときの変化は，次のように表される。

CO_2(気) ⟶ C(気) + 2O(気)　ΔH = 1608kJ

H_2O(気) ⟶ 2H(気) + O(気)　ΔH = 928kJ

CH_4(気) ⟶ C(気) + 4H(気)　ΔH = 1655kJ

結合エネルギーは，C=O が [1★★★] kJ/mol，O−H が [2★★★] kJ/mol，C−H が [3★★★] kJ/mol（整数）となる。　（高知大〈改〉）

(1) 804
(2) 464
(3) 414

解き方

C=O の結合エネルギーは，

$$\frac{1608\text{kJ}}{\text{C=O 2mol}} = 804\text{kJ/mol}$$ ← O=C=O

1分子中の C=O の結合は2個

同様に，$$\frac{928\text{kJ}}{\text{O−H 2mol}} = 464\text{kJ/mol}$$ ← H−O−H

1分子中の O−H の結合は2個

また，$$\frac{1655\text{kJ}}{\text{C−H 4mol}} \fallingdotseq 414\text{kJ/mol}$$ ← CH_4（構造式）

1分子中の C−H の結合は4個

□10 ★★ プロパン C_3H_8 は，[1★★] 個の C−C 結合（結合エネルギー 348kJ/mol）と [2★★] 個の C−H 結合（結合エネルギー 414kJ/mol）からできている。したがって，1mol のプロパンが，孤立した状態の成分原子（気体の状態）から生成することは，

[3★★] + [4★★] ⟶ C_3H_8(気)

ΔH = [5★★] kJ（整数）

と表せる。　（岩手大〈改〉）

(1) 2
(2) 8
(3) 3C（気）
(4) 8H（気）
(5) −4008

解き方

プロパン（構造式）　↓ …348kJ/mol　↓ …414kJ/mol

348 × 2 + 414 × 8 = 4008kJ ですべてバラバラになる。

よって，

C_3H_8（気）⟶ 3C（気）+ 8H（気）　ΔH = 4008kJ

と表せる。この式を(−1)倍にしたものを答えればよい。

3 ヘスの法則

▼ANSWER

□1 ★★★ 反応熱や反応エンタルピーは化学反応の途中の経路に依存せず，最初と最後の状態だけで決まる。この法則は発見者にちなんで [1★★★] の法則とよばれ，直接測定が困難な反応エンタルピーの決定に用いられる。

（早稲田大〈改〉）

(1) ヘス

〈解説〉ヘスの法則は，総熱量保存の法則ともいう。反応エンタルピーは，「①連立方程式の要領」(下記参照)，「②エネルギー図を使う」，「③公式に代入する」(P.99 参照)などの方法で求めることができる。

「①連立方程式の要領」で求める場合

▶ΔH を求める反応式に含まれていない単体や化合物を消去するように加減してみよう。

□2 ★★ 水酸化ナトリウムの固体を十分量の希硫酸と反応させると，硫酸ナトリウムと水を生じる。この反応は，次のように示すことができる。

$2NaOH$ (固) + H_2SO_4aq

⟶ Na_2SO_4aq + $2H_2O$ (液)

ΔH_1 = [1★] kJ…①

式①の反応をもう一つの経路で考える。まず，水酸化ナトリウムの固体を多量の水に溶かし，その後得られた水酸化ナトリウム水溶液と希硫酸を反応させ硫酸ナトリウムと水を得たとする。これらの反応は，次のように示すことができる。

$NaOH$ (固) + aq ⟶ $NaOHaq$

$\Delta H_2 = -44.5$kJ…②

$2NaOHaq + H_2SO_4aq$

⟶ Na_2SO_4aq + $2H_2O$ (液)

$\Delta H_3 = -112$kJ…③

このように一連の化学反応の経路が異なったとしても，反応エンタルピーの総和は反応の最初と最後の状態だけで定まる。これを [2★★★] の法則と呼ぶ。式③より，水酸化ナトリウム水溶液と希硫酸とが中和して水 1mol が生じるときの反応エンタルピーは，ΔH_4 = [3★★] kJ の [4★★] 反応となり，この熱量を中和エンタルピーという。強酸と強塩基の薄い水溶液の中

(1) −201
(2) ヘス
[㊙総熱量保存（そうねつりょうほぞん）]
(3) −56
(4) 発熱（はつねつ）

和では，一定の値 (ΔH_4 = [3★★] kJ) の [4★★] 反応となる。一方で，弱酸や弱塩基が関わる中和反応では，弱酸・弱塩基の電離が [5★★] 反応であるため，中和エンタルピーは [3★★] kJ/mol より [6★] くなる(絶対値が [7★] くなる)。 (立命館大〈改〉)

(5) 吸熱
(6) 大き
(7) 小さ

解き方

①式に含まれていない NaOHaq を②式と③式から消去すればよい。
②式× 2 +③式より，$2\Delta H_2 + \Delta H_3 = \Delta H_1$ となり，
$2(-44.5\text{kJ}) + (-112\text{kJ}) = \Delta H_1$
よって，
$2NaOH$(固) + $H_2SO_4aq \longrightarrow Na_2SO_4aq + 2H_2O$(液)　$\Delta H_1 = -201\text{kJ}$
また，中和エンタルピーは H_2O（液）1mol あたりであり，③式÷ 2 から求める。
$-112\text{kJ} \div 2\text{mol} = -56\text{kJ/mol}$

「②エネルギー図を使う」または「③公式に代入する」ことで求める場合

▶ パターンⅠ ～ パターンⅢ を押さえ，エネルギー図を描き分けて解いてみよう。

解き方のポイント

エネルギー図を使って求める場合は，矢印の向き(上向き(↑)または下向き(↓))をすべてそろえる必要がある。もしすべての矢印の向きが上向き(↑)または下向き(↓)にそろっていないときは，「符号と矢印の向きを逆(＋は－，－は＋に直す)」にし，すべての矢印の向きをそろえてから式を立てる。

パターンⅠ 生成エンタルピーのデータを利用して問題を解く場合

(a)次のようなエネルギー図をつくって解く。

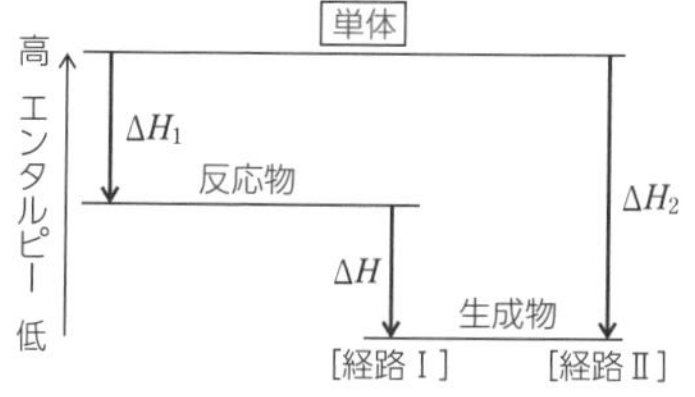

まず，エネルギー図を見て矢印の向きがすべて下向き(↓)であることを確認する。
次に，ヘスの法則を利用すると

$(\Delta H_1) + (\Delta H) = (\Delta H_2)$
[経路Ⅰ]　[経路Ⅱ]

が成り立ち，$\Delta H = \Delta H_2 - \Delta H_1$ となる。

(b)または，次の公式に代入して解く。

反応エンタルピー

＝(右辺にある生成物の生成エンタルピーの総和)－(左辺にある反応物の生成エンタルピーの総和)

つまり，$\Delta H = \Delta H_2 - \Delta H_1$

パターンⅡ 燃焼エンタルピーのデータを利用して問題を解く場合

(a)次のようなエネルギー図をつくって解く。

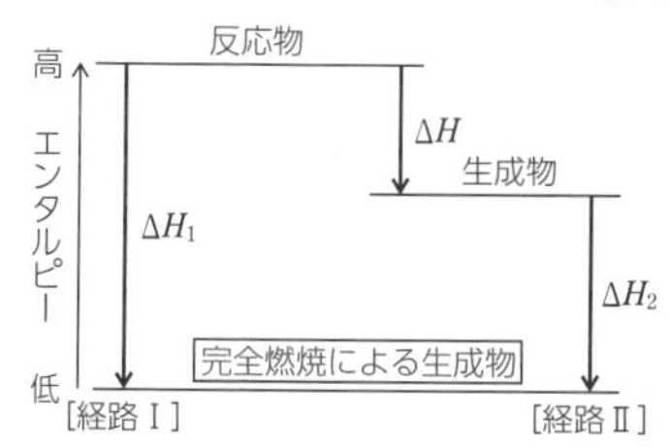

まず，エネルギー図を見て矢印の向きがすべて下向き(↓)であることを確認する。
次に，ヘスの法則を利用すると

$(\Delta H_1) = (\Delta H) + (\Delta H_2)$
[経路Ⅰ]　[経路Ⅱ]

が成り立ち，$\Delta H = \Delta H_1 - \Delta H_2$ となる。

(b)または，次の公式に代入して解く。

反応エンタルピー

＝(左辺にある反応物の燃焼エンタルピーの総和)－(右辺にある生成物の燃焼

エンタルピーの総和)

つまり，$\Delta H = \Delta H_1 - \Delta H_2$

(パターンⅢ) 結合エネルギーのデータを利用して問題を解く場合

(a)次のようなエネルギー図をつくって解く。

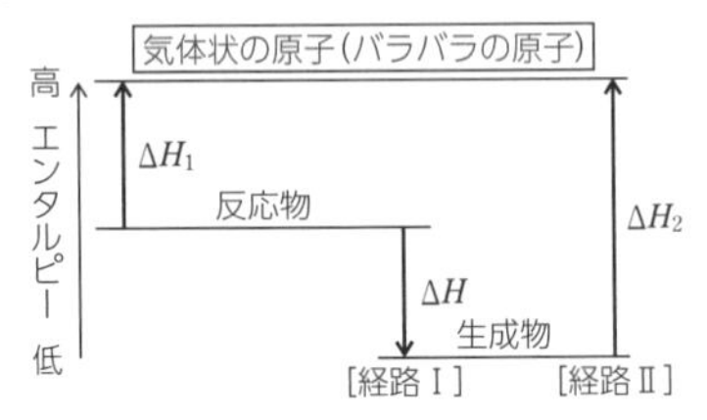

エネルギー図を見ると，矢印の向きがすべてそろっていないので，
すべて上向き(↑)かすべて下向き(↓)にそろえる。

・すべて上向き(↑)にそろえた場合

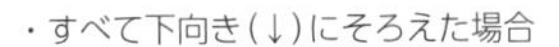

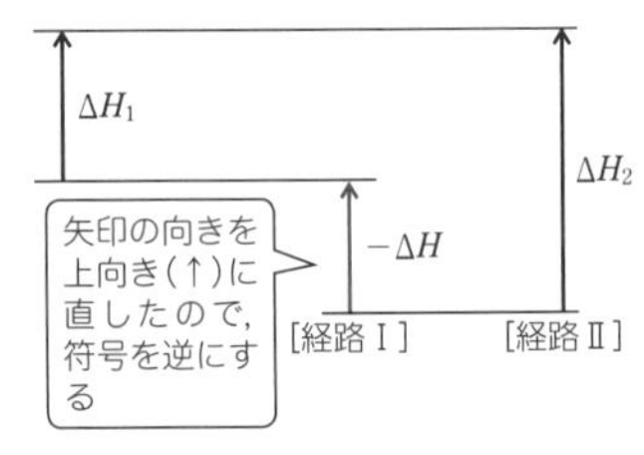

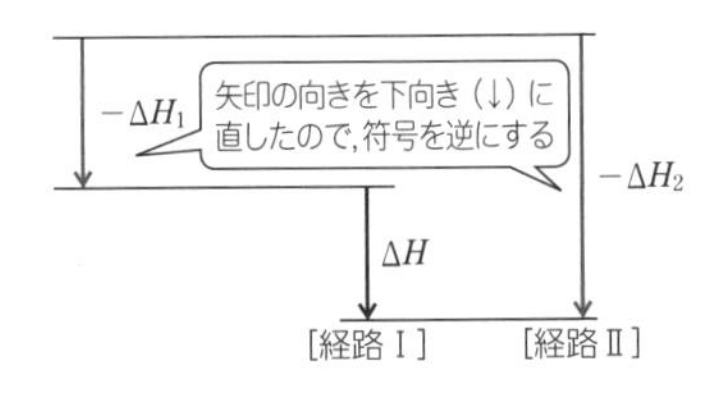

ヘスの法則を利用すると，

$\underbrace{(\Delta H_1) + (-\Delta H)}_{[経路Ⅰ]} = \underbrace{(\Delta H_2)}_{[経路Ⅱ]}$

が成り立つ。

ヘスの法則を利用すると，

$\underbrace{(-\Delta H_1) + (\Delta H)}_{[経路Ⅰ]} = \underbrace{(-\Delta H_2)}_{[経路Ⅱ]}$

が成り立つ。

よって，どちらの式からも$\Delta H = \Delta H_1 - \Delta H_2$となる。

(b)または，次の公式に代入して解く。

反応エンタルピー

＝(左辺にある反応物の結合エネルギーの総和)－(右辺にある生成物の結合エネルギーの総和)

つまり，$\Delta H = \Delta H_1 - \Delta H_2$

注ただし，この公式は反応物と生成物がすべて気体のときにだけ成立する。

□3 ★★★ 二酸化炭素，水およびメタノールの生成エンタルピーはそれぞれ①，②，③式で表される。

$$C(黒鉛) + O_2(気) \longrightarrow CO_2(気)$$

$$\Delta H_1 = -394\text{kJ} \cdots ①$$

$$H_2(気) + \frac{1}{2}O_2(気) \longrightarrow H_2O(液)$$
$$\Delta H_2 = -286\text{kJ} \cdots ②$$
$$C(黒鉛) + 2H_2(気) + \frac{1}{2}O_2(気) \longrightarrow CH_3OH(液)$$
$$\Delta H_3 = -240\text{kJ} \cdots ③$$

よって，メタノールの燃焼エンタルピーは④式のように表される。

CH_3OH(液) + [1★★★] O_2(気)

⟶ [2★★★] CO_2(気) + [3★★★] H_2O(液)

ΔH_4 = [4★★★] kJ…④

（東京理科大〈改〉）

(1) $\frac{3}{2}$
(2) 1
(3) 2
(4) −726

解き方

メタノールの燃焼エンタルピーを Q〔kJ/mol〕とすると，④式は次のように表せる。

$$CH_3OH(液) + \frac{3}{2}O_2(気) \longrightarrow \underbrace{CO_2(気) + 2H_2O(液)}_{完全燃焼による生成物} \quad \Delta H_4 = Q\,[\text{kJ}] \cdots ④$$

①，②，③式は生成エンタルピーのデータなので（パターンⅠ）にあてはめるとよい。

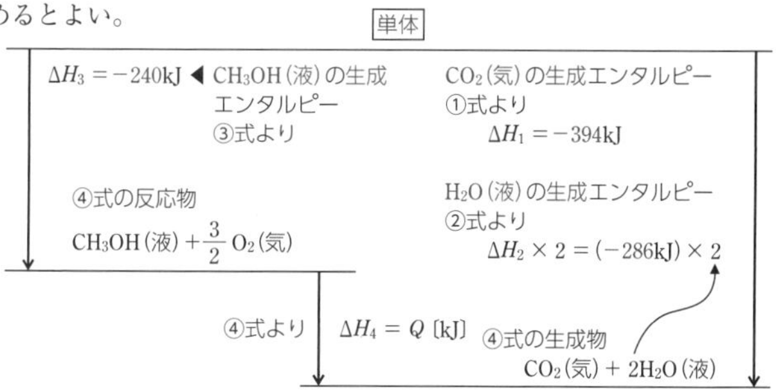

単体

$\Delta H_3 = -240\text{kJ}$ ◀ CH_3OH(液)の生成エンタルピー ③式より

CO_2(気)の生成エンタルピー ①式より $\Delta H_1 = -394\text{kJ}$

④式の反応物 $CH_3OH(液) + \frac{3}{2}O_2(気)$

H_2O(液)の生成エンタルピー ②式より $\Delta H_2 \times 2 = (-286\text{kJ}) \times 2$

④式より $\Delta H_4 = Q$〔kJ〕

④式の生成物 $CO_2(気) + 2H_2O(液)$

エネルギー図の矢印の向きはすべて下向き(↓)なので，
$\Delta H_3 + \Delta H_4 = \Delta H_1 + \Delta H_2 \times 2$ が成り立ち，
$(-240\text{kJ}) + Q = (-394\text{kJ}) + (-286\text{kJ}) \times 2$ となる。
よって，$Q = -726\text{kJ}$

または，④式を見ながら公式に代入する。

$$\underbrace{Q}_{反応エンタルピー} = \underbrace{\{(-394\text{kJ}) + (-286\text{kJ}) \times 2\}}_{CO_2(気)とH_2O(液)の生成エンタルピーの総和（右辺）} - \underbrace{(-240\text{kJ})}_{CH_3OH(液)の生成エンタルピー（左辺）} = -726\text{kJ}$$

水素 H_2，シクロヘキセン C_6H_{10}，シクロヘキサン C_6H_{12} はいずれも気体とし，それぞれの燃焼エンタルピー（25℃，1.013×10^5Pa）は表に示したとおりである。

物　質	燃焼エンタルピー〔kJ/mol〕
水素 H_2	−286
シクロヘキセン C_6H_{10}	−3787
シクロヘキサン C_6H_{12}	−3953

シクロヘキセン C_6H_{10} 1mol に水素 H_2 を反応させてシクロヘキサン C_6H_{12} をつくるときのエンタルピー変化を付した反応式を書け。 1★★　（千葉大〈改〉）

(1) C_6H_{10}(気) + H_2(気) ⟶ C_6H_{12}(気) ΔH = −120kJ

解き方

求める式は次のようになる。

C_6H_{10}(気) + H_2(気) ⟶ C_6H_{12}(気)　$\Delta H = Q$〔kJ〕…①

表のデータは燃焼エンタルピーのデータなので パターンⅡ にあてはめるとよい。

①式の反応物＋xO_2
C_6H_{10}(気) + H_2(気) + xO_2(気)

$\Delta H = Q$〔kJ〕

①式の生成物＋xO_2
C_6H_{12}(気) + xO_2(気)

−3787kJ ◀ C_6H_{10}(気)の燃焼エンタルピー

−286kJ ◀ H_2(気)の燃焼エンタルピー

C_6H_{12}(気)の燃焼エンタルピー ▶ −3953kJ

完全燃焼による生成物

エネルギー図の矢印の向きはすべて下向き（↓）なので，次の式が成り立つ。

（−3787kJ）+（−286kJ）= Q +（−3953kJ）　よって，Q = −120kJ

または，①式を見ながら公式に代入する。

Q = {（−3787kJ）+（−286kJ）} − （−3953kJ） = −120kJ

- Q：反応エンタルピー
- {（−3787kJ）+（−286kJ）}：C_6H_{10}(気)と H_2(気)の燃焼エンタルピーの総和（左辺）
- （−3953kJ）：C_6H_{12}(気)の燃焼エンタルピー（右辺）

□5 ★★★ 表に25℃における結合エネルギーの値を示した。この表の値を用いて求めるとHCl（気体）の生成エンタルピーは［1★★★］〔kJ/mol〕(3ケタ)となる。

(1) −92.5

結合エネルギー〔kJ/mol〕

H − H 436	H − O 463
H − C 413	H − Cl 432
H − N 391	Cl − Cl 243

（神戸薬科大〈改〉）

解き方

HCl（気体）の生成エンタルピーを Q〔kJ/mol〕とすると，次のように表せる。

$$\frac{1}{2}H_2(\text{気}) + \frac{1}{2}Cl_2(\text{気}) \longrightarrow HCl(\text{気}) \quad \Delta H = Q\,〔kJ〕\cdots①$$

単体　化合物

表の値は結合エネルギーのデータなので パターンⅢ にあてはめる。

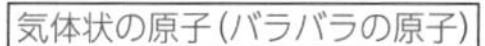

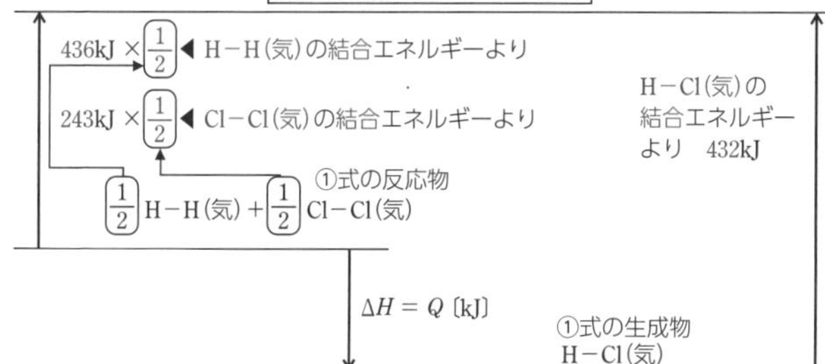

エネルギー図の矢印の向きがすべてそろっていない。すべて上向き（↑）にそろえた場合は，

$$(436\text{kJ}) \times \frac{1}{2} + (243\text{kJ}) \times \frac{1}{2} + (-Q) = (432\text{kJ})$$

が成り立つ。すべて下向き（↓）にそろえた場合は，

$$(-436\text{kJ}) \times \frac{1}{2} + (-243\text{kJ}) \times \frac{1}{2} + (Q) = (-432\text{kJ})$$

が成り立つ。どちらの式からも，

$Q = -92.5\text{kJ}$ となる。

または，①式を見ながら反応物と生成物がすべて気体であることを確認して，公式に代入する。

$$Q = \left\{(436\text{kJ}) \times \frac{1}{2} + (243\text{kJ}) \times \frac{1}{2}\right\} - (432\text{kJ}) = -92.5\text{kJ}$$

反応エンタルピー　H_2(気)とCl_2(気)の結合エネルギーの総和（左辺）　HCl(気)の結合エネルギー（右辺）

□6 ★★ 1モルのイオン結晶のイオン結合を切断して，気体状態のばらばらのイオンに分離するのに必要なエネルギーを格子エネルギーというが，格子エネルギーの値を直接測定することは困難である。しかし，(1)～(5)の値を用いると，［1★★★］の法則を用いた計算により，格子エネルギーの値を間接的に求めることができる。

(1) Na(固)の昇華エンタルピーは92kJ/molである。
(2) Cl_2(気)の結合エネルギーは244kJ/molである。
(3) NaCl結晶の生成エンタルピーは−411kJ/molである。
(4) Na(気)のイオン化エネルギーは496kJ/molである。
(5) Cl(気)の電子親和力は349kJ/molである。

以上より，NaCl結晶の格子エネルギーは［2★］kJ/mol(整数)になる。　（法政大〈改〉）

(1) ヘス
［⑩総熱量保存（そうねつりょうほぞん）］
(2) 772

解き方

NaCl(固)の格子エネルギー(格子エンタルピー)を Q〔kJ/mol〕とし，エンタルピー変化を付した反応式で表すと，

$$NaCl(固) \longrightarrow Na^+(気) + Cl^-(気) \quad \Delta H = Q〔kJ〕(Q > 0)$$

となる。格子エネルギーは，次のエネルギー図にあてはめて解くとよい。

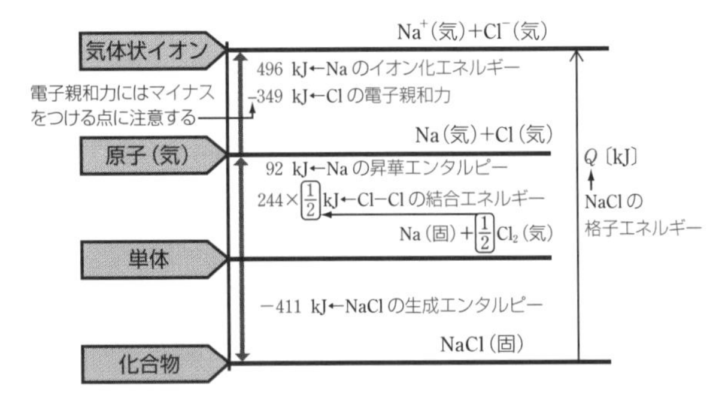

エネルギー図の矢印をすべて上向き(↑)にそろえると，次の式が成り立つ。

$$(496kJ) + (-349kJ) + (92kJ) + (244kJ) \times \frac{1}{2} + (411kJ) = Q$$

↑生成エンタルピーのところだけ上向き(↑)に直すので，符号を変える

よって，$Q = 772kJ/mol$
となる。

電池と電気分解

1 電池・ボルタ電池・ダニエル電池

▼ANSWER

電池

□1 ★★ 化学電池は，化学エネルギーを [1★★] エネルギーに変換する装置である。 （大阪大）

(1) 電気

□2 ★★★ 異なる2種類の金属を導線で結び，これらの金属を電解質水溶液に浸すと，イオン化傾向の [1★★] 金属から [2★★] 金属に電子が移動する。このとき，2種類の金属を電池の電極といい，導線へ電子が流れ出る電極を [3★★★]，導線から電子が流れ込む電極を [4★★★] と呼ぶ。電池の両極に回路を接続して電流を取り出すことを電池の [5★★★] といい，[3★★★] と [4★★★] の間に生じる [6★] を電池の起電力という。 （東京海洋大）

(1) 大きな［別大きい］
(2) 小さな［別小さい］
(3) 負極
(4) 正極
(5) 放電
(6) 電位差［別電圧］

□3 ★★★ 電池には，正極と負極があり，その間を導線で結び，電子の流れを電流として外部に取り出している。導線に電子が流れ出る [1★★★] 極では [2★★★] 反応がおこり，導線から電子が流れ込む [3★★★] 極では [4★★★] 反応がおこる。 （岡山大）

(1) 負
(2) 酸化
(3) 正
(4) 還元

□4 ★★★ 電池内で酸化還元反応に直接関わる物質を [1★★] といい，負極で [2★★★] としてはたらく物質を [3★★]，正極で [4★★★] としてはたらく物質を [5★★] という。 （東京海洋大）

(1) 活物質
(2) 還元剤
(3) 負極活物質
(4) 酸化剤
(5) 正極活物質

□5 ★★ 一般に電流が0（ゼロ）における正極と負極との間の電位差を電池の起電力といい，両極板に用いる金属のイオン化傾向の差が大きいほど起電力は [1★★] なる。 （東京理科大）

(1) 大きく

□6 ★★★ 電池は放電すると元の状態に戻すことができない [1★★★] と，充電により元の状態に戻すことができる [2★★★] に大別される。（鳥取大）

(1) 一次電池（いちじでんち）
(2) 二次電池（にじでんち）［㊞蓄電池（ちくでんち）］

ボルタ電池 (−) Zn ｜ H_2SO_4aq ｜ Cu (+)　起電力 1.1V

□7 ★★★ 1800年頃にイタリアの [1★★★] が最初の電池を製作し，電気化学の研究が進展するきっかけとなった。[1★★★] 電池は希硫酸に浸した亜鉛板と銅板を導線で結んだもので，およそ1Vの起電力を示したが，実用的ではなかった。（福岡大）

(1) ボルタ

〈解説〉ボルタ電池
Zn は Cu よりもイオン化傾向が大きい（陽イオンになりやすい）ので，Zn が Zn^{2+} になるとともに，亜鉛板から銅板に向かって電子 e^- が流れる。この流れてくる e^- を銅板の表面上で H^+ が受け取って H_2 が発生する。

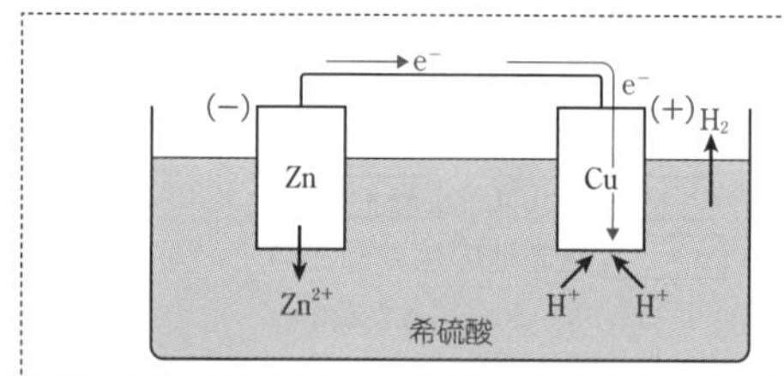

負極：$Zn \longrightarrow Zn^{2+} + 2e^-$
正極：$2H^+ + 2e^- \longrightarrow H_2$

□8 ★★★ 希硫酸中に銅と亜鉛を離して浸したものがボルタ電池である。このとき，イオン化傾向の大きな [1★★★] が負極，イオン化傾向の小さな [2★★★] が正極となる。（奈良女子大）

(1) 亜鉛（あえん）(板) Zn
(2) 銅（どう）(板) Cu

□9 ★★ 希硫酸に銅板と亜鉛板を浸しただけの簡単な構造をしたボルタ電池では正極で気体の [1★★] が発生する。（自治医科大）

(1) 水素（すいそ） H_2

□10 ★★★ ボルタ電池の起電力は約1.1Vであるが，放電を始めるとすぐに電圧が低下する。このような現象を電池の [1★★★] という。電池の [1★★★] を防ぐ一つの方法として，二クロム酸カリウムなどの酸化剤が用いられる。この酸化剤は減極剤とよばれ，[2★★] 極で電子を受け取り，気体である [3★★] の発生を抑える。（奈良女子大）

(1) 分極（ぶんきょく）
(2) 正（せい）
(3) 水素（すいそ） H_2

ダニエル電池 (−) Zn | $ZnSO_4$aq | $CuSO_4$aq | Cu (+)　起電力 1.1V

□11 ★★★ ダニエル電池やボルタ電池では，イオン化傾向の大きな金属が [1★★★] となる。（神戸薬科大）

(1) 負極(ふきょく)

□12 ★★★ 亜鉛板を浸した硫酸亜鉛水溶液と，銅板を浸した硫酸銅(Ⅱ)水溶液を，両溶液が混合しないように隔膜(素焼き板やセロハン膜)で仕切り，両金属板を導線でつなぐと電子が [1★★] 板から [2★★] 板に流れる。この電池は [3★★★] 電池とよばれる。（甲南大）

(1) 亜鉛(あえん) Zn
(2) 銅(どう) Cu
(3) ダニエル

〈解説〉ダニエル電池
亜鉛 Zn 板を浸した硫酸亜鉛 $ZnSO_4$ 水溶液と銅 Cu 板を浸した硫酸銅(Ⅱ)$CuSO_4$ 水溶液を素焼き板で仕切り，導線で結んだ電池である。Zn は Cu よりもイオン化傾向が大きい(陽イオンになりやすい)ので，還元剤である Zn が Zn^{2+} になるとともに，Zn 板から Cu 板に向かって電子 e^- が流れる。この流れてくる e^- を Cu 板の表面上で酸化剤である Cu^{2+} が受け取って Cu が析出する。

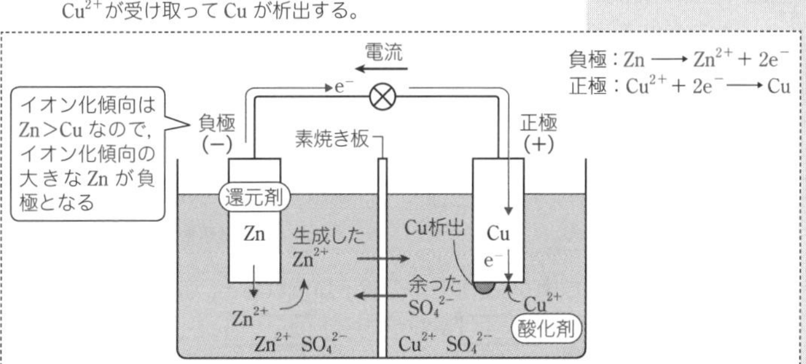

□13 ★★ ダニエル電池の負極では [1★★] が還元剤としてはたらき，正極では [2★★] が酸化剤としてはたらく。（日本女子大）

(1) 亜鉛(あえん) Zn
(2) 銅(どう)(Ⅱ)イオン Cu^{2+} [⑩硫酸銅(りゅうさんどう)(Ⅱ) $CuSO_4$]

□14 ★★ ダニエル電池を放電すると，銅板上では [1★★] イオンが還元される。（熊本大）

(1) 銅(どう)(Ⅱ) Cu^{2+}

〈解説〉正極：銅板上では還元反応　$Cu^{2+} + 2e^- \longrightarrow Cu$　が起こる。

□15 ★★★ 「ダニエル電池」では負極活物質は [1★★★] であり，正極活物質は [2★★★] である。放電すると素焼き板でできた隔壁を介して陰イオンは [3★★★] 側へ移動する。隔壁を取り去ると起電力は小さくなるが，これは亜鉛板表面で [4★] の反応が起こるためである。（東京理科大）

(1) 亜鉛(あえん) Zn
(2) 銅(どう)(Ⅱ)イオン Cu^{2+} [例 硫酸銅(りゅうさんどう)(Ⅱ) $CuSO_4$]
(3) 負極(ふきょく)
(4) $Zn + Cu^{2+} \longrightarrow Zn^{2+} + Cu$

□16 ★★ ダニエル電池が放電しているとき，電流が素焼き板を通り抜けて流れなければならない。この電流は，素焼き板を通って [1★★] イオンが正極側から負極側へ移動することや [2★★] イオンが負極側から正極側へ移動することによって流れている。（大阪公立大）

(1) 硫酸(りゅうさん) SO_4^{2-}
(2) 亜鉛(あえん) Zn^{2+}

□17 ★★ 両極の電解質のモル濃度が等しいダニエル電池を作成したとする。装置の大きさを変えずにこれよりも電池を長持ちさせるには，それぞれの電解質のモル濃度をどのように調整すればよいか。「濃く」または「薄く」で答えよ。

硫酸亜鉛の濃度を [1★★] して，硫酸銅(Ⅱ)の濃度を [2★★] する。（東京海洋大）

(1) 薄(うす)く
(2) 濃(こ)く

□18 ★ ダニエル電池において，1モルの電子が流れると，正極の金属の質量が [1★] g(3ケタ)だけ [2★]。
Cu = 63.6（大阪公立大）

(1) 31.8
(2) 増(ふ)える

解き方

正極では，$Cu^{2+} + 2e^- \longrightarrow Cu$ の反応が起こる。
よって，e^- 2mol が流れると Cu 1mol が析出することがわかるので（Cu = 63.6 より）

$$1\,\text{mol} \times \frac{1\,\text{mol}}{2\,\text{mol}} \times \frac{63.6\,\text{g}}{1\,\text{mol}} = 31.8\,\text{g}$$

流れた e^-〔mol〕 析出した Cu〔mol〕 析出した Cu〔g〕

の Cu が析出する。

□19 ★ ダニエル電池，Zn | $ZnSO_4$ aq | $CuSO_4$ aq | Cu，の金属電極およびその金属イオン水溶液の種類を変えたものを [1★] 電池という。（鹿児島大）

(1) ダニエル型(がた)

□20 ★★★ 素焼き板で仕切った容器の一方には硝酸銅(Ⅱ)水溶液を入れ銅板を電極とし，他方には硝酸銀水溶液を入れて銀板を電極とした電池をつくると，銀板が [1★★★] となった電池が得られる。（自治医科大）

〈解説〉ダニエル型電池：イオン化傾向の大きな方の金属板が負極になる。

(−) Cu ｜ $Cu(NO_3)_2$ 水溶液 ｜ $AgNO_3$ 水溶液 ｜ Ag (+)

イオン化傾向 Cu ＞ Ag

負極：$Cu \longrightarrow Cu^{2+} + 2e^-$　正極：$Ag^+ + e^- \longrightarrow Ag$

(1) 正極（せいきょく）

□21 ★★ Zn ｜ $ZnSO_4$ 水溶液 ｜ $CuSO_4$ 水溶液 ｜ Cu の起電力は，Zn ｜ $ZnSO_4$ 水溶液 ｜ $AgNO_3$ 水溶液 ｜ Ag の起電力より [1★★] 。（鹿児島大）

〈解説〉ダニエル型電池：イオン化傾向の差が大きいほど起電力が大きい。イオン化傾向は Zn ＞ Cu ＞ Ag となるので Zn と Ag の組合せの方が Zn と Cu の組合せより起電力が大きい。

(1) 小さい（ちい）

発展 □22 ★★ 水溶液中で物質が電子を放出するとき，電子の放出のしやすさの程度を表す指標を「標準電極電位」という。標準電極電位は，水素 H_2 が水素イオン H^+ になって電子を放出するときの値を基準（0V）とした相対値であり，この値が小さいほど電子を放出しやすく，水素の標準電極電位(0V)より小さければ負の値になる。例えば，カリウム K の標準電極電位は−2.92V であり，銀 Ag は+0.80V である。したがって，標準電極電位はイオン化列と順番が一致し，イオン化傾向が大きいほど標準電極電位は [1★★] 。これを電池に当てはめると，標準電極電位は正極の方が [2★★] 。

ダニエル電池では，両極の標準電極電位はそれぞれ+0.34V と−0.76V である。これまでの説明から，正極と負極のうちで+0.34V の方が [3★★] 極と考えられ，その活物質には [4★★] が用いられる。正極と負極の電位の差は電池の「起電力」とよばれ，ダニエル電池の起電力を両極の標準電極電位を使って求めると，[5★★] V（3ケタ）と計算される。（関西大）

〈解説〉標準電極電位の値が小さい金属ほど，陽イオンになろうとする傾向が強く，イオン化傾向は大きい（電池では負極になる）。ダニエル電池の起電力 E は，

$$E = \underbrace{+0.34\text{V}}_{\text{正極の標準電極電位}} - \underbrace{(-0.76\text{V})}_{\text{負極の標準電極電位}} = 1.10\text{V}$$

(1) 小さい（ちい）[㊐低い（ひく）]
(2) 大きい（おお）[㊐高い（たか）]
(3) 正（せい）
(4) 銅（どう）(Ⅱ)イオン Cu^{2+} [㊐硫酸銅（りゅうさんどう）(Ⅱ) $CuSO_4$]
(5) 1.10

2 鉛蓄電池 ▼ANSWER

鉛蓄電池 (−) Pb | H_2SO_4aq | PbO_2 (+) 起電力 2.0V

□1 ★★★ 鉛蓄電池は [1 ★★★] を負極，[2 ★★★] を正極とし，これらの電極を希硫酸に浸したものである。この電池を放電すると両極に [3 ★★★] が析出する。 (関西大)

(1) 鉛(なまり) Pb
(2) 酸化鉛(さんかなまり)(Ⅳ) PbO_2
(3) 硫酸鉛(りゅうさんなまり)(Ⅱ) $PbSO_4$

〈解説〉鉛蓄電池

Pb が還元剤で負極，PbO_2 が酸化剤で正極となる。e^- が流れると Pb および PbO_2 は，ともに Pb^{2+} に変化した後に希硫酸中の SO_4^{2-} と結びつき，水に不溶な $PbSO_4$ となって，極板の表面に析出する。

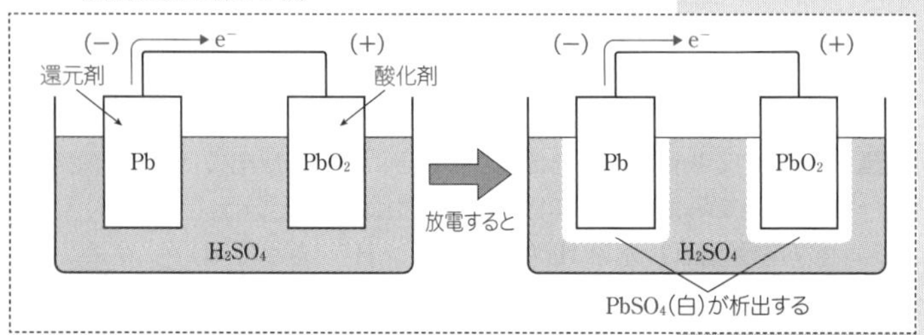

□2 ★★★ 鉛蓄電池の放電時には，両極の表面に水に溶け [1 ★★] い [2 ★★★] 色の [3 ★★★] が析出する。 (鳥取大)

(1) にく
(2) 白(はく)
(3) 硫酸鉛(りゅうさんなまり)(Ⅱ) $PbSO_4$

□3 ★★ 鉛蓄電池の負極と正極で次の反応がおこっている。

(負極) [1 ★★] + SO_4^{2-} ⟶ [2 ★★] + $2e^-$

(正極) [3 ★★] + $4H^+$ + SO_4^{2-} + $2e^-$ ⟶ [4 ★★] + $2H_2O$

(名城大)

(1) Pb
(2) $PbSO_4$
(3) PbO_2
(4) $PbSO_4$

〈解説〉負極と正極の反応式のつくり方

負極： $Pb \longrightarrow Pb^{2+} + 2e^-$ ◀ Pb は Pb^{2+} へ
+) SO_4^{2-} 　 SO_4^{2-} ◀ Pb^{2+} が SO_4^{2-} と結びつく
$Pb + SO_4^{2-} \longrightarrow PbSO_4 + 2e^-$

正極：$PbO_2 + 4H^+ + 2e^- \longrightarrow Pb^{2+} + 2H_2O$ ◀ PbO_2 も Pb^{2+} へ
+) SO_4^{2-} 　 SO_4^{2-} ◀ Pb^{2+} が SO_4^{2-} と結びつく
$PbO_2 + 4H^+ + SO_4^{2-} + 2e^- \longrightarrow PbSO_4 + 2H_2O$

□4 ★★ 鉛蓄電池は，負極活物質に鉛，正極活物質に酸化鉛(Ⅳ)，電解液には希硫酸が使われている。放電すると，負極では Pb の酸化数が [1★★] から [2★★] へ，正極では Pb の酸化数が [3★★] から [4★★] へと変化する反応がおこり，両極の表面に [5★★] が生じて，電解液の硫酸の濃度が次第に [6★★] くなる。

（日本女子大）

〈解説〉Pb(0) は $PbSO_4$(+2)，PbO_2(+4) は $PbSO_4$(+2) に変化し，H_2SO_4 が減少し H_2O が増加する。

(1) 0
(2) +2
(3) +4
(4) +2
(5) 硫酸鉛(りゅうさんなまり)(Ⅱ) $PbSO_4$
(6) 小(ちい)さ［㊍低(ひく)］

□5 ★★ 鉛蓄電池の放電時には，硫酸鉛(Ⅱ)が両極の表面に生じる。

$$Pb + [1★★] + 2H_2SO_4 \longrightarrow 2\,[2★★] + 2H_2O$$

（秋田大）

〈解説〉鉛蓄電池全体の反応式のつくり方
負極と正極の反応式を加える

$$Pb + SO_4^{2-} \longrightarrow PbSO_4 + 2e^- \quad ◀負極$$
$$+)\ PbO_2 + 4H^+ + SO_4^{2-} + 2e^- \longrightarrow PbSO_4 + 2H_2O \quad ◀正極$$
$$Pb + PbO_2 + \underbrace{4H^+ + 2SO_4^{2-}}_{まとめる} \xrightarrow{e^-\ 2mol} 2PbSO_4 + 2H_2O$$

(1) PbO_2
(2) $PbSO_4$

□6 ★★ 鉛蓄電池の放電時には，正極では [1★★] 反応，負極では [2★★] 反応がおこり，両極の表面は [3★★] でおおわれ，放電を続けると起電力が [4★] する。

（日本女子大）

〈解説〉負極：還元剤 ⟶ 生成物 + ne^- （酸化反応）
正極：酸化剤 + ne^- ⟶ 生成物 （還元反応）

(1) 還元(かんげん)
(2) 酸化(さんか)
(3) 硫酸鉛(りゅうさんなまり)(Ⅱ) $PbSO_4$
(4) 低下(ていか)

□7 ★★ 鉛蓄電池では，正極と負極の質量は，放電により，ともに [1★★] する。

（東京工業大）

〈解説〉正極では PbO_2 が $PbSO_4$ へ（$+SO_2$），負極では Pb が $PbSO_4$ へ（$+SO_4$）変化する。

(1) 増加(ぞうか)

□8 ★★ 鉛蓄電池を放電すると，電解液の硫酸の濃度は [1★★]。

（名古屋大）

〈解説〉$Pb + PbO_2 + 2H_2SO_4 \xrightarrow{e^-\ 2mol} 2PbSO_4 + 2H_2O$
左辺・右辺を見ると，H_2SO_4 が減少し，H_2O が生成することがわかる。

(1) 低(ひく)くなる［㊍小(ちい)さくなる］

□9 ★★ いま，鉛蓄電池を放電させ，0.20mol の電子が流れたとする。このとき，正極では PbO_2 が [1 ★★] g(2ケタ)減少するが，同時に $PbSO_4$ が析出するので，放電前に比べて正極の質量は [2 ★★] g(2ケタ)増加する。
H = 1.0，O = 16，S = 32，Pb = 207 （関西大）

(1) 24
(2) 6.4

解き方

正極における反応は次のようになる。

$$1PbO_2 + 4H^+ + SO_4^{2-} + 2e^- \longrightarrow PbSO_4 + 2H_2O$$

よって，e^-が 2mol 流れると PbO_2(分子量 239)が 1mol 減少するので，正極では PbO_2 が，

$$0.20\,\text{mol} \times \frac{239\,\text{g}}{2\,\text{mol}} \fallingdotseq 24\,\text{g}$$

e^-〔mol〕　減少した PbO_2〔g〕

減少するが，同時に $PbSO_4$ が析出している。放電前に比べて正極は e^- が 2mol 流れると $PbSO_4 - PbO_2 = SO_2$(式量 64)の分だけ増加するので，正極の質量は，

$$0.20\,\text{mol} \times \frac{64\,\text{g}}{2\,\text{mol}} = 6.4\,\text{g}$$

e^-〔mol〕　増加した正極〔g〕

増加する。

□10 ★★ 鉛蓄電池のように起電力を回復する操作により，繰り返して使用できる電池を蓄電池または [1 ★★] 電池といい，繰り返して使うことのできないマンガン乾電池やアルカリ乾電池のような [2 ★★] 電池と区別している。 （岡山理科大）

(1) 二次(にじ)
(2) 一次(いちじ)

□11 ★★★ 鉛蓄電池では，外部直流電源に接続して，放電時とは逆向きの電流を通じることにより，放電時の逆反応を進行させて，電池を元の状態に回復できる。この操作を [1 ★★★] という。 （岡山理科大）

(1) 充電(じゅうでん)

□12 ★★★ 放電後，正極を外部電源の [1 ★★★] 極に，負極を外部電源の [2 ★★★] 極に接続すると鉛蓄電池の充電を行うことができる。 （名古屋市立大）

〈解説〉充電の操作：正極と正極，負極と負極をつなぐ。

(1) 正(せい)
(2) 負(ふ)

□13 ★★ 質量パーセント濃度が35.0%の希硫酸520gを用いて鉛蓄電池を作製し，放電させたところ，0.25molの電子が流れた。この放電によって，電解液中のH_2SO_4は放電前に比べて［1★★］g減少し，H_2Oは［2★★］g増加するので，希硫酸の質量パーセント濃度は［3★★］%（すべて2ケタ）となる。H = 1.0，O = 16，S = 32，Pb = 207

（関西大）

(1) 25
(2) 4.5
(3) 32

解き方

鉛蓄電池の放電時における全体の反応式

$$Pb + PbO_2 + 2H_2SO_4 \xrightarrow{e^- 2mol} 2PbSO_4 + 2H_2O$$

から，e^-が2mol流れるとH_2SO_4(分子量98)が2mol減少し，H_2O(分子量18)が2mol増加するので，e^-が0.25mol流れると，

(e^-)	(H_2SO_4)	(H_2O)
2mol	− 2mol	+ 2mol
0.25mol	− 0.25mol	+ 0.25mol

となる。よって，電解液中のH_2SO_4は，

$$0.25\cancel{mol} \times \frac{98g}{1\cancel{mol}} = 24.5g \fallingdotseq 25g$$

減少したH_2SO_4〔mol〕　減少したH_2SO_4〔g〕

減少し，H_2Oは，

$$0.25\cancel{mol} \times \frac{18g}{1\cancel{mol}} = 4.5g$$

増加したH_2O〔mol〕　増加したH_2O〔g〕

増加するので，希硫酸の質量パーセント濃度は，

$$\frac{\text{溶質〔g〕}:520 \times \frac{35.0}{100} - \underbrace{24.5}_{H_2SO_4}\ g}{\text{溶液〔g〕}:520 - \underbrace{24.5}_{H_2SO_4} + \underbrace{4.5}_{H_2O}\ g} \times 100$$

$\fallingdotseq 32\%$

となる。

3 さまざまな電池

▼ANSWER

マンガン乾電池 (−) Zn ｜ $ZnCl_2$aq, NH_4Claq ｜ MnO_2, C (+) など　起電力 1.5V

□1 ★★ 一次電池の例としては，電解液に塩化亜鉛を主体とし，これに塩化アンモニウムを加えた水溶液を用いる［1★★］などがある。（東京理科大）

(1) マンガン乾電池（かんでんち）

□2 ★★★ マンガン乾電池は，［1★★★］極活物質の亜鉛が電子を放出し，［2★★★］極活物質の酸化マンガン(Ⅳ)が電子を受け取る。（日本女子大〈改〉）

(1) 負（ふ）
(2) 正（せい）

〈解説〉Zn が還元剤で負極，MnO_2 が酸化剤で正極。
負極：Zn が電子 e^- を出して Zn^{2+} になる
正極：$MnO_2 + NH_4^+ + e^- \longrightarrow MnO(OH) + NH_3$ など

アルカリマンガン乾電池 (−) Zn ｜ KOHaq ｜ MnO_2 (+)　起電力 1.5V

□3 ★ 代表的な一次電池であるアルカリマンガン乾電池では，正極活物質に MnO_2，負極活物質に Zn 粉末，電解液に ZnO を溶解させた濃 KOH 水溶液が用いられ，負極では Zn 粉末が酸化され，正極では MnO_2 が MnO(OH) に還元されることで放電する。

よって，負極の反応を電子 e^- を含むイオン反応式で示すと［1★］となり，正極の反応を電子 e^- を含むイオン反応式で示すと［2★］となる。（岐阜大）

(1) $Zn + 4OH^- \longrightarrow [Zn(OH)_4]^{2-} + 2e^-$ [㊞ $Zn \longrightarrow Zn^{2+} + 2e^-$]
(2) $MnO_2 + H_2O + e^- \longrightarrow MnO(OH) + OH^-$

〈解説〉Zn が還元剤で負極，MnO_2 が酸化剤で正極。

負極：
$$Zn \longrightarrow Zn^{2+} + 2e^-$$
$$+)\ Zn^{2+} + 4OH^- \longrightarrow [Zn(OH)_4]^{2-}$$
$$Zn + 4OH^- \longrightarrow [Zn(OH)_4]^{2-} + 2e^-$$

正極：
$$MnO_2 + H^+ + e^- \longrightarrow MnO(OH)$$
$$+)\ OH^- \qquad OH^-$$
$$MnO_2 + H_2O + e^- \longrightarrow MnO(OH) + OH^-$$

太陽電池

□4 ★★ ［1★★★］などの半導体を用いて，［2★］を直接［3★］に変える発電装置を太陽電池という。（青山学院大）

(1) ケイ素（そ） Si
(2) 光（ひかり）エネルギー
(3) 電気（でんき）エネルギー

酸化銀電池 (−) Zn | KOHaq | Ag_2O (+)など　起電力 1.6V

□5 ★★★ 図にアルカリ系ボタン形酸化銀電池の概略図を示す。[1★★★]極材料には酸化銀(Ag_2O)，[2★★★]極材料には粒状亜鉛，電解液としては水酸化カリウム濃厚水溶液が用いられている。（東京大）

図　アルカリ系ボタン形酸化銀電池の概略図

〈解説〉Ag_2O が酸化剤で正極，Zn が還元剤で負極。

(1) 正（せい）
(2) 負（ふ）

□6 ★ 酸化銀電池は，小型電池として精密機器などに利用されている。この電池では次の反応が起こる。

負極：Zn + 2[1★] ⟶ ZnO + H_2O + [2★]e^-

正極：Ag_2O + H_2O + [2★]e^- ⟶ 2Ag + 2[1★]

（岡山大）

〈解説〉負極：

$$\begin{array}{rl} & Zn + H_2O \longrightarrow ZnO + 2H^+ + 2e^- \\ +) & 2OH^- \qquad\qquad 2OH^- \\ \hline & Zn + 2OH^- \longrightarrow ZnO + H_2O + 2e^- \end{array}$$

正極：

$$\begin{array}{rl} & Ag_2O + 2H^+ + 2e^- \longrightarrow 2Ag + H_2O \\ +) & 2OH^- \qquad\qquad 2OH^- \\ \hline & Ag_2O + H_2O + 2e^- \longrightarrow 2Ag + 2OH^- \end{array}$$

(1) OH^-
(2) 2

燃料電池 (−) H_2 | H_3PO_4aq | O_2 (+)や(−) H_2 | KOHaq | O_2 (+)など　起電力 1.2V

□7 ★★ 燃料電池は，[1★★]と[2★★]（順不同）から水が生成する反応を利用して化学エネルギーを電気エネルギーへ変換するデバイスであり，クリーンエネルギーシステムとして注目される。（東京大）

(1) 水素（すいそ） H_2
(2) 酸素（さんそ） O_2

□8 ★★★

図は，水素－酸素燃料電池の構造を示したものである。この電池は，触媒作用をもった2つの多孔質電極（燃料極と空気極と呼ぶ）とその間にある電解質から構成されている。燃料極と空気極には，それぞれ十分な量の水素と酸素が供給されており，多孔質電極を介して電解質と接触するようになっている。燃料極では，水素の［1 ★★★］反応が起こり，［2 ★★★］極となる。一方，空気極では，酸素の［3 ★★★］反応が起こり，［4 ★★★］極となる。燃料電池では，これらの化学反応のエネルギーを［5 ★★］エネルギーとして取り出すことができる。（高知大）

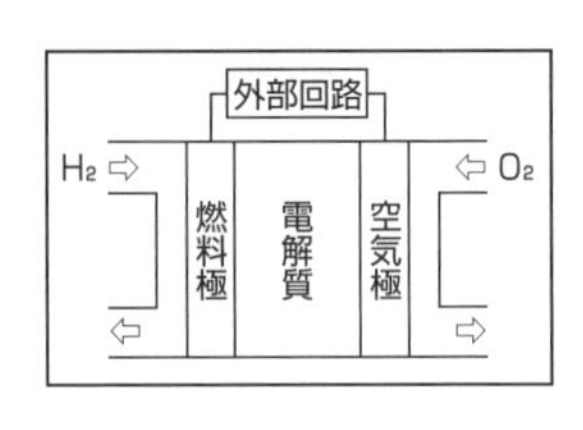

〈解説〉H_2 は還元剤で負極，O_2 は酸化剤で正極となる。

(1) 酸化（さんか）
(2) 負（ふ）
(3) 還元（かんげん）
(4) 正（せい）
(5) 電気（でんき）

□9 ★★★

図に水素－酸素燃料電池の模式図を示した。電解質の種類によってさまざまなタイプがあり，水酸化カリウム水溶液を用いたアルカリ形燃料電池，リン酸水溶液を用いたリン酸形燃料電池，フッ素系イオン交換樹脂を用いた固体高分子形燃料電池などがある。リン酸形燃料電池では，A 極側で反応［1 ★★］がおき，B 極側で反応［2 ★★］がおきる。その結果，［3 ★★］に向かって電流が流れ，したがって，A 極は［4 ★★★］極，B 極は［5 ★★★］極となる。また［6 ★★★］極側の排出物に水が含まれる。（東京理科大）

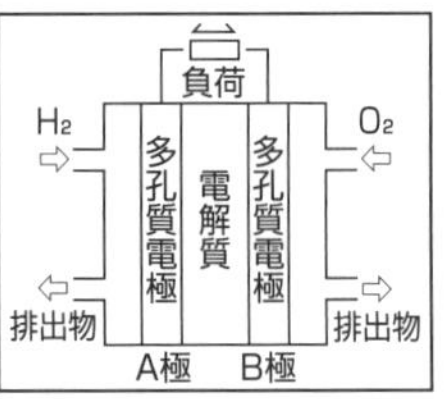

(1) $H_2 \longrightarrow 2H^+ + 2e^-$
(2) $O_2 + 4H^+ + 4e^- \longrightarrow 2H_2O$
(3) B 極（きょく）から A 極（きょく）
(4) 負（ふ）
(5) 正（せい）
(6) 正（せい）

□10 ★★★ リン酸形燃料電池は，負極活物質に水素，正極活物質に［1★★★］，［2★★］にリン酸水溶液を用いた燃料電池であり，負極と正極には，白金触媒を含む多孔質の電極が用いられる。放電時，負極で水素が［3★★★］を放出し［4★★★］となり，生じた［3★★★］は導線（外部回路）を通って正極へ流れ込む。［4★★★］はリン酸水溶液中を移動し，正極で［1★★★］と反応して水が生成する。（群馬大）

〈解説〉電解質として KOHaq を用いたアルカリ形燃料電池は次のように反応式をつくる。

負極：
$$H_2 \longrightarrow 2H^+ + 2e^-$$
$$+)\quad 2OH^- \qquad 2OH^-$$
$$H_2 + 2OH^- \longrightarrow 2H_2O + 2e^-$$

正極：
$$O_2 + 4H^+ + 4e^- \longrightarrow 2H_2O$$
$$+)\quad 4OH^- \qquad 4OH^-$$
$$O_2 + 2H_2O + 4e^- \longrightarrow 4OH^-$$

(1) 酸素（さんそ） O_2
(2) 電解質（でんかいしつ）［㊞電解液（でんかいえき）］
(3) 電子（でんし） e^-
(4) 水素（すいそ）イオン H^+

ニッケル－水素電池 (−) MH ｜ KOHaq ｜ NiO(OH) (+)　起電力 1.35V

□11 ★★★ ニッケル水素電池は，［1★★★］極に水素を結晶格子の隙間に水素原子の形で取り込む［2★★］合金，［3★★★］極にオキシ水酸化ニッケル(Ⅲ)，電解液に［4★★］性の水溶液が使用されている。（徳島大）

〈解説〉MH は，水素を吸収･貯蔵できる水素吸蔵合金を表している。

(1) 負（ふ）
(2) 水素吸蔵（すいそきゅうぞう）
(3) 正（せい）
(4) 塩基（えんき）［㊞アルカリ］

リチウム電池 (−) Li ｜ Li 塩 ｜ MnO_2 (+)　起電力 3.0V

□12 ★★★ リチウム電池は，正極活物質には MnO_2，負極活物質には金属 Li，電解液には有機溶媒に Li 塩を溶解させた溶液が用いられ，充電することができない［1★★］電池である。（大阪大）

(1) 一次（いちじ）

リチウムイオン電池 (－)C(黒鉛)とLiの化合物｜Li塩＋有機溶媒｜$LiCoO_2$(＋) 起電力4.0V

□13 ★★★ 携帯電話やノートパソコンなどに使用されているリチウムイオン電池は，[1★★★]極にリチウムを含む[2★★]，[3★★★]極にコバルト(Ⅲ)酸リチウムなどが主に用いられている。電解液に，ヘキサフルオロリン酸リチウムなどのリチウムの塩をエチレンカーボネートなどの有機化合物に溶かしたものが用いられている。リチウムはイオン化傾向の[4★★★]い金属であることからリチウムを[5★★★]極に用いることは，起電力の[6★★★]い電池を作るのに適している。(徳島大)

〈解説〉リチウムイオン電池では，主に正極活物質にコバルト(Ⅲ)酸リチウム($LiCoO_2$)などの金属酸化物，負極活物質にリチウムを含む炭素が用いられている。

(1) 負
(2) 炭素［別黒鉛］
(3) 正
(4) 大き
(5) 負
(6) 大き

□14 ★★★ [1★★★]次電池の代表的なものとして，リチウムイオン電池があげられる。リチウムイオン電池では，主に正極活物質にコバルト酸リチウム($LiCoO_2$)などの金属酸化物，負極活物質にリチウムを含む炭素が用いられている。炭素には，数種の[2★★★]があるが，導電性が高く安価な黒鉛が主に負極に利用されている。電池の充電時には，リチウムイオンが電解液を経由して正極から負極に移動し，放電時には逆向きに移動する。

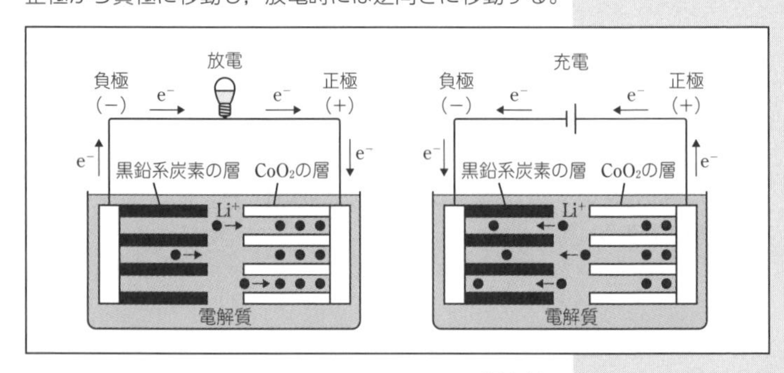

(岡山大)

〈解説〉負極：$Li_xC_6 \longrightarrow xLi^+ + 6C + xe^-$
正極：$Li_{(1-x)}CoO_2 + xLi^+ + xe^- \longrightarrow LiCoO_2$

(1) 二
(2) 同素体

4 陽極と陰極の反応

▼ANSWER

□1 ★★ 電解質の水溶液や融解塩に外部から電気エネルギーを与えて，両極で強制的に [1★★] をおこさせることを電気分解という。（福岡大）

(1) 酸化還元(反応)（さんかかんげん(はんのう)）

□2 ★★★ 電気分解では，外部の直流電源(電池)の負極と接続した電極を [1★★★]，正極と接続した電極を [2★★★] という。（宮崎大）

(1) 陰極（いんきょく）
(2) 陽極（ようきょく）

〈解説〉電極の決め方

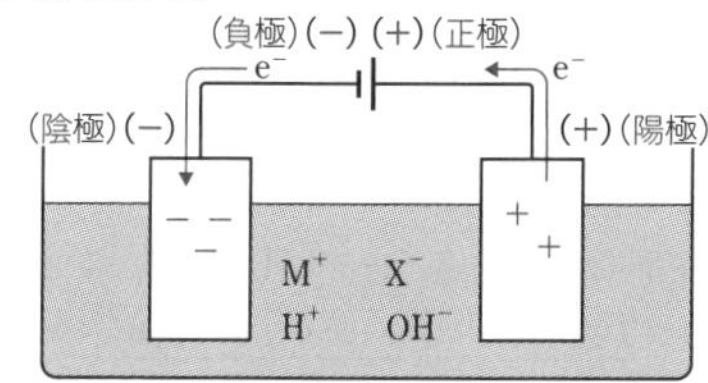

電気分解では，
陰極(−)：外部電源の負極(−)とつないだ電極
陽極(+)：外部電源の正極(+)とつないだ電極

□3 ★★ 電極に反応性の小さな白金や炭素を使ったとき，陰極では電子が外部電源の負極から流れ込むので，イオンや分子が電子を受け取る反応がおこり，陽極ではイオンや分子が電子を失う反応がおこる。すなわち，陰極では [1★★] 反応がおこり，陽極では [2★★] 反応がおこる。（福岡大）

(1) 還元（かんげん）
(2) 酸化（さんか）

□4 ★★ 電気分解において，電源の [1★★★] 極につないだ電極を陰極といい，電源の [2★★★] 極につないだ電極を陽極という。陰極では [3★★★] の小さな金属の [4★] イオンは [5★★] されやすい。また，[3★★★] の大きな金属の [4★] イオンは [5★★] されにくいが，かわりに水分子が陰極で電子を [6★] ことにより [7★] が発生する。一方，陽極では [8★] 原子イオンは [9★★] されにくいが，かわりに水分子が陽極で電子を [10★] ことにより [11★] が発生する。（東京海洋大）

(1) 負（ふ）
(2) 正（せい）
(3) イオン化傾向（かけいこう）
(4) 陽（よう）
(5) 還元（かんげん）
(6) 受けとる（う）
(7) 水素 H_2（すいそ）
(8) 多（た）
(9) 酸化（さんか）
(10) 与える（あた）
(11) 酸素 O_2（さんそ）

考え方

電極反応の考え方

水溶液の電気分解について，陰極と陽極の反応に分けて考える。このとき，水のわずかな電離で生じている H^+，OH^- の存在に注意しよう。

(1)陰極の反応：還元反応

イオン化傾向の小さな陽イオンが反応し，e^- を受け取る。注

（水溶液の濃度や電圧などの条件によっては，イオン化傾向の小さくない金属イオン(Zn, Fe, Ni, Sn, Pb などの陽イオン)が反応することもあるが，そのときには問題中のヒントから判断できるようになっている。）

注 イオン化傾向の小さな陽イオンとして H^+ が反応するとき，水溶液の液性(酸性・中性・塩基性)によって(a)，(b)のように反応式を書き分ける必要がある。

(a)酸性下 $2H^+ + 2e^- \longrightarrow H_2$

(b)中性または塩基性下 $2H^+ + 2e^- \longrightarrow H_2$

$$\begin{array}{rl} +)\ 2OH^- & \qquad\qquad 2OH^- \\ \hline 2H_2O + 2e^- & \longrightarrow H_2 + 2OH^- \end{array}$$

← $2H^+$ を $2H_2O$ にするために両辺に $2OH^-$ を加えてまとめる。

(2)陽極の反応：酸化反応

次の手順に従って考える。

【手順①】陽極板が炭素 C，白金 Pt，金 Au 以外の場合，陽極板自身が溶解する。

例 $Cu \longrightarrow Cu^{2+} + 2e^-$

【手順②】陽極板が炭素 C，白金 Pt，金 Au のいずれかの場合

(1) Cl^- または I^- が存在する… Cl^- または I^- が反応し，$2Cl^- \longrightarrow Cl_2 + 2e^-$ または $2I^- \longrightarrow I_2 + 2e^-$ となる。

(2) Cl^- や I^- が存在しない… OH^- が反応する。注

注 OH^- が反応するとき，水溶液の液性(酸性・中性・塩基性)によって(a)，(b)のように反応式を書き分ける必要がある。

(a)塩基性下 $4OH^- \longrightarrow O_2 + 2H_2O + 4e^-$

(b)中性または酸性下 $4OH^- \longrightarrow O_2 + 2H_2O + 4e^-$

$$\begin{array}{rl} +)\ 4H^+ & \qquad 4H^+ \\ \hline 2H_2O & \longrightarrow O_2 + 4H^+ + 4e^- \end{array}$$

← $4OH^-$ を $4H_2O$ にするために両辺に $4H^+$ を加えてまとめる。

□5 ★★ 塩化銅(Ⅱ)水溶液を2本の炭素棒を電極として電気分解すると陰極では [1★★] が析出し，陽極では [2★★] が発生する。（大阪公立大）

〈解説〉塩化銅(Ⅱ) **$CuCl_2$** 水溶液の電気分解の様子

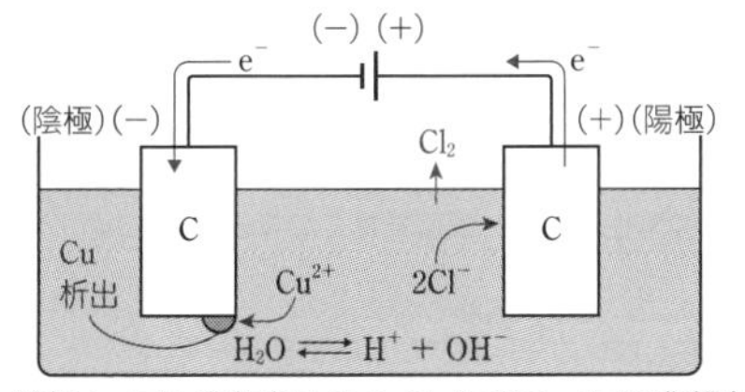

陰極：イオン化傾向は $H_2 > Cu$ なので，イオン化傾向の小さな Cu^{2+} が反応する。

$$Cu^{2+} + 2e^- \longrightarrow Cu$$

陽極：陽極板が C なので，極板は溶解しない。
Cl^- が存在しているので，Cl^- が反応する。

$$2Cl^- \longrightarrow Cl_2 + 2e^-$$

(1) 銅（どう） Cu
(2) 塩素（えんそ） Cl_2

□6 ★★ 硫酸銅(Ⅱ)水溶液の電気分解を，両極ともに白金電極を用いて行った。このとき，それぞれの電極でおこる化学反応は，

陰極：[1★★]　陽極：[2★★]

である。（埼玉大）

〈解説〉Cu^{2+}，SO_4^{2-}，$H_2O \rightleftarrows H^+ + OH^-$

陰極：イオン化傾向は $H_2 > Cu$ なので，イオン化傾向の小さな Cu^{2+} が反応する。

$$Cu^{2+} + 2e^- \longrightarrow Cu$$

陽極：陽極板が Pt なので，極板は溶解しない。
Cl^- や I^- が存在しないので，OH^- が反応する。

$$4OH^- \longrightarrow O_2 + 2H_2O + 4e^-$$

$CuSO_4$ 水溶液は弱酸性なので，両辺に $4H^+$ を加える。

$$\begin{array}{rl} & 4OH^- \longrightarrow O_2 + 2H_2O + 4e^- \\ +) & 4H^+ \qquad\qquad\quad 4H^+ \\ \hline & 2H_2O \longrightarrow O_2 + 4H^+ + 4e^- \end{array}$$

(1) $Cu^{2+} + 2e^- \longrightarrow Cu$
(2) $2H_2O \longrightarrow O_2 + 4H^+ + 4e^-$

□7 ★★ 硫酸水溶液の電気分解を，両極ともに白金電極を用いて行った。このとき，それぞれの電極でおこる化学反応は，

陰極：1★★　陽極：2★★

である。（埼玉大）

〈解説〉H^+，HSO_4^-，$H_2O \rightleftarrows H^+ + OH^-$
陰極：H^+が反応する。
$2H^+ + 2e^- \longrightarrow H_2$
硫酸水溶液は強酸性なので，反応式はこのままでよい。
陽極：陽極板がPtなので，極板は溶解しない。
Cl^-やI^-が存在しないので，OH^-が反応する。
$4OH^- \longrightarrow O_2 + 2H_2O + 4e^-$
H_2SO_4水溶液は強酸性なので，両辺に$4H^+$を加えまとめる。
$2H_2O \longrightarrow O_2 + 4H^+ + 4e^-$

(1) $2H^+ + 2e^- \longrightarrow H_2$
(2) $2H_2O \longrightarrow O_2 + 4H^+ + 4e^-$

□8 ★★ 水酸化ナトリウム水溶液をビーカーにとり，図に示すように直流電源と白金電極を用いて電気分解の実験を行った。一般に電気分解の実験において，電源の負極(マイナス極)に接続された電極では，まわりの分子やイオンが電極から電子を受け取る反応がおこる。この実験では，電極Bにおいて，1★★が電子を受け取り，2★★イオンが生じ，気体である3★★が発生する反応がおこる。一方，電源の正極(プラス極)に接続された電極Aでは，電極が電子を受け取る反応がおこり，気体である4★★が発生する。（九州大）

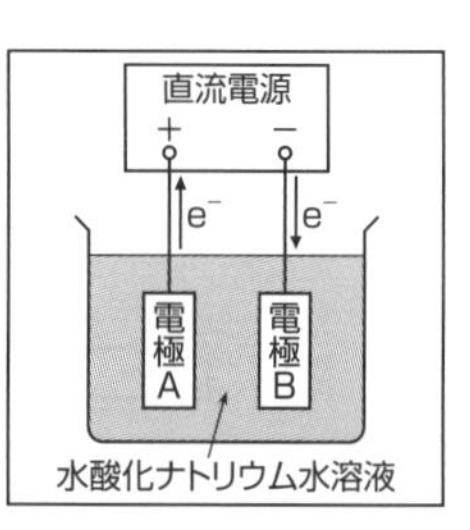

〈解説〉Na^+ OH^-，$H_2O \rightleftarrows H^+ + OH^-$
電極B＝陰極：イオン化傾向は$Na > H_2$なので，イオン化傾向の小さなH^+が反応する。
$2H^+ + 2e^- \longrightarrow H_2$
NaOH水溶液は強塩基性なので，両辺に$2OH^-$を加える。

$$\begin{array}{lcl} 2H^+ + 2e^- & \longrightarrow & H_2 \\ +)\ 2OH^- & & 2OH^- \\ \hline \underset{(1)}{\underline{2H_2O}} + 2e^- & \longrightarrow & \underset{(3)}{\underline{H_2}} + \underset{(2)}{\underline{2OH^-}} \end{array}$$

電極A＝陽極：陽極板がPtなので，極板は溶解しない。
Cl^-やI^-が存在しないので，OH^-が反応する。
$4OH^- \longrightarrow \underset{(4)}{\underline{O_2}} + 2H_2O + 4e^-$
NaOH水溶液は強塩基性なので，反応式はこのままでよい。

(1) 水(みず) H_2O
(2) 水酸化物(すいさんかぶつ) OH^-
(3) 水素(すいそ) H_2
(4) 酸素(さんそ) O_2

5 水溶液の電気分解

▼ANSWER

□1 ★★★ 白金電極を用いて塩化銅(Ⅱ)水溶液に，直流電流を流して電気分解の実験を行った。その結果，陽極には気体が発生し，陰極には固体が析出した。図で電子の方向は [1 ★★★] および電流の方向は [2 ★★★] となる。　(神戸大)

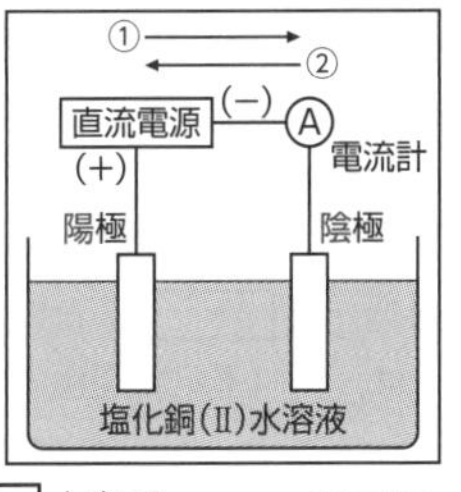

〈解説〉陽極では Cl_2 が発生し，陰極では Cu が析出する。

(1) ①
(2) ②

□2 ★★★ 電池とは，酸化還元反応の化学エネルギーを電気エネルギーに変える装置である。電池の正極では還元反応がおこり，負極では酸化反応がおこる。また，電池を使って電解質の水溶液や融解塩に電流を流し，電気エネルギーによって酸化還元反応をおこさせて，電気分解を行うことができる。この電気分解反応について，酸化反応がおこる電極は [1 ★★★]，還元反応がおこる電極は [2 ★★★] とそれぞれよばれている。　(北海道大)

(1) 陽極(ようきょく)
(2) 陰極(いんきょく)

□3 ★ 塩化銅(Ⅱ) の水溶液をつくり，炭素棒を電極として電気分解すると，銅(Ⅱ) イオンは [1 ★] を生じる。また，この電気分解では，陽極付近の水素イオン濃度は [2 ★]。　(近畿大)

〈解説〉Cu^{2+} Cl^- (H^+ OH^-) {陰極：(C) $Cu^{2+} + 2e^- \longrightarrow Cu$ / 陽極：(C) $2Cl^- \longrightarrow Cl_2 + 2e^-$}

陽極で発生した Cl_2 の一部が水と反応して酸性を示し，水素イオン濃度$[H^+]$は増加する。

$Cl_2 + H_2O \rightleftarrows HCl + HClO$

(1) (陰極(いんきょく)で還元(かんげん)されて)銅(どう) Cu
(2) 増加(ぞうか)する [別 大(おお)きくなる]

06 電池と電気分解 4 陽極と陰極の反応～ 5 水溶液の電気分解

□4 ★★ 水溶液の電気分解では，電極で反応する物質がイオンの場合もあれば，電気的に中性な物質の場合もある。まず，硫酸ナトリウム水溶液の電気分解を，陰極，陽極ともに白金電極を用いて行った。このとき，全体では，[1★★★] という化学反応がおこる。電気分解を終えた直後に，それぞれの電極付近の水溶液のpHを測定したところ，25℃でその値は，陰極付近：pH [2★] 7，陽極付近：pH [3★] 7という関係であった。これらのことは，それぞれの電極でおこる化学反応が，

陰極：[4★★]　　陽極：[5★★]

であることを支持する。（埼玉大）

(1) $2H_2O \longrightarrow 2H_2 + O_2$
(2) >
(3) <
(4) $2H_2O + 2e^- \longrightarrow H_2 + 2OH^-$
(5) $2H_2O \longrightarrow O_2 + 4H^+ + 4e^-$

〈解説〉

Na^+ SO_4^{2-}
(H^+ OH^-)
Na_2SO_4 水溶液は中性。

陰極：(Pt) $2H_2O + 2e^- \longrightarrow H_2 + 2OH^-$ …①
水の H^+ がなくなって OH^- が余り，水酸化物イオン濃度が増加するので，塩基性($pH > 7$)となる。

陽極：(Pt) $2H_2O \longrightarrow O_2 + 4H^+ + 4e^-$ …②
水の OH^- がなくなって H^+ が余り，水素イオン濃度が増加するので，酸性($pH < 7$)となる。

全体では，①×2＋②より
$2H_2O \longrightarrow 2H_2 + O_2$ となる。

□5 ★★ KI水溶液をビーカーに入れ，この水溶液に炭素棒電極2本を入れた。電極の一方に電池の正極を，もう一方に負極を接続して電気分解した。このとき，一方の炭素棒電極では気体 [1★★] が発生した。また，もう一方の炭素棒電極では物質 [2★★] が生成し，これが溶解して水溶液が [3★] 色に変色した。（新潟大）

(1) 水素(すいそ) H_2
(2) ヨウ素(そ) I_2
(3) 褐(かつ)

〈解説〉

K^+ I^-
(H^+ OH^-)

陰極：(C) $2H_2O + 2e^- \longrightarrow H_2 + 2OH^-$
陽極：(C) $2I^- \longrightarrow I_2 + 2e^-$

Cl^- や I^- は OH^- より酸化されやすい。
I_2 は水に溶けにくいが，KI水溶液には溶けて，褐色の溶液になる。

$I^- + I_2 \rightleftarrows I_3^-$
無色　黒紫色　褐色

イオン交換膜法 NaOHの工業的製法

□6 ★★★ イオン交換膜で中央部分をA槽およびB槽に隔てた電解槽を作製した。この電解槽のA槽に塩化ナトリウムの飽和水溶液を，B槽には水を入れた。次いで，A槽には陽極として炭素を挿入し，B槽には陰極として鉄を挿入して電気分解を行なった。このとき，陽極では［1★★］が［2★★★］されて［3★★］が発生し，陰極では［4★★］が［5★★★］されて［6★★］が発生した。この電気分解で，B槽中では［7★★］が生成した。イオン交換膜には陽極側から陰極側へ［8★★］のみ流入させるため，［9★★★］を用いた。また，この実験で得られた［7★★］は固体状態で空気中の水分を吸収する［10★★★］性を示すため，乾燥した状態で保存する必要がある。（東京理科大）

〈解説〉イオン交換膜法では，陽イオン交換膜がナトリウムイオンNa^+のみを選択的に透過させるために，純度の高い水酸化ナトリウム NaOH が得られる。

(1) 塩化物イオン Cl^-
(2) 酸化
(3) 塩素 Cl_2
(4) 水 H_2O
(5) 還元
(6) 水素 H_2
(7) 水酸化ナトリウム NaOH
(8) ナトリウムイオン Na^+
(9) 陽イオン交換膜
(10) 潮解

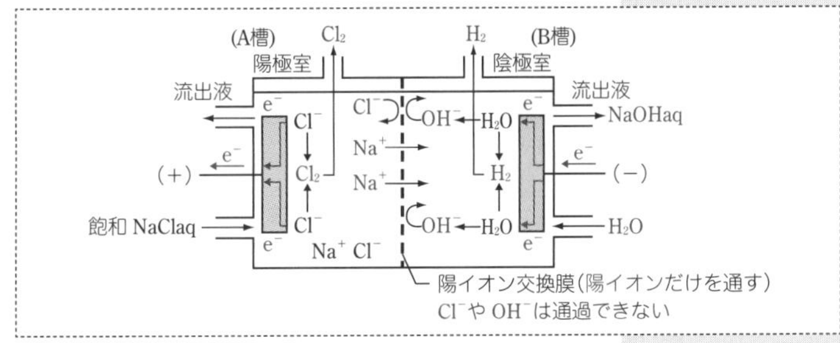

陽極：(C) $2Cl^- \longrightarrow Cl_2 + 2e^-$ ◀極板は変化せず，Cl^-が存在するため
（酸化反応）

陰極：(Fe) $2H_2O + 2e^- \longrightarrow H_2 + 2OH^-$ ◀H^+が反応し，水は中性なので
（還元反応）

□7 ★★★

電気分解において，陽極では電子を奪う［1★★★］反応が，陰極では電子を与える［2★★★］反応がおこる。図のように陽イオン交換膜で仕切られた陽極側に飽和塩化ナトリウム水溶液を，陰極側に水を入れ電気分解を行う。陽極では気体として［3★★］が発生する。陰極では気体として［4★★］と液中には［5★★］イオンが発生する。溶液中の陰極付近では［5★★］イオンの濃度が高くなり，また，［6★★］イオンは陽極から陰極へ陽イオン交換膜を透過できる。一方，［5★★］イオンや［7★★］イオンは陽イオン交換膜を透過できない。したがって，陰極付近では［5★★］イオンと［6★★］イオンの濃度が高くなり，この水溶液を濃縮すると［8★★★］が得られる。

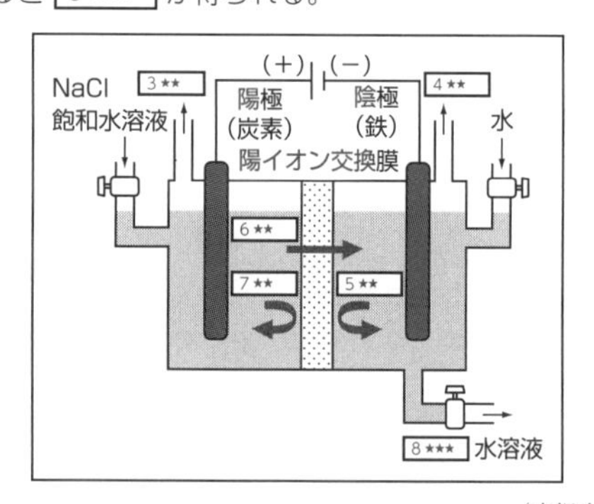

（鹿児島大）

〈解説〉陽極：(C)　$2Cl^- \longrightarrow Cl_2 + 2e^-$（酸化反応）
陰極：(Fe)　$2H_2O + 2e^- \longrightarrow H_2 + 2OH^-$（還元反応）
→ OH^- は NaOH となる

(1) 酸化（さんか）
(2) 還元（かんげん）
(3) 塩素（えんそ） Cl_2
(4) 水素（すいそ） H_2
(5) 水酸化物（すいさんかぶつ） OH^-
(6) ナトリウム Na^+
(7) 塩化物（えんかぶつ） Cl^-
(8) 水酸化ナトリウム（すいさんか） NaOH

6 電気分解と電気量

▼ANSWER

□1 ★★ 電気分解では，電極の表面で生成する物質の物質量は，流れた電気量に [1★] する。この法則は発見者の名から [2★★] の法則と呼ばれている。電気量の単位はC（クーロン）で表され，1Cは1A（アンペア）の電流が1秒間に運ぶ電気量である。電子1個のもつ電気量の絶対値を [3★] といい，およそ 1.60×10^{-19}C である。よって [3★] と [4★★] 定数の積は電子1molあたりの電気量の絶対値で，およそ 9.65×10^{4}C/mol である。この数値を [2★★] 定数という。（東京海洋大）

(1) 比例（ひれい）
(2) ファラデー
(3) 電気素量（でんきそりょう）
(4) アボガドロ

〈解説〉1アンペア〔A〕の電流が1秒〔s〕間流れたときに運ばれる電気量を1クーロン〔C〕といい，電流の単位であるアンペア〔A〕とクーロン〔C〕や秒〔s〕の関係は，〔A〕$=\left[\frac{C}{s}\right]$ になるので，この単位から次の関係が成り立つことがわかる。

アンペア〔A〕×秒〔s〕=クーロン〔C〕

また，電子 e^- 1mol のもつ電気量の絶対値をファラデー定数 F といい，

$F = 96500$C/mol になり，

電子 e^- 1個がもつ電気量（電気素量）を x〔C〕，アボガドロ定数を N〔/mol〕とすると，$x \times N = F$ の関係がある。

□2 ★★ 2枚の白金板を電極とし，一定電流 9.65×10^{-2}A で硝酸銀水溶液を電気分解した。陰極に 3.60×10^{-3}mol の銀を析出させるのに [1★★] 分間（整数）かかる。ファラデー定数96500C/mol（東京電機大）

(1) 60

Ag^+ NO_3^- / $(H^+$ $OH^-)$
陰極：(Pt) $Ag^+ + e^- \longrightarrow Ag$
陽極：(Pt) $2H_2O \longrightarrow O_2 + 4H^+ + 4e^-$

陰極の反応を見ると，e^- 1mol が流れると，Ag 1mol が析出することがわかるので，x〔分〕$= 60x$〔秒〕では，

$$\frac{9.65 \times 10^{-2}\,\text{C}}{1\,\text{秒}} \times 60x\,\text{秒} \times \frac{1\,\text{mol}}{96500\,\text{C}} \times \frac{1\,\text{mol}}{1\,\text{mol}} = 3.60 \times 10^{-3}$$

流した電流〔A = C/秒〕／運ばれた電気量〔C〕／流れた e^-〔mol〕／析出したAg〔mol〕／析出したAg〔mol〕

$x = 60$ 分

★★

1.00mol/L の硫酸銅(Ⅱ)水溶液 1.00L 中に 10.0g の白金電極を2枚浸し，2.50A の直流電流を 12 分 52 秒間流した。この電気分解に関与する電子の物質量は [1★] mol(3ケタ)であり，陰極に析出する物質の質量は [2★] mg(3ケタ)となる。一方，陽極では，[3★★] の反応がおこり，陽極で発生する気体の体積は，0℃，1.013×10^5Pa(標準状態)で [4★] mL(3ケタ)となる。H = 1.0，O = 16.0，S = 32.1，Cu = 63.6，Pt = 195，F = 96500C/mol （明治大）

(1) 0.0200
(2) 636
(3) $2H_2O \longrightarrow O_2 + 4H^+ + 4e^-$
(4) 112

〈解説〉I〔A〕の電流を t〔s〕間流したときに流れる電子の物質量〔mol〕は，

式：$I \times t \times \frac{1}{96500}$ mol

単位：$\frac{\text{C}}{\text{s}} \times \text{s} \times \frac{\text{mol}}{\text{C}}$

となる。

解き方

12 分 52 秒 = 772 秒より，この電気分解に関与する e^- の物質量は，

$$\frac{2.50\text{C}}{1\text{秒}} \times 772\text{秒} \times \frac{1\text{mol}}{96500\text{C}} = 0.0200\text{mol}$$

〔C/秒〕 〔C〕 e^-〔mol〕

となる。

Cu^{2+} $SO_4{}^{2-}$ (H^+ OH^-)
陰極：(Pt) $Cu^{2+} + 2e^- \longrightarrow Cu$
陽極：(Pt) $2H_2O \longrightarrow O_2 + 4H^+ + 4e^-$

陰極では，e^- 2mol が流れると Cu 1mol が析出することがわかるので，析出した Cu は，

$$0.0200\text{mol} \times \frac{1\text{mol}}{2\text{mol}} \times \frac{63.6\text{g}}{1\text{mol}} \times \frac{10^3\text{mg}}{1\text{g}} = 636\text{mg}$$

流れた e^-〔mol〕 析出した Cu〔mol〕 析出した Cu〔g〕 析出した Cu〔mg〕

となる。

一方，陽極では，e^- 4mol が流れると O_2 1mol が発生することがわかるので，発生した O_2 は 0℃，1.013×10^5Pa(標準状態)で，

$$0.0200\text{mol} \times \frac{1\text{mol}}{4\text{mol}} \times \frac{22.4\text{L}}{1\text{mol}} \times \frac{10^3\text{mL}}{1\text{L}} = 112\text{mL}$$

流れた e^-〔mol〕 発生した O_2〔mol〕 発生した O_2〔L〕 発生した O_2〔mL〕

となる。

□4 ★ 図に示すような電解槽を3つ直列につないで電気分解を行った。これらの電極のうち，電極Cは [1★] 極，電極Dは [2★] 極としてはたらく。A～Fの電極のうち金属が析出する電極は，[3★]，気体が発生する電極は [4★] である。

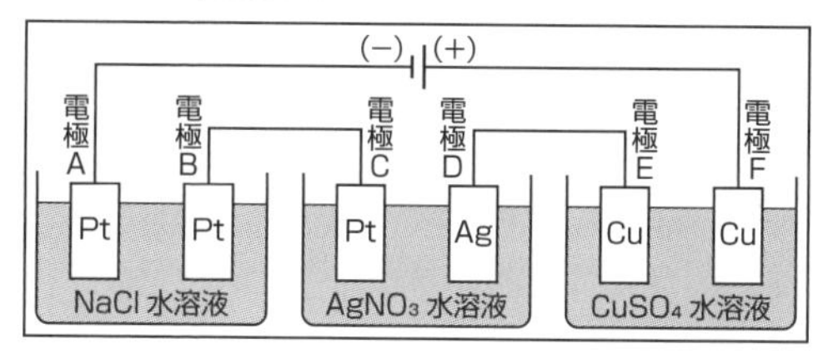

（中央大）

(1) 陰（いん）
(2) 陽（よう）
(3) CとE
(4) AとB

〈解説〉電解槽のつなぎ方には，直列と並列がある。e^-の流れに注目する。

①直列の場合

負極 Q 正極 e^- Q_1 Q_2 陰極 陽極 陰極 陽極 I II

上のように電解槽を直列につないだとき，電解槽I，IIに流れた電気量 Q_1，Q_2 は等しくなる。

$Q = Q_1 = Q_2$

②並列の場合

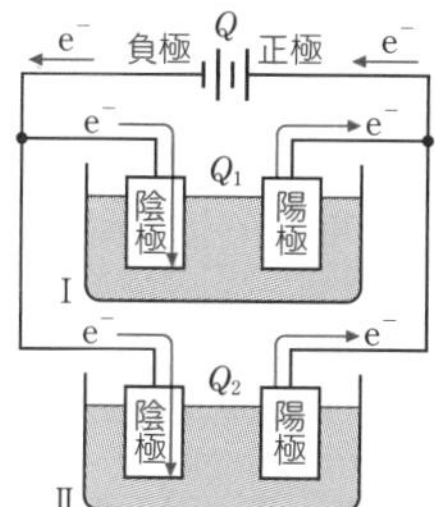

左のように電解槽を並列につないだとき，電池から出た全電気量 Q は，電解槽Iに流れた電気量 Q_1，電解槽IIに流れた電気量 Q_2 の合計になる。

$Q = Q_1 + Q_2$

解き方

Na^+ Cl^- （H^+ OH^-）
- A 陰極：(Pt)$2H_2O + 2e^- \longrightarrow H_2 + 2OH^-$
- B 陽極：(Pt)$2Cl^- \longrightarrow Cl_2 + 2e^-$

Ag^+ NO_3^- （H^+ OH^-）
- C 陰極：(Pt)$Ag^+ + e^- \longrightarrow Ag$
- D 陽極：(Ag)$Ag \longrightarrow Ag^+ + e^-$
  - 陽極はC，Pt，Au以外のとき，溶解する。

Cu^{2+} SO_4^{2-} （H^+ OH^-）
- E 陰極：(Cu)$Cu^{2+} + 2e^- \longrightarrow Cu$
- F 陽極：(Cu)$Cu \longrightarrow Cu^{2+} + 2e^-$
  - 陽極はC，Pt，Au以外のとき，溶解する。

理論化学③
——物質の変化と平衡——

THEORETICAL CHEMISTRY

07 ▶ P.132
【化学平衡①】反応速度と平衡

P.156 ◀ 08
【化学平衡②】電離平衡

【化学平衡①】

反応速度と平衡

1 反応速度

▼ANSWER

□1 ★★★ 一般に，反応物の濃度が大きいほど反応速度は 1★★★ なる。気体の反応では，反応物の濃度とその 2★★★ は比例する。したがって， 2★★★ が大きいほど，一般に反応速度は 3★★★ なる。（愛媛大）

(1) 大きく［㊞速く］
(2) 圧力［㊞分圧］
(3) 大きく［㊞速く］

□2 ★★★ 触媒を用いると反応のしくみが変わり，活性化エネルギーの 1★★ 経路で反応が進むので，反応の速さは大きくなる。触媒は反応の活性化エネルギーを 2★★★ して反応速度を大きくするが，反応エンタルピーの値には影響しない。（愛媛大〈改〉）

(1) 小さな［㊞低い］
(2) 小さく［㊞低く］

〈解説〉一般に化学反応では，高いエネルギーをもった分子（Ⓐ，Ⓑ）どうしが衝突し，ある一定のエネルギーの高い状態（遷移状態）が形成され，生成物（ⒶⒷ）ができる。

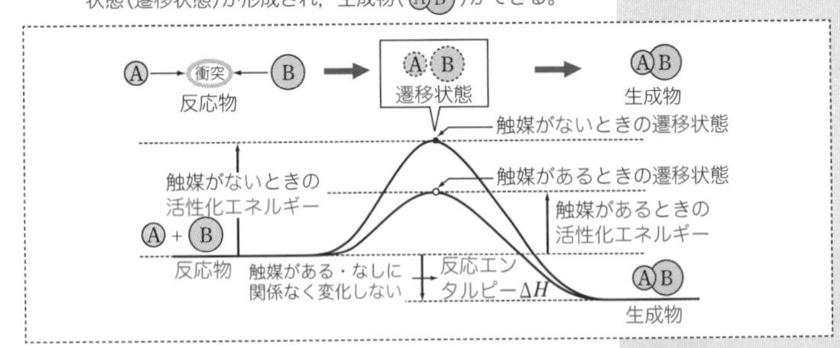

□3 ★★★ 化学反応が起こるためには，分子が 1★★★ エネルギー以上のエネルギーをもって衝突する必要がある。 2★★★ が上昇すると， 3★★★ エネルギーが大きい分子の割合が増大することで， 1★★★ エネルギー以上のエネルギーをもつ分子が増加し，反応する可能性のある分子は増加するので，反応速度は 4★★★ 。また，化学反応に適切な 5★★★ を用いると， 1★★★ エネルギーが 6★★ ことで反応が速くなる。（鹿児島大）

(1) 活性化
(2) 温度
(3) 運動
(4) 大きくなる［㊞速くなる］
(5) 触媒
(6) 小さくなる

〈解説〉活性化エネルギーと気体分子の運動エネルギー

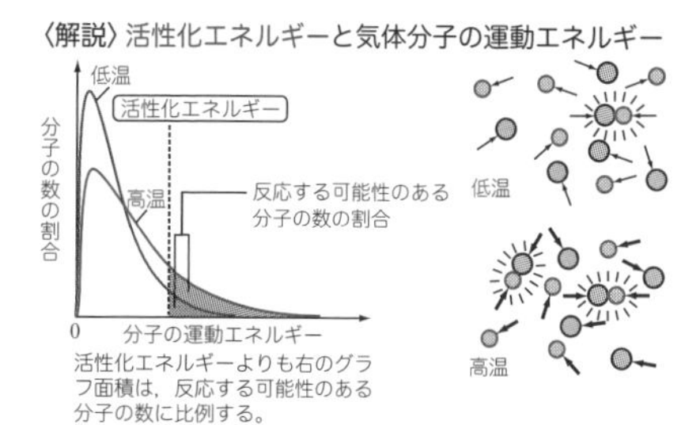

活性化エネルギーよりも右のグラフ面積は，反応する可能性のある分子の数に比例する。

□4 ★★★ 25℃では水溶液中の過酸化水素の分解速度は非常に遅いが，これに触媒として少量の酸化マンガン(Ⅳ) MnO_2 や鉄(Ⅲ)イオン Fe^{3+} を加えると，過酸化水素は激しく分解する(式1)。

$$2H_2O_2 \longrightarrow 2H_2O + O_2 \cdots \text{(式 1)}$$

このとき，反応の前後で触媒の量は [1★★★]。触媒による反応速度の上昇は，反応における [2★★★] が [3★★★] なったことによる。

ビーカーに入った25℃の過酸化水素水に少量の鉄(Ⅲ)イオン Fe^{3+} を加えて酸素を発生させた。数分経過すると，反応開始直後より反応速度は [4★★] なった。また，40℃で反応させると，反応開始直後の反応速度は25℃のときより [5★★★] なった。（明治大）

〈解説〉反応開始直後は反応物の濃度が最大なので反応速度は最大となる。また，温度が上昇すると反応速度は大きくなる。

(1) 変化しない［別 変わらない］
(2) 活性化エネルギー
(3) 小さく［別 低く］
(4) 小さく［別 遅く］
(5) 大きく［別 速く］

□5 ★★★ 多くの金属は空気中において，その表面から [1★★] されていく。こうした金属を小さな粉末にするとその単位質量あたりの [2★★] が著しく増大し，[1★★] 反応が高速におこるようになる。この [1★★] 反応は [3★★★] 反応であって，その反応速度が増大すると燃焼する場合もある。例えば，使い捨てカイロは鉄粉の [1★★] 反応が利用されている。また，アルミニウムは冷水とは反応しないものの，高温の水蒸気とは反応して [4★★★] を発生することが知られている。このときもアルミニウムは [1★★] されている。アルミニウムをナノメートルサイズの粉末にすると，常温で水から [4★★★] を発生させることが可能となる。（東京大）

(1) 酸化
(2) 表面積
(3) 発熱
(4) 水素 H_2

〈解説〉

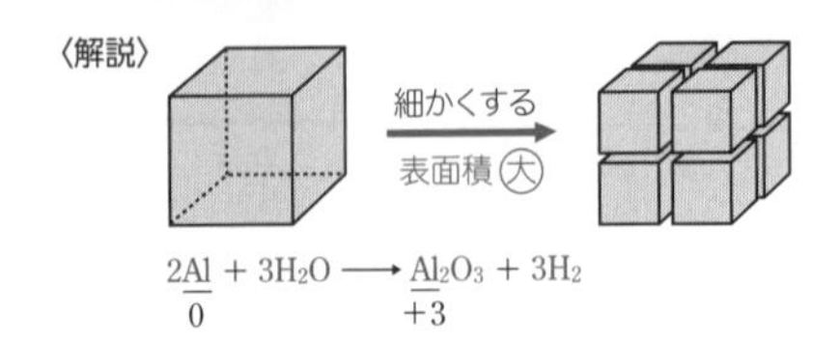

□**6** ★★★ 反応速度は，単位時間あたりの 1★★★ の濃度の減少量，または 2★★★ の濃度の増加量で示される。

（京都産業大）

(1) 反応物（はんのうぶつ）
(2) 生成物（せいせいぶつ）

〈解説〉化学反応の速さは，ふつう単位時間あたりの反応物または生成物の濃度の変化量で表す。

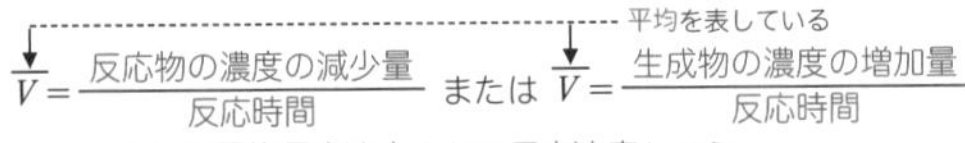

これを平均反応速度または反応速度という。

□**7** ★★★ 時刻 t_1 と t_2 における A および B の濃度をそれぞれ $[A]_1$ と $[A]_2$ および $[B]_1$ と $[B]_2$ とし，

反応物 A が生成物 B となる反応　$A \longrightarrow B$

について考える。時刻 t_1 から t_2 までに A が減少する平均反応速度は $\bar{v}_A$ = 1★★★ であり，B が増加する平均反応速度は $\bar{v}_B$ = 2★★★ である。

（三重大）

(1) $-\dfrac{[A]_2-[A]_1}{t_2-t_1}$

(2) $\dfrac{[B]_2-[B]_1}{t_2-t_1}$

〈解説〉反応速度の表し方

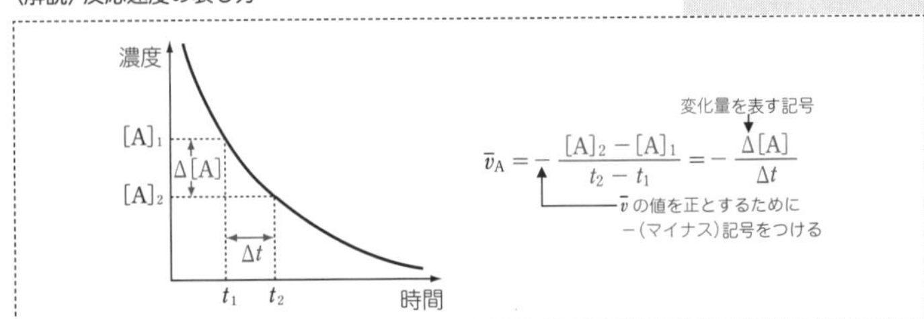

8 ★★★ 少量の酸化マンガン(Ⅳ) MnO_2 に過酸化水素 H_2O_2 水を加えると，次式の反応がおこる。

$$2H_2O_2 \longrightarrow 2H_2O + O_2$$

濃度が0.95mol/Lの H_2O_2 水を10.0mL加えたところ，反応開始から60秒間で H_2O_2 が 2.0×10^{-3} mol反応し，O_2 が 1.0×10^{-3} mol発生した。

上記の反応について，反応速度は次のように求めることができる。

$$H_2O_2\text{のモル濃度の減少量} = \frac{\boxed{1 ★★★}\,\text{mol}}{\boxed{2 ★★★}\,\text{L}} = \boxed{3 ★★★}\,\text{mol/L}$$

$$\text{反応速度} = \frac{H_2O_2\text{のモル濃度の減少量}}{\text{反応時間}} = \frac{\boxed{3 ★★★}\,\text{mol/L}}{\boxed{4 ★★★}\,\text{s}} = \boxed{5 ★★★}\,\text{mol/(L·s)}$$

((1)〜(5)すべて2ケタ)　（関西学院大）

(1) 2.0×10^{-3}
(2) 1.0×10^{-2}
(3) 0.20
(4) 60
(5) 3.3×10^{-3}

解き方

$$2H_2O_2 \longrightarrow 2H_2O + O_2$$

(変化量) -2.0×10^{-3}mol　$+2.0 \times 10^{-3}$mol　$+1.0 \times 10^{-3}$mol

$$\Delta[H_2O_2] = \frac{-2.0 \times 10^{-3}\text{mol}}{\frac{10.0}{1000}\text{L}} = \frac{-2.0 \times 10^{-3}\text{mol}}{1.0 \times 10^{-2}\text{L}} = -0.20\text{mol/L}$$

$$v = -\frac{\Delta[H_2O_2]}{\Delta t} = -\frac{-0.20\text{mol/L}}{60\text{s}} \fallingdotseq 3.3 \times 10^{-3}\text{mol/(L·s)}$$

s…秒を表す

9 ★★ 図の(A)が過酸化水素で，(B)が水と酸素である化学反応を考える。この化学反応において，過酸化水素の減少速度を v_1，水の増加速度を v_2，酸素の増加速度を v_3 とすると，v_1，v_2 および v_3 の間に成り立つ関係式は $\boxed{1 ★★}$ である。　（名古屋大）

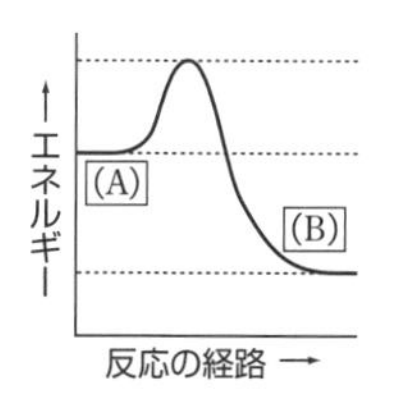

(1) $v_1 = v_2 = 2v_3$

解き方

$2H_2O_2 \longrightarrow 2H_2O + O_2$

の反応において，

$v_1 : v_2 : v_3 = 2 : 2 : 1$ ◀反応式の係数比となる

の関係が成り立つので，$v_1 = v_2 = 2v_3$ となる。

□10 ★★★ 五酸化二窒素 N_2O_5 ガスは次のように分解する。

$2N_2O_5$ (気) $\longrightarrow$ $4NO_2$ (気) + O_2 (気)

下の表は，N_2O_5 の分解反応における N_2O_5 の濃度 $[N_2O_5]$ の時間による変化を表している。この表で例えば，400 秒と 800 秒のデータから，この間の N_2O_5 の平均減少速度は 1 ★★★ mol/(L·s) (2ケタ) であり，NO_2 の平均生成速度は 2 ★★★ mol/(L·s) (2ケタ) と計算することができる。

時間 t〔s〕	0	200	400	800	1200	1800
濃度 $[N_2O_5]$〔mol/L〕	10.00	8.69	7.54	5.70	4.30	2.80

（京都産業大）

(1) 4.6×10^{-3}
(2) 9.2×10^{-3}

解き方

$2N_2O_5 \longrightarrow 4NO_2 + O_2$

の反応において N_2O_5 の平均減少速度 v_1 は　$v_1 = -\dfrac{\Delta[N_2O_5]}{\Delta t}$，

NO_2 の平均生成速度 v_2 は $v_2 = \dfrac{\Delta[NO_2]}{\Delta t}$ となり，

$v_1 : v_2 = 2 : 4 = 1 : 2$ の関係が成り立つ。
（2：4 は反応式の係数比）

よって，400 秒と 800 秒のデータから，

$$v_1 = -\frac{(5.70 - 7.54)\ \text{mol/L}}{(800 - 400)\ \text{s}} = 4.6 \times 10^{-3}\ \text{mol/(L·s)}$$

$$v_2 = 2v_1 = 2 \times 4.6 \times 10^{-3} = 9.2 \times 10^{-3}\ \text{mol/(L·s)}$$

★★★

過酸化水素水に少量の塩化鉄(Ⅲ)を加え，25℃に保つと，水と酸素に分解される。過酸化水素の濃度を一定時間おきに測定して調べた結果と，測定時間ごとの平均濃度と平均速度を計算した値を表に示した。

まず，経過時間1分と4分の間の平均濃度は［1★★★］mol/L(3ケタ)，平均速度は［2★★★］mol/(L·min)(2ケタ)と求められる。

次に，測定時間間隔ごとの平均速度を平均濃度で割った値を求めると，0～1分ではその値は［3★★］(2ケタ)，1～4分では［4★★］(2ケタ)，4～6分では［5★★］(2ケタ)，6～9分では［6★★］(2ケタ)となり，その単位は［7★★］となる。これらの値(k)と平均速度(V)と過酸化水素の濃度$[H_2O_2]$との関係を表す式は［8★★］となることがわかる。kは反応速度定数とよばれる。

経過時間〔min〕	0		1		4		6		9
濃度$[H_2O_2]$〔mol/L〕	0.541		0.496		0.384		0.324		0.250
平均濃度〔mol/L〕		0.519		［1★★★］		0.354		0.287	
平均速度〔mol/(L·min)〕		0.045		［2★★★］		0.030		0.025	

（岩手大）

(1) 0.440
(2) 0.037
(3) 0.087
(4) 0.085
(5) 0.085
(6) 0.087
(7) /min［例 1/min, min^{-1}］
(8) $V = k[H_2O_2]$

$2H_2O_2 \longrightarrow 2H_2O + O_2$の反応が起こる。

(1) 平均濃度：$\overline{[H_2O_2]} = \dfrac{0.496 + 0.384}{2} = 0.440\text{mol/L}$

(2) 平均速度：$\overline{V} = -\dfrac{\Delta[H_2O_2]}{\Delta t} = -\dfrac{(0.384 - 0.496)\ \text{mol/L}}{(4 - 1)\ \text{min}} \fallingdotseq 0.0373$

$\fallingdotseq 0.037\text{mol/(L·min)}$

(3) $\dfrac{\overline{V}}{\overline{[H_2O_2]}} = \dfrac{0.045\text{mol/(L·min)}}{0.519\text{mol/L}} \fallingdotseq 0.087/\text{min} = k_1$ とおく

(4) $\dfrac{\overline{V}}{\overline{[H_2O_2]}} = \dfrac{\boxed{2★★★}}{\boxed{1★★★}} = \dfrac{0.0373\text{mol/(L·min)}}{0.440\text{mol/L}} \fallingdotseq 0.085/\text{min} = k_2$
とおく

(5) $\dfrac{\overline{V}}{\overline{[H_2O_2]}} = \dfrac{0.030\text{mol/(L·min)}}{0.354\text{mol/L}} \fallingdotseq 0.085/\text{min} = k_3$ とおく

(6) $\dfrac{\overline{V}}{\overline{[H_2O_2]}} = \dfrac{0.025\text{mol/(L·min)}}{0.287\text{mol/L}} \fallingdotseq 0.087/\text{min} = k_4$ とおく

平均濃度を横軸，平均速度を縦軸としてグラフにすると右のようになる。グラフより$\overline{V}$は$\overline{[H_2O_2]}$に比例しているので，

$$V = k[H_2O_2]$$

という反応速度式になる。

kを反応速度定数とよび，「グラフの傾き」または，「k_1 ～ k_4の平均値」から求めることができる。

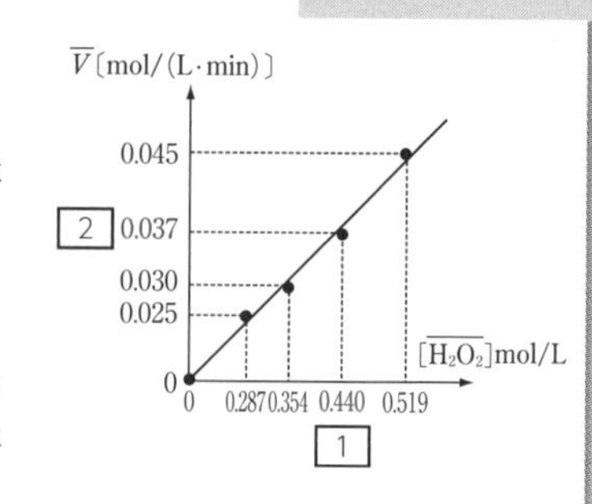

$$k = \frac{k_1 + k_2 + k_3 + k_4}{4} = \frac{0.087 + 0.085 + 0.085 + 0.087}{4}$$
$$= 0.086/\text{min}$$

□12 ★★ 五酸化二窒素（N_2O_5）の四塩化炭素溶液をあたためると，四酸化二窒素（N_2O_4）と酸素を生じる。

$$2N_2O_5 \longrightarrow 2N_2O_4 + O_2$$

この分解反応の速度vは反応物の濃度に正比例することが実験的にわかっている。このとき，反応速度vは比例定数kを用いて，一般に［1★★］のように表される。

この比例定数kは［2★★］とよばれ，反応の種類と温度によって決まり，反応物の［3★★］には無関係である。（同志社大）

〈解説〉反応速度式は実験により求めるもので，ふつう反応式から直接導くことはできない。本問は，「反応物N_2O_5の濃度に正比例する」という記述から反応速度式を決定できる。
また，$2H_2O_2 \longrightarrow 2H_2O + O_2$の反応速度式が$v = k[H_2O_2]$となることは知っておくとよい。

(1) $v = k[N_2O_5]$
(2) 反応速度定数（はんのうそくどていすう）
［㊊速度定数（そくどていすう）］
(3) 濃度（のうど）

□13 ★★ ヨウ化水素（気体）が高温で分解して水素（気体）とヨウ素（気体）を生じる際の反応速度式は$v_{HI} = k_{HI}[HI]^2$で表される。ヨウ化水素の濃度が２倍になると，分解反応の速度は，［1★★］倍になる。（横浜国立大）

〈解説〉[HI]が２倍になれば，$[HI]^2$が４倍になることからわかる。

(1) 4

□14 ★★★ ヨウ素と水素の混合気体を密閉容器に入れて一定温度に保つと，以下の式で表される化学反応式が成り立つ。

$H_2 + I_2 \rightleftarrows 2HI$

この式において，右向きを [1★★★]，左向きを [2★★★] といい，このようにどちらの方向にも進む反応を [3★★★] という。（秋田大）

(1) 正反応（せいはんのう）
(2) 逆反応（ぎゃくはんのう）
(3) 可逆反応（かぎゃくはんのう）

□15 ★★ 容積一定の容器中，一定温度のもとで，次式①で表される可逆反応が平衡状態に達している。

H_2(気) + I_2(気) $\rightleftarrows$ $2HI$(気) …①

①式の正反応において，反応速度 v_1 を物質の濃度 $[H_2]$，$[I_2]$ と正反応の反応速度定数 k_1 で表すと，$v_1 =$ [1★★] であり，①式の逆反応において，その反応速度 v_2 を $[HI]$ と逆反応の反応速度定数 k_2 で表すと $v_2 =$ [2★★] である。

いま，H_2 と I_2 の初期濃度がいずれも 0.50mol/L のとき，①式の正反応開始直後における HI の生成速度 v_1 は 8.0×10^{-2}mol/(L·min) であった。一方，HI の初期濃度が 1.0mol/L のとき，逆反応開始直後における①式の逆反応の速度 v_2 は 5.0×10^{-3}mol/(L·min) であった。

①式の正反応および逆反応の反応速度定数 k_1 および k_2 は，それぞれ [3★★] L/(mol·min)（2ケタ）および [4★★] L/(mol·min)（2ケタ）となる。

（東京電機大）

(1) $k_1[H_2][I_2]$
(2) $k_2[HI]^2$
(3) 0.32
(4) 5.0×10^{-3}

解き方

$v_1 = k_1[H_2][I_2]$，$v_2 = k_2[HI]^2$ になることは知っておこう。

$v_1 = k_1[H_2][I_2]$ より，

$$8.0 \times 10^{-2}\text{mol/(L·min)} = k_1 \times 0.50\text{mol/L} \times 0.50\text{mol/L}$$

となり，$k_1 = 0.32$L/(mol·min)

また，$v_2 = k_2[HI]^2$ より，

$$5.0 \times 10^{-3}\text{mol/(L·min)} = k_2 \times (1.0\text{mol/L})^2$$

となり，$k_2 = 5.0 \times 10^{-3}$L/(mol·min)

発展 □16 ★ 反応速度定数 k は，気体定数 R〔J/(K·mol)〕，絶対温度 T〔K〕および活性化エネルギー E〔J/mol〕を使って，以下の式(1)で表すことができる。

$$k = A \cdot e^{-\frac{E}{RT}} \cdots (1)$$

ただし，A は比例定数（頻度因子），e は自然対数の底である。この式は，E が［1★　］ほど，また T が［2★　］ほど，k が大きくなることを意味している。次に，式(1)の両辺の自然対数をとると，以下の式(2)が得られる。

$$\log_e k = \boxed{3★} + \log_e A \cdots (2)$$

したがって，横軸に T^{-1}，縦軸に $\log_e k$ をとると直線関係が得られ，その傾きから E を求めることができる。
（筑波大）

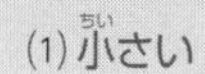

(1) 小さい
(2) 大きい［⑩高い］
(3) $-\frac{E}{RT}$

〈解説〉(1)式をアレニウスの式という。

解き方

$-\frac{E}{RT}$の値は E が小さいほど，また T が大きいほど大きくなり，$-\frac{E}{RT}$の値が大きくなれば k の値が大きくなる。

(1)式の両辺の自然対数をとると，

$$\log_e k = \log_e (A \cdot e^{-\frac{E}{RT}}) = \log_e A + \log_e e^{-\frac{E}{RT}}$$

$$\log_e k = -\frac{E}{RT} + \log_e A$$

$$\log_e k = \underbrace{-\frac{E}{R}}_{\text{傾き}} \times \frac{1}{T} + \underbrace{\log_e A}_{\text{切片}}$$

（$\log_e k$ を y，$\frac{1}{T} = T^{-1}$ を x とすると，$y = ax + b$ の形になる。）

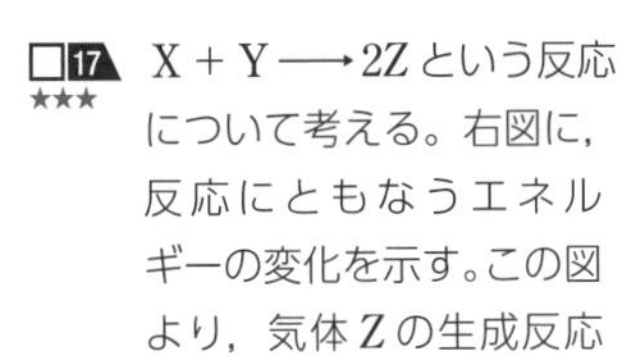

□17 ★★★ X + Y ⟶ 2Z という反応について考える。右図に，反応にともなうエネルギーの変化を示す。この図より，気体Zの生成反応の活性化エネルギーは [1★★★] で，反応エンタルピーは [2★★★] となる。また，この反応は [3★★★] 反応であることがわかる。容器中に触媒を入れて反応させた場合，活性化エネルギーは [1★★★] と比べて [4★★★] ，反応エンタルピーは [2★★★] と比べて [5★★★] 。 （明治大〈改〉）

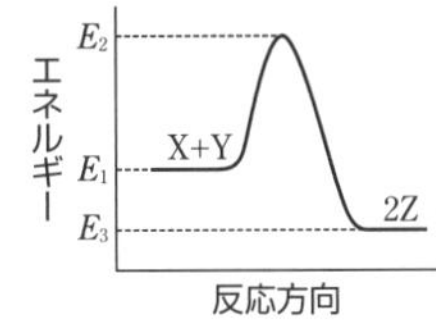

(1) $E_2 - E_1$
(2) $E_3 - E_1$
(3) 発熱
(4) 低くなり
[別小さくなり]
(5) 変化しない
[別変わらない]

□18 ★★ H_2O_2 の分解反応のように，一方向だけに進む反応を [1★★] 反応という。 [1★★] 反応は，エンタルピーが [2★] する [3★] 反応によくみられる。

（大阪公立大〈改〉）

(1) 不可逆
(2) 減少
(3) 発熱

□19 ★★ 触媒はその作用の仕方で [1★] と [2★] に大別できる。例えば，過酸化水素の水溶液中における分解反応の触媒として $FeCl_3$ 水溶液や MnO_2 粉末を利用できるが，$FeCl_3$ は [1★] ，MnO_2 は [2★] としてはたらいている。

細胞内の化学反応の多くは触媒として酵素が関わっている。酵素が触媒として作用する物質を [3★★] という。 [3★★] は酵素と結合して「酵素- [3★★] 複合体」をつくる。 （九州大）

〈解説〉均一系触媒：反応物と均一に混じり合ってはたらく触媒
不均一系触媒：反応物とは均一に混じり合わずにはたらく触媒

(1) 均一系触媒
[別均一触媒]
(2) 不均一系触媒
[別不均一触媒]
(3) 基質

2 化学平衡

▼ANSWER

□1 ★★★ 可逆反応 $H_2 + I_2 \rightleftarrows 2HI$ について考える。このとき，左辺から右辺への反応を［1★★★］という。今，密閉容器に水素とヨウ素を入れ，高温に保つと，初期の段階では［1★★★］の反応速度が大きい。しかし，反応が進行すると，水素とヨウ素の濃度が減少し，［2★★★］の反応速度が大きくなる。今，［1★★★］の反応速度を v_1，［2★★★］の反応速度を v_2 とすると，左辺から右辺への反応の見かけの反応速度は［3★★★］で表される。ある時間を経過すると，v_1 と v_2 の関係は［4★★★］となり，見かけ上反応は停止した状態となる。（千葉工業大）

(1) 正反応(せいはんのう)
(2) 逆反応(ぎゃくはんのう)
(3) $v_1 - v_2$
(4) $v_1 = v_2$
［例 $v_1 - v_2 = 0$］

□2 ★★★ ある種の化学反応では，その反応とは逆向きの反応もおこることがある。このような反応を［1★★★］とよぶ。この場合は，矢印（$\rightleftarrows$）を使って反応を表す。

$$aA + bB \rightleftarrows cC$$

［1★★★］では，実際には両方の反応がおきているが，見かけ上，反応が止まっているような状態をとることがある。この状態を［2★★★］という。（熊本大）

(1) 可逆反応(かぎゃくはんのう)
(2) 化学平衡(かがくへいこう)（の状態(じょうたい)）［例 平衡状態(へいこうじょうたい)］

□3 ★★★ 化学平衡に達したとき，正反応と逆反応の反応速度 v_1 と v_2 の間には［1★★★］の関係式が成り立つ。（大阪公立大）

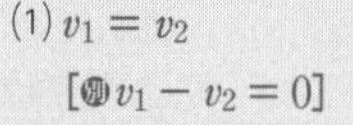

□4 ★★ 水素とヨウ素をそれぞれ 1.0×10^{-2}mol/L になるように密閉容器に入れて一定温度に保つと，反応開始から平衡状態に達するまでの $[H_2]$ の時間変化は図のようになった。

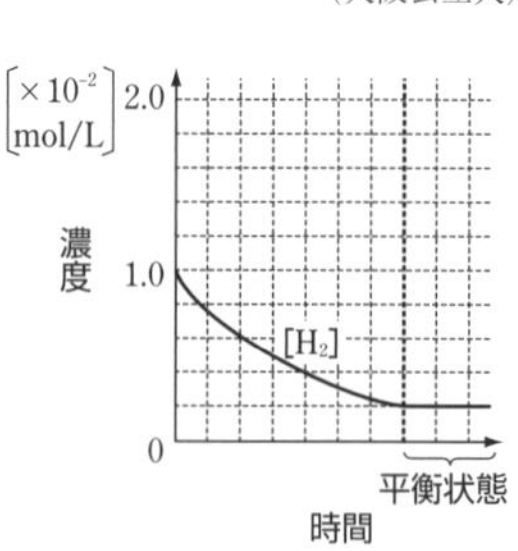

この $[H_2]$ の時間変化に対応する [HI] の時間変化を図中に線で示せ。［1★★］（群馬大）

〈解説〉$H_2 + I_2 \rightleftarrows 2HI$
より $[H_2]$ の減少量の2倍の [HI] が生じる。

(1)

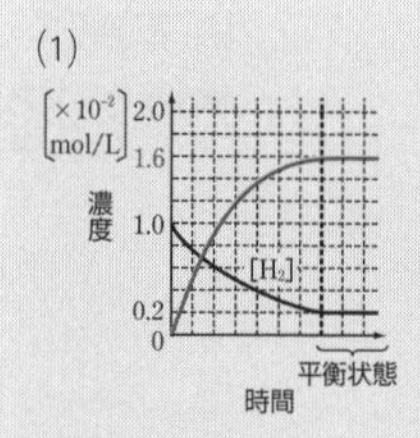

□5 ★
酢酸 CH_3COOH とエタノール C_2H_5OH から酢酸エチル $CH_3COOC_2H_5$ を生成させる反応は①式に示すように可逆反応であり，正反応と逆反応の速度はそれぞれの反応物の濃度に比例する。正反応の反応速度と反応速度定数をそれぞれ v_1 と k_1, 逆反応の反応速度と反応速度定数をそれぞれ v_2 と k_2 とする。このとき, 反応速度定数と反応物の濃度を用いて，正反応の反応速度は v_1 = [1★]，逆反応の反応速度は v_2 = [2★] と表すことができる。また，酢酸エチルの見かけの生成速度を v_3 とすると，v_1 と v_2 を用いて v_3 = [3★] と表すことができる。

$$CH_3COOH + C_2H_5OH \underset{v_2}{\overset{v_1}{\rightleftarrows}} CH_3COOC_2H_5 + H_2O \cdots ①$$

（広島大）

(1) $k_1[CH_3COOH][C_2H_5OH]$
(2) $k_2[CH_3COOC_2H_5][H_2O]$
(3) $v_1 - v_2$

〈解説〉平衡状態に至る過程

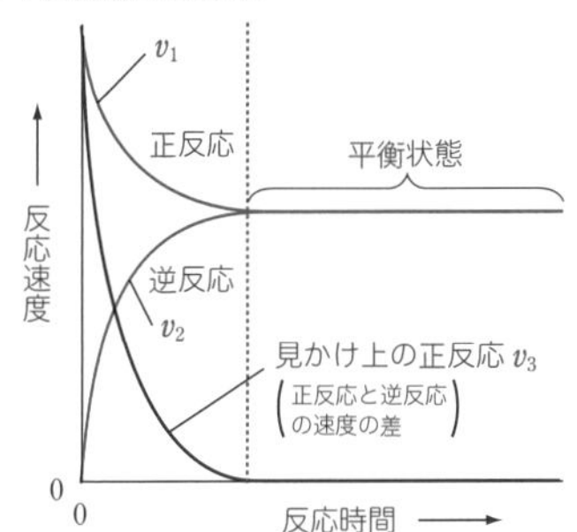

□6 ★★★
$aA + bB \rightleftarrows cC$ の可逆反応において，物質 A ～ C のモル濃度をそれぞれ [A] ～ [C] で表し，

$$\frac{[C]^c}{[A]^a\ [B]^b} = K$$

を考えると，一定温度では，はじめの物質の濃度に関係なく, K の値は一定となる。この K を [1★★★] とよぶ。

（熊本大）

(1) (濃度)平衡定数

□7 ★★★
気体成分 X の物質量を n(X)，反応容器の容積を V とするとき，気体成分 X のモル濃度 [X] は [1★★★] のような式で表される。

（金沢大）

(1) $\frac{n(X)}{V}$

□8 ★★★
K の値は，反応開始時の物質の濃度が異なっても，温度が一定であれば，ほぼ一定である。この関係を [1★★★] という。（静岡大）

(1) 化学平衡(かがくへいこう)の法則(ほうそく)［㊞質量作用(しつりょうさよう)の法則(ほうそく)］

□9 ★★★
N_2(気) + $3H_2$(気) $\rightleftarrows$ $2NH_3$(気) …①

①式の化学平衡が成り立っているとき，濃度平衡定数 K_c は成分気体のモル濃度を用いて，

K_c = [1★★★] …②

と表すことができる。平衡時に，$[N_2]$ と $[H_2]$ がそれぞれ 1.0〔mol/L〕，2.0〔mol/L〕，$[NH_3]$ が 6.4〔mol/L〕であった。これより，K_c の値は [2★★] （2ケタ）〔$(L/mol)^2$〕である。（奈良女子大）

(1) $\dfrac{[NH_3]^2}{[N_2][H_2]^3}$

(2) 5.1

解き方

$$K_c = \frac{[NH_3]^2}{[N_2][H_2]^3} = \frac{(6.4\,\text{mol/L})^2}{(1.0\,\text{mol/L})(2.0\,\text{mol/L})^3}$$

$$\fallingdotseq 5.1\,\frac{1}{(\text{mol/L})^2} = 5.1\,(\text{mol/L})^{-2} = 5.1\,(\text{L/mol})^2$$

□10 ★★★
$N_2O_4 \rightleftarrows 2NO_2$ の平衡について，体積 V L の容器内で純粋な N_2O_4(気体) 1mol のうち，x mol が解離して平衡になっているとする。このときの N_2O_4 のモル濃度は [1★★★]，NO_2 のモル濃度は [2★★★] となり，濃度平衡定数(K_c)は [3★★] となる。（宮崎大）

(1) $\dfrac{1-x}{V}$

(2) $\dfrac{2x}{V}$

(3) $\dfrac{4x^2}{V(1-x)}$

	N_2O_4	$\rightleftarrows$	$2NO_2$
(反応前)	1mol		
(変化量)	$-x$ mol		$+2x$ mol
(平衡時)	$(1-x)$ mol		$2x$ mol

$$[N_2O_4] = \frac{(1-x)\,\text{mol}}{V\,\text{L}},\quad [NO_2] = \frac{2x\,\text{mol}}{V\,\text{L}}$$

$$K_c = \frac{[NO_2]^2}{[N_2O_4]} = \frac{\left(\dfrac{2x\,\text{mol}}{V\,\text{L}}\right)^2}{\left(\dfrac{1-x\,\text{mol}}{V\,\text{L}}\right)} = \frac{4x^2}{V(1-x)}\,〔\text{mol/L}〕$$

★★

ある一定体積の容器に水素 5.0mol，ヨウ素 5.0mol を入れ，温度を一定に保ってしばらくおくと，平衡状態に達した。そのとき，水素は［1★★］mol，ヨウ素は［2★★］mol，ヨウ化水素は［3★★］mol（それぞれ2ケタ）となる。ただし，この条件での平衡定数 K の値は 64 とする。（名城大）

(1) 1.0
(2) 1.0
(3) 8.0

解き方

容器の体積を V L とし，平衡状態で $2x$〔mol〕のヨウ化水素 HI が生じているとすると，反応した H_2 や I_2 は x mol ずつとなる。よって，その量関係は次のようになる。

	H_2	+	I_2	⇄	2HI
（反応前）	5.0mol		5.0mol		
（変化量）	$-x$ mol		$-x$ mol		$+2x$ mol
（平衡時）	$(5.0-x)$ mol		$(5.0-x)$ mol		$2x$ mol

この条件での平衡定数 K の値が 64 なので，

$$K=\frac{[HI]^2}{[H_2][I_2]}=\frac{\left(\frac{2x\ \mathrm{mol}}{V\ \mathrm{L}}\right)^2}{\left(\frac{5.0-x\ \mathrm{mol}}{V\ \mathrm{L}}\right)\left(\frac{5.0-x\ \mathrm{mol}}{V\ \mathrm{L}}\right)}=64$$

となり，

$$\frac{(2x)^2}{(5.0-x)^2}=64$$

$$\frac{2x}{5.0-x}=8\ (>0)$$

$$x=4.0$$

よって，H_2 は $5.0-x=1.0$mol，I_2 も $5.0-x=1.0$mol，HI は $2x=8.0$mol となる。

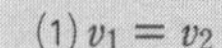

□12 ★★★ 気体の水素 H_2 と気体のヨウ素 I_2 を密閉容器に入れて加熱し，一定温度に保つと，

$$H_2 + I_2 \rightleftarrows 2HI \cdots ①$$

の反応がおこり，H_2，I_2，HI の濃度 $[H_2]$，$[I_2]$，$[HI]$ は次第に変化する。

このとき，①式の正反応の反応速度 v_1 および逆反応の反応速度 v_2 は以下のように表せる。

$$v_1 = k_1[H_2][I_2] \cdots ② \qquad v_2 = k_2[HI]^2 \cdots ③$$

ここで，k_1 と k_2 はそれぞれの反応の反応速度定数である。

さらに反応が進んで平衡状態になると，v_1 と v_2 の関係は [1 ★★★] …④となる。

これに②式と③式を代入すると，[2 ★★] …⑤の関係が得られる。

ここで，①式の平衡定数 K を $[H_2]$，$[I_2]$，$[HI]$ で表すと，$K =$ [3 ★★★] …⑥となる。したがって，⑤式と⑥式の関係から，平衡定数 K を k_1 および k_2 で表すと，$K =$ [4 ★★] …⑦となる。　（群馬大）

(1) $v_1 = v_2$

(2) $k_1[H_2][I_2] = k_2[HI]^2$

(3) $\dfrac{[HI]^2}{[H_2][I_2]}$

(4) $\dfrac{k_1}{k_2}$

平衡状態では $v_1 = v_2 \cdots$④となる。

これに反応速度式② $v_1 = k_1[H_2][I_2]$ と反応速度式③ $v_2 = k_2[HI]^2$ を代入すると，

$$\underbrace{k_1[H_2][I_2]}_{v_1} = \underbrace{k_2[HI]^2}_{v_2} \cdots ⑤$$

の関係が得られる。

ここで，平衡状態では平衡定数 $K = \dfrac{[HI]^2}{[H_2][I_2]} \cdots$⑥が成り立ち，⑤式を変形して K を k_1 および k_2 で表すと，

$$K = \frac{[HI]^2}{[H_2][I_2]} = \frac{k_1}{k_2} \cdots ⑦$$

となる。

□13 ★ 高温の容器の中に H_2 と I_2 を入れ密閉すると反応し，①式で表される平衡状態に達する。

$$H_2 + I_2 \rightleftarrows 2HI \cdots ①$$

このとき正反応の速度は H_2 の濃度と I_2 の濃度に比例し，逆反応の速度は HI の濃度の 2 乗に比例することが知られている。

【実験】H_2 2.0mol と I_2 2.0mol を高温の容器（容積一定）に入れ密閉し，一定温度 T_1 に保ったところ平衡状態に達した。温度 T_1 における正反応および逆反応の反応速度定数の値は，それぞれ $k_1 = 2.56 \times 10^{-4}$ L/(mol·s), $k_2 = 4.00 \times 10^{-6}$L/(mol·s) であった。この条件での平衡定数の値は [1★] (整数) となる。

（横浜市立大）

(1) 64

$H_2 + I_2 \rightleftarrows 2HI$ の平衡定数 K は，12 の 解き方 から，

$$K = \frac{[HI]^2}{[H_2][I_2]} = \frac{k_1}{k_2}$$

となる（ただし，反応速度式が化学反応式の係数と一致する 12 のような単純な式にならないときは，K は反応速度定数の比にはならない）ので，

$$K = \frac{k_1}{k_2} = \frac{2.56 \times 10^{-4} \dfrac{\text{L}}{\text{mol·s}}}{4.00 \times 10^{-6} \dfrac{\text{L}}{\text{mol·s}}} = 64$$

□14 ★★ 密閉した容器内で，物質 A（気体）と物質 B（気体）から，物質 C（気体）が生成する反応①を考える。

$$A + 3B \rightleftarrows 2C \cdots ①$$

絶対温度 T〔K〕で平衡に達したときの A，B，C の分圧をそれぞれ p_A〔Pa〕，p_B〔Pa〕，p_C〔Pa〕とすると，反応①の圧平衡定数 K_P〔Pa^{-2}〕は p_A，p_B，p_C を用いて $K_P =$ [1★★] と表される。

（名古屋大）

〈解説〉K_P の単位は，

$$\frac{Pa^2}{Pa \cdot Pa^3} = \frac{1}{Pa^2} = Pa^{-2}$$ となる。

(1) $\dfrac{p_C{}^2}{p_A \cdot p_B{}^3}$

N_2(気) + $3H_2$(気) ⇄ $2NH_3$(気)　$\Delta H = -92$kJ

上記の可逆反応が，ある温度 T〔K〕で，体積 V〔L〕の容器中で平衡状態にあるとき，反応の平衡定数 K は各成分気体のモル濃度を用いて化学平衡(質量作用)の法則から導くことができ，K = [1 ★★★] と表せる。気体のみ関与する反応においては，モル濃度にかわって各気体の分圧を用いて同様に平衡定数を導いてもよい。このように各気体の分圧により表した平衡定数は圧平衡定数 K_P とよばれる。気体の状態方程式より気体 x の分圧 P_x は，気体 x のモル数を n_x，気体定数を R とすると P_x = [2 ★★★] と表すことができ，また，各気体のモル濃度は，$\dfrac{\text{モル数}}{\text{体積}}$ で表されるので，この反応の平衡定数 K と圧平衡定数 K_P の関係は，K_P = [3 ★★] で表される。　（近畿大）

(1) $\dfrac{[NH_3]^2}{[N_2][H_2]^3}$

(2) $\dfrac{n_xRT}{V}$

(3) $\dfrac{K}{(RT)^2}$

[㊀ $K(RT)^{-2}$]

解き方

気体の状態方程式より，次の式が成り立つ。

$P_xV = n_xRT$

気体 x のモル濃度[x]は，$[x] = \dfrac{n_x}{V}$ と表されるので，[x]と P_x の間には次の関係がある。

$$P_x = \frac{n_x}{V}RT = [x]RT$$

圧平衡定数 K_P は次のように表すことができる。

$$K_P = \frac{P_{NH_3}{}^2}{P_{N_2}\cdot P_{H_2}{}^3} = \frac{([NH_3]RT)^2}{([N_2]RT)([H_2]RT)^3}$$

$$= \frac{[NH_3]^2(RT)^2}{[N_2]RT[H_2]^3(RT)^3} = \frac{[NH_3]^2}{[N_2][H_2]^3} \times \frac{1}{(RT)^2}$$

よって，　$K_P = K \times \dfrac{1}{(RT)^2}$

となる。

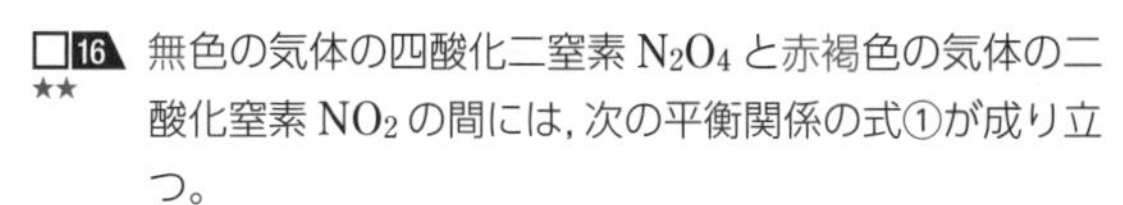

□16 ★★ 無色の気体の四酸化二窒素 N_2O_4 と赤褐色の気体の二酸化窒素 NO_2 の間には，次の平衡関係の式①が成り立つ。

N_2O_4(気) $\rightleftarrows$ $2NO_2$(気) …①

N_2O_4 の解離度を α，平衡時の気体の全圧を P とすると，各成分の分圧 P_{NO_2}，$P_{N_2O_4}$ は，α と P を用いて，P_{NO_2} = [1 ★★]，$P_{N_2O_4}$ = [2 ★★] と表すことができる。よって，K_P は，α と P を用いて，K_P = [3 ★★] と示される。 （奈良女子大）

(1) $\dfrac{2\alpha}{1+\alpha}P$

(2) $\dfrac{1-\alpha}{1+\alpha}P$

(3) $\dfrac{4\alpha^2}{1-\alpha^2}P$

解き方

解離度 α の N_2O_4 を x〔mol〕使用したとすると，その量関係は次のようになる。

	N_2O_4	$\overset{\alpha}{\rightleftarrows}$	$2NO_2$
（反応前）	x mol		
（変化量）	$-x\alpha$ mol		$+2x\alpha$ mol
（平衡時）	$x(1-\alpha)$ mol		$2x\alpha$ mol

（分圧）=（全圧）×（モル分率）より

$$P_{NO_2} = P \times \frac{2x\alpha}{x(1-\alpha)+2x\alpha} = \frac{2\alpha}{1+\alpha}P$$

$$P_{N_2O_4} = P \times \frac{x(1-\alpha)}{x(1-\alpha)+2x\alpha} = \frac{1-\alpha}{1+\alpha}P$$

$$K_P = \frac{{P_{NO_2}}^2}{P_{N_2O_4}} = \frac{\left(\dfrac{2\alpha}{1+\alpha}P\right)^2}{\dfrac{1-\alpha}{1+\alpha}P} = \frac{4\alpha^2}{1-\alpha^2}P$$

07 【化学平衡①】反応速度と平衡 2 化学平衡

3 平衡の移動

▼ANSWER

□1 ★★★ 可逆反応が平衡状態にあるとき，外部から条件(濃度，温度，圧力)を変化させると，一時的に平衡状態が崩れてしまうが，その影響をやわらげる方向に平衡は移動し，新しい平衡状態になる。これを [1 ★★★] の原理という。 (徳島大)

(1) ルシャトリエ [㊞平衡移動(へいこういどう)]

□2 ★★★ [1 ★★★] を加えると平衡に達するまでの時間は短縮されるが，平衡そのものは移動しない。 (熊本大)

(1) 触媒(しょくばい)

□3 ★★★ $N_2 + 3H_2 \rightleftarrows 2NH_3$ の反応が平衡に達しているとき，温度と体積を一定に保ちながら，水素ガスを加えるとこの反応の平衡はどのように変化するか。[1 ★★★] (北海道大)

〈解説〉H_2 を加えると，H_2 の濃度が増加する影響を打ち消す方向，つまり，H_2 の濃度が減少する方向(右)に反応が進む。

(1) 生成物(せいせいぶつ)の方(ほう)に(右(みぎ)に)移動(いどう)する

□4 ★★★

$$NH_3 + H_2O \rightleftarrows NH_4^+ + OH^-$$

上記の式の平衡状態にあるアンモニア水に，次の操作(あ)，(い)，(う)を行うと，平衡はどちらに移動すると考えられるか。右または左で答えよ。

(あ) 塩化水素を吹き込む。[1 ★★★]

(い) 塩化アンモニウムを加える。[2 ★★★]

(う) 水酸化ナトリウムを加える。[3 ★★★]

(明治大)

〈解説〉(あ) HCl を吹き込むと OH^- が中和され，OH^- の濃度が減少する。よって，OH^- の濃度が増加する方向(右)に平衡が移動する。

(い) NH_4Cl を加えると NH_4^+ の濃度が増加する。よって，NH_4^+ の濃度が減少する方向(左)に平衡が移動する。

(う) NaOH を加えると OH^- の濃度が増加する。よって，OH^- の濃度が減少する方向(左)に平衡が移動する。

(1) 右(みぎ)
(2) 左(ひだり)
(3) 左(ひだり)

□5 ★★★ 平衡状態にある次の気体反応において，圧力を高くしたとき，平衡は左辺，右辺のどちらに移動するか。あるいは，移動しないか。[1 ★★★]

反応 $N_2O_4(気) \rightleftarrows 2NO_2(気)$ (早稲田大)

〈解説〉「圧力を高くする」と $1N_2O_4 \rightleftarrows 2NO_2$ の平衡は「気体粒子数を減らす方向(1 ⟵ 2)」，つまり「平衡は左辺に移動」する。

(1) 左辺(さへん)に移動(いどう)する

★★★

C(固)$+H_2O$(気)$\rightleftarrows CO$(気)$+H_2$(気)

$\Delta H = x$〔kJ〕　$x > 0$…①

式①の反応は 1★★★ 熱を伴う反応である。式①の反応が一定温度で平衡状態にあるとき，右向きの反応によって気体分子の総数が 2★★★ ので，系全体の圧力を 3★★★ すれば H_2 の生成率を大きくすることができる。（九州大〈改〉）

〈解説〉「H_2 の生成率を大きくする」つまり「平衡を右に移動」させる。固体の存在は圧力に直接関係しないので，圧力変化による平衡移動を考えるときは，固体を除いて考える。

(1) 吸
(2) 増加する
(3) 低く

□7
★★★

H_2(気)$+I_2$(気)$\rightleftarrows 2HI$(気)　$\Delta H = -9$kJ…①

この反応は 1★★★ 反応であるため，①式の反応が平衡状態にあるとき，温度を上げた場合には平衡は 2★★ 向きに移動する。（福岡大〈改〉）

〈解説〉「温度を上げる」と「$\Delta H > 0$ の吸熱反応の方向」つまり「①式の平衡は左に移動」する。

H_2(気)$+I_2$(気)$\rightleftarrows 2HI$(気)　$\Delta H = -9$kJ

発熱反応の方向（→）

(1) 発熱［㊐可逆］
(2) 左

□8
★★★

N_2O_4(気体)$\rightleftarrows 2NO_2$(気体)…①

①式で示される反応の NO_2 は 1★★★ 色の気体で，N_2O_4 は 2★★★ 色の気体である。この平衡は，低温になると逆反応の方向に移動し，N_2O_4 の割合が増加する。そのために気体の色は 3★★★ くなり，逆に温度を上げると気体の色は 4★★★ くなる。これは，①式で示された解離反応が 5★★★ 反応であることを示している。（宮崎大）

〈解説〉「低温になる」つまり「温度が下がる」と「N_2O_4 の割合が増加する」つまり「①式の平衡が左に移動」したことがわかる。また，「温度を下げる」と平衡は「$\Delta H < 0$ の発熱反応の方向」に移動する。この結果，①式の反応は「左方向」が「$\Delta H < 0$ の発熱反応の方向」であることがわかる。

N_2O_4(気)$\rightleftarrows 2NO_2$(気)

$\Delta H < 0$ の発熱反応の方向（←）

よって，①式の解離反応（$N_2O_4 \longrightarrow 2NO_2$）は $\Delta H > 0$ の吸熱反応であるとわかる。

N_2O_4(気)$\rightleftarrows 2NO_2$(気)　$\Delta H = Q$〔kJ〕$(Q > 0)$

(1) 赤褐
(2) 無
(3) うす
(4) 濃
(5) 吸熱

□9 ★★★ 四酸化二窒素 N_2O_4（無色の気体）が分解して二酸化窒素 NO_2（赤褐色の気体）に変化する反応は可逆反応であり，①式で表される。

$N_2O_4 \rightleftarrows 2NO_2$…①

この反応において，N_2O_4 と NO_2 の間の化学平衡は圧力変化によって移動する。この平衡状態にある混合気体を注射器に入れ，ピストンを押して加圧すると，間もなく気体の色は加圧した直後に比べて [1 ★★] なる。すなわち，①式の平衡は [2 ★★★] に移動する。

（甲南大）

(1) うすく
(2) 左（ひだり）

〈解説〉「圧力を上げる」と「気体粒子数を減らす方向（1 ⟵ 2）」つまり「①式の平衡は左（N_2O_4 が生成する方向）に移動」する。加圧した直後（加圧した瞬間）は注射器の体積が小さくなり，赤褐色の NO_2 の濃度が大きくなるので色が濃くなるが，平衡が（無色の N_2O_4 が増加し赤褐色の NO_2 が減少する）左に移動するため加圧した直後に比べてうすくなる。

□10 ★★ A（気）＋ B（気）$\rightleftarrows$ 2C（気）　$\Delta H = Q$〔kJ〕（$Q < 0$）の反応について温度を下げると C が生成する反応の平衡定数は [1 ★★] 。また，温度を一定に保ったまま容器の体積を小さくした。このとき，平衡は [2 ★★] 。

（新潟大〈改〉）

(1) 大（おお）きくなる
(2) 移動（いどう）しない

〈解説〉

A（気）＋ B（気）$\rightleftarrows$ 2C（気）　$\Delta H = Q$〔kJ〕（$Q < 0$）
（$\longrightarrow$ 発熱反応の方向）

(1)「温度を下げる」と「$\Delta H < 0$ の発熱反応の方向」つまり平衡は「右に移動」する。よって，左辺の A と B が減少し，右辺の C が増加するため平衡定数 K' は，

$$K' = \frac{\text{右辺の濃度の2乗}}{\text{左辺の濃度の積}} = \frac{\text{増加}}{\text{減少}}$$

となる。つまり，平衡定数は大きくなる。

(2)「容器の体積を小さく」する，つまり「圧力を上げる」と「気体粒子数を減らす方向」に平衡が移動するはずだが，この反応は両辺で気体粒子数が等しい

$$\underbrace{1A + 1B}_{1+1} \rightleftarrows \underbrace{2C}_{2}$$

ので，圧力を上げても平衡は移動しない。

□11 ★★★ N_2O_4 (気体) ⇄ $2NO_2$ (気体)　$\Delta H = 57$ kJ…①

①式の反応が平衡状態にあるとき，次の(i)〜(v)の操作を行った。このとき，平衡はどのように移動するか。(a)〜(c)の中から一つを選び記号で答えよ。

〔操作〕(i) 温度を一定に保ち，圧力を加える。 1 ★★★

(ii) 温度と体積を一定に保ち，アルゴンを加える。 2 ★★★

(iii) 圧力を一定に保ち，加熱する。 3 ★★★

(iv) 温度と圧力を一定に保ち，アルゴンを加える。 4 ★★

(v) 触媒を加える。 5 ★★★

〔平衡の移動〕(a) N_2O_4(気体)の分解の方向に移動する。

(b) N_2O_4(気体)の生成の方向に移動する。

(c) どちらにも移動しない。(九州大〈改〉)

(1) (b)
(2) (c)
(3) (a)
(4) (a)
(5) (c)

〈解説〉

(i)「圧力を加える」と「気体粒子数を減らす方向(1 ⟵ 2)」，つまり「①式の平衡は左(N_2O_4の生成の方向)に移動」する。

(ii)温度と体積を一定に保ち，①式の平衡に無関係なArを加えても，「N_2O_4，NO_2の物質量〔mol〕や体積に変化がないので，それぞれの濃度は変化しない」。それぞれの濃度に変化がなければ，「①式の平衡はどちらにも移動しない」。

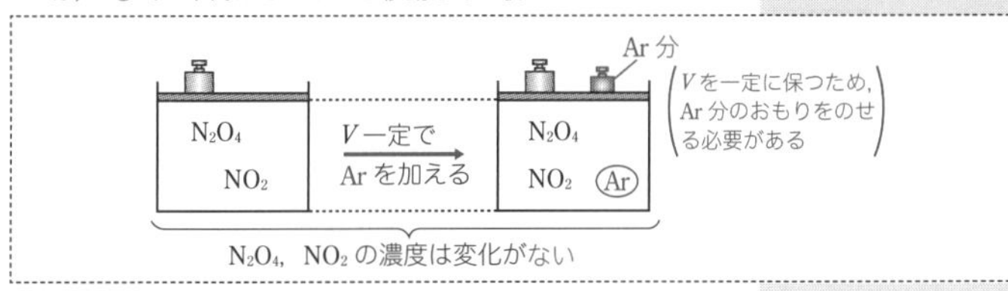

(iii) N_2O_4 (気) ⇄ $2NO_2$ (気)　$\Delta H = 57$kJ
(→ 吸熱反応の方向)

「加熱する」と「$\Delta H > 0$の吸熱反応の方向」，つまり「①式の平衡は右(N_2O_4の分解の方向)に移動」する。

(iv)温度と圧力(全圧)を一定に保ち，①式の平衡に無関係なArを加えると，「全圧が一定に保たれているので，N_2O_4とNO_2の分圧の和(平衡混合気体の分圧の和)が減少」する。そのため，「気体粒子数を増やす方向(1 ⟶ 2)」，つまり「①式の平衡は右(N_2O_4の分解の方向)に移動」する。

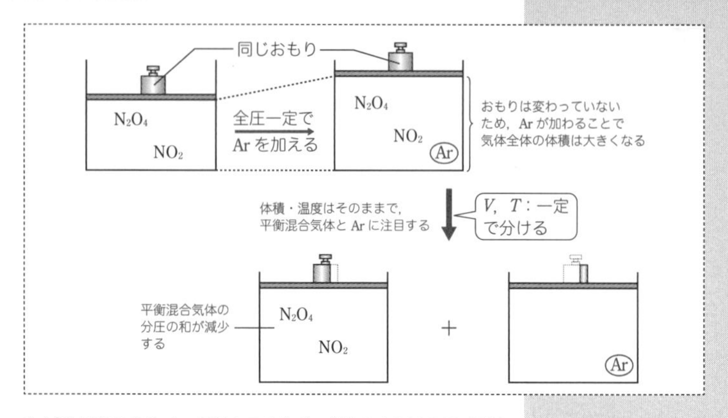

（v）「触媒を加える」と，活性化エネルギーが小さくなるので，正反応の反応速度と逆反応の反応速度がともに大きくなる。そのため，触媒は反応速度を大きくして平衡状態に到達するまでの時間を短くするが，平衡は移動しない。

□12 ★★★

$$N_2(気) + 3H_2(気) \rightleftarrows 2NH_3(気) \quad \Delta H = -92\text{kJ}$$

この反応は可逆反応であり，平衡状態では，温度がより［1★★★］とき，圧力がより［2★★★］ときに，アンモニアが生成する方向に平衡が移動する。しかし，温度が［1★★★］ときには，反応速度が［3★★★］なるので，工業的にアンモニアを生成するときには，四酸化三鉄を主成分とする［4★★★］を用いて高温・高圧下（400～500℃，$8 \times 10^6 \sim 3 \times 10^7$Pa）で反応させる。この方法は発見者の名前をとって［5★★★］法とよばれている。［4★★★］は，反応の前後でそれ自身は変化しないが，［6★★★］エネルギーのより小さい経路で反応が進行するようにはたらくので，反応速度は大きくなる。また，［4★★★］を用いることで，平衡定数や反応エンタルピーは［7★★★］。（電気通信大〈改〉）

〈解説〉N_2（気）＋ $3H_2$（気）$\rightleftarrows$ $2NH_3$（気）　$\Delta H = -92$kJ

発熱反応の方向 →

「温度がより低い」と「$\Delta H < 0$ の発熱反応の方向」つまり「NH_3 が生成する右方向」に平衡が移動する。また，「圧力がより大きい」と「気体粒子数を減らす方向（1 ＋ 3 ⟶ 2）」つまり「NH_3 が生成する右方向」に平衡が移動する。温度が一定であれば，平衡定数は変化しない。

（1）低い（ひく）
（2）大きい（おお）［別 高い（たか）］
（3）小さく（ちい）［別 遅く（おそ）］
（4）触媒（しょくばい）
（5）ハーバー・ボッシュ［別 ハーバー］
（6）活性化（かっせいか）
（7）変化しない（へんか）［別 変わらない（か）］

N_2(気) + $3H_2$(気) ⇄ $2NH_3$(気)　$\Delta H = -92$kJ…①

①式の反応において，触媒を用いない場合のアンモニアの生成量と反応時間との関係を表す曲線を右に示してある（図中の点線）。温度を変化させず，この反応において鉄触媒を用いた場合，アンモニア生成量と反応時間との関係を表す曲線の概略はどのようになるか。図中にその曲線を描け。

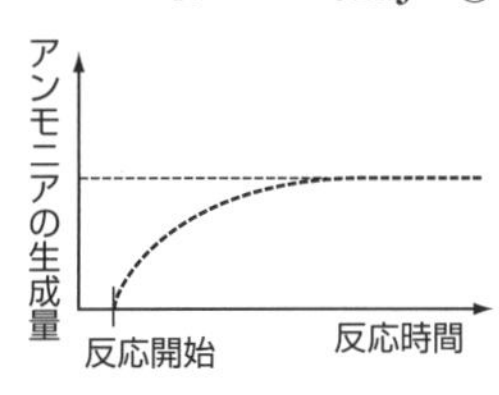

1 ★★

（北海道大〈改〉）

〈解説〉触媒を用いると，平衡状態に到達するまでの時間は短くなるが，平衡は移動しないため，アンモニアの生成量は変化しない。

(1)

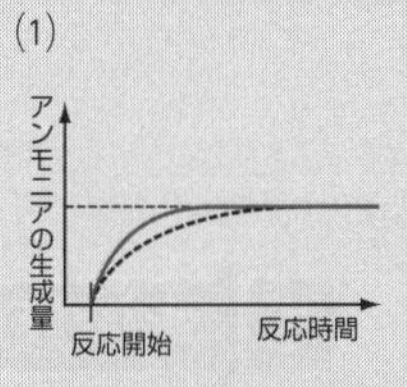

図は，水素と窒素を3：1の物質量比で混合して平衡に達したときの，各温度における気体中に含まれるアンモニアの物質量百分率を表している。曲線は，触媒を加えて圧力を3.0×10^7Paに保った場合の結果である。図とルシャトリエの原理に基づいて考えると，アンモニアが生成する反応は発熱反応か，吸熱反応のいずれか。 1 ★★

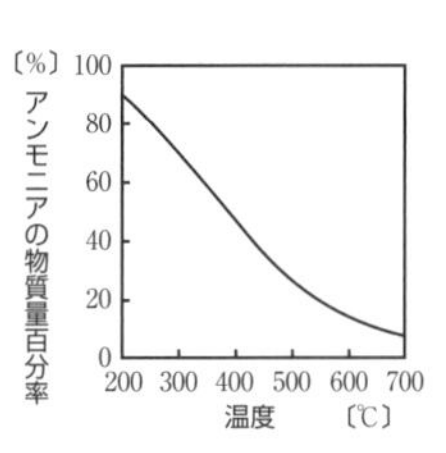

（同志社大）

〈解説〉$3H_2$(気) + N_2(気) ⇄ $2NH_3$(気)の可逆反応で考える。
図から「温度が高くなる」と「NH_3の生成量が減少している」つまり「平衡が左へ移動」していることがわかる。また，「温度を高く」すると平衡は「$\Delta H > 0$の吸熱反応の方向へ移動」する。
よって，左方向が$\Delta H > 0$の吸熱反応の方向であるとわかり，右方向（アンモニアが生成する方向）は$\Delta H < 0$の発熱反応になる。

$3H_2$(気) + N_2(気) ⇄ $2NH_3$(気)
←吸熱反応の方向

とわかるので，

$3H_2$(気) + N_2(気) ⇄ $2NH_3$(気)　$\Delta H = Q$[kJ]（$Q < 0$）
発熱反応の方向→

となる。

(1) 発熱反応（はつねつはんのう）

第08章

【化学平衡②】
電離平衡

1 水溶液中の化学平衡

▼ ANSWER

□1 ★★★ 水のイオン積 K_w を表す式は K_w = [1 ★★★]，25℃で K_w = [2 ★★★]（2ケタ）〔$(mol/L)^2$〕になる。（早稲田大）

(1) $[H^+][OH^-]$
(2) 1.0×10^{-14}

□2 ★★★ 純粋な水は，電離平衡の状態にある。水の電離における平衡定数を K とすると，①式の関係が成り立つ。

$$K = \frac{[H^+][\boxed{1 ★★★}]}{[H_2O]} \cdots ①$$

ここで，$K[H_2O]$ の変化は小さいので一定値とみなすと②式が成り立つ。

$$K[H_2O] = [H^+][\boxed{1 ★★★}] = K_w \cdots ②$$

K_w の値は25℃において 1.0×10^{-14} $(mol/L)^2$ である。このとき，$[H^+]$ と [[1 ★★★]] は等しく，ともに [2 ★★★] mol/L（2ケタ）である。（琉球大）

(1) OH^-
(2) 1.0×10^{-7}

解き方

純粋な水の $[H^+] = x$〔mol/L〕とすると，

$$H_2O \rightleftarrows H^+ + OH^-$$

（平衡時）　x mol/L　x mol/L

よって，$[H^+] = [OH^-] = x$ mol/L となり，$K_w = 1.0 \times 10^{-14} (mol/L)^2$ に代入すると，$[H^+][OH^-] = x \times x = K_w = 1.0 \times 10^{-14}$ となり

$$[H^+] = [OH^-] = x = \sqrt{1.0 \times 10^{-14}} = 1.0 \times 10^{-7} \text{mol/L}$$

□3 ★ 25℃の水の密度を1.0g/mLとすると，$[H_2O]$ = [1 ★] mol/L（2ケタ）である。$H_2O = 18$（横浜国立大）

(1) 56

解き方

水のモル濃度〔mol/L〕は，水1L中の水の物質量〔mol〕になる。水1Lは，

$$1\cancel{L} \times \frac{10^3\cancel{mL}}{1\cancel{L}} \times \frac{1.0\cancel{g}}{1\cancel{mL}} \times \frac{1mol}{18\cancel{g}} = \frac{1000}{18} mol$$

なので，$[H_2O] = \frac{1000}{18}$ mol ÷ 1L ≒ 56mol/L

 ★★★ 水素イオン指数は①式のように定義されている。

$pH = -\log_{10}[H^+]$ …①

純水はその一部が②式のように電離する。

$H_2O \rightleftarrows H^+ + OH^-$ …②

②式の平衡に関する定数 K_w を，③式のように表す。

$K_w = [H^+][OH^-]$ …③

ここで，$[OH^-]$ は水酸化物イオンのモル濃度である。この定数 K_w は特に [1★★] とよばれ，$K_w = 1.0 \times 10^{-14}\ (mol/L)^2$ (25℃) である。この値より，25℃の純水の pH は [2★★★] (整数)となる。 (関西大)

〈解説〉25℃の純水の水素イオン濃度は，$[H^+] = [OH^-] = 10^{-7}$mol/L
よって，$pH = -\log_{10}[H^+] = -\log_{10}10^{-7} = 7$

(1) 水(みず)のイオン積(せき)
(2) 7

□5 ★★ 水はわずかに電離した平衡状態にあり，25℃における水のイオン積 (K_w) は

$K_w = [H^+][OH^-] =$ [1★★★] $(mol/L)^2$ (2ケタ)

で表される。したがって，25℃における純粋な水の pH は 7 となる。また，水の電離は [2★] 反応であるため，水のイオン積は温度が高いほど [3★] なる。

(東京薬科大)

〈解説〉中和エンタルピー $(-57kJ/mol)$ を表す反応式

$H^+aq + OH^-aq \longrightarrow H_2O(液)\quad \Delta H = -57kJ$

より，$H_2O(液) \rightleftarrows H^+aq + OH^-aq\quad \Delta H = 57kJ$ …(＊)
となり，水の電離は中和の逆反応なので $\Delta H > 0$ の吸熱反応とわかる。「温度を上げる」と「$\Delta H > 0$ の吸熱反応の方向」つまり「(＊)の平衡は右に移動」する。よって，$[H^+]$ や $[OH^-]$ が大きくなり，K_w の値も大きくなる。
(純粋な水の pH は温度を上げると $[H^+]$ が大きくなるため，小さくなる。例 100℃で pH ≒ 6)

(1) 1.0×10^{-14}
(2) 吸熱(きゅうねつ)
(3) 大(おお)きく

□6 ★★ 水の pH は温度によって変化する。純粋な水は 25℃のとき pH は 7 となるが，温度が変化すると pH は 7 にならない。水の電離は吸熱反応であり，温度が低くなると [1★★★] の原理により電離が起こり [2★] なる。このため，25℃よりも温度が低い純粋な水の pH は 7 よりも [3★] なる。 (鳥取大)

〈解説〉$H_2O(液) \rightleftarrows H^+aq + OH^-aq\quad \Delta H = Q\ [kJ]\ (Q > 0)$
→ 吸熱反応の方向

「温度が低くなる」と「$\Delta H < 0$ の発熱反応の方向」に移動するので水の電離は抑制されて，K_w の値が小さくなる。そのため，純粋な水の $[H^+]$ は 10^{-7}mol/L より小さくなり，pH は 7 よりも大きくなる。

(1) ルシャトリエ
［⑩平衡移動(へいこういどう)］
(2) にくく
(3) 大(おお)きく

2 pH計算

▼ANSWER

□1 ★★★ 塩酸は強酸であり，0.100mol/L の濃度では，pH の値は [1 ★★★] (整数) である。　（東京農工大）

(1) 1

解き方

0.100mol/L=10^{-1}mol/L の塩酸 HCl の pH を求める。
強酸は，ふつう水溶液中で完全に電離しているので，

	HCl ⟶	H^+	+ Cl^-
(電離前)	10^{-1}mol/L	0mol/L	0mol/L
(電離後)	0mol/L	10^{-1}mol/L	10^{-1}mol/L

となり，$[H^+] = 10^{-1}$mol/L なので，$pH = -\log_{10}[H^+] = -\log_{10}10^{-1} = 1$

□2 ★★★ 1.0×10^{-5}mol/L の水酸化ナトリウム水溶液の pH は [1 ★★★] (整数) である。ただし，水のイオン積 $K_w = 1.0 \times 10^{-14}$ とする。　（関西大）

(1) 9

解き方

強塩基は，水溶液中でほぼ完全に電離しているので，

	NaOH ⟶	Na^+	+ OH^-
(電離前)	10^{-5}mol/L	0mol/L	0mol/L
(電離後)	0mol/L	10^{-5}mol/L	10^{-5}mol/L

$[OH^-] = 10^{-5}$mol/L となる。
水のイオン積 $K_w = 10^{-14}$ より，

$[H^+] = \dfrac{K_w}{[OH^-]} = \dfrac{10^{-14}}{10^{-5}} = 10^{-9}$mol/L となり，$pH = -\log_{10}[H^+] = -\log_{10}10^{-9} = 9$

□3 ★★★ 0.1mol/L の酢酸水溶液（電離度＝0.01）の pH は [1 ★★★] (整数) である。　（予想問題）

(1) 3

解き方

	CH_3COOH ⇄	CH_3COO^-	+ H^+
(電離前)	c mol/L	0mol/L	0mol/L
(変化量)	$-c\alpha$ mol/L	$+c\alpha$ mol/L	$+c\alpha$ mol/L
(電離平衡時)	$c - c\alpha$ mol/L	$c\alpha$ mol/L	$c\alpha$ mol/L

CH_3COOH のモル濃度を c，電離度を α とすると，
$c = 0.1$mol/L，$\alpha = 0.01$ なので，$[H^+] = c\alpha = 0.1 \times 0.01 = 10^{-3}$mol/L となり，
$pH = -\log_{10}[H^+] = -\log_{10}10^{-3} = 3$

酢酸 CH_3COOH は，水溶液中において以下のように電離して平衡状態に達する。

$$CH_3COOH \rightleftarrows CH_3COO^- + H^+$$

平衡状態における各成分のモル濃度をそれぞれ $[CH_3COOH]$，$[CH_3COO^-]$，$[H^+]$ とすると，酢酸の電離定数 K_a は $[CH_3COOH]$，$[CH_3COO^-]$ および $[H^+]$ を用いて，

$K_a =$ [1 ★★★] … (1)

と表すことができる。一般に酸の電離定数は，温度が一定であれば，その酸に固有の値になる。濃度 c〔mol/L〕の酢酸水溶液中における $[CH_3COO^-]$ と $[H^+]$ は，c と酢酸の電離度 α を用いて(2)式のように表される。

$[CH_3COO^-] = [H^+] =$ [2 ★★★] … (2)

また，$[CH_3COOH]$ は，c と α を用いると(3)式のように表される。

$[CH_3COOH] =$ [3 ★★★] … (3)

したがって，(1) ～ (3) 式により，K_a は c と α を用いて(4)式のように表される。

$K_a =$ [4 ★★★] … (4)

ここで，α が 1 よりも十分に小さい場合，$1 - \alpha \fallingdotseq 1$ と近似できる。このときの α と $[H^+]$ は，c と K_a を用いて，それぞれ以下のように表される。

$\alpha =$ [5 ★★★]

$[H^+] =$ [6 ★★★]

（防衛大）

(1) $\dfrac{[CH_3COO^-][H^+]}{[CH_3COOH]}$

(2) $c\alpha$

(3) $c - c\alpha$

[別 $c(1-\alpha)$]

(4) $\dfrac{c\alpha^2}{1-\alpha}$

(5) $\sqrt{\dfrac{K_a}{c}}$

(6) $\sqrt{cK_a}$

解き方

K_a の a は酸(acid)を表している。

$$K_a = \frac{[CH_3COO^-][H^+]}{[CH_3COOH]} = \frac{c\alpha \times c\alpha}{c - c\alpha} = \frac{c\alpha \times \cancel{c}\alpha}{\cancel{c}(1-\alpha)} = \frac{c\alpha^2}{1-\alpha}$$

α が 1 に比べて非常に小さい（α が 0.05 よりも小さい）場合，$1 - \alpha \fallingdotseq 1$ としてよく，

$$K_a = \frac{c\alpha^2}{1-\alpha} \fallingdotseq \frac{c\alpha^2}{1} = c\alpha^2$$

よって，$\alpha^2 = \dfrac{K_a}{c}$ となり，$\alpha > 0$ より　$\alpha = \sqrt{\dfrac{K_a}{c}}$

さらに，水素イオン濃度 $[H^+]$ は，

$[H^+] = c\alpha = c\sqrt{\dfrac{K_a}{c}} = \sqrt{cK_a}$　と表すことができる。

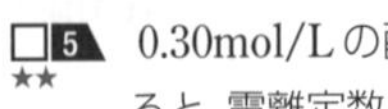

□5 ★★ 0.30mol/L の酢酸の電離度を $\alpha = 1.00 \times 10^{-2}$ とすると, 電離定数 K_a の値は [1★★] (2ケタ)となる。

（金沢大）

(1) 3.0×10^{-5}

解き方

$\alpha = 1.00 \times 10^{-2}$ は $0.05 = 5.00 \times 10^{-2}$ よりも小さいので, $1 - \alpha \fallingdotseq 1$ としてよい。

$$K_a \fallingdotseq c\alpha^2 = 0.30 \times (1.00 \times 10^{-2})^2 = 3.0 \times 10^{-5}\text{mol/L}$$

□6 ★★ 0.01mol/L の酢酸水溶液の pH は [1★★] (2ケタ)となる。ただし, $\log_{10}2 = 0.30$, 酢酸の電離定数を 2.5×10^{-5}mol/L とし, 電離度は十分に小さいものとする。

（名城大）

(1) 3.3

解き方

電離度は十分に小さいとあるので, $1 - \alpha \fallingdotseq 1$ としてよい。$1 - \alpha \fallingdotseq 1$ のとき, $[H^+] = \sqrt{cK_a}$ となる。

ここで, $c = 0.01$, $K_a = 2.5 \times 10^{-5}$ より,

$$[H^+] = \sqrt{cK_a} = \sqrt{0.01 \times 2.5 \times 10^{-5}} = \sqrt{25 \times 10^{-8}}$$

$$= 5 \times 10^{-4} = \frac{10}{2} \times 10^{-4} = \frac{1}{2} \times 10^{-3}\text{mol/L}$$

よって,

$$\text{pH} = -\log_{10}[H^+] = -\log_{10}\left(\frac{1}{2} \times 10^{-3}\right)$$

$$= 3 - \log_{10}\frac{1}{2} = 3 + \log_{10}2 = 3.3$$

◀ $\log_{10}2 = 0.30$

□7 ★★ 酢酸の電離定数を25℃で $K_a = 1.6 \times 10^{-5}$〔mol/L〕とするとき, 1.6×10^{-1}mol/L 酢酸水溶液における電離度 α の値は [1★★] (2ケタ), $[H^+]$ の値は [2★★]〔mol/L〕(2ケタ) となる。ただし, $1 - \alpha \fallingdotseq 1$ としてよい。

（杏林大）

(1) 1.0×10^{-2}
(2) 1.6×10^{-3}

解き方

$$\alpha = \sqrt{\frac{K_a}{c}} = \sqrt{\frac{1.6 \times 10^{-5}}{1.6 \times 10^{-1}}} = \sqrt{10^{-4}} = 1.0 \times 10^{-2}$$

$$[H^+] = c\alpha = 1.6 \times 10^{-1} \times 1.0 \times 10^{-2} = 1.6 \times 10^{-3}\text{mol/L}$$

別解

$$[H^+] = \sqrt{cK_a} = \sqrt{1.6 \times 10^{-1} \times 1.6 \times 10^{-5}} = \sqrt{(1.6)^2 \times 10^{-6}}$$

$$= 1.6 \times 10^{-3}\text{mol/L}$$

□8 ★★ 0.10mol/L の H_2S（第1電離の電離度 $\alpha = 0.0010$）の pH = [1 ★★]（整数）となる。（予想問題）

（1）4

H_2S は，水溶液中では次のように2段階に電離している。

$H_2S \rightleftarrows H^+ + HS^-$ …①

$HS^- \rightleftarrows H^+ + S^{2-}$ …②

H_2S の$[H^+]$を求めるときには，ふつう第1電離の H^+ に対して第2電離の H^+ を近似することができる。つまり，多価の弱酸の水溶液の pH は第1電離だけ（H_2S であれば①式）を考えて求める。

0.10mol/L の H_2S（第1電離の電離度 $\alpha = 0.0010$）の場合，各成分の濃度は次のようになり，

	H_2S	$\rightleftarrows$	HS^-	+	H^+ …①
（電離前）	0.10mol/L		0mol/L		0mol/L
（電離平衡時）	0.10(1 − 0.0010)mol/L		0.10 × 0.0010mol/L		0.10 × 0.0010mol/L

$[H^+] = 0.10 \times 0.0010 = 10^{-4}$mol/L となり，

$pH = -\log_{10}[H^+] = -\log_{10}10^{-4} = 4$

□9 ★★ H_2S を溶かして飽和水溶液をつくった。このとき，電離前における H_2S 濃度 c は 0.10mol/L であった。この水溶液の電離平衡時における pH は [1 ★★]（2ケタ）となる。ただし，電離定数 K_1 を 9.0×10^{-8}mol/L とする。また，ここでは第1電離の電離度を α とすると，$(1 - \alpha)$ を1に近似でき，$\log_{10}3 = 0.48$ とする。（東京農工大）

（1）4.0

H_2S 水溶液の$[H^+]$は第1電離だけを考えて求めることができる。

c〔mol/L〕の H_2S の場合，

	H_2S	$\rightleftarrows$	HS^-	+	H^+
（電離平衡時）	$c(1-\alpha)$ mol/L		$c\alpha$ mol/L		$c\alpha$ mol/L

$$K_1 = \frac{[HS^-][H^+]}{[H_2S]} = \frac{c\alpha \cdot c\alpha}{c(1-\alpha)} = \frac{c\alpha^2}{1-\alpha}$$

$1 - \alpha \fallingdotseq 1$ より，$K_1 \fallingdotseq \dfrac{c\alpha^2}{1}$，$\alpha^2 = \dfrac{K_1}{c}$，$\alpha > 0$ より，$\alpha = \sqrt{\dfrac{K_1}{c}}$

$$[H^+] = c\alpha = c\sqrt{\frac{K_1}{c}} = \sqrt{cK_1}$$

$c = 0.10 \text{mol/L}$, $K_1 = 9.0 \times 10^{-8} \text{mol/L}$ より,

$$[H^+] = \sqrt{0.10 \times 9.0 \times 10^{-8}} = \sqrt{9 \times 10^{-9}} = 3 \times 10^{-4.5}$$

$$pH = -\log_{10}[H^+] = -\log_{10}(3 \times 10^{-4.5})$$

$$= 4.5 - \log_{10}3 = 4.5 - 0.48 \fallingdotseq 4.0$$ ◀ $\log_{10}3 = 0.48$

□10 ★★★ アンモニアが水に溶けたとき, 1★★★ のような電離平衡が成立している。

この平衡の平衡定数 K は, 電離平衡式中の化学物質のモル濃度を用いて表すことができ, 希薄溶液では水のモル濃度 $[H_2O]$ が常に一定であるとみなすことができるので, $K[H_2O]$ を K_b とおくことができる。K_b は, 次のように表される。

$K_b = K[H_2O] =$ 2★★★

アンモニアの電離前のモル濃度を c とし, 電離度を α とすると, K_b は c と α を用いて次のように表される。

$K_b =$ 3★★★

電離度が非常に小さい場合, $(1-\alpha)$ を1とみなすことができるので, この式は次のように簡単にすることができる。

$K_b =$ 4★★★

(同志社大)

(1) $NH_3 + H_2O \rightleftarrows NH_4^+ + OH^-$
(2) $\dfrac{[NH_4^+][OH^-]}{[NH_3]}$
(3) $\dfrac{c\alpha^2}{1-\alpha}$
(4) $c\alpha^2$

解き方

	NH_3	+ H_2O	$\rightleftarrows$	NH_4^+	+	OH^-
(電離平衡時)	$c(1-\alpha)$ mol/L	一定		$c\alpha$ mol/L		$c\alpha$ mol/L

$$K_b = K[H_2O] = \frac{[NH_4^+][OH^-]}{[NH_3]} = \frac{c\alpha \times c\alpha}{c(1-\alpha)} = \frac{c\alpha^2}{1-\alpha}$$

$1-\alpha \fallingdotseq 1$ より,

$$K_b \fallingdotseq \frac{c\alpha^2}{1} = c\alpha^2, \quad \alpha^2 = \frac{K_b}{c}, \quad \alpha > 0 \text{ より}, \quad \alpha = \sqrt{\frac{K_b}{c}}$$

$$[OH^-] = c\alpha = c\sqrt{\frac{K_b}{c}} = \sqrt{cK_b} \text{〔mol/L〕}$$

★★★

0.10mol/L のアンモニア水溶液は，次のような電離平衡にある。$NH_3 + H_2O \rightleftarrows NH_4^+ + OH^-$

ここで，反応が右方向へ進むとき，H_2O は [1 ★★★] としてはたらいている。水溶液中におけるアンモニアの電離度を α とし，水のモル濃度 $[H_2O]$ はほぼ一定であると考えると，$[NH_4^+]$ は [2 ★★] mol/L，$[OH^-]$ は [3 ★★] mol/L，$[NH_3]$ は [4 ★★] mol/L と書き表すことができる。今，電離度 α が 1.3×10^{-2} であるとすると，このアンモニア水溶液の電離定数 K_b は [5 ★★] mol/L と算出される。（香川大）

(1) 酸（さん）
(2) 0.10α
(3) 0.10α
(4) $0.10(1-\alpha)$
(5) 1.7×10^{-5}

解き方

$c = 0.10$mol/L より，

$[NH_4^+] = c\alpha = 0.10\alpha$〔mol/L〕，$[OH^-] = c\alpha = 0.10\alpha$〔mol/L〕

$[NH_3] = c(1-\alpha) = 0.10(1-\alpha)$〔mol/L〕となる。

α が 0.05 より小さいときには $1 - \alpha \fallingdotseq 1$ と近似できる。

$\alpha = 1.3 \times 10^{-2}$ (< 0.05) より，

$K_b = c\alpha^2 = 0.10 \times (1.3 \times 10^{-2})^2 \fallingdotseq 1.7 \times 10^{-5}$mol/L

★★

アンモニアは水に溶けて塩基性を示す。

$$NH_3 + H_2O \rightleftarrows NH_4^+ + OH^-$$

この電離平衡において電離定数 K_b は，

$$K_b = \frac{[NH_4^+][OH^-]}{[NH_3]}$$

で表され，その値は 2.00×10^{-5}mol/L である。

また水のイオン積は，

$$K_w = [H^+][OH^-] = 1.00 \times 10^{-14} (\text{mol/L})^2$$

とする。0.200mol/L のアンモニア水の pH は [1 ★★]（3ケタ）と計算される。ただし，α は 1 に比べて極めて小さいとし，$\log_{10}2 = 0.30$ とする。（東京理科大）

(1) 11.3

解き方

$[OH^-] = \sqrt{cK_b} = \sqrt{0.200 \times 2.00 \times 10^{-5}} = 2 \times 10^{-3}$mol/L

$[H^+] = \dfrac{K_w}{[OH^-]} = \dfrac{10^{-14}}{2 \times 10^{-3}} = \dfrac{1}{2} \times 10^{-11}$mol/L

$pH = -\log_{10}[H^+] = -\log_{10}\left(\dfrac{1}{2} \times 10^{-11}\right)$

$= 11 - \log_{10}\dfrac{1}{2} = 11 + \log_{10}2 = 11.3$ ◀ $\log_{10}2 = 0.30$

□13 ★★★ 酢酸ナトリウム CH_3COONa は水に溶けるとほぼ完全に電離し，生じる酢酸イオン CH_3COO^- の一部は，①式のように反応する。

$$CH_3COONa \longrightarrow Na^+ + CH_3COO^-$$
$$CH_3COO^- + H_2O \rightleftarrows CH_3COOH + OH^- \cdots ①$$

①式の反応は塩の加水分解といわれるが，CH_3COO^- は [1★★★] から [2★★★] を受け取り，[3★★★] の定義による塩基としてはたらいている。

酢酸 CH_3COOH の電離度は小さいため，水酸化物イオン OH^- のモル濃度 $[OH^-]$ が水素イオン H^+ のモル濃度 $[H^+]$ より [4★★★]。その結果，CH_3COONa の水溶液は弱い [5★★★] 性を示す。 （神戸薬科大）

〈解説〉CH_3COOH の電離度は小さいため，CH_3COO^- は水の電離による H^+ と結びつきやすい。そのため，CH_3COO^- の一部が水と反応して CH_3COOH になる。

$$\begin{array}{lcl} CH_3COO^- + H^+ & \rightleftarrows & CH_3COOH \\ +)\quad H_2O & \rightleftarrows & H^+ + OH^- \\ \hline CH_3COO^- + H_2O & \rightleftarrows & CH_3COOH + OH^- \end{array}$$

よって，$[OH^-] > [H^+]$ となり，CH_3COONa の水溶液は弱い塩基性を示す。

(1) 水（みず） H_2O
(2) 水素（すいそ）イオン H^+
(3) ブレンステッド・ローリー［㊙ブレンステッド］
(4) 大（おお）きい
(5) 塩基（えんき）［㊙アルカリ］

□14 ★ 酢酸ナトリウムは水溶液中で①式のように完全に電離する。酢酸イオンの一部は②式に従って加水分解し，水酸化物イオンを生じる。

$$CH_3COONa \longrightarrow CH_3COO^- + Na^+ \cdots ①$$
$$CH_3COO^- + H_2O \rightleftarrows CH_3COOH + OH^- \cdots ②$$

②式の平衡定数を加水分解定数 K_h とすると，K_h は③式のように表される。

$$K_h = \frac{[CH_3COOH]\,[OH^-]}{[CH_3COO^-]} \cdots ③$$

また，K_h を酢酸の電離定数 K_a と水のイオン積 K_w で表すと $K_h =$ [1★] …④となる。

②式において，酢酸と水酸化物イオンは等モル生成し，また，酢酸のイオンの加水分解はごくわずかであるので酢酸イオンの濃度は酢酸ナトリウム水溶液の濃度 c〔mol/L〕に等しいと仮定すると，③式，④式より，$[OH^-] =$ [2★] と表すことができ，これより $[H^+] =$ [3★] となる。 （杏林大）

(1) $\dfrac{K_w}{K_a}$
(2) $\sqrt{\dfrac{cK_w}{K_a}}$
(3) $\sqrt{\dfrac{K_aK_w}{c}}$

解き方

c mol/L の CH_3COONa の$[H^+]$は次のように求めることができる。

	$CH_3COONa \longrightarrow$	CH_3COO^-	$+ \quad Na^+ \cdots①$
(電離前)	c mol/L	0mol/L	0mol/L
(電離後)	0mol/L	c mol/L	c mol/L

CH_3COO^-が加水分解する割合を加水分解度 h で表すと，電離平衡になったときの各成分の濃度は次のようになる。

	CH_3COO^-	$+ \quad H_2O \rightleftarrows$	CH_3COOH	$+ \quad OH^- \cdots②$
(加水分解前)	c mol/L	一定	0mol/L	0mol/L
(平衡時)	$c(1-h)$ mol/L	一定	ch mol/L	ch mol/L

この電離平衡に化学平衡の法則(質量作用の法則)を用いると，

$$K = \frac{[CH_3COOH][OH^-]}{[CH_3COO^-][H_2O]}$$

となり，水の濃度はほぼ一定なので，整理すると次式が得られる。

$$K_h = K[H_2O] = \frac{[CH_3COOH][OH^-]}{[CH_3COO^-]} \cdots③$$

このときの平衡定数 K_h を加水分解定数といい，温度一定で一定の値をとる。ここで，K_h と酢酸の電離定数 $K_a = \frac{[CH_3COO^-][H^+]}{[CH_3COOH]}$ の積は，

$$K_h \times K_a = \frac{\cancel{[CH_3COOH]}[OH^-]}{\cancel{[CH_3COO^-]}} \times \frac{\cancel{[CH_3COO^-]}[H^+]}{\cancel{[CH_3COOH]}}$$

$$= [OH^-][H^+] = \underbrace{K_w}_{\text{水のイオン積}}$$

となり，

$$K_h = \frac{K_w}{K_a} \cdots④$$

ここで，③式に各成分の濃度を代入すると，

$$K_h = \frac{[CH_3COOH][OH^-]}{[CH_3COO^-]} = \frac{ch \times ch}{c(1-h)} = \frac{ch^2}{1-h}$$

h の値は1に比べて極めて小さいので $1-h \fallingdotseq 1$ と近似でき，

$$K_h = \frac{ch^2}{1-h} \fallingdotseq ch^2,\ h^2 = \frac{K_h}{c},\ h > 0 \text{ より},\ h = \sqrt{\frac{K_h}{c}} \cdots⑤$$

また，$[OH^-] = ch$ に⑤式，④式を代入すると，

$$[OH^-] = ch = c\sqrt{\frac{K_h}{c}} = \sqrt{cK_h} = \sqrt{\frac{cK_w}{K_a}}$$

となり，水のイオン積 $K_w = [H^+][OH^-]$から$[H^+]$は次のように表すことができる。

$$[H^+] = \frac{K_w}{[OH^-]} = \frac{K_w}{\sqrt{\frac{cK_w}{K_a}}} = \sqrt{\frac{K_aK_w}{c}}$$

□15 ★

25℃で，$K_w = 1.0 \times 10^{-14}$〔$(\text{mol/L})^2$〕，酢酸の電離定数 $K_a = 1.8 \times 10^{-5}$〔mol/L〕とすると，0.10〔mol/L〕の酢酸ナトリウム水溶液の pH は，1★ (2ケタ)と算出される。ただし，$\log_{10}1.8 = 0.26$ とする。

（東邦大）

(1) 8.9

解き方

$c = 0.10\text{mol/L}$ の CH_3COONa の $[H^+]$ は，

$$[H^+] = \sqrt{\frac{K_a K_w}{c}} = \sqrt{\frac{1.8\times10^{-5}\times1.0\times10^{-14}}{0.10}} = \sqrt{1.8\times10^{-18}}$$

$$= \sqrt{1.8}\times10^{-9}\text{mol/L}$$

$$\text{pH} = -\log_{10}[H^+] = -\log_{10}(\sqrt{1.8}\times10^{-9})$$

$$= 9 - \log_{10}1.8^{\frac{1}{2}} = 9 - \frac{1}{2}\log_{10}1.8$$

$$= 9 - \frac{1}{2}\times0.26 \fallingdotseq 8.9$$ ◀ $\log_{10}1.8 = 0.26$

□16 ★★★

弱酸とその 1★★★ ，あるいは弱塩基とその 1★★★ が適切な濃度で溶けている水溶液には，希釈や少量の酸や塩基の添加に対して水素イオン指数（pH）をほぼ一定に保つ働きがある。そのような水溶液を 2★★★ という。

例えば，酢酸と酢酸ナトリウムが適切な濃度で溶けている水溶液Ⅰを考える。この水溶液中では酢酸ナトリウムの電離に基づく 3★★★ 効果により，酢酸の電離は著しく抑制されている。水溶液Ⅰに少量の水素イオン（酸の水溶液）を加えると 4★★★ の原理に従ってイオン反応式①の反応が進む。

5★★ …①

その結果，水素イオンの濃度はほぼ一定に保たれる。また，水溶液Ⅰに少量の水酸化物イオン（塩基の水溶液）を加えると，同様の原理に従ってイオン反応式②の反応が進む。

6★★ …②

その結果，水酸化物イオンの濃度はほぼ一定に保たれる。

（大阪公立大）

(1) 塩（えん）
(2) 緩衝液（かんしょうえき）
(3) 共通（きょうつう）イオン
(4) ルシャトリエ［⑩平衡移動（へいこういどう）］
(5) $CH_3COO^- + H^+ \longrightarrow CH_3COOH$
(6) $CH_3COOH + OH^- \longrightarrow CH_3COO^- + H_2O$

〈解説〉緩衝液の例
①弱酸とその塩(例 CH_3COOH と CH_3COONa)
②弱塩基とその塩(例 NH_3 と NH_4Cl)
①や②の混合水溶液に少量の強酸や強塩基を加えても，$[H^+]$や$[OH^-]$はほとんど変化せず，pH もほとんど変化しない。

□17 ★★ NH_3 は弱塩基で，水溶液中ではその一部が反応して，次のような電離平衡となる。

$$NH_3 + H_2O \rightleftarrows NH_4^+ + OH^- \quad (1)$$

NH_4Cl は，水溶液中でほぼ完全に電離している。

$$NH_4Cl \longrightarrow NH_4^+ + Cl^- \quad (2)$$

同じ物質量の NH_3 と NH_4Cl を両方溶かした混合水溶液に，少量の塩酸を加えた場合，H^+が [1★★] と反応して [2★★] となるので，pH はあまり変化しない。また，少量の NaOH 水溶液を加えた場合には，OH^-が [2★★] と反応して [1★★] と [3★★] を生成するので，この場合も pH はあまり変化しない。

（共通テスト）

〈解説〉この混合水溶液は，NH_3 と NH_4Cl の緩衝液
$NH_3 + H^+ \longrightarrow NH_4^+$
$NH_4^+ + OH^- \longrightarrow NH_3 + H_2O$
の反応が進むことで，$[OH^-]$ はほとんど変化しない。

(1) アンモニア NH_3
(2) アンモニウムイオン NH_4^+
(3) 水(みず) H_2O

□18 ★★ 次の①式の平衡が成立している酢酸水溶液に酢酸ナトリウムを加えると [1★★] の濃度が増加するので①式の平衡は [2★★] へ移動して新しい平衡状態になる。

$$CH_3COOH \rightleftarrows H^+ + CH_3COO^- \cdots ①$$

この場合，CH_3COO^-の濃度は [3★★] の濃度に等しいとみなすことができる。この酢酸と酢酸ナトリウムとの混合溶液に少量の酸を加えると①式の平衡は [4★★] へ移動するので，溶液中の [5★★] が消費され，また少量の塩基を加えると②式の反応がおこり溶液中の [6★★] が消費される。

$$[6★★] + [7★★] \rightleftarrows [8★★] + H_2O \cdots ②$$

したがって，酢酸と酢酸ナトリウムの混合水溶液に少量の酸あるいは塩基を加えても，[9★★] の濃度変化は非常に小さいことになる。

（上智大）

(1) 酢酸(さくさん)イオン CH_3COO^-
(2) 左(ひだり)
(3) 酢酸(さくさん)ナトリウム CH_3COONa
(4) 左(ひだり)
(5) 水素(すいそ)イオン H^+
(6) 水酸化物(すいさんかぶつ)イオン OH^-
(7) CH_3COOH
(8) CH_3COO^-
(9) 水素(すいそ)イオン H^+

□19 ★ 酢酸 4.0×10^{-2}mol/L と酢酸ナトリウム 4.0×10^{-2}mol/L を各々 500mL ずつ混合して 1.0L の溶液としたとき，pH は [1★]（2ケタ）となる。ただし，酢酸の電離定数は 2.8×10^{-5}mol/L，$\log_{10}2.8 = 0.45$ とする。（星薬科大）

(1) 4.6

〈解説〉

A〔mol/L〕の CH_3COOH と B〔mol/L〕の CH_3COONa の混合水溶液では，CH_3COONa はほぼ完全に CH_3COO^- と Na^+ に電離しているのに対し，CH_3COOH は弱酸で，もともと電離度が小さいうえに CH_3COO^- が多量に存在しているので，ほとんど電離できずに（電離を抑制されて）CH_3COOH として存在している。

	CH_3COONa ⟶	CH_3COO^- +	Na^+
（電離前）	B mol/L	0mol/L	0mol/L
（電離後）	0mol/L	B mol/L	B mol/L

	CH_3COOH ⇄	CH_3COO^- +	H^+ ◀ 電離が抑制される
（電離前）	A mol/L	0mol/L	0mol/L
（電離後）	$A(1-\alpha)$ mol/L	$A\alpha$ mol/L	$A\alpha$ mol/L

よって，この混合溶液中の酢酸と酢酸イオンは，次のようになる。

$[CH_3COOH] = A(1-\alpha) \fallingdotseq A$〔mol/L〕

$[CH_3COO^-] = B + A\alpha \fallingdotseq B$〔mol/L〕

◀ 電離が抑制されているために α は極めて小さく，$1-\alpha \fallingdotseq 1$ や $B + A\alpha \fallingdotseq B$ と近似できる

水溶液の中に，酢酸と酢酸イオンが少しでも存在すれば酢酸の電離定数 K_a が成り立つので，K_a は緩衝液中でも成立する。

$$K_a = \frac{[CH_3COO^-][H^+]}{[CH_3COOH]} \xrightarrow{\text{変形すると}} [H^+] = \frac{[CH_3COOH]}{[CH_3COO^-]} \times K_a$$

ここで，$[CH_3COOH] \fallingdotseq A$〔mol/L〕，$[CH_3COO^-] \fallingdotseq B$〔mol/L〕を代入すると，

$$[H^+] = \boxed{\frac{A}{B}} \times K_a \cdots ①$$

（→ mol/L の比になっている）

また，混合水溶液の体積を V〔L〕とすると，

$$[H^+] = \frac{A}{B} \times K_a = \boxed{\frac{A \times V}{B \times V}} \times K_a \cdots ①'$$

（→ $\frac{mol}{L} \times L$ より mol の比になっている）

とすることもできる。

CH₃COOH と CH₃COO⁻ の物質量〔mol〕の比は，

$CH_3COOH : CH_3COO^-$

$= 4.0 \times 10^{-2} \times \frac{500}{1000}$ mol $: 4.0 \times 10^{-2} \times \frac{500}{1000}$ mol $= 1 : 1$

なので，①′より，

$[H^+] = K_a = 2.8 \times 10^{-5}$mol/L

$pH = -\log_{10}(2.8 \times 10^{-5}) = 5 - \log_{10}2.8$

$= 5 - 0.45 \fallingdotseq 4.6$ ◀ $\log_{10}2.8 = 0.45$

□20 ★ 酢酸水溶液と酢酸ナトリウム水溶液を混合してつくった緩衝液の水素イオン濃度を求めたい。混合した結果，酢酸の濃度が $c_1$mol/L，酢酸ナトリウムの濃度が $c_2$mol/L の緩衝液ができたとする。

混合する前の酢酸水溶液中では酢酸の電離平衡が成り立っている。一方，酢酸ナトリウム水溶液中では，

$$CH_3COO^- + H_2O \rightleftharpoons CH_3COOH + OH^-$$

で表される平衡状態が成り立っている。両者の水溶液を混合するとこれらの平衡が移動するため，この緩衝液中では，$[CH_3COOH] \fallingdotseq c_1$ mol/L および $[CH_3COO^-] \fallingdotseq c_2$ mol/L と，それぞれ近似することができる。この緩衝液中でも酢酸の電離平衡は成り立っているので，酢酸の電離定数 K_a を表す式に，これらの値を代入して変形すると，$[H^+]$ = [1★] となり，$[H^+]$ を K_a，c_1，c_2 で表すことができる。（京都府立大）

〈解説〉

$K_a = \dfrac{[CH_3COO^-][H^+]}{[CH_3COOH]} = \dfrac{c_2[H^+]}{c_1}$ より求めることができる。

(1) $\dfrac{c_1}{c_2} \times K_a$

□21 ★★★ 緩衝液は，酸や塩基を加えても pH がほとんど変化しない溶液で，弱酸とその塩あるいは弱塩基とその塩を含む混合溶液としてつくることができる。例えば，0.1mol/L のアンモニア水 10mL と 0.1mol/L の塩化アンモニウム水溶液 20mL を混ぜると，pH9.2 を維持する緩衝液をつくることができる。アンモニア水の電離平衡は [1★★★] のように表される。また，塩化アンモニウムは水中で完全電離するので [2★★★] のように表される。アンモニアと塩化アンモニウムの緩衝液では [2★★★] の反応で生じる多量の [3★★] のために，アンモニア水だけの場合に比べ pH は [4★★] なる。この緩衝液に酸を加えると多量に存在する [5★★] と反応するため pH はほとんど変化しない。また，塩基を加えた場合は多量に存在する [6★★] と反応するため pH はほとんど変化しない。（立命館大）

(1) $NH_3 + H_2O \rightleftharpoons NH_4^+ + OH^-$
(2) $NH_4Cl \longrightarrow NH_4^+ + Cl^-$
(3) アンモニウムイオン NH_4^+
(4) 小(ちい)さく
(5) アンモニア NH_3
(6) アンモニウムイオン NH_4^+

〈解説〉
(4)アンモニア水だけの $NH_3 + H_2O \rightleftarrows NH_4^+ + OH^-$ …（∗）の平衡よりも NH_4^+ が増加しており,（∗）の平衡が左へ移動することで $[OH^-]$ が減少し, pH は小さくなる(中性に近づく)。
(5) $NH_3 + H^+ \longrightarrow NH_4^+$ の反応が起こる。
(6) $NH_4^+ + OH^- \longrightarrow NH_3 + H_2O$ の反応が起こる。

□22 ★★ アンモニアを水に溶解すると，①式で示す電離平衡が成り立つ。

$$NH_3 + H_2O \rightleftarrows NH_4^+ + OH^- \cdots ①$$

この電離平衡の平衡定数 K は②式のように表される。

$$K = \boxed{1★★} \cdots ②$$

ここで水の濃度が一定とみなせることから，アンモニアの電離定数 K_b は③式のように表される。

$$K_b = K[H_2O] = \boxed{2★★} \cdots ③$$

③式は，アンモニアに塩化アンモニウムが加わった水溶液でも成立する。このとき塩化アンモニウムはすべて電離し，そのため，①式の平衡は左へ移動し，アンモニアの電離はほぼ無視できる。したがって，水溶液中でのアンモニアの濃度を c_B，塩化アンモニウムの濃度を c_S とすると，④，⑤式のように近似できる。

$$[NH_3] = c_B \cdots ④ \qquad [NH_4^+] = c_S \cdots ⑤$$

そのため，③式より水酸化物イオンの濃度は，c_B，c_S，K_b を用いて⑥式のように表される。

$$[OH^-] = \boxed{3★★} \cdots ⑥$$

このアンモニアと塩化アンモニウムからなる水溶液は，少量の酸，塩基を加えても pH の変化がおこりにくく，$\boxed{4★★}$ として利用されている。 （神戸薬科大）

〈解説〉(3) $K_b = \dfrac{[NH_4^+][OH^-]}{[NH_3]} = \dfrac{c_S[OH^-]}{c_B}$

$[OH^-] = \dfrac{c_B}{c_S} \times K_b$

NH_3 と NH_4Cl の緩衝液も CH_3COOH と CH_3COONa の緩衝液と同じ要領で考えることができる。

(1) $\dfrac{[NH_4^+][OH^-]}{[NH_3][H_2O]}$
(2) $\dfrac{[NH_4^+][OH^-]}{[NH_3]}$
(3) $\dfrac{c_B}{c_S} \times K_b$
(4) 緩衝液（かんしょうえき）

□23 ★ 4.4×10^{-3}molのNH_3に2.2×10^{-3}molのHClを加えたところ，pH = [1★] (2ケタ) の緩衝液が得られた。ただし，アンモニアの電離定数K_bは1.8×10^{-5}mol/L，水のイオン積K_wは1.0×10^{-14}(mol/L)^2，$\log_{10}1.8 = 0.25$とする。（早稲田大）

(1) 9.3

解き方

	NH_3	+	HCl	⟶	NH_4Cl
(反応前)	4.4×10^{-3}mol		2.2×10^{-3}mol		0mol
(反応後)	2.2×10^{-3}mol		0mol		2.2×10^{-3}mol

の反応が起こり，水溶液中では$NH_4Cl \longrightarrow NH_4^+ + Cl^-$となるので，$NH_3 : NH_4^+ = 1:1$ (モル比) の緩衝液となる。この結果，$[NH_3]:[NH_4^+] = 1:1$つまり$[NH_3] = [NH_4^+]$となり，

$$K_b = \frac{[NH_4^+][OH^-]}{[NH_3]} \Rightarrow [OH^-] = K_b \text{ と求められる。}$$

$$[H^+] = \frac{K_w}{[OH^-]} = \frac{K_w}{K_b} = \frac{10^{-14}}{1.8 \times 10^{-5}} = \frac{1}{1.8} \times 10^{-9}\text{mol/L}$$

$$pH = -\log_{10}\left(\frac{1}{1.8} \times 10^{-9}\right) = 9 + \log_{10}1.8$$

$$= 9 + 0.25 \fallingdotseq 9.3$$ ◀ $\log_{10}1.8 = 0.25$

□24 ★★★ 酢酸の電離定数$K_a = 2.70 \times 10^{-5}$，$\log_{10}\sqrt{2.70} = 0.216$，$\log_{10}2.70 = 0.431$，$\log_{10}3 = 0.477$，また酢酸の電離度は十分に小さいものとする。0.100mol/Lの酢酸水溶液10.0mLに，0.100mol/Lの水酸化ナトリウム水溶液を少しずつ加えていくと，水溶液のpHは図のように変化した。水酸化ナトリウム水溶液を入れる前（点A）の水溶液のpHの値は，[1★★★] (2ケタ) である。図中のBの範囲では，水酸化ナトリウム水溶液を加えていっても，水溶液のpHはほとんど変化しない。この理由は，この水溶液が，未反応のCH_3COOHと中和反応によって生じたCH_3COONaとの水溶液になっており，結果的に [2★★★] 液になっているからである。水酸化ナトリウム水溶液を5.00mL

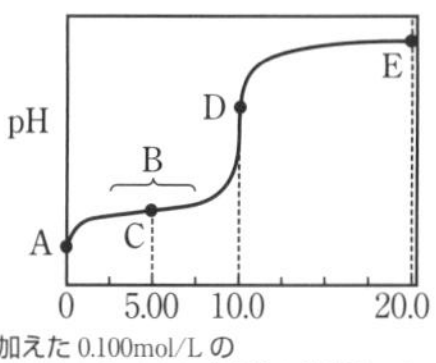

水酸化ナトリウム水溶液による酢酸水溶液の滴定曲線

(1) 2.8
(2) 緩衝（かんしょう）

加えたとき（点C），[2★★★] 作用が最も大きくなる。点Cでの pH の値は [3★★]（2ケタ）となる。水酸化ナトリウム水溶液を 10.0mL 加えたときの点Dが中和点であり，点Dでは，水溶液は [4★★★] 性である。さらに水酸化ナトリウム水溶液を加えた点E(20.0mL の水酸化ナトリウムを加えた点）での pH の値は [5★★★]（2ケタ）である。　　　（東京農工大）

(3) 4.6
(4) (弱)塩基［㊞(弱)アルカリ］
(5) 13

解き方

(1)　$c = 0.100\text{mol/L}$ の CH_3COOH ($K_a = 2.70 \times 10^{-5}$) の pH を求める。

$$[H^+] = \sqrt{cK_a} = \sqrt{0.100 \times 2.70 \times 10^{-5}} = \sqrt{2.70} \times 10^{-3}\text{mol/L}$$

$$pH = -\log_{10}(\sqrt{2.70} \times 10^{-3}) = 3 - \log_{10}\sqrt{2.70}$$

$$= 3 - 0.216 \fallingdotseq 2.8$$　◀ $\log_{10}\sqrt{2.70} = 0.216$

(3)　CH_3COOH が NaOH により $\frac{1}{2}$ 中和された点であることから，

$[CH_3COOH] = [CH_3COO^-]$ となり，K_a より，

$$K_a = \frac{[CH_3COO^-][H^+]}{[CH_3COOH]} \longrightarrow [H^+] = K_a = 2.70 \times 10^{-5}\text{mol/L}$$

$$pH = -\log_{10}(2.70 \times 10^{-5}) = 5 - \log_{10}2.70$$

$$= 5 - 0.431 \fallingdotseq 4.6$$　◀ $\log_{10}2.70 = 0.431$

(4)　中和点では，CH_3COONa の加水分解が起こる。

$$CH_3COO^- + H_2O \rightleftarrows CH_3COOH + OH^-$$

(5)	CH_3COOH	+	NaOH	$\longrightarrow$	$CH_3COONa + H_2O$
（反応前）	$0.100 \times \frac{10.0}{1000}$mol		$0.100 \times \frac{20.0}{1000}$mol		0mol
（反応後）	0mol		$0.100 \times \frac{10.0}{1000}$mol		$0.100 \times \frac{10.0}{1000}$mol

$0.100 \times \frac{10.0}{1000}$ mol の NaOH の水溶液 (10.0 + 20.0) mL の pH の値を求めればよい。

$$[OH^-] = \frac{0.100 \times \frac{10.0}{1000}\text{mol}}{\frac{10.0 + 20.0}{1000}\text{L}} = \frac{1}{3} \times 10^{-1}\text{mol/L}$$

$$[H^+] = \frac{K_w}{[OH^-]} = \frac{10^{-14}}{\frac{1}{3} \times 10^{-1}} = 3 \times 10^{-13}\text{mol/L}$$

$$pH = -\log_{10}[H^+] = -\log_{10}(3 \times 10^{-13}) = 13 - \log_{10}3$$

$$= 13 - 0.477 \fallingdotseq 13$$　◀ $\log_{10}3 = 0.477$

3 溶解度積

▼ ANSWER

□1 難溶性の塩である固体の塩化銀を水に過剰に加えると，溶け残った塩と飽和水溶液との間で [1★★] 平衡が成り立つ。（群馬大）
★★

(1) 溶解（ようかい）

□2 塩化銀の粉末を25℃において水に溶解させたところ，一部の塩化銀が溶け残った10mLの水溶液ができ，平衡に達した。このとき，溶解している塩化銀は，1.3×10^{-7}mol であった。この溶解平衡の平衡定数 K(AgCl) は次式で示される。
★★

$$K(\mathrm{AgCl}) = \frac{[\boxed{1★★}][\boxed{2★★}]}{[\mathrm{AgCl}(固)]}$$ （順不同）

[AgCl(固)] を一定とみなし，新しく定数 K_s(AgCl) を次のように定義する。

$$K_s(\mathrm{AgCl}) = [\boxed{1★★}][\boxed{2★★}]$$

K_s(AgCl)の値は，[3★★] $(\mathrm{mol/L})^2$ である。（京都大）

〈解説〉K_s(AgCl) を塩化銀の溶解度積という。溶解度積は K_{sp} と書くことが多い。

(1) Ag^+
(2) Cl^-
(3) 1.7×10^{-10}

	AgCl	⇄	Ag^+	+	Cl^-
（変化量）	-1.3×10^{-7}mol		$+1.3 \times 10^{-7}$mol		$+1.3 \times 10^{-7}$mol

（水溶液 10mL）

$$[\mathrm{Ag}^+] = [\mathrm{Cl}^-] = \frac{1.3 \times 10^{-7}\,\mathrm{mol}}{\frac{10}{1000}\,\mathrm{L}} = 1.3 \times 10^{-5}\,\mathrm{mol/L}$$

$$K_s(\mathrm{AgCl}) = [\mathrm{Ag}^+][\mathrm{Cl}^-] = (1.3 \times 10^{-5}\,\mathrm{mol/L}) \times (1.3 \times 10^{-5}\,\mathrm{mol/L}) \fallingdotseq 1.7 \times 10^{-10}\,(\mathrm{mol/L})^2$$

溶解度積は，温度が一定であれば常に一定となる。

固体の炭酸カルシウムは水中において，以下のように電離する。$CaCO_3$ (固) $\rightleftarrows Ca^{2+} + CO_3^{2-}$…①

①式において，炭酸カルシウムの飽和溶液におけるイオンのモル濃度の積 K_{sp} は以下の式で与えられ，その値は 4.0×10^{-9}〔$(mol/L)^2$〕である。

$K_{sp} = [Ca^{2+}][CO_3^{2-}]$

したがって炭酸カルシウム 1.0×10^{-3}mol が 1L の純水に完全に溶解するために $[CO_3^{2-}]$ が満たすべき条件は［1 ★★］〔mol/L〕となる。　（東京理科大）

(1) $[CO_3^{2-}] \leqq 4.0 \times 10^{-6}$

〈解説〉溶解度積 K_{sp} の利用

①(計算値) > K_{sp} のとき
沈殿が生じており，水溶液中では K_{sp} が成立している。

②(計算値) ≦ K_{sp} のとき
沈殿が生じていない。

解き方

$CaCO_3$ 1.0×10^{-3}mol が完全に溶解すると，

$CaCO_3 \longrightarrow Ca^{2+} + CO_3^{2-}$

より，Ca^{2+} が 1.0×10^{-3}mol 生じる。また，そのモル濃度は，

$$[Ca^{2+}] = \frac{1.0 \times 10^{-3}\text{mol}}{\text{ほぼ}1\text{L}} \fallingdotseq 1.0 \times 10^{-3}\text{mol/L}$$

となり，$CaCO_3$ が完全に溶解するためには，

$$[Ca^{2+}][CO_3^{2-}] = (1.0 \times 10^{-3}) \times [CO_3^{2-}] \leqq K_{sp} = 4.0 \times 10^{-9}$$

となればよい。よって，$[CO_3^{2-}]$ が満たすべき条件は，

$[CO_3^{2-}] \leqq 4.0 \times 10^{-6}$mol/L となる。

AgCl の溶解度積 K_{sp} は 30℃において 2.0×10^{-10} $(mol/L)^2$ である。この温度における AgCl の水への溶解度は［1 ★★］mol/L（2ケタ）となる。$\sqrt{2} = 1.4$　（高知大）

(1) 1.4×10^{-5}

AgCl の水への溶解度を x〔mol/L〕とすると，溶解中の Ag^+ や Cl^- は，$AgCl \longrightarrow Ag^+ + Cl^-$ より $[Ag^+] = [Cl^-] = x$〔mol/L〕となる。

よって，$[Ag^+][Cl^-] = x \times x = K_{sp} = 2.0 \times 10^{-10}$ が成り立ち，

$x > 0$ より $x = \sqrt{2.0 \times 10^{-10}} \fallingdotseq 1.4 \times 10^{-5}$mol/L　◀ $\sqrt{2} = 1.4$

□5 ★★★ AgClは水にわずかに溶解する。固体のAgClがその飽和水溶液と接しているとき，①式のように溶解平衡が成立している。AgClの溶解度積 K_{sp} は物質Xのモル濃度を[X]で表すと，②式で示される。

$AgCl$ (固体) $\rightleftarrows Ag^{+} + Cl^{-}$ …①

$K_{sp} =$ [1 ★★] …②

このAgClの飽和水溶液に塩化ナトリウムを添加すると，[2 ★★★] 効果により，①式の平衡は [3 ★★★] へ移動するため，水溶液中の Ag^{+} の濃度は [4 ★★★] する。

（明治薬科大）

(1) $[Ag^{+}][Cl^{-}]$
(2) 共通イオン
(3) 左
(4) 減少

〈解説〉塩化ナトリウム NaCl を添加すると，

$NaCl \longrightarrow Na^{+} + Cl^{-}$

より，水溶液中の $[Cl^{-}]$ が増加する。ルシャトリエの原理より，①式の平衡が，$[Cl^{-}]$ が減少する左向きに移動し，AgClの溶解度が小さくなる。この現象を共通イオン効果という。

□6 ★ 硫化水素は，①および②式のように2段階で電離すると考えられる。それぞれの電離定数 K_1 および K_2 は，9.5×10^{-8} mol/L および 1.3×10^{-14} mol/L である。これより，③式の電離定数 K_a は，[1 ★] $(mol/L)^2$ (2ケタ) となる。したがって，pH = 3.0 の溶液中の硫化物イオンの濃度 $[S^{2-}]$ は，H_2S の飽和濃度を 0.10 mol/L とすると，[2 ★] mol/L (2ケタ) と求められる。

$H_2S \rightleftarrows H^{+} + HS^{-}$ …①

$HS^{-} \rightleftarrows H^{+} + S^{2-}$ …②

$H_2S \rightleftarrows 2H^{+} + S^{2-}$ …③

ZnSの溶解度積は，2.2×10^{-18} $(mol/L)^2$ であるので，この溶液中でZnSの沈殿が生じるためには，溶液中の亜鉛イオンの濃度は [3 ★] mol/L (2ケタ) より高くなければならない。

（北海道大）

(1) 1.2×10^{-21}
(2) 1.2×10^{-16}
(3) 1.8×10^{-2}

$$K_1 = \frac{[H^{+}][HS^{-}]}{[H_2S]}, \quad K_2 = \frac{[H^{+}][S^{2-}]}{[HS^{-}]}$$

より，③式の電離定数 K_a は，

$$K_a = \frac{[H^{+}]^2[S^{2-}]}{[H_2S]} = K_1 \times K_2 = 9.5 \times 10^{-8} \times 1.3 \times 10^{-14}$$

$$= 1.235 \times 10^{-21} \fallingdotseq 1.2 \times 10^{-21}$$

pH = 3.0　つまり，$[H^{+}] = 10^{-3}$ mol/L，$[H_2S] = 0.10 = 10^{-1}$ mol/L より，

$$K_a = \frac{(10^{-3})^2[S^{2-}]}{10^{-1}} = 1.235 \times 10^{-21}$$

$[S^{2-}] = 1.235 \times 10^{-16} \fallingdotseq 1.2 \times 10^{-16}$mol/L

沈殿が生じるためには，

$[Zn^{2+}][S^{2-}] = [Zn^{2+}] \times (1.235 \times 10^{-16}) > K_{sp, ZnS} = 2.2 \times 10^{-18}$

が必要となる。

よって，

$[Zn^{2+}] > 1.8 \times 10^{-2}$mol/L

となればよい。

□7 ★★★ ハロゲン化物の塩は水に溶けやすいものが多い。しかし，銀塩は水に溶けにくい。例えば，塩化銀 AgCl を水に溶かして飽和溶液を調製するとき，AgCl の溶解度積 K_{sp} を 1.00×10^{-10} (mol/L)^2 とすると，この水溶液中の銀イオン Ag^+ の濃度は [1★★★] mol/L (3 ケタ) となる。この水溶液に，溶解後の濃度が 0.100mol/L に相当する量の塩化カリウム KCl を溶かしたとき，KCl 添加による水溶液の体積変化が無視できるならば，AgCl の [2★★★] 色沈殿が生成し，Ag^+ の濃度は [3★] mol/L (3 ケタ) にまで減少する。このような KCl の効果を [4★★★] 効果という。（徳島大）

(1) 1.00×10^{-5}
(2) 白（はく）
(3) 1.00×10^{-9}
(4) 共通（きょうつう）イオン

解き方

(1) 水溶液中の Ag^+ を $[Ag^+] = x$〔mol/L〕とすると，$[Cl^-] = x$〔mol/L〕となり，

$[Ag^+][Cl^-] = x \times x = K_{sp} = 1.00 \times 10^{-10}$

よって，$[Ag^+] = x = \sqrt{1.00 \times 10^{-10}} = 1.00 \times 10^{-5}$mol/L

(3) KCl 添加により生じる Cl^- は，$[Cl^-] = 0.100$mol/L となり，水溶液中の Ag^+ を $[Ag^+] = y$〔mol/L〕とすると，水溶液中の Cl^- は，

$[Cl^-] = (0.100 + y)$ mol/L

↑ $AgCl \longrightarrow Ag^+ + Cl^-$ により生じた Cl^-

$[Ag^+][Cl^-] = y \times (0.100 + y) = K_{sp} = 1.00 \times 10^{-10}$

が成り立つ。ここで，$0.100 + y \fallingdotseq 0.100$ と近似できると仮定すると，

$y \times 0.100 = 1.00 \times 10^{-10}$

$y = 1.00 \times 10^{-9}$mol/L となり，$0.100 + y \fallingdotseq 0.100$ と近似してよいことがわかる。

よって，$[Ag^+] = y = 1.00 \times 10^{-9}$mol/L

無機化学

INORGANIC CHEMISTRY

09 ▶ P.178
金属イオンの反応

P.190 ◀ 10
気体の製法と性質

11 ▶ P.204
典型元素とその化合物

P.247 ◀ 12
遷移元素とその化合物

金属イオンの反応

1 金属イオンの検出（沈殿）

▼ANSWER

□1 ★★★ Ag^+を含む水溶液に塩酸 HCl を加えると，白色沈殿 [1 ★★★] を生じる。（学習院大）

〈解説〉Cl^-は，Ag^+，Pb^{2+}などと沈殿する。
「現(Ag^+)ナマ(Pb^{2+})で苦労(Cl^-)する」と覚えよう。

(1) 塩化銀（えんかぎん） AgCl

□2 ★★ ハロゲン化銀の沈殿に光をあてると，分解して銀の粒子が遊離する。この性質を [1 ★★] という。（岩手大）

〈解説〉㊞ $2AgBr \longrightarrow 2Ag + Br_2$

(1) 感光性（かんこうせい）

□3 ★★★ Pb の硝酸塩を冷水に溶かし，この溶液に希塩酸を加えると，白色沈殿 [1 ★★★] を生ずる。（学習院大）

(1) 塩化鉛（えんかなまり）(II) $PbCl_2$

□4 ★★★ Ba^{2+}を含む水溶液に硫酸ナトリウムを加えたとき生じる沈殿 [1 ★★★] の質量が正確にわかれば水溶液のBa^{2+}濃度を決定できる。（早稲田大）

〈解説〉SO_4^{2-}は，Ba^{2+}，Ca^{2+}，Sr^{2+}，Pb^{2+}と沈殿する。
「バ(Ba^{2+})カ(Ca^{2+})にする(Sr^{2+})な(Pb^{2+})硫さん(SO_4^{2-})」と覚えよう。

(1) 硫酸（りゅうさん）バリウム $BaSO_4$

□5 ★★ 酢酸鉛(II)水溶液と硫酸銅(II)水溶液を混合すると [1 ★★] が沈殿する。（立教大）

(1) 硫酸鉛（りゅうさんなまり）(II) $PbSO_4$

□6 ★★ ミョウバン水溶液と塩化カルシウム水溶液を混合すると [1 ★★] が沈殿する。（立教大）

〈解説〉ミョウバン $AlK(SO_4)_2 \cdot 12H_2O$，塩化カルシウム $CaCl_2$

(1) 硫酸（りゅうさん）カルシウム $CaSO_4$

□7 ★★★ 硝酸バリウム水溶液に炭酸アンモニウム水溶液を加えたところ，白色の沈殿 [1 ★★★] が生じた。（秋田大）

〈解説〉CO_3^{2-}は，Ba^{2+}，Ca^{2+}，Sr^{2+}などと沈殿する。
「バ(Ba^{2+})カ(Ca^{2+})にする(Sr^{2+})炭さん(CO_3^{2-})」と覚えよう。

(1) 炭酸（たんさん）バリウム $BaCO_3$

□8 ★★★ 二酸化炭素を水酸化バリウム水溶液に通したとき，白い沈殿物 [1 ★★★] が生じた。（星薬科大）

〈解説〉CO_2は$Ba(OH)_2$によって，中和されると同時に沈殿を生じる。

(1) 炭酸（たんさん）バリウム $BaCO_3$

□9 ★★★ 硝酸鉛(Ⅱ)水溶液にクロム酸カリウム水溶液を加えると，黄色の沈殿 1 ★★★ が生じた。（秋田大）

〈解説〉CrO_4^{2-}は，Ba^{2+}，Pb^{2+}，Ag^{+}などと沈殿する。
「バ(Ba^{2+})ナナ(Pb^{2+})を銀(Ag^{+})貨でかったら苦労(CrO_4^{2-})した」と覚えよう。

(1) クロム酸鉛(Ⅱ)（さんなまり） $PbCrO_4$

□10 ★★★ Pb^{2+}とAg^{+}を含む水溶液に塩酸を十分に加えると白色沈殿が生成する。生じた沈殿をろ過した後，熱水で洗浄する。その洗液にクロム酸カリウムの水溶液を加えると黄色の沈殿 1 ★★★ が生成する。（立教大）

〈解説〉$PbCl_2$ は熱水に溶ける。

(1) クロム酸鉛(Ⅱ)（さんなまり） $PbCrO_4$

□11 ★★ 銀イオンを含む水溶液にクロム酸カリウムを加えると赤褐色の 1 ★★ が生じる。（慶應義塾大）

(1) クロム酸銀（さんぎん） Ag_2CrO_4

□12 ★★★ Fe^{2+}を含む水溶液に強塩基やアンモニア水を加えると沈殿 1 ★★ が生じる。一方，Fe^{3+}を含む水溶液に強塩基やアンモニア水を加えると沈殿 2 ★★★ が生じる。（慶應義塾大）

〈解説〉NaOH 水溶液や NH_3 水を「適量」加えて塩基性にすると，イオン化傾向が Na より小さな金属イオンが沈殿する。

(1) 水酸化鉄(Ⅱ)（すいさんかてつ） $Fe(OH)_2$
(2) 水酸化鉄(Ⅲ)（すいさんかてつ）
※混合物なので1つの化学式で表すことが難しい

Li^{+} K^{+} Ba^{2+} Ca^{2+} Na^{+}	Mg^{2+} Al^{3+} Zn^{2+} Fe^{3+} Fe^{2+} Ni^{2+} Sn^{2+} Pb^{2+} Cu^{2+}	Hg^{2+} Ag^{+}
沈殿しない	水酸化物が沈殿する	酸化物が沈殿する

注 Ca^{2+}とOH^{-}の濃度が高いとき，Ca^{2+}は$Ca(OH)_2$が沈殿する。

□13 ★★★ Ag^{+}を含む水溶液に水酸化ナトリウム水溶液を加えると，暗褐色の沈殿 1 ★★★ が生じた。（東北大）

〈解説〉$2Ag^{+} + 2OH^{-} \longrightarrow Ag_2O \downarrow + H_2O$

(1) 酸化銀（さんかぎん） Ag_2O

□14 ★★ Zn^{2+}の水溶液に少量の水酸化ナトリウム水溶液を加えると沈殿を生じ，さらに過剰の水酸化ナトリウム水溶液を加えると沈殿は無色の溶液になって溶解した。この沈殿とそれが溶解して生成したものの化学式は 1 ★★ と 2 ★★ になる。（静岡大）

(1) $Zn(OH)_2$
(2) $[Zn(OH)_4]^{2-}$

〈解説〉NaOH 水溶液を過剰に加えたとき，一度できた沈殿が溶解するもの

$Al^{3+} \xrightarrow{NaOH} Al(OH)_3 \downarrow$(白) $\xrightarrow{NaOH} [Al(OH)_4]^-$（無色）
$Zn^{2+} \xrightarrow{NaOH} Zn(OH)_2 \downarrow$(白) $\xrightarrow{NaOH} [Zn(OH)_4]^{2-}$（無色）
$Sn^{2+} \xrightarrow{NaOH} Sn(OH)_2 \downarrow$(白) $\xrightarrow{NaOH} [Sn(OH)_4]^{2-}$（無色）
$Pb^{2+} \xrightarrow{NaOH} Pb(OH)_2 \downarrow$(白) $\xrightarrow{NaOH} [Pb(OH)_4]^{2-}$（無色）

「あ(Al^{3+})，あ(Zn^{2+})，すん(Sn^{2+})，なり(Pb^{2+})と溶ける」と覚えよう。

□15 ★★ アルミニウムイオンの水溶液に，水酸化ナトリウム水溶液を加えたところ，白色沈殿 [1★★] ができた。さらに，水酸化ナトリウム水溶液を加え続けたところ，[2★★] となり沈殿が溶け始めた。（東北大）

(1) 水酸化(すいさんか)アルミニウム $Al(OH)_3$
(2) テトラヒドロキシドアルミン酸(さん)イオン $[Al(OH)_4]^-$

〈解説〉錯イオンは，次の手順にしたがって名前をつける。

手順1　配位数を調べ，ギリシャ語の数詞をチェックする。

数詞
1→モノ　2→ジ　3→トリ　4→テトラ　5→ペンタ　6→ヘキサ

$[Zn(NH_3)_4]^{2+}$
└配位数（4）

手順2　配位子名をチェックする。

配位子名
NH_3→アンミン　H_2O→アクア　CN^-→シアニド　OH^-→ヒドロキシド

手順3　錯イオンに，
「配位数→配位子名→中心金属イオンの名前→イオン」
　（中心金属イオンの名前↓）酸化数は(　)をつけて，ローマ数字で表す。
　つまり，1→I，2→II，3→III，…
と→の順に名前をつける。
ただし，陰イオンのときは「イオン」ではなく「酸イオン」にする。

例 $[Fe(CN)_6]^{3-}$ ⇔ ヘキサ　シアニド　鉄(III)　酸イオン（「陰イオン」なので「酸」をつける）
ヘキサ↓配位数6　シアニド↓配位子(CN^-)名　鉄↓Fe^{3+}　酸イオン↓陰イオンを表している　(III)：酸化数(Fe^{3+})を表している　+III

注 $[Al(OH)_4]^-$は，テトラヒドロキシドアルミン酸イオンとする。

□16 ★★★ 硫酸亜鉛水溶液に少量の水酸化ナトリウム水溶液を加えると白色沈殿が得られる。さらに，アンモニア水を加えていくと沈殿が溶解し錯イオン [1★★★] が生じる。

　また，硫酸銅(II)水溶液に水酸化ナトリウム水溶液を加えると青白色沈殿が得られる。さらに，アンモニア水を加えていくと沈殿が溶解し錯イオン [2★★★] が生じる。一方，硝酸銀を含む水溶液に水酸化ナトリウム水溶液を加えると褐色の [3★★★] が沈殿する。さらに，アンモニア水を加えていくと沈殿が溶解し錯イオン [4★★★] が生じる。（大阪大）

(1) テトラアンミン亜鉛(あえん)(II)イオン $[Zn(NH_3)_4]^{2+}$
(2) テトラアンミン銅(どう)(II)イオン $[Cu(NH_3)_4]^{2+}$
(3) 酸化銀(さんかぎん) Ag_2O
(4) ジアンミン銀(ぎん)(I)イオン $[Ag(NH_3)_2]^+$

〈解説〉NH_3 水を過剰に加えたとき，一度できた沈殿が溶解するもの

Cu^{2+}(青) $\xrightarrow{NH_3}$ $Cu(OH)_2$ ↓(青白) $\xrightarrow{NH_3}$ $[Cu(NH_3)_4]^{2+}$(深青)
Zn^{2+} $\xrightarrow{NH_3}$ $Zn(OH)_2$ ↓(白) $\xrightarrow{NH_3}$ $[Zn(NH_3)_4]^{2+}$(無色)
Ni^{2+}(緑) $\xrightarrow{NH_3}$ $Ni(OH)_2$ ↓(緑) $\xrightarrow{NH_3}$ $[Ni(NH_3)_6]^{2+}$(青紫)
Ag^{+} $\xrightarrow{NH_3}$ Ag_2O ↓(褐) $\xrightarrow{NH_3}$ $[Ag(NH_3)_2]^{+}$(無色)

「安(NH_3)藤(Cu^{2+})さんのあ(Zn^{2+})に(Ni^{2+})は銀(Ag^{+})行員」と覚えよう。

□17 ★★ 亜鉛(Ⅱ)イオンと銅(Ⅱ)イオンを含む水溶液が次の(ア)，(イ)の状態にあるとき，硫化水素を吹き込むことにより析出するすべての化合物を化学式で答えよ。
(ア)希塩酸によって酸性溶液になっているとき [1 ★★]
(イ)水酸化ナトリウムによって塩基性溶液になっているとき [2 ★★] (熊本大)

(1) CuS
(2) ZnS，CuS

〈解説〉H_2S を通じるとき，その水溶液の液性(酸性・中性・塩基性)によって，硫化物の沈殿のできる様子が異なる。
イオン化傾向と対応させて覚えよう。

Li^+ K^+ Ba^{2+} Ca^{2+} Na^+ Mg^{2+} Al^{3+}	Zn^{2+} Fe^{3+} Fe^{2+} Ni^{2+} ※Mn^{2+}	Sn^{2+} Pb^{2+} Cu^{2+} Hg^{2+} Ag^{+} ※Cd^{2+}
沈殿しない	酸性では沈殿しない	液性に関係なく沈殿する

中性～塩基性で H_2S を加えると硫化物が沈殿する。
pH に関係なく，H_2S を加えると硫化物が沈殿する。
注 ※の Mn^{2+} や Cd^{2+} も合わせて覚えよう。

□18 ★ 塩基性で Fe^{2+} を含む水溶液に硫化水素水を加えると沈殿 [1 ★] を生じる。また，塩基性で Fe^{3+} を含む水溶液に硫化水素水を加えた場合にも沈殿 [2 ★] を生じる。 (慶應義塾大)

(1) 硫化鉄(りゅうかてつ)(Ⅱ) FeS
(2) 硫化鉄(りゅうかてつ)(Ⅱ) FeS

〈解説〉Fe^{3+} は S^{2-} により還元されて，Fe^{2+} になるため。

□19 ★★ (1)，(2)にあてはまるものを，次の金属イオン①～⑥からすべて選び，番号で答えよ。
① Al^{3+} ② Ca^{2+} ③ Cu^{2+} ④ Fe^{2+} ⑤ Pb^{2+} ⑥ Zn^{2+}
(1)金属イオンを含む水溶液に硫化水素を通じると，水溶液が中性または塩基性では硫化物の沈殿を生じるが，酸性では硫化物の沈殿を生じない。[1 ★★]
(2)金属イオンを含む水溶液に硫化水素を通じると，水溶液が中性，塩基性または酸性のいずれにおいても硫化物の沈殿を生じない。[2 ★★] (宮崎大)

(1) ④，⑥
(2) ①，②

□20 ★★ $K_3[Fe(CN)_6]$の水溶液に [1★★] を含む水溶液を加えると濃青色の沈殿を生じる。（立教大）

〈解説〉Fe^{2+}は，$K_3[Fe(CN)_6]$と濃青色の沈殿を生じ，
Fe^{3+}は，$K_4[Fe(CN)_6]$と濃青色の沈殿を生じる。
また，Fe^{3+}を含む水溶液は，KSCNで血赤色溶液になる。

(1) 鉄(てつ)(Ⅱ)イオン Fe^{2+}

□21 ★ [1★] を含む水溶液に無色のチオシアン酸カリウム水溶液を加えると血赤色溶液となるが，この呈色反応は定性分析に利用される。（慶應義塾大）

(1) 鉄(てつ)(Ⅲ)イオン Fe^{3+}

□22 ★ 次の(a)～(c)のイオンのうち，Ag^+と反応して沈殿を生成するものを全て選べ。
(a) F^-　(b) Cl^-　(c) Br^- [1★]（千葉工業大）

〈解説〉Ag^+はハロゲン化物イオンのCl^-，Br^-，I^-と沈殿を生じる。この中で，AgClはNH_3水に溶けるが，AgBrはわずかにしか溶けず，AgIはほとんど溶けない。$Na_2S_2O_3$水溶液を加えると，AgCl，AgBr，AgIの沈殿はすべて溶ける。

(1) (b)と(c)

□23 ★★★ 銀イオンを含む水溶液にハロゲン化物イオンを加えるとハロゲン化銀を生じる。ハロゲン化銀のうち，フッ化銀は水に対する溶解度が高いため沈殿を生じにくく，塩化銀([1★★★]色)，臭化銀([2★★]色)，ヨウ化銀([3★★]色)は水に難溶性の沈殿を生じる。塩化銀や臭化銀は [4★★] によって分解し，銀が析出する。この性質を [5★★] 性といい，臭化銀は写真の [5★★] 剤に利用されている。（岩手大）

〈解説〉AgCl↓(白)，AgBr↓((淡)黄)，AgI↓(黄)

$$2AgCl \xrightarrow{光} 2Ag + Cl_2 \text{（感光性）}$$

(1) 白(はく)
(2) (淡(たん))黄(おう)
(3) 黄(おう)
(4) 光(ひかり)
(5) 感光(かんこう)

□24 ★ 未感光の臭化銀は，チオ硫酸ナトリウム水溶液を用いて取り除く。この際の臭化銀とチオ硫酸ナトリウムとの化学反応式は [1★] となる。（東北大）

(1) $AgBr + 2Na_2S_2O_3 \longrightarrow Na_3[Ag(S_2O_3)_2] + NaBr$

□25 ★★ 4本の試験管にそれぞれAg^+, Cu^{2+}, Zn^{2+}, Al^{3+}を含む水溶液が入れてある。4本の試験管の中で有色のものは，[1★★] を含む水溶液だけである。（芝浦工業大）

(1) Cu^{2+}

〈解説〉水溶液中のイオンの色は覚える。

Fe^{2+}：淡緑	Fe^{3+}：黄褐	Cu^{2+}：青	Ni^{2+}：緑
CrO_4^{2-}：黄	$Cr_2O_7^{2-}$：赤橙	MnO_4^-：赤紫	
$[Cu(NH_3)_4]^{2+}$：深青	$[Ni(NH_3)_6]^{2+}$：青紫		

➡これらのイオン以外は，ほとんどが無色。

□26 ★★★
Pb の硝酸塩を冷水に溶かし，この溶液に希塩酸を加えると，[1★★] 色沈殿 [2★★★] を生ずる。また Pb の硝酸塩の水溶液に硫酸ナトリウム水溶液を加えると，[3★★] 色沈殿 [4★★★] を生ずる。（学習院大）

(1) 白（はく）
(2) 塩化鉛（えんかなまり）(Ⅱ) $PbCl_2$
(3) 白（はく）
(4) 硫酸鉛（りゅうさんなまり）(Ⅱ) $PbSO_4$

〈解説〉

塩化物（Cl^-との沈殿）	AgCl：白　$PbCl_2$：白
硫酸塩（SO_4^{2-}との沈殿）	$BaSO_4$：白　$CaSO_4$：白　$SrSO_4$：白　$PbSO_4$：白
炭酸塩（CO_3^{2-}との沈殿）	$BaCO_3$：白　$CaCO_3$：白　$SrCO_3$：白

➡白色ばかり。

□27 ★★★
硝酸バリウム水溶液とクロム酸カリウム水溶液を混合すると [1★★] 色の [2★★★] が沈殿する。（立教大）

(1) 黄（おう）
(2) クロム酸（さん）バリウム $BaCrO_4$

〈解説〉

クロム酸塩（CrO_4^{2-}との沈殿）	$BaCrO_4$：黄　$PbCrO_4$：黄　Ag_2CrO_4：赤褐

➡「バ（Ba^{2+}）ナナ（Pb^{2+}）を銀（Ag^+）貨でかったら苦労（CrO_4^{2-}）した」と覚えよう。
└→バナナと同じ黄色　└→赤かっ色

□28 ★★
硝酸銀水溶液にクロム酸カリウムの水溶液を加えると [1★★] 色の [2★★] が沈殿する。（工学院大）

(1) 赤褐（せきかっ）
(2) クロム酸銀（さんぎん） Ag_2CrO_4

□29 ★★★
鉄（Ⅱ）イオンFe^{2+}を含む水溶液に水酸化ナトリウム水溶液を加えると [1★★★] 色の水酸化鉄（Ⅱ）の沈殿が生じる。一方，鉄（Ⅲ）イオンFe^{3+}を含む水溶液に水酸化ナトリウム水溶液を加えると [2★★★] 色の水酸化鉄（Ⅲ）の沈殿が生じる。（立教大）

(1) 緑白（りょくはく）
(2) 赤褐（せきかっ）

〈解説〉

水酸化物（OH^-との沈殿）	一般に典型元素の水酸化物は白色 $Fe(OH)_2$：緑白　水酸化鉄（Ⅲ）：赤褐　$Cu(OH)_2$：青白 $Ni(OH)_2$：緑　$Zn(OH)_2$：白

➡白色以外を覚える。特に $Fe(OH)_2$，水酸化鉄（Ⅲ），$Cu(OH)_2$ の色は重要。

□30 ★★★ 硫酸銅(Ⅱ)水溶液に少量のアンモニア水を加えると，[1★★★]の[2★★★]色沈殿が生じる。ここにさらに過剰のアンモニア水を加えるとテトラアンミン銅(Ⅱ)イオンが生じて[3★★★]色の溶液が得られる。（富山大）

(1) 水酸化銅(Ⅱ) $Cu(OH)_2$
(2) 青白
(3) 深青［㊙濃青］

□31 ★★★ 硝酸銀水溶液に水酸化ナトリウム水溶液を加えると，[1★★★]の[2★★★]色沈殿が生じる。（センター）

(1) 酸化銀 Ag_2O
(2) (暗)褐

〈解説〉

酸化物	CuO：黒　Cu_2O：赤　Ag_2O：褐　MnO_2：黒 Fe_3O_4：黒　Fe_2O_3：赤褐　ZnO：白　HgO：黄

➡ Ag_2O と HgO は OH^- との沈殿。

□32 ★★ Zn^{2+}を含む中性または塩基性水溶液中に，H_2S を通じると[1★★]色沈殿の[2★★]が生じる。（予想問題）

(1) 白
(2) 硫化亜鉛 ZnS

〈解説〉

硫化物(S^{2-}との沈殿)	一般に黒色 ZnS：白　MnS：淡桃　CdS：黄　SnS：褐

➡ほとんどが黒色になる。

□33 ★★★ Fe^{3+}を含む塩基性〜中性の水溶液に硫化水素を通じると[1★★★]色の沈殿が生じる。（立教大）

〈解説〉Fe^{3+}が H_2S に還元されて Fe^{2+}となり，FeS が生じる。

(1) 黒

□34 ★★★ Cu^{2+}を含む酸性水溶液中に，H_2S を通じると[1★★★]色沈殿の[2★★]が生じる。（予想問題）

(1) 黒
(2) 硫化銅(Ⅱ) CuS

□35 ★★ 錯イオンを含む塩を[1★★]という。（信州大）

〈解説〉$K_4[Fe(CN)_6]$など

(1) 錯塩

□36 ★★★ 金属イオンに[1★★★]をもつ分子や陰イオンが[2★★★]して生じたイオンを[3★★★]とよぶ。アンモニア分子の窒素も[1★★★]をもっているため，金属イオンと[2★★★]を形成できる。[3★★★]は様々な立体構造をもち，その水溶液は特徴的な色を示すものもある。（九州大）

(1) 非共有電子対［㊙孤立電子対］
(2) 配位結合
(3) 錯イオン

解き方

錯イオンの形

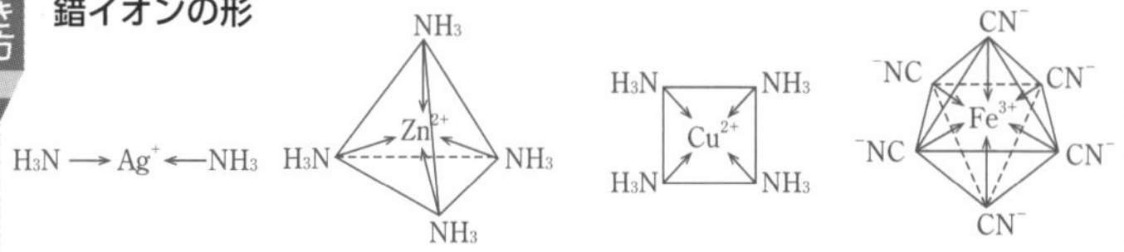

直線形	正四面体形	正方形	正八面体形
$[Ag(NH_3)_2]^+$	$[Zn(NH_3)_4]^{2+}$	$[Cu(NH_3)_4]^{2+}$	$[Fe(CN)_6]^{3-}$
（無色）	（無色）	（深青色）	（黄色）

（⟶ は配位結合を表す）

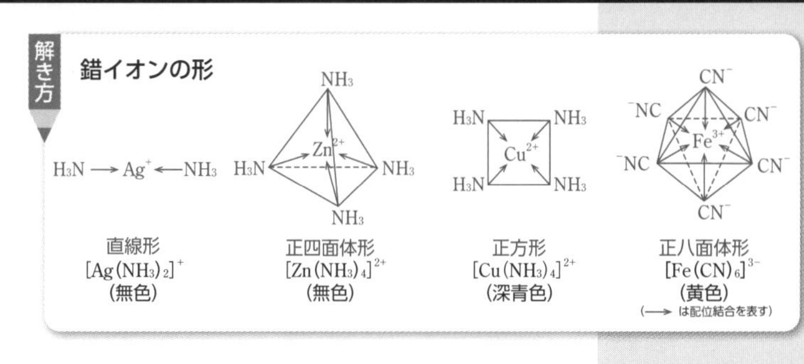

□**37** ★★★ 錯イオンの構造が正方形であるものを選択肢の中から選べ。［ 1 ★★★ ］

① $[Ag(NH_3)_2]^+$　② $[Cu(NH_3)_4]^{2+}$
③ $[Zn(NH_3)_4]^{2+}$　④ $[Ni(NH_3)_6]^{2+}$　（立命館大）

〈解説〉①は直線形，②は正方形，③は正四面体形，④は正八面体形。

（1）②

□**38** ★★★ 塩化亜鉛水溶液にアンモニア水を加えていくと，［ 1 ★★★ ］が沈殿するが，さらにアンモニア水を過剰に加えると［ 2 ★★★ ］構造をもつ［ 3 ★★ ］色の錯イオンが生じ，溶解する。　（防衛医科大）

（1）水酸化亜鉛（すいさんかあえん） $Zn(OH)_2$
（2）正四面体（せいしめんたい）
（3）無（む）

□**39** ★★★ 鉄（Ⅱ）イオンの周囲に6 個のシアン化物イオン（CN^-）が配位結合した $[Fe(CN)_6]^{4-}$は，［ 1 ★★★ ］の立体構造をとっている。　（中央大）

〈解説〉$[Fe(CN)_6]^{3-}$も$[Fe(CN)_6]^{4-}$と同じ正八面体形である。

（1）正八面体形（せいはちめんたいけい）

発展 □**40** ★★ 金属イオンM^{2+}に，配位子A が4 つ配位した錯イオンを $[MA_4]^{2+}$と表す。$[MA_4]^{2+}$の形が正方形であるときの構造を例に示す。金属イオンM^{2+}に2 種類の配位子AおよびB が2 つずつ配位した$[MA_2B_2]^{2+}$の形が正方形であるとき，$[MA_2B_2]^{2+}$にはシス-トランス異性体（幾何異性体）がある。例の描き方にしたがって，$[MA_2B_2]^{2+}$のシス-トランス異性体（幾何異性体）をすべて記せ。
［ 1 ★★ ］

例
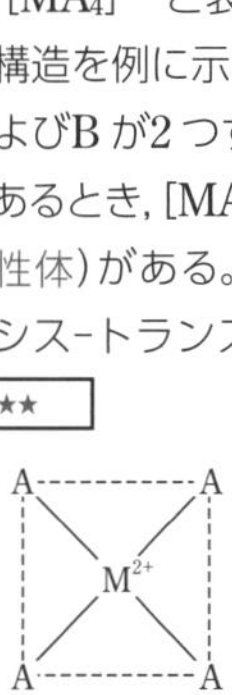

実線 ── は配位結合を表す
点線 ---- は錯イオンの形を表す補助線

（大阪公立大）

〈解説〉シス形とトランス形の 2 種類が存在する。

（1）
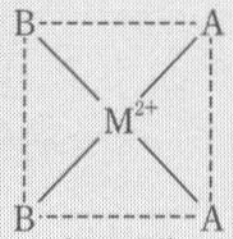

（シス形）

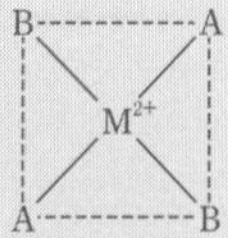

（トランス形）

コバルト(Ⅲ)イオンCo^{3+}１個に対して，アンモニア分子（NH_3）４個，塩化物イオン（Cl^-）２個を含む錯イオンには２種類の立体異性体が存在する。例にならって，２つの異性体であるシス形とトランス形の構造を書け。

例　NH_3 ／ NH_3　Ni^{2+}　NH_3 ／ NH_3　NH_3 ／ NH_3

1 ★★　（立命館大）

〈解説〉中心金属に対してCl^-が同じ側にあるシス形とCl^-が反対側にあるトランス形が存在する。

(1)

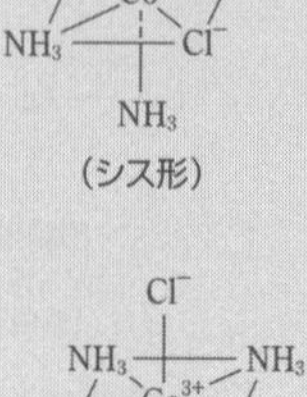

（シス形）

Cl^- ／ NH_3　NH_3　Co^{3+}　NH_3　NH_3 ／ Cl^-

（トランス形）

□42 ★★★
試料溶液に金属イオンが含まれるかどうかを確認するため 1 ★★ の先にこの溶液をつけ，炎色反応を試みた。すなわち， 2 ★★★ が含まれれば橙赤色を， 3 ★★★ が含まれれば紅～深赤色を， 4 ★★★ が含まれれば赤紫色を， 5 ★★★ が含まれれば黄色を， 6 ★★★ が含まれれば黄緑色を呈するはずである。その結果，炎色反応は陰性であり，上記の金属イオンは含まれていないことがわかった。　（東京理科大）

〈解説〉①白金線は，試料溶液をつける前に濃塩酸に浸してバーナーの炎（外炎）に入れる操作を無色になるまで繰り返して汚れを除く。

②炎色反応は，

Li	赤	Na	黄	K	紫	Cu	緑	Ba	緑	Ca	橙	Sr	紅
リ	アカー	な	き	K	村，	動	力に	馬	力	借りる	とう	するも	くれない

と覚えよう。

注 Cuは青緑色，Baは黄緑色。

(1) 白金線（はっきんせん）
(2) カルシウムイオン Ca^{2+}
(3) ストロンチウムイオン Sr^{2+}
(4) カリウムイオン K^+
(5) ナトリウムイオン Na^+
(6) バリウムイオン Ba^{2+}

2 金属イオンの分離

▼ANSWER

□1 ★★★ Ag^+，Cu^{2+}，Fe^{3+}の混合水溶液に塩化ナトリウムの水溶液を加えると [1★★★] の白色沈殿を生じた。[1★★★] はアンモニア水を加えると錯イオン [2★★] を生じて溶ける。[1★★★] の沈殿を除いたろ液に過剰のアンモニア水を加えると [3★★] 色の [4★★] の沈殿を生じた。この際，[5★★] 色のろ液が得られた。このろ液に硫化水素を通じると [6★★] 色の [7★★] の沈殿を生じた。

（早稲田大）

(1) 塩化銀(えんかぎん) $AgCl$
(2) ジアンミン銀(ぎん)(I)イオン $[Ag(NH_3)_2]^+$
(3) 赤褐(せきかっ)
(4) 水酸化鉄(すいさんかてつ)(Ⅲ)
※混合物なので1つの化学式で表すことが難しい
(5) (深)青(しんせい)
[㊕濃青(のうせい)]
(6) 黒(こく)
(7) 硫化銅(りゅうかどう)(Ⅱ) CuS

□2 ★★ Ag^+, Al^{3+}, Cu^{2+}, Fe^{3+}, K^+, Zn^{2+}, Ca^{2+}を含む混合水溶液がある。これらをそれぞれ分離するために，次の操作を行った。

操作1：混合水溶液に塩酸を加え，生じた [1★★] の沈殿をろ過して除いた。

操作2：操作1のろ液に硫化水素を通じ，生じた [2★★] の沈殿をろ過して除いた。

操作3：操作2のろ液を煮沸して硫化水素を除いた後，希硝酸を加えた。これに過剰のアンモニア水を加え，生じた [3★★] と [4★★] の沈殿をろ過して除いた。

操作4：操作3のろ液に再び硫化水素を通じ，生じた [5★★] の沈殿をろ過して除いた。

操作5：操作4のろ液に炭酸アンモニウム水溶液を加えると [6★★] の沈殿が生じた。

操作6：操作3で生じた沈殿に，水酸化ナトリウム水溶液を加えると [4★★] が溶解した。

（琉球大）

(1) 塩化銀(えんかぎん) $AgCl$
(2) 硫化銅(りゅうかどう)(Ⅱ) CuS
(3) 水酸化鉄(すいさんかてつ)(Ⅲ)
(4) 水酸化アルミニウム(すいさんか) $Al(OH)_3$
(5) 硫化亜鉛(りゅうかあえん) ZnS
(6) 炭酸カルシウム(たんさん) $CaCO_3$

〈解説〉

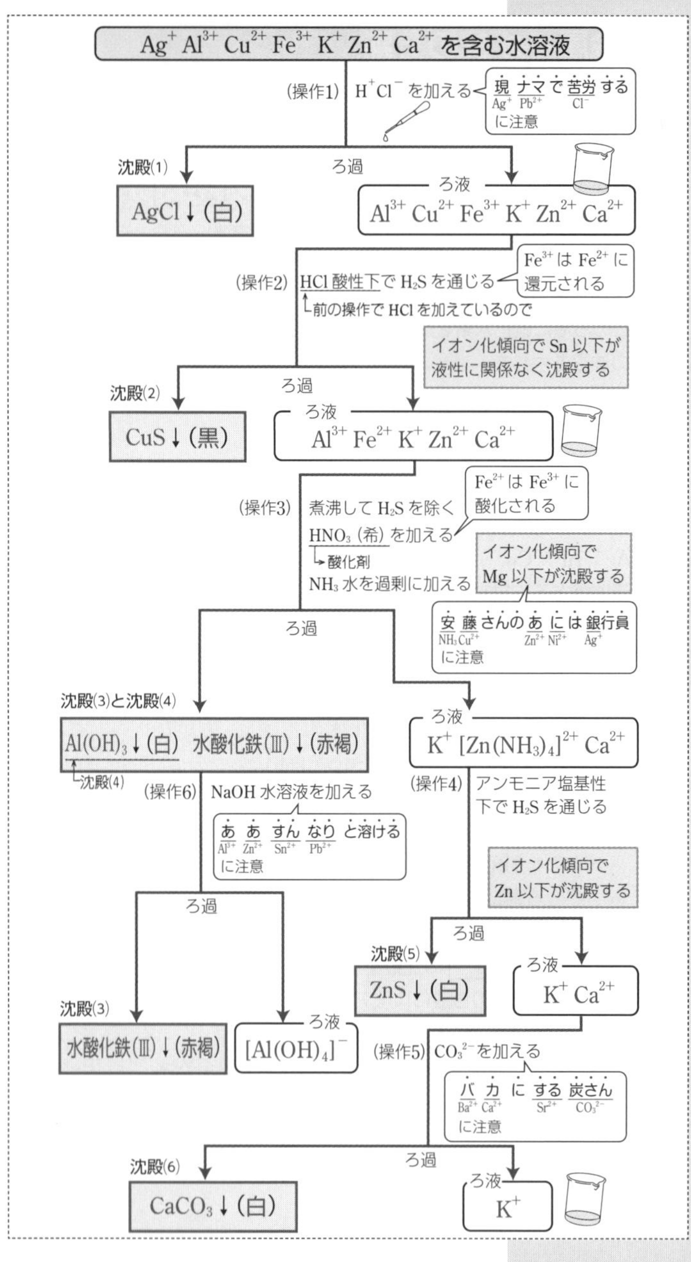
Ag+ Al3+ Cu2+ Fe3+ K+ Zn2+ Ca2+ を含む水溶液
(操作1) H+Cl− を加える
現 ナマ で 苦労 する Ag+ Pb2+ Cl− に注意
ろ過
沈殿(1)
AgCl↓(白)
ろ液
Al3+ Cu2+ Fe3+ K+ Zn2+ Ca2+
(操作2) HCl 酸性下で H2S を通じる
前の操作で HCl を加えているので
Fe3+ は Fe2+ に還元される
イオン化傾向で Sn 以下が液性に関係なく沈殿する
ろ過
沈殿(2)
CuS↓(黒)
ろ液
Al3+ Fe2+ K+ Zn2+ Ca2+
(操作3) 煮沸して H2S を除く
HNO3 (希) を加える
酸化剤
NH3 水を過剰に加える
Fe2+ は Fe3+ に酸化される
イオン化傾向で Mg 以下が沈殿する
安 藤 さんの あ に は 銀行員 NH3 Cu2+ Zn2+ Ni2+ Ag+ に注意
ろ過
沈殿(3)と沈殿(4)
Al(OH)3↓(白) 水酸化鉄(Ⅲ)↓(赤褐)
沈殿(4)
ろ液
K+ [Zn(NH3)4]2+ Ca2+
(操作6) NaOH 水溶液を加える
あ あ すん なり と溶ける Al3+ Zn2+ Sn2+ Pb2+ に注意
ろ過
沈殿(3)
水酸化鉄(Ⅲ)↓(赤褐)
ろ液
[Al(OH)4]−
(操作4) アンモニア塩基性下で H2S を通じる
イオン化傾向で Zn 以下が沈殿する
ろ過
沈殿(5)
ZnS↓(白)
ろ液
K+ Ca2+
(操作5) CO3 2− を加える
バ カ に する 炭さん Ba2+ Ca2+ Sr2+ CO3 2− に注意
ろ過
沈殿(6)
CaCO3↓(白)
ろ液
K+

沈殿滴定

□3 ★★★ 未知濃度の食塩水10.0mLを 1★★★ を用いて 2★★★ に正確にはかりとり，指示薬としてクロム酸カリウム K_2CrO_4 水溶液を適当量加える。0.100mol/Lの硝酸銀水溶液を 3★★★ から滴下すると，白色の塩化銀の沈殿が生成する。さらに硝酸銀水溶液を滴下していくと，塩化銀の沈殿が増加するとともに食塩水中の塩化物イオンの濃度が減少する。12.3mLの硝酸銀が滴下されたとき，クロム酸銀の赤褐色の沈殿が生成した。食塩水の濃度は 4★★ mol/L(3ケタ)となる。

（福岡大）

(1) ホールピペット
(2) コニカルビーカー［⑩三角（さんかく）フラスコ］
(3) ビュレット
(4) 0.123

〈解説〉沈殿滴定の様子（モール法）

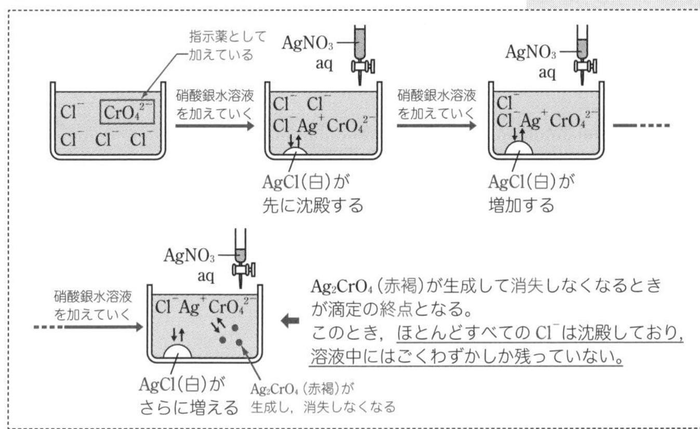

解き方

食塩水に硝酸銀水溶液を加えていくと，次の反応が起こる。

$$NaCl + AgNO_3 \longrightarrow AgCl + NaNO_3$$

x〔mol/L〕の食塩水とすると，反応式からNaCl 1molと $AgNO_3$ 1molが反応することがわかり，次の式が成り立つ。

$$\underbrace{x \times \frac{10.0}{1000}}_{NaCl〔mol〕} = \underbrace{0.100 \times \frac{12.3}{1000}}_{AgNO_3〔mol〕}$$

よって，$x = 0.123$mol/L

第10章 気体の製法と性質

1 気体の製法

▼ ANSWER

酸・塩基反応の利用 「弱酸の塩」+「強酸」→「弱酸」+「強酸の塩」

□1 ★★★ 硫化鉄(Ⅱ)と希硫酸を反応させると腐卵臭の有毒な気体 [1 ★★★] が発生する。 (山口大)

〈解説〉 $FeS + H_2SO_4 \longrightarrow H_2S + FeSO_4$

(1) 硫化水素(りゅうかすいそ) H_2S

□2 ★★★ 硫化鉄(Ⅱ)に希塩酸を加えた場合に生成する気体の名称 [1 ★★★] と分子式 [2 ★★★] を書け。 (電気通信大)

〈解説〉 $FeS + 2HCl \longrightarrow H_2S + FeCl_2$

(1) 硫化水素(りゅうかすいそ)
(2) H_2S

□3 ★★★ [1 ★★★] は，石灰石に希塩酸を加えると発生し，無色・無臭で，水に溶解して弱酸性を示す。 (名城大)

〈解説〉 $CaCO_3 + 2HCl \longrightarrow H_2O + CO_2 + CaCl_2$

(1) 二酸化炭素(にさんかたんそ) CO_2

□4 ★★ [1 ★★] は亜硫酸ナトリウムに希硫酸を加えると発生する。 (慶應義塾大)

〈解説〉 $Na_2SO_3 + H_2SO_4 \longrightarrow H_2O + SO_2 + Na_2SO_4$

(1) 二酸化硫黄(にさんかいおう) SO_2

□5 ★★ 亜硫酸水素ナトリウムに希硫酸を加えた際には [1 ★★] が発生する。 (東京農工大)

〈解説〉 $NaHSO_3 + H_2SO_4 \longrightarrow H_2O + SO_2 + NaHSO_4$
または
$2NaHSO_3 + H_2SO_4 \longrightarrow 2H_2O + 2SO_2 + Na_2SO_4$

(1) 二酸化硫黄(にさんかいおう) SO_2

酸・塩基反応の利用 「弱塩基の塩」+「強塩基」→「弱塩基」+「強塩基の塩」

□6 ★★★ [1 ★★★] は無色で刺激臭をもち，空気より軽い気体である。実験室では塩化アンモニウムに水酸化カルシウムを混合して加熱することによって得られ，[2 ★★★] 置換で捕集する。 (同志社大)

〈解説〉 $2NH_4Cl + Ca(OH)_2 \longrightarrow 2NH_3 + 2H_2O + CaCl_2$

(1) アンモニア NH_3
(2) 上方(じょうほう)

□7 ★★★ [1 ★★★] は，塩化アンモニウムと水酸化カルシウムの混合物を加熱すると発生する。[2 ★★★] と直ちに反応して白煙を生じる。（東邦大）

〈解説〉$NH_3 + HCl \longrightarrow NH_4Cl$（白煙）

(1) アンモニア NH_3
(2) 塩化水素 HCl

酸化・還元反応の利用

□8 ★★ 希硫酸は強酸であり，亜鉛を溶解し気体 [1 ★★] を発生させるが，銅を溶解しない。（秋田大）

〈解説〉水素よりもイオン化傾向の大きな金属である Zn は，強酸の希硫酸や塩酸から電離して出てきた H^+ と反応して H_2 を発生する。

$Zn \longrightarrow Zn^{2+} + 2e^-$ …① ◀ Zn は Zn^{2+} へ変化する
$2H^+ + 2e^- \longrightarrow H_2$ …② ◀ H^+ は H_2 へ変化する
①＋②，両辺に SO_4^{2-} を加えると
$Zn + H_2SO_4 \longrightarrow ZnSO_4 + H_2$
①＋②，両辺に $2Cl^-$ を加えると
$Zn + 2HCl \longrightarrow ZnCl_2 + H_2$

(1) 水素 H_2

□9 ★★ 鉄に希塩酸を加えると，鉄が溶けて [1 ★★] が発生する。（高知大）

〈解説〉
$Fe \longrightarrow Fe^{2+} + 2e^-$ …① ◀ Fe は Fe^{2+} に変化することに注意
$2H^+ + 2e^- \longrightarrow H_2$ …②
①＋②，両辺に $2Cl^-$ を加えると
$Fe + 2HCl \longrightarrow FeCl_2 + H_2$

(1) 水素 H_2

□10 ★★★ 銅を熱濃硫酸に加えると，気体 [1 ★★★] を発生しながら溶けて硫酸銅(Ⅱ)を生じる。（大阪公立大）

〈解説〉イオン化傾向が Ag より大きい Cu は，熱濃硫酸と反応し SO_2，濃硝酸と反応し NO_2，希硝酸と反応し NO を発生する。

$Cu \longrightarrow Cu^{2+} + 2e^-$ …① ◀ Cu は Cu^{2+} へ変化する
$H_2SO_4 + 2H^+ + 2e^- \longrightarrow SO_2 + 2H_2O$ …② ◀ 濃 H_2SO_4 は SO_2 へ変化する
①＋②，両辺に SO_4^{2-} を加えると
$Cu + 2H_2SO_4 \longrightarrow CuSO_4 + SO_2 + 2H_2O$

$Cu \longrightarrow Cu^{2+} + 2e^-$ …① ◀ Cu は Cu^{2+} へ変化する
$HNO_3 + H^+ + e^- \longrightarrow NO_2 + H_2O$ …② ◀ 濃 HNO_3 は NO_2 へ変化する
①＋②× 2，両辺に $2NO_3^-$ を加えると
$Cu + 4HNO_3 \longrightarrow Cu(NO_3)_2 + 2NO_2 + 2H_2O$

$Cu \longrightarrow Cu^{2+} + 2e^-$ …① ◀ Cu は Cu^{2+} へ変化する
$HNO_3 + 3H^+ + 3e^- \longrightarrow NO + 2H_2O$ …② ◀ 希 HNO_3 は NO へ変化する
①× 3 ＋②× 2，両辺に $6NO_3^-$ を加えると
$3Cu + 8HNO_3 \longrightarrow 3Cu(NO_3)_2 + 2NO + 4H_2O$

(1) 二酸化硫黄 SO_2

□11 ★★★
銅に [1★★★] を反応させることにより一酸化窒素 NO を，また銅に [2★★★] を反応させることにより二酸化窒素 NO_2 を発生させることができる。NO_2 は [3★★★] 色の気体であるが，2分子の NO_2 が結合した四酸化二窒素 N_2O_4 は [4★] 色の気体である。

（大阪公立大）

(1) 希硝酸（きしょうさん） HNO_3
(2) 濃硝酸（のうしょうさん） HNO_3
(3) 赤褐（せきかっ）
(4) 無（む）

〈解説〉NO_2 の一部が N_2O_4 になる。

$$2NO_2 \rightleftarrows N_2O_4$$

□12 ★★★
銅に濃硫酸を加えて加熱すると，[1★★★] の気体が発生して銅が溶解する。これは，熱濃硫酸が [2★★] 力をもつ酸としてはたらくためである。また，二酸化硫黄を硫化水素の水溶液に通じると，単体の [3★★] と水を生成する。

（秋田大）

(1) 二酸化硫黄（にさんかいおう） SO_2
(2) 酸化（さんか）
(3) 硫黄（いおう） S

〈解説〉
$SO_2 + 4H^+ + 4e^- \longrightarrow S + 2H_2O$ …①
$H_2S \longrightarrow S + 2H^+ + 2e^-$ …②
①＋②×2 より
$SO_2 + 2H_2S \longrightarrow 3S + 2H_2O$

□13 ★
次の金属のうち，常温で希硝酸と濃硝酸のどちらにもよく溶けるものを一つ選べ。[1★]

(a) アルミニウム　(b) 鉄　(c) 白金
(d) ニッケル　(e) 水銀　(f) 金

（東北大）

(1) (e)

〈解説〉手　に　あると覚えよう。
Fe，Ni，Al は濃硝酸には不動態となり，溶けない。
Ag よりイオン化傾向の小さな Pt，Au はどちらとも反応しない。

大 ← イオン化傾向 ― 小

ゴロ合わせ ⇒ Li（リ） K（カ） Ba（バ） Ca（カ） Na（ナ） Mg（マ） Al（ア） Zn（ア） Fe（テ） Ni（ニ） Sn（ス） Pb（ナ） (H_2)（ヒ） Cu（ド） Hg（ス） Ag（ギる） Pt（借） Au（金）

←（Li〜Pb）希硫酸や塩酸に溶けて H_2 発生（Pb は $PbSO_4$ や $PbCl_2$ がその表面をおおって反応しにくい）。

←（Li〜Ag）熱濃硫酸・濃硝酸・希硝酸に溶ける（Fe，Ni，Al は濃硝酸には不動態となる）。

□14 ★★★ 酸化マンガン(Ⅳ)に濃塩酸を加えてフラスコ中で加熱する際に起きる反応は，実験室で [1★★★] を発生させるときに用いられるが，反応中のフラスコの気相には空気と [1★★★] 以外に [2★★] や水蒸気が含まれる。純粋な [1★★★] を得るには，まず [2★★] を除去するためにフラスコから導いた気体を [3★★] により洗浄し，次に水蒸気を除去するために [4★★] により洗浄する。洗浄を終えた気体は [5★★★] 置換により捕集する。 (立教大)

(1) 塩素(えんそ) Cl_2
(2) 塩化水素(えんかすいそ) HCl
(3) 水(みず) H_2O
(4) 濃硫酸(のうりゅうさん) H_2SO_4
(5) 下方(かほう)

〈解説〉Cl^- を含んでいる濃 HCl を，酸化剤である酸化マンガン(Ⅳ)MnO_2 と反応させて Cl_2 を発生させることができる。

$$MnO_2 + 4H^+ + 2e^- \longrightarrow Mn^{2+} + 2H_2O \cdots ①$$
◀ MnO_2 は Mn^{2+} へ変化する

$$2Cl^- \longrightarrow Cl_2 + 2e^- \cdots ②$$
◀ Cl^- は Cl_2 へ変化する

①＋②，両辺に $2Cl^-$ を加えると

$$MnO_2 + 4HCl \longrightarrow MnCl_2 + Cl_2 + 2H_2O$$

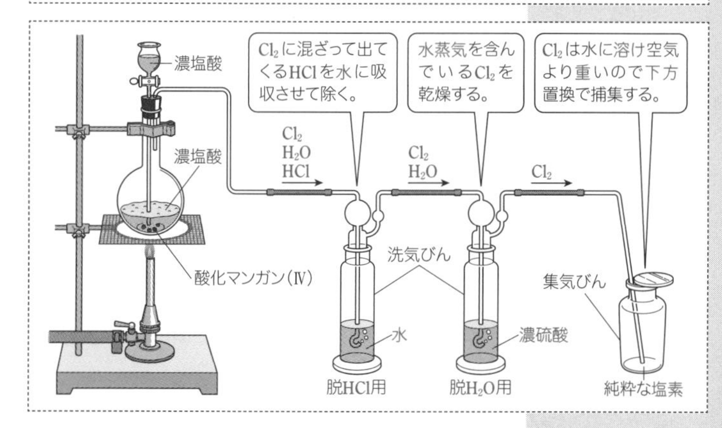

□15 ★
ふたまた試験管を使って以下の実験を行った。
実験　A，Bそれぞれに，さらし粉[主成分$CaCl(ClO) \cdot H_2O$]と塩酸を入れた後，塩酸をBからAへ移すと，黄緑色の気体 [1★] が発生した。（大阪大）

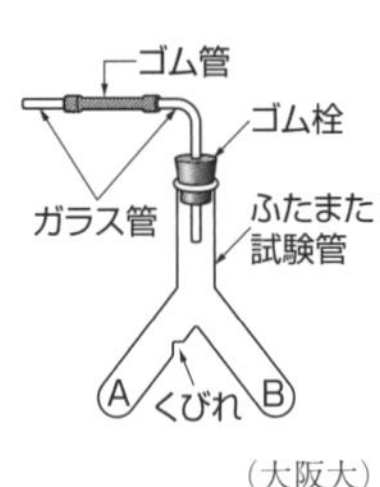

(1) 塩素(えんそ) Cl_2

〈解説〉
くびれのあるAに固体試料（さらし粉）を入れる

$CaCl(ClO) \cdot H_2O \longrightarrow Ca^{2+} + Cl^- + ClO^- + H_2O$ …① ◀さらし粉が電離する
$H^+ ClO^- + H^+ Cl^- \rightleftarrows Cl_2 + H_2O$ …② ◀ Cl_2とH_2Oとの反応の逆反応

①＋②，両辺にCl^-を加えると
$CaCl(ClO) \cdot H_2O + 2HCl \longrightarrow CaCl_2 + Cl_2 + 2H_2O$

□16 ★
さらし粉に塩酸を加えて発生する気体 [1★] は，赤いバラの花を [2★] させる。（東邦大）

(1) 塩素(えんそ) Cl_2
(2) 脱色(だっしょく)

〈解説〉Cl_2は毒性が強いので，ドラフト内で換気しながら使う。

□17 ★★
[1★★] は，高度さらし粉と塩酸との反応により発生させることができる。（長崎大）

(1) 塩素(えんそ) Cl_2

〈解説〉高度さらし粉の主成分は，$Ca(ClO)_2 \cdot 2H_2O$

$Ca(ClO)_2 \cdot 2H_2O \longrightarrow Ca^{2+} + 2ClO^- + 2H_2O$ …① ◀高度さらし粉が電離する
$H^+ClO^- + H^+Cl^- \rightleftarrows Cl_2 + H_2O$ …② ◀ Cl_2とH_2Oとの反応の逆反応

①＋②× 2，両辺に$2Cl^-$を加えると
$Ca(ClO)_2 \cdot 2H_2O + 4HCl \longrightarrow CaCl_2 + 4H_2O + 2Cl_2$

□18 ★★
[1★★] は，過酸化水素H_2O_2の水溶液に，触媒である酸化マンガン(Ⅳ)を加えると発生する。（予想問題）

(1) 酸素(さんそ) O_2

〈解説〉
$H_2O_2 + 2H^+ + 2e^- \longrightarrow 2H_2O$ …① ◀ H_2O_2が酸化剤として反応
$H_2O_2 \longrightarrow O_2 + 2H^+ + 2e^-$ …② ◀ H_2O_2が還元剤として反応

①＋②より　$2H_2O_2 \longrightarrow O_2 + 2H_2O$
（触媒MnO_2はふつう反応式に書かない）

□19 ★★
酸素O_2は，乾燥空気の体積の約 [1★★] %を占める気体である。酸素は，実験室においては [2★★] の水溶液に触媒として [3★★] を加えると発生する。（岡山大）

(1) 20 [㊞21]
(2) 過酸化水素(かさんかすいそ) H_2O_2
(3) 酸化(さんか)マンガン(Ⅳ) MnO_2 [㊞塩化鉄(えんかてつ)(Ⅲ) $FeCl_3$，カタラーゼ]

濃硫酸の不揮発性や脱水作用を利用

(1)濃硫酸の不揮発性を利用

「揮発性の酸の塩」＋「不揮発性の酸（濃硫酸）」 —加熱→「揮発性の酸（HCl や HF など）」＋「不揮発性の酸の塩」

□20 ★★★ 塩化ナトリウムに濃硫酸を加えておだやかに加熱し，気体 [1 ★★★] を発生させた。（福岡大）

(1) 塩化水素 HCl

〈解説〉硫酸の沸点が高い（→不揮発性という）ことを利用して，濃硫酸（沸点約 300℃）よりも沸点が低い，つまり揮発性の酸である HCl（沸点－85℃）や HF（沸点 20℃）を発生させることができる。

$$NaCl + H_2SO_4 \longrightarrow HCl + NaHSO_4$$
$$CaF_2 + H_2SO_4 \longrightarrow 2HF + CaSO_4$$

ホタル石（主成分がフッ化カルシウム）

HF のときは 2mol 発生することに注意‼

□21 ★★★ 気体 [1 ★★★] は，ホタル石（CaF_2）に硫酸を作用させると得られる。（名城大）

(1) フッ化水素 HF

(2)濃硫酸の脱水作用を利用

□22 ★ [1 ★] はギ酸に濃硫酸を加えて加熱すると発生する。（昭和薬科大）

(1) 一酸化炭素 CO

〈解説〉濃硫酸が物質から H_2O をうばうはたらき（→脱水作用という）を利用して気体を発生させることができる。

$$HCOOH \longrightarrow CO + H_2O$$

（CO が発生）（H_2O がうばわれた）

□23 ★★ 図の装置で化合物 A と濃硫酸を加え 170℃で加熱することで，エチレン（エテン）を発生させた。化合物 A の化合物名 [1 ★★] と構造式 [2 ★★] を記せ。（群馬大）

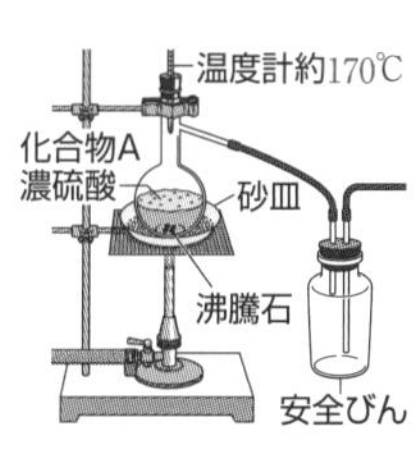

(1) エタノール
(2) CH_3-CH_2-OH

〈解説〉

$$H-\overset{H}{\underset{H}{C}}-\overset{H}{\underset{OH}{C}}-H \xrightarrow{\text{分子内脱水}} \overset{H}{\underset{H}{}}C=C\overset{H}{\underset{H}{}} + H_2O$$

エタノール → エチレン ＋ H_2O（H_2O がうばわれた）

熱分解反応を利用

□24 ★★ 気体 [1★★] は，空気の約 20%(体積)を占め，実験室では塩素酸カリウムと [2★] の混合物を加熱して発生させる。 (名城大)

〈解説〉塩素酸カリウム $KClO_3$ に酸化マンガン(Ⅳ)を触媒として加えて加熱すると，O_2 が発生する。 └触媒はふつう反応式には書かない。

$KClO_3$ $KClO_3$ を加熱すると 2KCl と $3O_2$ に分解する。

$2KClO_3 \longrightarrow 2KCl + 3O_2$

(1) 酸素(さんそ) O_2
(2) 酸化(さんか)マンガン(Ⅳ) MnO_2

□25 ★★ 窒素は，実験室では亜硝酸アンモニウム(NH_4NO_2)水溶液を加熱して発生させる。この反応の化学反応式は [1★★] のように表される。 (神奈川大)

〈解説〉亜硝酸アンモニウム NH_4NO_2 水溶液を加熱すると，N_2 が発生する。

NH_4^+ NO_2^- を加熱すると N_2 と $2H_2O$ に分解する。

$NH_4NO_2 \longrightarrow N_2 + 2H_2O$

(1) $NH_4NO_2 \longrightarrow N_2 + 2H_2O$

□26 ★ シュウ酸カルシウム一(いっ)水和物 $CaC_2O_4 \cdot H_2O$ 146mg を，窒素ガスを流通させた雰囲気中でゆっくり加熱したところ，図に示すように3段階で質量が減少した。このように加熱によって固体物質の質量が減少するのは，高温で分解が起こり，固体物質の一部が気体となって失われたためである。300℃，550℃，800℃まで加熱した段階では，それぞれ固体の純物質 [1★]，[2★]，[3★] が生成しており，これらの質量は 128mg，100mg，56mg であった。ただし，H=1.0，C=12，O=16，Ca=40 とする。

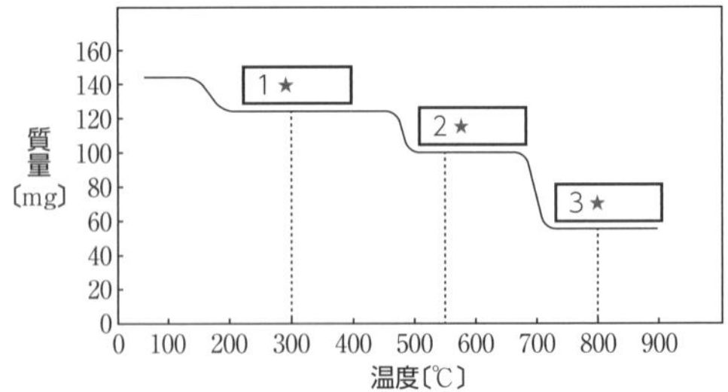

シュウ酸カルシウム一水和物を加熱したときの質量の変化

(群馬大)

(1) シュウ酸(さん)カルシウム CaC_2O_4
(2) 炭酸(たんさん)カルシウム $CaCO_3$
(3) 酸化(さんか)カルシウム CaO [㊞生石灰(せいせっかい)]

解き方

質量の変化と式量の変化が比例する。

$$CaC_2O_4 \cdot H_2O \xrightarrow[300℃]{加熱} CaC_2O_4 \xrightarrow[550℃]{加熱} CaCO_3 \xrightarrow[800℃]{加熱} CaO$$

$CaC_2O_4 \cdot H_2O$		CaC_2O_4		$CaCO_3$		CaO
(式量 146)	H_2O	(式量 128)	CO	(式量 100)	CO_2	(式量 56)
146mg		128mg		100mg		56mg

□27 ★★ 右の図は [1★] の装置の図である。この装置を用いて硫化鉄(Ⅱ)と希硫酸の反応により硫化水素を発生させた。はじめに [2★] の栓をはずし [3★] の中に硫化鉄(Ⅱ)の小塊を適当量入れた。次に [2★] の栓を取り付け [4★] および [5★] ((4)(5)順不同)の栓が閉じていることを確認し，[6★] に希硫酸を満たした。[7★] の栓を開くと，希硫酸は装置内部の空気を押し出しながら [8★] を満たした後，硫化鉄(Ⅱ)に触れ硫化水素を発生した。発生した気体は G にゴム管で連結したガラス管を通じて捕集した。G の活栓を閉じると，硫化水素の発生はしばらくして停止した。

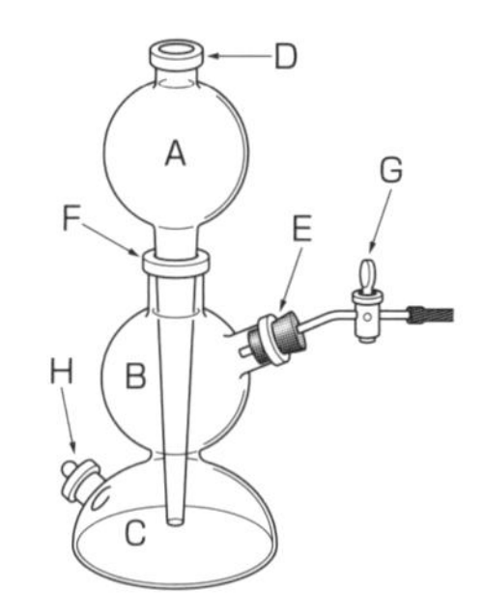

この実験で発生した硫化水素の密度は空気の密度より [9★★] く，色は [10★★] 色で [11★★★] のような臭いがある。また，この気体は水に溶解し，わずかに電離して [12★★★] 性を示す。

[2★] ～ [8★] は，図の記号を答えよ。(宮崎大)

〈解説〉 $FeS + H_2SO_4 \longrightarrow H_2S + FeSO_4$ (弱酸遊離反応)

(1) キップ
(2) E
(3) B
(4) G
(5) H
(6) A
(7) G
(8) C
(9) 大(おお)き
(10) 無(む)
(11) 腐(くさ)った卵(たまご)
(12) 弱酸(じゃくさん)

2 気体の捕集法・乾燥法

▼ANSWER

□1 ★★★ 気体の捕集方法として誤っているものを(ア)〜(オ)のうちから一つ選べ。 1 ★★★

(ア) アンモニアを上方置換で捕集する。
(イ) 二酸化窒素を下方置換で捕集する。
(ウ) 塩化水素を水上置換で捕集する。
(エ) 硫化水素を下方置換で捕集する。
(オ) アセチレンを水上置換で捕集する。　（北海道工業大）

(1) (ウ)

〈解説〉①(ウ) HCl は，水によく溶け，空気より重いので，下方置換で捕集する。
②水に溶けにくい気体(中性気体)は，
農 NO，工 CO，水 H_2，産 O_2，地 N_2，油(CH_4 メタン，C_2H_4 エチレン，C_2H_2 アセチレン)　→石油から得られる有機化合物を表す
塩基性の気体は NH_3 だけ，残りは酸性の気体　と覚えるとよい。

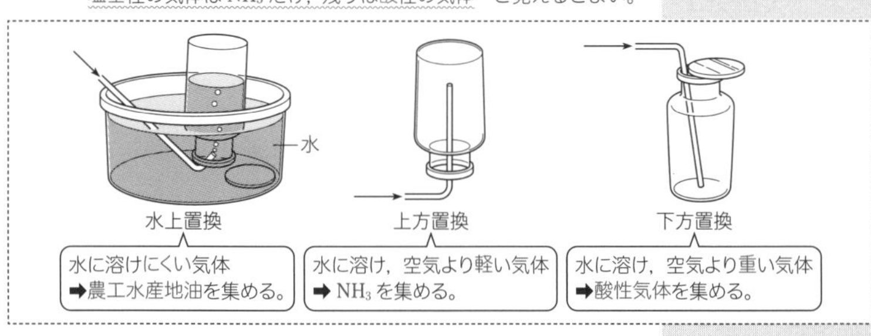

□2 ★★ 銅片を，1) 希硝酸に加えた場合，および 2) 濃硝酸に加えた場合，ともに気体が発生し銅片が溶解する。

文中の下線部 1)，2) それぞれの場合において，発生する気体の色と捕集法の組合せとして，もっとも適当なものを次の a 〜 f から 1 つずつ選べ。

1 ★★　2 ★★

a. 無色，水上置換　b. 無色，上方置換
c. 無色，下方置換　d. 赤褐色，水上置換
e. 赤褐色，上方置換　f. 赤褐色，下方置換　（立教大）

(1) a
(2) f

〈解説〉下線部 1) では NO が，2) では NO_2 が発生する。

有色の気体	O_3(淡青色)，F_2(淡黄色)，Cl_2(黄緑色)，NO_2(赤褐色)	←4つだけ
臭いのある気体	Cl_2, NH_3, HCl, NO_2, SO_2(刺激臭)，H_2S(腐卵臭)，O_3(特異臭)	←酸性や塩基性の気体に多い

□3 ★★ エタノールを濃硫酸とともに約170℃で加熱するとエチレンが発生する。このとき，エチレンは [1 ★★] 置換で捕集する。 （山口大）

〈解説〉$C_2H_5OH \longrightarrow C_2H_4 + H_2O$（分子内脱水）
エタノール　エチレン

(1) 水上（すいじょう）

□4 ★★ 次の気体a～dのうち，水上置換で捕集できるものの組合せとして正しいものを，下の①～⑥から一つ選べ。 [1 ★★]

a 窒素　b 一酸化窒素　c 二酸化窒素　d アンモニア

① aとb　② aとc　③ aとd

④ bとc　⑤ bとd　⑥ cとd （松山大）

(1) ①

□5 ★★ 次の気体を発生させたとき，下方置換で捕集するのが最も適当なものはどれか。 [1 ★★]

a. 二酸化硫黄　b. 一酸化窒素　c. 一酸化炭素

d. アンモニア　e. 窒素 （立教大）

〈解説〉b. NOは水上，c. COは水上，d. NH_3は上方，e. N_2は水上。

(1) a

□6 ★★★ 塩素ガスは，実験室において，次のような反応でつくられる。

$$MnO_2 + [1 ★★★] HCl \longrightarrow MnCl_2 + 2[2 ★★★] + [3 ★★★]$$

問1　この反応式の [1 ★★★] には数値を，[2 ★★★] [3 ★★★] には化学式を記入せよ。

問2　集気部で塩素ガスを集める方法として，上方置換あるいは下方置換のうちどちらの方法を用いるか。 [4 ★★] （名城大）

(1) 4
(2) H_2O
(3) Cl_2
(4) 下方置換（かほうちかん）

□7 ★★ 乾燥剤として用いられないものは [1 ★★]。

① ソーダ石灰　② シリカゲル
③ 十酸化四リン　④ 塩化カルシウム
⑤ 濃硫酸　⑥ 硫酸バリウム　（センター）

(1) ⑥

解き方
① ソーダ石灰… CaO に濃 NaOHaq をしみ込ませ，焼いて粒状にしたもの。
② シリカゲル…ケイ酸 $SiO_2 \cdot nH_2O$ を乾燥させたもの。
③ 十酸化四リン…吸湿性の強い白色粉末。
④ 塩化カルシウム…無色の固体。　⑤ 濃硫酸…無色の液体。
⑥ 硫酸バリウム…水に溶けにくい白色粉末。X 線造影剤などに利用。

〈解説〉
発生させた気体の乾燥法：乾燥させる気体と乾燥剤が反応するのを防ぐように，乾燥剤を選ぶことが必要。

	乾燥剤	乾燥可能な気体	乾燥に不適当な気体	
酸性	シリカゲル	中性または酸性の気体	NH_3	塩基性の気体なので酸性の乾燥剤と反応してしまう
酸性	十酸化四リン P_4O_{10}		NH_3	
酸性	濃硫酸 H_2SO_4		NH_3 および H_2S	還元剤なので酸化剤の濃 H_2SO_4 と反応してしまう
中性	塩化カルシウム $CaCl_2$	ほとんどの気体	NH_3	$CaCl_2 \cdot 8NH_3$ となってしまう
塩基性	酸化カルシウム CaO ソーダ石灰 CaO + NaOH	中性または塩基性の気体	酸性の気体	塩基性の乾燥剤と反応してしまう

□8 ★★ 濃硫酸は吸湿性が強いので，[1 ★★] として使われる。　（センター）

(1) (酸性(さんせい)の)乾燥剤(かんそうざい)

□9 ★★ [1 ★★] カルシウムを水酸化ナトリウムの高濃度水溶液中で加熱濃縮し，乾燥させたものは [2 ★★] とよばれ，二酸化炭素の吸収材や水分の乾燥剤として用いられる。　（東京海洋大）

(1) 酸化(さんか)
(2) ソーダ石灰(せっかい)

□10 ★★ CO_2 の捕集方法を下記の語群1から，乾燥に用いる物質を語群2から選び，記号で答えよ。

CO_2 の捕集方法：[1 ★★]
乾燥に用いる物質：[2 ★★]

(語群 1)
(ア) 上方置換法
(イ) 水上置換法
(ウ) 下方置換法

(語群 2)
(a) ソーダ石灰
(b) 水酸化ナトリウム
(c) 硫酸

（北海道大）

(1) (ウ)
(2) (c)

〈解説〉 CO_2 は酸性の気体。

□11 ★★★ 図は，炭素，水素，酸素でできた有機化合物の元素分析を行うための装置を示している。試料の質量を精密にはかり，これを乾燥した酸素の気流中で完全燃焼させる。生成した水と二酸化炭素を，容器に充填した試薬（ 1 ★★★ ・ 2 ★★★ ）に吸収させ，これらの質量変化から水と二酸化炭素の量を求める。

(1) 塩化カルシウム $CaCl_2$
(2) ソーダ石灰

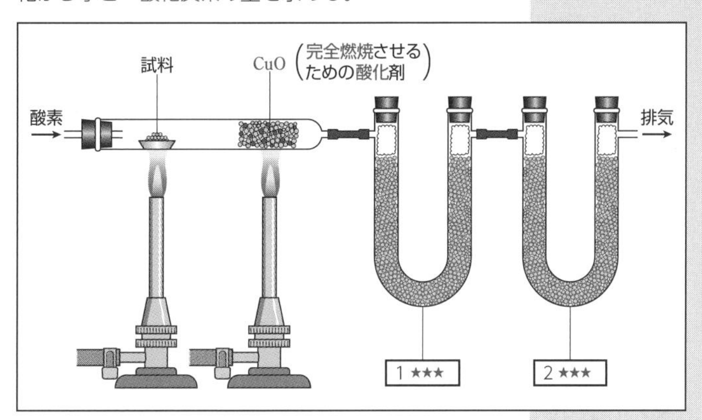

（センター）

〈解説〉塩化カルシウムとソーダ石灰の順番を逆にすると，ソーダ石灰は塩基性の乾燥剤なので水と二酸化炭素のどちらも吸収してしまう。

解き方

O_2 → = [試料 | CuO] = → CO_2 H_2O O_2 = [塩化カルシウム] = → CO_2 O_2 = [ソーダ石灰] = → O_2

$C_xH_yO_z$ を完全燃焼させる。

塩化カルシウム：中性の乾燥剤なので，H_2O だけ吸収する。

ソーダ石灰：塩基性の乾燥剤なので，酸性の気体 CO_2 を吸収する。

3 気体の検出法

▼ANSWER

□1 ★★ 塩化ナトリウムに濃硫酸を加えて加熱したところ，気体が発生した。発生した気体の性質として正しいものを次の①～④から一つ選び，番号で答えよ。 1★★

① 水に溶け，その水溶液はアルカリ性を示す。
② 水に溶け，その水溶液は二酸化ケイ素を溶かす。
③ 無色で，濃アンモニア水を近づけると白煙を生じる。
④ 黄緑色で，光により水素と爆発的に反応する。

（秋田大）

(1) ③

〈解説〉H_2S ➡ SO_2 で白濁：細かいSが生成。
CO_2 ➡ 石灰水で白濁：$CaCO_3$↓(白)が生成。
NH_3 ➡ HCl で白煙，赤色リトマス紙を青変。
NO ➡ 空気に触れると赤褐色の NO_2 に。
Cl_2, O_3 ➡ KI デンプン紙を青変。
Cl_2, O_3, SO_2 ➡ リトマス紙を脱色。

解き方

$NaCl + H_2SO_4$(濃)$\longrightarrow HCl + NaHSO_4$(濃硫酸の不揮発性を利用)
①(誤)HCl は酸性。
②(誤)SiO_2 を溶かすのは HF。
③(正)$NH_3 + HCl \longrightarrow NH_4Cl$ の反応が起こる。
④(誤)Cl_2のこと。光により，$H_2 + Cl_2 \longrightarrow 2HCl$ の反応を爆発的に起こす。

□2 ★★★ 塩素は酸化力が強く，湿ったヨウ化カリウムデンプン紙に吹きかけると，それを 1★★★ 色に変色させる。

（秋田大）

(1) 青紫（あおむらさき）

〈解説〉$Cl_2 + 2KI \longrightarrow 2KCl + I_2$ の反応が起こる。

□3 ★ 有機化合物中に含まれる窒素，塩素の検出法に関する次の説明文(ア)，(イ)について，正しい場合は○で，誤っている場合は×で答えよ。

(ア) 窒素は，試料を加熱分解してアンモニアを発生させ，そこに濃塩酸をつけたガラス棒を近づけて，白煙が生じることにより検出できる。 1★

(イ) 塩素は，焼いた銅線の先に試料をつけて燃焼させ，炎色反応によって青緑色の炎を生じることから検出できる。 2★

（北海道大）

(1) ○
(2) ○

〈解説〉(イ)は知っておこう。

次の①～⑤の反応によって発生する気体の化学式を記せ。また，その性質を示す文を下の(ア)～(ク)から選び，記号で答えよ。

① 銅に希硝酸を加える。 [1 ★★★]

② 銅に濃硝酸を加える。 [2 ★★★]

③ 炭化カルシウムに水を加える。 [3 ★]

④ 塩化ナトリウムに濃硫酸を加えて加熱する。 [4 ★★]

⑤ ギ酸に濃硫酸を加えて加熱する。 [5 ★]

(ア) 無色・無臭の気体で，臭素水に通すと，臭素水は脱色される。

(イ) 水に溶けにくく，空気に触れると，直ちに赤褐色に変化する。

(ウ) 通常は，四酸化二窒素との平衡状態にある。

(エ) 無色で腐卵臭のある気体で，二酸化硫黄の水溶液に通すと，その水溶液は白濁する。

(オ) 黄緑色で刺激臭のある気体で，その水溶液は弱酸性を示し，酸化力をもつ。

(カ) 血液中のヘモグロビンと結合する力が強く，有毒である。

(キ) アンモニアに触れると，白煙が生じる。

(ク) 石灰水を白濁させ，さらに通じると沈殿が溶ける。

（工学院大）

(1) NO，　(イ)
(2) NO_2，　(ウ)
(3) C_2H_2，　(ア)
(4) HCl，　(キ)
(5) CO，　(カ)

解き方

① $3Cu + 8HNO_3$(希) $\longrightarrow 3Cu(NO_3)_2 + 2NO + 4H_2O$（酸化還元反応）

② $Cu + 4HNO_3$(濃) $\longrightarrow Cu(NO_3)_2 + 2NO_2 + 2H_2O$（酸化還元反応）

③ $^{-}C \equiv C^{-} + \begin{matrix} (H)-O-H \\ (H)-O-H \end{matrix} \longrightarrow H-C \equiv C-H + \begin{matrix} OH^{-} \\ OH^{-} \end{matrix}$

両辺に Ca^{2+} を加えると，

$CaC_2 + 2H_2O \longrightarrow C_2H_2 + Ca(OH)_2$（弱酸遊離反応）

④ $NaCl + H_2SO_4$(濃) $\longrightarrow HCl + NaHSO_4$（濃硫酸の不揮発性）

⑤ $HCOOH \longrightarrow CO + H_2O$（濃硫酸の脱水作用）

(エ)は H_2S，(オ)は Cl_2，(ク)は CO_2 の性質。

オゾンは分解しやすく，強い酸化作用を示す。このため，飲料水の殺菌や繊維の漂白などに用いられる。オゾンは水で湿らせたヨウ化カリウムデンプン紙を [1 ★★★] 色に変化させる。

（慶應義塾大）

(1) 青紫（あおむらさき）

第11章

典型元素とその化合物

1 水素とアルカリ金属（1族元素）

▼ANSWER

水素

□1 ★★★ 水素分子 H_2 は2個の水素原子Hが [1★★★] 結合によって結びついた分子で，常温常圧では無色無臭の気体である。水素には質量数1の ^1H の他に，質量数2の重水素 ^2H や質量数3の三重水素 ^3H などの [2★★★] が存在することが知られている。（関西学院大）

(1) 共有（きょうゆう）
(2) 同位体（どういたい）

□2 ★★ 常温常圧で水素は最も密度が [1★★] 気体である。（東京工業大）

(1) 小さい（ちい）

□3 ★★★ 水素は化石燃料に含まれる炭化水素とは異なり，燃焼させても [1★★★] を発生しないため，地球温暖化などの環境変化につながるリスクが少ないクリーンかつ効率の高いエネルギー源として近年注目されている。（関西学院大）

(1) 二酸化炭素（にさんかたんそ） CO_2

アルカリ金属元素

□4 ★★★ アルカリ金属の単体は，光沢をもつ軟らかい固体である。アルカリ金属は，[1★★★] が非常に小さいため，1個の電子を失って1価の陽イオンとなりやすい。アルカリ金属の化合物を炎の中に入れるとアルカリ金属元素に固有の色が見られる。これを [2★★★] といい，金属の検出に用いられる。（早稲田大）

(1) イオン化（か）エネルギー
[㊊電気陰性度（でんきいんせいど）]
(2) 炎色反応（えんしょくはんのう）

□5 ★ アルカリ金属の単体はすべて [1★] 色である。（自治医科大）

〈解説〉有色の金属として，Cu 赤色，Au 黄色を覚えておく。

(1) 銀白（ぎんはく）

□6 ★★★ Li，Na，Kのイオン化列は Li ＞ K ＞ Na であるが，各原子をそのイオン化エネルギーの大きなものから並べた順番は [1★★★] である。（慶應義塾大）

(1) Li ＞ Na ＞ K

□7 ★ アルカリ金属の融点は，リチウム [1★] ナトリウム [2★] カリウムである。不等号を入れよ。（岐阜大）

(1) ＞
(2) ＞

□8 ★★ アルカリ金属は，強い [1★★] を示して常温の水と反応する。この反応性は，原子番号が [2★] いものほど高い。（防衛大）

〈解説〉アルカリ金属の反応性：Li ＜ Na ＜ K ＜…

(1) 還元作用（かんげんさよう）
(2) 大（おお）き

□9 ★★★ 1 族に属する 6 種類の元素（Li，Na，K，Rb，Cs，Fr）を [1★★★] という。これらの単体は，密度が小さく，融点は低い。[1★★★] の単体は，[2★★★] 中などに保存する。（山口大）

(1) アルカリ金属（きんぞく）
(2) 石油（せきゆ）[例 灯油（とうゆ）]

□10 ★ リチウム，ナトリウム，カリウムの中で最も密度が大きいのは [1★] である。（岐阜大）

(1) ナトリウム

□11 ★ アルカリ金属の単体(金属)は，価電子数が異なる 2 族元素の単体(金属)と比べると融点が [1★] 。（島根大）

(1) 低（ひく）い

□12 ★★★ リチウムの単体は，比較的軟らかい軽金属で容易に [1★★★] 価の陽イオンとなり，炎色反応で [2★★] 色を呈する。（愛媛大）

(1) 1
(2) 赤（あか）

□13 ★★ 塩化ナトリウムを原料とする溶融塩電解では陽極の炭素電極に気体 [1★★] が発生する一方，陰極にはナトリウムの単体が生じる。ただし工業的には，塩化ナトリウムの融点を下げるために [2★] を加えて溶融塩電解を行い，純度の高いナトリウムを得ている。（九州大）

〈解説〉融解し，液体にして電気分解することを溶融塩電解（融解塩電解）という。

$Na^+ Cl^-$ { 陽極：(C) $2Cl^- \longrightarrow Cl_2 + 2e^-$ ／ 陰極：(Fe) $Na^+ + e^- \longrightarrow Na$ }

Ca は Na よりイオン化傾向が大きく析出しない。

(1) 塩素（えんそ） Cl_2
(2) 塩化（えんか）カルシウム $CaCl_2$

□14 ★★ 1 族元素であるカリウムやナトリウムは，いずれも密度は $1g/cm^3$ より小さくやわらかい。これらの金属は反応性に富み，空気中では直ちに [1★★★] と反応して [2★] となる。（帯広畜産大）

〈解説〉空気中では表面が速やかに酸化され，金属光沢を失う。
例 $4Na + O_2 \longrightarrow 2Na_2O$

(1) 酸素（さんそ） O_2
(2) 酸化物（さんかぶつ）

□15 ★★★
水と金属ナトリウムは激しく反応し，気体 [1★★★] を発生して化合物 [2★★★] が生じる。化合物 [2★★★] の水溶液に気体 [3★★] を通じると，ガラスや石けんなどの原料になる化合物 [4★] が得られる。（筑波大）

〈解説〉
$$CO_2 + H_2O \longrightarrow H_2CO_3 \quad \cdots①$$
$$H_2CO_3 + 2NaOH \longrightarrow Na_2CO_3 + 2H_2O \quad \cdots②$$
①+②より $CO_2 + 2NaOH \longrightarrow Na_2CO_3 + H_2O$
ガラスや石けんの原料

(1) 水素（すいそ） H_2
(2) 水酸化ナトリウム（すいさんか） $NaOH$
(3) 二酸化炭素（にさんかたんそ） CO_2
(4) 炭酸ナトリウム（たんさん） Na_2CO_3

□16 ★
ソーダ石灰の主成分2つを化学式で答えよ。[1★]
（鹿児島大）

(1) $NaOH$, CaO

□17 ★★★
水酸化ナトリウムの固体を湿った空気中に放置すると水蒸気を吸収して溶ける。このような現象を [1★★★] という。（北海道工業大）

(1) 潮解（ちょうかい）

□18 ★★★
陽極に炭素，陰極に鉄の電極を用い，塩化ナトリウム水溶液を電気分解する場合，陽極では，[1★★] ガスが発生する。また，陰極では，[2★★] ガスが発生するとともに電極付近の [3★★] イオンの濃度が大きくなる。この水溶液を濃縮すると [4★★★] が得られるが，このままではこれに塩化ナトリウムが混じってしまう。そこで，陰極と陽極のあいだに [5★★] イオン交換膜を入れて電解槽を2室にわけ，陰極側には水のみを，陽極側には塩化ナトリウム水溶液を入れて電気分解すると，陰極側から純度の高い [4★★★] が得られる。
（京都府立医科大）

(1) 塩素（えんそ） Cl_2
(2) 水素（すいそ） H_2
(3) 水酸化物（すいさんかぶつ） OH^-
(4) 水酸化ナトリウム（すいさんか） $NaOH$
(5) 陽（よう）

〈解説〉 $Na^+ \ Cl^-$ $(H^+ \ OH^-)$
陽極：(C) $2Cl^- \longrightarrow Cl_2 + 2e^-$
陰極：(Fe) $2H_2O + 2e^- \longrightarrow H_2 + 2OH^-$

イオン交換膜法

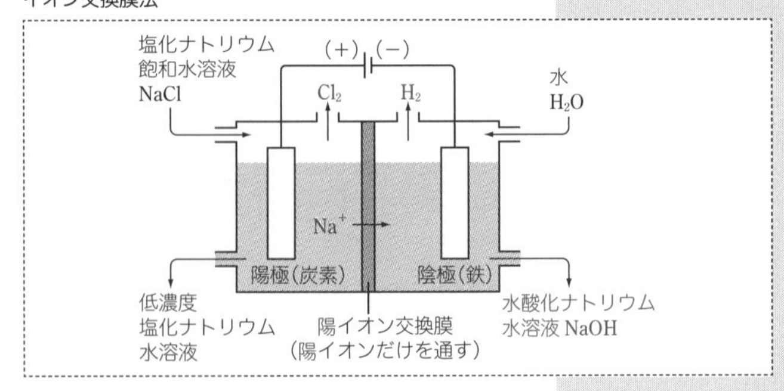

□19 ★★
水酸化ナトリウムを工業的に製造するには，イオン交換膜法とよばれる塩化ナトリウム水溶液の電気分解が用いられている。この方法では，[1★★]イオンだけが[2★★]イオン交換膜を透過するので，純度の高い水酸化ナトリウムが得られる。（千葉大）

(1) ナトリウム Na^+ [別 陽]
(2) 陽

□20 ★★★
炭酸ナトリウム水溶液を濃縮すると，十水和物 $Na_2CO_3 \cdot 10H_2O$ の結晶が析出する。この結晶は，空気中で放置すると，水和水を失って，一水和物 $Na_2CO_3 \cdot H_2O$ の白色粉末となる。この現象を[1★★★]とよぶ。（横浜国立大）

(1) 風解

□21 ★★★
重曹[1★★]は，私たちの生活に幅広く利用されている。例えば，ケーキやビスケットなどをふっくらと仕上げるためのベーキングパウダーの成分として用いられている。これは重曹を加熱すると分解して[2★★]を生じ，ケーキなどの生地をふくらませるからである。また，重曹は強酸と反応しても気体である[2★★]を生じる。[2★★]の分子の形は[3★★★]構造である。（鳥取大）

〈解説〉$2NaHCO_3 \xrightarrow{加熱} Na_2CO_3 + CO_2 + H_2O$
$NaHCO_3 + HCl \longrightarrow NaCl + H_2O + CO_2$

(1) 炭酸水素ナトリウム $NaHCO_3$
(2) 二酸化炭素 CO_2
(3) 直線

2 アンモニアソーダ法

▼ANSWER

□1 ★★★ 炭酸ナトリウムは，ガラスやセッケンなどの原料として重要で，工業的には [1★★★] 法によって合成される。（防衛大）

〈解説〉「ソーダ」は，ナトリウムやナトリウム化合物のことを指す。

(1) アンモニアソーダ[別ソルベー]

□2 ★★ 塩化ナトリウムとアンモニアを溶解した水溶液に二酸化炭素を通じると，[1★★] と炭酸水素ナトリウムを得る。（法政大）

〈解説〉CO_2 が水に溶けてできた H_2CO_3 と NH_3 が中和反応を起こして，NH_4^+ と HCO_3^- が生成する。ここで，NaCl は電離しているので，比較的溶解度の小さな $NaHCO_3$ が沈殿する。

$$NH_3 + [CO_2 + H_2O] \longrightarrow NH_4^+ + [HCO_3^-] \quad (H^+)$$
$$+)\quad NaCl \longrightarrow Cl^- + [Na^+]$$
$$NH_3 + CO_2 + H_2O + NaCl \longrightarrow NH_4Cl + NaHCO_3 \downarrow$$

(1) 塩化(えんか)アンモニウム NH_4Cl

□3 ★ ある一定温度における塩化ナトリウム水溶液中の炭酸水素ナトリウムの溶解度は，純粋な水に対する溶解度と比較して [1★] する。これは，水溶液中で塩化ナトリウムの電離により生じたナトリウムイオンの濃度を [2★] させる方向に炭酸水素ナトリウムの電離平衡が移動するためである。この現象は炭酸水素ナトリウムの合成において塩化ナトリウムの飽和水溶液が用いられる理由にもなっている。（千葉大）

(1) 減少(げんしょう)
(2) 減少(げんしょう)

□4 ★★ 塩化ナトリウムの飽和水溶液にアンモニアを十分吸収させてから二酸化炭素を吹き込み沈殿 [1★★] を生じさせる。この沈殿を分離して，約200℃で焼くことによって [2★★] が得られる。（新潟大）

〈解説〉沈殿した $NaHCO_3$ をろ過によって分け，これを焼くと熱分解反応が起こる。

$$2NaHCO_3 \longrightarrow Na_2CO_3 + CO_2 + H_2O$$

HCO_3^- どうしの間で H^+ をやりとりすると考えるとよい。

H^+ をわたす

$$HCO_3^- + (H)CO_3^- \longrightarrow H_2CO_3 + CO_3^{2-}$$

$H_2O + CO_2$ に分かれる

両辺に $2Na^+$ を加えると完成‼

(1) 炭酸水素(たんさんすいそ)ナトリウム $NaHCO_3$
(2) 炭酸(たんさん)ナトリウム Na_2CO_3

□5 ★★★ $CaCO_3$ を約 900℃で熱すると，気体 [1★★★] を発生して酸化物 [2★★★] となる。（横浜国立大）

〈解説〉$CaCO_3$ を焼くと熱分解反応が起こる。
$$CaCO_3 \longrightarrow CaO + CO_2$$

(1) 二酸化炭素 CO_2
(2) 酸化カルシウム CaO [㊙生石灰]

□6 ★★ 石灰岩は [1★★] の炭酸塩である。（東京都市大）

〈解説〉$CaCO_3$ は，石灰岩，石灰石，大理石，貝殻などの主成分。

(1) カルシウム Ca

□7 ★★ 生石灰は水と反応して [1★★] をつくる。（法政大）

〈解説〉生石灰 CaO を水に溶かすと消石灰 $Ca(OH)_2$ が生成する。
$$CaO + H_2O \longrightarrow Ca(OH)_2$$（発熱を伴う）

(1) 水酸化カルシウム $Ca(OH)_2$ [㊙消石灰]

□8 ★★★ 酸化カルシウムを水に懸濁させて得られた水酸化カルシウムと，炭酸水素ナトリウムを分離して残った塩化アンモニウム水溶液を反応させると，[1★★★] が生成する。（奈良女子大）

〈解説〉$2NH_4Cl + Ca(OH)_2 \longrightarrow 2NH_3 + 2H_2O + CaCl_2$（弱塩基遊離反応）

(1) アンモニア NH_3

□9 ★★★ 図は，$CaCO_3$ と $NaCl$ から Na_2CO_3 を合成するための反応工程を示したものである。[1★★★]，[2★★★]，[3★★★]，[4★★★] に該当する物質の化学式を書け。

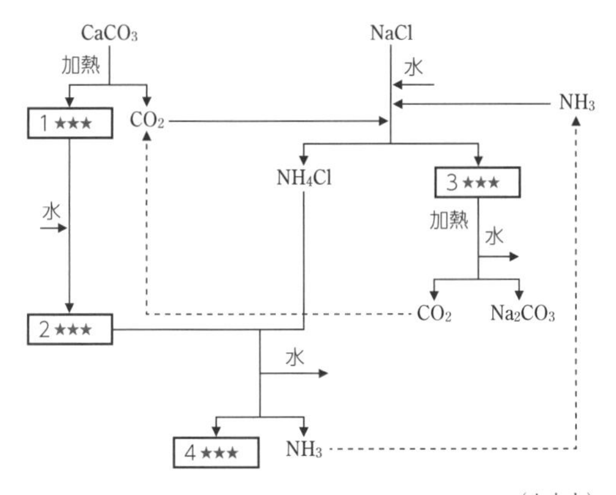

（中央大）

(1) CaO
(2) $Ca(OH)_2$
(3) $NaHCO_3$
(4) $CaCl_2$

□10 ★★★ 炭酸ナトリウムは光学ガラス原料，医薬品原料，アルカリ洗浄剤など様々なものに利用されている。炭酸ナトリウムの製法は，次のようなものである。炭酸カルシウムを［1★★］し，［2★★★］を発生させる。この時，［3★★★］が副生成物として生成する。アンモニアを溶かした塩化ナトリウム水溶液に［2★★★］を吹き込むと，［4★★］が沈殿する。［4★★］を分離し，加熱分解すると炭酸ナトリウムを得ることができる。［3★★★］に水を反応させると［5★★］になる。［4★★］を生成する時に副生成物［6★★］が得られるが，［6★★］と［5★★］から［7★★］が生成される。［7★★］は融雪剤や防湿剤などに使用されている。 （東京農工大）

(1) 加熱(分解)［㊞熱分解］
(2) 二酸化炭素 CO_2
(3) 酸化カルシウム CaO
(4) 炭酸水素ナトリウム $NaHCO_3$
(5) 水酸化カルシウム $Ca(OH)_2$
(6) 塩化アンモニウム NH_4Cl
(7) 塩化カルシウム $CaCl_2$

□11 ★★★ 炭酸ナトリウム Na_2CO_3 は図に示すアンモニアソーダ法(ソルベー法)によって得られる。図はアンモニアソーダ法の全工程と各工程での物質の変化や工程間の物質の移動を表している。［　］に入る物質の化学式を書け。

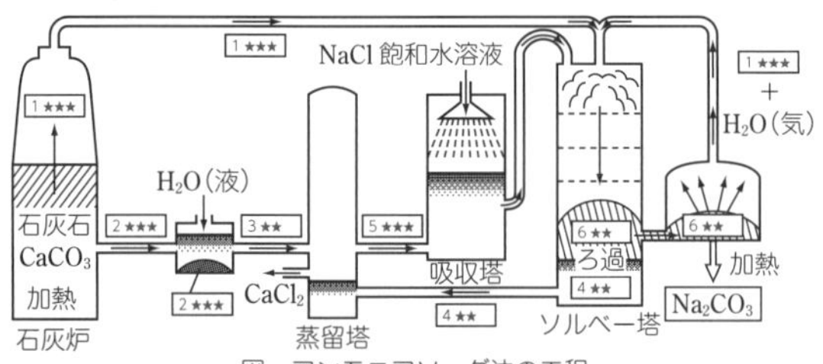

図　アンモニアソーダ法の工程

（東北大）

(1) CO_2
(2) CaO
(3) $Ca(OH)_2$
(4) NH_4Cl
(5) NH_3
(6) $NaHCO_3$

□12 ★★ アンモニアソーダ法の全工程の化学反応は式①で表される。

$$CaCO_3 + 2NaCl \longrightarrow Na_2CO_3 + CaCl_2 \qquad ①$$

式①にはアンモニアは含まれていない。アンモニアソーダ法におけるアンモニアの役割を述べた次の文を完成させよ。

「アンモニアはNaCl飽和水溶液を［1★★］性とし，CO_2 から［2★★］イオンを生成しやすくする。」

（東北大）

(1) (弱)塩基［㊞(弱)アルカリ］
(2) 炭酸水素 HCO_3^-

3 アルカリ土類金属（2族元素）

▼ANSWER

□1 ★★★ 周期表の2族元素すべてを［1★★★］という。これらの原子は価電子を［2★★★］個持ち，［3★★★］が比較的小さいので［2★★★］価の［4★★★］イオンになりやすく，その傾向は原子番号が［5★★］ほど大きい。これらの元素は自然界には単体で存在せず，イオンとして水中あるいは化合物として鉱物中に存在する。（宮崎大〈改〉）

(1) アルカリ土類（どるい）金属（きんぞく）
(2) 2
(3) イオン化（か）エネルギー［別 電気陰性度（でんきいんせいど）］
(4) 陽（よう）
(5) 大（おお）きい

□2 ★★ 2族元素の原子は価電子を2個もち，価電子を放出して二価の陽イオンになりやすい。これらの単体は，同じ周期の1族に属する元素の単体に比べて，融点が［1★★］く，密度が［2★★］い。（京都大）

(1) 高（たか）
(2) 大（おお）き

□3 ★ アルカリ土類金属のイオン半径は，同じ周期のアルカリ金属のそれより［1★］。（自治医科大）

〈解説〉原子半径：${}_{19}K > {}_{20}Ca$　イオン半径：${}_{19}K^{+} > {}_{20}Ca^{2+}$

(1) 小（ちい）さい［別 短（みじか）い］

□4 ★★ Be と Mg は炎色反応を示［1★］のに対し，残りのアルカリ土類金属は炎色反応を示［2★★］。（自治医科大）

(1) さない
(2) す

□5 ★★ Be と Mg は常温の水と反応［1★］のに対し，残りのアルカリ土類金属は常温の水と反応［2★★］。（自治医科大）

(1) しない
(2) する

□6 ★★ Be と Mg の硫酸塩は水に［1★］のに対し，残りのアルカリ土類金属の硫酸塩は水に［2★★］。（自治医科大）

(1) 溶（と）ける
(2) 溶（と）けにくい［別 溶（と）けない］

□7 ★ マグネシウムを空気中で点火すると，明るい光を出して完全に燃焼し，化合物が生成した。化合物の組成式を書け。［1★］（電気通信大）

(1) MgO

□8 ★★
Mgは，密度が小さく，軽量な合金の材料として利用される。$MgCl_2$の水溶液に，水酸化ナトリウム水溶液を加えると，[1★★]の沈殿が生じる。[1★★]を約600℃に熱すると，[2★]が得られる。[2★]は融点が高いため，耐火れんが，るつぼなどの製造に使われる。（東京都市大）

〈解説〉$Mg^{2+} + 2OH^- \longrightarrow Mg(OH)_2 \downarrow$(白)
$Mg(OH)_2 \xrightarrow{600℃} MgO + H_2O$

(1) 水酸化マグネシウム $Mg(OH)_2$
(2) 酸化マグネシウム MgO

□9 ★★★
カルシウムは炎色反応で[1★★★]色を示し，常温で水と反応し，[2★★★]と[3★★★]を生じる。[2★★★]は消石灰とも呼ばれる白色粉末で，水に溶けて強い[4★★]を示す。[2★★★]はしっくいなどの建築材料や，[5★★]土壌の改良材として用いられる。（法政大）

〈解説〉$Ca + 2H_2O \longrightarrow Ca(OH)_2 + H_2$

(1) 橙赤
(2) 水酸化カルシウム $Ca(OH)_2$
(3) 水素 H_2
(4) 塩基性［㊙アルカリ性］
(5) 酸性

□10 ★★★
アルカリ土類金属の一つであるバリウムの単体を常温で水と反応させたところ，気体を発生し，化合物[1★★]が生じた。この水溶液は，アルカリ性を示した。化合物[1★★]の水溶液に希硫酸を加えたところ，白色沈殿[2★★★]が生じた。（島根大）

〈解説〉$Ba + 2H_2O \longrightarrow Ba(OH)_2 + H_2$
$Ba(OH)_2 + H_2SO_4 \longrightarrow BaSO_4 \downarrow$(白)$+ 2H_2O$

(1) 水酸化バリウム $Ba(OH)_2$
(2) 硫酸バリウム $BaSO_4$

□11 ★★
カルシウムは銀白色の軽くてやわらかい金属であり，塩化カルシウムの融解液を電気分解することで得られる。この電気分解の方法を[1★★]という。（法政大）

〈解説〉Ca^{2+} Cl^- ｛陽極：$2Cl^- \longrightarrow Cl_2 + 2e^-$
陰極：$Ca^{2+} + 2e^- \longrightarrow Ca$

(1) 溶融塩電解［㊙融解塩電解］

□12 ★★
生石灰に水を加えると[1★★]しながら反応し，消石灰ができる。（岩手大）

〈解説〉$CaO + H_2O \longrightarrow Ca(OH)_2$

(1) 発熱

□13 ★
水酸化カルシウムを加熱・脱水すると 1★ になる。 1★ は乾燥剤や発熱剤として用いられる。 1★ にコークスを混ぜて強熱すると 2★ が得られる。 （東北大）

〈解説〉 $Ca(OH)_2 \xrightarrow{加熱} CaO + H_2O$
$CaO + 3C \xrightarrow{強熱} CaC_2 + CO$

(1) 酸化（さんか）カルシウム CaO [㊊生石灰（せいせっかい）]
(2) 炭化（たんか）カルシウム CaC_2 [㊊（カルシウム）カーバイド]

□14 ★★★
大理石に希塩酸を加えると，次のように二酸化炭素が発生する。

1★★★ + 2HCl ⟶ 2★★★ + CO_2 + H_2O

（名城大）

(1) $CaCO_3$
(2) $CaCl_2$

□15 ★★★
1★★ は大気中にわずかに存在するが，カルシウムとの化合物 2★★★ として地殻中に存在することが多い。 2★★★ を強熱すると 1★★ を発生して，生石灰となる。 （金沢大）

〈解説〉 $CaCO_3 \xrightarrow{強熱} CaO + CO_2$

(1) 二酸化炭素（にさんかたんそ） CO_2
(2) 炭酸（たんさん）カルシウム $CaCO_3$ [㊊石灰石（せっかいせき）]

□16 ★★★
水酸化カルシウムは白色の粉末であり，飽和水酸化カルシウム水溶液を 1★★★ という。 （広島大）

(1) 石灰水（せっかいすい）

□17 ★★★
1★★★ は，しっくいの原料である。しっくいを壁に塗ると 1★★★ が徐々に空気中の二酸化炭素と反応して水に溶けにくい炭酸カルシウムに変わり，美しい白色の壁ができる。また 1★★★ の飽和水溶液は石灰水とよばれる。 （東北大）

(1) 水酸化（すいさんか）カルシウム $Ca(OH)_2$ [㊊消石灰（しょうせっかい）]

□18 ★★★
石灰水に二酸化炭素を通じると 1★★★ の白色沈殿を生じるが，さらに二酸化炭素を通じると 2★★ になって溶ける。この溶液を加熱すると再び 1★★★ が沈殿する。 （大阪公立大）

〈解説〉 $Ca(OH)_2 + CO_2 \longrightarrow CaCO_3\downarrow + H_2O$
$CaCO_3 + CO_2 + H_2O \underset{加熱}{\rightleftarrows} Ca(HCO_3)_2$

(1) 炭酸（たんさん）カルシウム $CaCO_3$
(2) 炭酸水素（たんさんすいそ）カルシウム $Ca(HCO_3)_2$

□19 ★★★
通常，水には溶けにくい石灰石が，気体 1★★★ を多量に含んだ水には溶ける。この反応は次の化学反応式で表される。 1★★★ ， 2★★ ， 3★★ に適当な化学式を記せ。

1★★★ + 2★★ + H_2O ⇄ 3★★

（大阪大）

(1) CO_2
(2) $CaCO_3$
(3) $Ca(HCO_3)_2$

□20 ★★
カルシウムは地殻中では石灰岩や大理石の主成分である [1★★] として存在する。[1★★] が二酸化炭素を含んだ水と反応すると，[2★★] となって溶解する。自然界で石灰岩が二酸化炭素を含んだ水によって侵食されてできたものが鍾乳洞（しょうにゅうどう）であり，一方で [2★★] を含んだ水溶液から水が蒸発し，二酸化炭素が放出されると，[1★★] が析出して鍾乳石や石筍（せきじゅん）ができる。

（金沢大）

(1) 炭酸（たんさん）カルシウム $CaCO_3$
(2) 炭酸水素（たんさんすいそ）カルシウム $Ca(HCO_3)_2$

□21 ★★
(a)大理石の主成分は何か。[1★★]
(b)生石灰が水と反応したとき生成する化合物は何か。[2★★]
(c)セッコウとよばれる化合物は何か。[3★]

（千葉工業大）

(1) 炭酸（たんさん）カルシウム $CaCO_3$
(2) 水酸化（すいさんか）カルシウム $Ca(OH)_2$ [㊙消石灰（しょうせっかい）]
(3) 硫酸（りゅうさん）カルシウム二水和物（にすいわぶつ） $CaSO_4 \cdot 2H_2O$

□22 ★
$CaSO_4 \cdot 2H_2O$（セッコウ）を約130℃で加熱すると，医療用ギプスなどに用いられる [1★]（焼きセッコウ）が得られる。

（東邦大）

(1) $CaSO_4 \cdot \frac{1}{2}H_2O$

□23 ★
消石灰に気体 [1★] を吸収させると，さらし粉が得られる。さらし粉を水に溶かすと，酸化力の強い [2★] イオンを生じるので殺菌剤や漂白剤として利用される。

（香川大）

〈解説〉 $Ca(OH)_2 + Cl_2 \longrightarrow CaCl(ClO) \cdot H_2O$
消石灰　　　　　さらし粉
$CaCl(ClO) \cdot H_2O \longrightarrow Ca^{2+} + Cl^- + ClO^- + H_2O$（電離）
さらし粉　　　　　次亜塩素酸イオン

(1) 塩素（えんそ） Cl_2
(2) 次亜塩素酸（じあえんそさん）

□24 ★
硫酸バリウムは [1★] を通しにくいので，造影剤に使われる。

（東京理科大）

(1) X線（せん）

4 アルミニウムとその製錬

▼ANSWER

□1 ★★
原子番号113の元素を発見した日本の研究グループは，最近この新元素をニホニウム（元素記号Nh）と命名した。Nhは第7周期の元素で，[1★] 族元素とされ，第2周期のB，第3周期の [2★★★] ，第4周期のGaを含む列の一番下に位置する。（金沢大）

(1) 13
(2) アルミニウム Al

□2 ★★★
アルミニウムは，電気伝導性が [1★★★] ，単体は [2★★] くて軟らかい金属である。（秋田大）

〈解説〉軽金属：$4.0g/cm^3$ 以下の金属。Alの密度は $2.7g/cm^3$。
電気伝導性：Ag ＞ Cu ＞ Au ＞ Al ＞…

(1) 大きく
(2) 軽

□3 ★★★
アルミニウムは，[1★★★] 族の元素で価電子を [2★★★] 個もち，天然に [3★] は存在しない。（信州大）

(1) 13
(2) 3
(3) 同位体

□4 ★★
アルミニウム(Al)は，地殻中では質量比で [1★★] ，[2★★] についで3番目に多く存在する。（京都大）

〈解説〉地殻（地球表層部の厚さ5～60kmの岩石層）を構成する元素は，O ＞ Si ＞ Al ＞ Fe ＞…の順になる。「お(O)し(Si)ある(Al)て(Fe)」と覚えよう。

(1) 酸素 O
(2) ケイ素 Si

□5 ★
Al^{3+}の水溶液を電気分解すると，陰極ではAl^{3+}が還元されAlが析出するように思えるが，AlはH_2よりも [1★] が大きいため，実際にはH^+が還元され，水素が発生し，Alを得ることができない。（秋田大）

〈解説〉この文章そのままが論述問題で問われる。

(1) イオン化傾向

□6 ★★
アルミニウムは冷水とは反応しないものの，高温の水蒸気とは反応して [1★★] を発生する。このときにアルミニウムは [2★★] されている。（東京大）

〈解説〉
$$2\underset{0}{\underline{Al}} + \underset{\text{高温の水蒸気}}{3H_2O} \longrightarrow \underset{+3}{\underline{Al}_2O_3} + 3H_2$$

(1) 水素 H_2
(2) 酸化

□7 ★★★
アルミニウムは酸の水溶液とも強塩基の水溶液とも反応する [1★★★] 金属でもある。しかし，アルミニウムは濃硝酸に対して [2★★★] となり，溶けない。（岐阜大）

〈解説〉
$$2Al + 6HCl \longrightarrow 2AlCl_3 + 3H_2$$
$$2Al + 6H_2O + 2NaOH \longrightarrow 2Na[Al(OH)_4] + 3H_2$$

(1) 両性
(2) 不動態

□8 ★★
空気中ではアルミニウムは表面に [1★★] の被膜を生じ，[2★★] が内部まで進行しにくくなる。人工的にこの被膜をつけた製品を [3★] という。（信州大）

〈解説〉不動態となるのは，Fe(手)Ni(に)Al(ある)など。

(1) 酸化物[㊗酸化アルミニウム Al_2O_3]
(2) 酸化(反応)
(3) アルマイト

□9 ★★
アルミニウム粉末を酸化鉄(Ⅲ)と混ぜて着火すると激しく反応し(テルミット反応)，金属の鉄が生成する。

$2Al$ + [1★★] ⟶ [2★★] + $2Fe$ （秋田大）

(1) Fe_2O_3
(2) Al_2O_3

□10 ★
銅，マグネシウム，マンガンなどを含むアルミニウムの [1★] は [2★] とよばれ航空機材料に用いられる。（信州大）

(1) 合金
(2) ジュラルミン

□11 ★
ジュラルミンは，主成分として約95%のアルミニウムと，約4%の [1★] を含む軽合金である。（広島大）

(1) 銅 Cu

□12 ★
酸化アルミニウム結晶で微量の遷移金属イオンを含むものの中には紅色の宝石 [1★] がある。（信州大）

〈解説〉ルビー(紅色)：主成分 Al_2O_3 に微量の Cr_2O_3 など。
サファイア(青色)：主成分 Al_2O_3 に微量の TiO_2 など。

(1) ルビー

□13 ★
宝石のルビーやサファイアの主成分は [1★] である。（上智大）

(1) 酸化アルミニウム Al_2O_3

□14 ★★★
亜鉛，アルミニウム，スズおよび鉛は，酸とも塩基とも反応する性質をもつ [1★★★] 金属として知られている。一般に，これらの金属の酸化物および水酸化物も金属単体と同様に [1★★★] を示す。（北海道大）

(1) 両性

□15 ★★★
アルミニウムは，空気中で高温に熱すると激しく燃焼し，酸化アルミニウムになる。酸化アルミニウムは，酸とも強塩基とも反応する [1★★★] 酸化物である。（防衛大）

〈解説〉$Al_2O_3 + 6HCl \longrightarrow 2AlCl_3 + 3H_2O$
$Al_2O_3 + 3H_2O + 2NaOH \longrightarrow 2Na[Al(OH)_4]$
} Al_2O_3 は両性酸化物

(1) 両性

□16 ★★
水酸化アルミニウムは両性水酸化物なので，酸にも強塩基にも溶ける。空欄に適切な化学式を書け。

$Al(OH)_3 + 3H^+ \longrightarrow$ [1★★] $+ 3H_2O$

$Al(OH)_3 + OH^- \longrightarrow$ [2★★] （東京女子大）

(1) Al^{3+}
(2) $[Al(OH)_4]^-$

□17 純水に$AlCl_3$を溶解させた。このときの水溶液のpHの変化について，正しいものを一つ選べ。[1★]
★
(あ) 変化しない　(い) 大きくなる　(う) 小さくなる
(京都大)

〈解説〉Al^{3+}の水溶液は，弱酸性を示す。

(1) (う)

□18 硫酸アルミニウムと硫酸カリウムの混合水溶液を濃縮すると，正八面体の結晶が得られる。これは，硫酸カリウムアルミニウム十二水和物 [1★] であり，[2★★] ともよばれ，上下水の清澄剤や染色の媒染剤などに利用される。
★★
(信州大)

(1) $AlK(SO_4)_2 \cdot 12H_2O$
(2) ミョウバン

□19 ミョウバン $AlK(SO_4)_2 \cdot 12H_2O$ の水溶液には，2種類の塩 [1★★] と [2★★] (順不同)のそれぞれの水溶液を混合した溶液と，同じイオンが含まれる。このように2種類以上の塩から構成される化合物で，水に溶けると個々の塩の成分に解離するものは，[3★★] とよばれる。
★★
(広島大)

(1) 硫酸(りゅうさん)カリウム K_2SO_4
(2) 硫酸(りゅうさん)アルミニウム $Al_2(SO_4)_3$
(3) 複塩(ふくえん)

□20 ミョウバンの水溶液は [1★★] を示す。(青山学院大)
★★

(1) (弱(じゃく))酸性(さんせい)

□21 窒化アルミニウム AlN は，窒化ケイ素 Si_3N_4 と同様に高純度にすることで高熱伝導性や電気絶縁性のような特性をもつようになる。このような特性をもつ物質は [1★] とよばれる。
★
(名古屋市立大)

(1) ファインセラミックス [㊐ニューセラミックス]

□22 金，鉄，銅，アルミニウムのうち製錬が困難なために金属単体としての生産，利用が最も遅れた金属名は [1★] である。また，その金属単体の生産を初めて可能にした製錬法名は [2★] である。
★
(新潟大)

(1) アルミニウム
(2) 溶融塩電解(ようゆうえんでんかい) [㊐融解塩電解(ゆうかいえんでんかい)]

□23 溶融塩電解は [1★★] が大きい金属を電気分解で製錬するときに行われている。
★★
(名古屋市立大)

(1) イオン化傾向(かけいこう)

□24 ★
Alはイオン化傾向が大きく，Al^{3+}を含む水溶液を電気分解しても [1★] 極では水の還元によって [2★] が発生するだけでAlの単体を得ることが出来ない。そこで，単体のAlを得るには [3★] を行う。　（神戸大）

〈解説〉陰極ではH_2OのH^+が反応してH_2が発生するだけでAlを得ることができない。
陰極：$2H_2O + 2e^- \longrightarrow H_2 + 2OH^-$

(1) 陰（いん）
(2) 水素（すいそ） H_2
(3) 溶融塩電解（ようゆうえんでんかい）
[㊞融解塩電解（ゆうかいえんでんかい）]

□25 ★★
アルミニウムの単体は鉱石である [1★★] から得られる [2★★] の溶融塩電解によって作られる。（高知大）

(1) ボーキサイト $Al_2O_3 \cdot nH_2O$
(2) 酸化（さんか）アルミニウム Al_2O_3
[㊞アルミナ]

〈解説〉ボーキサイトから純粋なAl_2O_3を得るまでの工程

ボーキサイト —濃NaOH→ ろ液 $[Al(OH)_4]^-$ —水→ 沈殿物 $Al(OH)_3$ —強熱→ アルミナ Al_2O_3

□26 ★★
原料のボーキサイトに大量の [1★★] を加えて溶かし，不純物を除いてから，水酸化アルミニウムを沈殿させ，次いで1100～1300℃の高温で熱分解して酸化アルミニウム（アルミナ）にする。　（北海道工業大）

(1) 水酸化（すいさんか）ナトリウム NaOH

〈解説〉アルミニウムの製造

①原料であるボーキサイト$Al_2O_3 \cdot nH_2O$（不純物Fe_2O_3など）を，濃NaOH水溶液に加熱溶解させる。このとき，Al_2O_3は両性酸化物，Fe_2O_3は塩基性酸化物なので，強塩基のNaOHとは両性酸化物であるAl_2O_3だけが次のように反応し，$[Al(OH)_4]^-$をつくって溶解する。

$$Al_2O_3 + 2NaOH + 3H_2O \longrightarrow 2Na[Al(OH)_4]$$

塩基と反応しないFe_2O_3などの不純物は，得られた水溶液をろ過することで除くことができる。

②得られたろ液に，多量の水を加えて（または，CO_2を吹き込み）水溶液のpHを下げる，つまりOH^-の濃度を小さくすると，OH^-の濃度を大きくする方向である右に平衡が移動し$Al(OH)_3$の沈殿が生成する。

$$Na[Al(OH)_4] \rightleftarrows NaOH + Al(OH)_3 \downarrow$$

③ $Al(OH)_3$の沈殿を強熱し，純粋なAl_2O_3をつくる。

$$2Al(OH)_3 \longrightarrow Al_2O_3 + 3H_2O$$

□27 ★ アルミニウムは，原料鉱石のボーキサイトを精製して得られるアルミナ Al_2O_3 を，陽極および陰極に炭素電極を用い溶融塩電解してつくられる。このとき，アルミナの融点は約 2000℃と非常に高いため，[1★]を約 1000℃に加熱して融解したものにアルミナを溶かす。（福岡大）

(1) 氷晶石（ひょうしょうせき） Na_3AlF_6

□28 ★★ 工業的にアルミニウムの単体を得るには，まず，鉱石である[1★★]から酸化アルミニウムをつくったのち，これを加熱融解した[2★]に溶かし，炭素を電極に用いて[3★]を行う。[4★★]極では酸化アルミニウムの電離で生じたアルミニウムイオンが[5★★]されて，アルミニウムを生じる。（信州大）

(1) ボーキサイト $Al_2O_3 \cdot nH_2O$
(2) 氷晶石（ひょうしょうせき） Na_3AlF_6
(3) 溶融塩電解（ようゆうえんでんかい）［㊞融解塩電解（ゆうかいえんでんかい）］
(4) 陰（いん）
(5) 還元（かんげん）

〈解説〉溶融塩電解（融解塩電解）

純粋な Al_2O_3（アルミナ）の融点は約 2000℃と非常に高いため，融点の低い氷晶石（主成分 Na_3AlF_6）を利用すると，約 1000℃でアルミナを融解させることができる。

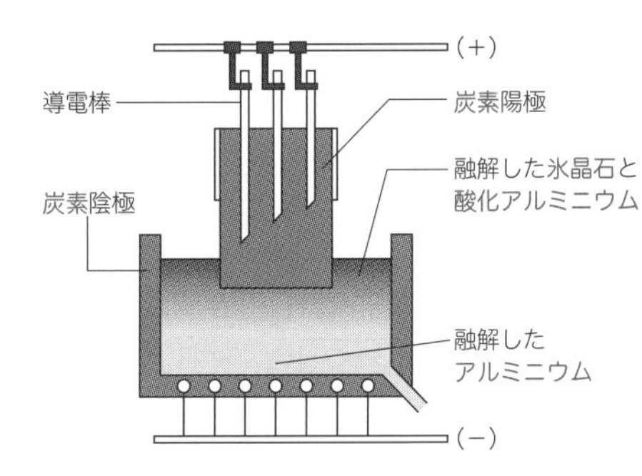

$Al_2O_3 \longrightarrow 2Al^{3+} + 3O^{2-}$

この融解液を陽極，陰極の両方に C を使って電気分解すると，陰極では融解液中の Al^{3+} が還元されて Al となって電解槽の底に沈む。

陰極での反応：$Al^{3+} + 3e^- \longrightarrow Al$

陽極では，融解液中の O^{2-} が反応するが，非常に高い温度で溶融塩電解しているので発生した O_2 が直ちに陽極の C と反応して，CO や CO_2 が生成する。

陽極での反応：$C + O^{2-} \longrightarrow CO + 2e^-$

$C + 2O^{2-} \longrightarrow CO_2 + 4e^-$

このとき，陽極の炭素 C は消費されていくので，常に補給する必要がある。

5 炭素・ケイ素（14族元素）

▼ANSWER

□1 ★★ 炭素は [1★★] 族に属する元素で，原子は [2★] 個の価電子をもっている。同族の元素には [3★★] や [4★] （(3)(4)順不同）などがあり，原子番号が増すにつれて [5★★] 性が減る。

炭素の単体は天然にダイヤモンドや [6★★★] が存在し，これらは互いに [7★★★] である。ダイヤモンドはすべての炭素原子が [8★★] 結合してできた無色の結晶で，あらゆる物質の中で最も [9★★] い。 [6★★★] は光沢のある [10★] 色の結晶で， [11★★] や [12★★] （(11)(12)順不同）をよく通す。この他の炭素の単体には，C_{60}，C_{70} などの分子式をもつ球状の分子 [13★] や，木炭や活性炭のようにはっきりした結晶の状態を示さない [14★] がある。（日本女子大）

(1) 14
(2) 4
(3) ケイ素(そ) Si
(4) ゲルマニウム Ge
(5) 非金属(ひきんぞく)
(6) 黒鉛(こくえん)［別 グラファイト］
(7) 同素体(どうそたい)
(8) 共有(きょうゆう)
(9) 硬(かた)
(10) 黒(こく)
(11) 電気(でんき)
(12) 熱(ねつ)
(13) フラーレン
(14) 無定形炭素(むていけいたんそ)

□2 ★★★ 黒鉛（グラファイト）は正六角形が同一平面で繰り返された網目状のシート構造をとり，シート同士が [1★★★] で結び付いて層状に重なった立体構造となる。このシート1枚分の分子は [2★★] とよばれ，シートが筒状になった構造をもつ分子は [3★★] とよばれる。（東京電機大）

(1) ファンデルワールス力(りょく)［別 分子間力(ぶんしかんりょく)］
(2) グラフェン
(3) カーボンナノチューブ

□3 ★★ ダイヤモンドは電気を通さないが，黒鉛はよく通す。これは，ダイヤモンドは炭素原子の [1★★] がすべて電子対として2つの炭素原子に共有されているため電気を通さないが，黒鉛では [1★★] の一部が金属にみられる [2★★] のようにふるまうため電気をよく通す。（名城大）

(1) 価電子(かでんし)［別 最外殻電子(さいがいかくでんし)］
(2) 自由電子(じゆうでんし)

□4 ★★ 第14族に属する炭素は，有機化合物の主な構成元素である。これを含む化合物を空気中で燃焼させると [1★★] を生じる。固体の [1★★] は [2★★] とよばれ，－79℃で昇華して固体から直接気体になる。また炭素が不完全燃焼して生成する [3★★] は，血液中の酸素輸送タンパク質である [4★] と非常に強く結合するので，人体に有毒な気体である。（鳥取大）

(1) 二酸化炭素(にさんかたんそ) CO_2
(2) ドライアイス
(3) 一酸化炭素(いっさんかたんそ) CO
(4) ヘモグロビン

□5 ★★★ 石炭から得られるコークスを1000℃以上に熱して水蒸気と反応させると，[1★★★] と [2★★★] を主成分とする水性ガスが得られる。[1★★★] は，常温常圧で最も密度の低い気体で，水に対する溶解度は低い。[2★★★] は酸素が不足する中でプラスチックを燃焼すると発生する気体で，[3★★] を脱水しても生成する。水性ガスから精製した [2★★★] に対してさらに水蒸気を反応させると，[1★★★] と [4★★] が生成し，わずかに熱が生じる。（金沢大）

〈解説〉 $C + H_2O \longrightarrow \underbrace{H_2 + CO}_{\text{水性ガス(合成ガス)}}$ 　 $HCOOH \longrightarrow CO + H_2O$ 　 $CO + H_2O \longrightarrow H_2 + CO_2$

(1) 水素(すいそ) H_2
(2) 一酸化炭素(いっさんかたんそ) CO
(3) ギ酸(さん) HCOOH
(4) 二酸化炭素(にさんかたんそ) CO_2

□6 ★★ 地球大気に CO_2 は0.04%程度存在し，地表から放射される赤外線を吸収し，地球の気候を温暖なものに保つ働きをしていることから [1★★] ガスと呼ばれている。（札幌医科大）

(1) 温室効果(おんしつこうか)

□7 ★★★ ケイ素は周期表 [1★★] 族に属する典型元素で価電子を [2★★] 個もっている。単体は天然には存在 [3★★★]。（弘前大）

(1) 14
(2) 4
(3) しない

□8 ★ ケイ素の単体はダイヤモンドと同じ構造をもち，[1★] 色の金属光沢がある。（三重大）

(1) 灰(はい)(黒(こく))

□9 ★★ 導体と絶縁体の中間の電気伝導性をもつケイ素Siの結晶はダイヤモンドのすべてのC原子がSi原子に置き換わった構造をもつ。Siは地殻中では，[1★★] の次に存在率(質量%)の高い元素である。（埼玉大）

〈解説〉地殻中の存在率(質量%)の順：O(お) > Si(し) > Al(ある) > Fe(て) >…

(1) 酸素(さんそ) O

□10 ★★★ 単体のSi やGe は金属と絶縁体の中間の電気伝導性をもち，[1★★★] とよばれる。（北海道大）

〈解説〉Si や Ge は同じ 14 族元素。

(1) 半導体（はんどうたい）

□11 ★★★ ケイ素の単体は [1★★] 結合の結晶で，同族元素の結晶である [2★★] と類似の構造をもつ。また，高純度のものは [3★★★] の材料として非常に重要な元素である。（京都府立大）

(1) 共有（きょうゆう）
(2) ダイヤモンド
(3) 半導体（はんどうたい）

□12 ★★ 純粋なケイ素は半導体の原料として，[1★★] や [2★★]（順不同）などに用いられる。（大阪大）

(1) 集積回路（しゅうせきかいろ）(IC)
(2) 太陽電池（たいようでんち）

□13 ★★ ケイ素の単体は，自然界に存在しないので，二酸化ケイ素を強熱して炭素で還元することでつくられる。この反応では，ケイ素と毒性の強い気体が生成し，化学反応式は [1★★] と表される。半導体であるケイ素に，3 個の [2★★★] をもつアルミニウム原子を少量混入させると，電子が不足した部分を生じ，電気を通しやすくなる。なお，ヘリウムを除き，最外殻電子の数が 1 ～ 7 個の場合，[2★★★] の数は最外殻電子の数と等しい。このように半導体中に生じた電子が不足した部分のことを [3★] という。（慶應義塾大）

(1) $SiO_2 + 2C \longrightarrow Si + 2CO$
(2) 価電子（かでんし）
(3) 正孔（せいこう）[㊐ホール]

□14 ★ ケイ砂とコークスとを反応させる場合，コークスの含有量の違いによって異なった化学反応が起こり，コークス量が多いと [1★] が生成される。（名古屋市立大）

〈解説〉$SiO_2 + 3C \longrightarrow SiC + 2CO$
SiC は，研磨材として用いられる。

(1) 炭化（たんか）ケイ素（そ） SiC [㊐カーボランダム]

□15 ★★ 二酸化ケイ素は [1★★]，[2★★]（順不同）などとしてほぼ純粋な形で天然に存在する。（弘前大）

(1) 石英（せきえい）
(2) 水晶（すいしょう）
※ケイ砂（しゃ）など

□16 ★ ケイ素の酸化物は天然には石英として産出し，六角柱状の結晶構造から成るものを特に水晶と呼んでいる。高純度の二酸化ケイ素を融解して繊維化し，光通信に利用されるものは [1★] とよばれる。（名古屋市立大）

(1) 光（ひかり）ファイバー

□17 ★★ ［1★★］の酸化物はけい砂の主成分で，一般に薬品には侵されにくいが，水酸化ナトリウムとともに熱すると［2★★］となる。（名古屋市立大）

〈解説〉 $SiO_2 + 2NaOH \longrightarrow Na_2SiO_3 + H_2O$

(1) ケイ素（そ） Si
(2) ケイ酸（さん）ナトリウム Na_2SiO_3

□18 ★★ 二酸化ケイ素を水酸化ナトリウムや炭酸ナトリウムと混合して融解すると，ケイ酸ナトリウムが得られる。ケイ酸ナトリウムに水を加えて長時間加熱すると，粘性の大きい液体が得られる。これを［1★★］という。この水溶液に塩酸を加えて中和すると，白色で無定形のケイ酸が沈殿する。このケイ酸を加熱乾燥したものが［2★★］である。（三重大）

〈解説〉 $SiO_2 + Na_2CO_3 \longrightarrow Na_2SiO_3 + CO_2$

(1) 水（みず）ガラス
(2) シリカゲル

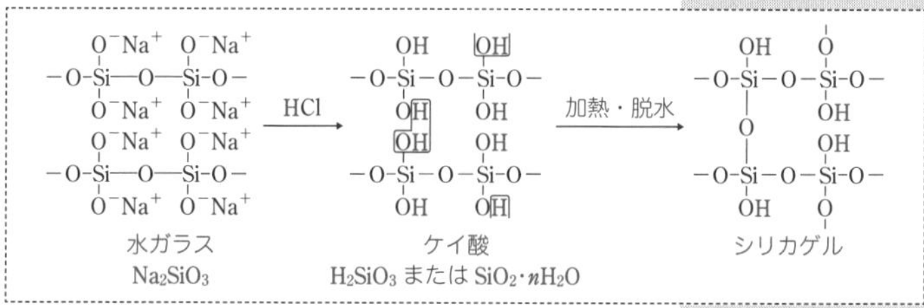

□19 ★★ ケイ酸ナトリウムに水を加えて煮沸すると，粘性の大きな液体が得られ，これを［1★★］とよぶ。［1★★］を空気中に放置すると，二酸化ケイ素が析出して固まる。この性質を利用して，地盤の液状化対策用の硬化剤などに用いられる。（同志社大）

(1) 水（みず）ガラス

□20 ★ ケイ素の化合物であるシリカゲルは，［1★］の固体であるために，その表面に気体や色素などを吸着する性質に優れている。したがって，シリカゲルも活性炭と同様に吸着剤として使用されている。（防衛大）

(1) 多孔質（たこうしつ）

□21 ★★ ケイ酸ナトリウムに水を加えて加熱すると，粘性の大きな［1★★］ができる。［1★★］の水溶液に塩酸を加えると［2★★］が沈殿する。この沈殿を水で洗ったのち，乾燥させたものを［3★★］という。これは表面に親水性の［4★★］基をもち，また小さなすきまが多数あるので水分を吸収しやすく乾燥剤や脱臭剤として使われる。（弘前大）

(1) 水（みず）ガラス
(2) ケイ酸（さん） H_2SiO_3
(3) シリカゲル
(4) ヒドロキシ $-OH$

□22 ★★
水の吸収を知るために，シリカゲルに [1★★] を含ませると，乾燥時は青色，吸湿時は淡赤色となる。（秋田大）

(1) 塩化(えんか)コバルト(Ⅱ) $CoCl_2$

□23 ★★
コロイド粒子が分散している溶液をコロイド溶液またはゾルという。ゾルが流動性を失った状態をゲルという。ゲルを乾燥させたものをキセロゲルという。キセロゲルの1つである [1★★] は，ゲル状のケイ酸を乾燥させたものであり，吸着剤，乾燥剤として利用される。
（同志社大）

(1) シリカゲル

□24 ★★
ガラスの主成分は [1★★★] であり，これを融解し微量の金属酸化物を加えることでステンドガラスに用いられる着色したガラスをつくることができる。高純度の [1★★★] を高温で融解後，冷却して得られる [2★★] は，紫外線電球や耐熱ガラスなどに用いられる。さらに不純物を除去して透明度を高め，繊維状にしたものが [3★] であり，大容量通信に利用されている。
　[1★★★] は一般に酸に対して安定であるが，[4★★] 酸には反応して溶ける。（青山学院大）

(1) 二酸化(にさんか)ケイ素(そ) SiO_2
(2) 石英(せきえい)ガラス
(3) 光(ひかり)ファイバー
(4) フッ化水素(かすいそ)

□25 ★★
[1★★] は，ガラスの原料であるケイ砂の主成分である。[2★★] はケイ砂の他に炭酸ナトリウムと石灰石からつくられ，主に板ガラスとして使用されている。[3★] は，ケイ砂とホウ素化合物が主な原料である。これは熱や薬品に対して安定であることから，理化学器具に用いられている。[4★] は，[1★★] だけでできており，透明性が高いことから光ファイバーなどに用いられている。（鳥取大）

〈解説〉ソーダ石灰ガラス（ふつうのガラス）：$SiO_2 + Na_2CO_3 + CaCO_3$

(1) 二酸化(にさんか)ケイ素(そ) SiO_2
(2) ソーダ石灰(せっかい)ガラス[㊊ソーダガラス]
(3) ホウケイ酸(さん)ガラス
(4) 石英(せきえい)ガラス

□26 ★
二酸化ケイ素は重要な工業原料であり，水晶，ケイ砂，ケイ石などとして産出する。ケイ砂を [1★] と [2★]（順不同）とともに高温で融解し，冷却することでソーダ石灰ガラスがつくられる。なお，二酸化ケイ素がフッ化水素酸に溶ける性質を利用して，フッ化水素酸はくもりガラス製造やガラスの目盛りつけに用いられる。
（大阪大）

〈解説〉
$$SiO_2 + 6HF \longrightarrow H_2SiF_6 + 2H_2O$$
（6HF：フッ化水素酸，H_2SiF_6：ヘキサフルオロケイ酸）

(1) 炭酸(たんさん)カルシウム $CaCO_3$ [㊊石灰石(せっかいせき)]
(2) 炭酸(たんさん)ナトリウム Na_2CO_3

6 スズ・鉛（14族元素）

▼ANSWER

□1 ★★★ 単体のスズには，金属スズ，灰色スズなど，同じスズの単体であるにもかかわらず，性質の異なる［1★★★］が存在する。（北海道大）

(1) 同素体（どうそたい）

□2 ★ 青銅（ブロンズ）は，どのような金属元素と銅の合金であるか。［1★］（高知大）

(1) スズ Sn

□3 ★★ 亜鉛やスズは鋼板のめっきに使用される。亜鉛をめっきした鋼板を［1★★］，スズをめっきした鋼板を［2★★］という。［3★★］では表面に傷がつき，鉄が露出しても，亜鉛が内部の鉄の腐食を防止するのに対し，［4★★］では鉄が露出すると，鉄の腐食が促進される。（北海道大）

(1) トタン
(2) ブリキ
(3) トタン
(4) ブリキ

〈解説〉
①トタン：表面に傷がつき鉄が露出してもイオン化傾向は Zn ＞ Fe なので，Zn が Zn^{2+} となって Fe の腐食を防止することができる（傷がついていないときは，Zn の表面に生じている ZnO が腐食を防止している）。
②ブリキ：傷がつくとイオン化傾向は Fe ＞ Sn なので，Fe が Fe^{2+} となって Fe の腐食が促進される（傷がついていないときは，Fe より酸化されにくい Sn が腐食を防止している）。

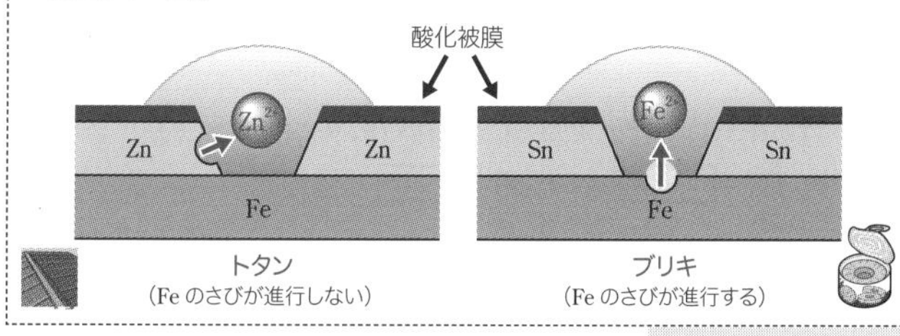

□4 ★ スズと鉛に関する次の記述のうち，正しいものの組合せを一つ選べ。［1★］

a　スズと鉛は，いずれも遷移元素である。
b　塩化スズ（II）は，酸化作用を示す。
c　硫酸鉛（II）は，希硫酸に溶けにくい。
d　酸化鉛（IV）は，酸化剤として用いられる。
e　塩化鉛（II）は，冷水にも熱水にも溶けにくい。

①a，b　②a，c　③a，d　④a，e　⑤b，c
⑥b，d　⑦b，e　⑧c，d　⑨c，e　⑩d，e

（東邦大）

(1) ⑧

解き方

a(誤)Sn と Pb は，いずれも 14 族なので典型元素である。

b(誤)塩化スズ(II)$SnCl_2$ 中の Sn^{2+} は Sn^{4+} になりやすく，還元作用を示す。$Sn^{2+} \longrightarrow Sn^{4+} + 2e^-$

c(正)$PbSO_4$ は強酸からなる難溶性の沈殿なので，希硫酸を加えてもほとんど溶けない。

d(正)$PbO_2 + 4H^+ + 2e^- \longrightarrow Pb^{2+} + 2H_2O$ と反応し，酸化剤として用いることができる。

e(誤)$PbCl_2$ は沈殿であるが熱水には溶ける。

□5 ★★★ 以前のはんだの主成分は Pb と [1 ★★★] であったが，現在は無鉛はんだが普及している。（名古屋大）

〈解説〉無鉛はんだ Sn − Ag − Cu

(1) スズ Sn

□6 ★★★ NaCl 水溶液に金属 [1 ★★★] のイオンを含む水溶液を加えると白色沈殿が生じ，沈殿は熱水に溶解した。また，この金属 [1 ★★★] のイオンを含む水溶液にクロム酸水溶液を加えると，黄色の沈殿が生じた。（岩手大）

(1) 鉛(なまり) Pb

解き方

Cl^- との沈殿が熱水に溶解したことから $PbCl_2$ とわかる。

$Pb^{2+} + CrO_4^{2-} \longrightarrow PbCrO_4 \downarrow$(黄)

□7 ★ ヨウ化カリウムの水溶液に酢酸鉛(II)水溶液を加えたところ，[1 ★] 色の沈殿 [2 ★] が生じた。（千葉大）

〈解説〉$2KI + (CH_3COO)_2Pb \longrightarrow PbI_2 \downarrow$(黄)$+ 2CH_3COOK$

(1) 黄(おう)

(2) ヨウ化鉛(かなまり)(II) PbI_2

□8 ★★★ 鉛は，酸にも塩基にも溶ける [1 ★★★] 金属である。ただし，硝酸には溶けるが，塩酸や希硫酸には，塩化物イオンや硫酸イオンと難溶性の塩を形成するため，ほとんど溶けない。また，鉛は密度が大きく，[2 ★★] を吸収する能力に優れていることから，医療機器や原子炉などの使用において，[2 ★★] の遮蔽（しゃへい）材として広く利用されている。（京都府立大）

〈解説〉HCl や H_2SO_4 とは $PbCl_2$（白）や $PbSO_4$（白）を形成する。

(1) 両性(りょうせい)

(2) 放射線(ほうしゃせん)［例 X 線(せん)］

7 窒素・リン（15族元素）

▼ANSWER

□1 ★★ 窒素は周期表で [1 ★★] 族に属する典型元素でK殻に [2 ★★] 個，L殻に [3 ★★] 個の電子をもつ。窒素は肥料の三要素の一つであり，タンパク質，核酸などの成分として植物の成長に欠かせない。（立命館大）

〈解説〉$_7N$　K(2)L(5)，肥料の三要素：窒素N・リンP・カリウムK

(1) 15
(2) 2
(3) 5

□2 ★ 単体の窒素 N_2 は空気の主成分で，体積で約78%を占めている。窒素は工業的には [1 ★] の分留によって得られる。（同志社大）

(1) 液体空気（えきたいくうき）

□3 ★★★ アンモニアは，無色で刺激臭をもち，空気より軽い気体である。実験室では塩化アンモニウムに水酸化カルシウムを混合して加熱することによって得られ，[1 ★★★] 置換で捕集する。（同志社大）

〈解説〉$2NH_4Cl + Ca(OH)_2 \xrightarrow{加熱} 2NH_3 + 2H_2O + CaCl_2$（弱塩基遊離反応）

(1) 上方（じょうほう）

□4 ★★★ アンモニアは水に溶けやすく，その水溶液は [1 ★★★] を示す。アンモニア分子は [2 ★★★] の構造をとる。（立命館大）

(1) 弱塩基性（じゃくえんきせい）［別 弱アルカリ性（じゃく・せい）］
(2) 三角すい形（さんかく・けい）

□5 ★★★ 塩化水素は，アンモニアに接触すると白煙が生じることにより検出できる。この白煙の微粒子の物質名は，[1 ★★★] である。（名古屋工業大）

〈解説〉$HCl + NH_3 \longrightarrow NH_4Cl$

(1) 塩化アンモニウム（えんか）

□6 ★★ 窒素は大気中に多量に存在するが，安定な窒素分子のままでは利用が困難であった。ところが，ハーバー法によって [1 ★★★] が工業的に合成できるようになってから，窒素分子は化学肥料の原料として大量に使用されるようになった。[1 ★★★] と硫酸を反応させて得られる塩は，窒素肥料 [2 ★] として用いられている。（名古屋工業大）

〈解説〉$2NH_3 + H_2SO_4 \longrightarrow (NH_4)_2SO_4$

(1) アンモニア NH_3
(2) 硫酸アンモニウム（りゅうさん） $(NH_4)_2SO_4$ ［別 硫安（りゅうあん）］

□7 ★★
酸性雨は工場などから排出される [1★★] 酸化物や [2★★] 酸化物(順不同)が，大気中でさらに酸化されて雨水に溶け込むのが原因であり，大気中の二酸化炭素が雨水に溶けたときに示すpHよりも強い酸性を示す。
(法政大)

〈解説〉それぞれ NO_x，SO_x とも書く。

(1) 窒素(ちっそ)
(2) 硫黄(いおう)

□8 ★
窒素は常温では化学的に安定であるが，ガソリンエンジンやディーゼルエンジン中では一部酸化され，[1★] とよばれる光化学スモッグの原因物質が発生する。この物質を低減するためガソリンエンジンやディーゼルエンジンの排気口には，触媒コンバータとよばれる [1★] を再び [2★] に変換する装置が取り付けられている。
(三重大)

(1) ノックス NO_x
(2) 窒素(ちっそ) N_2

□9 ★★
窒素の酸化物の一つである [1★★] は，銅と希硝酸との反応によって発生する気体で，水にほとんど溶けず，空気中では酸化される。
(埼玉大)

〈解説〉$3Cu + 8HNO_3(希) \longrightarrow 3Cu(NO_3)_2 + 2NO + 4H_2O$

(1) 一酸化窒素(いっさんかちっそ) NO

□10 ★★
[1★★] 色の気体である二酸化窒素 NO_2 が，[2★] 色の気体である四酸化二窒素 N_2O_4 に変化する反応のエンタルピー変化は $\Delta H = -57kJ$ であり，次のように表される。

$$2NO_2\ (気) \rightleftarrows N_2O_4\ (気) \quad \Delta H = -57kJ$$

(神戸大〈改〉)

〈解説〉NO_2 から N_2O_4 が生成する反応は，$\Delta H < 0$ の発熱反応になる。

(1) 赤褐(せきかっ)
(2) 無(む)

□11 ★★
濃硝酸は，[1★★] や [2★★] (順不同)で分解しやすいので，褐色の瓶に入れて保存される。
(三重大)

〈解説〉$4HNO_3 \xrightarrow{光／熱} 4NO_2 + 2H_2O + O_2$

(1) 光(ひかり)
(2) 熱(ねつ)

□12 ★★
硝酸は，硝酸ナトリウムと [1★★] を混合して加熱すると得られる。
(松山大)

〈解説〉$NaNO_3 + H_2SO_4 \xrightarrow{加熱} HNO_3 + NaHSO_4$

(1) 濃硫酸(のうりゅうさん) H_2SO_4

□13 ★★★
硝酸など分子中に酸素原子を含む酸を [1★★★] という。
(千葉大)

(1) オキソ酸(さん)

□14 窒素は周期表の［1★★★］族に属し，酸化数は最大で［2★★］，最小で［3★★］の値をとる。（大阪公立大）
★★★

（1）15
（2）＋5
（3）－3

〈解説〉原子がとりうる酸化数の上限を最高酸化数（ふつう「族番号の下1桁の数」），下限を最低酸化数（ふつう非金属は「族番号の下1桁の数－8」，金属は「0」）という。

□15 窒素原子Nの酸化数を求めると，HNO_3は［1★］，HNO_2は［2★］である。HNO_3のNの酸化数は，Nの［3★］電子の数と等しいため，HNO_3のNは還元剤としての作用はない。（名古屋大）
★

（1）＋5
（2）＋3
（3）価（か）［別 最外殻（さいがいかく）］

〈解説〉最高酸化数をとると，これ以上酸化されないので酸化剤にしかならない。

□16 表に示す組合せで金属が酸に溶解する際に，それぞれの組合せで主に生成する気体を化学式で答えよ。金属が溶解しない場合には「溶解しない」と記せ。
★★★

金属	酸	発生する気体
銅	希硝酸	1★★★
銀	濃硝酸	2★★
鉄	濃硝酸	3★★

（同志社大）

（1）NO
（2）NO_2
（3）溶解（ようかい）しない

〈解説〉濃硝酸や希硝酸はAg以上のイオン化傾向をもつ金属と反応し，濃硝酸はNO_2，希硝酸はNOを発生する。ただし，Fe，Ni，Alなどは濃硝酸には不動態となり，溶解しない。

□17 アルミニウムや鉄を濃硝酸に入れると，表面に酸化被膜を生じ，それ以上溶けない。このような状態を［1★★★］とよぶ。（福島大）
★★★

（1）不動態（ふどうたい）

□18 ★★ 硝酸 HNO_3 は強い酸化剤であり，銅や銀などを酸化することができる。例えば，銅に濃硝酸を加えると気体 [1★★] が発生し，その生成量は銅 1mol あたり [2★★] mol である。この気体は [3★★] 色であり，水に溶けやすい。

希硝酸を用いた一般的な金属の酸化反応を考えよう。この場合，HNO_3 が還元されることにより気体 [4★★] が発生する。この気体は [5★] 色であり，水にほとんど溶けない。酸化剤としてのはたらきに着目すると，HNO_3 は①式のように反応する。

$$HNO_3 + [6★★] H^+ + [7★★] e^- \longrightarrow [8★★] + [9★★] H_2O \cdots ①$$

したがって，1mol の HNO_3 は酸化される金属から [7★★] mol の電子を受け取ることがわかる。（関西大）

〈解説〉 $Cu + 4HNO_3$(濃) $\longrightarrow Cu(NO_3)_2 + 2NO_2 + 2H_2O$
$3Cu + 8HNO_3$(希) $\longrightarrow 3Cu(NO_3)_2 + 2NO + 4H_2O$

(1) 二酸化窒素（にさんかちっそ） NO_2
(2) 2
(3) 赤褐（せきかつ）
(4) 一酸化窒素（いっさんかちっそ） NO
(5) 無（む）
(6) 3
(7) 3
(8) NO
(9) 2

□19 ★★ リンは15族の元素で，$^{31}_{15}P$ 原子に含まれる陽子および電子の数はいずれも [1★] 個，中性子の数は [2★] 個である。また，P原子は [3★★] 個の価電子をもつが，そのうち不対電子は [4★★] 個である。（関西大）

〈解説〉 $_{15}P$ K(2) L(8) M(5) ·P̈·

(1) 15
(2) 16
(3) 5
(4) 3

□20 ★ リン肥料は採掘した [1★] から製造されている。[1★] は地球上に偏在しているため，日本はほぼ輸入に頼っており，その枯渇も懸念されている。

（名古屋工業大）

(1) リン鉱石（こうせき）
[例 リン酸（さん）カルシウム $Ca_3(PO_4)_2$]

□21 ★★★ リンには，代表的な2種類の [1★★★] が存在する。分子式がP_4と示される黄リン（白リン）は，淡黄色のろう状の固体で反応性に富み，空気中では自然発火するため，通常は [2★★★] 中に保存する。一方，[3★★★] は赤褐色の粉末であり，多数のリン原子が共有結合した構造を持ち，黄リンに比べて反応性が乏しい。（神戸大）

(1) 同素体（どうそたい）
(2) 水（すい）
(3) 赤リン（せき） P

□22 ★★★ a～eのうち，誤りを一つ選べ。 [1★★★]

a 赤リンは，黄リンに比べて反応性にとぼしく毒性が少ない。

b 黄リンは，正四面体状の分子 P_4 が集まってできた分子結晶である。

c リンを燃焼して得られる吸湿性の白色結晶に水を加えて煮沸すると，リン酸 H_3PO_4 になる。

d リン酸カルシウム $Ca_3(PO_4)_2$ は，水に溶けやすい。

e リン酸二水素カルシウム $Ca(H_2PO_4)_2$ は，酸性塩である。 （東京薬科大）

(1) d

〈解説〉 $Ca_3(PO_4)_2$ ， $CaHPO_4$ ：水に溶けにくい ， $Ca(H_2PO_4)_2$ ：水に溶ける

同素体	黄リン(白リン) P_4	赤リン P
外　観	淡黄色，ろう状固体	赤褐色，粉末
CS_2 への溶解	溶ける	溶けない
特　徴	空気中で自然発火する➡水中に保存する	マッチ箱の発火剤に使用
毒　性	有　毒	毒性少ない
におい	悪　臭	無　臭

□23 ★★★ マッチや火薬の材料として使われる [1★★★] リンは，[2★★★] リンを空気を断って約 250℃に加熱すると得られる。 （東邦大）

(1) 赤（せき）
(2) 黄（おう）［㊞白（はく）］

□24 ★★★ [1★★★] リンを空気中に放置すると [2★★★] する危険性がある。 （名古屋工業大）

(1) 黄（おう）［㊞白（はく）］
(2) 自然発火（しぜんはっか）

□25 ★★ リンを空気中で燃やすと①式の反応がおこる。

$4P + $ [1★★] $O_2 \longrightarrow$ [2★★] …①

ここで生じる [2★★] は白色の粉末で強い吸湿性があり，乾燥剤などとして利用される。[2★★] に水を加えて加熱すると，②式の反応によりリン酸が生じる。

[2★★] ＋ [3★★] H_2O

$\longrightarrow$ [4★★] [5★★] …② （関西大）

(1) 5
(2) P_4O_{10}
(3) 6
(4) 4
(5) H_3PO_4

〈解説〉リン酸 H_3PO_4 は，潮解性のある固体。

□26 ★★★ リンは，リン鉱石(主成分：$Ca_3(PO_4)_2$)にケイ砂(主成分：SiO_2)とコークス(主成分：C)を混ぜたものを高温で反応させてつくられる。このときに発生したリンの蒸気を，水中で固化させると，[1★★★]が得られる。この反応は次のように表される。

$$2Ca_3(PO_4)_2 + 6SiO_2 + 10C \longrightarrow 6CaSiO_3 + [2★★] + 10CO$$

[1★★★]は分子式[2★★]で表され，[3★]中で自然発火する。一方，[3★]を遮断して250℃で[1★★★]を加熱すると[4★★★]になる。

[4★★★]を酸素中で燃焼させると，[5★★]になる。[5★★]を水に加えて加熱すると，[6★★]の結晶になる。 (上智大)

(1) 黄リン[㊞白リン]
(2) P_4
(3) 空気[㊞酸素 O_2]
(4) 赤リン P
(5) 十酸化四リン P_4O_{10}
(6) リン酸 H_3PO_4

□27 ★★ リン鉱石に硫酸 H_2SO_4 を作用させると，リン鉱石中の $Ca_3(PO_4)_2$ が H_2SO_4 と反応し，リン酸二水素カルシウムと硫酸カルシウムの混合物が得られる。この化学反応式は[1★★]で表される。この混合物は過リン酸石灰とよばれ，肥料に用いられる。 (関西大)

(1) $Ca_3(PO_4)_2 + 2H_2SO_4 \longrightarrow Ca(H_2PO_4)_2 + 2CaSO_4$

□28 ★★ リン酸の塩は植物の肥料としても重要であり，過リン酸石灰の有効主成分である水溶性の[1★★]はリン酸肥料として用いられる。 (日本女子大)

(1) リン酸二水素カルシウム $Ca(H_2PO_4)_2$

8 ハーバー・ボッシュ法／オストワルト法 ▼ANSWER

□1 ★★ 工業的には，アンモニアは [1★] を主体とする触媒を用いて窒素と水素を，温度 400 ～ 500℃，圧力 $8 \times 10^6 \sim 3 \times 10^7$Pa の条件下で反応させて合成される。これをハーバー・ボッシュ法という。この方法は [2★★★] の原理を化学工業に応用して成功した例である。窒素と水素からアンモニアを合成する反応は，

$$N_2(気) + 3H_2(気) \rightleftharpoons 2NH_3(気) \quad \Delta H = -92kJ$$

と表され，分子の総数が [3★★] する発熱反応になる。

この反応は可逆反応であり，効率的な製造のためには，アンモニアの生成率の高い平衡状態をつくることが大切である。[2★★★] の原理にもとづくと，アンモニアが生成する方向へ平衡を移動させるには，温度はなるべく [4★★] の条件がよい。また，圧力については [5★★] の条件がのぞましい。しかし，[4★★] の条件では反応の進行に長い時間がかかるので不適当である。そのため，工業的にアンモニアを生成する場合には，触媒を用いて平衡状態に達するまでの時間を短縮している。この製法で生成したアンモニアは冷却して液体として分離され，未反応の窒素と水素は原料として再利用される。 （明治大〈改〉）

(1) 四酸化三鉄（しさんかさんてつ） Fe_3O_4
(2) ルシャトリエ［㊈平衡移動（へいこういどう）］
(3) 減少（げんしょう）
(4) 低温（ていおん）
(5) 高圧（こうあつ）

□2 ★★★ NH_3，NO，NO_2，HNO_3 中の窒素の酸化数をそれぞれ示せ。

NH_3 [1★★★]　NO [2★★★]
NO_2 [3★★★]　HNO_3 [4★★★] （名古屋大）

(1) −3
(2) +2
(3) +4
(4) +5

□3 ★★★ 硝酸は工業的には [1★★★] 法により製造される。まず，アンモニアを白金触媒の存在下，酸素と高温で反応させることにより [2★★★] と水が生成する。続いて，生成した [2★★★] は酸素との反応により [3★★★] に変換される。最後に，[3★★★] を温水で処理することで [4★★★] と [2★★★] が生成する。 （名古屋工業大）

(1) オストワルト
(2) 一酸化窒素（いっさんかちっそ） NO
(3) 二酸化窒素（にさんかちっそ） NO_2
(4) 硝酸（しょうさん） HNO_3

□4 ★★★ アンモニアは次のように工業的に硝酸へと変換されている。まず，約10%のアンモニアを含む空気を，800℃で白金と短時間接触させると，ただちに [1★★] が主に生じる。

$4NH_3 +$ [2★★] $O_2 \longrightarrow 4NO + 6$ [3★★]

次に，NOを含む混合気体を140℃に冷却すると，NOと [4★★] が反応して，赤褐色の気体 [5★★★] へと変化する。

[6★★] $NO +$ [7★★] $O_2 \longrightarrow$ [8★★] NO_2

最後に，赤褐色の気体 [5★★★] を温水に吸収させると硝酸が得られる。

$3NO_2 + H_2O \longrightarrow 2HNO_3 +$ [9★★]

（大阪公立大・名城大）

(1) 一酸化窒素（いっさんかちっそ） NO
(2) 5
(3) H_2O
(4) 酸素（さんそ） O_2
(5) 二酸化窒素（にさんかちっそ） NO_2
(6) 2
(7) 1
(8) 2
(9) NO

〈解説〉最後の反応式は，次の①式を2倍したものと②式を加えてつくることができる。

$NO_2 + H_2O \longrightarrow HNO_3 + H^+ + e^-$ …①◀ NO_2 は HNO_3 へ変化
$NO_2 + 2H^+ + 2e^- \longrightarrow NO + H_2O$ …②◀ NO_2 は NO へ変化

□5 ★★ 硝酸は工業的には反応式①，②，③にしたがって得られる。この方法を [1★★] 法という。

$4NH_3 + 5O_2 \longrightarrow 4NO + 6H_2O$ …①
$2NO + O_2 \longrightarrow 2NO_2$ …②
$3NO_2 + H_2O \longrightarrow 2HNO_3 + NO$ …③

反応式①，②，③からNOおよびNO_2を消去することにより，これらをひとまとめにすることができる。これより [1★★] 法では1molのアンモニアから [2★★] molの硝酸が得られることがわかる。

（立命館大）

(1) オストワルト
(2) 1

解き方

オストワルト法全体の化学反応式は，①式＋②式×3＋③式×2で1つにまとめ，最後に4で割ることで，

$NH_3 + 2O_2 \longrightarrow HNO_3 + H_2O$

となるので，1molのNH_3から1molのHNO_3が得られる。

9 酸素・硫黄（16族元素）／接触法

▼ANSWER

□1 ★★ 酸素は地殻中に最も多く含まれる元素である。空気中では O_2 として乾燥空気中の体積の約 [1★★] 割を占めている。（千葉大）

(1) 2

〈解説〉地殻中に含まれている元素：O（お）＞Si（し）＞Al（ある）＞Fe（て）＞…
乾燥空気中の体積%：N_2 78%, O_2 21%, Ar 0.9%, CO_2 0.03%

□2 ★★ 酸素は，[1★★] 色，無臭の気体で，多くの元素と反応して酸化物をつくる。工業的には，[2★★] の分留で得られる。（神戸薬科大）

(1) 無（む）
(2) 液体空気（えきたいくうき）

□3 ★★ 酸素は，実験室においては [1★★] の水溶液に触媒として [2★★] を加えるか，または [2★★] を触媒として，塩素酸カリウムを加熱することによって得られる。（岡山大）

(1) 過酸化水素（かさんかすいそ） H_2O_2
(2) 酸化マンガン（さんか）(Ⅳ) MnO_2

〈解説〉$2H_2O_2 \longrightarrow 2H_2O + O_2$（酸化・還元反応）（触媒（$MnO_2$））
$2KClO_3 \xrightarrow{加熱} 2KCl + 3O_2$（熱分解反応）（触媒（$MnO_2$））

□4 ★★★ オゾンの分子式は [1★★★] である。（筑波大）

(1) O_3

□5 ★ オゾン分子の形は下図のどれか。記号で答えよ。（•は酸素原子を表す。）[1★]

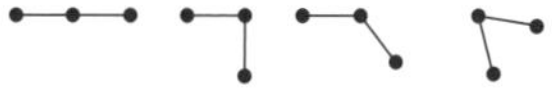

(ア)　(イ)　(ウ)　(エ)　（法政大）

(1) (ウ)

□6 ★★★ オゾンは酸素の [1★★★] で，特異臭のある [2★★] 色の気体で，強い酸化剤として働く。（神戸薬科大）

(1) 同素体（どうそたい）
(2) 淡青（たんせい）

□7 ★★★ O_2 中で放電を行うか，O_2 に [1★★] を当てると，O_2 から [2★★★] が生成する。（新潟大）

(1) 紫外線（しがいせん）
(2) オゾン O_3

〈解説〉$3O_2 \xrightarrow{無声放電または紫外線} 2O_3$

□8 ★★★ オゾンは強い [1★★★] 作用をもつため，ヨウ化カリウム水溶液に通じると次の反応がおこる。

2 [2★★] ＋ [3★★] ＋ O_3
⟶ [4★★] ＋ 2 [5★★] ＋ O_2　（近畿大）

(1) 酸化（さんか）
(2) KI
(3) H_2O
(4) I_2
(5) KOH

□9 ★★★
O_3 は強い酸化作用を示すため，例えばヨウ化カリウム水溶液をしみこませたデンプン紙に O_3 を触れさせると，ヨウ化物イオンが酸化され [1★★★] が生成する。このため，ろ紙上で [2★★★] 反応が起きて青紫色を呈する。 （岐阜大）

(1) ヨウ素(そ) I_2
(2) ヨウ素(そ)デンプン

□10 ★
大気圏にはオゾン層があり，太陽光に含まれる [1★] を吸収する役割がある。近年，冷媒，洗浄等に使用されてきたフロンが，このオゾン層を破壊し，地上に届く [1★] が増加して生ずる健康影響が懸念されている。南半球上空では [2★] とよばれているオゾン層の薄い部分が発見された。 （千葉大）

(1) 紫外線(しがいせん)
(2) オゾンホール

□11 ★★★
酸素は金属のような [1★★] の強い元素と [2★★★] 結合して①酸化物を形成する。また，酸素は非金属元素と [3★★★] 結合して②酸化物を形成する。

①の酸化物の多くは水と反応して [4★★★] を示すため，[4★★★] 酸化物という。一方，②の酸化物の多くは水に溶けて [5★★★] を示すため，[5★★★] 酸化物という。酸化アルミニウムは塩酸とも，水酸化ナトリウム水溶液とも反応し，[6★★★] 酸化物とよばれる。 （鹿児島大）

(1) 陽性(ようせい)
(2) イオン
(3) 共有(きょうゆう)
(4) 塩基性(えんきせい)
(5) 酸性(さんせい)
(6) 両性(りょうせい)

□12 ★★
酸素は，多くの元素と反応し，その元素の最高酸化数(価電子数と同じ酸化数)の酸化物を与えることができる。第3周期の元素では貴ガスを除くすべての元素で最高酸化数の酸化物が知られている。例えば，十酸化四リン(P_4O_{10})，七酸化二塩素(Cl_2O_7)がある。これらの酸化物のうち，リン，硫黄，塩素の酸化物は水と反応して，それぞれ対応する最高酸化数のオキソ酸 [1★★]，[2★★]，[3★★] を生成する。一方，ナトリウム，マグネシウムの酸化物は水と反応して塩基性の化合物を生成する。 （富山大）

(1) リン酸(さん) H_3PO_4
(2) 硫酸(りゅうさん) H_2SO_4
(3) 過塩素酸(かえんそさん) $HClO_4$

〈解説〉第3周期元素の最高酸化数の酸化物と水酸化物・オキソ酸

Na_2O	MgO	Al_2O_3	SiO_2	P_4O_{10}	SO_3	Cl_2O_7
+1	+2	+3	+4	+5	+6	+7
H_2O ↓	H_2O ↓	↑加熱	↑加熱	H_2O ↓	H_2O ↓	H_2O ↓
$NaOH$	$Mg(OH)_2$	$Al(OH)_3$	H_2SiO_3	H_3PO_4	H_2SO_4	$HClO_4$
+1	+2	+3	+4	+5	+6	+7

□13 ★★★ オキソ酸分子のO−H結合は [1★★★] をもち，水素が部分的に [2★★★] の電荷を帯びているため，水素イオンとして離れやすい。そのため，オキソ酸は水溶液中で酸性を示す。オキソ酸の酸としての強さは，中心原子の陰性の強さや，結合する酸素原子の数によって決まる。例えば，亜硫酸より硫酸の，亜硝酸より硝酸の酸性が [3★★★] 。また，リン酸より硫酸の，硫酸より過塩素酸の酸性が [4★★★] 。（富山県立大）

〈解説〉オキソ酸の酸性の強さ
①中心原子の陰性が強いほど酸性が強い。
H_3PO_4 ＜ H_2SO_4 ＜ $HClO_4$
リン酸　硫酸　過塩素酸
（中心原子の陰性（陰イオンへのなりやすさ）の強さ：P＜S＜Cl）
②結合する酸素原子の数が多い方が酸性が強い。
H_2SO_3 ＜ H_2SO_4 ，HNO_2 ＜ HNO_3
亜硫酸　硫酸　亜硝酸　硝酸

(1) 極性（きょくせい）
(2) 正（せい）［㊥プラス］
(3) 強い（つよ）
(4) 強い（つよ）

□14 ★★ 酸性の強さの順に化学式で記せ。
(1) $HClO_4$，$HClO$，$HClO_3$ [1★★★]
(2) $HBrO_3$，HIO_3，$HClO_3$ [2★] （富山県立大）

〈解説〉①酸性の強さ
$HClO_4$ ＞ $HClO_3$ ＞ $HClO_2$ ＞ $HClO$
過塩素酸　塩素酸　亜塩素酸　次亜塩素酸
②陰性（陰イオンへのなりやすさ）の強さ：Cl＞Br＞I

(1) $HClO_4$，$HClO_3$，$HClO$
(2) $HClO_3$，$HBrO_3$，HIO_3

□15 ★★ 硫黄は，第 [1★★] 周期， [2★★] 族元素に属し，価電子は [3★★] 個ある。（法政大）

(1) 3
(2) 16
(3) 6

□16 ★ 硫黄は，火山地帯で産出し，工業的には， [1★] を精製するとき大量に得られる。（信州大）

(1) 石油（せきゆ）

□17 ★★★ 硫黄には，斜方硫黄， [1★★★] 硫黄， [2★★★] 硫黄などの [3★★★] がある。斜方硫黄は黄色塊状の安定物質であるが，これを120℃に熱して融解後冷却すると，淡黄色針状の [1★★★] 硫黄が得られる。また，斜方硫黄を約250℃まで熱して液体とし，冷水に注いで急冷すると， [4★] 色の [2★★★] 硫黄が得られる。（鳥取大）

〈解説〉常温で最も安定なのは斜方硫黄。純粋なゴム状硫黄は黄色。

(1) 単斜（たんしゃ）
(2) ゴム状（じょう）
(3) 同素体（どうそたい）
(4) 黒褐（こっかつ）［㊥黄（おう）］

□18 ★★
斜方硫黄および単斜硫黄は [1 ★★] 個の硫黄原子が [2 ★] に結合した分子からなる。 (東北大)

〈解説〉斜方硫黄および単斜硫黄 S_8

(1) 8
(2) 環状（かんじょう）[⑳王冠状（おうかんじょう）]

□19 ★★
空気中で硫黄が燃焼すると無色の刺激臭を示す気体 [1 ★★] を発生する。 (山口大)

〈解説〉硫黄を空気中で熱すると青色の炎をあげて燃焼する。

(1) 二酸化硫黄（にさんかいおう） SO_2

□20 ★★★
硫化鉄(Ⅱ)に希硫酸を入れると [1 ★★★] が発生する。[1 ★★★] は強い還元剤として働く。 (慶應義塾大)

〈解説〉$FeS + H_2SO_4 \longrightarrow H_2S + FeSO_4$ (弱酸遊離反応)

(1) 硫化水素（りゅうかすいそ） H_2S

□21 ★★
火山性ガスや温泉水に含まれる硫化水素は，無色で [1 ★★] 臭の有毒な気体である。 (三重大)

(1) 腐卵（ふらん）

□22 ★
H_2S の水溶液を酸性にすると，S^{2-} 濃度が [1 ★] する。 (東邦大)

(1) 減少（げんしょう）

□23 ★★
亜硫酸ナトリウムに希硫酸を入れると，無色の刺激臭をもつ有毒な気体である [1 ★★] が発生する。(三重大)

〈解説〉$Na_2SO_3 + H_2SO_4 \longrightarrow Na_2SO_4 + H_2O + SO_2$ (弱酸遊離反応)

(1) 二酸化硫黄（にさんかいおう） SO_2

□24 ★★★
実験室では，亜硫酸水素ナトリウムに硫酸を作用させて [1 ★★] をつくる。[1 ★★] は空気よりも重く，水に溶けるので，[2 ★★★] 置換で捕集される。 (信州大)

〈解説〉$NaHSO_3 + H_2SO_4 \longrightarrow H_2O + SO_2 + NaHSO_4$ (弱酸遊離反応)
または
$2NaHSO_3 + H_2SO_4 \longrightarrow Na_2SO_4 + 2H_2O + 2SO_2$ (弱酸遊離反応)

(1) 二酸化硫黄（にさんかいおう） SO_2
(2) 下方（かほう）

□25 ★★
硫黄を含む石油や石炭などの化石燃料の燃焼によって二酸化硫黄が大気に放出されると，雨水に溶けて [1 ★★] となる。二酸化硫黄は，[2 ★] 色で [3 ★★] 臭のある [4 ★] 毒の気体で，気管支炎をおこしたり眼を痛めるので，日本で最初の環境基準が硫黄酸化物に対して定められた。 (東北大)

(1) 酸性（さんせい）[⑳酸性雨（さんせいう）]
(2) 無（む）
(3) 刺激（しげき）
(4) 有（ゆう）

□26 ★★★
二酸化硫黄は水に溶かすと [1★] を生じる。また，この水溶液に [2★★★] 色リトマス紙を浸すと [3★★★] 色に変化する。（岩手大）

〈解説〉$SO_2 + H_2O \longrightarrow H_2SO_3$

(1) 亜硫酸（ありゅうさん） H_2SO_3
(2) 青（あお）
(3) 赤（あか）

□27 ★★
二酸化硫黄は，①，②式のように，酸化剤にも還元剤にもなることができる。

$SO_2 +$ [1★★] $+ 4e^- \longrightarrow$ [2★★] $+ 2H_2O$ …①
$SO_2 +$ [3★★] $\longrightarrow$ [4★★] $+ 4H^+ + 2e^-$ …②

（島根大）

(1) $4H^+$
(2) S
(3) $2H_2O$
(4) SO_4^{2-}

□28 ★★★
硫化水素水に [1★★★] を充分通すと，[2★★] が析出して水溶液は白濁する。このとき，硫化水素は [3★★★] 剤として，[1★★★] は [4★★★] 剤としてはたらいている。（三重大）

〈解説〉
$H_2S \longrightarrow S + 2H^+ + 2e^-$ …① ◀ H_2S は還元剤
$SO_2 + 4H^+ + 4e^- \longrightarrow S + 2H_2O$ …② ◀ SO_2 は酸化剤
①×2＋②より
$2H_2S + SO_2 \longrightarrow 3S$（白濁）$+ 2H_2O$

(1) 二酸化硫黄（にさんかいおう） SO_2
(2) 硫黄（いおう） S
(3) 還元（かんげん）
(4) 酸化（さんか）

□29 ★★★
二酸化硫黄は [1★★★] 剤として作用し，うすい過マンガン酸カリウム溶液に吹き込むと，MnO_4^- は [2★★★] となり，溶液の色は [3★★★] 色から [4★★★] 色となる。一方，硫化水素水溶液に吹き込むと溶液中に [5★] の黄色いコロイドが生じ，けん濁する。このとき二酸化硫黄は [6★★★] 剤として作用している。（宮崎大）

〈解説〉SO_2 はふつう還元剤として反応するが，H_2S のような強い還元剤との反応では酸化剤として反応することもある。

(1) 還元（かんげん）
(2) Mn^{2+}
(3) 赤紫（あかむらさき）
(4) 無（む）
(5) 硫黄（いおう） S
(6) 酸化（さんか）

□30 ★★★
濃硫酸はヒドロキシ基をもつ有機化合物から，H と OH を脱離させる [1★★★] 作用がある。（弘前大）

(1) 脱水（だっすい）

□31 ★
グルコースに濃硫酸を加えると，グルコースは [1★] する。（上智大）

〈解説〉濃硫酸の脱水作用：$C_6H_{12}O_6 \longrightarrow 6C + 6H_2O$（黒くなる）

(1) 炭化（たんか）

□32 ★
濃硫酸は [1★] 性が高いので，塩化カルシウムなどと同様に，薬品を保存する容器(デシケーター)に入れて使用される。 (近畿大)

〈解説〉濃硫酸は，酸性の乾燥剤。$CaCl_2$ は，中性の乾燥剤。

(1) 吸湿(きゅうしつ)

□33 ★★★
濃硫酸を加熱すると，強い酸化作用を示し，水素よりも [1★★★] の小さい銅とも反応する。 (信州大)

〈解説〉市販の濃硫酸は濃度約98%の無色で粘性の高い液体。

(1) イオン化傾向(かけいこう)

□34 ★★★
[1★★★] には適切な化学式を，[2★★★] および [3★★★] には整数を入れ，反応式を完成させよ。

$$Cu + [2★★★]\ H_2SO_4 \longrightarrow SO_2 + [1★★★] + [3★★★]\ H_2O$$

(秋田大)

(1) $CuSO_4$
(2) 2
(3) 2

□35 ★★
イオン結晶である NaCl や CaF_2 に濃硫酸を加え加熱すると，ハロゲン化水素が発生する。それぞれの化学反応式は NaCl について [1★★]，CaF_2 について [2★★] と表される。 (京都大)

〈解説〉濃硫酸が不揮発性(沸点約300℃)であることを利用。

(1) $NaCl + H_2SO_4 \longrightarrow HCl + NaHSO_4$
(2) $CaF_2 + H_2SO_4 \longrightarrow 2HF + CaSO_4$

□36 ★★★
[1★★★] を少しずつ [2★★★] に加えると希硫酸が得られる。 (北海道大)

〈解説〉濃硫酸に水を加えると，激しい発熱により水が沸騰して濃硫酸が飛び散る可能性がある。

(1) 濃硫酸(のうりゅうさん) H_2SO_4
(2) 水(みず) H_2O

□37 ★★★
希硫酸は，水素よりも [1★★★] の大きい鉄と反応する。 (信州大)

〈解説〉$Fe + H_2SO_4 \longrightarrow FeSO_4 + H_2$

(1) イオン化傾向(かけいこう)

□38 ★★★
濃硫酸を水に溶かすと熱を [1★★★] して希硫酸になる。希硫酸は亜鉛と反応すると，[2★★★] が発生する。 (上智大)

〈解説〉$Zn + H_2SO_4 \longrightarrow ZnSO_4 + H_2$

(1) 発生(はっせい)
(2) 水素(すいそ) H_2

接触法

□39 ★★★ H_2SO_4は，石油精製の際に得られる単体の［1★★★］を原料として工業的には次のように製造される。［1★★★］を燃焼させて二酸化硫黄とし，さらに酸化バナジウム(V) V_2O_5を［2★★★］として三酸化硫黄を得て，これを濃硫酸に吸収させて発煙硫酸とした後に希硫酸で濃度を調整して濃硫酸を得る。（慶應義塾大）

〈解説〉
$S + O_2 \longrightarrow SO_2$
$2SO_2 + O_2 \longrightarrow 2SO_3$（触媒($V_2O_5$)）
$SO_3 + H_2O \longrightarrow H_2SO_4$

(1) 硫黄(いおう) S
(2) 触媒(しょくばい)

□40 ★★ 硫酸は，接触法と呼ばれる方法で合成される。現在は，主に石油の精製工程の［1★］により副産物として回収される硫黄が原料に用いられるが，かつては黄鉄鉱(FeS_2)が用いられていた。原料に黄鉄鉱を用いる場合，まず，黄鉄鉱を燃焼させてSO_2を得る。次に，［2★★］を触媒に用いて，SO_2をさらに酸化し［3★］にする。［3★］を水に溶かすと硫酸が得られる。

（広島大）

〈解説〉
$4FeS_2 + 11O_2 \longrightarrow 2Fe_2O_3 + 8SO_2$
$2SO_2 + O_2 \longrightarrow 2SO_3$（触媒($V_2O_5$)）
$SO_3 + H_2O \longrightarrow H_2SO_4$

(1) 脱硫(だつりゅう)
(2) 酸化(さんか)バナジウム(V) V_2O_5
(3) 三酸化硫黄(さんさんかいおう) SO_3

□41 ★★ 二酸化硫黄を，［1★★］を触媒として酸化して［2★］を得る。［2★］を［3★★］に吸収させて，［4★★］が得られる。［4★★］を［5★★］と混合して［3★★］とする。（東北大）

(1) 酸化(さんか)バナジウム(V) V_2O_5
(2) 三酸化硫黄(さんさんかいおう) SO_3
(3) 濃硫酸(のうりゅうさん)
(4) 発煙硫酸(はつえんりゅうさん)
(5) 希硫酸(きりゅうさん)

□42 ★★ 硫酸は，工業的には接触法で製造される。初めに［1★★］を触媒にして二酸化硫黄を［2★］に酸化する。次に［2★］を濃硫酸に吸収させて［3★★］をつくり，最後に［3★★］を希硫酸で薄めて濃硫酸とする。（新潟大）

(1) 酸化(さんか)バナジウム(V) V_2O_5
(2) 三酸化硫黄(さんさんかいおう) SO_3
(3) 発煙硫酸(はつえんりゅうさん)

10 ハロゲン元素（17族元素）

▼ANSWER

□1 ★★★
周期表の 1★★★ 族に属する元素を 2★★★ という。2★★★ の元素記号は，原子番号の小さい方から順に F, Cl, Br, I であり，各々の原子は価電子を 3★★★ 個もち，4★★★ 価の陰イオンになりやすい。（金沢大）

(1) 17
(2) ハロゲン(元素)
(3) 7
(4) 1

□2 ★★★
ハロゲンは2個の原子が不対電子を出し合って 1★★★ をつくることで二原子分子を形成する。（北海道大）

(1) 共有結合
[⑩単結合]

□3 ★★
フッ素の原子番号は 1★★★ で，塩素の原子番号は 2★★★ である。臭素の原子番号は，塩素の原子番号より 3★ 大きく，ヨウ素の原子番号は，臭素の原子番号より 4★ 大きい。（三重大）

(1) 9
(2) 17
(3) 18
(4) 18

□4 ★★
電子親和力の最も大きな元素は 1★★ 。（東京都立大）

〈解説〉電子親和力：Cl ＞ F ＞ Br ＞ I

(1) 塩素 Cl

□5 ★★★
ハロゲン分子は原子番号が大きくなるほど 1★★★ が大きくなるため，融点・沸点が高くなる。（北海道大）

〈解説〉融点・沸点：$F_2 < Cl_2 < Br_2 < I_2$

(1) ファンデルワールス力
[⑩分子間力]

□6 ★★★
ハロゲンの単体は，いずれも二原子分子からなり，常温，常圧で 1★★★ と 2★★★ (順不同)は気体，3★★★ は液体，4★★★ は固体である。（秋田大）

〈解説〉F_2：気体で淡黄色　Cl_2：気体で黄緑色
Br_2：液体で赤褐色　I_2：固体で黒紫色

(1) フッ素 F_2
(2) 塩素 Cl_2
(3) 臭素 Br_2
(4) ヨウ素 I_2

□7 ★★
ハロゲン元素の単体は，他の物質から 1★★ を奪う力が大きく，酸化力が強い。（富山大）

(1) 電子

□8 ★★
ハロゲン単体の酸化力は，[① $F_2 > Cl_2 > Br_2 > I_2$，② $I_2 > Br_2 > Cl_2 > F_2$] の順に強い。1★★ （日本大）

(1) ①

□9 ★★
ハロゲンの酸化力の違いによって水溶液中でおこる反応を次の(a)から(f)の中からすべて選べ。1★★

(a) $2KCl + Br_2 \longrightarrow 2KBr + Cl_2$
(b) $2KBr + Cl_2 \longrightarrow 2KCl + Br_2$
(c) $2KI + Cl_2 \longrightarrow 2KCl + I_2$
(d) $2KCl + I_2 \longrightarrow 2KI + Cl_2$
(e) $2KF + I_2 \longrightarrow 2KI + F_2$
(f) $2KI + F_2 \longrightarrow 2KF + I_2$

（東北大）

(1) (b)，(c)，(f)

解き方

例えば(b)について考えてみる。

KBr 水溶液に Cl_2 を反応させると，酸化力の強さは $Cl_2 > Br_2$（Cl_2 は Br_2 よりも陰イオンになりやすい）なので，

$Cl_2 + 2e^- \longrightarrow 2Cl^-$ …① ◀ Cl_2 は e^- をうばう

$2Br^- \longrightarrow Br_2 + 2e^-$ …② ◀ Br^- は e^- をうばわれる

①＋②，両辺に $2K^+$ を加えて，$Cl_2 + 2KBr \longrightarrow 2KCl + Br_2$ の反応が起こる。

(a) $Cl_2 > Br_2$ なので起こらない。 (b) $Cl_2 > Br_2$ なので起こる。

(c) $Cl_2 > I_2$ なので起こる。 (d) $Cl_2 > I_2$ なので起こらない。

(e) $F_2 > I_2$ なので起こらない。 (f) $F_2 > I_2$ なので起こる。

□10 ★★ ハロゲン単体と水との反応性は，原子番号が小さいほど [1 ★★]。（東京工業大）

(1) 高い（たか） [㊐大きい（おお）]

□11 ★★★ ハロゲンの単体と水との反応は [1 ★★★] の単体が最も激しく，この場合には酸素が発生する。[2 ★★★] の単体は水に少し溶け，漂白作用や殺菌作用を示す。[3 ★★★] は室温で赤褐色の液体で，水との反応は [2 ★★★] より弱い。（東邦大）

〈解説〉酸化力の強い F_2 は，H_2O から e^- をうばって激しく反応する。

$F_2 + 2e^- \longrightarrow 2F^-$ …①

$2H_2O \longrightarrow O_2 + 4H^+ + 4e^-$ …② （$4OH^- \longrightarrow O_2 + 2H_2O + 4e^-$ の両辺に $4H^+$ を加えて，つくってもよい）

①×2＋②より，

$2F_2 + 2H_2O \longrightarrow 4HF + O_2$

F_2 よりは酸化力の弱い Cl_2 になると，水に少し溶け，その一部が反応する。（塩素の水溶液を塩素水という）

$Cl_2 + H_2O \rightleftarrows HCl + HClO$

(1) フッ素（そ） F_2
(2) 塩素（えんそ） Cl_2
(3) 臭素（しゅうそ） Br_2

□12 ★★ フッ素は水と反応して，[1 ★★] を発生する。（日本大）

〈解説〉$2F_2 + 2H_2O \longrightarrow 4HF + O_2$

(1) 酸素（さんそ） O_2

□13 ★★★ 塩素は水に少し溶け，その一部が水と反応して塩化水素と [1 ★★★] を生じる。（岡山理科大）

〈解説〉$Cl_2 + H_2O \rightleftarrows HCl + HClO$

(1) 次亜塩素酸（じあえんそさん） HClO

□14 ★★
I_2 は水にほとんど溶けないが，過剰のヨウ化カリウム KI を共存させると [1★] イオンになって水に溶け，水溶液は [2★★] 色を示す。（徳島大）

〈解説〉ヨウ素ヨウ化カリウム水溶液(ヨウ素溶液)のこと。

$I^- + I_2 \rightleftarrows I_3^-$
無色　黒紫色　褐色

(1) 三ヨウ化物(さんヨウかぶつ)
(2) 褐(かっ)

□15 ★★★
水素 H とハロゲン X(X = F, Cl, Br, I)は [1★★] 結合によりハロゲン化水素 HX を形成する。この HX は H_2 と X_2 を反応させると生成し，その際に最も反応性の大きい X_2 は [2★★★] である。（関西大）

〈解説〉還元剤である H_2 との反応性も，酸化力の強さの順と同じ。

$F_2 > Cl_2 > Br_2 > I_2$
F_2：低温・暗所で爆発的
Cl_2：常温・光で爆発的

(1) 共有(きょうゆう)
(2) フッ素(そ) F_2

□16 ★★★
水素と [1★★★] の混合気体は，暗所ではほとんど反応しないが，強い光を当てると，爆発的に反応して [2★★★] を発生する。（立命館大）

(1) 塩素(えんそ) Cl_2
(2) 塩化水素(えんかすいそ) HCl

□17 ★★★
電極に黒鉛を用いて塩化ナトリウム水溶液を電気分解すると，陽極側では化学工業における有用な化学物質 [1★★★] が生じる。[1★★★] が水と反応すると，[2★★★] と [3★★★] が生成する。[3★★★] は強力な殺菌剤，消毒剤として利用されている。（お茶の水女子大）

〈解説〉$Na^+ \ Cl^-$ $(H^+ \ OH^-)$
陽極：(C) $2Cl^- \longrightarrow Cl_2 + 2e^-$
陰極：(C) $2H_2O + 2e^- \longrightarrow H_2 + 2OH^-$

(1) 塩素(えんそ) Cl_2
(2) 塩化水素(えんかすいそ) HCl
(3) 次亜塩素酸(じあえんそさん) HClO

□18 ★★★
実験室で [1★★★] を得るには，酸化マンガン(Ⅳ)に濃塩酸を加えて加熱するか，あるいは [2★★] に塩酸を加えればよい。（金沢大）

〈解説〉
$MnO_2 + 4HCl \longrightarrow MnCl_2 + Cl_2 + 2H_2O$(酸化還元反応)
$CaCl(ClO) \cdot H_2O + 2HCl \longrightarrow CaCl_2 + Cl_2 + 2H_2O$(酸化還元反応)
$Ca(ClO)_2 \cdot 2H_2O + 4HCl \longrightarrow CaCl_2 + 2Cl_2 + 4H_2O$(酸化還元反応)

(1) 塩素(えんそ) Cl_2
(2) さらし粉(こ) $CaCl(ClO) \cdot H_2O$
[別 高度さらし粉(こうどさらしこ) $Ca(ClO)_2 \cdot 2H_2O$]

□19 ★★★
一般家庭で殺菌剤，漂白剤として使われているさらし粉は，[1★★★] の化合物が主成分である。さらし粉に酸，例えば塩酸を加えると，刺激臭をもつ有毒な気体 [2★★★] が発生するので，漂白剤と酸性の洗剤を混ぜて使用すると危険な場合がある。（新潟大）

〈解説〉さらし粉：$CaCl(ClO) \cdot H_2O$

(1) 塩素(えんそ) Cl
(2) 塩素(えんそ) Cl_2

□20 ★★ 塩化水素，臭化水素，ヨウ化水素は，いずれも常温，常圧で，[1★★]色の[2★]である。（東邦大）

〈解説〉ハロゲン化水素の常温・常圧での状態と色は暗記。
HF，HCl，HBr，HI：いずれも気体で無色。

(1) 無（む）
(2) 気体（きたい）

□21 ★★★ ハロゲン化水素のうち，沸点が最も[1★★★]のはフッ化水素である。（上智大）

(1) 高い（たか）

□22 ★★ ハロゲン化水素の水溶液のうち，塩化水素，臭化水素，ヨウ化水素は強酸であるが，フッ化水素は水溶液中での[1★★]定数が小さいため弱酸である。（東北大）

〈解説〉酸の強さ：HF ≪ HCl ＜ HBr ＜ HI

(1) 電離（でんり）

□23 ★★ ケイ砂は化学的に安定であるが，フッ化水素やフッ化水素酸と反応する。SiO_2 とフッ化水素が反応して四フッ化ケイ素（SiF_4）が生成される場合[1★]，SiO_2 とフッ化水素酸が反応してヘキサフルオロケイ酸（H_2SiF_6）が生成される場合[2★★]について，それぞれの化学反応式を記せ。（名古屋市立大）

〈解説〉フッ化水素やフッ化水素酸は，ガラスや石英の主成分である SiO_2 と反応し溶かす。

(1) $SiO_2 + 4HF \longrightarrow SiF_4 + 2H_2O$
(2) $SiO_2 + 6HF \longrightarrow H_2SiF_6 + 2H_2O$

□24 ★★★ フッ化水素の水溶液（フッ化水素酸）は石英やガラスを溶かすため，[1★★★]などの容器に保存される。（東北大）

(1) ポリエチレン

□25 ★★ フッ化銀は水に溶け[1★★]が，他のハロゲン化銀は水に溶け[2★★]。例えば，臭化物イオンを含む水溶液に硝酸銀水溶液を加えると，[3★★]色の沈殿を生じる。（三重大）

〈解説〉
$F^- \xrightarrow{Ag^+}$ 沈殿しない（水に溶ける）
$Cl^- \xrightarrow{Ag^+}$ $AgCl$ ↓（白） $\xrightarrow{NH_3}$ 溶ける $[Ag(NH_3)_2]^+$
$Br^- \xrightarrow{Ag^+}$ $AgBr$ ↓（淡黄） $\xrightarrow{NH_3}$ わずかに溶ける $[Ag(NH_3)_2]^+$
$I^- \xrightarrow{Ag^+}$ AgI ↓（黄） $\xrightarrow{NH_3}$ 溶けない。沈殿のまま
チオ硫酸ナトリウム $Na_2S_2O_3$ 水溶液を加えると，$AgCl$，$AgBr$，AgI の沈殿はどれも $[Ag(S_2O_3)_2]^{3-}$ となり溶ける。

(1) る［㊞やすい］
(2) ない［㊞にくい］
(3) （淡）黄（たん）（おう）

□26 ★★ 塩酸を硝酸銀水溶液に加えると[1★★★]が沈殿するが，この沈殿はアンモニア水を過剰に加えると[2★]となり溶ける。（筑波大）

(1) 塩化銀（えんかぎん） $AgCl$
(2) ジアンミン銀（ぎん）(I) イオン $[Ag(NH_3)_2]^+$

11 貴ガス元素（18族元素）

▼ANSWER

□1 ★★
常温常圧において単体が気体として存在する元素は周期表の右上に多い。中でも [1★★] は，常温常圧ですべてが気体である。（青山学院大）

(1) 貴ガス

□2 ★★
他の元素とほとんど結合せず，単原子分子として安定な数種の気体が大気中に微量に存在する。これらを総称して [1★★] という。（金沢大）

(1) 貴ガス

□3 ★★
最外殻が閉殻のものや，もしくは最外殻が8個の電子配置をもつものは [1★★] とよばれ，その電子配置は特に安定である。[1★★] 以外の元素の多くは，対をなさない電子をもつ。（弘前大）

(1) 貴ガス

□4 ★
18族にある元素の単体の沸点は原子番号が [1★] ほど高い。（東京工業大）

〈解説〉貴ガスの沸点：He < Ne < Ar < Kr < Xe < Rn

(1) 大きい

□5 ★
空気中には微量しか含まれないが，宇宙全体では2番目に多く，単体は空気より軽く燃えにくいので飛行船に利用されるものは [1★] である。（愛媛大）

(1) ヘリウム He

□6 ★
正しい記述を一つ選べ。[1★]

a) 大気中で最も多い貴ガスはヘリウムである。
b) ヘリウムのイオン化エネルギーは元素の中で最も高い。
c) 貴ガス原子の最外殻電子の数はいずれも8個である。
d) ネオンは25℃で赤黄色の気体である。
e) ヘリウムは冷却しても液体にならない。（上智大）

〈解説〉a) ヘリウムではなくアルゴン。
b) イオン化エネルギー　He > Ne > Ar の順。
c) ヘリウムは2個。
d) 貴ガスは，空気中に微量含まれている無色・無臭の気体。
e) 液化することができる。

(1) b)

□7 ★
貴ガス元素のうちで空気中に最も多く存在する元素名と元素記号を記せ。

元素名：[1★]　元素記号：[2★]（法政大）

(1) アルゴン
(2) Ar

第12章

遷移元素とその化合物

1 鉄

▼ANSWER

□1 ★★★ 遷移元素には，以下の①～⑤などのような特徴がある。①周期表で隣り合う元素は，互いによく似た性質を示す。②同じ元素でも，複数の 1★★★ をとる。③イオンや化合物を含む水溶液は，特有の色を示すものが多く， 1★★★ の変化に対応して色調が変化する。④単体や化合物には，触媒として利用されるものが多い。⑤金属イオンの陽イオンに 2★★★ をもつ分子や陰イオンが配位結合した， 3★★★ イオンをつくるものが多い。 （三重大）

(1) 酸化数(さんかすう)
(2) 非共有電子対(ひきょうゆうでんしつい) [㊊孤立電子対(こりつでんしつい)]
(3) 錯(さく)

□2 ★★★ 遷移元素の単体は，一般に典型元素の金属単体と比べて融点が 1★★★ く，密度が 2★★★ く，熱や電気の伝導性が大きい。 （弘前大）

(1) 高(たか)
(2) 大き(おお)

□3 ★★ 遷移元素の原子の大部分は，最外殻電子が 1★★ 個または 2★★ 個(順不同)に保持されたまま，その内側の電子殻に電子が入っていく。また，最外殻の1つ内側の殻にある電子の一部が価電子の役割をすることがあるので，複数の 3★★ を示す。 （東北大）

〈解説〉 $\underset{+2}{\underline{Fe^{2+}}}$ ， $\underset{+3}{\underline{Fe^{3+}}}$

(1) 1
(2) 2
(3) 酸化数(さんかすう)

□4 ★★ 遷移元素は，周期表では 1★★★ ～ 2★★★ 族の元素であり，鉄はこの中の8族第4周期の元素である。遷移元素の原子は原子番号が増加しても，内側の電子殻へ電子が配置される特徴を持つ。鉄原子のそれぞれの電子殻に存在する電子の数はK殻： 3★ 個，L殻： 4★ 個，M殻： 5★ 個，N殻： 6★ 個である。鉄は，0 (ゼロ)， 7★★ と+3の酸化数をとることができる。 （横浜国立大）

〈解説〉Feの原子番号は26。

(1) 3
(2) 12
(3) 2
(4) 8
(5) 14
(6) 2
(7) +2

□5 ★★★
簡易に少量の融解鉄を必要とする場合, [1★★] 反応を利用する。具体的には, 酸化鉄(Ⅲ) Fe_2O_3 と [2★★★] を適当な割合で混合したものを準備しておき, この中に薄いリボン状の金属マグネシウムを埋め込んで頭を出しておく。そしてこのマグネシウムを点火させ, その熱を利用して瞬間的に反応を進行させるものである。温度は2000℃を超すことも可能であるので, 融解した [3★★] を容易に得ることができる。（横浜国立大）

〈解説〉 $Fe_2O_3 + 2Al \longrightarrow 2Fe + Al_2O_3$

(1) テルミット
(2) アルミニウム Al
(3) 鉄(てつ) Fe

□6 ★★
鉄を主成分とする鉄鋼材料には, さびの進行を防ぐための様々な加工が施されている。その加工方法には, たとえば, 溶融した鉄に他元素を添加したものを凝固させて [1★★] とする方法や, 表面を他の素材で被覆する方法がある。（東北大）

(1) 合金(ごうきん)

□7 ★★
さびから鉄を守る方法として, その表面に他の金属を析出させるめっき法がある。鉄の表面に亜鉛をめっきしたものが [1★★] であり, スズをめっきしたものが [2★★] である。（立教大）

(1) トタン
(2) ブリキ

□8 ★★★
トタンは鉄に [1★★] をめっきしたものである。[1★★] の表面にできる緻(ち)密な [2★★] の層が酸素を遮断して鉄の腐食を防ぐ。この層に傷がついて水中で鉄が露出しても [1★★] が優先的に陽イオンとして溶出して鉄は酸化されない。これは, [1★★] が鉄より [3★★★] が大きいためである。（横浜国立大）

(1) 亜鉛(あえん) Zn
(2) 酸化物(さんかぶつ) [例 酸化(さんか)亜鉛(あえん) ZnO]
(3) イオン化傾向(かけいこう)

□9 ★★
鉄はさびやすいという欠点があるが, [1★★] を加えた合金にすることで, さびにくい [2★★] がつくられている。（青山学院大）

(1) クロム Cr [例 ニッケル Ni]
(2) ステンレス鋼(こう)

□10 ★★★
強磁性を示す金属 [1★★★] にクロムとニッケルと炭素を混ぜてつくられる合金は, 一般にステンレスとよばれ身のまわりでよく使われている。金属 [1★★★] は高温の水蒸気と反応して黒色の化合物になり, 気体 [2★★★] を発生する。（岡山大）

〈解説〉 $3Fe + 4H_2O \longrightarrow Fe_3O_4 + 4H_2$

(1) 鉄(てつ) Fe
(2) 水素(すいそ) H_2

□11 ★★★ 鉄は，主に鉄鉱石を溶鉱炉で [1★★] とともに加熱することにより，還元して製造される。単体の鉄は，比較的軟らかい灰白色の金属で，希硫酸や希塩酸と反応して [2★★★] を発生しながら Fe^{2+} となって溶ける。 （熊本大）

〈解説〉 $Fe + H_2SO_4 \longrightarrow FeSO_4 + H_2$
$Fe + 2HCl \longrightarrow FeCl_2 + H_2$

(1) コークス C
(2) 水素（すいそ） H_2

□12 ★★★ 鉄は塩酸と反応して溶解するが、濃硝酸には溶けない。これは鉄の表面に [1★★★] が生じて内部が保護されるためである。この状態を [2★★★] という。 （神戸大）

(1) 酸化被膜（さんかひまく）
[別 酸化物（さんかぶつ）]
(2) 不動態（ふどうたい）

□13 ★★★ 鉄の主な原料である赤鉄鉱と磁鉄鉱のそれぞれの主成分は何であるか。それぞれの化学式を書け。
赤鉄鉱：[1★★★]　磁鉄鉱：[2★★★] （横浜国立大）

(1) Fe_2O_3
(2) Fe_3O_4

□14 ★★★ 鉄は酸素と化合しやすく，常温の大気中では赤さびが安定である。赤さびは主に [1★★★] であり，鉄鉱石の主成分である。赤さびを還元すると黒さびになる。黒さびは [2★★★] である。 （東北大）

(1) 酸化鉄（さんかてつ）(Ⅲ)
Fe_2O_3
(2) 四酸化三鉄（しさんかさんてつ）
Fe_3O_4

□15 ★ Fe_3O_4 中では，酸化数の異なる 2 種の鉄原子が存在している。これらの酸化数を答えよ。 [1★] （山口大）

〈解説〉 $Fe_3O_4 = \underset{+2}{\underline{Fe}}O + \underset{+3}{\underline{Fe_2}}O_3$

(1) +2，+3

□16 ★★ 鉄の酸化物には，[1★] 色の酸化鉄(Ⅱ) [2★]，[3★★] 色の酸化鉄(Ⅲ) [4★★]，黒色の四酸化三鉄 [5★★] などがある。鉄イオンには鉄(Ⅱ)イオンと鉄(Ⅲ)イオンがある。 （新潟大）

〈解説〉 Fe の酸化物：$\underset{+2}{\underline{Fe}}O$，$\underset{+3}{\underline{Fe_2}}O_3$，$\underset{+2,\ +3}{\underline{Fe_3}}O_4$

(1) 黒（こく）
(2) FeO
(3) 赤（せき）(褐（かつ）)
(4) Fe_2O_3
(5) Fe_3O_4

□17 ★★★ 鉄は，希硫酸を加えると，[1★★★] を発生して溶け，淡緑色の水溶液ができる。これに過酸化水素水を添加すると，[2★★★] 色に変化する。一方，鉄を濃硝酸に入れても酸化は内部まで進行しない。このような状態を [3★★★] とよぶ。 （東北大）

〈解説〉 $Fe + H_2SO_4 \longrightarrow FeSO_4 + H_2$
Fe^{2+}（淡緑色） $\xrightarrow{H_2O_2}$ Fe^{3+}（黄褐色）

(1) 水素（すいそ） H_2
(2) 黄褐（おうかつ）
(3) 不動態（ふどうたい）

□18 ★★★ 硫酸鉄(Ⅱ)水溶液に水酸化ナトリウム水溶液などの塩基を加えると水酸化鉄(Ⅱ)の [1★★] 色の沈殿が生じる。また，塩化鉄(Ⅲ)水溶液に同様の塩基を加えると水酸化鉄(Ⅲ)の [2★★★] 色の沈殿が生じる。

（青山学院大）

〈解説〉Fe^{2+} $\xrightarrow{NaOH}$ $Fe(OH)_2$ ↓
Fe^{3+} $\xrightarrow{NaOH}$ 水酸化鉄(Ⅲ)↓

(1) 緑白（りょくはく）
(2) 赤褐（せきかっ）

□19 ★★★ 硫酸鉄(Ⅱ)水溶液を試験管に入れ，それに水酸化ナトリウム水溶液を加えると，緑白色の沈殿 [1★★] が生ずる。この混合溶液をかくはんした後，放置しておくと，緑白色の沈殿 [1★★] が赤褐色の沈殿 [2★★★] に変化する。

（学習院大）

〈解説〉放置しておくと，$Fe(OH)_2$ は空気中で徐々に酸化される。

(1) 水酸化鉄(Ⅱ)（すいさんかてつ）
$Fe(OH)_2$
(2) 水酸化鉄(Ⅲ)（すいさんかてつ）
※混合物なので1つの化学式で表すことが難しい

□20 ★★ 鉄(Ⅱ)イオンを含む水溶液にヘキサシアニド鉄(Ⅲ)酸カリウム水溶液を加えると [1★★] 色の沈殿を，また鉄(Ⅲ)イオンを含む水溶液にヘキサシアニド鉄(Ⅱ)酸カリウム水溶液を加えると [2★★] 色の沈殿をそれぞれ生じる。

（新潟大）

(1) 濃青（のうせい）
(2) 濃青（のうせい）

□21 ★★ Fe^{3+} を含む水溶液に無色のチオシアン酸カリウム水溶液を加えると [1★★] 色溶液となるが，この呈色反応は定性分析に利用される。

（慶應義塾大）

(1) (血)赤（けっせき）

□22 ★★ 赤褐色の沈殿水酸化鉄(Ⅲ)は加熱によって [1★★] へ変化する。

（岡山大）

〈解説〉水酸化鉄(Ⅲ) $\xrightarrow[H_2O]{}$ Fe_2O_3

(1) 酸化鉄(Ⅲ)（さんかてつ）
Fe_2O_3

2 鉄の製錬

▼ANSWER

□1 ★★★ 鉄は，赤鉄鉱 [1★★★]，磁鉄鉱 [2★★★] を主成分とする鉄鉱石を還元することにより製造されている。(群馬大)

(1) Fe_2O_3
(2) Fe_3O_4

□2 ★★★ 鉄鉱石をコークスと石灰石とともに溶鉱炉(高炉)に入れて加熱すると，コークスの燃焼や石灰石の熱分解により [1★★★] が生成し，これがコークスと反応して [2★★★] となる。鉄鉱石は，[2★★★] により段階的に還元され，鉄となる。 (東京都立大)

〈解説〉 $C + O_2 \longrightarrow CO_2$
$CaCO_3 \longrightarrow CaO + CO_2$ (石灰石)
$CO_2 + C \longrightarrow 2CO$
$Fe_2O_3 + 3CO \longrightarrow 2Fe + 3CO_2$

(1) 二酸化炭素(にさんかたんそ) CO_2
(2) 一酸化炭素(いっさんかたんそ) CO

□3 ★★★ 赤鉄鉱(主成分 Fe_2O_3)を原料として，[1★★★] と石灰石を混ぜて溶鉱炉に入れて下から熱風を送ると，主に [1★★★] の燃焼で生じた [2★★] により鉄の酸化物が [3★★] されて，鉄(銑鉄)が得られる。 (岩手大)

〈解説〉 $2C + O_2 \longrightarrow 2CO$

(1) コークス C
(2) 一酸化炭素(いっさんかたんそ) CO
(3) 還元(かんげん)

□4 ★★ 図は製錬に用いられる溶鉱炉の概略図である。Fe_2O_3 などの酸化鉄を主成分とし，ケイ素や [1★★] などを不純物として含む鉄鉱石を，

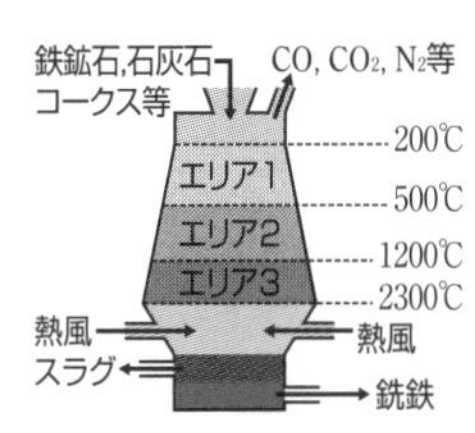

コークス，石灰石($CaCO_3$)とともに溶鉱炉の上部から入れ，下部から約1300℃の熱風を送り込む。コークスの燃焼により，熱風は2000℃以上の高温になり，コークスの炭素は還元性の強い気体である一酸化炭素となる。生成した一酸化炭素は溶鉱炉中のエリア1～3で式1のように段階的に酸化鉄を還元する。

$$Fe_2O_3 \xrightarrow{\text{エリア1の反応}} \boxed{2★★} \xrightarrow{\text{エリア2の反応}}$$
$$FeO \xrightarrow{\text{エリア3の反応}} Fe \quad (\text{式}1)$$

(大阪大)

(1) アルミニウム Al
(2) Fe_3O_4

□5 ★★★ 単体の鉄は，[1★★★] を主成分とする赤鉄鉱や [2★★★] を主成分とする磁鉄鉱を，溶鉱炉中でコークスや [3★★]（一酸化炭素）で還元して得る。この過程で [4★★] の気体が排出される。溶鉱炉中での一酸化炭素による赤鉄鉱や磁鉄鉱の還元反応は以下の化学反応式で示される。

3 [1★★★] + [3★★] ⟶ 2 [2★★★] + [4★★]

[2★★★] + [3★★] ⟶ 3FeO + [4★★]

FeO + [3★★] ⟶ Fe（銑鉄）+ [4★★]

（東北大）

(1) Fe_2O_3
(2) Fe_3O_4
(3) CO
(4) CO_2

□6 ★★ 原料の鉄鉱石に含まれているアルミニウムやケイ素などを含む不純物は，原料の鉄鉱石とともに投入される石灰石と反応して新たな酸化物となる。このような物質 [1★★] は，銑鉄より比重が小さいために銑鉄上に浮かぶことから，銑鉄とは分離して取り出され，[2★★] などに利用される。（横浜国立大）

(1) スラグ
(2) セメントの原料

□7 ★★ 溶鉱炉から出た鉄は4%程度の炭素を含み [1★★★] とよばれる。これに高温で酸素を吹き込み，炭素を燃焼させることで [2★★★] が得られる。[1★★★] は [3★] という性質を示すが，[2★★★] は [4★] という性質を示し，炭素の含有量により異なる性質を示す鉄材が得られる。（群馬大）

(1) 銑鉄
(2) 鋼
(3) もろい
(4) 強くて硬い

□8 ★★★ 赤鉄鉱や磁鉄鉱などの酸化物を多く含む鉄鉱石を気体 [1★★] と反応させることによって炭素を約4%含む [2★★★] が得られる。[2★★★] は融点が低い特徴を生かして鋳物などに用いられる。融解した [2★★★] に酸素を吹き込むと炭素を0.02～2%に減らすことができる。こうして得られるのが鉄骨やレールなどに用いられる [3★★★] である。（九州大）

(1) 一酸化炭素 CO
(2) 銑鉄
(3) 鋼

□9 ★★★ 鉄はさびるという欠点があるが，鉄に [1★★] とニッケルを添加した合金であるステンレス鋼は，さびにくく広く利用されている。これは，ステンレス鋼に含有される [1★★] が空気中の酸素と結合して強固な被膜を形成し，内部を保護しているためである。このように安定な酸化被膜に表面を覆われた状態を [2★★★] という。（中央大）

(1) クロム Cr
(2) 不動態

3 銅・銀・金

▼ANSWER

□1 ★★★ 銅は赤味を帯びた金属光沢をもち，展性や［1★★★］が大きく，電気伝導性や［2★★★］伝導性の大きな金属である。（防衛大）

(1) 延性（えんせい）
(2) 熱（ねつ）

□2 ★★ 遷移元素の1つである銅は，原子番号29で，最外殻に電子［1★★］個をもつ。（防衛医科大）

〈解説〉$_{24}Cr$　K(2)L(8)M(13)N(1)と
$_{29}Cu$　K(2)L(8)M(18)N(1)
の電子配置には注意。

(1) 1

□3 ★ 青銅(ブロンズ)は，どのような金属元素と銅の合金であるか。［1★］（高知大）

(1) スズ Sn

□4 ★ 銅と［1★］との合金を黄銅といい，加工しやすく，機械部品などに使用される。（金沢大）

(1) 亜鉛（あえん） Zn

□5 ★★ 銅はそれ自身では軟らかいので，硬度を高めるために合金の形で利用することが多い。銅と［1★］との合金［2★★］は，5円硬貨に用いられている。また，銅と［3★］との合金［4★］は，10円硬貨に，銅と［5★］との合金［6★］は，50円，100円および500円硬貨に用いられている。（法政大）

(1) 亜鉛（あえん） Zn
(2) 黄銅（おうどう）［㊊真ちゅう（しん）］
(3) スズ Sn
(4) 青銅（せいどう）［㊊ブロンズ］
(5) ニッケル Ni
(6) 白銅（はくどう）

□6 ★ 鉄や銅などの金属は，湿った空気中での酸化により，酸化物，水酸化物，炭酸塩などの「さび」を生じる。鉄は $Fe_2O_3 \cdot H_2O$ などを含むさびを，また，銅は［1★］とよばれる $CuCO_3 \cdot Cu(OH)_2$ や $CuSO_4 \cdot 3Cu(OH)_2$ を主成分とするさびを生じる。（岩手大）

(1) 緑青（ろくしょう）

□7 ★★★ 銅は室温では酸化されにくいが，長く風雨にさらすと青緑色の［1★］を生じる。銅の単体を空気中で加熱すると，1000℃以下では黒色の［2★★★］を，1000℃以上では赤色の［3★★★］を生じる。（千葉工業大）

〈解説〉
Cu —O_2→ 1000℃以下 → 酸化銅(Ⅱ)CuO(黒色)
Cu —O_2→ 1000℃以上 → 酸化銅(Ⅰ)Cu_2O(赤色)

(1) 緑青（ろくしょう） $CuCO_3 \cdot Cu(OH)_2$ や $CuSO_4 \cdot 3Cu(OH)_2$
(2) 酸化銅（さんかどう）(Ⅱ) CuO
(3) 酸化銅（さんかどう）(Ⅰ) Cu_2O

□8 ★★★
銅を空気中で加熱すると黒色の［1★★★］が生じる。［1★★★］は［2★★］性酸化物であり，希硫酸に溶解すると硫酸銅(Ⅱ)になる。（岐阜大）

〈解説〉$CuO + H_2SO_4 \longrightarrow CuSO_4 + H_2O$

(1) 酸化銅(Ⅱ)（さんかどう） CuO
(2) 塩基（えんき）

□9 ★★
銅は，濃硝酸や熱濃硫酸のような［1★★］の大きい酸には溶けるが，水と反応せず，酸にも侵されにくい。これは，［2★★］が水素より小さいからである。（弘前大）

〈解説〉$Cu + HNO_3$(濃)でNO_2↑，$Cu + HNO_3$(希)でNO↑，
$Cu + H_2SO_4$(熱濃)でSO_2↑

(1) 酸化力（さんかりょく）
(2) イオン化傾向（かけいこう）

□10 ★★★
硫酸銅(Ⅱ)を水に溶かし，水酸化ナトリウム水溶液を加えると［1★★★］となり，青白色の沈殿を生じる。さらに過剰のアンモニア水を加えると，錯イオン［2★★★］を生じて再び溶解し，深青色の溶液となる。（大阪公立大）

〈解説〉Cu^{2+}（青色） $\xrightarrow{NaOH}$ $Cu(OH)_2$↓（青白色） $\xrightarrow{NH_3}$ $[Cu(NH_3)_4]^{2+}$（深青色）

(1) 水酸化銅(Ⅱ)（すいさんかどう） $Cu(OH)_2$
(2) テトラアンミン銅(Ⅱ)イオン（どう） $[Cu(NH_3)_4]^{2+}$

□11 ★★★
硫酸銅(Ⅱ)水溶液に水酸化ナトリウム水溶液を加えたときに生じる青白色の沈殿［1★★★］を熱したときに生じる黒色の沈殿は［2★★★］である。（立命館大）

〈解説〉$Cu(OH)_2$（青白色） $\longrightarrow$ CuO（黒色） $+ H_2O$

(1) 水酸化銅(Ⅱ)（すいさんかどう） $Cu(OH)_2$
(2) 酸化銅(Ⅱ)（さんかどう） CuO

□12 ★★★
銅に熱した濃硫酸を加えると，無色，刺激臭の気体［1★★★］を発生して溶ける。この反応溶液を水に加えると青色の溶液になり，青色溶液から水を蒸発させていくと［2★★★］の青色結晶が析出する。得られた青色結晶［2★★★］は五水和物であるが，徐々に加熱すると水和水のいくつかを失って淡青色の粉末となり，さらに加熱すると白色の粉末［3★★］に変化する。（静岡大）

〈解説〉
$Cu + 2H_2SO_4 \longrightarrow CuSO_4 + SO_2 + 2H_2O$
↓ 水溶液から水を蒸発させる
$CuSO_4 \cdot 5H_2O$（青色） $\xrightarrow{加熱}$ $CuSO_4 \cdot nH_2O$ $\xrightarrow{加熱}$ $CuSO_4$（白色）

(1) 二酸化硫黄（にさんかいおう） SO_2
(2) 硫酸銅(Ⅱ)五水和物（りゅうさんどう ごすい わぶつ） $CuSO_4 \cdot 5H_2O$
(3) 硫酸銅(Ⅱ)無水塩（りゅうさんどう むすい えん） $CuSO_4$

□13 ★★★ 硫酸銅(Ⅱ)の粉末は乾燥した無水物の状態では [1★★] 色だが，水分を吸収すると [2★★★] 色の水和物になるので，水分の検出に用いることができる。

(大阪公立大)

〈解説〉$CuSO_4$(白色)は水分の検出や除去に利用される。

(1) 白(はく)
(2) 青(あお)

□14 ★★★ 白色粉末 $CuSO_4$ を強く加熱すると，約700℃で黒色の粉末 [1★★★] となり，同時に [2★★] が無色，刺激臭の気体として発生する。[2★★] は常温では無色の結晶であり，水に溶けて硫酸を生じる。

(静岡大)

〈解説〉$CuSO_4 \xrightarrow{\text{加熱}} CuO + SO_3$
（CuO：黒色）

(1) 酸化銅(Ⅱ)(さんかどう) CuO
(2) 三酸化硫黄(さんさんかいおう) SO_3

□15 ★★★ 単体の金属の原子の水溶液中における陽イオンへのなりやすさを金属の [1★★★] という。[1★★★] が大きい金属は酸化されやすく，[1★★★] が小さい金属は酸化されにくい。銀が塩酸や希硫酸と反応しないのは，銀は [2★★] よりも [1★★★] が小さいためである。一方で，酸化力の強い熱濃硫酸と銀は反応する。また，金は [1★★★] が小さく，硝酸や熱濃硫酸にも溶けないが，濃塩酸と濃硝酸を3：1の体積比で混合した [3★] に溶ける。

(北海道大)

(1) イオン化傾向(かけいこう)
(2) 水素(すいそ) H_2
(3) 王水(おうすい)

□16 ★★ 周期表の [1★] 族に属する遷移元素としては，第4周期の Cu，第5周期の [2★]，第6周期の [3★★] がある。銅原子では，N殻に1個の最外殻電子が配置される。

銅あるいは [2★] の単体は，希塩酸や希硫酸には溶解しないが，希硝酸，濃硝酸，あるいは熱濃硫酸には気体を発生しながら溶解する。[2★] の単体の電気伝導性と [4★★★] 伝導性は，すべての金属の中で最大である。[3★★] の単体は，金属の中で最も展性・延性にとみ，硝酸とは反応しないが，濃硝酸と [5★] の体積比1：3の混合溶液には溶解する。

(九州大)

〈解説〉熱伝導性・電気伝導性：Ag ＞ Cu ＞ Au ＞ Al ＞ …
展性・延性は Au が最大。

(1) 11
(2) 銀(ぎん) Ag
(3) 金(きん) Au
(4) 熱(ねつ)
(5) 濃塩酸(のうえんさん) HCl

□17 ★★★
銀は金属の中で [1 ★★★] に次いで延性・展性が大きく，電気伝導性や熱伝導性は金属中で最も高い。銀は銀白色の光沢をもった金属であるが，火山地帯で空気中に長時間放置すると黒色になることがある。これは銀が空気中に微量に含まれる [2 ★★★] と反応して，表面に [3 ★★] が生成するためである。（慶應義塾大）

(1) 金 Au
(2) 硫化水素 H_2S
(3) 硫化銀 Ag_2S

□18 ★★
銀は塩酸や希硫酸には溶けないが，[1 ★★] 作用の強い硝酸には溶けて，[2 ★★] となる。銀イオンは，臭化物イオンと反応して淡黄色の [3 ★] を生じる。[3 ★] は光によって分解し，[4 ★★] を遊離する。（神奈川大）

〈解説〉$2AgBr \xrightarrow{\text{光}} 2Ag + Br_2$（感光性）

(1) 酸化
(2) 硝酸銀 $AgNO_3$
[別 銀イオンAg^+]
(3) 臭化銀 $AgBr$
(4) 銀 Ag

□19 ★★★
銀イオンを含む水溶液に塩化ナトリウム水溶液を加えると [1 ★★] 色の塩化銀が沈殿し，これにチオ硫酸ナトリウム（$Na_2S_2O_3$）水溶液を加えるとビス（チオスルファト）銀(I)酸イオンとなって溶ける。銀イオンを含む水溶液に少量のアンモニア水を加えると [2 ★★★] が沈殿し，さらにアンモニア水を加えると錯イオンである [3 ★★★] となって溶ける。また，銀イオンを含む水溶液にクロム酸カリウムを加えると [4 ★★] 色のクロム酸銀が生じる。（慶應義塾大）

〈解説〉ビス（チオスルファト）銀(I)酸イオン：$[Ag(S_2O_3)_2]^{3-}$

$$Ag^+ \xrightarrow{CrO_4^{2-}} Ag_2CrO_4 \downarrow$$
（赤褐色）

(1) 白
(2) 酸化銀 Ag_2O
(3) ジアンミン銀(I)イオン $[Ag(NH_3)_2]^+$
(4) 赤褐

□20 ★
硝酸銀は，[1 ★] 色の板状結晶で，水によく溶ける。硝酸銀は，光によって分解して銀を遊離する。この性質は [2 ★] 性という。（名城大）

(1) 無
(2) 感光

4 銅の製錬

▼ANSWER

□1 ★★ 自然界において，金や白金などを除いた金属元素は，酸化物や硫化物などの化合物として鉱石中に含まれている。その鉱石を [1★] することで金属を得ることを [2★★] という。人類は古来より様々な金属を生活に利用してきたが，なかでも鉄と銅は，大昔から現代にいたるまで，特に多く利用されてきた金属である。

（岐阜大）

〈解説〉鉱石から粗金属を得る…製錬
粗金属から純金属を得る…精錬

(1) 還元（かんげん）
(2) 製錬（せいれん）

□2 ★★ 銅は硫化物として産出することが多く，銅鉱石としては黄銅鉱 [1★] が代表的なものである。黄銅鉱 [1★] を石灰石 [2★★★] やけい砂 [3★★★] とともに，高温の炉で加熱すると，硫化銅(I) [4★] が得られる。硫化銅(I) [4★] を転炉内で酸素を吹き込みながら加熱すると，微量の不純物を含む粗銅が得られる。

（新潟大）

〈解説〉

$4CuFeS_2 + 9O_2 \longrightarrow 2Cu_2S + 2Fe_2O_3 + 6SO_2$
（$CuFeS_2$：黄銅鉱，Cu_2S：硫化銅(I)）

$Cu_2S + O_2 \longrightarrow 2Cu + SO_2$
（Cu_2S：硫化銅(I)，Cu：粗銅）

(1) $CuFeS_2$
(2) $CaCO_3$
(3) SiO_2
(4) Cu_2S

□3 ★★★ 粗銅を [1★★★] 極，純銅を [2★★★] 極として，硫酸酸性の硫酸銅(II)水溶液を0.3V程度の電圧で電気分解する。このとき，粗銅に含まれる不純物として，亜鉛，銀，鉄，金を考えると，[3★★] と [4★★] ((3)(4)順不同)が陽イオンとなって水溶液中に溶解する。一方，[5★★] と [6★★] ((5)(6)順不同)はイオンにならずにそのまま粗銅電極の下に沈殿する。溶液中に溶けている陽イオンの中で銅(II)イオンが最も還元されやすく，[2★★★] 極に純度の高い銅が析出する。

（新潟大）

〈解説〉

陽極：
$Zn \longrightarrow Zn^{2+} + 2e^-$
$Fe \longrightarrow Fe^{2+} + 2e^-$
$Cu \longrightarrow Cu^{2+} + 2e^-$
Ag, Au → イオンにならずに陽極泥になる。回収する。

陰極：$Cu^{2+} + 2e^- \longrightarrow Cu$

(1) 陽（よう）
(2) 陰（いん）
(3) 亜鉛（あえん） Zn
(4) 鉄（てつ） Fe
(5) 銀（ぎん） Ag
(6) 金（きん） Au

□4 ★★★ 電線に使われる銅線には，送電ロスを少なくするために電気抵抗が小さい純銅が使用される。この純銅は粗銅を原料として電解精錬により得られる。これも，金属の [1★★] の差を利用したものである。硫酸銅(Ⅱ)水溶液中で，粗銅を [2★★★] 極に，純銅をもう一方の極として直流電圧を加えると，粗銅中に含まれる銅は銅(Ⅱ)イオンとなって溶液中に溶け出し，溶液中の銅(Ⅱ)イオンは，純銅表面に析出する。また，粗銅に含まれていた [1★★] の大きな金属元素の単体は，[3★★] されて溶液中に溶け出すが析出できない。一方，粗銅に含まれていた [1★★] の小さな金属は，溶液中に溶けることができず，泥状物質として沈殿する。

（長崎大）

(1) イオン化傾向（かけいこう）
(2) 陽（よう）
(3) 酸化（さんか）

〈解説〉銅の電解精錬

陽極：粗銅
陰極：純銅
電解液：硫酸銅(Ⅱ)水溶液

大　　イオン化傾向　　小
Zn，Fe，Ni ＞ Cu ＞ Ag，Au
Zn，Fe，Ni → 陽イオンとなって溶液中に溶出
Ag，Au → 陽極泥として沈殿

□5 ★★★ 銅の電解精錬は粗銅板を [1★★★] 極，純銅板を [2★★★] 極として，それらの電極を硫酸で酸性にした硫酸銅(Ⅱ)水溶液中に浸して行う。[3★★] 極の銅は陽イオンとなって溶け出し，[4★★] 極に純粋な銅が析出する。粗銅中に含まれる [5★★] など [6★★] の小さい金属やイオンにならない物質は粗銅板の下に沈殿する。銅よりも [6★★] の大きい [7★★] などの不純物は銅とともに [8★★] されて陽イオンになり，析出しないで水溶液中に残る。

（青山学院大）

(1) 陽（よう）
(2) 陰（いん）
(3) 陽（よう）
(4) 陰（いん）
(5) 金（きん） Au [別 銀（ぎん） Ag]
(6) イオン化傾向（かけいこう）
(7) 鉄（てつ） Fe [別 ニッケル Ni，亜鉛（あえん） Zn]
(8) 酸化（さんか）

〈解説〉銅の電解精錬

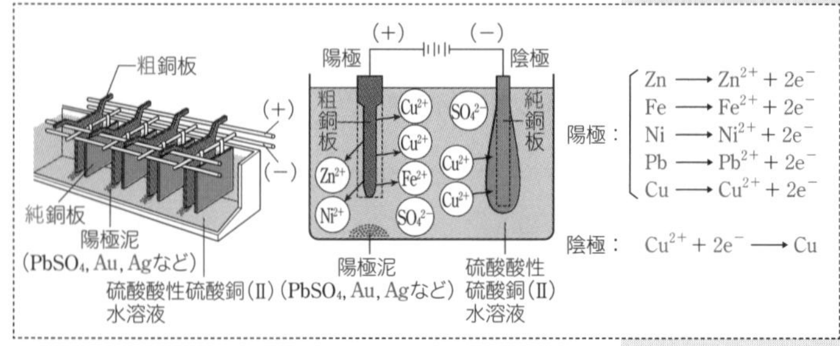

5 クロム・亜鉛・その他の遷移元素 ▼ANSWER

□1 ★ クロムCr, マンガンMn, コバルトCo は希少性が高い。これら希少性の高い金属は [1★] とも呼ばれ, 先端技術に欠かせない。（東北大）

(1) レアメタル

□2 ★ クロムは周期表の第何族の元素か。[1★]
また, 原子番号はいくらか。[2★]（慶應義塾大）

〈解説〉ニクロム：Ni と Cr の合金で, 電気抵抗が大きい。

(1) 6 族（ぞく）
(2) 24

□3 ★★★ クロムは空気中で表面にち密な酸化被膜を作り, [1★★★] と呼ばれる状態になるため, 酸化されにくい。（千葉大）

(1) 不動態（ふどうたい）

□4 ★★★ クロムは化合物中で主に [1★] と [2★] の酸化数をとる。水溶液中においては, 酸化数 [1★] のクロムは主に陽イオン [3★★★] の形で存在し, 酸化数 [2★] のクロムはクロム酸イオン [4★★★], あるいは [5★★] イオン [6★★★] の形で存在する。（金沢大）

(1) +3
(2) +6
(3) Cr^{3+}
(4) CrO_4^{2-}
(5) 二クロム酸（にクロムさん）
(6) $Cr_2O_7^{2-}$

□5 ★★★ クロム酸イオンと二クロム酸イオンとは, 水溶液中で次式に示す平衡状態にある。

[1★★] + [2★★] H^+
⇄ [3★★] + [4★★] H_2O

したがって, クロム酸カリウム水溶液に希硫酸を徐々に加えていくと, 溶液の色は [5★★★] 色から [6★★★] 色へと変化していくことになる。（金沢大）

〈解説〉$2CrO_4^{2-} + 2H^+ \rightleftarrows Cr_2O_7^{2-} + H_2O$
黄色　　　　赤橙色

(1) $2CrO_4^{2-}$
(2) 2
(3) $Cr_2O_7^{2-}$
(4) 1
(5) 黄（おう）
(6) 赤橙（せきとう）

□6 ★ マンガンの酸化数+2 のイオンを含む水溶液に塩基性条件で硫化水素を通じると, 淡桃色～淡赤色の [1★] の沈殿を生じる。（鹿児島大）

(1) 硫化（りゅうか）マンガン (II) MnS

□7 ★★★ マンガンと酸素からなるイオンや化合物では，[1★★★]色でマンガンの酸化数が＋7のイオン[2★★★]や黒色で酸化数が＋4の化合物[3★★]が知られており，これらは強い[4★]力を示す。（奈良女子大）

(1) 赤紫
(2) 過マンガン酸イオン MnO_4^-
(3) 酸化マンガン(Ⅳ) MnO_2
(4) 酸化

□8 ★★★ 亜鉛，アルミニウム，スズ，および鉛は，酸とも強塩基とも反応して溶ける。このような金属を[1★★★]金属という。（防衛大）

(1) 両性

□9 ★★ 亜鉛は12族の遷移元素であり，元素の周期表で同じ縦列に並んでいるカドミウムや水銀は亜鉛の[1★]元素である。亜鉛原子は2個の最外殻電子をもつため，2価の[2★★]イオンになりやすい。（金沢大〈改〉）

(1) 同族
(2) 陽［㊥亜鉛］

□10 ★★ 水素は亜鉛を希硫酸に溶かしてつくられる。この反応で亜鉛の酸化数は[1★★]から[2★★]に変化する。（神奈川大）

〈解説〉 $\underset{0}{\underline{Zn}} + H_2SO_4 \longrightarrow \underset{+2}{\underline{Zn}}SO_4 + H_2$

(1) 0
(2) +2

□11 ★★ Zn はアルミニウムとともに[1★★]金属とよばれ，酸や強塩基の水溶液，高温水蒸気と反応し，気体[2★★]を発生する。（金沢大）

〈解説〉
$$Zn + 2HCl \longrightarrow ZnCl_2 + H_2$$
$$Zn + 2H_2O + 2NaOH \longrightarrow Na_2[Zn(OH)_4] + H_2$$
$$Zn + H_2O \longrightarrow ZnO + H_2$$

(1) 両性
(2) 水素 H_2

□12 ★ [1★]色の顔料として用いられる酸化亜鉛は，塩酸にも水酸化ナトリウム水溶液にも反応して溶ける。（北海道大）

〈解説〉ZnO の粉末は亜鉛華ともよばれる。
$$ZnO + 2HCl \longrightarrow ZnCl_2 + H_2O$$
$$ZnO + H_2O + 2NaOH \longrightarrow Na_2[Zn(OH)_4]$$
ZnO は両性酸化物

(1) 白

□13 ★★ 亜鉛粉末に希塩酸を加えたところ，気体を発生しながら溶解した。この溶液に水酸化ナトリウム水溶液を少しずつ加えると，白色の沈殿 [1★★] が生じた。白色沈殿物 [1★★] は酸とも，強塩基とも反応して溶解した。このような性質をもつ水酸化物を総称して [2★★] 水酸化物とよぶ。（金沢大）

(1) 水酸化亜鉛（すいさんかあえん） $Zn(OH)_2$
(2) 両性（りょうせい）

〈解説〉$Zn(OH)_2 + 2HCl \longrightarrow ZnCl_2 + 2H_2O$
$Zn(OH)_2 + 2NaOH \longrightarrow Na_2[Zn(OH)_4]$
} $Zn(OH)_2$ は両性水酸化物

□14 ★★ [1★★★] と銅 Cu の合金は黄銅または真ちゅうとよばれる。[2★] と硫黄 S の化合物は朱とよばれる赤色顔料として用いられる。（名古屋大）

(1) 亜鉛（あえん） Zn
(2) 水銀（すいぎん） Hg

〈解説〉黒色の HgS を加熱し昇華させると，結晶構造の異なる赤色の HgS に変化する。これを，朱色の顔料として用いる。

□15 ★ 鉄板を [1★] でめっきしたものはトタンとよばれる。（徳島大）

(1) 亜鉛（あえん） Zn

□16 ★★★ 金属元素の中で水銀は，唯一常温で [1★★★] である。（札幌医科大）

(1) 液体（えきたい）

□17 ★ 水銀と多くの金属（例えば金，銀，銅）とで合金をつくることができる。この合金は [1★] とよばれ，ペースト状の軟らかいものになることが多い。（札幌医科大）

(1) アマルガム

□18 ★ 単体の水銀は多くの金属を溶かし，[1★] と呼ばれる合金を形成する。また水銀は 4.2K に冷却することで電気抵抗がほぼゼロになる [2★] が観測された最初の物質である。（東京農工大）

(1) アマルガム
(2) 超伝導（ちょうでんどう）

第5部 有機化学

ORGANIC CHEMISTRY

13 ▶ P.264
有機化学の基礎

P.272 ◀ 14
異性体

15 ▶ P.284
アルカン・アルケン・アルキン

P.297 ◀ 16
アルコールとエーテル

17 ▶ P.305
アルデヒドとケトン

P.312 ◀ 18
脂肪族カルボン酸

19 ▶ P.318
エステルと油脂

P.330 ◀ 20
芳香族炭化水素

21 ▶ P.336
フェノール類

P.342 ◀ 22
芳香族カルボン酸

23 ▶ P.346
芳香族アミンとアゾ化合物

P.352 ◀ 24
有機化合物の分析

第13章 有機化学の基礎

1 有機化合物の分類と官能基

▼ANSWER

□1 ★★★ 有機化合物は炭素を基本構成元素とし，その種類は約1億種が知られている。多種多様な有機化合物ができるのは，炭素が [1★★★] 価の原子価をもち，互いに連なっていくつも結合でき，また他のほとんど全ての元素と結合できるからである。（琉球大）

(1) 4

□2 ★★ 有機化合物は炭素を骨格として組み立てられている化合物であり，その構成元素の種類は少ないが，有機化合物の数はきわめて多い。これは，炭素原子同士が原子価電子を [1★★★] する [1★★★] 結合で次々に連結して，多くの原子から構成される分子になるからである。[1★★★] 結合には，単結合の他に，二重結合や三重結合も存在するため，様々な構造を有する化合物が得られる。有機化合物の融点や沸点は，一般に無機化合物と比べて [2★] 。（群馬大）

(1) 共有(きょうゆう)
(2) 低(ひく)い

□3 ★★★ 有機化合物は，炭素原子のつながり方により [1★★] と [2★★] (順不同)に分類される。炭素原子同士の結合に二重結合や三重結合を含む化合物は [3★★] に分類される。[3★★] の中でベンゼン環を含む化合物は [4★★★] とよばれ，アルケンやシクロアルケンとは違った特有の性質をもつ。（弘前大）

(1) 鎖式(さしき)(化合物(かごうぶつ))
(2) 環式(かんしき)(化合物(かごうぶつ))
(3) 不飽和化合物(ふほうわかごうぶつ)
(4) 芳香族化合物(ほうこうぞくかごうぶつ)

〈解説〉

有機化合物
- 鎖式化合物 ➡ C原子が鎖状に結合。C−C−C−C や C−C(−C)−C など
- 環式化合物 ➡ 環状に結合した部分がある。(C6環) や (ベンゼン環) など

有機化合物
- 飽和化合物 ➡ C原子がすべて単結合により結合。
- 不飽和化合物 ➡ 不飽和結合(C=C や C≡C など)がある。

□4 ★★★ 有機化合物の分類には，次のように分子の骨格となる炭素原子の結合の仕方による分類法がある。

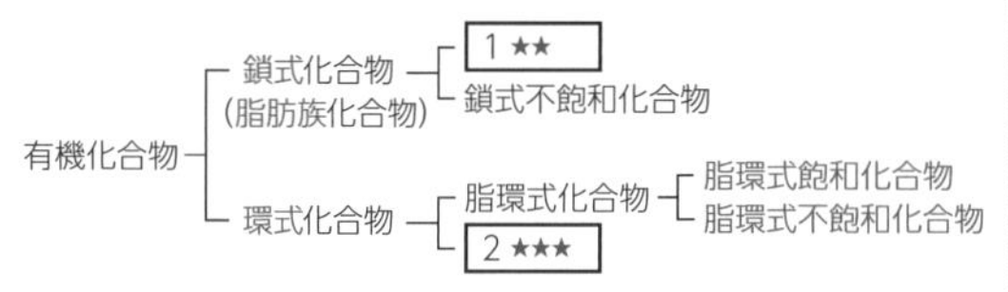

（東京女子大）

(1) 鎖式飽和化合物
(2) 芳香族化合物

□5 ★★ 炭素と水素だけからできている化合物は炭化水素とよばれ，有機化合物の基本的骨格となっている。炭化水素のうち，炭素原子が鎖状に結合しているものを [1 ★★] 炭化水素といい，炭素原子が環状に結合した部分を含むものを [2 ★★] 炭化水素という。[2 ★★] 炭化水素は，ベンゼン環をもつ [3 ★★★] 炭化水素と，それ以外の [4 ★] 炭化水素に分けられる。また，炭素原子間の結合がすべて単結合のものを [5 ★★] 炭化水素といい，炭素原子間に二重結合や三重結合を含むものを [6 ★★] 炭化水素という。（明治大）

(1) 鎖式
(2) 環式
(3) 芳香族
(4) 脂環式
(5) 飽和
(6) 不飽和

□6 ★★★ メタン分子から水素原子が1つとれた形の原子団を [1 ★★★] 基という。このように，分子から何個かの原子がとれた形の原子団を基という。炭化水素分子から水素原子がとれた形の基を炭化水素基といい，特にアルカン分子から水素原子が1個とれた形の基を [2 ★★★] 基という。[3 ★★★] 基 C_2H_5- に [4 ★★★] 基 $-OH$ が結合すると，エタノール C_2H_5-OH ができる。炭化水素基に [4 ★★★] 基のような特定の基が結合すると，化学的性質のよく似た一群の化合物ができる。このように，その化合物の性質を特徴づける特定の基を [5 ★★★] 基という。また，[5 ★★★] 基を明記した C_2H_5-OH のような化学式を [6 ★★★] 式という。

（日本女子大）

〈解説〉
CH_4 ⟶ CH_3-
メタン　メチル基
CH_3-CH_3 ⟶ CH_3-CH_2-
エタン　エチル基
} $C_nH_{2n+1}-$ アルキル基

(1) メチル
(2) アルキル
(3) エチル
(4) ヒドロキシ
(5) 官能
(6) 示性

□7 ★★★ 以下の官能基の名称とこれらの官能基を含む化合物群の名称をうめよ。

官能基の種類			化合物群	化合物の例
名称	構造	性質		
1 ★★★ 基	(アルコール性) $-OH$	中性	2 ★★★	C_2H_5-OH エタノール
	(フェノール性) $-OH$	酸性	3 ★★★	C_6H_5-OH フェノール
4 ★★★ 基	$-CHO$	中性 還元性	アルデヒド	$H-CHO$ ホルムアルデヒド
5 ★★ 基	$(C)_2C=O$	中性	ケトン	$CH_3-CO-CH_3$ アセトン
6 ★★★ 基	$-CO-O-H$	酸性	7 ★★★	$CH_3-CO-O-H$ 酢酸
8 ★★★ 結合	$-C-O-C-$	中性	エーテル	$C_2H_5-O-C_2H_5$ ジエチルエーテル
9 ★★ 基	$-NH_2$	塩基性	アミン	$C_6H_5-NH_2$ アニリン
10 ★★ 結合	$-CO-O-$	中性	エステル	$CH_3-CO-O-C_2H_5$ 酢酸エチル
11 ★★ 基	$-NO_2$	中性	ニトロ化合物	$C_6H_5-NO_2$ ニトロベンゼン
12 ★ 基	$-SO_3H$	酸性	スルホン酸	$C_6H_5-SO_3H$ ベンゼンスルホン酸
13 ★★ 結合	$-CO-NH-$	中性	アミド	$C_6H_5-NHCO-CH_3$ アセトアニリド

（新潟大・防衛大・名古屋市立大〈改〉）

(1) ヒドロキシ
(2) アルコール
(3) フェノール類
(4) ホルミル [例アルデヒド]
(5) カルボニル [例ケトン]
(6) カルボキシ
(7) カルボン酸
(8) エーテル
(9) アミノ
(10) エステル
(11) ニトロ
(12) スルホ
(13) アミド

□8 ★★★ アルカンやベンゼンは炭素と水素からなる中性の化合物である。しかし，それぞれの分子から水素原子が1個とれた形の 1 ★★★ 基あるいは 2 ★ 基に官能基が結合して生じる化合物は，その官能基に特有な化学的性質を示す。例えば，カルボキシ基が結合すると酸性を示し，アミノ基が結合すると 3 ★★★ を示す。官能基がヒドロキシ基の場合は， 1 ★★★ 基に結合した化合物が中性であるのに対して， 2 ★ 基に結合した化合物は中性ではない。（東京女子大）

〈解説〉 C_6H_5- フェニル基　CH_3OH メタノール，C_2H_5OH エタノール：中性　C_6H_5-OH フェノール：酸性

(1) アルキル
(2) フェニル
(3) 塩基性

□9 ★★★ 同一の官能基をもつ化合物群は，化学的によく似た性質を示す。[A]の官能基(1)〜(5)について，その名称を[B]の(a)〜(h)から，また，その特徴的な性質を表すものとして最も適切なものを[C]の(ア)〜(ク)から選び，それぞれ記号で答えよ。

[A](1)$-SO_3H$ 1★　(2)$-CHO$ 2★★★
(3)$>C=O$ 3★★　(4)$-NO_2$ 4★★
(5)$-NH_2$ 5★★★

[B](a)カルボキシ基　(b)アミノ基
(c)カルボニル基（ケトン基）　(d)エーテル結合
(e)スルホ基　(f)ニトロ基
(g)ホルミル基（アルデヒド基）　(h)ヒドロキシ基

[C](ア)弱酸性で，アルコールと反応して芳香性物質をつくる。
(イ)強酸性で，塩基と反応して塩をつくる。
(ウ)弱塩基性で，酸と反応して塩をつくる。
(エ)水によく溶け，中性である。ナトリウムと反応する。
(オ)中性で，還元するとアミノ基になる。
(カ)フェーリング溶液を還元して，赤色沈殿をつくる。
(キ)臭素水を脱色する。
(ク)水素で還元すると，第二級アルコールになる。

（東京女子大）

(1)(e)，(イ)
(2)(g)，(カ)
(3)(c)，(ク)
(4)(f)，(オ)
(5)(b)，(ウ)

2 元素分析

▼ANSWER

□1 ★★★ 有機化合物の構造は，一般に次のような手順で決定される。まず，元素分析によって［1 ★★］を決定する。次に，沸点上昇度または凝固点降下度などを測定して［2 ★★］を決定し，［1 ★★］と［2 ★★］から分子式を決める。分子式が決定できても，化合物の構造が決定できたことにはならない。炭素原子の結合の仕方は多様であり，結合の仕方が異なる複数の分子が存在しうるためである。これらの化合物は，互いに［3 ★★★］の関係にあるという。［3 ★★★］を区別するためには，様々な化学的および物理的性質の違いを利用する。（東京大）

(1) 組成式（そせいしき）［📖実験式（じっけんしき）］
(2) 分子量（ぶんしりょう）
(3) 異性体（いせいたい）

□2 ★★ 化合物を構成する元素の種類と割合を調べ，組成式を求めることを［1 ★★］という。（新潟大）

(1) 元素分析（げんそぶんせき）

□3 ★★★ 炭素，水素，酸素から構成された有機化合物の組成式を決めるには，図に示すような元素分析の装置を用いる。

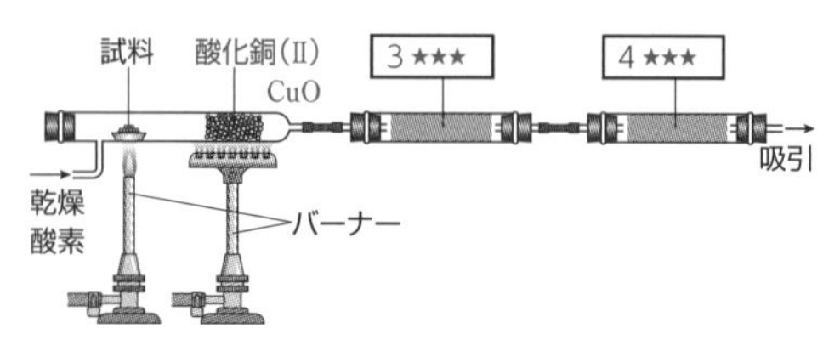

まず，質量を精密に測定した試料を図のように設置して，乾燥酸素を流入しながら完全燃焼させる。生じた［1 ★★★］と［2 ★★★］をそれぞれ［3 ★★★］と［4 ★★★］に吸収させ，［3 ★★★］と［4 ★★★］の増加した質量から［1 ★★★］と［2 ★★★］の質量をそれぞれ求める。これらの質量から，試料中の水素と炭素の質量を計算する。さらに，試料と水素，炭素との質量の差から酸素の質量を計算する。（北海道大）

(1) 水（みず） H_2O
(2) 二酸化炭素（にさんかたんそ） CO_2
(3) 塩化カルシウム（えんか） $CaCl_2$
(4) ソーダ石灰（せっかい） $CaO+NaOH$

□4 ★★★ 元素分析では，試料が不完全燃焼して［1 ★★★］が発生する可能性があるので，高温の［2 ★★★］を酸化剤として，［3 ★★★］へと完全燃焼させる。（金沢大）

〈解説〉 $CO + CuO \longrightarrow CO_2 + Cu$

(1) 一酸化炭素（いっさんかたんそ） CO
(2) 酸化銅（さんかどう）(II) CuO
(3) 二酸化炭素（にさんかたんそ） CO_2

□5 ★★★ 化合物を構成する元素の種類や，その物質量比を決めることを 1★★ という。炭素，水素，酸素のみからなる有機化合物の 1★★ は，次のように行うことができる。すなわち，質量を正確に測定した試料を完全燃焼させ，生成した H_2O を 2★★★ を詰めた管(H_2O 吸収管)に，CO_2 を 3★★★ を詰めた管(CO_2 吸収管)に吸収させる。H_2O 吸収管および CO_2 吸収管の質量増加から，生成した H_2O および CO_2 の質量を求め，試料中の C と H の質量を計算する。そして，試料中の O の質量を計算したのち，その化合物に含まれる原子の数の比を最も簡単な整数の比で表した 4★★ が決定される。さらに，凝固点降下などを利用して分子量を求め，4★★ を整数倍することにより分子式が求められる。 (横浜国立大)

〈解説〉塩化カルシウムとソーダ石灰の順番を逆にすると，ソーダ石灰は塩基性の乾燥剤なので，水と二酸化炭素の両方を吸収してしまう。

(1) 元素分析(げんそぶんせき)
(2) 塩化(えんか)カルシウム $CaCl_2$
(3) ソーダ石灰(せっかい) $CaO+NaOH$
(4) 組成式(そせいしき) [㊊実験式(じっけんしき)]

□6 ★★ 有機化合物を構成する元素には，炭素・水素・酸素のほか，窒素・硫黄・塩素などがある。これらの元素が有機化合物に含まれているかを知りたい場合，以下のような実験を行うと，その元素の存在が確認できる。

「窒素」 試料とソーダ石灰を混合して加熱する。試料に窒素が含まれている場合，1★★ が発生し，濃塩酸と反応して白煙が発生する。

「塩素」 黒く焼いた銅線の先に試料をつけてバーナーで加熱する。試料に塩素が含まれている場合，2★ ができるため，3★ 色の炎色反応がおこる。

「硫黄」 ナトリウムの小片を加えて加熱する。試料に硫黄が含まれている場合，4★ が生成し，水に溶かして鉛(Ⅱ)イオンを加えると，5★ 色の硫化鉛(Ⅱ)が沈殿する。 (新潟大)

〈解説〉白煙(塩化アンモニウム)：NH_4Cl 硫化鉛(Ⅱ)：PbS

(1) アンモニア NH_3
(2) 塩化銅(えんかどう)(Ⅱ) $CuCl_2$
(3) 青緑(あおみどり)
(4) 硫化(りゅうか)ナトリウム Na_2S
(5) 黒(こく)

□7 ★★ 水 H_2O は硫酸銅(Ⅱ)無水物 $CuSO_4$ を 1★★ 色から 2★★ 色に変化させることで検出できる。 (弘前大)

(1) 白(はく)
(2) 青(あお)

3 組成式と分子式

▼ ANSWER

□1 ★★★ 化学式には分子式や組成式などがある。分子式は1分子中にある原子の種類と数を表しているのに対し，組成式はその物質を構成している原子の種類と数を最も簡単な整数比で表したものである。例えば，ベンゼンは分子式では 1★★★ ，組成式では 2★★ で表される。（甲南大）

(1) C_6H_6
(2) CH

〈解説〉組成式は，実験式ともよばれる。

□2 ★★★ 炭素・水素・酸素の元素から構成されている有機化合物を天秤で計量した後，完全燃焼させた。生じた二酸化炭素と水の質量を測定したところ，表の結果を得た。

(1) $C_6H_{12}O$

試料の質量〔mg〕	二酸化炭素の質量〔mg〕	水の質量〔mg〕
42.8	112.5	47.0

組成式を求めよ。ただし，原子量は，H = 1.0, C = 12.0，O = 16.0とする。 1★★★ （新潟大）

解き方

有機化合物中のCの質量は，生成したCO_2中のCの質量に等しい。

Cの質量 $112.5 \times \frac{C}{CO_2} = 112.5 \times \frac{12.0}{44.0} \fallingdotseq 30.7\text{mg}$

（112.5：CO_2〔mg〕，30.7：C〔mg〕）

有機化合物中のHの質量は，生成したH_2O中のHの質量に等しい。

Hの質量 $47.0 \times \frac{2H}{H_2O} = 47.0 \times \frac{2.0}{18.0} \fallingdotseq 5.22\text{mg}$

（47.0：H_2O〔mg〕，5.22：H〔mg〕）

有機化合物中のOの質量は，

$\underbrace{42.8}_{\text{有機化合物の質量}} - (\underbrace{30.7}_{\text{Cの質量}} + \underbrace{5.22}_{\text{Hの質量}}) = \underbrace{6.88}_{\text{Oの質量}}\text{mg}$

組成式は，$\frac{30.7}{\text{Cの原子量}} : \frac{5.22}{\text{Hの原子量}} : \frac{6.88}{\text{Oの原子量}}$

$= \frac{30.7}{12.0} : \frac{5.22}{1.0} : \frac{6.88}{16.0} \fallingdotseq 6 : 12 : 1$

← 最も小さな$\frac{6.88}{16.0}$で割ってみる

★★
炭化水素 180mg を完全燃焼させたところ，二酸化炭素 550mg と水 270mg が生じ，さらに，炭化水素の分子量は 72 と測定された。この炭化水素の分子式を記せ。H = 1.0，C = 12.0，O = 16.0 1★★

（北海道大）

(1) C_5H_{12}

解き方

炭化水素の組成式を C_xH_y とおくと，

$$C : 550 \times \frac{12.0}{44.0} = 150\text{mg},\quad H : 270 \times \frac{2.0}{18.0} = 30\text{mg}$$

$$x : y = \frac{150}{12.0} : \frac{30}{1.0} = 12.5 : 30 \fallingdotseq 1 : 2.4 = 10 : 24 = 5 : 12$$

↑小さい方の 12.5 で割ってみる

よって，組成式は C_5H_{12}

この組成式の式量は，$12.0 \times 5 + 1.0 \times 12 = 72.0$

$(C_5H_{12})_n = 72.0n = 72 \quad n = 1$

よって，分子式は C_5H_{12}

〈解説〉分子式：分子を構成する原子の種類と数を表した式。
（組成式の式量）× n ＝分子量

示性式：分子式の中から官能基をとり出して，化合物の特徴を表した式。

構造式：分子の中の原子の結合を線－(結合を表すこの線を価標ということがある)を用いて表した式。
※原子のつながり方がわかる場合には，線－を省略してもよい。

㊎酢酸の場合

CH_2O 組成式　分子量が 60 で C = 12.0，H = 1.0，O = 16.0 なので

$(\underbrace{12.0}_{C} \times 1 + \underbrace{1.0}_{H} \times 2 + \underbrace{16.0}_{O} \times 1) \times n = 60$

よって，$n = 2$

$C_2H_4O_2$ 分子式 —官能基をとり出して表す→ CH_3COOH 示性式

H－C(H)(H)－C(=O)－O－H 構造式 —Hの線－を省略して簡略化すると…→ CH_3－C(=O)－OH 簡略化した構造式

㊟炭素間の二重結合(C=C)や三重結合(C≡C)は，構造式はもちろんのこと示性式や簡略化した構造式であっても省略しない。

~~CH_2CH_2 エチレン~~ ➡ $CH_2=CH_2$ エチレン（示性式）　H₂C=CH₂ エチレン（構造式）

第14章 異性体

1 構造異性体

▼ANSWER

□1 ★★★ 有機化合物のなかには，同じ分子式でありながら分子の構造が異なる化合物が多数存在する。このような化合物を互いに異性体という。異性体の中で，原子や原子団のつながり方が異なる化合物を互いに [1★★★] 異性体という。さらに，同じ構造式をもつ化合物の中で，原子や原子団の並び方が空間的に異なる場合があり，このような化合物を互いに [2★★★] 異性体という。（北海道大）

(1) 構造（こうぞう）
(2) 立体（りったい）

〈解説〉

異性体
- 構造異性体
- 立体異性体
  - シス-トランス異性体（幾何異性体）
  - 鏡像異性体（光学異性体）

□2 ★★★ 異性体のうちで分子の構造式が異なる異性体を構造異性体という。一方，原子のつながり方や，結合の種類は同じであるが立体構造が異なるために生じる異性体を [1★★★] 異性体という。[1★★★] 異性体には，二重結合に対する置換基の配置の違いに由来する [2★★★] 異性体や不斉炭素原子の存在による [3★★★] 異性体などがある。（日本女子大）

(1) 立体（りったい）
(2) シス-トランス［㊙幾何（きか）］
(3) 鏡像（きょうぞう）［㊙光学（こうがく）］

□3 ★★ 構造異性体は，構成原子のつながり方の違いや官能基の違い，不飽和結合の [1★★] の違いなどが原因で生じる。（東京電機大）

(1) 位置（いち）

□4 ★★ 分子式 C_4H_{10} に考えられる構造異性体は [1★★] 個である。（東京女子大）

(1) 2

〈解説〉

$CH_3-CH_2-CH_2-CH_3$　　$CH_3-CH(CH_3)-CH_3$

炭素骨格の構造が異なる（骨格異性体）

□5 ★★ 分子式 C_5H_{12} で表されるアルカンには，常圧で 9.5℃, 27.9℃，36.1℃の異なる沸点をもつ 3 種類の構造異性体が存在する。これら構造異性体の構造式を，沸点の低い順に，①（沸点 9.5℃の構造異性体），②（沸点 27.9℃の構造異性体），③（沸点 36.1℃の構造異性体）と書け。 ①★★ ②★★ ③★★ （東北大）

〈解説〉分子の形が球状に近いほど沸点が低くなる。

① $CH_3-C(CH_3)_2-CH_3$（中心のCにCH_3が上下に結合）

② $CH_3-CH_2-CH(CH_3)-CH_3$

③ $CH_3-CH_2-CH_2-CH_2-CH_3$

□6 ★★ 分子式 C_2H_6O の化合物には官能基の異なる 2 種類の 1★★ 異性体が存在する。 （金沢大）

〈解説〉CH_3-O-CH_3 ， CH_3-CH_2-OH
エーテル結合あり　ヒドロキシ基あり
ジメチルエーテル　エタノール
官能基の種類が異なる（官能基異性体）

(1) 構造（こうぞう）

□7 ★★★ 分子式 C_3H_8O をもつ化合物は何種類あるか。 1★★★
(イ) 1 (ロ) 2 (ハ) 3 (ニ) 4 (ホ) 5 (ヘ) 6 (ト) 7 （神奈川大）

〈解説〉$CH_3-CH_2-CH_2(OH)$ ， $CH_3-CH(OH)-CH_3$ ， $CH_3-CH_2-O-CH_3$
官能基の位置が異なる（位置異性体）
官能基の種類が異なる（官能基異性体）

(1) (ハ)

□8 ★ キシレンの位置異性体の数を記せ。 1★ （北海道大）

〈解説〉
o（オルト）-キシレン　*m*（メタ）-キシレン　$CH_3-C_6H_4-CH_3$ *p*（パラ）-キシレン
位置が異なる（位置異性体）➡構造異性体のこと。

(1) 3 個（こ）

□9 ★ ナフトールの構造異性体 2 種類の構造式を示せ。 1★ （埼玉大）

〈解説〉構造異性体のまとめ
構造異性体 ┬ 炭素骨格の構造が異なる（骨格異性体）
　　　　　 ├ 官能基の種類が異なる（官能基異性体）
　　　　　 └ 置換基（官能基）の位置が異なる（位置異性体）

(1) OH（1位） 1-ナフトール
OH（2位） 2-ナフトール

2 シス-トランス異性体／鏡像異性体 ▼ANSWER

□1 ★★★ 立体異性体には，[1★★★]異性体や[2★★★]異性体などがある。[1★★★]異性体の例として，1,2-ジブロモエチレン（BrCH＝CHBr）がある。この例では，炭素-炭素二重結合を軸として2個の臭素原子が同じ側に位置している[3★★★]形と，反対側に位置している[4★★★]形が存在する。（明治大）

(1) シス-トランス［別 幾何（きか）］
(2) 鏡像（きょうぞう）［別 光学（こうがく）］
(3) シス
(4) トランス

〈解説〉

異性体 ─┬─ 構造異性体
　　　　 └─ 立体異性体 ─┬─ シス-トランス異性体（幾何異性体）
　　　　　　　　　　　　 └─ 鏡像異性体（光学異性体）

1,2-ジブロモエチレン➡ $\mathrm{(H)(Br)C=C(H)(Br)}$ と $\mathrm{(Br)(H)C=C(H)(Br)}$ が存在する。
シス形　トランス形

□2 ★ シス-トランス異性体（幾何異性体）の関係にある2つの化合物を，(ア)～(ソ)の中から選び，その組合せを記号ですべて記せ。[1★]

(1) (オ)と(セ)
(ク)と(ソ)

(ア) $CH_3-CH_2-CH_2-CH_2-CH_3$
(イ) $CH_3-CH_2-CH_2-CH_3$
(ウ) $CH_3-CH(CH_3)-CH_3$
(エ) $CH_3-CH_2-CH(CH_3)-OH$
(オ) $\mathrm{(H)(HO-CO)C=C(COOH)(H)}$ （H と COOH が同じ側：H／HO−C(=O)−　C＝C　−C(=O)−OH／H）
(カ) $\mathrm{(H)(CH_3-CH_2)C=C(H)(H)}$
(キ) $CH_3-CH(CH_3)-CH_2-OH$
(ク) $\mathrm{(H)(H_3C)C=C(CH_3)(H)}$
(ケ) $CH_3-CH(CH_3)-CH_2-CH_3$
(コ) $CH_3-C(CH_3)_2-OH$
(サ) $CH_3-CH_2-O-CH_2-CH_3$
(シ) $CH_3-CH_2-C(=O)-H$
(ス) $\mathrm{(H)(H)C=C(CH_3)(CH_3)}$
(セ) $\mathrm{(H)(HO-CO)C=C(H)(COOH)}$
(ソ) $\mathrm{(H_3C)(H)C=C(CH_3)(H)}$

（金沢大）

C=C や環状構造をもっているものから探せばよい。

また，α, α ＞C＝C＜ の構造にはシス-トランス異性体は生じない。（α と α は同じもの）

□3 ★★★ 分子式 $C_4H_4O_4$ で表される不飽和ジカルボン酸（2価カルボン酸）には化合物 [1 ★★★] と化合物 [2 ★★★]（順不同）の2種類の [3 ★★★] 異性体が存在する。 （金沢大）

〈解説〉

$C_4H_4O_4$ ➡ HOOC(H)C=C(H)COOH と HOOC(H)C=C(COOH)H

フマル酸　トランス形　　マレイン酸　シス形

トラ（トランス）に踏ま（フマル酸）れてまれ（マレイン酸）にシス（シス）と覚えよう。

(1) フマル酸

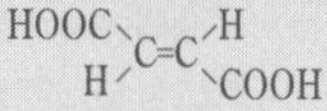

HOOC(H)C=C(H)COOH

(2) マレイン酸

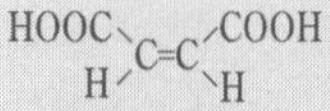

HOOC(H)C=C(COOH)H

(3) シス-トランス［㊐幾何］

□4 ★★★ 乳酸には結合する4つの基（原子または原子団）がすべて異なる炭素原子が存在する。このような炭素原子を [1 ★★★] 炭素原子といい，1個の [1 ★★★] 炭素原子が存在すると2種類の [2 ★★★] 異性体が存在する。[2 ★★★] 異性体はほとんどの物理的性質や化学的性質は同じであるが，平面偏光に対する性質や生理的性質が異なる。 （金沢大）

〈解説〉不斉炭素原子：異なるW，X，Y，Zが結合している炭素原子のこと。

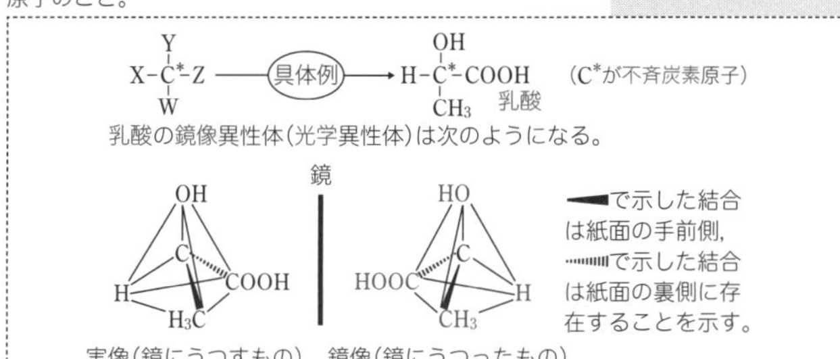

(1) 不斉
(2) 鏡像［㊐光学］

□5 ★★ [1 ★★★] 炭素原子をもつ化合物を通常の方法で合成すると，鏡像異性体が等量ずつ含まれる混合物の [2 ★] 体が得られる。鏡像異性体の一方を選択的に合成する方法を [1 ★★★] 合成という。 （金沢大）

〈解説〉ラセミ体は，旋光性を示さない。

(1) 不斉
(2) ラセミ

□6 ★ メントール（図）の構造式中に含まれる不斉炭素原子をすべて○で囲みなさい。[1 ★] （金沢大）

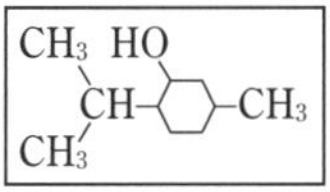

CH3　HO
CH-⬡-CH3
CH3

(1)

CH3　HO
CH-⬡-CH3
CH3

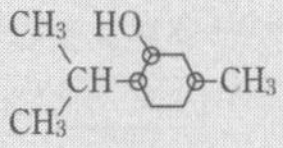

□7 ★ 図に示した化合物のもう一方の鏡像異性体の立体的な構造を，図の例にならって示せ。なお，不斉炭素原子を紙面上に置いたとき，実線は紙面上の結合，▬は紙面の手前に出ている結合，┅┅は紙面の裏側に出ている結合を表している。解答は，3 個の炭素原子を紙面上に置いたときの構造で示すこと。 1★ （熊本大）

COOH
H_2N┅C―CH_3
H

図

(1)
COOH
H┅C―CH_3
H_2N

（HOOC
C┅NH_2
H_3C　H）

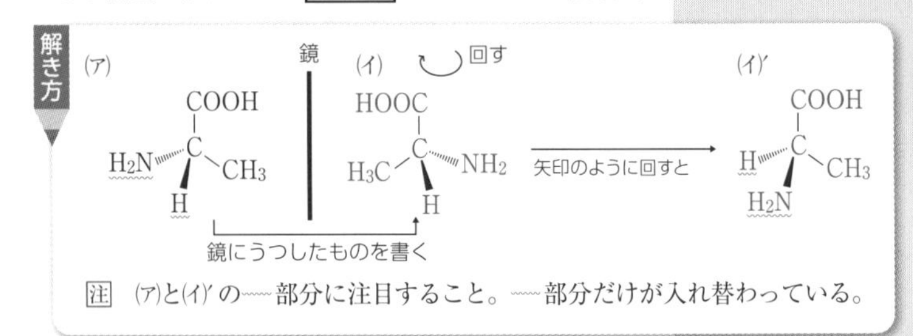

注　(ア)と(イ)′の〰〰部分に注目すること。〰〰部分だけが入れ替わっている。

□8 ★★ 1 つの化合物に不斉炭素原子が n 個存在する場合，理論的には 1★★★ 異性体は 2★ 種類存在することになる。 （金沢大）

(1) 鏡像（きょうぞう）
［別 光学（こうがく）］
(2) 2^n

発展 □9 ★ 分子内に不斉炭素原子が 2 つ以上存在する場合は，互いに鏡像の関係にはない立体異性体も存在する。これをジアステレオ異性体とよぶ。2 つの不斉炭素原子を有する化合物の例としてアミノ酸の L-トレオニンを挙げることができ，図の通り L-トレオニンを含めて 4 種類の立体異性体が存在する。

(1) ②
(2) ①
(3) ③

L-トレオニン	①	②	③
H, NH_2 / HO, H / C―C / CH_3, COOH	H, H / HO, NH_2 / C―C / CH_3, COOH	HO, H / H, NH_2 / C―C / CH_3, COOH	HO, NH_2 / H, H / C―C / CH_3, COOH

図　L-トレオニンの立体異性体

L-トレオニンの立体異性体①，②，③のうち，L-トレオニンの鏡像異性体は 1★ で，L-トレオニンとジアステレオ異性体の関係にあるものは 2★ と 3★ （順不同）になる。 （東京大）

解き方

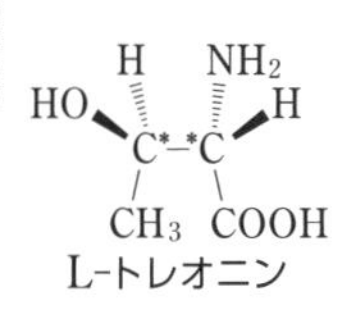

L-トレオニン

鏡

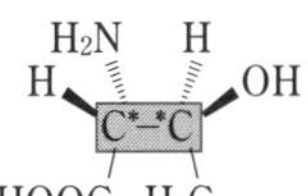

L-トレオニンの鏡像異性体

をうらがえすと，②になる。

（C*が不斉炭素原子）

鏡像の関係にない立体異性体がジアステレオ異性体なので，L-トレオニンと鏡像の関係にある②を除いた①と③がL-トレオニンとジアステレオ異性体の関係になる。また，①と③は鏡像の関係になる。

H H
HO C*–*C NH2
CH3 COOH
①

鏡

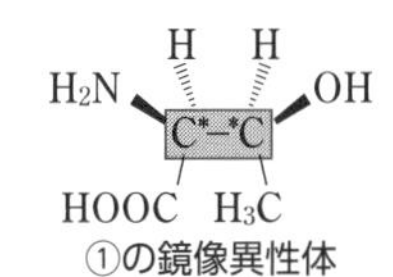

①の鏡像異性体

をうらがえすと，③になる。

以上より，2つの不斉炭素原子を有する化合物には $2^2=4$ 種類の立体異性体が存在する。

酒石酸は2つの不斉炭素原子をもつ2価カルボン酸であり，3つの立体異性体をもつ。そのうちの1つの立体異性体の立体構造を図に示す。酒石酸の残り2つの立体異性体の立体構造を示せ。 1★ （大阪大）

H COOH
HO C – C OH
HOOC H
図

(1) HO COOH
H C – C OH
HOOC H

HOOC OH
C – C H
HO COOH
H

〈解説〉2つの不斉炭素原子をもつ分子の中には，対称面や対称心を分子内にもつことで鏡像異性体が存在しないものがあり，これをメソ体とよぶ。メソ体が存在すると，不斉炭素原子が2つあっても3種類の立体異性体しか存在しない。図の酒石酸がメソ体になる。

H COOH
HO C*–C* OH
HOOC H
対称心

≡

COOH 2つが上になるように矢印の向きに回転させる

HOOC COOH
HO C* C* OH
H H
対称面

（C*が不斉炭素原子）

鏡

HO COOH
H C*–C* OH
HOOC H

HOOC OH
C*–*C H
HO H COOH

どちらも対称心や対称面がない。

図以外の酒石酸は鏡像異性体の関係になる。

3 異性体の探し方

▼ ANSWER

考え方

①不飽和度を求める。

分子式が $C_xH_yO_z$ や C_xH_y の場合,

$$\text{不飽和度} = \frac{1}{2}\left\{(\text{炭素数 } x) \times 2 + 2 - (\text{水素数 } y)\right\}$$ ◀暗記する!!

不飽和度	対応する構造
0	すべて単結合からなる
1	(1)二重結合(C=C や C=O)1つ (2)環状構造1つ
2	(1)三重結合(C≡C)1つ (2)二重結合2つ (3)環状構造2つ (4)二重結合1つ+環状構造1つ
4	(1)ベンゼン環1つ＜不飽和度4以上のときはほとんどコレ!! (2)不飽和度4になるように三重結合，二重結合，環状構造を組み合わせたもの

②炭素骨格で分類する。C骨格のパターンは覚える。

C_1	C_2	C_3	C_4	C_5	C_6
C	C-C	C-C-C	C-C-C-C	C-C-C-C-C	C-C-C-C-C-C
			C-C(-C)-C	C-C-C(-C)-C	C-C-C-C(-C)-C　C-C-C(-C)-C-C
				C-C(-C)(-C)-C	C-C(-C)-C(-C)-C　C-C-C(-C)(-C)-C

C_1〜C_3の骨格は1種のみ

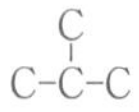

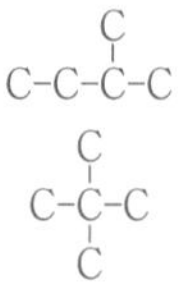

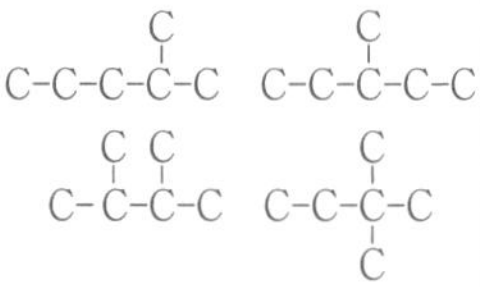

③官能基を炭素骨格に導入することや環状構造を検討する。

└→C_4であれば

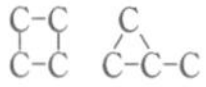

C-C / C-C（四員環）　C / C-C-C（三員環）

〈官能基の導入の仕方の例〉

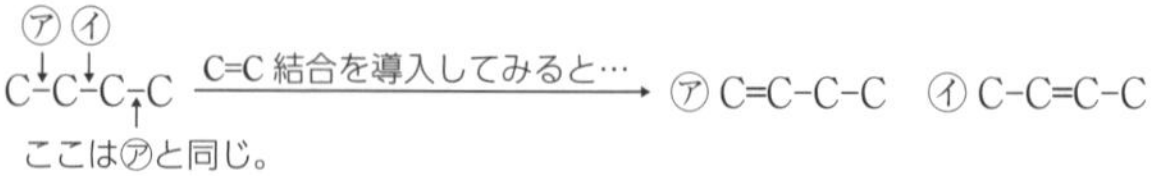

C-C-C-C（㋐㋑の位置，右端の結合は ここは㋐と同じ。）　C=C 結合を導入してみると… → ㋐ C=C-C-C　㋑ C-C=C-C

④立体異性体が存在するかを検討する。

└→シス-トランス異性体(幾何異性体)や鏡像異性体(光学異性体)

1 C_4H_8 の分子式をもつ有機化合物で，考えられる6個の異性体の構造式をすべて書け。 1 ★★ （新潟大）

(1) 解き方参照

解き方

①まず，不飽和度を求める式から，不飽和度 $= \frac{1}{2}\{4 \times 2 + 2 - 8\} = 1$

不飽和度が1なので，この化合物は二重結合（C=C ~~やC=O~~）が1つ，もしくは環状構造が1つ生じることがわかる。

↑分子式が C_4H_8 なので，Oが含まれることはない!!

②次に，鎖状構造のC骨格で分類すると，C_4 なので次の2通りが考えられる。

C-C-C-C　　C-C(-C)-C

③(ア) C=C結合をC骨格に導入すると，次のⒶ〜Ⓒに入れることができる。

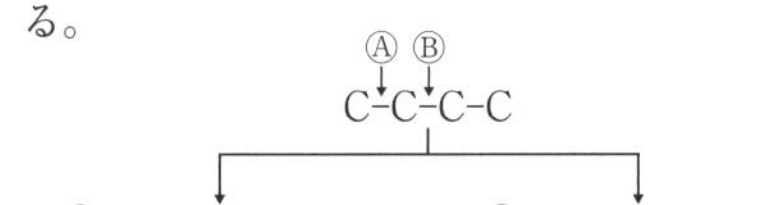

Ⓐ $CH_2=CH-CH_2-CH_3$　Ⓑ $CH_3-CH=CH-CH_3$　Ⓒ $CH_2=C(CH_3)-CH_3$

(イ)環状構造を検討すると，次のⒹ，Ⓔが考えられる。

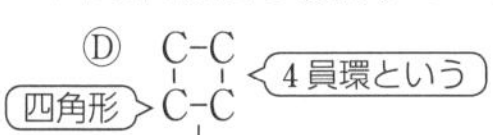

Ⓓ CH_2-CH_2 / CH_2-CH_2（四員環）

Ⓔ 三角形　3員環という　CH_2 / $CH_2-CH-CH_3$（三員環）

よって，構造異性体はⒶ〜Ⓔの5種類が考えられる。

ただし，異性体の構造式を書くので，立体異性体も含めて考える。

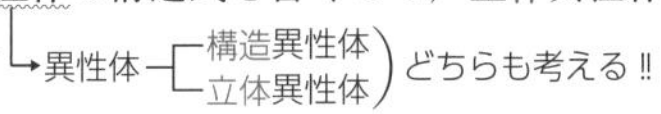

→異性体 ― 構造異性体／立体異性体　どちらも考える!!

④Ⓑには，次のシス-トランス異性体（幾何異性体）が存在する。

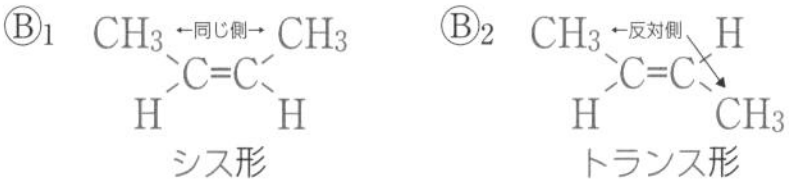

Ⓑ1　CH_3 ←同じ側→ CH_3，C=C，H　H　シス形

Ⓑ2　CH_3 ←反対側 H，C=C，H　CH_3　トランス形

そのため，異性体はⒶ，Ⓑ1，Ⓑ2，Ⓒ，Ⓓ，Ⓔの6個になる。

□2 ★★★ 分子式 C_4H_{10} に考えられる構造異性体は [1 ★★★] 個である。（東京女子大）

(1) 2

〈解説〉 $CH_3-CH_2-CH_2-CH_3$ ， $CH_3-CH(CH_3)-CH_3$

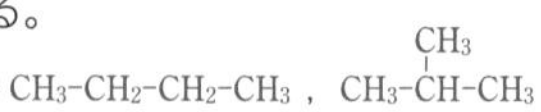

□3 ★★★ 分子式 C_5H_{12} に考えられる構造異性体は [1 ★★★] 個である。（予想問題）

(1) 3

〈解説〉
$CH_3-CH_2-CH_2-CH_2-CH_3$ ， $CH_3-CH_2-CH(CH_3)-CH_3$ ， $CH_3-C(CH_3)_2-CH_3$

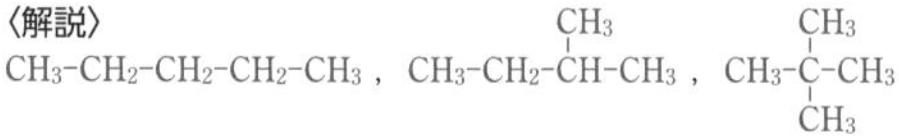

□4 ★★ 分子式 C_6H_{14} に考えられる構造異性体は [1 ★★] 個である。（予想問題）

(1) 5

〈解説〉
$CH_3-CH_2-CH_2-CH_2-CH_2-CH_3$ ， $CH_3-CH_2-CH_2-CH(CH_3)-CH_3$

$CH_3-CH_2-CH(CH_3)-CH_2-CH_3$ ， $CH_3-CH(CH_3)-CH(CH_3)-CH_3$

$CH_3-CH_2-C(CH_3)_2-CH_3$

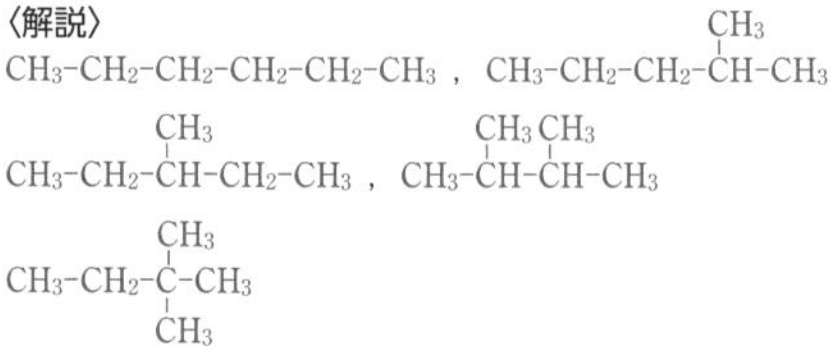

□5 ★★ プロパンの水素原子2個をそれぞれ塩素原子で置換した化合物は何種類あるか。ただし，鏡像異性体を除く。[1 ★★]（神奈川大）

(1) 4

〈解説〉プロパン　$CH_3-CH_2-CH_3$

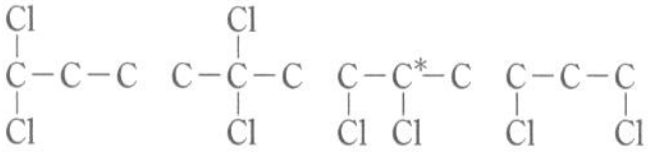

$C(Cl)_2-C-C$　　$C-C(Cl)_2-C$　　$C(Cl)-C^*(Cl)-C$　　$C(Cl)-C-C(Cl)$

（C^*が不斉炭素原子、Hは省略）

発展 □6 ★ 不斉炭素原子をもつ鎖式飽和炭化水素のうち，最も炭素数の少ないものは炭素数がいくつか。[1 ★]（神奈川大）

(1) 7

〈解説〉 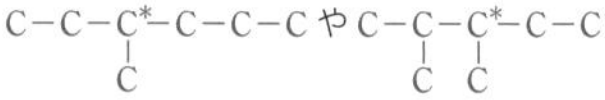
$C-C-C^*(C)-C-C-C$ や $C-C(C)-C^*(C)-C-C$

（C^*が不斉炭素原子、Hは省略）

□7 ★ 分子式 $C_4H_8Cl_2$ のジクロロアルカンには構造異性体が何個存在するか。(a)〜(f)から一つ選べ。ただし，立体異性体は含めないものとする。［1★］

(a) 5　(b) 6　(c) 7　(d) 8　(e) 9　(f) 10

（東京薬科大）

(1)(e)

〈解説〉ハロゲン原子(F，Cl，Br，I)を含む場合は，ハロゲン原子を水素原子とみなして不飽和度を求めるとよい。
$C_4H_8Cl_2$ ➡ C_4H_{10} と置き換えると不飽和度は 0 となる。

```
Cl                Cl
|                 |
C-C-C-C      C-C-C-C      C-C*-C-C
|                 |            |  |
Cl                Cl           Cl Cl

C-C-C*-C     C-C-C-C      C-C*-C*-C
|    |       |      |        |   |
Cl   Cl      Cl     Cl       Cl  Cl

Cl C              C            C
|  |              |            |
C-C-C        C-C-C        C-C-C     (C*が不斉炭素原子
|            |  |         |    |     H は省略)
Cl           Cl Cl        Cl   Cl
```

□8 ★★ 分子式 C_4H_8 で示されるアルケンの異性体の数は，立体(シス-トランス)異性体を考慮した場合［1★★］種である。

（関西学院大）

(1)4

〈解説〉アルケン➡ C=C を 1 個もつ。環はもたない。

```
Ⓐ                                   Ⓒ    C
  C=C-C-C        C-C=C-C               |
                     ↓              C=C-C
             シスとトランスあり
              Ⓑ1      Ⓑ2                  (H は省略)
```

□9 ★ 分子式 C_5H_{10} で表されるアルケンのすべての異性体は［1★］個となる。

（静岡大）

(1)6

〈解説〉

```
Ⓐ                                   Ⓒ    C
  C=C-C-C-C      C-C=C-C-C             |
                     ↓              C=C-C-C
             シスとトランスあり
              Ⓑ1      Ⓑ2

Ⓓ   C         Ⓔ   C
    |             |
  C-C=C-C       C-C-C=C                   (H は省略)
```

□10 ★★ 分子式 $C_4H_{10}O$ で表される化合物の中で，金属ナトリウムと反応して水素を発生する化合物には，鏡像異性体を含めて［1★★］個の異性体が存在する。一方，同じ分子式で表される化合物 A は，分子中にメチル基を 3 個もち，金属ナトリウムと反応しない。

（北海道大）

(1)5

〈解説〉Na と反応して H_2 発生➡ −OH あり

```
C−C−C−C      C−C−C*−C      C          C
      |          |          |          |
      OH         OH       C−C−C      C−C−C
                              |          |
                              OH         OH
```

（C*が不斉炭素原子　H は一部省略）

```
                                    [C]
                                     |
C−C−C−O−C      C−C−O−C−C      [C]−C−O−[C]
```

化合物 A
−OH がないため，Na と反応しない

（[C]−はメチル基 CH_3−を表す）

□11 ★★ 分子式が $C_5H_{12}O$ である化合物には，鏡像異性体を無視すると [1★★] 種類の構造異性体が存在する。これらの [1★★] 種類の構造異性体について考えてみよう。これらの異性体のうち，[2★★] 種類はナトリウムと反応して水素を発生するが，他はナトリウムと反応しない。ナトリウムと反応する異性体の中で，不斉炭素原子をもつ化合物は [3★★] 種類ある。（関西大）

(1) 14
※Ⓐ～Ⓝの 14 種類

(2) 8
※Na と反応して H_2 発生➡ −OH あり
Ⓐ，Ⓑ，Ⓒ，Ⓓ，Ⓔ，Ⓕ，Ⓖ，Ⓗの 8 種類

(3) 3
※−OH をもち，C*ありを探す
➡Ⓑ，Ⓓ，Ⓕの 3 種類

〈解説〉

```
Ⓐ C−C−C−C−C     Ⓑ C−C−C−C*−C     Ⓒ C−C−C−C−C
            |                |              |
            OH               OH             OH

        C               C              C                 C             C
        |               |              |                 |             |
Ⓓ C−C−C*−C     Ⓔ C−C−C−C     Ⓕ C−C*−C−C     Ⓖ C−C−C−C     Ⓗ C − C−C
           |             |          |            |              |     |
           OH            OH         OH           OH             OH    C

Ⓘ C−C−C−C−O−C     Ⓙ C−C−C−O−C−C

        C                  C              C              C
        |                  |              |              |
Ⓚ C−C−C*−O−C     Ⓛ C−C−O−C−C     Ⓜ C−O−C−C−C     Ⓝ C−C−O−C
                                                         |
                                                         C
```

（C*が不斉炭素原子　H は一部省略）

□12 ★★ 分子式 $C_4H_8O_2$ のカルボン酸の構造異性体は全部で [1★★] 種類ある。（神奈川大）

(1) 2

〈解説〉カルボン酸

```
    O
    ‖
R−C−O−H
```

```
                   O              CH3  O
                   ‖               |   ‖
CH3−CH2−CH2−C−O−H      CH3−CH−C−O−H
```

□13 ★ 分子式 $C_3H_6O_2$ で表されるエステルは [1★] 種類ある。（上智大）

（1）2

〈解説〉エステル R−C(=O)−O−R′
R：H は可　R′：H は不可

$H-C(=O)-O-CH_2-CH_3$ ，$CH_3-C(=O)-O-CH_3$

□14 ★ ベンゼンの水素原子 3 個を塩素原子で置換した化合物は [1★] 種類ある。（神奈川大）

（1）3

〈解説〉

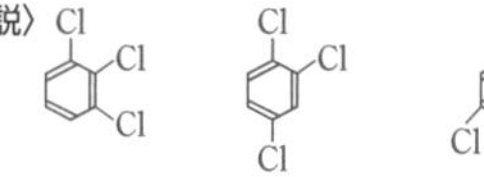

□15 ★★★ 分子式 C_8H_{10} で表される芳香族化合物には [1★★] 種類の [2★★★] 異性体が存在する。（明治大）

（1）4
（2）構造（こうぞう）

〈解説〉

CH_2-CH_3　CH_3 CH_3　CH_3 CH_3　CH_3 CH_3

エチルベンゼン　*o*-キシレン　*m*-キシレン　*p*-キシレン

□16 ★ 分子式が C_8H_8O でベンゼン環とカルボニル基をもつ化合物には，[1★] 種類の構造異性体がある。（東京薬科大）

（1）5

〈解説〉不飽和度は 5 となる。カルボニル基とは −C(=O)− のこと。

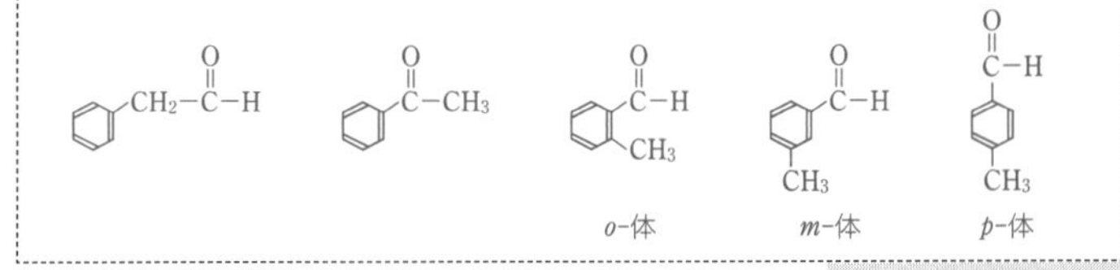

□17 ★ 分子式 $C_7H_6O_3$ で表されるヒドロキシ基をもつ芳香族カルボン酸には，[1★] 種類の構造異性体が存在する。（立命館大）

（1）3

〈解説〉ヒドロキシ基：−OH
芳香族カルボン酸：ベンゼン環に直接−COOH が結合

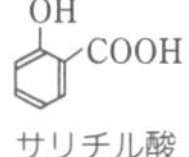

サリチル酸

OH　COOH

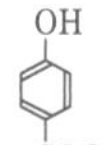

第 15 章

アルカン・アルケン・アルキン

1 アルカン

▼ANSWER

□1 ★★ 炭素原子と水素原子だけから構成される化合物を炭化水素という。分子式が一般式 C_nH_{2n+2} で表され，炭素原子間に [1 ★★] 結合をもたない鎖式炭化水素をアルカンという。（大阪公立大）

(1) 不飽和（ふほうわ）

□2 ★★★ 分子中の炭素原子の数を n とすれば，アルカンの分子式の一般式は [1 ★★★] で表される。（大阪公立大）

(1) C_nH_{2n+2}

□3 ★★★ 直鎖状のアルカンの沸点は，炭素原子の数が増加するにつれて [1 ★★★] なる。また，炭素原子の数が [2 ★★★] 以上のアルカンには，炭素原子のつながり方の違いによる構造異性体が存在する。一般に枝分かれのあるアルカンは，同じ炭素原子の数をもつ直鎖状のアルカンに比べ，融点や沸点が [3 ★★] 。（金沢大）

(1) 高（たか）く
(2) 4
(3) 低（ひく）い

〈解説〉①アルカン C_nH_{2n+2}

名　称	分子式	示性式	沸点
メタン methane	CH_4 ($n=1$)	CH_4	低
エタン ethane	C_2H_6 ($n=2$)	CH_3CH_3	↓
プロパン propane	C_3H_8 ($n=3$)	$CH_3CH_2CH_3$	↓
ブタン butane	C_4H_{10} ($n=4$)	$CH_3CH_2CH_2CH_3$	↓
ペンタン pentane	C_5H_{12} ($n=5$)	$CH_3CH_2CH_2CH_2CH_3$	↓
ヘキサン hexane	C_6H_{14} ($n=6$)	$CH_3CH_2CH_2CH_2CH_2CH_3$	↓
⋮ ⋮	⋮	⋮	高

② C_4H_{10} で表されるアルカンの沸点・融点（常圧）

	$CH_3-CH_2-CH_2-CH_3$	$CH_3-CH(CH_3)-CH_3$
沸点	−0.5℃	−12℃
融点	−138℃	−160℃

□4 ★★ アルカンは分子量が大きいものほど融点や沸点が高く，室温(約25℃)，通常の大気圧下(1気圧)において炭素原子の数 n が [1★★] 以下では気体，n が [2★★] 以上では液体，16～18以上では固体となる。 (愛媛大)

(1) 4
(2) 5

□5 ★★ 炭素と水素からなるもので，炭素原子のつながり方が鎖状構造の [1★★] をアルカンと総称する。分子中の炭素原子の数を n とすると，アルカンの分子式は一般式 C_nH_{2n+2} で表される。このアルカンのように，共通の一般式で表され，性質や構造がよく似た一群の化合物を [2★] という。 (東北大)

(1) 飽和炭化水素(ほうわたんかすいそ)
(2) 同族体(どうぞくたい)

□6 ★★ アルカンは炭素数 [1★★] 以上では構造異性体が存在する。 (東京電機大)

(1) 4

□7 ★★ アルカンの燃焼に関する次の記述中の選択肢で，正しいものの組合せは [1★★] である。

一般式 C_nH_{2n+2} で示されるアルカンの1molを空気中で完全燃焼させると，[(a) n, (b) $2n$]〔mol〕の二酸化炭素(CO_2)と，[(c) $n+1$, (d) $2n+2$]〔mol〕の水(H_2O)が生成する。このとき，合計で $\left[\text{(e)}\,\frac{2n+1}{2},\ \text{(f)}\,\frac{3n+1}{2}\right]$〔mol〕の酸素($O_2$)が消費される。

① (a), (c), (e)　② (a), (c), (f)　③ (a), (d), (e)
④ (a), (d), (f)　⑤ (b), (c), (e)　⑥ (b), (c), (f)
⑦ (b), (d), (e)　⑧ (b), (d), (f) (日本大)

〈解説〉 $C_nH_{2n+2} + \frac{3n+1}{2} O_2 \longrightarrow nCO_2 + (n+1)H_2O$

(1) ②

□8 ★★ メタンは最小のアルカンであり，水分子がつくるカゴ状構造の中にメタンが入り込んで固化したものを [1★] と呼ぶ。これは北極圏の凍土層や海底に存在し，火をつけると燃えるので「燃える氷」とも呼ばれる。メタンは水田や沼などでメタン細菌によって生産され，大気中にわずかに含まれており，[2★★] 線を吸収し，地表から放射された熱を地表に戻して暖めるため，強力な [3★★] ガスとして作用し，その作用は同じ濃度の二酸化炭素と比べて強い。 (同志社大)

(1) メタンハイドレート
(2) 赤外(せきがい)
(3) 温室効果(おんしつこうか)

□9 ★★ メタンは実験室では，[1★★]と水酸化ナトリウムを加熱して得られる。（同志社大）

(1) 酢酸(さくさん)ナトリウム CH_3COONa

〈解説〉メタンの製法

$$CH_3\boxed{COONa + NaO}H \longrightarrow CH_4 + Na_2CO_3$$

↓

間をとると覚える‼

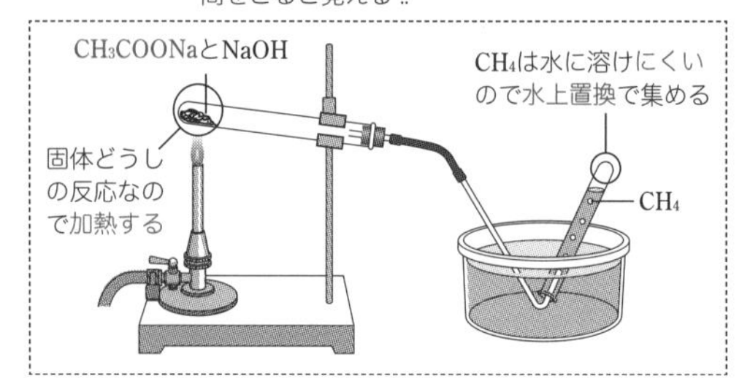

□10 ★★★ [1★★★]は天然ガスの主成分である。（東京薬科大）

(1) メタン CH_4

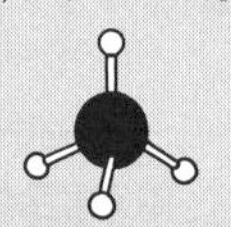

□11 ★ エタンの立体構造をすべての結合の方向がわかるように記せ。ただし，紙面上に存在する結合を実線──，紙面から後ろに突き出ている結合を破線┈┈┈，紙面から手前に突き出ている結合をくさび型◀で記せ。[1★]（大阪公立大）

(1)
```
H        H
 `C－C´
H ╱   ╲ H
 H     H
```

［別
```
H        H
 `C－C─H
H ╱   │
 H     H
```
］

□12 ★★ C_2H_6 は2つの[1★★★]基が単結合で結ばれた分子構造をしている。このため C_2H_6 における2つの[1★★★]基は，2つの炭素原子間の結合を軸として，自由に[2★]することができる。（横浜国立大）

(1) メチル $-CH_3$
(2) 回転(かいてん)

□13 ★★ アルカンは，過マンガン酸カリウムなどの酸化剤とは反応しないが，塩素ガスと反応してクロロアルカンを生成する。ただし，この塩素化反応を開始するためには，アルカンと塩素ガスの混合物を加熱するか，[1★★]を照射しなければならない。（京都大）

(1) 光(ひかり)

□14 ★★★ アルカンは酸化剤，還元剤，酸，塩基などと反応しにくいが，光照射下で塩素 Cl_2 と反応して，水素原子が塩素原子に[1★★★]される。（京都大）

(1) 置換(ちかん)

□15 ★★★ 鎖状構造の飽和炭化水素を [1★★★] という。メタンは最も構造の簡単な [1★★★] で，[2★★★] 構造をしている。メタンと塩素の混合気体に光を当てると，[3★★★] 反応が進行して，水素が塩素に [3★★★] された化合物ができる。（新潟大）

(1) アルカン
(2) 正四面体（せいしめんたい）
(3) 置換（ちかん）

〈解説〉置換反応

$$-\overset{|}{\underset{|}{C}}-Ⓗ + Ⓒl-Cl \xrightarrow{光} -\overset{|}{\underset{|}{C}}-Cl + H-Cl$$

H と Cl が置き換わる

Cl_2 が十分にあると置換反応は次々に起こっていく。

$$CH_4 \xrightarrow[光]{Cl_2} CH_3Cl \xrightarrow[光]{Cl_2} CH_2Cl_2 \xrightarrow[光]{Cl_2} CHCl_3 \xrightarrow[光]{Cl_2} CCl_4$$

メタン　クロロメタン（塩化メチル）　ジクロロメタン（塩化メチレン）　トリクロロメタン（クロロホルム）　テトラクロロメタン（四塩化炭素）

□16 ★★★ メタンと十分な量の塩素の混合気体に光を照射すると，化合物 1，2，3 を経由して四塩化炭素が得られる。

メタン $\xrightarrow[+Cl_2]{光}$ [1★★★] $\xrightarrow[+Cl_2]{光}$ [2★★★] $\xrightarrow[+Cl_2]{光}$ [3★★★] $\xrightarrow[+Cl_2]{光}$ 四塩化炭素

（東京薬科大）

(1) クロロメタン CH_3Cl [㊞塩化（えんか）メチル]
(2) ジクロロメタン CH_2Cl_2 [㊞塩化（えんか）メチレン]
(3) トリクロロメタン $CHCl_3$ [㊞クロロホルム]

□17 ★★★ アルカンは塩素と混合しただけでは反応せず，光を照射する必要がある。メタンと十分な量の塩素の混合物に光をあて続けると，[1★★★] 反応が進行して，最終的に塩化水素と [2★★★] を生じる。（日本女子大）

(1) 置換（ちかん）
(2) テトラクロロメタン CCl_4 [㊞四塩化炭素（しえんかたんそ）]

□18 ★ アルカンと塩素を混合し，光を照射すると，アルカン分子のなかの水素原子 1 個が塩素原子 1 個に置き換わる。この反応をモノ塩素化反応という。アルカンのモノ塩素化反応では，可能なすべての異性体が生成する。直鎖状アルカンであるペンタンのモノ塩素化反応で生成する異性体の数を記せ。[1★]（北海道大）

(1) 4

〈解説〉

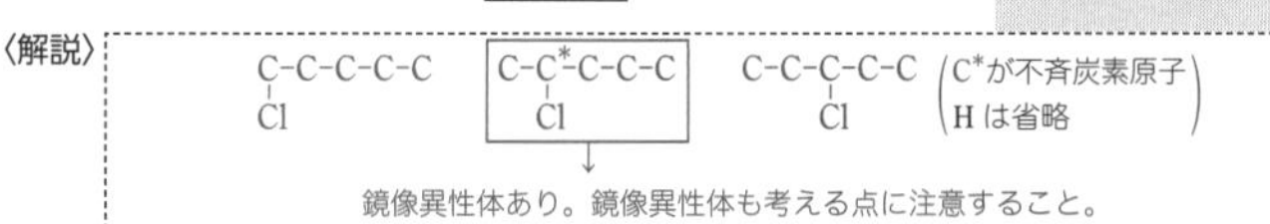

2 シクロアルカン

▼ANSWER

□1 ★★ シクロアルカンの性質は [1★★] に似ているが，その分子式は [2★★] のそれと同様に一般式 [3★★] をもつ。この場合，[1★★] の一般式 [4★★] の水素数に対して [2★★] のように不飽和度1として水素 [5★★] 個分を差し引く。一方，その構造式は，例えばメチルシクロヘキサンの構造式（図1）に対して，図2のように炭素と水素の原子名を省略する方法がある。シクロアルカンの誘導体には環を構成する炭素が [6★] である場合がある。例えば1,3-ジメチルシクロヘキサン（図2）の1位および3位の炭素は [6★] である。これはC1位を基準にして，C2位からC6位までの時計回りの構造と，逆にC6位からC2位までの反時計回りの構造が異なるからである。（札幌医科大）

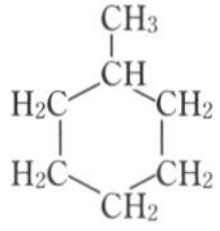

CH_3 / CH / H_2C CH_2 / H_2C CH_2 / CH_2

図1

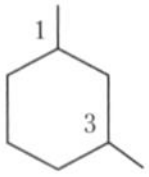

1 / 3

図2

(1) アルカン
(2) アルケン
(3) C_nH_{2n}
(4) C_nH_{2n+2}
(5) 2
(6) 不斉炭素（原子）

□2 ★ C_3H_6 の異性体の構造式およびそれらの化合物名を書け。[1★]（慶應義塾大）

(1) $CH_2=CH-CH_3$
プロペン［別 プロピレン］

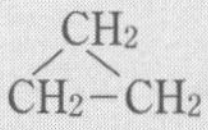

CH_2
CH_2-CH_2
シクロプロパン

発展 □3 ★★ シクロヘキサンには，[1★★] 形や [2★★] 形とよばれる配座異性体が存在する。各々の異性体中の炭素原子の結合角は，いずれもメタンと同じ109.5°であるが，[1★★] 形は安定であるのに対し，[2★★] 形は非常に不安定である。そのため，室温ではシクロヘキサンの平衡混合物の99.9%以上が [1★★] 形として存在している。（埼玉大）

〈解説〉シクロヘキサンの構造

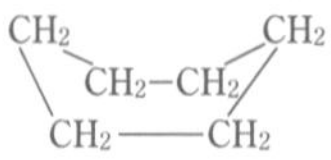

CH_2　CH_2
CH_2-CH_2
CH_2 —— CH_2

舟形

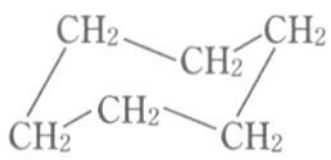

CH_2　CH_2　CH_2
CH_2　CH_2　CH_2

いす形

(1) いす
(2) 舟

3 石油

▼ ANSWER

□1 ★★ 地中から汲み上げられたままの石油を原油という。原油は分留により沸点の異なる成分に分けられる。沸点が30℃以下の成分は液化石油ガスとして利用される。沸点が35～180℃の成分は [1★★] といい，さらに精製すると自動車用エンジン燃料が得られる。沸点が170～250℃の成分は [2★] として家庭用燃料，沸点が240～350℃の成分は [3★] として自動車用エンジン燃料などに用いられる。分留の残油は [4★] として船舶用エンジン燃料などに用いられる。（新潟大）

(1) ナフサ［㊔粗製（そせい）ガソリン］
(2) 灯油（とうゆ）
(3) 軽油（けいゆ）
(4) 重油（じゅうゆ）

□2 ★★ エネルギー資源の多様化が進んでいる。現在，日本の化学工業品の多くは，原油の分留精製物の一つで蒸留温度がおおよそ30～200℃である [1★★] を原料としている。これに対し，石油に代わる炭素源としてメタンに関心が高まっている。（慶應義塾大）

(1) ナフサ［㊔粗製（そせい）ガソリン］

□3 ★★★ 天然ガスの主成分は [1★★★] であり，都市ガスとして用いられている。（予想問題）

(1) メタン CH_4

□4 ★★ 天然ガスを，冷却圧縮して液体にしたものを [1★★] という。（予想問題）

(1) 液化天然ガス（えきかてんねん）（LNG）

□5 ★★ プロパンやブタンは圧縮すると室温で凝縮し，[1★★] として，家庭用や工業用の燃料に利用されている。（東北大）

(1) 液化石油ガス（えきかせきゆ）（LPG）

□6 ★ 接触熱分解（クラッキング）とは，石油化学工業において，分子量が大きく沸点が [1★] 炭化水素を，分子量が小さく沸点の [2★] 炭化水素に変換することである。現在のわが国において，熱分解は必要不可欠な技術となっている。（工学院大）

(1) 高い（たか）
(2) 低い（ひく）

4 アルケン

▼ ANSWER

□1 ★★★ 炭素原子間二重結合を1個もつ鎖式不飽和炭化水素は［1★★★］と呼ばれ，一般式 C_nH_{2n} で表される。（弘前大）

(1) アルケン

□2 ★★★ アルケンは一般式［1★★★］($n \geqq 2$) で表される。$n = 2$ のエチレンと $n = 3$ のプロピレンは原油の精製で得られる。（秋田大）

(1) C_nH_{2n}

〈解説〉アルカン C_nH_{2n+2} から H が2個とれたものが，アルケンなので C_nH_{2n} となる。
名前➡アルカン(alkane)の語尾-ane を「エン(-ene)」にする。

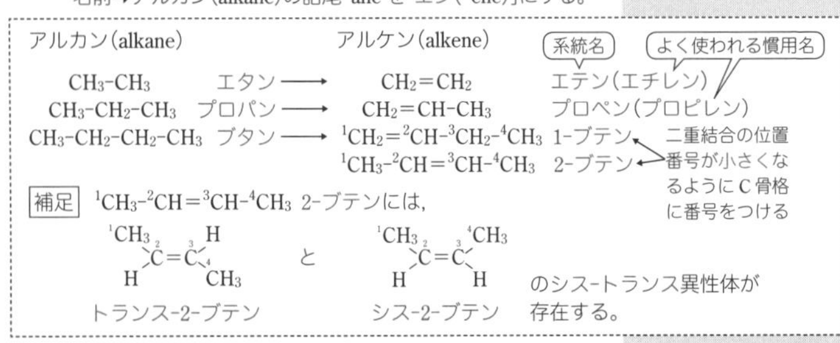

□3 ★★ C_2H_4 の2つの炭素原子間の［1★］の方が，C_2H_6 のそれよりも［2★］。C_2H_6 とは異なり，C_2H_4 の構造は［3★★］である。（横浜国立大）

(1) 結合距離（けつごうきょり）
(2) 短い（みじか）
(3) 平面形（へいめんけい）
［㊞長方形（ちょうほうけい）］

〈解説〉

エチレン
すべての原子(Ⓒ と Ⓗ)は常に同一平面上にある

□4 ★★ エチレンは工業的には原油中に含まれる［1★］の熱分解で合成される。実験室では，［2★★★］と濃硫酸の混合物を約 170℃に加熱し発生させる。（法政大）

(1) ナフサ［㊞粗製（そせい）ガソリン］
(2) エタノール
C_2H_5OH

〈解説〉

$$\text{H-C(H)(H)-C(H)(OH)-H} \xrightarrow[\text{濃}H_2SO_4\ \text{分子内脱水}]{160 \sim 170℃} \text{H}_2\text{C=CH}_2 + H_2O$$

エタノール　→ H_2O がとれる　エチレン

$CH_2=CH_2$ の製法

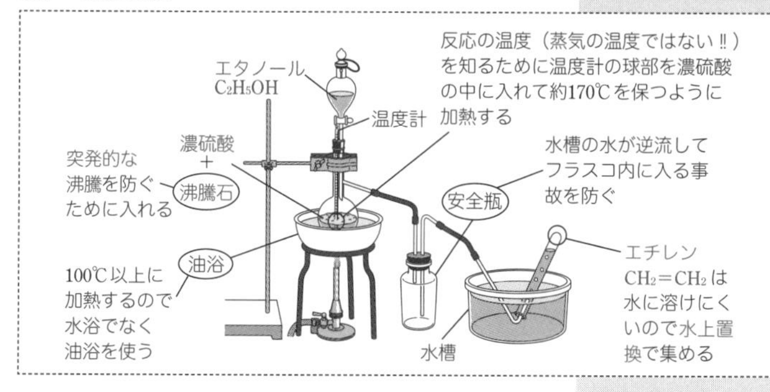

□5 ★★ エチレンやプロペン(プロピレン)を臭素水に通じると，臭素が付加して，エチレンは [1★★] に，プロペン(プロピレン)は [2★★] になる。 （東京女子大）

〈解説〉付加反応(Br_2 の付加は触媒なしで進行する)

$$>C \neq C< \;+\; X \neq Y \longrightarrow -\overset{|}{\underset{X}{C}}-\overset{|}{\underset{Y}{C}}-$$

（切れる）（切れる）（付加する）

(1) 1,2-ジブロモエタン
$\underset{Br}{CH_2}-\underset{Br}{CH_2}$

(2) 1,2-ジブロモプロパン
$\underset{Br}{CH_2}-\underset{Br}{CH}-CH_3$

□6 ★★★ エチレンを赤褐色の臭素水に通すと臭素水の色は [1★★★] となる。 （群馬大）

(1) 無色(むしょく)

□7 ★★★ エチレンの [1★★★] 結合への [2★★★] 反応は，[3★★★] を用いた場合は触媒がなくとも進行するが，[4★★★] を用いた場合は白金などの触媒が必要となる。 （横浜国立大）

〈解説〉

$$\begin{matrix}H\\H\end{matrix}>C=C<\begin{matrix}H\\H\end{matrix} + H-H \xrightarrow[\text{付加}]{\text{触媒(Pt または Ni)}} H-\overset{H}{\underset{H}{C}}-\overset{H}{\underset{H}{C}}-H$$

(1) (炭素-炭素間)二重(たんそ-たんそかん にじゅう)
(2) 付加(ふか)
(3) 臭素(しゅうそ) Br_2
(4) 水素(すいそ) H_2

発展 □8 ★ 「二重結合している炭素のうち，結合している水素原子が [1★] 方の炭素に水素が付加しやすい」という経験則はマルコフニコフ則とよばれる。 （札幌医科大）

〈解説〉

$$CH_2 \neq CH-CH_3 \xrightarrow[\text{付加}]{H_2O} \underset{H}{CH_2}-\underset{OH}{CH}-CH_3,\quad \underset{OH}{CH_2}-\underset{H}{CH}-CH_3$$

（H2個と結合）（H1個と結合）　主生成物　副生成物

(1) 多い(おお)

□9 ★★ リン酸を触媒として用いて高温高圧下でエチレンに水蒸気を作用させると，[1 ★★] が合成される。塩化パラジウム（Ⅱ）と塩化銅（Ⅱ）を触媒として用いてエチレンを酸化すると，酢酸の合成原料となる [2 ★★] が得られる。（秋田大）

(1) エタノール
CH_3-CH_2-OH
(2) アセトアルデヒド
$CH_3-C(=O)-H$

〈解説〉$CH_2=CH_2+H_2O \xrightarrow{触媒(H_3PO_4)} CH_2(H)-CH_2(OH)$　エタノール

$2CH_2=CH_2+O_2 \xrightarrow{触媒(PdCl_2,\ CuCl_2)} 2CH_3-C(=O)-H$　アセトアルデヒド

発展 □10 ★★ アルケンを低温でオゾン O_3 と反応させると，C=C 結合が完全に切れてオゾニドと呼ばれる不安定な化合物を生成する。オゾニドを亜鉛などの還元剤とともに加水分解すると，アルデヒドまたはケトン（カルボニル化合物）を生成する。この一連の反応をオゾン分解という。

2-メチル-2-ペンテンをオゾン分解するとき，生成する有機化合物は [1 ★★] と [2 ★★]（順不同）になる。

$R^1R^2C=CR^3H$（アルケン）$\xrightarrow{O_3}$ オゾニド $\xrightarrow[Zn]{加水分解}$ $R^1R^2C=O$（ケトン）$+ O=CR^3H$（アルデヒド）　（R^1 ～ R^3 はアルキル基）

（東京薬科大）

(1) アセトン
$CH_3-C(=O)-CH_3$
(2) プロピオンアルデヒド
$CH_3-CH_2-C(=O)-H$

〈解説〉C=C を切断し，O をつなぐ。

$CH_3-C(CH_3)=CH-CH_2-CH_3$（2-メチル-2-ペンテン）$\xrightarrow{オゾン分解}$ $(CH_3)_2C=O + O=C(H)-CH_2-CH_3$

発展 □11 ★ 酸化力の強い酸性の過マンガン酸カリウム水溶液を用いて 2-メチル-2-ブテンを酸化すると，[1 ★] と [2 ★]（順不同）が生成する。（横浜国立大）

(1) アセトン
$CH_3-C(=O)-CH_3$
(2) 酢酸（さくさん）
$CH_3-C(=O)-OH$

〈解説〉アルケンをオゾン分解したときに得られる化合物を考え，その中でホルミル基（アルデヒド基）をもつものがあれば，カルボキシ基に酸化することで生成物が予想できる。

$(CH_3)_2C=C(H)CH_3$（2-メチル-2-ブテン）$\xrightarrow{まず，C=C を切断し，O をつなぐ}$ $(CH_3)_2C=O$（アセトン）$+ (O=C(H)CH_3)$ $\xrightarrow{次に，-CHO を -COOH に酸化}$ $O=C(OH)CH_3$（酢酸）

5 アルキン

▼ ANSWER

□1 ★★★ アセチレン(エチン)やプロピンのように，炭素原子間に三重結合をひとつ含む鎖式不飽和炭化水素をアルキンという。アルキンの分子式は，炭素原子の数を n ($n \geqq 2$)として，一般式 [1★★★] で表される。（法政大）

(1) C_nH_{2n-2}

〈解説〉アルカン C_nH_{2n+2} から H が 4 個とれたものが，アルキンなので $C_nH_{2n+2-4} = C_nH_{2n-2}$ となる。

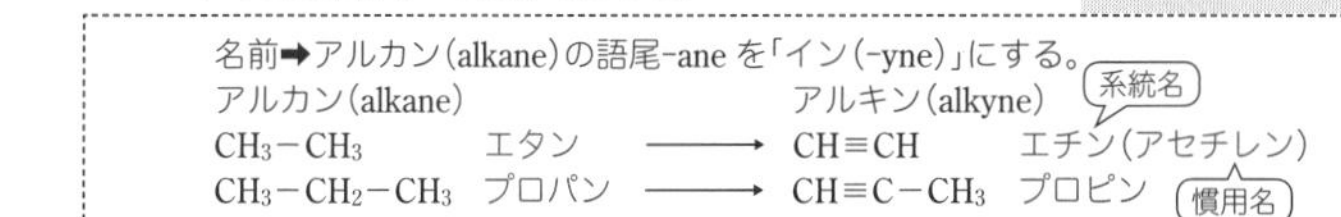

□2 ★★ アセチレン分子は，[1★★] 構造をとっている。（法政大）

(1) 直線（ちょくせん）

〈解説〉H−C≡C−H

□3 ★★ エタン，エチレン，アセチレンにおいて，炭素原子間の結合距離が一番長いものは，[1★★] になる。（鹿児島大）

(1) エタン CH_3-CH_3

〈解説〉炭素-炭素結合距離

エタン（H_3C-CH_3） > エチレン（$H_2C=CH_2$） > アセチレン（H−C≡C−H）

□4 ★★ アセチレンは，無色・無臭の気体であり，工業的にはナフサの熱分解により合成され，[1★★] に [2★★] を作用させることでも生成する。（明治大）

(1) 炭化（たんか）カルシウム CaC_2 [㊊(カルシウム)カーバイド]

(2) 水（みず） H_2O

〈解説〉$CaC_2 + 2H_2O \longrightarrow H-C\equiv C-H + Ca(OH)_2$

CH≡CH の製法

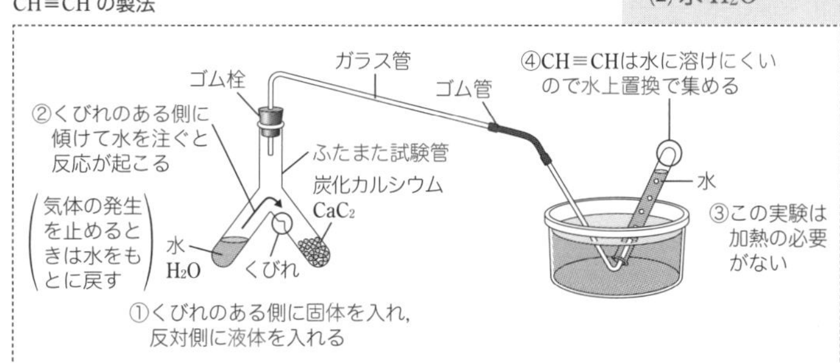

15 アルカン・アルケン・アルキン 4 アルケン ～ 5 アルキン

□5 ★★★
[1★★] カルシウムをコークスとともに約2,000℃で反応させると，[2★★] が生成する。[2★★] と水を反応させると常温常圧では気体状態の [3★★★] が生成するが，この反応においては [3★★★] とともに [4★★★] カルシウムが生成する。（東京海洋大）

〈解説〉$CaO + 3C \longrightarrow CaC_2 + CO$
$CaC_2 + 2H_2O \longrightarrow H-C{\equiv}C-H + Ca(OH)_2$

(1) 酸化（さんか）
(2) 炭化カルシウム（たんか） CaC_2 [㊐(カルシウム)カーバイド]
(3) アセチレン $CH{\equiv}CH$
(4) 水酸化（すいさんか）

□6 ★
アセチレンは燃焼の際に多量の熱を発するので，[1★] として鉄材の切断などに用いられる。（早稲田大）

〈解説〉アセチレンは燃焼熱が大きく，完全燃焼させると高温の炎を生じるため金属の溶接や切断に用いられる。

(1) 酸素アセチレン炎（さんそ・えん）

□7 ★★★
アセチレンは [1★★★] 反応を起こしやすい。例えば，白金やニッケルを触媒としてアセチレンに水素を反応させると，[2★★] を経て [3★★] になる。（鳥取大）

〈解説〉

$$H-C{\equiv}C-H \xrightarrow[\text{触媒 (Pt または Ni)}]{H-H} H_2C{=}CH_2 \xrightarrow[\text{触媒 (Pt または Ni)}]{H-H} H_3C-CH_3$$

アセチレン　　エチレン　　エタン

(1) 付加（ふか）
(2) エチレン $H_2C{=}CH_2$
(3) エタン H_3C-CH_3

□8 ★★
プロピンは慣用名をメチルアセチレンといい，触媒存在下で，段階的水素の付加反応を行うと，気体 [1★★] を経て気体 [2★★] となる。（宮崎大）

〈解説〉

$$CH_3-C{\equiv}C-H \xrightarrow[\text{触媒}]{H-H} CH_3-CH{=}CH_2 \xrightarrow[\text{触媒}]{H-H} CH_3-CH_2-CH_3$$

プロピン　　プロペン　　プロパン

(1) プロペン [㊐プロピレン] $CH_3-CH{=}CH_2$
(2) プロパン $CH_3-CH_2-CH_3$

□9 ★★★
アセチレンは，[1★★★] を1つ含む最も小さい炭化水素であり，赤褐色の臭素水を無色にする。（名古屋大）

〈解説〉Br_2 が付加し，脱色する。

(1) (炭素-炭素間)三重結合（たんそ-たんそかん さんじゅうけつごう）

□10 ★★ アセチレン1分子に臭素2分子が付加すると化合物 [1★★] が，アセチレン1分子にシアン化水素1分子が付加すると化合物 [2★★] が生じる。（同志社大）

〈解説〉

$$H-C\equiv C-H \xrightarrow{Br-Br} H-C(Br)=C(Br)-H \xrightarrow{Br-Br} Br-CH(Br)-CH(Br)-Br$$

$$H-C\equiv C-H \xrightarrow{H-CN} H-C(H)=C(CN)-H$$

(1) 1, 1, 2, 2-テトラブロモエタン
$Br-CH(Br)-CH(Br)-Br$

(2) アクリロニトリル
$CH_2=CH-CN$

□11 ★★★ 塩化水銀(II)を触媒にして，アセチレンに塩化水素を付加させると [1★★★] が得られる。また，触媒を用いて [1★★★] を重合させると [2★★] が得られる。（大阪大）

〈解説〉

$$H-C\equiv C-H \xrightarrow[\text{触媒}(HgCl_2)]{H-Cl} H-C(H)=C(Cl)-H \xrightarrow{\text{付加重合}} \left[CH_2-CH(Cl)\right]_n$$

塩化ビニル　　ポリ塩化ビニル

(1) 塩化(えんか)ビニル
$CH_2=CH-Cl$

(2) ポリ塩化(えんか)ビニル
$\left[CH_2-CH(Cl)\right]_n$

□12 ★★★ アセチレンに酢酸亜鉛を触媒にして酢酸を付加させると分子式 $C_4H_6O_2$ で表される化合物 [1★★★] が生じる。これを適当な圧力と温度の下で別の触媒を用いて反応させると合成繊維や塗料，接着剤として用いられる高分子化合物 [2★★] が得られる。（日本女子大）

(1) 酢酸(さくさん)ビニル
$CH_2=CH-OCOCH_3$

(2) ポリ酢酸(さくさん)ビニル
$\left[CH_2-CH(OCOCH_3)\right]_n$

□13 ★★★ 水銀(II)塩などを触媒に用いてアセチレンに水を付加させると [1★★] 形の構造をもつ不安定な [2★★★] を経て，その異性体で [3★★] 形の構造をもつ [4★★★] が生成する。（岩手大）

〈解説〉

$$H-C\equiv C-H \xrightarrow[\text{触媒}(Hg^{2+})]{H-O-H} H-C(H)=C(OH)-H \underset{\longleftarrow}{\xrightarrow{\text{分子内転位}}} H-CH(H)-C(=O)-H$$

ビニルアルコール(不安定)　　アセトアルデヒド

(1) エノール
$-C=C(OH)-$

(2) ビニルアルコール
$CH_2=CH-OH$

(3) ケト
$-CH-C(=O)-$

(4) アセトアルデヒド
$CH_3-C(=O)-H$

□14 ★ 硫酸水銀(II) $HgSO_4$ を触媒としてプロピンに水を付加させると，主生成物 [1★] が得られる。（大阪公立大）

(1) アセトン
$CH_3-C(=O)-CH_3$

〈解説〉

$$CH_3-C\equiv C-H \xrightarrow[\text{マルコフニコフ則}]{H_2O} \underset{(\text{不安定})}{CH_3-C(OH)=CH(H)} \underset{}{\overset{\text{異性化}}{\rightleftarrows}} \underset{\text{アセトン}}{CH_3-C(=O)-CH_3}$$

発展 □15 ★ アンモニア性硝酸銀溶液にアセチレンガスを通じると白色の沈殿 [1★] を生成する。（早稲田大）

(1) 銀(ぎん)アセチリド
$Ag-C\equiv C-Ag$

〈解説〉 $H-C\equiv C-H \xrightarrow{[Ag(NH_3)_2]^+} Ag-C\equiv C-Ag\downarrow$（白）

□16 ★★★ [1★★★] を赤熱した鉄と接触させると，[2★★] が生じる。[2★★] は，[1★★★] と同じ組成式で表される化合物で特有のにおいをもつ無色の液体である。（新潟大）

(1) アセチレン
$H-C\equiv C-H$
(2) ベンゼン

〈解説〉触媒として，赤熱した鉄管や石英管を使う。

$$3\,H-C\equiv C-H \xrightarrow{3\text{分子重合}} C_6H_6$$

つまり ベンゼン

発展 □17 ★★ 銅(I)イオンを触媒として2分子のアセチレンを反応させると C_4H_4 の分子式を有する鎖式炭化水素化合物 [1★] が得られる。[1★] に塩化水素を付加させると，[2★★] が得られ，[2★★] を付加重合させるとポリクロロプレン（クロロプレンゴム）とよばれる高分子化合物 [3★] が得られる。（名古屋大）

(1) ビニルアセチレン
$CH_2=CH-C\equiv CH$
(2) クロロプレン
[㊥2-クロロ-1,3-ブタジエン]
$CH_2=CH-C(Cl)=CH_2$
(3) $\left[CH_2-CH=C(Cl)-CH_2\right]_n$

〈解説〉

$$H-C\equiv C-H \xrightarrow[\text{2分子重合}]{H-C\equiv C-H} \underset{\text{ビニルアセチレン}}{H-C(H)=C(-C\equiv C-H)-H}$$

$$\xrightarrow[\text{付加}]{HCl} \underset{\text{クロロプレン}}{CH_2=CH-C(Cl)=C(H)-H}$$

（マルコフニコフ則）

第16章 アルコールとエーテル

1 アルコール R−OH

▼ANSWER

□1 ★★★ [1★★]分子の水素原子が[2★★★]基で置換された化合物をアルコールという。 (埼玉大)

(1) アルカン
(2) ヒドロキシ −OH

〈解説〉アルコール R−OH
名前➡アルカン(alkane)の語尾 - ane の e を「オール(ol)」にする。

```
    H                                  H
    |                                  |
H − C − H      メタン  ──→      H − C − OH   メタノール  〈CO と H2 の混合ガス(水性ガス)からつくられる〉
    |                                  |
    H                                  H

    H   H                              H   H
    |   |                              |   |
H − C − C − H  エタン  ──→      H − C − C − OH   エタノール
    |   |                              |   |
    H   H                              H   H

    H   H   H                          H    H    H
    |   |   |                          |    |    |
H − C − C − C − H  プロパン ──→   H − C3 − C2 − C1 − H  1-プロパノール
    |   |   |                          |    |    |
    H   H   H                          H    H    OH   〈−OH の位置番号が小さくなるように番号をつける〉

                                       H    H    H
                                       |    |    |
                                  H − C1 − C2 − C3 − H  2-プロパノール
                                       |    |    |
                                       H    OH   H
```

□2 ★★★ アルコールの[1★★★]基は水溶液中で電離しにくいので，水溶液は[2★★★]性である。 (弘前大)

(1) ヒドロキシ −OH
(2) 中(ちゅう)

□3 ★★★ 有機化合物のうち，[1★★★]基を有する化合物は，アルコールやフェノール類とよばれ，エタノールやクレゾールなどがある。 (群馬大)

(1) ヒドロキシ −OH

〈解説〉
CH_3-CH_2-OH
エタノール

OH, CH_3 (ベンゼン環)
o-クレゾール

OH, CH_3 (ベンゼン環)
m-クレゾール

OH, CH_3 (ベンゼン環)
p-クレゾール

 □4 ★★

有機化合物中の原子に対しては，次の手順で酸化数が求められる。まず，その原子がつくる各結合について，その結合に関わる電子対を [1★★] の大きな方がすべて所有すると考えて電子数を決める。[1★★] が等しい原子には電子を均等に割り振る。この方法で決めた電子数を，その原子が通常の原子の状態で持つ最外殻電子数から差し引いた結果を酸化数とする。エタノールに含まれる2つのC原子の酸化数は，値の小さい方が [2★]，大きい方が [3★] である。

（青山学院大）

(1) 電気陰性度（でんきいんせいど）
(2) −3
(3) −1

〈解説〉電気陰性度の大きな原子の方に電子が完全に移動したと仮定して求めるとよい。
電気陰性度の順は，O ＞ C ＞ H なので，

```
  H  H                        H+1 H+1
                              -3   -1
H:C:C:O:H   酸化数を求める→  H+1 :C・ ・C  :O: H+1
                                         -2
  H  H                        H+1 H+1
```

（・や・はCの電子，×はHの電子，▲はOの電子）　（CとCは電気陰性度が同じなので1個ずつ割り振る）

□5 ★★★

一般にアルコールの水への溶解度は，[1★★] が小さく，分子中の [2★★] の数が多いほど大きくなり，[3★★] の部分が大きくなるにつれて低くなる。アルコールが水に溶けるのは両者が分子間の水素結合によって引き合うためである。その原因は [2★★] の [4★★] 原子と [5★★] 原子間の [6★★★] の違いによって [7★★★] が [4★★] 原子に強く引きつけられていることによる。

（札幌医科大）

(1) 分子量（ぶんしりょう）
(2) ヒドロキシ基（き）
　−OH
(3) アルキル基（き）
　[㊙炭化水素基（たんかすいそき）]
(4) 酸素（さんそ） O
(5) 水素（すいそ） H
(6) 電気陰性度（でんきいんせいど）
(7) 共有電子対（きょうゆうでんしつい）

〈解説〉

CH_3-OH	CH_3-CH_2-OH	$CH_3-CH_2-CH_2-OH$	$CH_3-CH_2-CH_2-CH_2-OH$
メタノール	エタノール	プロパノール	1-ブタノール
		水に∞に溶ける	水に溶けにくい

−OH 1個あたりCが3個までは水によく溶ける。

$R-O^{\delta-}$ ……… $^{\delta+}H-O^{\delta-}$
$\ \ |\qquad\qquad\qquad\ \ |$
$H^{\delta+}$ ↑水素結合　$H^{\delta+}$

□6 ★★ メタノールは，主に天然ガス中のメタンから合成される。まず，メタンと水蒸気を高圧で反応させて [1★★] と水素の混合物とし，これを酸化亜鉛を主体とする触媒を用いてメタノールに変換する。

（慶應義塾大）

〈解説〉$CH_4 + H_2O \longrightarrow CO + 3H_2$，$\underbrace{CO + 2H_2}_{\text{水性ガス(合成ガス)}} \xrightarrow[\text{触媒(ZnO)}]{} CH_3OH$

(1) 一酸化炭素（いっさんかたんそ）
CO

□7 ★★★ エタノールは，古くから酒造で利用されている。酵母菌のもつ10数種類の酵素からなる酵素群である [1★★★] のはたらきでグルコースはエタノールと [2★★★] に分解される。この過程を [3★★★] といい，1mol のグルコースから [4★★] mol のエタノールを生じる。

（宮崎大）

〈解説〉
$$\underset{\text{グルコース}}{C_6H_{12}O_6} \xrightarrow{\text{チマーゼ}} \underset{\text{エタノール}}{2C_2H_5OH} + 2CO_2 \text{(アルコール発酵)}$$

(1) チマーゼ
(2) 二酸化炭素（にさんかたんそ）
CO_2
(3) アルコール発酵（はっこう）
(4) 2

□8 ★★ 合成エタノールは [1★★] に水を付加させて作られる。

（電気通信大）

〈解説〉
$$\underset{\text{エチレン}}{CH_2{=}CH_2} \xrightarrow[\text{触媒}]{H-O-H} \underset{\text{エタノール}}{CH_2(H)-CH_2(OH)} \quad \text{(付加反応)}$$

(1) エチレン
$CH_2{=}CH_2$

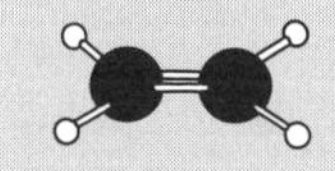

□9 ★★★ アルコールの分子中に [1★★★] 基が1個のものを [2★★★] アルコール，2個以上のものを [3★] アルコールと総称する。また，アルコールは，[1★★★] 基の結合している炭素原子に，他の炭素原子（アルキル基）が1個，2個，3個結合しているかによって，それぞれ [4★★★] アルコール，[5★★★] アルコール，[6★★★] アルコールに分類される。

（弘前大）

〈解説〉①価数による分類：−OH の数で分類
②級数による分類：−OH が結合している C 原子の様子で分類
−OH が結合している C 原子に n 個の C 原子が結合しているアルコールを第 n 級アルコールという。

(1) ヒドロキシ
−OH
(2) 一価（いっか）
(3) 多価（たか）
(4) 第一級（だいいっきゅう）
(5) 第二級（だいにきゅう）
(6) 第三級（だいさんきゅう）

□10 ★★ エタノールは 1★★ 価アルコールに，油脂のけん化により得られるグリセリンは 2★★ 価アルコールに分類される。（日本女子大）

(1) 1
(2) 3

〈解説〉$C_3H_5(OH)_3$ グリセリン

□11 ★★ 分子式の一般式が $C_nH_{2n+2}O$ の一価アルコールでは，n が1および2のときには異性体は存在しないが，n が3以上になると複数の構造異性体が存在する。分子式が $C_4H_{10}O$ の一価アルコールでは，1★★ 種類の構造異性体が存在する。（埼玉大）

(1) 4

〈解説〉$C_4H_{10}O$ の一価アルコール

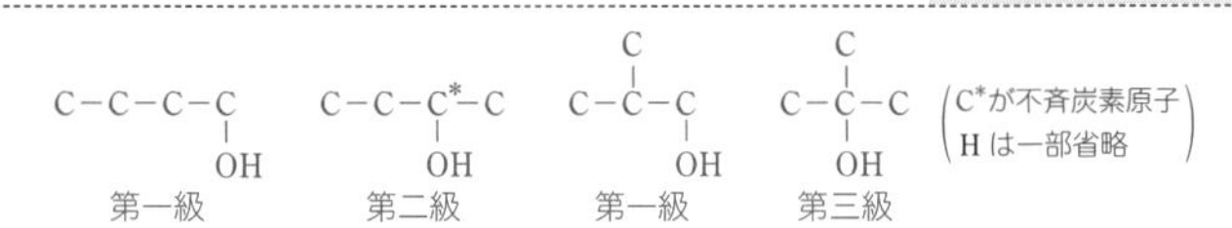

級数を手早く見つける方法

$CH_3-CH_2-CH_2-CH_2$（OH）
第一級はC骨格のはしに−OHがついている。

$CH_3-CH_2-CH-CH_3$（OH）
第二級はC骨格の途中に−OHがついている。

$CH_3-C(CH_3)-CH_3$（OH）
第三級はC骨格の枝分かれ部分に−OHがついている。

□12 ★★★ 分子間での 1★★★ の形成のしやすさがアルコールの沸点に大きく影響する。つまり，−OH基が結合している炭素原子に多くのアルキル基が結合していると立体障害が大きくなり，分子間で 1★★★ を形成しにくくなる。よって，第 2★★ 級アルコールの沸点は低くなり，立体障害が小さくなる第 3★★ 級，第 4★★ 級の順に沸点が高くなっていく。また，同じ級数のアルコールでは 5★★ に近い方が分子どうしが接近しやすくなり沸点が高くなる。（予想問題）

(1) 水素結合（すいそけつごう）
(2) 三（さん）
(3) 二（に）
(4) 一（いっ）
(5) 直鎖（ちょくさ）

〈解説〉$C_4H_{10}O$ のアルコールの沸点

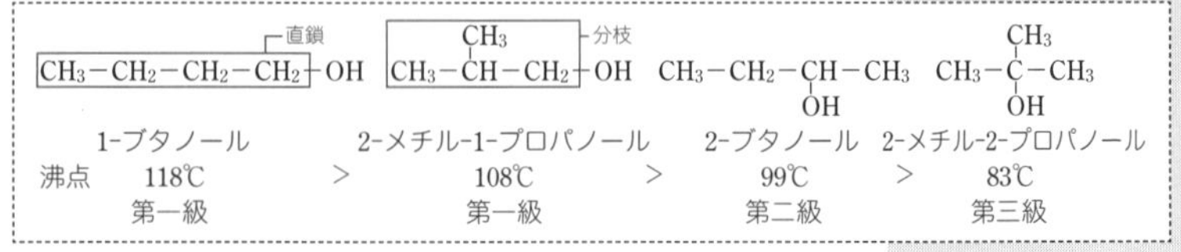

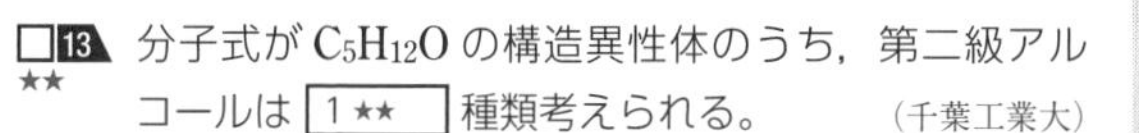

□13 ★★ 分子式が $C_5H_{12}O$ の構造異性体のうち，第二級アルコールは [1 ★★] 種類考えられる。 （千葉工業大）

(1) 3

〈解説〉C 骨格の途中に OH があるものを探す。

C−C−C−C*−C（C* に OH）　C−C−C−C−C（中央の C に OH）　C−C*−C−C（C* に OH，C*の隣の C に C が結合）
（C* が不斉炭素原子 H は一部省略）

□14 ★★ $C_5H_{12}O$ の分子式の化合物で，不斉炭素をもたない第二級アルコールは [1 ★★] 種類ある。 （自治医科大）

(1) 1

〈解説〉C 骨格の途中に OH があるものから探す。

C−C−C−C*−C（C* に OH）　C−C−C−C−C（中央の C に OH）←コレ　C−C*−C−C（C* に OH，C*の隣の C に C が結合）
（C* が不斉炭素原子 H は一部省略）

□15 ★★★ ナトリウムと反応して水素を発生する官能基の名称を一つあげよ。 [1 ★★★] （東京大）

(1) ヒドロキシ基 [㊀カルボキシ基，スルホ基など]

〈解説〉

$$2ROH + 2Na \longrightarrow 2RONa + H_2$$

アルコール　ナトリウムアルコキシド

□16 ★★★ エタノールはナトリウムと反応して [1 ★★★] を発生する。 （福井工業大）

(1) 水素 H_2

〈解説〉

$$2C_2H_5OH + 2Na \longrightarrow 2C_2H_5ONa + H_2$$

エタノール　ナトリウムエトキシド

エーテルは，H_2 を発生しない。

□17 ★★★ エタノールに濃硫酸を加え 130℃で熱すると [1 ★★★] を，160℃以上では [2 ★★★] を生じる。前者を分子間 [3 ★★★] 反応，後者を分子内 [3 ★★★] 反応という。 （金沢大）

(1) ジエチルエーテル $C_2H_5-O-C_2H_5$
(2) エチレン $CH_2=CH_2$
(3) 脱水

〈解説〉

$$C_2H_5-O-[H+H-O]-C_2H_5 \xrightarrow[\text{濃 } H_2SO_4]{130℃\sim140℃} C_2H_5-O-C_2H_5+H_2O$$（縮合反応）

└→分子間で脱水　ジエチルエーテル（対称のエーテル）

$$CH_2(H)-CH_2(OH) \xrightarrow[\text{濃 } H_2SO_4]{160℃\sim170℃} CH_2=CH_2+H_2O$$（脱離反応）

[H　OH]→分子内で脱水　エチレン（アルケン）

比較的低い温度では分子間，高い温度では分子内から脱水する。

□18 ★★★ エタノールと濃硫酸の混合物を130℃に加熱すると2分子間で脱水反応が起こり 1★★★ を生じる。(秋田大)

(1) ジエチルエーテル $C_2H_5-O-C_2H_5$

〈解説〉

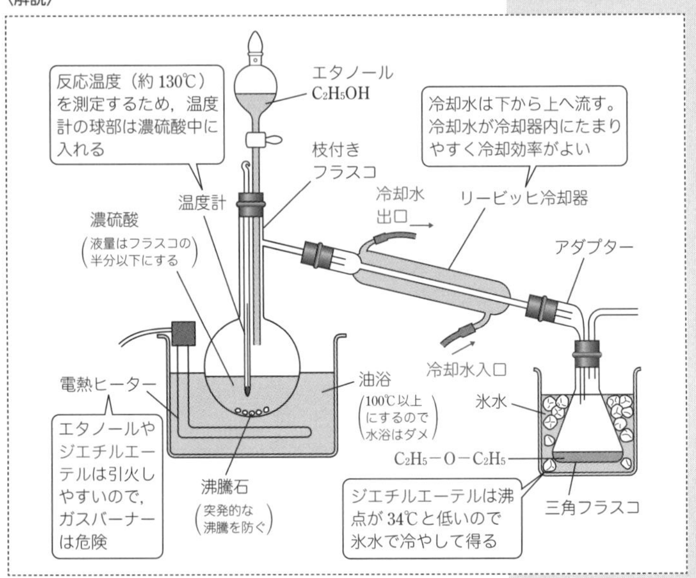

□19 ★ メタノールに酸を加えて脱水縮合させると，1★ が得られる。(慶應義塾大)

(1) ジメチルエーテル CH_3-O-CH_3

〈解説〉メタノールは分子間脱水しか起こせない。

$$CH_3-O\boxed{-H + H-O-}CH_3 \xrightarrow{\text{濃 } H_2SO_4} CH_3-O-CH_3 + H_2O$$

ジメチルエーテル

□20 ★★ 石油化学工業の原料として重要なエチレンは 1★ を熱分解して製造されている。エタノールと 2★★ の混合物を約170℃に加熱しても合成することができる。(慶應義塾大)

(1) ナフサ[㊐粗製(そせい)ガソリン]
(2) 濃硫酸(のうりゅうさん) H_2SO_4

□21 ★ 2-ブタノールを分子内脱水したとき，1★ と 2★ の2種類の物質が生成する。このうち，2★ にはシス-トランス異性体が存在する。(福島大)

(1) 1-ブテン $CH_3-CH_2-CH=CH_2$
(2) 2-ブテン $CH_3-CH=CH-CH_3$

〈解説〉2-ブタノール

$$CH_3-CH_2-\underset{\displaystyle OH}{\underset{|}{CH}}-CH_3$$

□22 ★★★ 酸化すると，第一級アルコールは [1★★★] を経て [2★★★] に，第二級アルコールは [3★★★] に変換されるが，第三級アルコールは酸化されにくい。（金沢大）

(1) アルデヒド
(2) カルボン酸
(3) ケトン

〈解説〉

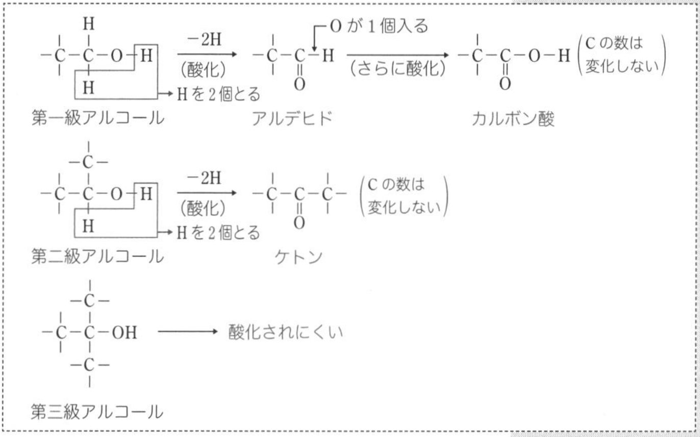

第一級アルコール $-C-C(H)(H)-O-H$ —(−2H，酸化)→ アルデヒド $-C-C(=O)-H$ —(さらに酸化)→ カルボン酸 $-C-C(=O)-O-H$（Cの数は変化しない）
H を2個とる／O が1個入る

第二級アルコール —(−2H，酸化)→ ケトン $-C-C(=O)-C-$（Cの数は変化しない）
H を2個とる

第三級アルコール $-C-C(-C-)(-C-)-OH$ ——→ 酸化されにくい

□23 ★★★ エタノールを酸化すると [1★★★] を経て刺激臭のある液体 [2★★★] が生成する。（熊本大）

(1) アセトアルデヒド $CH_3-C(=O)-H$
(2) 酢酸 $CH_3-C(=O)-OH$

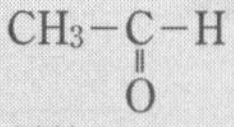

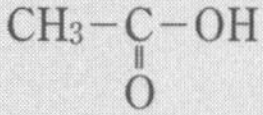

〈解説〉

CH_3-CH_2-OH —酸化→ $CH_3-C(=O)H$ —酸化→ $CH_3-C(=O)O-H$
エタノール 第一級アルコール／アセトアルデヒド／酢酸

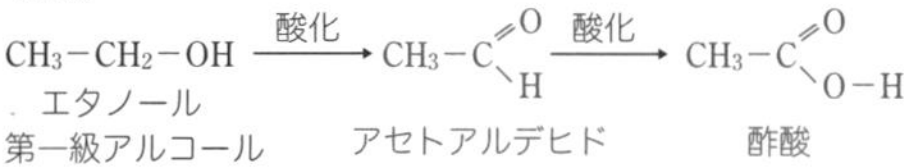

□24 ★★ 酸化するとケトンを生じる分子式 C_3H_8O の化合物は [1★★] 。（福井工業大）

(1) 2-プロパノール $CH_3-CH(OH)-CH_3$

〈解説〉第二級アルコールを探す。

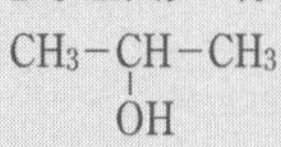

□25 ★★★ エタノールと酢酸の混合物に [1★★] を加え加熱すると果実のような芳香をもつ [2★★★] が生じる。このような脱水縮合反応を [3★★★] という。（福井工業大）

(1) 濃硫酸 H_2SO_4
(2) 酢酸エチル $CH_3COOC_2H_5$
(3) エステル化

〈解説〉

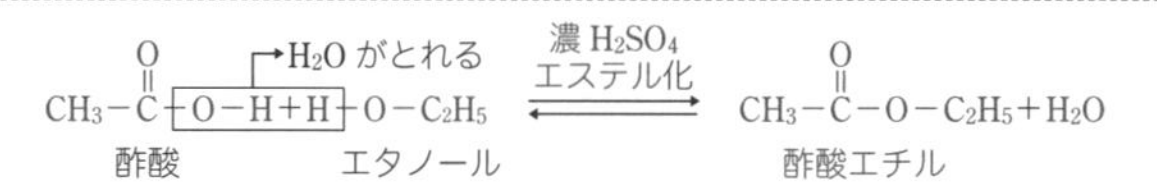

2 エーテル R−O−R′

▼ANSWER

□1 ★★★
酸素原子Oに2つの炭化水素基が結合した化合物を 1★★★ という。(浜松医科大)

〈解説〉CH_3-O-CH_3 ジメチルエーテル　$C_2H_5-O-C_2H_5$ ジエチルエーテル

(1) エーテル

□2 ★★
ジエチルエーテルは，水に溶け 1★ 揮発性の液体で，引火性が 2★★ ，麻酔作用がある。(東京理科大)

(1) にくい
(2) 強く(あり)

□3 ★★★
酸素原子に2個の炭化水素基が結合した構造をもつエーテルは，アルコールの構造異性体である。同じ分子式をもつエーテルと一価アルコールでは，その性質に違いがある。例えば，一価アルコールは 1★★★ と反応して水素を発生するが，同じ分子式をもつエーテルは反応しない。(埼玉大)

〈解説〉$2C_2H_5OH + 2Na \longrightarrow 2C_2H_5ONa + H_2$
$CH_3-O-CH_3 + Na$ ⟶(×) 反応しない

(1) ナトリウム Na [㊿カリウム K など]

□4 ★★★
ジエチルエーテルは分子式 1★★★ の，常温で液体の化合物で，その密度は水より 2★★ い。また， 3★★★ 作用を有し，古くは手術に際して用いられていたこともある。同炭素数のアルコールが金属ナトリウムと反応し，気体の 4★★★ を発生するのに対し，ジエチルエーテルは金属ナトリウムと反応しない。また，同炭素数のアルコールに比べて沸点は 5★★★ い。(富山大)

(1) $C_4H_{10}O$
(2) 小(ちい)さ
(3) 麻酔(ますい)
(4) 水素(すいそ) H_2
(5) 低(ひく)
※ アルコールは分子間で水素結合を形成するが，エーテルは形成しない

発展 □5 ★★
リン酸触媒のもと，加熱・加圧して，エチレンに水蒸気を付加させると， 1★★★ が生成する。 1★★★ に金属ナトリウムを加えると， 2★★ が生じる。また， 2★★ にヨウ化メチルを作用させると， 3★ が生じる。(千葉工業大〈改〉)

〈解説〉
$C_2H_5OH \xrightarrow{Na} C_2H_5ONa \xrightarrow{CH_3I} C_2H_5-O-CH_3$
エタノール（↓H_2）　ナトリウムエトキシド　エチルメチルエーテル

(1) エタノール C_2H_5OH
(2) ナトリウムエトキシド C_2H_5ONa
(3) エチルメチルエーテル $C_2H_5-O-CH_3$

第17章 アルデヒドとケトン

1 アルデヒド R−CHO

▼ANSWER

□1 ★★ ホルムアルデヒドは, [1★] の分子式をもち, 刺激臭のある無色の [2★] である。水によく溶け, ホルムアルデヒドの37%以上の水溶液は [3★★] とよばれ, 消毒剤や防腐剤に用いられる。ホルムアルデヒドは主にメタノールの [4★★★] によって合成される。

ホルムアルデヒドは高分子化合物の原料にも使われている。このようにホルムアルデヒドは工業的に非常に重要な物質であるが, 人体に対して有毒な物質でもある。また建材に使われる合成樹脂から発散するホルムアルデヒドは, シックハウス症候群の原因物質の一つとして問題になっている。 (福岡大)

(1) CH_2O
(2) 気体(きたい)
(3) ホルマリン
(4) 酸化(さんか)

〈解説〉

H−C(=O)−H (ホルムアルデヒド)　　H−C(H)(H)−O−H (メタノール) ─酸化→ H−C(=O)−H (ホルムアルデヒド)

(→2H がとれる)

□2 ★★★ ガスバーナーで加熱して表面が黒くなった銅線を, 試験管に入れたメタノールに近づけた。メタノールとは異なる刺激臭がして, 銅線が元の光沢のある赤みを帯びた色に戻ったことで, [1★★★] の生成を確認できた。 (福岡大)

(1) ホルムアルデヒド HCHO

〈解説〉CuO が還元されて, メタノールが酸化される。

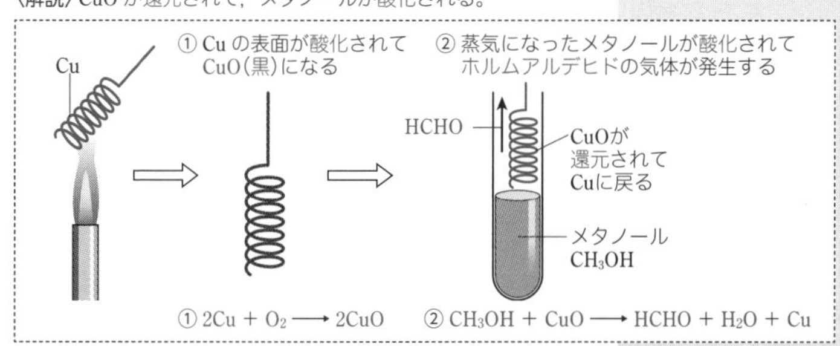

□3 ★★★ アセチレンに硫酸水銀（Ⅱ）触媒下で水を付加させると化合物 [1★★★] が生成する。[1★★★] は不安定で直ちに化合物 [2★★★] を与える。[1★★★] と [2★★★] は，互いに異性体の関係にある。（立教大）

(1) ビニルアルコール
$CH_2=CH-OH$
(2) アセトアルデヒド
$CH_3-C(=O)-H$

〈解説〉
$H-C\equiv C-H \xrightarrow[\text{触媒}(HgSO_4)]{H_2O} H-C(H)=C(OH)-H \xrightarrow{\text{転位}} CH_3-C(=O)-H$
アセチレン　ビニルアルコール　アセトアルデヒド

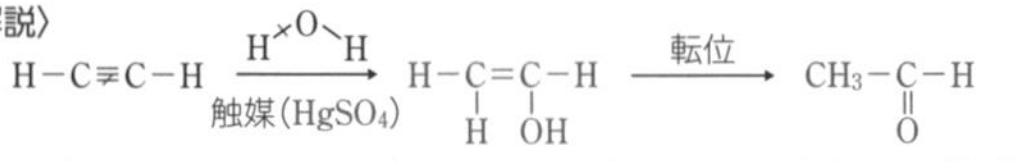

□4 ★★ [1★★] を二クロム酸カリウムの硫酸酸性水溶液で酸化するか，エチレンを塩化パラジウムなどの触媒を用いて酸化することにより化合物 [2★★] が得られる。[2★★] をさらに酸化すると化合物 [3★★] となる。（愛知工業大）

(1) エタノール
CH_3-CH_2-OH
(2) アセトアルデヒド
$CH_3-C(=O)-H$
(3) 酢酸（さくさん）
$CH_3-C(=O)-OH$

〈解説〉
CH_3-CH_2-OH （2Hがとれる）$\xrightarrow{\text{酸化}} CH_3-CH=O$
エタノール　アセトアルデヒド

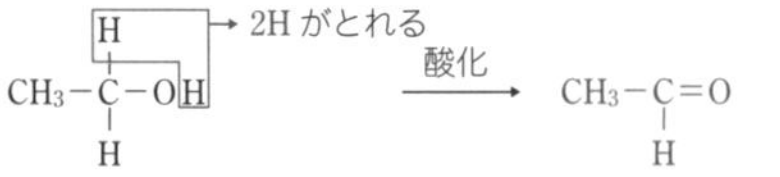

アセトアルデヒドは，パラジウム化合物の触媒を使って，エチレンを酸素で酸化し工業的につくることができる(ヘキスト・ワッカー法)。
$CH_2=CH_2 \xrightarrow[\text{触媒}(PdCl_2,\ CuCl_2)]{O_2} CH_3-CHO$
$CH_2=CH_2$（ここにOを入れて）$\longrightarrow$ [$CH_2=CH-OH$] $\xrightarrow{\text{転位}} CH_3-C(=O)-H$
エチレン　ビニルアルコール　アセトアルデヒド
と覚えると簡単。

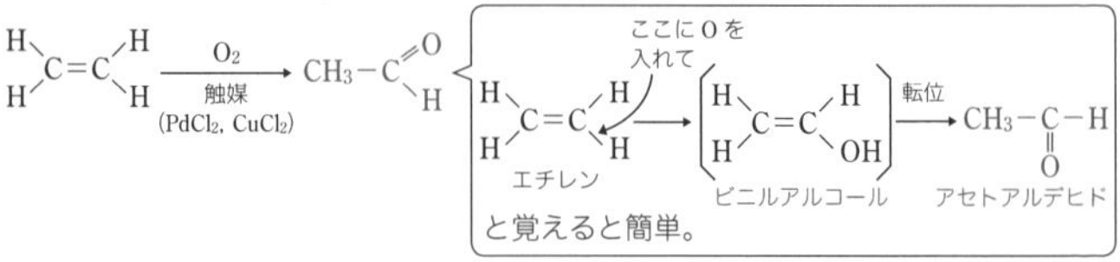

□5 ★★★ アセトアルデヒドはかつて [1★★★] の水和反応によって製造されていたが，触媒として用いられていた [2★] が原因となる公害が問題となったために，現在では，触媒に塩化パラジウム（Ⅱ）と塩化銅（Ⅱ）を用い，[3★★★] と酸素を原料とするヘキスト・ワッカー法によって生産されている。（同志社大）

(1) アセチレン
$CH\equiv CH$
(2) 硫酸水銀（Ⅱ）（りゅうさんすいぎん）
$HgSO_4$[㊟水銀（Ⅱ）イオン Hg^{2+}，水銀 Hg]
(3) エチレン
$CH_2=CH_2$

□6 ★★★ エタノールを酸化することで，[1★★★] が得られ，これをさらに酸化することでカルボキシ基を有する [2★★★] が得られた。（信州大）

(1) アセトアルデヒド
CH_3-CHO
(2) 酢酸（さくさん）
CH_3-COOH

□7 ★★★ エタノールを，硫酸酸性の二クロム酸カリウム水溶液の入った試験管に入れて60℃の温水中で加熱したところ，エタノールが反応して気体状態の [1 ★★★] を生じた。（明治大）

(1) アセトアルデヒド
CH_3-CHO

〈解説〉

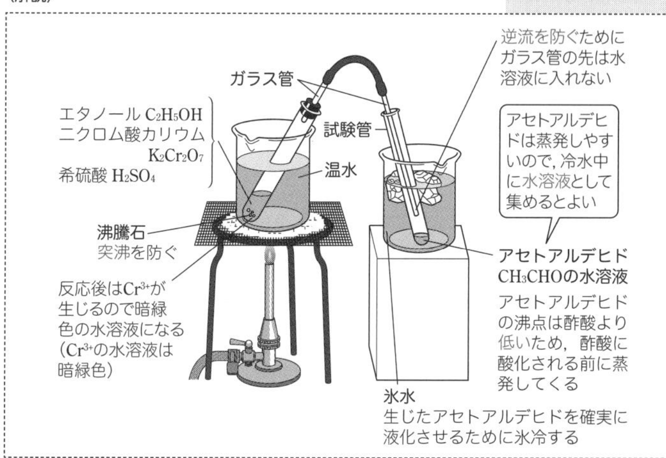

□8 ★ [ベンジルアルコール] —酸化→ [1 ★] —酸化→ [安息香酸]（三重大）

(1) ベンズアルデヒド
C_6H_5-CHO

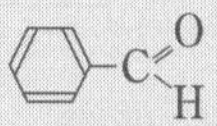

〈解説〉

$C_6H_5-CH_2-OH$ —酸化→ C_6H_5-CHO —酸化→ C_6H_5-COOH

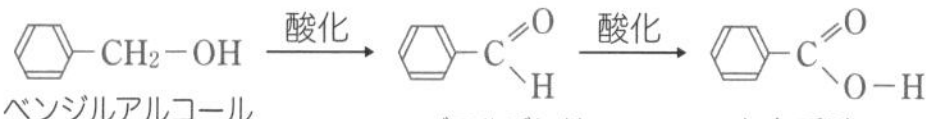

ベンジルアルコール（第一級アルコール）　ベンズアルデヒド　安息香酸

□9 ★★★ アセトアルデヒドは酸化により [1 ★★★] へと変換され，一方，還元によって [2 ★★] へと変換される。（関西学院大）

(1) 酢酸（さくさん）
CH_3-COOH

(2) エタノール
C_2H_5-OH

〈解説〉

$CH_3-CH_2-OH \underset{還元}{\overset{酸化}{\rightleftarrows}} CH_3-CHO \underset{還元}{\overset{酸化}{\rightleftarrows}} CH_3-COOH$

エタノール　アセトアルデヒド　酢酸

17 アルデヒドとケトン 1 アルデヒド R−CHO

□10 ★★★ ガラス容器の中でアンモニア性硝酸銀溶液と反応させると，アルデヒドは［1★★★］性を示し，銀が容器の壁に析出する。この反応を［2★★★］反応という。

（学習院大）

(1) 還元（かんげん）
(2) 銀鏡（ぎんきょう）

〈解説〉銀鏡反応

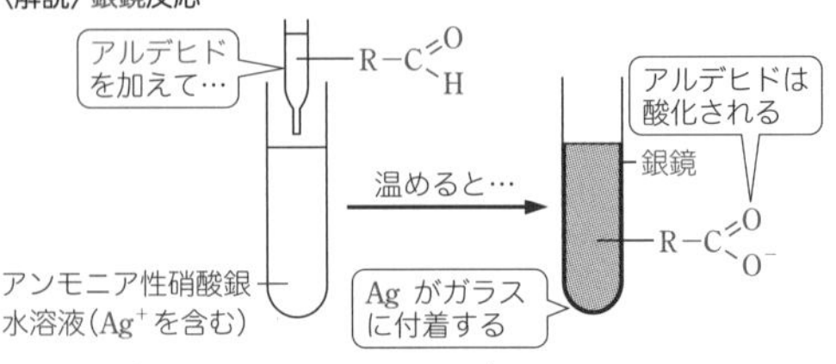

Ag^+は水溶液中で，$[Ag(NH_3)_2]^+$として存在している。

□11 ★★ アンモニア性硝酸銀と反応して銀を析出する分子式 C_2H_4O の化合物は［1★★］。

（福井工業大）

〈解説〉$CH_3-C(=O)-H$ の分子式は C_2H_4O

(1) アセトアルデヒド CH_3-CHO

□12 ★★★ アルデヒドにアンモニア性硝酸銀水溶液を加えて穏やかに加熱すると，銀が析出した。銀が析出したのは，アンモニア性硝酸銀水溶液の中の［1★★★］が，化合物中の［2★★★］基によって［3★★★］されたためである。

（立教大）

〈解説〉

$$\underset{(\,[\underset{+1}{\underline{Ag}}(NH_3)_2]^+\,)}{Ag^+} \xrightarrow[\text{還元}]{R-CHO} \underset{0}{\underline{Ag}}$$

(1) 銀（ぎん）イオン Ag^+［㊀ジアンミン銀（ぎん）(I)イオン $[Ag(NH_3)_2]^+$］
(2) ホルミル $-CHO$［㊀アルデヒド］
(3) 還元（かんげん）

□13 ★ 銀鏡反応について，空欄にあてはまる適切な化学式を書き入れ，反応式を完成させよ。なおこの反応式では，反応に関わらない構造部分をRと略している。

$R-CHO+2$［1★］$+3OH^-$
$\longrightarrow$［2★］$+4NH_3+2H_2O+2$［3★］

（東京農工大）

〈解説〉(2)と(3)は係数に注目して決める。このとき，アルデヒド $R-CHO$ は酸化されてカルボン酸の塩（陰イオン）になる。

(1) $[Ag(NH_3)_2]^+$
(2) $R-COO^-$
(3) Ag

□14 ★★ 青色結晶 [1★] はフェーリング液の調製に用いられる。フェーリング液にアルデヒドを加えて加熱したときに生じる赤色沈殿は何か。化学式で記せ。 [2★★★]

（静岡大）

(1) 硫酸銅(Ⅱ)五水和物（りゅうさんどう(Ⅱ)ごすいわぶつ） $CuSO_4 \cdot 5H_2O$
(2) Cu_2O

〈解説〉フェーリング液の還元（フェーリング反応）

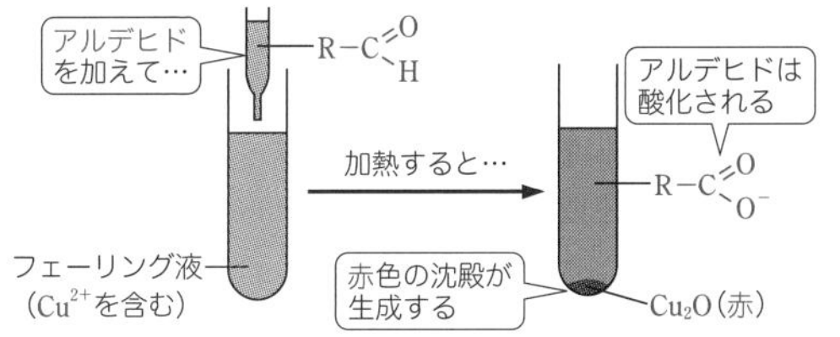

□15 ★★★ フェーリング液の中には，[1★] 価の [2★★] イオンが存在しており，これが $HO-CH_2-C_6H_4-C(=O)-H$ 中に存在する [3★★★] 基によって [4★★] され，赤色の [5★★★] の沈殿が生じる。同時に [3★★★] 基は [6★★] される。

（神戸薬科大）

〈解説〉フェーリング液は，酒石酸ナトリウムカリウムを溶解した水酸化ナトリウム水溶液と硫酸銅（Ⅱ）水溶液を等量ずつ混合した溶液のこと。

(1) 2
(2) 銅（どう）［別 銅(Ⅱ) Cu^{2+}］
(3) ホルミル −CHO ［別 アルデヒド］
(4) 還元（かんげん）
(5) 酸化銅(Ⅰ)（さんかどう） Cu_2O
(6) 酸化（さんか）

□16 ★ アルデヒドは，一般にフェーリング液やアンモニア性硝酸銀水溶液と反応すると，どのような化合物に変化するか。名称を答えよ。 [1★]

（京都府立大）

〈解説〉銀鏡反応やフェーリング反応では，アルデヒドは酸化されてカルボン酸のイオンになる。

$$R-CHO \xrightarrow{\text{酸化}} R-COO^-$$

溶液が塩基性なので中和されてイオンになる

(1) カルボン酸（さん）イオン ［別 カルボン酸，カルボキシラートイオン］

□17 ★★★ メタノール，ホルムアルデヒド，ギ酸のうち銀鏡反応を示す化合物の名称をすべて答えよ。 [1★★★]

（大阪公立大）

〈解説〉

CH_3-OH	$H-C(=O)-H$	$H-C(=O)-OH$
メタノール	ホルムアルデヒド	ギ酸

(1) ホルムアルデヒド，ギ酸（さん）

ギ酸はアリから発見された

2 ケトン R−CO−R′

▼ANSWER

□1 ★ 分子式が C_4H_8O で表されるケトンの構造式を書け。 1★ （大阪公立大）

〈解説〉ケトン　R−C(=O)−R′

(1) $CH_3-CH_2-C(=O)-CH_3$

□2 ★★★ 空気を遮断して酢酸カルシウムを加熱（乾留）すれば，1★★★ と炭酸カルシウムが生成する。 （東京理科大）

〈解説〉アセトンは，酢酸カルシウムを空気を遮断し加熱分解する（→乾留という）ことでつくることができる。

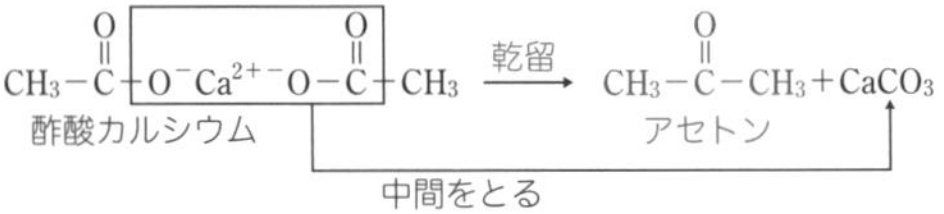

$CH_3-C(=O)-O^-Ca^{2+-}O-C(=O)-CH_3 \xrightarrow{乾留} CH_3-C(=O)-CH_3 + CaCO_3$

酢酸カルシウム　　アセトン

中間をとる

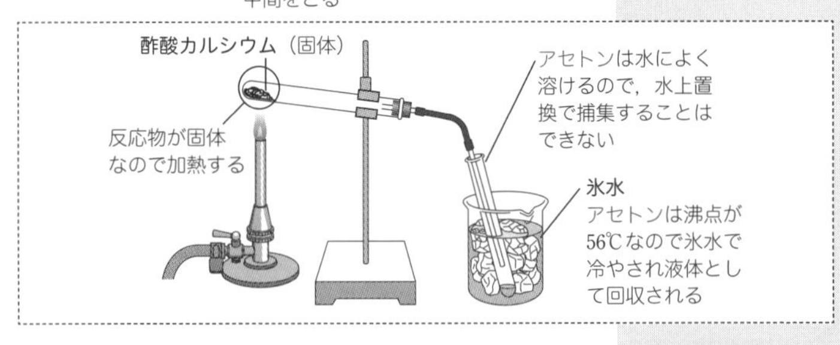

(1) アセトン
$CH_3-C(=O)-CH_3$

□3 ★★ アセトンは工業的には 1★ の直接酸化や 1★ に水を付加させた 2★★ の酸化でつくられる。 （千葉大）

〈解説〉アセトンはプロペンの直接酸化でつくられたり，

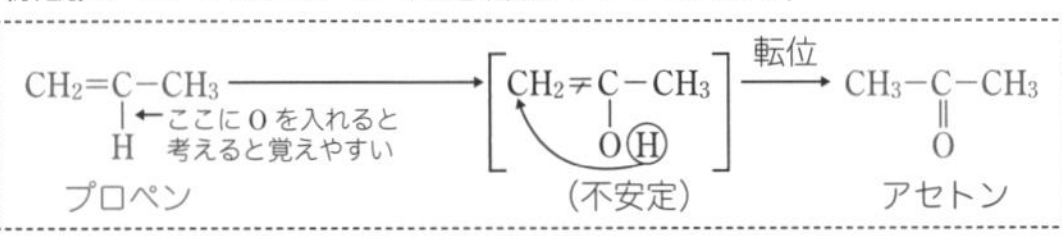

プロペンに H_2O を付加させて，

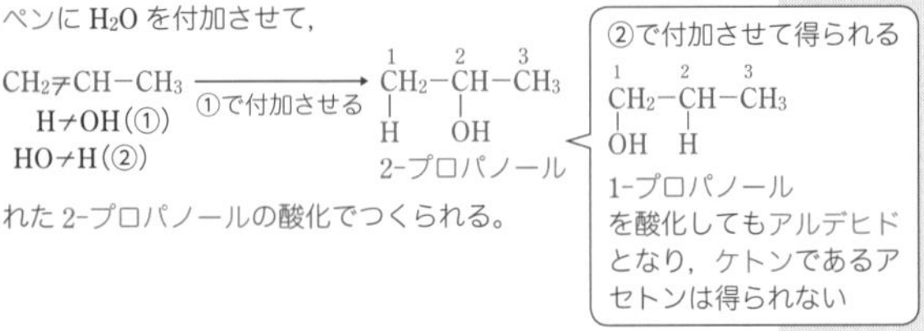

$CH_2=CH-CH_3$ + H−OH(①) / HO−H(②) → ①で付加させる → $CH_2(H)-CH(OH)-CH_3$　2-プロパノール

②で付加させて得られる
$CH_2(OH)-CH(H)-CH_3$
1-プロパノール
を酸化してもアルデヒドとなり，ケトンであるアセトンは得られない

得られた2-プロパノールの酸化でつくられる。

(1) プロペン［別 プロピレン］
$CH_2=CH-CH_3$
(2) 2-プロパノール
$CH_3-CH(OH)-CH_3$

□4 ★★ アセトンを還元して第二級アルコールにする。次に，このアルコールの脱水反応を行って，アルケンである化合物 [1 ★★] を得る。（長崎大）

(1) プロペン［別 プロピレン］
$CH_3-CH=CH_2$

〈解説〉

$CH_3-C(=O)-CH_3$ —還元→ $CH_3-CH(OH)-CH_2(H)$ —分子内脱水→ $CH_3-CH=CH_2$ プロペン

（OH と H →とる）

□5 ★★★ アセトンの水溶液にヨウ素と水酸化ナトリウムを少量加えて温めると，黄色の結晶を生じる。この反応を [1 ★★★] 反応という。（鳥取大）

(1) ヨードホルム

〈解説〉

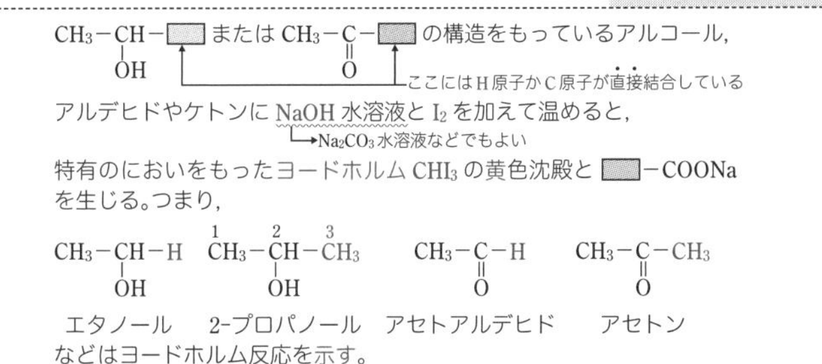

□6 ★★★ アセチル基や1-ヒドロキシエチル基が存在する化合物の [1 ★★] 性水溶液に [2 ★★★] を作用させると，[3 ★★★] の黄色沈殿が生じる。

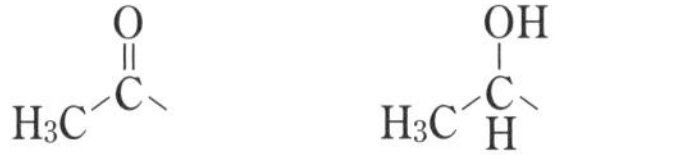

$H_3C-C(=O)-$　アセチル基

$H_3C-CH(OH)-$　1-ヒドロキシエチル基

（東北大）

(1) 塩基［別 アルカリ］
(2) ヨウ素 I_2
(3) ヨードホルム CHI_3

□7 ★★ $C_4H_{10}O$ で表される有機化合物のうちヨウ素と炭酸ナトリウム水溶液を加えて反応させたとき，黄色沈殿が生じるものは [1 ★★] 種類である。（早稲田大）

(1) 1

〈解説〉 $CH_3-CH(OH)-CH_2-CH_3$ がヨードホルム反応を示す。
2-ブタノール

第18章

脂肪族カルボン酸

1 カルボン酸

▼ANSWER

□1 ★★★ カルボン酸は，一般に 1★★★ や 2★★★ (順不同) を酸化することで得られる 3★★★ 基をもつ化合物の総称である。慣用名で呼ばれることが多く，例えば炭素数1のメタン酸は 4★★★ ，炭素数2のエタン酸は 5★★★ と呼ばれる。 (鹿児島大)

〈解説〉 −COOH カルボキシ基，HCOOH ギ酸，CH_3COOH 酢酸

(1) 第一級アルコール
(2) アルデヒド
(3) カルボキシ
(4) ギ酸 HCOOH
(5) 酢酸 CH_3COOH

□2 ★★★ カルボン酸は，弱い 1★★★ を示し，分子量の小さいものは水によく溶ける。分子量の大きいもののナトリウム塩は石けんとして利用される。 (北海道工業大)

〈解説〉 $RCOOH \rightleftarrows RCOO^- + H^+$

(1) 酸性

□3 ★★★ カルボン酸はカルボキシ基 (−COOH) の数により，1価のカルボン酸，2価のカルボン酸というように呼称される。特に脂肪族の1価の鎖式カルボン酸は，1★★★ と呼ばれる。 (宮崎大)

(1) 脂肪酸

□4 ★★ 長鎖の炭化水素基が単結合のみからなる脂肪酸を 1★★ 脂肪酸といい，二重結合を1個以上含むものを 2★★ 脂肪酸という。 (弘前大)

〈解説〉 −COOH が1個のものはモノカルボン酸 (1価カルボン酸)，脂肪族のモノカルボン酸 RCOOH は特に脂肪酸という。

(1) 飽和
(2) 不飽和

□5 ★ シュウ酸を強熱すると分解し， 1★ と二酸化炭素を生じる。 (秋田大)

〈解説〉 シュウ酸 $H_2C_2O_4$ はジカルボン酸。
└→ $(COOH)_2$ とも表す

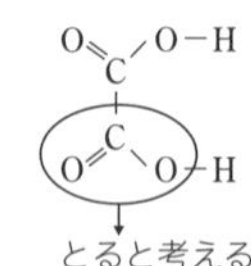

強熱 → H−C(=O)−O−H + CO_2
ギ酸
(モノカルボン酸)

(1) ギ酸 HCOOH

シュウ酸はカタバミなどの植物に含まれる

□6 ★★★ 分子中にカルボキシ基を2個有する化合物を [1★★★] という。（弘前大）

(1) ジカルボン酸 [別 2価カルボン酸]

□7 ★★★ 分子式 $C_4H_4O_4$ で表されるジカルボン酸（2価カルボン酸）には化合物 [1★★★] と化合物 [2★★★] の2種類の [3★★★] 異性体が存在する。化合物 [1★★★] は加熱すると分子内で脱水がおこり酸無水物 [4★★★] が得られるが，化合物 [2★★★] では脱水はおこらない。（金沢大）

(1) マレイン酸

H　COOH
　C
　‖
　C
H　COOH

(2) フマル酸

HOOC　H
　C
　‖
　C
H　COOH

(3) シス-トランス [別 幾何]

(4) 無水マレイン酸

〈解説〉

$C_4H_4O_4$ ➡ ジカルボン酸

シス形 マレイン酸 → 加熱 → 無水マレイン酸

トランス形 フマル酸 → 加熱 → 脱水しにくい

□8 ★★★ 分子内に2つのカルボキシ基をもつ [1★★★] と [2★★★] は同一の分子式 $C_4H_4O_4$ で表される異性体である。両者はシス-トランス異性体の関係にあり，構造異性体と同様，お互いに異なる物理的および化学的性質を示す。[1★★★] は容易に水に溶けて弱酸性を示すが，[2★★★] は水に溶けにくい。融点は [2★★★] のほうが高く，加熱による分子内の脱水反応は [1★★★] でのみおこる。（鹿児島大）

(1) マレイン酸

H　COOH
　C
　‖
　C
H　COOH

(2) フマル酸

HOOC　H
　C
　‖
　C
H　COOH

〈解説〉

①マレイン酸
極性分子で，水によく溶ける。

分子間水素結合
分子内水素結合

②フマル酸
分子間水素結合だけを形成しているため，融点がより高い。無極性分子で，水に溶けにくい。

分子間水素結合
分子間水素結合

□9 ★★★ 乳酸はカルボキシ基，水素原子，メチル基，[1★★★]が結合している不斉炭素原子をもつ。（明治大）

〈解説〉ヒドロキシ基をもつカルボン酸をヒドロキシ酸という。
乳酸 $CH_3CH(OH)COOH$

(1) ヒドロキシ基 $-OH$

□10 ★★ 酢酸とプロピオン酸 (CH_3CH_2COOH) は [1★] 酸であり，安息香酸は [2★★] 族カルボン酸である。（東京薬科大）

〈解説〉酢酸 CH_3COOH　安息香酸 ⌬-COOH

(1) 脂肪 [㊙モノカルボン，1価カルボン]
(2) 芳香

□11 ★★★ 酢酸は，食酢中に4～5%含まれ，刺激臭のある液体である。酢酸の純粋なものは気温が低いと凝固するので，特に [1★★★] と呼ばれる。（神戸大）

(1) 氷酢酸

□12 ★★ 1価カルボン酸の沸点は，同程度の分子量をもつ1価アルコールより [1★★]。（東京薬科大）

〈解説〉水素結合により二量体を形成する。

(1) 高い

□13 ★★★ メタノールを酸化して得られるカルボン酸である [1★★★] は，刺激臭のある無色の液体で還元性を示す。（岐阜大）

〈解説〉

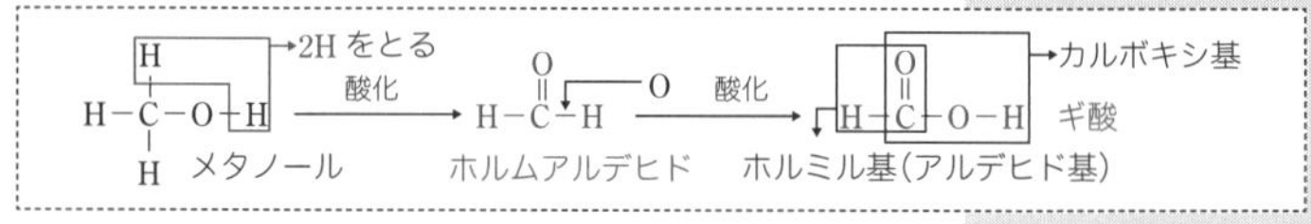

(1) ギ酸 $HCOOH$

□14 ★ ホルムアルデヒドの37%水溶液は [1★] とよばれ，消毒剤，防腐剤などに用いられる。（和歌山大）

(1) ホルマリン

□15 ★★★ 酢酸の酸性はフェノールや炭酸水よりも [1★★★]。（予想問題）

〈解説〉酸の強さ
H_2SO_4, HCl > $R\text{-}SO_3H$ > $R\text{-}COOH$ > $CO_2 + H_2O$ (H_2CO_3) > ⌬-OH
希硫酸，塩酸　スルホン酸　カルボン酸　炭酸　フェノール

(1) 強い

□16 ★★★ カルボン酸と炭酸水素ナトリウムを反応させると [1★★★] が発生する。（宮崎大）

〈解説〉酸の強さ：$R\text{-}COOH > CO_2 + H_2O$ なので

$$R\text{-}COOH + NaHCO_3 \xrightarrow{H^+} R\text{-}COONa + H_2O + CO_2$$

（ふつう$-COOH$の検出に利用）

(1) 二酸化炭素 CO_2

2 酸無水物

▼ANSWER

□1 酢酸に十酸化四リンを加えて加熱すると，2分子の酢酸から水1分子がとれて，化合物 [1★★] が生成した。[1★★] は工業的に広い用途がある。
★★
（埼玉大・鳥取大・神戸大）

(1) 無水酢酸（むすいさくさん）
$(CH_3CO)_2O$

〈解説〉
$$CH_3-\underset{\underset{O}{\|}}{C}-O-\boxed{H+H-O}-\underset{\underset{O}{\|}}{C}-CH_3 \xrightarrow{P_4O_{10}} CH_3-\underset{\underset{O}{\|}}{C}-O-\underset{\underset{O}{\|}}{C}-CH_3+H_2O$$
酢酸　　　　無水酢酸

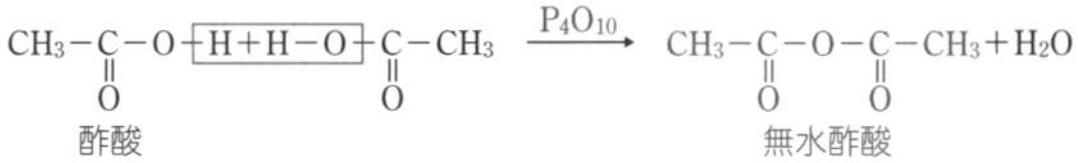

□2 2分子の [1★★] が縮合すると無水酢酸を生じる。無水酢酸は水に不安定である。（東京工業大・お茶の水女子大）
★★

(1) 酢酸（さくさん）
CH_3COOH

〈解説〉縮合：2つの官能基から水のような簡単な分子がとれて結合する反応。

考え方

2つのカルボキシ基が近くにあり，生成する酸無水物の形に構造上無理がない五員環や六員環の場合，分子内で脱水して酸無水物が生成する。

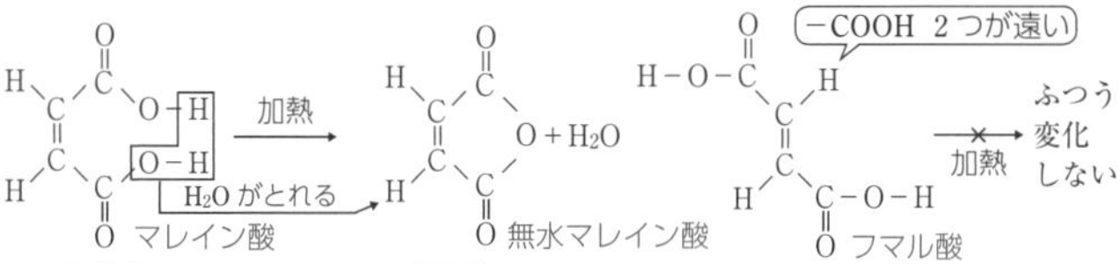

マレイン酸 $C_4H_4O_4$（分子量116） —加熱→ 無水マレイン酸 $C_4H_2O_3$（分子量98）$+H_2O$（H_2Oがとれる）

フマル酸 $C_4H_4O_4$ —加熱→× ふつう変化しない（−COOH 2つが遠い）

フタル酸 $C_8H_6O_4$（分子量166） —加熱→ 無水フタル酸 $C_8H_4O_3$（分子量148）$+H_2O$（H_2Oがとれる）

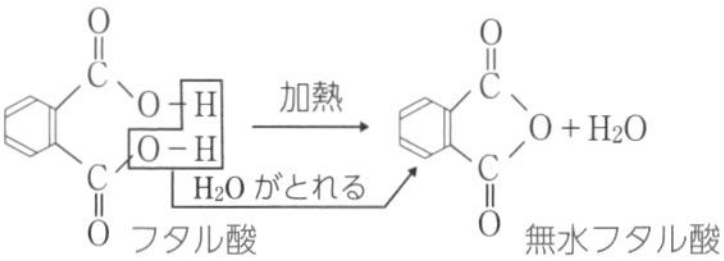

分子式や分子量は覚えておくとよい

□3 アセトアルデヒドを酸化させると [1★★★] が得られる。[1★★★] を P_4O_{10} 存在下で加熱すると，[2★★★] になる。[2★★★] は刺激臭のある無色の液体で，水と反応させると，[1★★★] にもどる。（弘前大）
★★★

(1) 酢酸（さくさん）
CH_3COOH
(2) 無水酢酸（むすいさくさん）
$(CH_3CO)_2O$

〈解説〉$(CH_3CO)_2O + H_2O \longrightarrow 2CH_3COOH$

□4 ★★★ $C_2H_2(COOH)_2$ には互いにシス-トランス異性体である 1★★★ と 2★★★ があり，それらの性質は大きく異なっている。水に対する溶解度は， 1★★★ のほうが 2★★★ よりも大きい。 1★★★ を160℃に熱すると，1分子中の2個のカルボキシ基から水分子が取れる。 （京都府立大）

(1) マレイン酸(さん)
HOOC＼C=C／COOH
H／　＼H
(2) フマル酸(さん)
HOOC＼C=C／H
H／　＼COOH

□5 ★★★ 化合物 1★★★ は炭素-炭素二重結合を含み，その分子式は $C_4H_4O_4$ であった。化合物 1★★★ にはシス-トランス異性体が存在するが，化合物 1★★★ を約160℃に加熱しても，その構造は変化しなかった。（長崎大）

〈解説〉$C_4H_4O_4$ で加熱しても構造が変化しないことに注目する。

(1) フマル酸(さん)
HOOC＼C=C／H
H／　＼COOH

□6 ★★★ 炭素，水素，酸素のみからなり，カルボキシ基を2つもつ分子量116の 1★★★ を160℃に加熱したところ，1分子の水がとれて分子量98の 2★★★ が生成した。 （筑波大）

〈解説〉分子量116や98を見つけて解く。

(1) マレイン酸(さん)
HOOC＼C=C／COOH
H／　＼H
(2) 無水(むすい)マレイン酸(さん)
H−C−CO＼
　　‖　　　O
H−C−CO／

□7 ★★★ 1★★★ の分子式は $C_8H_6O_4$ であった。 1★★★ を213℃以上で加熱融解させたところ，分子内で脱水して分子量148の無色の化合物 2★★★ が得られた。

（島根大）

〈解説〉$C_8H_6O_4$ や分子量148を見つけて解く。

(1) フタル酸(さん)
(ベンゼン環)−COOH, −COOH
(2) 無水(むすい)フタル酸(さん)
(ベンゼン環)−CO−O−CO−

□8 ★★★ キシレンには3つの異性体がある。それぞれを過マンガン酸カリウム水溶液とともに長時間加熱した後，反応液を酸性にした。このとき得られた3つの化合物のうちの1つは，加熱すると容易に反応して質量が減少した。質量が減少して得られた化合物の分子式は 1★★★ になる。 （福岡大）

〈解説〉

o-キシレン（CH_3, CH_3）$\xrightarrow{KMnO_4}$ $\xrightarrow{H^+}$ フタル酸（COOH, COOH）$\xrightarrow{加熱}$ 無水フタル酸（C(=O)−O−C(=O)）

(1) $C_8H_4O_3$

□9 ★★★ 炭素，水素，酸素からなる芳香族化合物 12.73mg を完全燃焼させたところ，二酸化炭素が 26.99mg，水が 4.14mg 得られた。この化合物の組成式 [1 ★★★] を求めよ。

この化合物の分子量は 166 であった。分子式 [2 ★★★] を書け。

この化合物はフェーリング液を還元しなかった。また，この化合物を加熱すると分子内で脱水がおこり，酸無水物が生成することがわかった。この化合物の名称 [3 ★★★] と生成した酸無水物の名称 [4 ★★★] を書け。 （千葉大）

〈解説〉分子量 166 と酸無水物を見つけて，計算せず解くことが可能。

(1) $C_4H_3O_2$
(2) $C_8H_6O_4$
(3) フタル酸
(4) 無水フタル酸

□10 ★★★ 化合物 [1 ★★★] の分子量を測定すると 166 であった。[1 ★★★] を加熱すると水蒸気が発生して化合物 [2 ★★★] が生成した。[2 ★★★] は水と反応して [1 ★★★] にもどることがわかった。 （九州大）

〈解説〉分子量 166 を見つけて解く。

(1) フタル酸

$C_6H_4(COOH)_2$（ベンゼン環に COOH が2つ隣接）

(2) 無水フタル酸

$C_6H_4(CO)_2O$（ベンゼン環に CO が2つ隣接し，O で結ばれた環）

発展 □11 ★ $H-\overset{\overset{\Large O}{\|}}{C}-CH_2-CH_2-\overset{\overset{\Large O}{\|}}{C}-OH$ のホルミル基（アルデヒド基）をカルボキシ基に置換した化合物 [1 ★] はコハク酸とよばれ，生体内で重要な役割をもつ化合物である。このコハク酸を加熱することで生じる化合物 [2 ★] の名称と構造を示せ。ただし，化合物 [2 ★] は分子式 $C_4H_4O_3$ で表される。 （九州大）

(1)

$$\begin{array}{l} CH_2-\overset{\overset{O}{\|}}{C}-OH \\ | \\ CH_2-\underset{\underset{O}{\|}}{C}-OH \end{array}$$

(2) 無水コハク酸

$$\begin{array}{l} CH_2-C{=}O \\ |\qquad\quad\ \ \ \rangle O \\ CH_2-C{=}O \end{array}$$

エステルと油脂

1 エステル

▼ ANSWER

□1 ★★★ カルボン酸とアルコールが縮合すると [1 ★★★] が生成する。（愛媛大）

(1) エステル

〈解説〉カルボン酸から OH，アルコールから H がとれた構造をもつ化合物をエステルといい，$-\overset{\overset{\displaystyle O}{\|}}{C}-O-$ のエステル結合をもっている。

$$R-\overset{\overset{\displaystyle O}{\|}}{C}-\boxed{O-H \quad H}-O-R' \longrightarrow R-\overset{\overset{\displaystyle O}{\|}}{C}-O-R' + H_2O$$

カルボン酸　アルコール　エステル

H_2O がとれる

□2 ★★ 一般に，酸とアルコールから水分子がとれて生成する化合物をエステルという。エステルは私たちのまわりに多く見られる。例えば，油脂は [1 ★★] とグリセリンのエステルであり，合成香料である酢酸エチルなどもエステルの一種である。

衣類，炭酸飲料容器などに用いられる [2 ★★] は，テレフタル酸とエチレングリコールが次々に縮合重合してできたポリエステルである。（早稲田大）

(1) 高級脂肪酸（こうきゅうしぼうさん）
(2) ポリエチレンテレフタラート(PET)

エッセンス

参考 硝酸や硫酸などのオキソ酸は，カルボン酸と同じように硝酸エステル，硫酸エステルをつくる。

□3 ★★ 一般に，エステルはアルコールとカルボン酸との [1 ★★] 反応の一つであるエステル化により得られる。（熊本大）

(1) 縮合（しゅくごう）

□4 ★★★ アセチレンは酢酸との付加反応によって [1 ★★★] を生じる。（名古屋大）

(1) 酢酸ビニル（さくさん）
$CH_2=CH-OCOCH_3$

〈解説〉付加反応でエステルが生成することもある。

$$\begin{matrix}H\\H\end{matrix}\!\!>C=C<\!\!\begin{matrix}H\\O-\boxed{H \quad H-O}-\overset{}{\underset{\underset{\displaystyle O}{\|}}{C}}-CH_3\end{matrix}$$

ビニルアルコール　酢酸

H_2O がとれた形をもつ

□**5** ★★ 発明家アルフレッド・ノーベルは [1★★] をケイソウ土に混ぜて爆薬を開発した。[1★★] は心臓病の薬としても知られ，硫酸の存在下，グリセリンと硝酸との反応によって合成される。（名古屋大）

(1) ニトログリセリン
$C_3H_5(ONO_2)_3$

〈解説〉

$$\begin{array}{l} CH_2-O\boxed{H\quad HO}-NO_2 \\ CH-O\boxed{H\quad HO}-NO_2 \\ CH_2-O\boxed{H\quad HO}-NO_2 \end{array} \xrightarrow[\text{濃}H_2SO_4]{} \begin{array}{l} CH_2-O-NO_2 \\ CH-O-NO_2 \\ CH_2-O-NO_2 \end{array} + 3H_2O$$

グリセリン　硝酸(HNO_3)　　ニトログリセリン
（グリセリン 1 分子と硝酸 3 分子からなる硝酸エステル）

□**6** ★ 分子量の比較的小さなエステルは，果実のような [1★] をもつ。（上智大）

(1) 芳香（ほうこう）

□**7** ★★ カルボン酸誘導体には，2 個のカルボキシ基が水 1 分子を失って縮合した [1★★] や，カルボン酸とアルコールが縮合した [2★★] などが含まれている。（鳥取大）

(1) 酸無水物（さんむすいぶつ）
［⑩カルボン酸無水物］
(2) エステル

□**8** ★★ 分子式 $C_4H_8O_2$ で表されるエステルの構造異性体は [1★★] 種類ある。（千葉大）

(1) 4

〈解説〉

$H-C(=O)-O-CH_2-CH_2-CH_3$　　$H-C(=O)-O-CH(CH_3)-CH_3$

$CH_3-C(=O)-O-CH_2-CH_3$　　$CH_3-CH_2-C(=O)-O-CH_3$

□**9** ★★ 分子式$C_5H_{10}O_2$ で表されるエステルの構造異性体は [1★★] 種類ある。（日本大）

(1) 9

〈解説〉

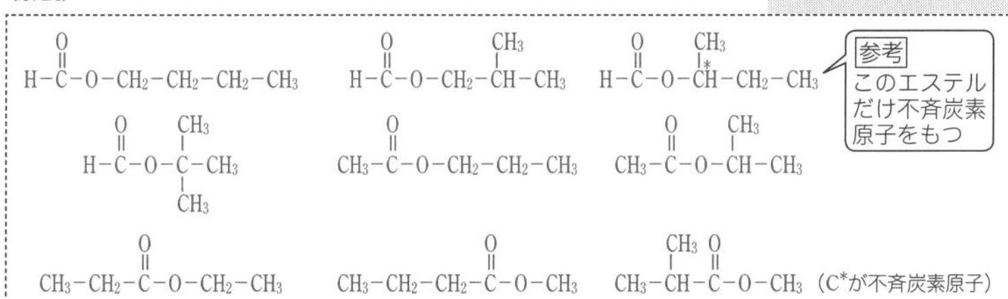

2 エステル化と加水分解

▼ANSWER

□1 ★★★ エタノールと酢酸の混合物に少量の [1★★] を加えて加熱すると果実のような芳香をもつ [2★★★] が生じる。このような脱水縮合反応を [3★★★] という。 (福井工業大)

(1) 濃硫酸(のうりゅうさん) H_2SO_4
(2) 酢酸(さくさん)エチル $CH_3COOC_2H_5$
(3) エステル化(か)

〈解説〉

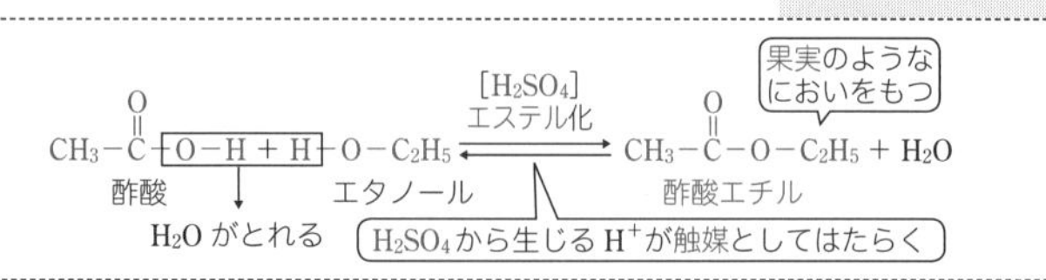

□2 ★★★ 丸底フラスコに20mLのエタノールと20mLの氷酢酸を入れ,よく混合し,これに4mLの濃硫酸を加えた。右図のような装置を組み立て,温浴中で10分間静かに沸騰させた。反応液を十分に冷却した後,蒸留水を加えると上層と下層に分離した。分液ロートを用いて上層を分離し,上層はさらに炭酸水素ナトリウム水溶液と共によく振り混ぜた。上層から不純物を取り除き,単一の反応生成物 [1★★★] を得た。この反応生成物 [1★★★] は芳香のある無色の液体であった。 (香川大)

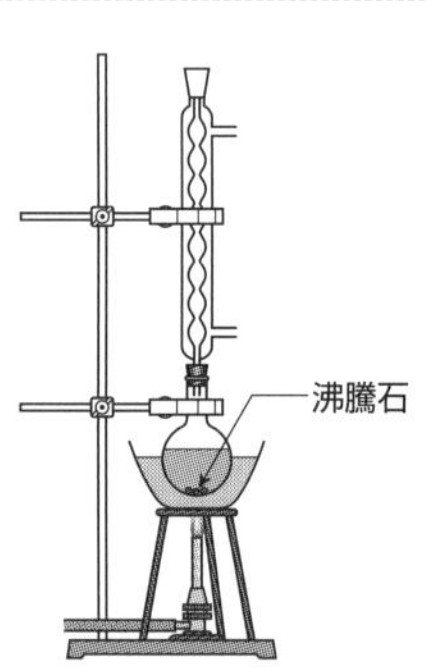

(1) 酢酸(さくさん)エチル $CH_3COOC_2H_5$

〈解説〉 $NaHCO_3$aq は,未反応の CH_3COOH を次の反応で除いている。

$$CH_3COOH + NaHCO_3 \longrightarrow \underline{CH_3COONa} + H_2O + CO_2$$

下層…水層へ

□3 ★ フェノールをカルボン酸無水物と反応させると, [1★] ができる。 (群馬大)

(1) エステル

〈解説〉

$$C_6H_5-OH + R-C(=O)-O-C(=O)-R \longrightarrow C_6H_5-O-C(=O)-R + R-C(=O)-O-H$$

カルボン酸無水物　　エステル

□4 ★★ エステルに水を加えて長時間熱すると，エステルは徐々に加水分解されて [1★★] と [2★★]（順不同）を生じる。この反応は，塩酸などの酸を加えると速く進行する。（東京女子大）

〈解説〉エステルの加水分解の例

$$CH_3-\overset{\overset{O}{\|}}{C}\!\vdots\!O-C_2H_5+H_2O \xrightleftharpoons{\text{加熱，}H^+} CH_3-\overset{\overset{O}{\|}}{C}-O-H+C_2H_5OH$$

(1) カルボン酸(さん)
(2) アルコール

□5 ★ ^{18}O を含む水（$H_2{}^{18}O$）で酢酸メチルを加水分解したところ，生成物であるメタノールには ^{18}O が含まれていなかった。この結果から，加水分解で切断されたと判断できる結合を図の①～④から選べ。[1★]（筑波大）

$$CH_3\underset{②}{-}\overset{\overset{O}{\|}\,①}{C}\underset{③}{-}O\underset{④}{-}CH_3$$

図

〈解説〉

$$\underset{\text{酢酸メチル}}{CH_3-\overset{\overset{O}{\|}}{C}\!\vdots\!O-CH_3} + H_2{}^{18}O \underset{\text{エステル化}}{\overset{\text{加水分解}}{\rightleftharpoons}} CH_3-\overset{\overset{O}{\|}}{C}\!-\!\boxed{^{18}O-H + H}\!-\!\underset{\text{メタノール}}{O-CH_3}$$

(1) ③

□6 ★★ 酢酸メチルは水に溶けにくい芳香のある液体である。この化合物に水酸化ナトリウム水溶液を加えて加熱すると，徐々に溶け，[1★★] と [2★★]（順不同）が生成した。（金沢大）

〈解説〉

$$\underset{\text{酢酸メチル}}{CH_3-\overset{\overset{O}{\|}}{C}\!\vdots\!O-CH_3} + NaOH \xrightarrow{\text{加熱}} CH_3-\overset{\overset{O}{\|}}{C}-O^-Na^+ + CH_3OH$$

強塩基による加水分解は，セッケンをつくるときに使われるのでけん化ともいう。

(1) 酢酸(さくさん)ナトリウム CH_3COONa [㊙酢酸(さくさん)イオン CH_3COO^-]
(2) メタノール CH_3OH

□7 ★★★ アセチレンに酢酸が付加すると [1★★★] が生成する。この化合物を加水分解するといったん酢酸と [2★★] が生成するが，[2★★] は不安定なため異性化して [3★★★] に変化する。（名城大）

〈解説〉

$$\underset{\text{酢酸ビニル}}{\overset{H}{\underset{H}{>}}C=C\overset{H}{\underset{O\vdots\underset{\underset{O}{\|}}{C}-CH_3}{<}}} \xrightarrow{\text{加水分解}} \left(\overset{H}{\underset{H}{>}}C=C\overset{H}{\underset{O-H}{<}}\right)_{\text{不安定}} + \underset{\text{酢酸}}{CH_3-\underset{\underset{O}{\|}}{C}-OH}$$

↓ ビニルアルコール

$$H-\underset{\underset{H}{|}}{\overset{\overset{H}{|}}{C}}-\underset{\underset{O}{\|}}{C}-H \quad \text{アセトアルデヒド}$$

(1) 酢酸(さくさん)ビニル $CH_2=CH-OCOCH_3$
(2) ビニルアルコール $CH_2=CH-OH$
(3) アセトアルデヒド CH_3-CHO

3 油脂

▼ANSWER

□1 ★★
油脂は，[1★★★] が持つ3つのヒドロキシ基と脂肪酸が [2★★★] 化することにより生成した化合物である。一般に，油脂の融点は炭素数が [3★] いほど高くなり，炭素数が等しい場合は二重結合の数が [4★] いほど高くなる。（神戸大）

(1) グリセリン $C_3H_5(OH)_3$ [㊐1, 2, 3-プロパントリオール]
(2) エステル
(3) 多（おお）
(4) 少（すく）な

〈解説〉

$$
\begin{array}{l}
H_2C-O-H \quad H-O-\overset{O}{\overset{\|}{C}}-R^1 \\
HC-O-H \;+\; H-O-\overset{O}{\overset{\|}{C}}-R^2 \longrightarrow HC-O-\overset{O}{\overset{\|}{C}}-R^2 \;+\; 3H_2O \\
H_2C-O-H \quad H-O-\overset{O}{\overset{\|}{C}}-R^3
\end{array}
$$

$$
H_2C-O-\overset{O}{\overset{\|}{C}}-R^1,\quad HC-O-\overset{O}{\overset{\|}{C}}-R^2,\quad H_2C-O-\overset{O}{\overset{\|}{C}}-R^3
$$

グリセリン（1,2,3-プロパントリオール）　高級脂肪酸　油脂（トリグリセリド）→エステル結合

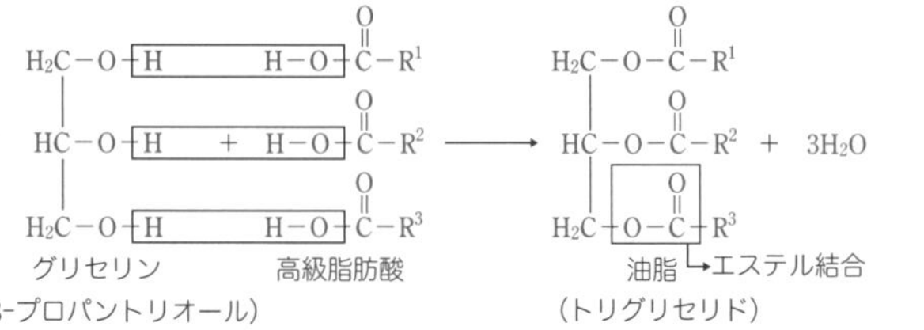

□2 ★★★
油脂は，脂肪酸と [1★★★] からなり，脂肪酸のカルボキシ基のOHと [1★★★] の [2★★] 基のHから水が生成する脱水縮合反応で生成する。（大阪医科薬科大）

(1) グリセリン $C_3H_5(OH)_3$ [㊐1, 2, 3-プロパントリオール]
(2) ヒドロキシ

□3 ★★★
油脂は，グリセリン1分子と脂肪酸3分子が [1★★★] 結合した化合物で，[2★★★] に溶けにくく [3★★★] によく溶ける。常温(25℃)で固体の油脂を脂肪，液体の油脂を [4★★★] という。（山口大）

(1) エステル
(2) 水（みず）
(3) 有機溶媒（ゆうきようばい）
※ジエチルエーテルなど
(4) 脂肪油（しぼうゆ）

□4 ★★
油脂は，膵液中の酵素 [1★★] によって加水分解されて，脂肪酸とモノグリセリドになり，小腸で吸収され，ふたたび油脂に合成される。（名城大）

(1) リパーゼ

□5 ★★
脂肪酸としてパルミチン酸やステアリン酸といった飽和脂肪酸を多く含む油脂は，常温で固体であり [1★★] とよばれる。一方，オレイン酸やリノレン酸などの不飽和脂肪酸が主成分となっている油脂は常温で液体であり [2★★] とよばれる。（千葉大）

(1) 脂肪（しぼう）
(2) 脂肪油（しぼうゆ）

□6 ★★★ 脂肪酸は，パルミチン酸やステアリン酸などの，炭素原子間に二重結合をもたない [1★★★] 脂肪酸と，オレイン酸やリノール酸などの，二重結合をもつ [2★★★] 脂肪酸に分類される。（慶應義塾大）

〈解説〉不飽和脂肪酸は一般にシス形であり，分子全体が折れ曲がる。

(1) 飽和（ほうわ）
(2) 不飽和（ふほうわ）

□7 ★★ 飽和脂肪酸の一種であるステアリン酸は常温で固体であり，その示性式は $C_{17}H_{35}-COOH$ で示される。オレイン酸とリノレン酸はステアリン酸と同じ炭素数をもつ直鎖状の不飽和脂肪酸である。オレイン酸の炭素鎖には二重結合が1つ，リノレン酸には3つ含まれる。オレイン酸とリノレン酸をそれぞれ分子式で記せ。

オレイン酸 [1★★]　リノレン酸 [2★★]

（大阪公立大）

〈解説〉

$C_{17}H_{35}-COOH$		$C_{17}H_{33}-COOH$		$C_{17}H_{31}-COOH$		$C_{17}H_{29}-COOH$
ステアリン酸	−2H →	オレイン酸	−2H →	リノール酸	−2H →	リノレン酸
C=C なし		C=C 1個		C=C 2個		C=C 3個

(1) $C_{18}H_{34}O_2$
(2) $C_{18}H_{30}O_2$

□8 ★★ 炭素数17の炭化水素基を含む高級脂肪酸にはステアリン酸，オレイン酸，リノール酸などがあるが，この3つの中で最も融点の高いものは [1★★] 酸である。（埼玉大）

〈解説〉C=C の数が多くなると融点は低くなる。

(1) ステアリン

□9 ★★ 天然の不飽和脂肪酸の二重結合は [1★★] 形がほとんどであるため，分子は二重結合の所で大きく [2★] 構造をとる。（大阪大）

(1) シス
(2) 折れ曲がった（おれまがった）

□10 ★★★ 油脂には牛脂や豚脂のように常温で固体の [1★★★] と，大豆油やオリーブオイルのように常温で液体の [2★★★] があるが，この違いは油脂を構成する脂肪酸の融点によるものである。脂肪酸の融点は炭素原子の数が多いほど高くなる。また，二重結合(C=C)が多いほど [3★★] なるため，分子内に二重結合を持たない [4★★★] が多く含まれる油脂の融点は [5★★]，二重結合を持つ [6★★★] が多く含まれる油脂の融点は [7★★] なる。（東京海洋大）

(1) 脂肪（しぼう）
(2) 脂肪油（しぼうゆ）
(3) 低く（ひく）
(4) 飽和脂肪酸（ほうわしぼうさん）
(5) 高く（たか）
(6) 不飽和脂肪酸（ふほうわしぼうさん）
(7) 低く（ひく）

□11 ★★★ 脂肪油にニッケルを触媒として水素を付加させると，常温で固体の油脂に変化し，[1★★★] と呼ばれる。[1★★★] はマーガリンの原料に用いられる。（宮崎大）

(1) 硬化油

□12 ★★ 硬化油は液体の油脂を [1★★] してつくられる。（共通テスト）

(1) 還元

□13 ★★★ ある脂肪油中の脂肪酸に，[1★★] を触媒として [2★★★] を付加すると，脂肪油は固まり，マーガリンの原料になる。（新潟大）

(1) ニッケル Ni
(2) 水素 H_2

□14 ★★ [1★★] を多く含む油脂は空気中に長くおくと酸化や重合がおこり固化する。固化しやすい油脂を [2★★] 油といい，固化しにくいものを [3★] 油，固化しないものを [4★] 油という。（日本女子大）

(1) 不飽和脂肪酸
(2) 乾性
(3) 半乾性
(4) 不乾性

□15 ★★ 油脂を構成する脂肪酸の炭化水素基中に [1★★] を多く含むほど，その油脂は固化しにくくなり，常温で液体の場合には [2★★★] とよばれる。しかし，[2★★★] の中でも，長時間放置すると固化する油脂もある。これは空気中の [3★] 分子が炭化水素基中の [1★★] と反応して，油脂分子どうしが [3★] 原子で架橋され，分子量が大きくなるためである。このような油脂のことを [4★★] とよぶ。（浜松医科大）

(1) (炭素-炭素間)二重結合
(2) 脂肪油
(3) 酸素
(4) 乾性油

□16 ★★ 脂肪油から硬化油が生成され，硬化油は [1★★] などの原料となる。また，あまに油などの脂肪酸は，そのまま乾性油として [2★] などに用いられる。（札幌医科大）

(1) マーガリン
(2) 塗料［例 油絵の具］

発展 □17 ★★ [1★★] を含んだ加工食品は，高温下，長時間の空気や光にさらされるとアルデヒドや [2★] 数が少ない脂肪酸を生じるため，悪臭と酸味が増し，味や風味が落ちる。この現象を [3★] という。（三重大）

(1) 不飽和脂肪酸
(2) 炭素
(3) 劣化［例 酸敗］

脂肪油
常温で液体
コーン油
ごま油

4 セッケン・合成洗剤

▼ANSWER

□1 ★★★ 油脂を水酸化ナトリウム水溶液中で加熱すると，油脂の [1★★] 部位が反応し，3価のアルコールである [2★★★] と高級脂肪酸のナトリウム塩が生成する。

（岩手大）

(1) エステル
(2) グリセリン
$C_3H_5(OH)_3$
[㊀1, 2, 3-プロパントリオール]

〈解説〉

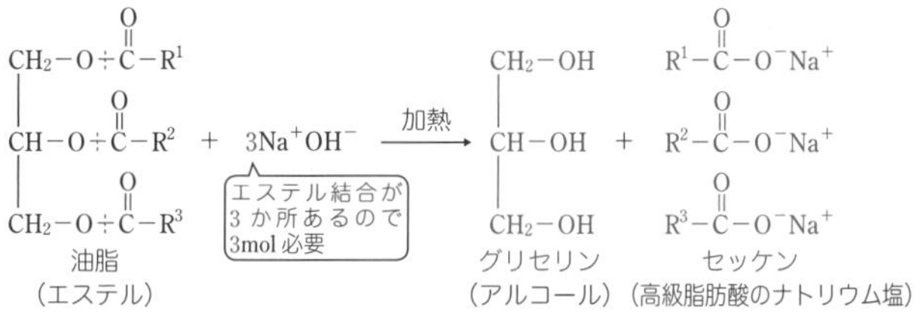

$$\begin{array}{l} CH_2-O \div \overset{O}{\overset{\|}{C}}-R^1 \\ | \\ CH-O \div \overset{O}{\overset{\|}{C}}-R^2 \\ | \\ CH_2-O \div \overset{O}{\overset{\|}{C}}-R^3 \end{array} + 3Na^+OH^- \xrightarrow{加熱} \begin{array}{l} CH_2-OH \\ | \\ CH-OH \\ | \\ CH_2-OH \end{array} + \begin{array}{l} R^1-\overset{O}{\overset{\|}{C}}-O^-Na^+ \\ R^2-\overset{O}{\overset{\|}{C}}-O^-Na^+ \\ R^3-\overset{O}{\overset{\|}{C}}-O^-Na^+ \end{array}$$

油脂（エステル）　エステル結合が3か所あるので3mol必要　グリセリン（アルコール）　セッケン（高級脂肪酸のナトリウム塩）

□2 ★★★ 油脂に水酸化ナトリウム水溶液を加えて加熱すると，1分子の [1★★★] と3分子の高級脂肪酸のナトリウム塩ができる。この反応を [2★★★] といい，高級脂肪酸のナトリウム塩をセッケンという。

（北海道大）

(1) グリセリン
$C_3H_5(OH)_3$
[㊀1, 2, 3-プロパントリオール]
(2) けん化

〈解説〉

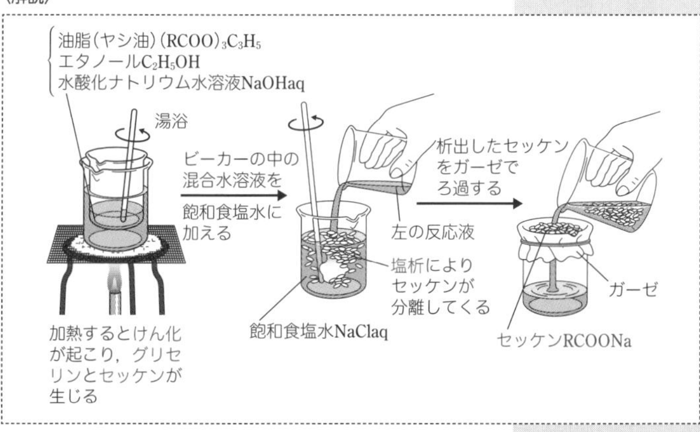

□3 ★★ けん化価は，油脂 1g を完全にけん化するのに必要な水酸化カリウムの質量を mg 単位で表した数値で，この値が大きいほど油脂の平均分子量は [1★★] い。

（共通テスト）

(1) 小（ちい）さ

〈解説〉 $C_3H_5(OCOR)_3 + 3KOH \longrightarrow C_3H_5(OH)_3 + 3RCOOK$ より
油脂 1mol をけん化するのに KOH は 3mol 必要とわかる。
油脂の平均分子量を M とすると，KOH = 56 より

$$\text{けん化価} = \frac{1}{M} \times 3 \times 56 \times 10^3$$

$\frac{1}{M}$：1g の油脂〔mol〕，$\times 3$：KOH〔mol〕，$\times 56$：KOH〔g〕，$\times 10^3$：KOH〔mg〕

となる。よって，けん化価が大きいほど M は小さい。

□4 ★ けん化価が 336 の油脂の平均分子量は [1★] (2ケタ)になる。KOH＝56

（九州大）

(1) 5.0×10^2

解き方

油脂の平均分子量を M とすると，KOH＝56 より

$336 = \frac{1}{M} \times 3 \times 56 \times 10^3$ となり，$M = 5.0 \times 10^2$

□5 ★★ 油脂 100g に付加するヨウ素の質量 (g 単位) をヨウ素価といい，この値が大きいほど不飽和度は [1★★] くなる。

（日本医科大）

(1) 大（おお）き

解き方

油脂の不飽和度(C＝C 結合の数)を n，油脂の平均分子量を M とすると，I_2＝254 より

$$\text{ヨウ素価} = \frac{100}{M} \times n \times 254$$

$\frac{100}{M}$：100g の油脂〔mol〕，$\times n$：付加する I_2〔mol〕，$\times 254$：付加する I_2〔g〕

となる。よって，ヨウ素価が大きいほど不飽和度(C＝C 結合の数)は大きくなる。

□6 ★★ 油脂の中でも空気中で放置すると固化しやすい乾性油はヨウ素価が [1★★] い。

（共通テスト）

(1) 大（おお）き

□7 ★ 平均分子量 888 の油脂のヨウ素価が 28.6 のとき，1分子の油脂に含まれる炭素原子間の二重結合の数は [1★] 個となる。I_2＝254

（日本医科大）

(1) 1

油脂に含まれるC=C結合をn個とすると，$I_2=254$より

$$28.6=\frac{100}{888}\times n\times 254 \text{となり，} n\fallingdotseq 1$$

□8 ★★★ 液体が表面積をできるだけ小さくしようとする力を［1 ★★］という。セッケンは水に溶けてその［1 ★★］を低下させ，繊維などの固体表面をぬれやすくする。このような作用を示す物質を［2 ★★★］という。（愛媛大）

(1) 表面張力
(2) 界面活性剤

□9 ★★ セッケンはその構造中に［1 ★★］性を示す炭化水素基と［2 ★★］性を示す脂肪酸イオンのCOO^-部をあわせ持ち，水に溶け表面張力を低下させる。（千葉大）

(1) 疎水［(例)親油］
(2) 親水

〈解説〉セッケン分子 **R−COONa**

疎水（親油）性の部分（疎水基または親油基）　親水性の部分（親水基）

セッケンを水に溶かすと，空気と水の界面に並ぶ

□10 ★★ セッケンを一定濃度以上で水に溶かすと，［1 ★★］性部分を内側に，［2 ★★］性部分を外側に向けて集まり，球状の［3 ★★］（コロイド粒子）をつくる。（富山大）

(1) 疎水［(例)親油］
(2) 親水
(3) ミセル

〈解説〉セッケンは疎水基を内側に，親水基を外側にして球状の粒子であるミセルをつくる。また，水の表面では，疎水基を空中に向け，親水基を水中に向けて並ぶ。

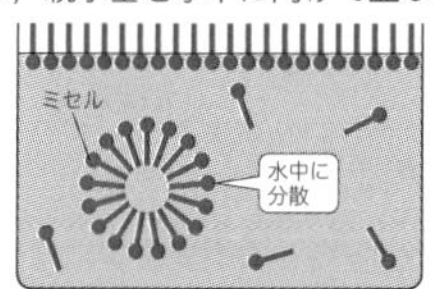

□11 ★★★ ［1 ★★★］の分子は疎水性部分と親水性部分からなり，［1 ★★★］の水溶液に脂肪油を混合すると，［1 ★★★］の疎水性部分が脂肪油をとり囲んで小さな固まりとなり水中に分散する。この現象を［2 ★★★］といい，［2 ★★★］した溶液を［3 ★★］という。（高知大）

(1) セッケン
(2) 乳化
(3) 乳濁液［(例)エマルション］

〈解説〉

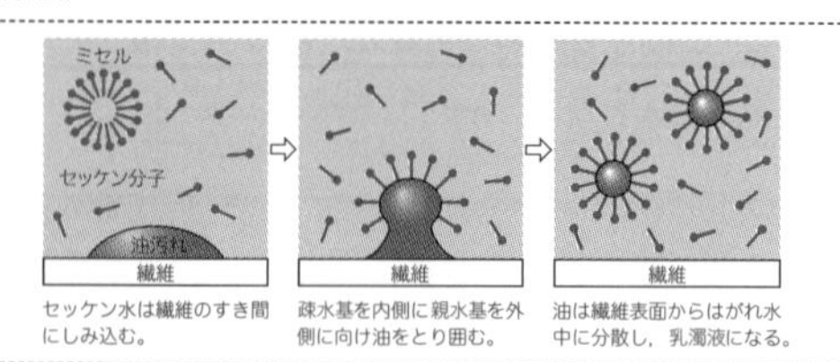

□12 ★★★ セッケンを水に溶かすと [1 ★★★] 性を示すので，羊毛や絹の洗浄には不向きである。（琉球大）

〈解説〉セッケン R−COONa は，弱酸と強塩基を中和してできると考えられる塩。その水溶液は加水分解し弱塩基性を示す。

$$R-COO^- + H_2O \rightleftarrows R-COOH + OH^-$$

(1)（弱）塩基 [㊞（弱）アルカリ]

□13 ★ セッケンの水溶液に塩酸を加えると [1 ★] を生じ白濁する。（神戸大）

〈解説〉$R-COONa + HCl \longrightarrow R-COOH + NaCl$（弱酸の遊離）

(1)（高級）脂肪酸 $R-COOH$

□14 ★★ セッケンの水溶液はアルカリ性である。[1 ★★] イオンや [2 ★★] イオン（(1)(2)順不同）を多く含む [3 ★★] 中では，水に溶けにくい脂肪酸の塩 [4 ★★]，[5 ★★]（(4)(5)順不同）をつくって沈殿するので，泡立ちが悪くなり洗浄効果が低下する。（金沢大）

〈解説〉

$$2R-COO^- + Ca^{2+} \longrightarrow (R-COO)_2Ca \downarrow$$
$$2R-COO^- + Mg^{2+} \longrightarrow (R-COO)_2Mg \downarrow$$

(1) カルシウム Ca^{2+}
(2) マグネシウム Mg^{2+}
(3) 硬水
(4) $(R-COO)_2Ca$
(5) $(R-COO)_2Mg$

□15 ★★ 1-ドデカノール $C_{12}H_{25}-OH$ に濃硫酸を作用させ [1 ★★] すると硫酸水素ドデシル [2 ★] が生成する。これを水酸化ナトリウムにより [3 ★★] すると合成洗剤となる。（立命館大）

〈解説〉高級アルコール系洗剤のつくり方

$$R-O\boxed{H+H-O}SO_3H \xrightarrow{\text{エステル化}} R-O-SO_3H + H_2O$$

高級アルコール（H_2O がとれる）　→　硫酸と高級アルコールとのエステル

$$R-O-SO_3H + NaOH \xrightarrow{\text{中和}} R-O-SO_3^-Na^+ + H_2O$$

（R：疎水基，$-O-SO_3^-Na^+$：親水基）

(1) エステル化
(2) $C_{12}H_{25}-O-SO_3H$
(3) 中和

□16 ★★ 界面活性剤 A($C_{12}H_{25}-OSO_3^-\ Na^+$)は合成洗剤として使われており，濃度が 8.2×10^{-3}mol/L 以上になると多数の A が集合したミセルとよばれるコロイド粒子になる。これは [1 ★★] である。濃度が 1.0×10^{-1}mol/L の A の溶液はチンダル現象を [2 ★★] 。また，この溶液に電極を入れて電気泳動を行うと，A のミセルは [3 ★★] 側に移動する。（共通テスト）

〈解説〉1.0×10^{-1}mol/L の A の溶液は，8.2×10^{-3}mol/L 以上なのでコロイド溶液となる。$-OSO_3^-$ から A のミセルは表面に負の電荷をもっていることに気づく。

(1) 会合(かいごう)コロイド
(2) 示(しめ)す
(3) 陽極(ようきょく)

□17 ★★★ ベンゼン環にアルキル基が結合したアルキルベンゼンに [1 ★★] を作用させた後，水酸化ナトリウム水溶液を加えれば，アルキルベンゼンスルホン酸ナトリウムが得られる。この物質は [2 ★★★] として利用されており，その水溶液は [3 ★★★] を示す。（東京都市大）

〈解説〉アルキルベンゼンスルホン酸ナトリウム(石油系合成洗剤)のつくり方

A B S

R−⟨ベンゼン環⟩−[H + H−O]−SO_3H —スルホン化→ R−⟨ベンゼン環⟩−$SO_3H + H_2O$

アルキルベンゼン ↓ H_2O がとれる　　アルキルベンゼンスルホン酸

R−⟨ベンゼン環⟩−SO_3H + NaOH —中和→ R−⟨ベンゼン環⟩−$SO_3^-Na^+ + H_2O$

疎水基　親水基

アルキルベンゼンスルホン酸ナトリウム

(1) 濃硫酸(のうりゅうさん) H_2SO_4
(2) 合成洗剤(ごうせいせんざい)
(3) 中性(ちゅうせい)

□18 ★★★ 長鎖アルキルベンゼンに濃硫酸を加えて加熱した後，水酸化ナトリウムを加えて得られる化合物の性質として，正しいのはどれか。[1 ★★★]

A：水溶液は中性を示す。
B：界面活性剤としての作用がある。
C：塩化カルシウム水溶液に加えると沈殿を生じる。
D：塩化鉄(Ⅲ)水溶液と紫色の呈色反応をおこす。
E：臭素水を加えて混和すると臭素水の黄色が消える。

(ア) A と B　(イ) A と E　(ウ) B と C
(エ) C と D　(オ) D と E　（自治医科大）

(1) (ア)

〈解説〉合成洗剤である $R-O-SO_3^-Na^+$ や R−⟨ベンゼン環⟩−$SO_3^-Na^+$ は，いずれも強酸と強塩基を中和することによってできると考えられる塩。その水溶液はセッケン水とは異なり加水分解せず中性になる。そのため，絹や羊毛の洗濯にも使える。また，カルシウム塩やマグネシウム塩が沈殿しないので，これらの合成洗剤は硬水中でも泡立ち，使うことができる。

第 20 章

芳香族炭化水素

1 ベンゼンの構造と性質

▼ANSWER

□1 ★★★ コールタールを分留すると，ベンゼンやトルエンなどの環状の炭化水素が得られるが，特有のにおいを有することから [1 ★★★] 炭化水素とよばれる。（愛媛大）

(1) 芳香族

□2 ★★ ベンゼンは特有のにおいをもつ [1 ★] 色の [2 ★★] 体で，揮発性，引火性が [3 ★★] く，空気中では大量の [4 ★★] を出しながら燃える。（早稲田大）

〈解説〉ベンゼン C_6H_6：C の含有率が高い。

(1) 無
(2) 液
(3) 大き［⑩高］
(4) すす

□3 ★★ ベンゼンは特有のにおいのある無色の揮発性の液体で，水よりも [1 ★★]，水に [2 ★★]。（近畿大）

(1) 軽く
(2) (ほとんど) 溶けない

□4 ★★★ ベンゼンの分子形状として最も適当なものを，次の中から選んで記号で答えよ。[1 ★★★]
(a) 正六角形　(b) 正四面体　(c) 折れ線　(d) 直線
（東京農工大）

〈解説〉ベンゼンはすべての C 原子と H 原子が同一平面上にあり，その形は正六角形で，非常に安定でこわれにくい。

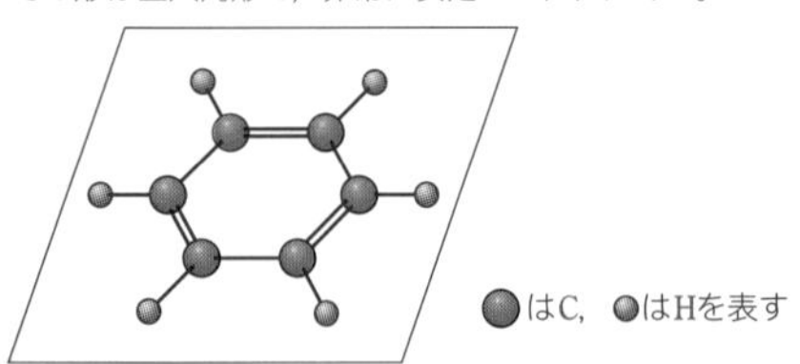

(1) (a)

□5 ★★★ ベンゼンは [1 ★★★] の平面分子で，炭素原子間の結合距離はすべて等しい。（福岡大）

(1) 正六角形

□6 ★★ ベンゼン分子の炭素原子間の結合の長さは，エチレン分子のそれより [1 ★★]。（センター）

〈解説〉炭素-炭素結合距離

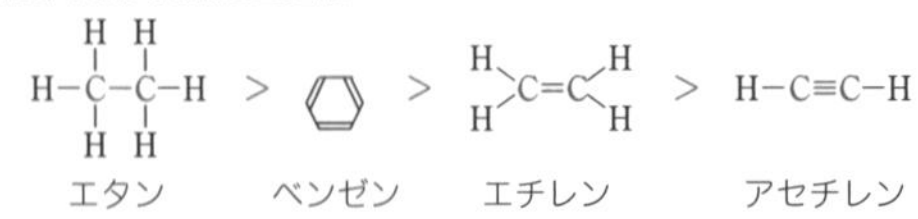

(1) 長い

□7 ★★★ ベンゼンの炭素原子間の結合は，アルケンのC=C結合とは異なり，[1 ★★★]を起こしにくい。一方，ベンゼンの水素原子はほかの原子や原子団と[2 ★★★]を起こしやすい。 （明治大）

(1) 付加反応（ふかはんのう）
(2) 置換反応（ちかんはんのう）

〈解説〉ベンゼンは，アルケンのC=CやアルキンのC≡Cに比べると付加反応が起こりにくく，置換反応が起こりやすい。

C_6H_5–Ⓗ + Ⓧ–X ⟶ C_6H_5–X + HX（置き換わる） ←形式的な表現

□8 ★★★ アルキンの1つである[1 ★★★]3分子から合成できるベンゼンは，ケクレ構造（図）では炭素原子間に二重結合を有するが，実際のベンゼンの反応性は，アルケンとは大きく異なる。たとえば，臭素の水溶液にアルケンの1つであるエチレンを大過剰量吹き込むと，水溶液の色は[2 ★★★]に変化するが，ベンゼンに臭素を加えるだけでは色の変化はない。ベンゼンを臭素と反応させるには，一般的に，触媒が必要になる。 （東京理科大）

図　ケクレ構造

(1) アセチレン CH≡CH
(2) 無色（むしょく）

〈解説〉3H−C≡C−H $\xrightarrow{\text{鉄，高温}}$ C_6H_6（3分子重合）
ベンゼンの構造式はケクレ構造で表されることが多いが，6個の炭素間の結合は長さや性質がすべて同等なので⌬のように表すこともある。

□9 ★★★ ベンゼンの二置換体には，[1 ★★★]，[2 ★★★]，[3 ★★★]（順不同）の3種の異性体がある。 （センター）

(1) オルト(*o*-)
(2) メタ(*m*-)
(3) パラ(*p*-)

□10 ★★ ナフタレン分子は，[1 ★★]個の炭素原子と[2 ★★]個の水素原子からなる。 （東京都市大）

(1) 10
(2) 8

□11 ★★ ナフタレンの水素原子1個をニトロ基で置換して得られる化合物には，[1 ★★]種類の異性体が存在する。 （東京理科大）

(1) 2

〈解説〉

ナフタレン $C_{10}H_8$ のHには2種類のH原子（ⒽとⒽ△）

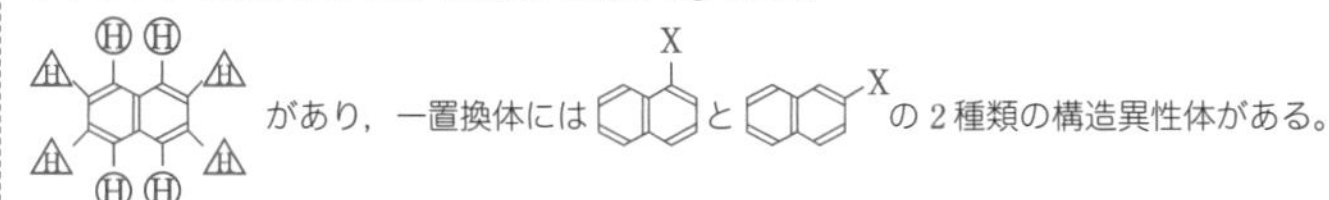

があり，一置換体には（1位置換体）と（2位置換体）の2種類の構造異性体がある。

20 芳香族炭化水素 1 ベンゼンの構造と性質

2 置換反応・付加反応

▼ANSWER

□1 ★★★
ベンゼンまたはエチレンと塩素との反応を考える。エチレンの場合には塩素が比較的容易に [1★★★] 反応して化合物 [2★★] が生じる。一方，ベンゼンの場合には [1★★★] 反応はおこりにくく，鉄粉を触媒として塩素を作用させると [3★★★] 反応がおこり，化合物 [4★★★] が生成する。（立命館大）

〈解説〉ハロゲン化（$-Cl$ のときは，塩素化ともいう）
ベンゼンを，Fe や $FeCl_3$ を触媒として Cl_2 と反応させる。

$$C_6H_5\text{-}[H + Cl]\text{-}Cl \xrightarrow{\text{触媒(Fe または }FeCl_3)} C_6H_5\text{-}Cl + HCl$$

HCl をとる　　クロロベンゼン

(1) 付加（ふか）
(2) 1,2-ジクロロエタン
$CH_2(Cl)-CH_2(Cl)$
(3) 置換（ちかん）
(4) クロロベンゼン
C_6H_5-Cl

□2 ★★★
少量の鉄粉存在下，ベンゼンに [1★★★] を反応させるとクロロベンゼンが得られた。この反応では，鉄粉と [1★★★] が反応して生じる [2★★★] が [3★★★] として働いている。（千葉大）

(1) 塩素（えんそ） Cl_2
(2) 塩化鉄（えんかてつ）(Ⅲ)
$FeCl_3$
(3) 触媒（しょくばい）

□3 ★★★
ベンゼンは臭素とは [1★★★] 反応をおこしにくく，[2★★] などの触媒を用いると，置換反応をおこして化合物 [3★★★] を生じる。（岡山大）

〈解説〉ハロゲン化（臭素化）

$$C_6H_5\text{-}[H + Br]\text{-}Br \xrightarrow{\text{触媒(Fe または }FeBr_3)} C_6H_5\text{-}Br + HBr$$

HBr をとる　　ブロモベンゼン

(1) 付加（ふか）
(2) 鉄（てつ） Fe［㊗ 臭化鉄（しゅうかてつ）(Ⅲ) $FeBr_3$］
(3) ブロモベンゼン
C_6H_5-Br

□4 ★★★
試験管の中に入った濃硫酸と濃硝酸の混合物（混酸）にベンゼンを加えて約60℃で10分間加温した。反応液を冷水に注ぎ込むと底に沈む淡黄色で油状の [1★★★] の生成が観察された。この置換反応を [2★★★] という。（三重大）

〈解説〉ニトロ化
ベンゼンを，濃硝酸と濃硫酸の混合物と約60℃で反応させる。
└→混酸という

$$C_6H_5\text{-}[H + H-O]\text{-}NO_2 \xrightarrow{\text{濃 }H_2SO_4} C_6H_5\text{-}NO_2 + H_2O$$

H_2O をとる　　ニトロベンゼン　無色～淡黄色の液体

(1) ニトロベンゼン
C_6H_5-NO_2
(2) ニトロ化（か）

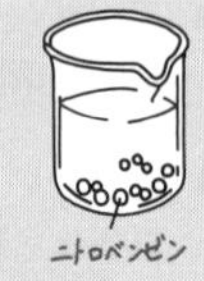

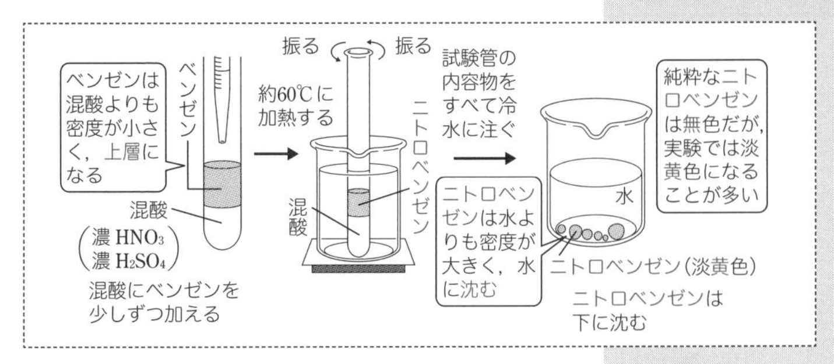

□5 ★★★ ベンゼンに [1★★★] と [2★★★] (順不同)の混合物(混酸) を加えて約60℃で反応させると，ニトロベンゼンが得られる。 (群馬大)

(1) 濃硫酸(のうりゅうさん) H_2SO_4
(2) 濃硝酸(のうしょうさん) HNO_3

□6 ★ 試験管に濃硝酸と濃硫酸を取り，冷やしながらベンゼンを1滴ずつ加えた。さらに60℃の温浴で熱したのち，放置した。試験管中の液体が2層に分離した後，[1★] 層の液体を取り除いた。さらにこの試験管に水を加えて静置した。[2★] 層の液体を取り除いたのち，残った液体に塩化カルシウムを入れた。液体の濁りが取れて透明になるまで振り混ぜ，ニトロベンゼンを得た。 (大阪医科薬科大)

〈解説〉ニトロベンゼンは，混酸より軽く，水より重い。
$CaCl_2$ は，ニトロベンゼン中に含まれる水分を除く乾燥剤。

(1) 下(か)
(2) 上(じょう)

□7 ★★ クロロベンゼンに対して濃硫酸存在下で [1★★] を反応させると，ニトロ化が室温で進行し，[2★★] 種類の異性体が生成する。 (名古屋大)

〈解説〉*o*-体と *p*-体が多く得られる。

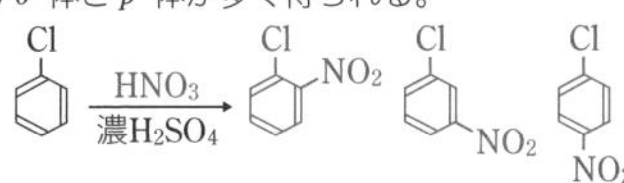

(1) 濃硝酸(のうしょうさん) HNO_3
(2) 3

□8 ★★ *p*-キシレンをニトロ化するとき，ニトロ基を1つもつ生成物は [1★★] 種類になる。 (長崎大)

〈解説〉

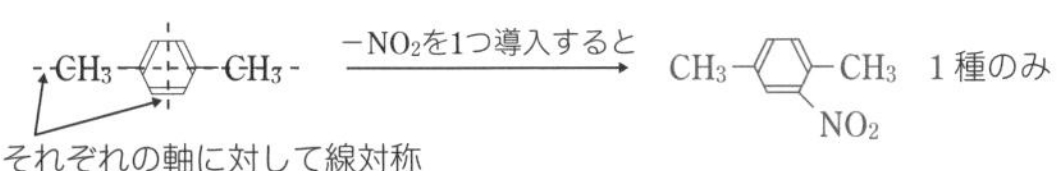

(1) 1

20 芳香族炭化水素 2 置換反応・付加反応

□9 ★★★ 芳香族化合物の置換反応は起こりやすく，［1★★★］化，ハロゲン化，ニトロ化などが知られている。［1★★★］化では，ベンゼンに濃硫酸を加えて加熱すると，強酸性化合物である［2★★★］が得られる。（岐阜大）

(1) スルホン
(2) ベンゼンスルホン酸（さん）
$C_6H_5-SO_3H$

〈解説〉スルホン化

C_6H_5-[H + H−O]-SO_3H —加熱→ $C_6H_5-SO_3H + H_2O$

H_2O をとる　　　ベンゼンスルホン酸

□10 ★★ ベンゼンスルホン酸は，水に溶け，その水溶液はカルボン酸より［1★★］い酸性を示す。（明治大）

(1) 強（つよ）

〈解説〉酸の強さ

H_2SO_4，HCl	>	$R-SO_3H$	>	R−COOH	>	$CO_2 + H_2O$ (H_2CO_3)	>	C_6H_5-OH
希硫酸，塩酸		スルホン酸		カルボン酸		炭酸		フェノール

□11 ★★ アルケンの［1★★］とベンゼンを反応させると分子量120の芳香族炭化水素［2★★］が得られる。（山口大）

(1) プロペン［別 プロピレン］
$CH_2=CH-CH_3$
(2) クメン［別 イソプロピルベンゼン］
$C_6H_5-CH(CH_3)_2$

〈解説〉付加またはイソプロピル化

ベンゼンがプロペンに付加またはベンゼンの水素原子がイソプロピル基 $CH_3-CH(CH_3)-$ に置換されてクメンが合成される。

$CH_3-CH_2-CH_2-$ はプロピル基

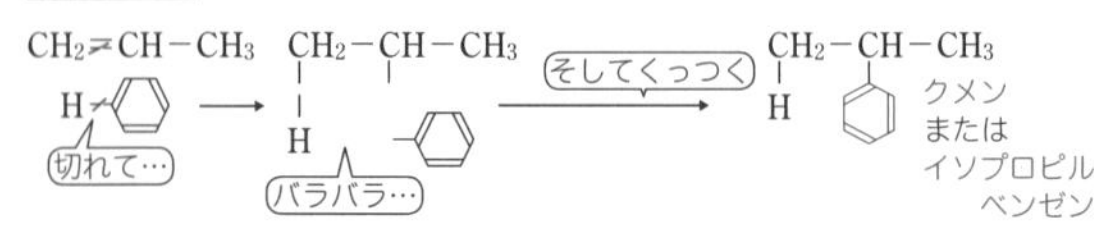

発展 □12 ★★ ベンゼンの一置換体はその置換基により，2回めの置換反応の起こりやすい位置が決まっており，トルエンをニトロ化すると，おもに［1★★］置換体と［2★★］置換体（順不同）が生じ，ニトロベンゼンのニトロ化ではおもに［3★★］置換体が生じる。（立教大）

(1) オルト（*o*-）
(2) パラ（*p*-）
(3) メタ（*m*-）

〈解説〉 ⬡−X に，置換反応を行わせる場合，すでに結合している−X の種類により，2 つ目の置換基の入りやすい位置が決まる(配向性という)。

① −X が −$\ddot{O}$H，−$\ddot{N}H_2$，−$\ddot{Cl}$:，−CH_3 などの場合

O, N, Cl に非共有電子対がある　アルキル基(メチル基)

➡ *o*-体や *p*-体が多く生成する。

㊒ トルエン —ニトロ化→ *o*-体(63%)　*m*-体(3%)　*p*-体(34%)

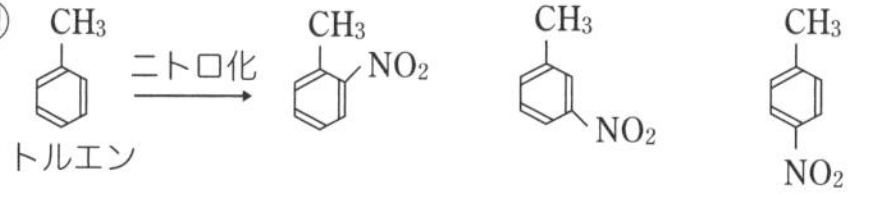

② −X が −NO_2，−COOH，−SO_3H などの場合

N, C, S に非共有電子対がない

➡ *o*-体や *p*-体が生成しにくくなるため，結果的に *m*-体が *o*-体や *p*-体より多く生成する。

㊒ ニトロベンゼン —ニトロ化→ *o*-体(7%)　*m*-体(91%)　*p*-体(2%)

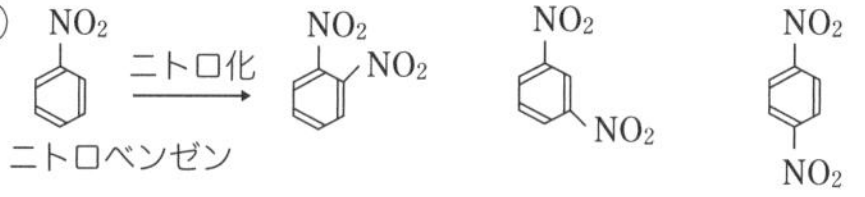

□13 ★★★ アセチレン 3 分子が重合し得られる [1★★★] は安定であり，[2★★★] よりも [3★★★] のほうが起こりやすい。しかし，白色光や紫外線に当てると [1★★★] は塩素と [2★★★] を行い [4★★] が生じる。（金沢大）

〈解説〉 Cl_2 の付加：ベンゼンに紫外線を当てながら Cl_2 を反応させる。

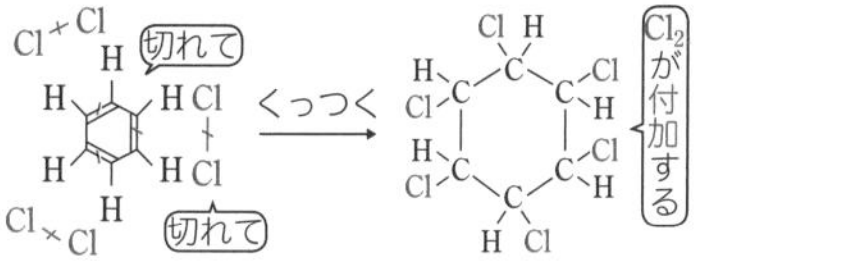

切れて　くっつく　Cl_2 が付加する　切れて

形式的にはこのように考えるとよい。

ヘキサクロロシクロヘキサン
↳6 を　↳Cl を表す
(ベンゼンヘキサクロリド(略称 BHC))

(1) ベンゼン ⬡
(2) 付加(反応)
(3) 置換(反応)
(4) ヘキサクロロシクロヘキサン
[㊀ベンゼンヘキサクロリド]

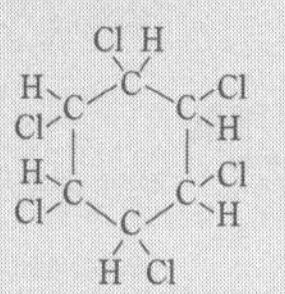

□14 ★★★ ベンゼンに，白金やニッケルを触媒として，高温・高圧で水素を [1★★★] させると，[2★★] を生じる。（岐阜大）

〈解説〉 H_2 の付加：Pt や Ni を触媒として，加圧した H_2 を反応させる。

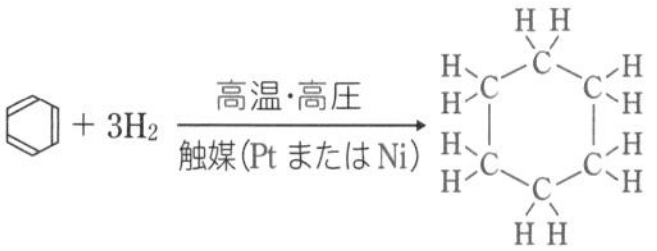

⬡ + $3H_2$ —高温・高圧／触媒(Pt または Ni)→ シクロヘキサン
シクロ → 「環」を表す

(1) 付加
(2) シクロヘキサン

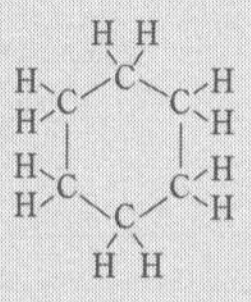

20 芳香族炭化水素 2 置換反応・付加反応

フェノール類

1 フェノール類の性質

▼ANSWER

□1 ★★★ ベンゼン環の炭素原子に [1★★★] 基が結合した化合物を総称して [2★★★] 類という。[2★★★] はアルコールと同じようにナトリウムと反応して気体の [3★★★] を発生するが，水溶液中ではわずかに電離して [4★★★] 性を示す。（東京女子大）

〈解説〉フェノールは，無色の固体で殺菌・消毒作用がある。また，水に少し溶け，水溶液中でわずかに電離して弱酸性を示す。

$$C_6H_5-OH \rightleftarrows C_6H_5-O^- + H^+$$

(1) ヒドロキシ $-OH$
(2) フェノール
(3) 水素（すいそ） H_2
(4) (弱)酸（じゃくさん）

□2 ★★★ フェノールは，アルコールと同様に [1★★★] 基をもち，エステルをつくる。一方で，アルコールの [1★★★] 基は，水溶液中で電離しないため，エタノールやメタノールの水溶液は [2★★★] 性であるが，フェノールの [1★★★] 基は，水溶液中でわずかに電離して [3★★★] 性を示す。そのため，アルコールと水酸化ナトリウムは常温では反応しないが，フェノールは，水酸化ナトリウムと反応し，塩である [4★★] を生じる。（鳥取大）

〈解説〉 $C_6H_5-OH + NaOH \longrightarrow C_6H_5-ONa + H_2O$ （中和）

(1) ヒドロキシ $-OH$
(2) 中（ちゅう）
(3) (弱)酸（じゃくさん）
(4) ナトリウムフェノキシド C_6H_5-ONa

□3 ★★ フェノール，ベンゼンスルホン酸，安息香酸を，酸の強さについて強い順に並べよ。 [1★★] （筑波大）

〈解説〉酸の強さ➡ $R-SO_3H > R-COOH > CO_2+H_2O > C_6H_5-OH$

(1) ベンゼンスルホン酸（さん）→安息香酸（あんそくこうさん）→フェノール

□4 ★★ フェノール類は，アルコールと同様に，ナトリウムと反応して [1★★] を発生する。（関西学院大）

〈解説〉
$$2R-OH + 2Na \longrightarrow 2R-ONa + H_2$$
$$2C_6H_5-OH + 2Na \longrightarrow 2C_6H_5-ONa + H_2$$

(1) 水素（すいそ） H_2

□5 ★★★ ナトリウムフェノキシドの水溶液に二酸化炭素を通じると，[1★★★]が遊離する。（福岡大）

〈解説〉

$C_6H_5O^- + CO_2 + H_2O \longrightarrow C_6H_5OH + HCO_3^-$（$CO_2 + H_2O$ から H^+ が移る）

フェノールより強い酸だから，フェノールを追い出す

(1) フェノール C_6H_5OH

□6 ★★★ フェノール C_6H_5OH の水溶液に塩化鉄(Ⅲ)水溶液を加えた。何色になるか。[1★★★]（高知大）

〈解説〉塩化鉄(Ⅲ) $FeCl_3$ 水溶液を加えるとフェノールは紫色に，フェノール類の多くは紫系の色に呈色する。

C_6H_5-OH, $C_6H_4(CH_3)$-OH, $C_6H_4(COOH)$-OH → C_6H_5-OH の形が必要

フェノール→紫　o-クレゾール→青　サリチル酸→赤紫

(1) 紫色（むらさきいろ）

□7 ★ フェノールは置換反応を受け[1★]。（筑波大）

(1) やすい

□8 ★★ フェノールに十分な量の臭素水を作用させて得られる有機化合物の構造式を記せ。[1★★]（北海道大）

〈解説〉

$C_6H_5OH + 3Br_2 \longrightarrow C_6H_2Br_3OH + 3HBr$（OH が 1 位，Br が 2, 4, 6 位）

➡フェノールの検出反応に利用できる

2,4,6-トリブロモフェノール（白色沈殿）

トリ・ブロモ → 3つのBrを表す

(1) 2,4,6-トリブロモフェノール（OH の 2, 4, 6 位に Br）

□9 ★★ フェノール水溶液に臭素水を加えると，[1★★★]の白色沈殿が速やかに生成する。この反応によって 1mol のフェノールから 1mol の[1★★★]をつくるためには，[2★] mol の臭素が必要である。（慶應義塾大）

〈解説〉HBr も生じるので，反応後は反応前より pH が小さくなる。

(1) 2,4,6-トリブロモフェノール（OH の 2, 4, 6 位に Br）
(2) 3

□10 ★★★ フェノールは，ベンゼン環の[1★★]位と[2★★]位（順不同）で置換反応が起こりやすい。フェノールに濃硝酸と濃硫酸の混合物を加えて加熱すると，分子量 229 の[3★★★]が得られる。H=1.0，C=12，N=14，O=16（筑波大）

(1) オルト(o-)
(2) パラ(p-)
(3) 2,4,6-トリニトロフェノール［㊐ピクリン酸（さん）］（OH の 2, 4, 6 位に NO_2）

〈解説〉

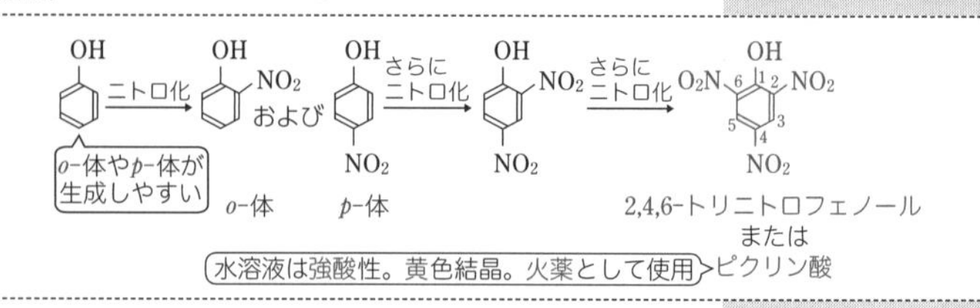

□11 ★★

化合物 [1★★] はコールタールの分留でも得られるが，工業的にはクメン法で多くがつくられている。化合物 [1★★] に十分な量の臭素水を作用させると，化合物 [2★★] の白色結晶が生成する。一方，化合物 [1★★] に濃硝酸を 20℃で反応させると，水素原子1個がニトロ基で置換され，o-ニトロフェノールや化合物 [3★] が生成する。（徳島大）

(1) フェノール

OH

(2) 2,4,6-トリブロモフェノール

OH, Br, Br, Br

(3) p-ニトロフェノール

OH, NO_2

□12 ★★

ベンゼンの水素原子1個がメチル基で置換されたトルエンを，濃硝酸と濃硫酸の混合物と高温で十分に反応させると，[1★★] が生じる。（秋田大）

(1) 2,4,6-トリニトロトルエン（TNT）

CH_3, O_2N, NO_2, NO_2

〈解説〉フェノールの置換反応と併せて押さえておきたい。

CH_3 ―ニトロ化（常温）→ CH_3, NO_2 および CH_3, NO_2 ―さらにニトロ化（高温）→ CH_3, O_2N, NO_2, NO_2 (1, 2, 3, 4, 5, 6)

トルエン

o-体やp-体が生成しやすい

o-体　p-体（m-体はわずか）

2,4,6-トリ ニトロトルエン（略称TNT）

↓　↓

3つの NO_2 を表す

（黄褐色の結晶，爆薬）

2 フェノールの製法

▼ ANSWER

□1 ★★★ ベンゼンに濃硫酸を加えて加熱すると化合物 [1★★] が得られる。[1★★] に室温で水酸化ナトリウム水溶液を加えると化合物 [2★★] が生じる。[2★★] を高温で融解した水酸化ナトリウムと反応させると化合物 [3★★] になる。[3★★] の水溶液に二酸化炭素を通じると化合物 [4★★★] が得られる。（信州大）

〈解説〉

① C_6H_5-[H + H−O]-SO_3H ⟶ C_6H_5-SO_3H + H_2O
H_2O をとる　（スルホン化）

② C_6H_5-SO_3H + NaOH ⟶ C_6H_5-SO_3Na + H_2O　（中和）
ベンゼンスルホン酸ナトリウム

③ベンゼンスルホン酸ナトリウムを NaOH の固体と一緒に高温（約300℃）で加熱し，融解させ反応させる。
└→アルカリ融解という。

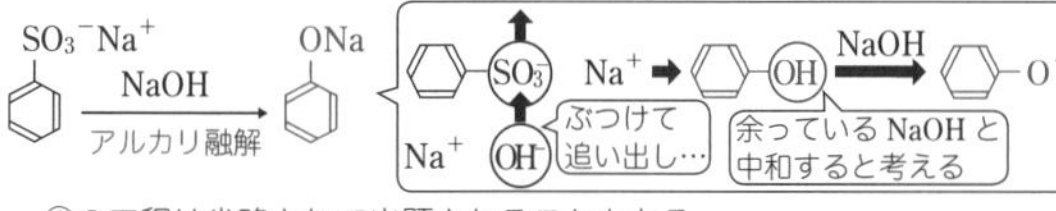

②の工程は省略されて出題されることもある。

④ C_6H_5-O^- + [CO_2 + H_2O] ⟶ C_6H_5-OH + HCO_3^-（弱酸の遊離）
（H^+）

(1) ベンゼンスルホン酸　C_6H_5-SO_3H
(2) ベンゼンスルホン酸ナトリウム　C_6H_5-SO_3Na
(3) ナトリウムフェノキシド　C_6H_5-ONa
(4) フェノール　C_6H_5-OH

□2 ★★★ ベンゼンは濃硫酸とともに加熱すると [1★★] を生じる。[1★★] はカルボン酸よりも [2★★] 酸である。[1★★] を飽和塩化ナトリウム水溶液に加えると [1★★] のナトリウム塩が沈殿する。この沈殿をとり水酸化ナトリウムと加熱融解すると [3★★] が得られる。[3★★] の水溶液に二酸化炭素を通じると [4★★★] が遊離する。（早稲田大）

〈解説〉ベンゼンスルホン酸ナトリウムを生成する際，NaOHaq でなく，飽和 NaClaq を使うこともある。

(1) ベンゼンスルホン酸　C_6H_5-SO_3H
(2) 強い
(3) ナトリウムフェノキシド　C_6H_5-ONa
(4) フェノール　C_6H_5-OH

□3 ★★★ フェノールはベンゼンに鉄粉と塩素を作用させて得られる [1★★★] を，高温・高圧で水酸化ナトリウム水溶液と反応させて [2★★★] とした後，二酸化炭素を吹き込むことで合成できる。（埼玉大）

(1) クロロベンゼン　C_6H_5-Cl
(2) ナトリウムフェノキシド　C_6H_5-ONa

〈解説〉

① C_6H_5-[H + Cl]-Cl $\xrightarrow{[Fe]}$ C_6H_5-Cl + HCl（塩素化）
HClをとる

②クロロベンゼンを NaOH 水溶液と高温（約300℃）・高圧（約200気圧）の下で反応させる。

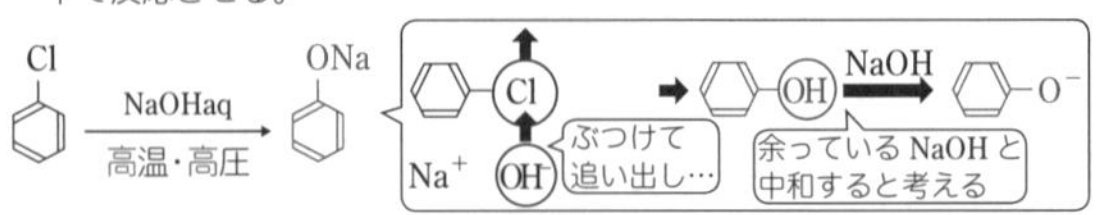

③ C_6H_5-O⁻ + [CO_2 + H_2O] ⟶ C_6H_5-OH + HCO_3^-（弱酸の遊離）
または
C_6H_5-O⁻ + [HCl] ⟶ C_6H_5-OH + Cl^-（弱酸の遊離）

□**4** ★★ 工業的にフェノールは [1 ★★] で製造する。（大阪大）

(1) クメン法（ほう）

□**5** ★★ フェノールは用途の多い化合物であり，工業的には主に次の工程1～3からなる方法で合成される。

工程1　酸触媒を用いてベンゼンとプロペン（プロピレン）を反応させて，中間体 [1 ★★] を得る。
工程2　中間体 [1 ★★] に適当な条件のもとで酸素を作用させて，中間体 [2 ★★] をつくる。
工程3　中間体 [2 ★★] に希硫酸を作用させて，フェノールを得る。（岡山大）

(1) クメン［㊊イソプロピルベンゼン］
$CH_3-CH-CH_3$（CH に C_6H_5）

(2) クメンヒドロペルオキシド
$CH_3-C(-O-O-H)(-C_6H_5)-CH_3$

〈解説〉

工程1　酸触媒ではなく，塩化アルミニウム $AlCl_3$ 触媒を用いることもある。
$CH_2=CH-CH_3$ + H-C_6H_5（切れて）⟶ $CH_2-CH-CH_3$, H, C_6H_5（バラバラに）$\xrightarrow{くっつく}$ $CH_2(H)-CH(C_6H_5)-CH_3$（イソプロピル化または付加）
クメンまたはイソプロピルベンゼン

工程2
$C_6H_5-C(CH_3)_2-H$ $\xrightarrow{O_2}$（間に入る）$C_6H_5-C(CH_3)_2-O-O-H$（空気酸化）
クメン　　クメンヒドロペルオキシド

工程3
$C_6H_5-C(CH_3)_2-O-O-H$ $\xrightarrow{[H^+]}$ C_6H_5-OH + $CH_3-C(=O)-CH_3$（分解）
アセトンがはずれる

□6 クメン法の化学反応式を次に示した。構造式を書け。
★★

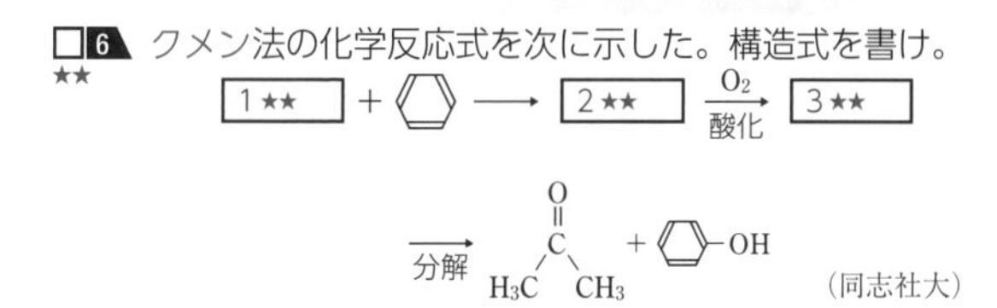

（同志社大）

(1) $CH_2=CH-CH_3$

(2) $CH_3-CH-CH_3$（CHにベンゼン環が結合）

(3) CH_3-C-CH_3（Cに $O-O-H$ とベンゼン環が結合）

□7 化合物 1★★ は分子量42の炭化水素であり，希臭素水中を通過させると，希臭素水の色（うすい茶色）が消える。化合物 1★★ は，工業的にフェノールを製造するときに用いられる。その際，フェノールのほかに 2★★ を生じる。2★★ の水溶液にヨウ素と水酸化ナトリウム水溶液を少量加えて温めると，黄色の結晶を生じる。この反応を 3★★★ 反応という。
★★★

（鳥取大）

(1) プロペン［別 プロピレン］
$CH_2=CH-CH_3$

(2) アセトン
CH_3-C-CH_3（Cに =O）

(3) ヨードホルム

□8 アニリンを塩酸に溶かして氷で冷やしながら亜硝酸ナトリウム水溶液を加えると 1★★★ の水溶液が得られる。1★★★ は5℃以下の水溶液中では安定であるが，温度を上げると窒素を発生しながら 2★★★ に変化する。
★★★

（自治医科大）

〈解説〉塩化ベンゼンジアゾニウムの水溶液を5℃以上にしたり，加熱したりすると，不安定なベンゼンジアゾニウムイオン（ベンゼン環）$-\overset{+}{N}\equiv N$ がこわれる。

（ベンゼン環）$-\overset{+}{:N}\equiv N$ →（5℃以上，:N≡N: が抜ける）→（ベンゼン環）⊕ ＋ ^-O-H（H^+）→（くっつく）→（ベンゼン環）$-OH$（H^+）

$H-O-H$（H と O の間が切れる）

(1) 塩化ベンゼンジアゾニウム
（ベンゼン環）$-N_2Cl$

(2) フェノール
（ベンゼン環）$-OH$

第22章 芳香族カルボン酸

1 安息香酸／フタル酸／サリチル酸 ▼ANSWER

□1 ★★★ ベンゼン環に [1★★★] 基が直接結合した化合物を芳香族カルボン酸という。 [2★★★] はその代表的な化合物であり，トルエンの酸化反応により得られる。（埼玉大）

(1) カルボキシ $-COOH$
(2) 安息香酸（あんそくこうさん） C_6H_5-COOH

〈解説〉ベンゼン環にC原子が直接結合している

$C_6H_5-CH_3$ トルエンや $C_6H_5-CH_2-CH_3$ エチルベンゼンなどを（C原子が直接結合している）

$KMnO_4$ などの酸化剤と反応させると，ベンゼン環は酸化されずに，環に直接結合しているC原子が酸化を受ける。

$C_6H_5-CH_3 \xrightarrow[\text{酸化}]{KMnO_4} C_6H_5-COO^- \xrightarrow[\text{酸性にする}]{HCl} C_6H_5-COOH$ 安息香酸

$C_6H_5-CH_2-CH_3 \xrightarrow[\text{酸化}]{KMnO_4} C_6H_5-COO^- \xrightarrow[\text{酸性にする}]{HCl} C_6H_5-COOH$ 安息香酸

□2 ★★★ 過マンガン酸カリウムの水溶液にトルエンを加えて煮沸すると，化合物 [1★★★] のカリウム塩が生成するので，反応溶液に希硫酸を加えて酸性にすると，化合物 [1★★★] の白色沈殿が析出する。（徳島大）

(1) 安息香酸（あんそくこうさん） C_6H_5-COOH

□3 ★ ^{18}O を天然存在比より多く含むエタノールを安息香酸と縮合させると，[1★]（構造式で示せ。ただし天然存在比より多くの ^{18}O が含まれる場合は，その酸素原子を ^{18}O と示すこと）が得られる。（名古屋大）

(1) $C_6H_5-C(=O)-{}^{18}O-C_2H_5$

〈解説〉

$C_6H_5-CO\boxed{OH+H}-{}^{18}O-C_2H_5 \xrightleftharpoons[\text{濃} H_2SO_4]{\text{エステル化}} C_6H_5-C(=O)-{}^{18}O-C_2H_5+H_2O$

□4 ★ $C_6H_5-CH_2OH \xrightarrow{\text{酸化}}$ [1★] $\xrightarrow{\text{酸化}} C_6H_5-COOH$（群馬大）

(1) ベンズアルデヒド C_6H_5-CHO

〈解説〉$C_6H_5-CH_2-$ はベンジル基といい，

$C_6H_5-CH_2OH$ はベンジルアルコールという。

□5 ★ トルエンを穏やかな条件下で酸化すると，[1★] が得られる。[1★] は特異な臭いを有する液体で，酸化されやすく，空気中に放置すると徐々に安息香酸に変化する。[1★] とアンモニア性硝酸銀水溶液との反応では，まず銀が析出し，その後，反応溶液を酸性にすると，安息香酸が生成する。（埼玉大）

〈解説〉

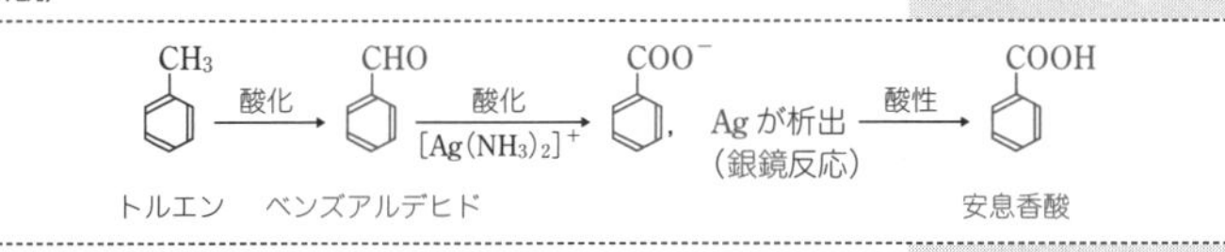

(1) ベンズアルデヒド
C₆H₅−CHO

□6 ★★ 弱酸性を示す固体で分子式 $C_7H_6O_2$ の芳香族化合物は [1★★]。（福井工業大）

(1) 安息香酸（あんそくこうさん）
C₆H₅−COOH

□7 ★ 安息香酸は水素結合を介して二量体を形成する。二量体の構造を，構造式を使って記せ。[1★]（名古屋大）

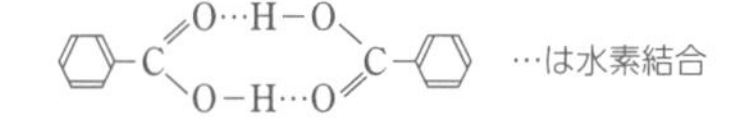

(1) 図参照

□8 ★★★ [1★★]，[2★★] はどちらもベンゼン環をもつ化合物で，分子式は C_8H_{10} で表される。[1★★] を過マンガン酸カリウムで酸化すると [3★★★] となり，[3★★★] を加熱すると分子内で脱水反応が起こり，酸無水物が生じる。[2★★] を過マンガン酸カリウムで酸化して得られる [4★★★] は，ペットボトルの原料として用いられる。分子式が C_8H_{10} で表される化合物には，[1★★]，[2★★] を含めて，ベンゼン環をもつ構造異性体が [5★] 種類存在する。（近畿大）

〈解説〉 C_8H_{10} でベンゼン環をもつ構造異性体

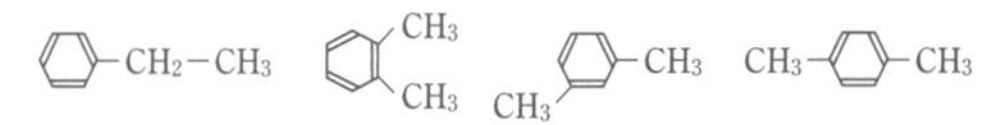

(1) *o*-キシレン
(2) *p*-キシレン
$CH_3-C_6H_4-CH_3$
(3) フタル酸（さん）

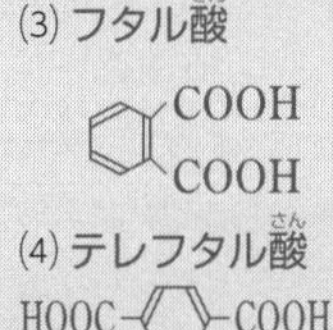

(4) テレフタル酸（さん）
HOOC−C₆H₄−COOH
(5) 4

□9 ★★ 分子量166の化合物 [1★★] は，ナフタレンを酸化バナジウム(V) V_2O_5 を用いて酸素で酸化して得られる。 （東北大）

〈解説〉ベンゼンやナフタレンを，酸化バナジウム(V)V_2O_5 などを触媒として高温にして空気中で酸化することでできる。

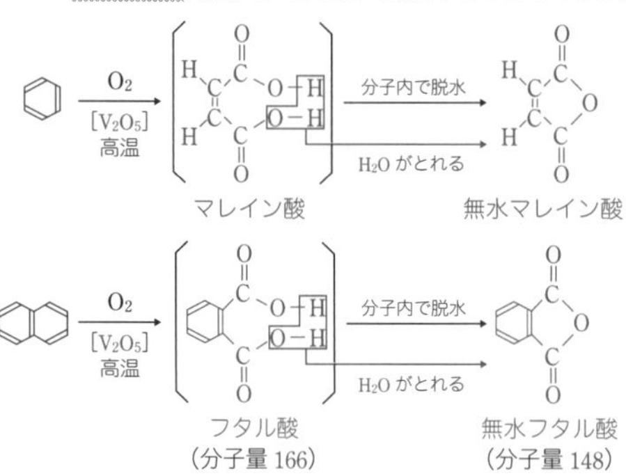

(1) フタル酸（さん）

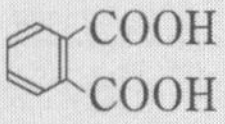

□10 ★★★ ベンゼンの隣り合う2つの水素原子が，それぞれヒドロキシ基とカルボキシ基で置換された化合物は [1★★★] である。 （近畿大）

〈解説〉サリチル酸の分子式は $C_7H_6O_3$。

(1) サリチル酸（さん）

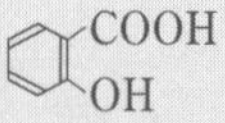

□11 ★★★ フェノールに水酸化ナトリウムを反応させると，化合物 [1★★] と水が生じる。化合物 [1★★] に二酸化炭素を高温高圧のもとで反応させ，これに希硫酸を加えると [2★★★] を生じる。 （鳥取大）

〈解説〉サリチル酸の製法

① ナトリウムフェノキシドに高温・高圧下で，CO_2 を反応させる。

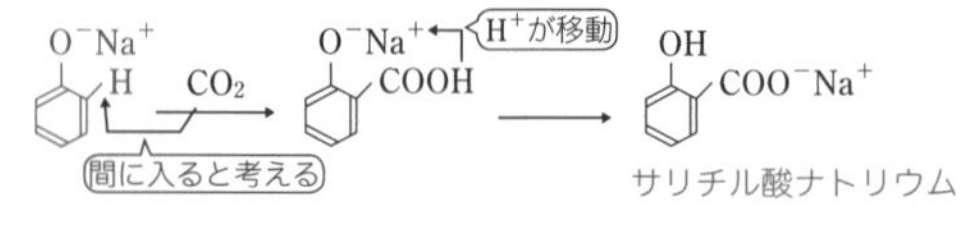

② サリチル酸ナトリウムに強酸(塩酸や希硫酸など)を加える。

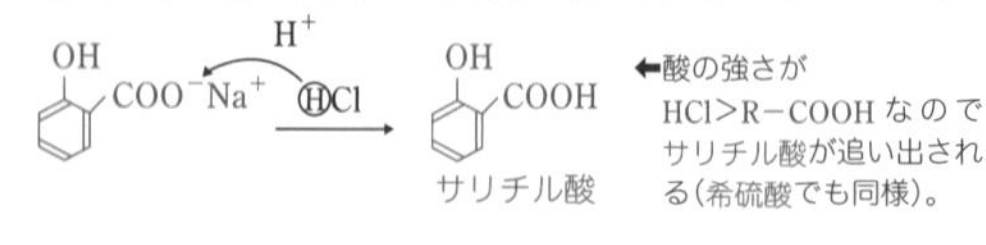

(1) ナトリウムフェノキシド 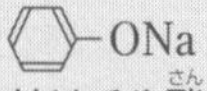
(2) サリチル酸（さん）

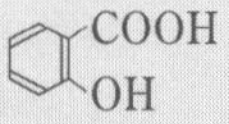

□**12** ★★★ サリチル酸にメタノールと濃硫酸を作用させると，常温常圧で液体である [1 ★★★] が得られ，これは筋肉などを消炎するための外用塗布剤に用いられる。（鳥取大）

(1) サリチル酸メチル

（ベンゼン環に $COOCH_3$ と OH）

〈解説〉

サリチル酸（ベンゼン環に $O-H$ と $C(=O)-O-H$） ＋ メタノール（$H-O-CH_3$） $\xrightarrow[\text{濃 } H_2SO_4]{\text{エステル化}}$ サリチル酸メチル（ベンゼン環に $O-H$ と $C(=O)-O-CH_3$） ＋ H_2O

（$-O-H + H-$ の部分から H_2O をとる）

消炎鎮痛剤＞サリチル酸メチル

□**13** ★★★ 化合物 [1 ★★★] に無水酢酸を作用させると解熱鎮痛剤として使われる化合物 [2 ★★★] ができる。（岩手大）

(1) サリチル酸

（ベンゼン環に OH と $COOH$）

(2) アセチルサリチル酸

（ベンゼン環に $OCOCH_3$ と $COOH$）

〈解説〉

サリチル酸（ベンゼン環に OH と $COOH$） ＋ $(CH_3CO)_2O$ $\xrightarrow{\text{アセチル化}}$ （ベンゼン環に $OCOCH_3$ と $COOH$） ＋ CH_3COOH

サリチル酸　　解熱鎮痛剤＞アセチルサリチル酸

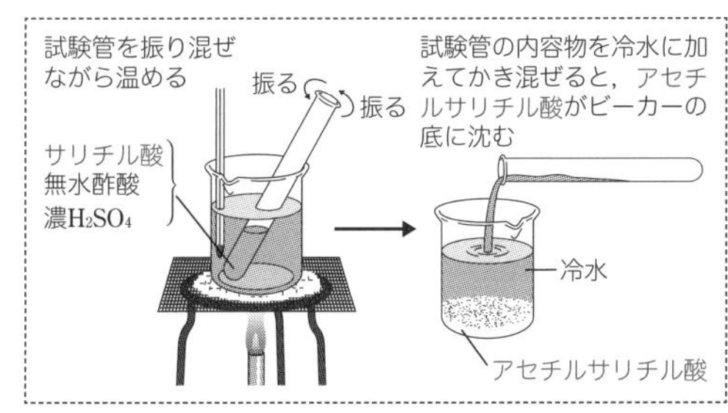

□**14** ★★★ 化合物 [1 ★★★] のナトリウム塩を高温高圧下で二酸化炭素と反応させた後，生成物に希硫酸などを作用させると化合物 [2 ★★★] が得られる。化合物 [2 ★★★] に無水酢酸を作用させれば化合物 [3 ★★★] が得られ，また，硫酸存在下で化合物 [2 ★★★] とメタノールを反応させると化合物 [4 ★★★] が得られる。（慶應義塾大）

(1) フェノール
(2) サリチル酸
(3) アセチルサリチル酸
(4) サリチル酸メチル

□**15** ★★★ サリチル酸，サリチル酸メチル，アセチルサリチル酸のうち，塩化鉄（Ⅲ）水溶液を加えると紫色に呈色するものをすべてあげると，[1 ★★★] である。（近畿大）

(1) サリチル酸，サリチル酸メチル

〈解説〉一般にベンゼン環に－OH が直接結合しているフェノール類が呈色する。

芳香族アミンとアゾ化合物

1 アニリンの製法と性質

▼ ANSWER

□1 ★★ アンモニア NH_3 の水素原子を炭化水素基で置き換えた化合物をアミンといい，とくに炭化水素基がベンゼン環のものは [1★★] アミンに分類される。最も簡単な [1★★] アミンであるアニリン $C_6H_5NH_2$ は，特有の臭気をもつ無色の液体である。 (東京理科大)

(1) 芳香族（ほうこうぞく）

〈解説〉

第一級アミン $R-N(H)-H$	第二級アミン $R-N(R')-H$	第三級アミン $R-N(R')-R''$
(炭化水素基1個)	(炭化水素基2個)	(炭化水素基3個)

□2 ★★★ アニリンは水にわずかに溶けて，弱 [1★★★] 性を示す。 (予想問題)

(1) 塩基（えんき） [㊙アルカリ]

〈解説〉

$$C_6H_5-NH_2 + H_2O \rightleftarrows C_6H_5-NH_3^+ + OH^-$$

（H^+ が H_2O から NH_2 へ移る）

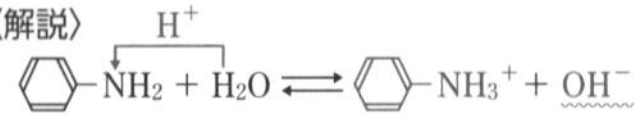

□3 ★★ アニリンは水に溶けにくいが，弱い塩基性をもつので塩酸と反応させると [1★★] となり水に溶ける。 (早稲田大)

(1) 塩（えん）[㊙アニリン塩酸塩（えんさんえん）] $C_6H_5-NH_3Cl$

〈解説〉

$$C_6H_5-NH_2 + HCl \rightleftarrows C_6H_5-NH_3^+Cl^-$$

（H^+ が HCl から NH_2 へ移る）

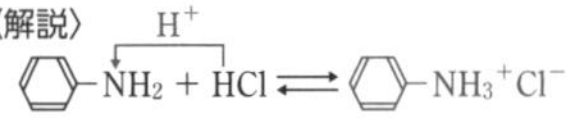

□4 ★★★ アニリンから黒色染料として用いられる [1★★★] が合成できる。 (埼玉大)

(1) アニリンブラック

□5 ★★★ [1★★★] は，水に少し溶けてアルカリ性を示し，さらし粉によって [2★★★] の呈色反応を示す。 (愛媛大)

(1) アニリン $C_6H_5-NH_2$

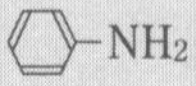

(2) 紫色（むらさきいろ）

〈解説〉アニリンは，無色の液体で酸化されやすいので，

① 空気中の酸素によって，徐々に赤褐色になる。

② 酸化剤であるさらし粉を加えると，紫色になる。

③ 酸化剤である $K_2Cr_2O_7$ を加えると，黒色の物質になる。

└→アニリンブラックという

□6 ★★★ アニリンは油状の液体で，[1★★★]の水溶液を加えると赤紫色に呈色する。また空気や二クロム酸カリウムなどで十分に酸化すると，[2★★★]とよばれる黒色の生成物に変化する。（名古屋大）

(1) さらし粉（こ） $CaCl(ClO)\cdot H_2O$
(2) アニリンブラック

□7 ★★★ アニリンを合成するためには，ベンゼンに[1★★★]基を導入後，[1★★★]基を還元してアミノ基とする方法が一般的である。

実験室で[2★★★]からアニリンを合成する方法の概略を以下の操作 1) ～ 3) に示す。

操作 1) [2★★★] 0.5mL を試験管にとり，粒状のスズ約 3g と濃塩酸 3mL を加える。よく振りまぜながら穏やかに加熱する。

操作 2) 反応終了後，液体部分を三角フラスコに移しとり，6mol/L 水酸化ナトリウム水溶液を溶液が乳濁するまで加える。

操作 3) ジエチルエーテル 10mL を加え，よく振り，静置する。上層を蒸発皿にとり，ジエチルエーテルを蒸発させるとアニリンが得られる。（名古屋市立大）

(1) ニトロ $-NO_2$
(2) ニトロベンゼン $C_6H_5-NO_2$

〈解説〉アニリンの合成

操作 1：ニトロベンゼンに Sn（または Fe）と HCl を反応させると，ニトロベンゼンが O 原子を失い，H 原子と化合してアニリンができる。このとき，Sn は Sn^{4+} になる。

$C_6H_5NO_2$ —(Sn, HCl / 還元)→ $C_6H_5NH_2$

ところが，ふつう HCl は過剰なので右の反応が起こる。

$C_6H_5NH_2 + HCl \longrightarrow C_6H_5NH_3^+Cl^-$（$H^+$）
アニリン塩酸塩

操作 2：NaOH 水溶液を加えるとアニリンが遊離する（生成するアニリンの量が少ないと乳濁液になる）。

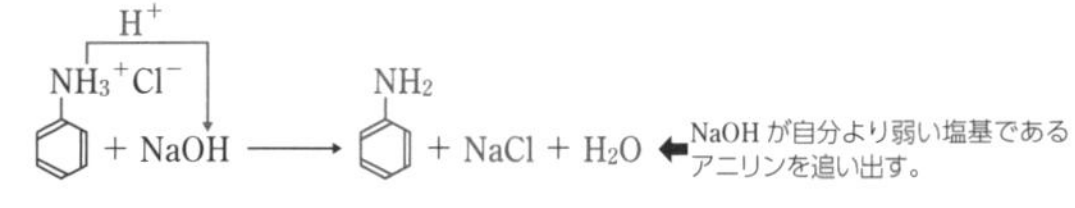

Sn^{4+} は $Sn(OH)_4\downarrow$ の白色沈殿を生じた後，$[Sn(OH)_6]^{2-}$ となり溶解する。

操作 3：ジエチルエーテルを加えて振り混ぜると，アニリンはジエチルエーテルに溶ける。

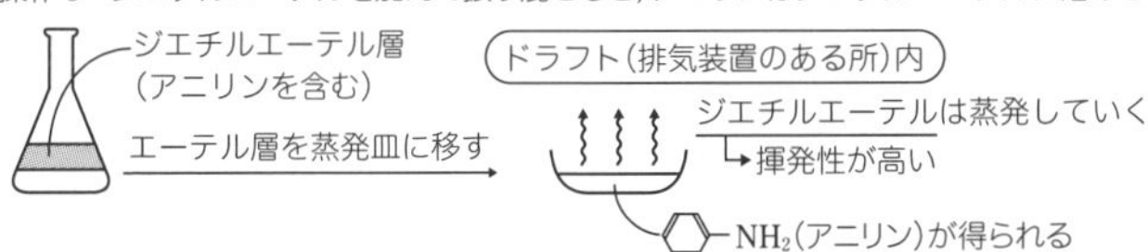

□8 ★★
アニリンは，工業的には，ニッケルを触媒として，［1★★］を水素により還元する事でつくられている。（群馬大）

〈解説〉
$$C_6H_5-NO_2 + 3H_2 \xrightarrow[\text{還元}]{\text{触媒(Ni)}} C_6H_5-NH_2 + 2H_2O$$

(1) ニトロベンゼン
$C_6H_5-NO_2$

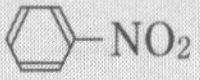

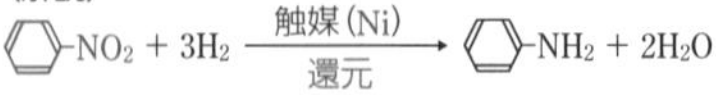

□9 ★★★
アニリンに無水酢酸を作用させると，かつて解熱剤として用いられていた［1★★★］が生成する。（埼玉大）

〈解説〉
$$\underset{\text{アニリン}}{C_6H_5-NH-H} + \underset{\text{無水酢酸}}{CH_3-CO-O-CO-CH_3} \xrightarrow{\text{アセチル化}} \underset{\text{アセトアニリド}}{C_6H_5-NH-CO-CH_3} + CH_3COOH$$
酢酸をとる

(1) アセトアニリド
$C_6H_5-NHCO-CH_3$

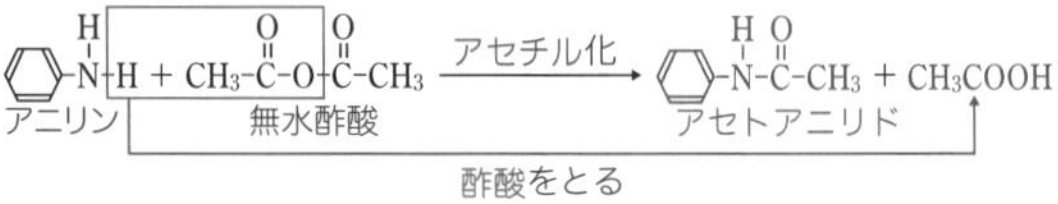

□10 ★★★
アニリンに無水酢酸を作用させて生成する［1★★★］には－CO－NH－結合がある。この結合は一般的には［2★★★］結合とよばれるが，この結合がタンパク質中にあるときは［3★★］結合とよばれる。（早稲田大）

(1) アセトアニリド 
$C_6H_5-NHCO-CH_3$
(2) アミド
(3) ペプチド

□11 ★★★
化合物アニリン 2g と氷酢酸 4mL を大型試験管にとり，冷却管をつけてよく撹拌しながら 1 時間加熱沸騰させる。反応物を 50mL の水に注ぐと，生成物［1★★★］の白色結晶が析出する。（札幌医科大）

(1) アセトアニリド
$C_6H_5-NHCO-CH_3$

□12 ★★★
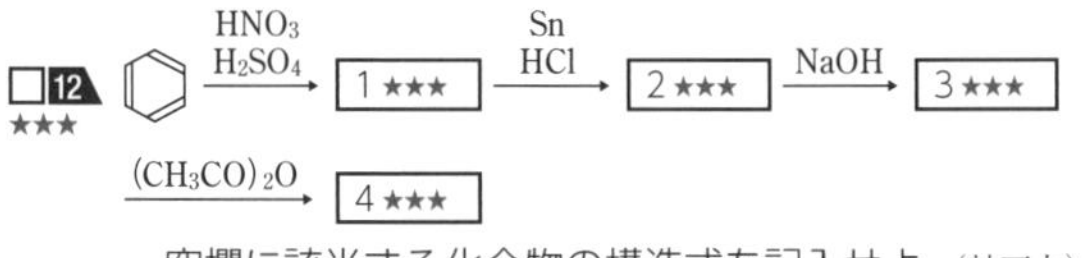

空欄に該当する化合物の構造式を記入せよ。（神戸大）

(1) $C_6H_5-NO_2$
(2) $C_6H_5-NH_3Cl$
(3) $C_6H_5-NH_2$
(4) $C_6H_5-NHCO-CH_3$

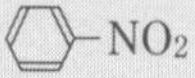

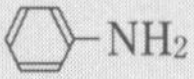

2 アゾ化合物

▼ANSWER

□1 ★★★ *p*-フェニルアゾフェノールに含まれる$-N=N-$部分は［1★★★］基とよばれ，これを含む芳香族化合物は一般に鮮やかな色を示すことが知られている。下に示す構造のメチルオレンジは，酸性溶液で［2★★］色，中性～塩基性溶液で［3★★］色を示すため中和滴定の指示薬として用いられている。

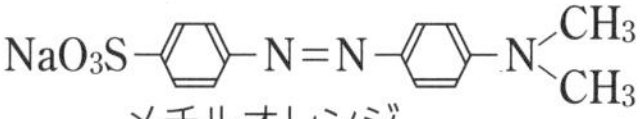

$NaO_3S-C_6H_4-N=N-C_6H_4-N(CH_3)_2$

メチルオレンジ

（金沢大）

(1) アゾ
(2) 赤（あか）
(3) 黄（おう）

□2 ★★★ 化合物Aは，ベンゼンに濃硫酸と濃硝酸との混合物（混酸）を作用させて得られる化合物にスズと濃塩酸を加えて還元し，塩基を加えることによっても合成することができる。この化合物Aは［1★★★］（構造式）の構造をもっており，これを塩酸に溶解した後，［2★★］水溶液を加えると①式のような反応が進行した。

A+2HCl+［2★★］⟶［3★★］+NaCl+$2H_2O$…①

（関西大）

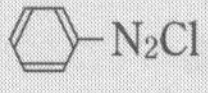

〈解説〉ジアゾ化は，

① NO_2^-がHClからH^+を受け取り，

$NO_2^- + H^+Cl^- \longrightarrow HNO_2 + Cl^-$ ⇐ HClがHNO_2を追い出す

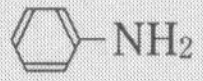

亜硝酸イオン　　亜硝酸

② アニリン，HNO_2，HClの間でH_2Oが2つとれる。

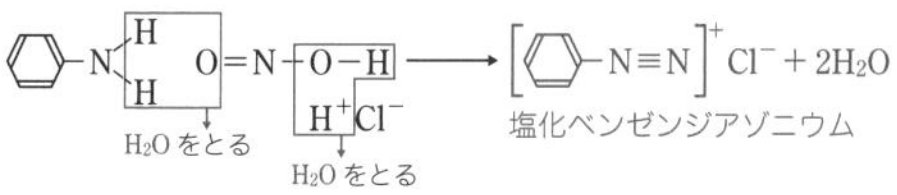

$C_6H_5-NH_2 + O=N-O-H + H^+Cl^- \longrightarrow [C_6H_5-N\equiv N]^+Cl^- + 2H_2O$

（H_2Oをとる，H_2Oをとる）　塩化ベンゼンジアゾニウム

ととらえるとよい。

(1) $C_6H_5-NH_2$
(2) $NaNO_2$
(3) $C_6H_5-N_2Cl$

□ 3 ★★

化合物 [1★★] の水溶液と塩化ベンゼンジアゾニウムの水溶液を，冷却しながら混合したところ，色のついた化合物 [2★★★] が生成した。

また，[2★★★] の色として最も近いものを，次の(a)から(c)の中から一つ選べ。[3★]

(a) 緑色　(b) 橙(だいだい)色　(c) 青紫色　（東北大）

(1) ナトリウムフェノキシド ⌬—ONa
(2) *p*-ヒドロキシアゾベンゼン［別 *p*-フェニルアゾフェノール］ ⌬—N=N—⌬—OH
(3) (b)

〈解説〉(ジアゾ)カップリングは，次のようにとらえておくとよい。

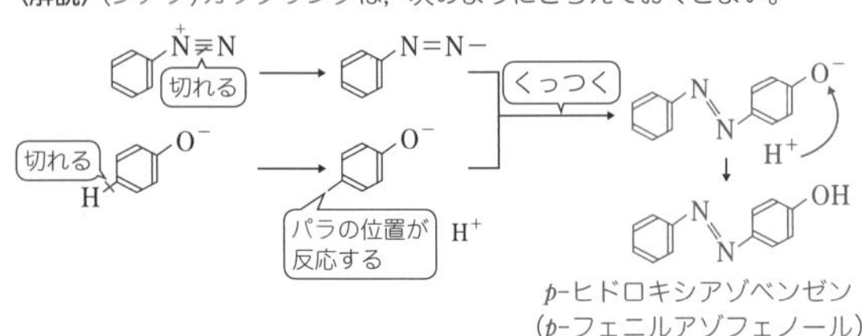

□ 4 ★★★

アニリンを塩酸に溶かし，5℃以下で亜硝酸ナトリウム水溶液を加えると [1★★★] が生じた。この反応を [2★★★] という。[1★★★] の水溶液にナトリウムフェノキシドの水溶液を加えると [3★★★] 基をもつ *p*-ヒドロキシアゾベンゼン（*p*-フェニルアゾフェノール）⌬—N=N—⌬—OH が得られた。このように，芳香族化合物で [3★★★] 基をもつ化合物を生成する反応を [4★★★] という。このようにして得られる芳香族 [3★★★] 化合物は染料や色素として広く用いられている。　（日本女子大）

(1) 塩(えん)化(か)ベンゼンジアゾニウム ⌬—N_2Cl
(2) ジアゾ化(か)
(3) アゾ
(4) (ジアゾ)カップリング

〈解説〉

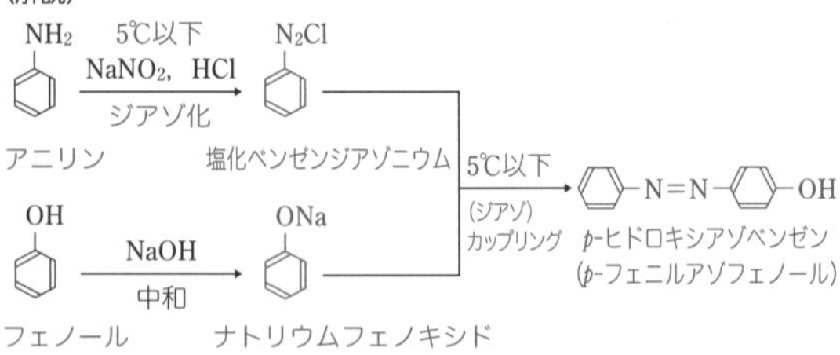

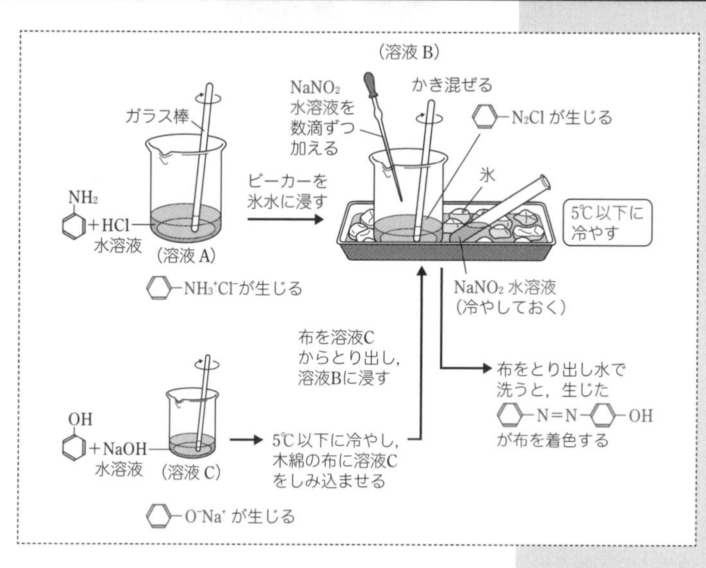

□5 ★★★ ニトロベンゼンを還元するとアニリンになる。アニリンに [1★★] と希塩酸を作用させ，ジアゾ化して化合物 [2★★★] をつくり，この化合物を温めながら希硫酸と反応させるとフェノールが生じる。 (岡山大)

〈解説〉

$$C_6H_5-N_2^+Cl^- + H_2O \xrightarrow{\text{加熱}} C_6H_5-OH + N_2 + HCl$$

(1) 亜硝酸ナトリウム $NaNO_2$
(2) 塩化ベンゼンジアゾニウム $C_6H_5-N_2Cl$

□6 ★★★ $C_6H_4(NH_2)(COOCH_3)$（m-位） を希塩酸に溶かし，[1★★★] 水溶液を加えると芳香族化合物 [2★] が生成する。この反応は，通常0～5℃の温度範囲でおこなう必要がある。温度が上昇すると，芳香族化合物 [2★] は [3★★★] と反応して [4★★★] と [5★★★] (順不同) と芳香族化合物 [6★] に分解する。芳香族化合物 [2★] とナトリウムフェノキシドを水中で反応させると，アゾ化合物 [7★] が得られる。 (熊本大)

(1) 亜硝酸ナトリウム $NaNO_2$
(2) $C_6H_4(N_2Cl)(COOCH_3)$（m-位）
(3) 水 H_2O
(4) 窒素 N_2
(5) 塩化水素 HCl
(6) $C_6H_4(OH)(COOCH_3)$（m-位）
(7) $HO-C_6H_4-N=N-C_6H_4-COOCH_3$

第24章 有機化合物の分析

1 有機化合物の分離

▼ANSWER

□1 ★★★ 有機化合物の混合物の分離精製は含まれる成分分子の性質を巧みに利用して行われる。例えば，有機溶媒や水溶液への溶解度の差を利用して分離する方法を [1★★★] といい，芳香族化合物の分離にも用いられる。

（東京慈恵会医科大）

(1) 抽出（ちゅうしゅつ）

□2 ★★★ 有機化合物の安息香酸とトルエンの混合物を分離するために，以下の実験操作を行った。

安息香酸とトルエンの混合物，水酸化ナトリウム水溶液，ジエチルエーテル(有機溶媒)を分液ろうとに入れ十分に振った後，[1★★★] 層の水層と [2★★★] 層のエーテル層を分けとった。水層に塩酸を加えると [3★★] が析出してきた。一方，エーテル層の溶媒を蒸発させると [4★★] が得られた。（筑波大）

(1) 下（か）
(2) 上（じょう）
(3) 安息香酸（あんそくこうさん） C_6H_5-COOH
(4) トルエン C_6H_5-CH_3

〈解説〉

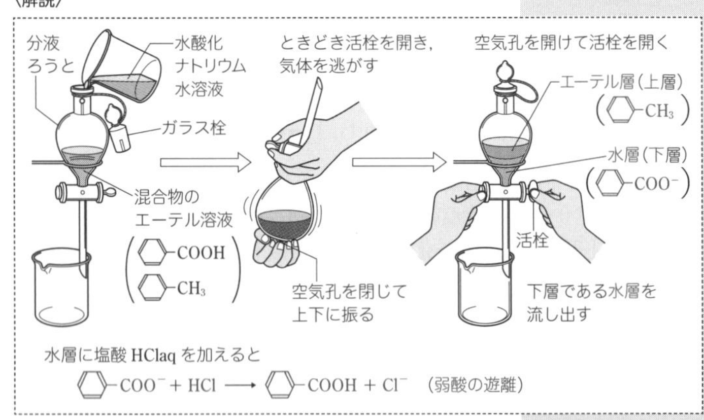

★★★

それぞれ2種類の化合物を含む次の溶液(a・b)がある。各溶液を分液漏斗に入れ，それぞれに適当な水溶液を加えてよく振り混ぜた後，静置することにより，含まれる化合物の一方を水層に抽出して分離することができる。このとき，溶液(a・b)に加える水溶液の組合せとして最も適当なものを，下の①～⑥のうちから一つ選べ。 1 ★★★

(1) ⑥

a C_6H_5-OH と C_6H_5-CH_3 を含むジエチルエーテル溶液

b C_6H_5-NH_2 と C_6H_5-NO_2 を含むジエチルエーテル溶液

	aに加える水溶液	bに加える水溶液
①	炭酸水素ナトリウム水溶液	希塩酸
②	炭酸水素ナトリウム水溶液	水酸化ナトリウム水溶液
③	希塩酸	水酸化ナトリウム水溶液
④	希塩酸	炭酸水素ナトリウム水溶液
⑤	水酸化ナトリウム水溶液	炭酸水素ナトリウム水溶液
⑥	水酸化ナトリウム水溶液	希塩酸

(センター)

a

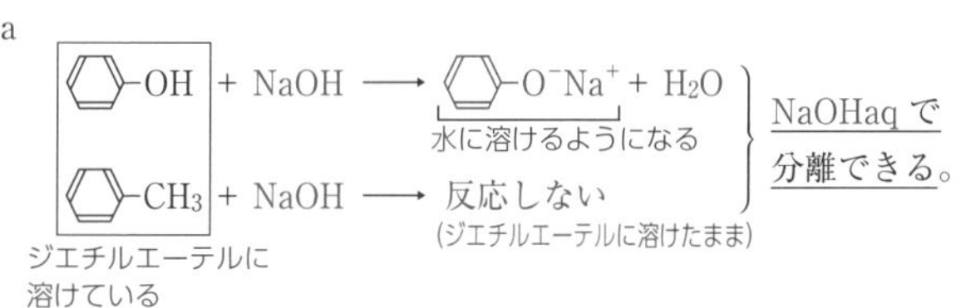

注 酸の強さは $CO_2 + H_2O >$ C_6H_5-OH なので，フェノールは炭酸水素ナトリウム水溶液とはほとんど反応しない。

C_6H_5-OH + $Na^+HCO_3^-$ ⟶ 反応しない。

トルエン C_6H_5-CH_3 は中性物質なので，酸や塩基と反応しない。

b アニリンは塩基性物質なので，酸の水溶液には塩をつくって溶ける。

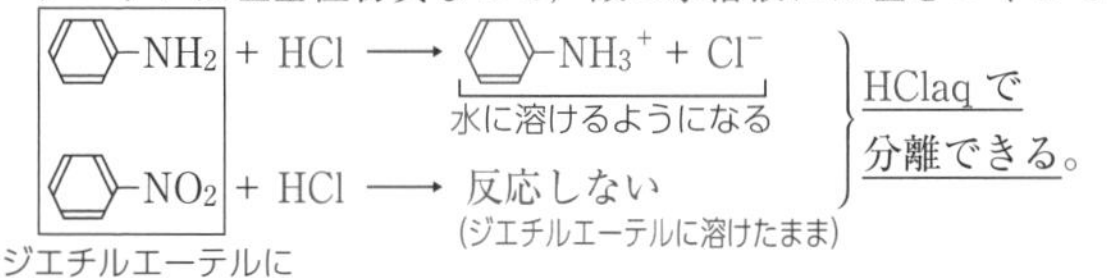

□**4** アニリン，トルエン，フェノール，安息香酸の混合物を以下の操作で分離することにした。
★★

物質 [1★★]，物質 [2★★]，物質 [3★★]，物質 [4★★] の構造式を示せ。

アニリン，トルエン，フェノール，安息香酸のジエチルエーテル混合溶液
- 希塩酸を加える
  - 水層①
    - 水酸化ナトリウム水溶液を加える → [1★★]
  - エーテル層
    - 炭酸水素ナトリウム水溶液を加える
      - 水層②
        - 希塩酸を加える → [2★★]
      - エーテル層
        - 水酸化ナトリウム水溶液を加える
          - 水層③
            - 希塩酸を加える → [3★★]
          - エーテル層
            - エーテル蒸発 → [4★★]

（香川大）

(1) ⌬$-NH_2$

(2) ⌬$-COOH$

(3) ⌬$-OH$

(4) ⌬$-CH_3$

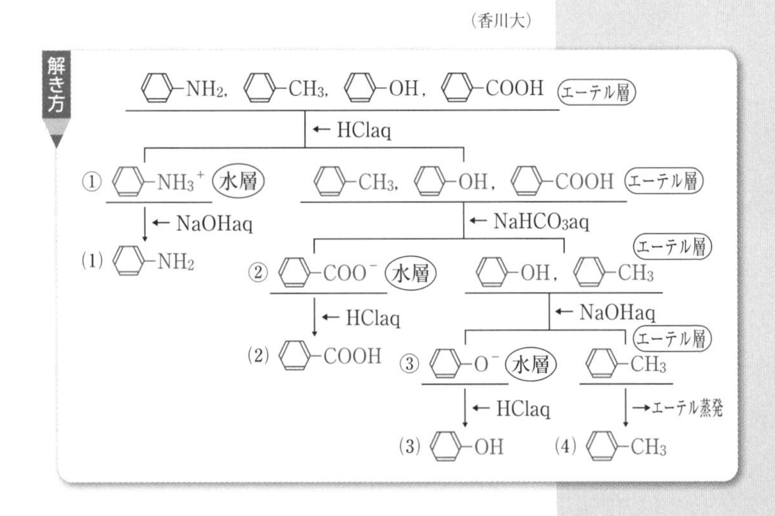

高分子化合物

HIGH-MOLECULAR COMPOUND

25 ▶ P.356
天然高分子化合物

P.403 ◀ 26
合成高分子化合物

第25章

天然高分子化合物

1 食品（炭水化物・タンパク質・脂質） ▼ANSWER

□1 ★★★ 私たちの健康の維持に必要な主な栄養素は，穀物・イモ類などに多く含まれる [1★★]，肉・魚・豆類などに多く含まれる [2★★★]，バター・食用油などに多く含まれる [3★★] で，これらを三大栄養素という。 （岩手大）

(1) 炭水化物［㊞糖質，糖(類)］
(2) タンパク質
(3) 脂質［㊞油脂］

□2 ★★ 脂質（油脂）は食物成分として重要であり，[1★★★] および [2★★]（順不同）とともに三大栄養素とよばれる。さらに無機質（ミネラル）や [3★] を含めて五大栄養素という。 （新潟大）

(1) タンパク質
(2) 炭水化物［㊞糖質，糖(類)］
(3) ビタミン

□3 ★★★ [1★★] の代表例として，[2★★★]-グルコースが縮合重合してできたデンプンがある。 （岩手大）

〈解説〉α-グルコース

（構造式：⑥CH_2OH が ⑤C に結合；⑤C—O—①C の環構造；④C（H, HO），③C（OH, H），②C（H, OH），①C（H, O−H））

(1) 炭水化物［㊞糖質，糖(類)］
(2) α

□4 ★★★ 生命活動に重要な役割を果たしているタンパク質は，多数のα-アミノ酸が縮合重合した化合物である [1★★★] の中でも分子量約10,000以上の高分子化合物である。 （岐阜大）

〈解説〉α-アミノ酸 $R-CH(NH_2)-COOH$

(1) ポリペプチド

□5 ★★ 脂質は生体成分であり水に溶けにくく，[1★★] に溶けやすい有機化合物類をいう。脂質は [2★★★] により脂肪酸とアルコールを生じるものを単純脂質といい，それ以外にリン酸や各種の有機化合物を生じるものを [3★] という。単純脂質の代表的なものに油脂がある。 （宮崎大）

(1) 有機溶媒
※ジエチルエーテル
$C_2H_5-O-C_2H_5$ など
(2) 加水分解
(3) 複合脂質

□6 ★★★
脂質には，単純脂質とリン酸や糖類を含む複合脂質がある。油脂は単純脂質に分類され，1分子の［1★★★］と3分子の脂肪酸が［2★★★］結合を形成していることから，［3★］脂肪ともよばれる。（岡山大）

(1) グリセリン $C_3H_5(OH)_3$ ［別1, 2, 3-プロパントリオール］
(2) エステル
(3) 中性（ちゅうせい）

□7 ★★
油脂は，すい液中の酵素［1★★］によって加水分解される。（愛媛大）

〈解説〉油脂 —リパーゼ／加水分解→ 高級脂肪酸，モノグリセリド

(1) リパーゼ

発展 □8 ★★
複合脂質の中には細胞膜の構成成分となるものがあり，その場合［1★★］基を外側に，［2★★］基を内側にして二重構造の膜をつくっている。（千葉大）

(1) 親水（しんすい）
(2) 疎水（そすい）［別親油（しんゆ）］

〈解説〉細胞膜の構造モデル

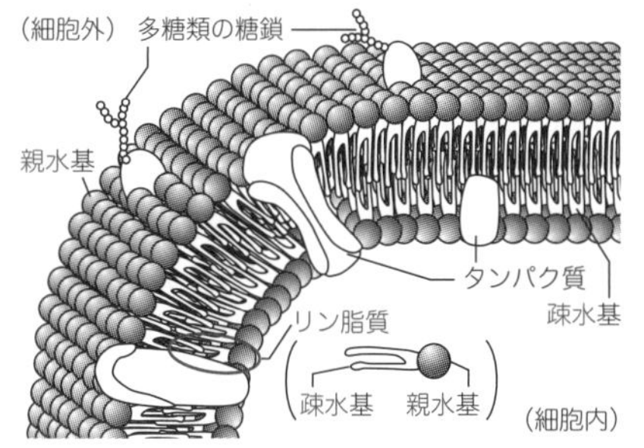

発展 □9 ★
脂質のうち，リン脂質や糖脂質は，細胞膜の構成成分である。細胞膜は脂質二重層になっており，疎水性部分である炭化水素鎖は脂質二重層の［1★］に，親水性部位であるリン酸や糖は脂質二重層の［2★］に存在している。（名古屋工業大）

(1) 内側（うちがわ）
(2) 外側（そとがわ）

発展 □10 ★
三大栄養素に，［1★］と［2★］の2つを加えて五大栄養素という。2つのうち，1つは体内で合成できない［1★］であり，もう1つは体内で合成できないか，あるいは合成できても必要量に不足するので，食品から摂取しなければならない有機化合物［2★］である。（岩手大）

(1) ミネラル［別無（む）機質（きしつ），無機塩類（むきえんるい）］
(2) ビタミン

2 医薬品

▼ANSWER

□1 ★★★ 医薬品は人体組織や病原菌中の，特定の酵素や細胞膜中に存在するタンパク質である受容体と結合し [1★★] 作用を示す。医薬品分子と受容体との結合には，主にイオン結合や [2★★★] あるいはファンデルワールス力などの分子間に働く力が使われる。（秋田大）

(1) 薬理（やくり）
(2) 水素結合（すいそけつごう）

□2 ★ 医薬品を多量に用いたときなどに，本来の薬理作用とは異なった，人体に対して有害な作用がおこることがある。これを [1★] という。（埼玉大）

(1) 副作用（ふくさよう）

□3 ★★ かつて薬局では，干した植物の葉，実，あるいは根や動物の一部分などの [1★★] とよばれるものが売られていた。今日漢方薬として知られるものは，この [1★★] である。（熊本大）

(1) 生薬（しょうやく）

□4 ★★★ 病気の原因を取り除くことができなくても，病気によって生じる不快な症状を抑える薬を [1★★★] 薬という。これに属する薬の例として，解熱鎮痛作用をもち，サリチル酸を無水酢酸でアセチル化して得られる [2★★★] がある。一方，病気の原因である病原菌などを取り除く薬を [3★★★] 薬とよび，これに属する薬の例として，アオカビから発見された世界で最初の抗生物質 [4★★★] や，抗生物質と同様に抗菌作用をもち，分子中に共通した [5★★] の部分構造をもつサルファ剤などがある。抗生物質により多くの病気が治療できるようになったが，抗生物質に対する抵抗力をもつ [6★★★] 菌の出現が問題となっている。（名城大）

〈解説〉原因療法薬：病気の原因を取り除く薬
化学療法薬：原因療法薬のうち，病原菌やウイルスに直接作用しこれらを取り除く薬

(1) 対症療法（たいしょうりょうほう）
(2) アスピリン
（ベンゼン環に $OCOCH_3$ と $COOH$ がオルト位に結合した構造）
[㊧アセチルサリチル酸（さん）]
(3) 化学療法（かがくりょうほう）
[㊧原因療法（げんいんりょうほう）]
(4) ペニシリン
(5) スルファニルアミド
H_2N–(ベンゼン環)–SO_2NH_2
[㊧スルファミン]
(6) 耐性（たいせい）

□5 ★ ニトログリセリンは，狭心症発作の対症療法薬として用いられる。これは，ニトログリセリンが体内で吸収，分解されて [1★] を放出し，[1★] が血管を拡張させる作用による。（金沢大）

〈解説〉ニトログリセリン $C_3H_5(ONO_2)_3$

(1) 一酸化窒素（いっさんかちっそ）
NO

□6 ★★★ 解熱鎮痛作用を示す医薬品分子の一つにサリチル酸がある。しかし，サリチル酸は副作用が強いため無水酢酸を用いて [1★★★] された [2★★★] が開発された。[2★★★] はアスピリンの名前でよく使用されている。またサリチル酸をメタノールとエステル化させ，合成される医薬品分子の [3★★★] は消炎鎮痛剤として湿布などに用いられている。（秋田大）

〈解説〉これらの医薬品はいずれも対症療法薬。

(1) アセチル化(か)
(2) アセチルサリチル酸(さん)
（ベンゼン環に $OCOCH_3$，COOH）
(3) サリチル酸(さん)メチル
（ベンゼン環に $COOCH_3$，OH）

□7 ★★★ 対症療法薬のアセトアニリドは解熱作用をもち，無水酢酸と [1★★★] との反応によって合成される。しかし，毒性が強いため，その毒性を減らすために工夫されたアセトアミノフェンなどが使われている。（長崎大）

〈解説〉

$$C_6H_5-NH_2 + (CH_3CO)_2O \xrightarrow{\text{アセチル化}} C_6H_5-NHCOCH_3 + CH_3COOH$$

アニリン　無水酢酸　アセトアニリド　酢酸

(1) アニリン
$C_6H_5-NH_2$

□8 ★★ アセトアミノフェン（*p*-ヒドロキシアセトアニリド）は，*p*-ニトロフェノールを出発物質として，以下のステップ1およびステップ2の反応により合成することができる。以下の図の [1★★] およびアセトアミノフェンの構造式 [2★★] を記せ。

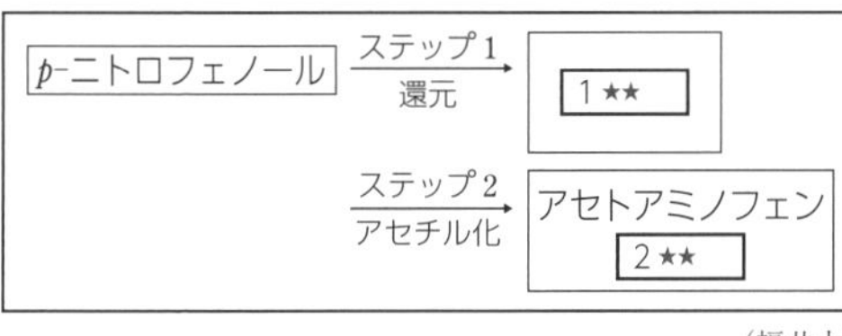

（福井大）

〈解説〉①アセトアニリドの構造をもつようなアセチル化を考える。
②*p*-ニトロフェノール　$HO-C_6H_4-NO_2$

(1) $HO-C_6H_4-NH_2$
(2) $HO-C_6H_4-NHCO-CH_3$

□9 ★★★ 病気の原因に直接作用して病気を治療する医薬品を [1★★★] 薬という。（埼玉大）

(1) 化学療法(かがくりょうほう)
[別 原因療法(げんいんりょうほう)]

□10 ★★★ 化学療法薬のうち，スルファニルアミドの誘導体は総称して [1★★★] 剤とよばれ，大腸菌やサルモネラ菌などの細菌の発育を阻害する医薬品として用いられる。また，微生物によってつくられ，別の微生物の発育を阻害する物質は [2★★★] とよばれ，主に抗菌薬として用いられている。代表的な [2★★★] として，アオカビがつくるペニシリンが知られている。（広島大）

(1) サルファ [別 スルファミン]
(2) 抗生物質（こうせいぶっしつ）

〈解説〉

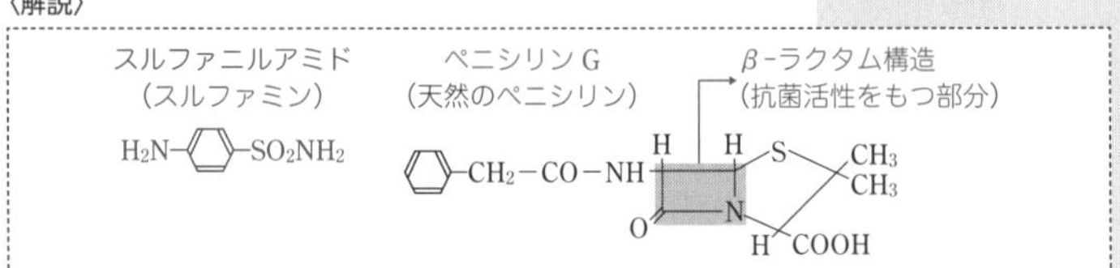

□11 ★ サルファ剤は，染料の一種プロントジルが抗菌作用をもつことから発見された抗菌物質で，スルファニルアミドの骨格をもつ。これは細菌の生命活動に必須な [1★] の一種である葉酸の合成を阻害することで抗菌効果を示す。葉酸はヒトにおいても必須な物質であるが，ヒトはこれを体内で合成できず食物から摂取しているので，サルファ剤の影響をほとんど受けない。（岡山大）

(1) ビタミン

〈解説〉

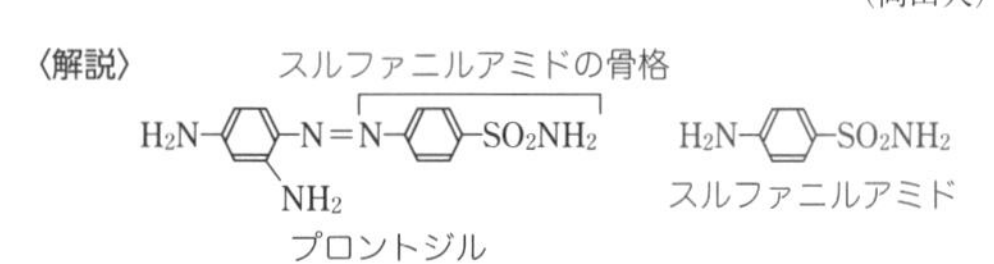

□12 ★★ *p*-アミノベンゼンスルホンアミドを基本構造にもつ [1★★★]（スルファニルアミドなど）は，[2★] を合成する酵素のはたらきを抑制することによって，大腸菌やサルモネラ菌などの発育を阻止する。（三重大）

(1) サルファ剤（ざい）[別 スルファミン剤（ざい）]
(2) 葉酸（ようさん）

□13 ★★★ フレミングは，1928年にアオカビから [1★★★] を発見した。[1★★★] は細菌の [2★] の合成を妨げ，[3★★★] 剤の効かない感染症の治療に大きな成果をあげた。その後，多くの抗生物質が発見されたが，抗生物質は多用すると病原菌の突然変異により [4★★★] が出現するという問題がある。（金沢大）

(1) ペニシリン
(2) 細胞壁（さいぼうへき）
(3) サルファ [別 スルファミン]
(4) 耐性菌（たいせいきん）

□14 ★★
［1★★★］の発見は，ブドウ球菌を培養しているとき，［2★★］が混入し，その［2★★］から一定の距離までのブドウ球菌を死滅させたことがきっかけとなっている。その抗生物質の名前は［2★★］に由来して名づけられた。［1★★★］は五員環と四員環が1辺を共有した特異な構造をもっており，［3★］員環の部分はβ-ラクタムであり，化学的に不安定な部分である。［1★★★］は細菌の細胞壁をつくる酵素のはたらきを阻害することで，細菌に対して高い選択［4★］を示す。（三重大）

(1) ペニシリン
(2) アオカビ
(3) 四（よん）
(4) 毒性（どくせい）

□15 ★★★
化学療法薬の中には，アオカビから発見され，細菌の細胞壁の合成を阻害する［1★★★］や，ペプチドの合成過程を阻害し，最初の結核治療薬として用いられた［2★★］がよく知られている。［1★★★］や［2★★］のように,本来はある種の微生物によって生産され,他の微生物の発育や代謝を阻害する物質を［3★★★］という。（長崎大）

(1) ペニシリン
(2) ストレプトマイシン
(3) 抗生物質（こうせいぶっしつ）

発展 □16 ★★
［1★★］は糖尿病の治療に使用される血糖値を下げるホルモンで，以前はブタのすい臓から取り出していたが，現在では遺伝子を操作した大腸菌から生産される。（熊本大）

(1) インスリン

発展 □17 ★
一般に，抗生物質はウイルスには効果がない。しかし，ウイルスには化学合成などにより，［1★］ウイルスの増殖を阻害するオセルタミビル（タミフル）など，抗ウイルス剤の開発も進んでいる。（金沢大）

(1) インフルエンザ

□18 ★
2015年にノーベル生理学・医学賞を受賞した，日本の天然物化学者である［1★］は，エバーメクチンを発見し，その後の研究により，イベルメクチンが抗寄生虫薬として開発された。イベルメクチンは，オンコセルカ症やフィラリア症に優れた効果を示し，感染症の撲滅に貢献している。（金沢大）

(1) 大村智（おおむらさとし）

3 染料

▼ANSWER

□1 ★★★ セルロースは，[1★★★]が直鎖状に[2★★★]重合してできたものであり，多数の[3★★★]基がある。綿には，セルロース分子が規則的に並んだ結晶領域と，非晶領域とがある。結晶領域は，繊維に摩擦や熱に耐える性質を与え，非晶領域は吸水性や染色されやすさを与える。（大阪大）

(1) β-グルコース
(2) 縮合（しゅくごう）
(3) ヒドロキシ
−OH

□2 ★ 一般に物質が色づいて見えるのは，その物質が白色光の一部の光を吸収し，残りの光を反射するためである。このような色を示す物質を色素という。色素は染料と[1★]に分けられ，染料は天然染料と合成染料に分けられる。（金沢大）

(1) 顔料（がんりょう）

□3 ★ 水や有機溶剤に溶け，繊維の染色を目的として用いられる色素を[1★]，水や有機溶剤に不溶である色素を[2★]という。（東洋大）

(1) 染料（せんりょう）
(2) 顔料（がんりょう）

□4 ★★ 合成染料は，石油を原料として合成される染料で，−N=N−で表される[1★★]基をもつ色素が代表的である。（金沢大）

(1) アゾ

発展 □5 ★ インジゴを用いて[1★]法とよばれる方法で綿製品を染色する場合，まずインジゴを還元し，水溶性の還元型インジゴとする。この溶液に綿を浸して還元型インジゴをしみ込ませた後，空気中の酸素で酸化してもとの不溶性インジゴを再生することにより染色する。

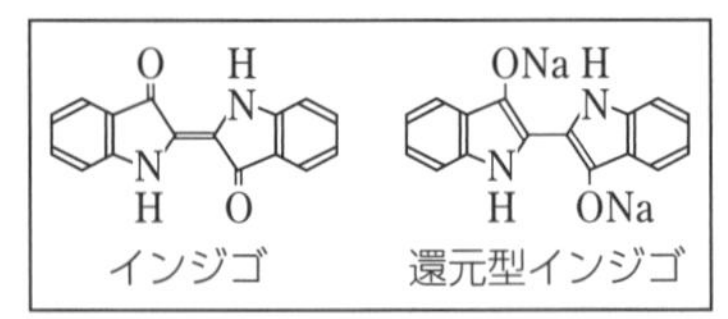

（大阪大）

(1) 建染め（たてぞめ）

〈解説〉

インジゴ 青色 （水に溶けない）	→還元→ （この操作を建てるという）	還元型インジゴ 無色 （水に溶ける）	→綿にしみ込ませる→酸素により酸化→	インジゴが再生 青色 （染色できる） （建染め染料）

□6 ★★★
染料には，インジゴのように天然の材料から得られるものと，主に石油を原料に化学的に合成されるものとがある。

アニリンの希塩酸溶液に，冷やしながら亜硝酸ナトリウム水溶液を加えると，[1★★★]の水溶液が得られる。この水溶液にナトリウムフェノキシドの水溶液を加えると，橙赤色の[2★★★]が生じる。[2★★★]は特有の官能基をもち，同じ官能基を分子内にもつ合成染料は，[3★★]とよばれ広く使用されている。（岡山大）

(1) 塩化ベンゼンジアゾニウム
$C_6H_5-N_2Cl$
(2) *p*-ヒドロキシアゾベンゼン
$C_6H_5-N=N-C_6H_4-OH$
[別 *p*-フェニルアゾフェノール]
(3) アゾ染料

□7 ★★★
繊維を染色するには，染料が繊維に強く結合して離れなくすることが必要である。繊維と染料は，それぞれがもつ官能基のところで結合する。例えば羊毛や絹などを塩基性の染料で染色する場合は，主成分であるタンパク質分子の中にある[1★★★]基が染料と塩を形成する。また，綿の染色では，その主成分であるセルロースのヒドロキシ基が染料と[2★★★]結合によって結びつく。（岡山大）

(1) カルボキシ　$-COOH$
(2) 水素

□8 ★★★
繊維は，素材の性質に応じて，様々な方法で染色される。絹や羊毛の染色には，塩基性基である[1★★★]基と結合する[2★]染料や，酸性基である[3★★★]基と結合する[4★]染料が主に用いられる。このとき染料の分子と繊維の分子は，化学結合の一種である[5★★★]結合によって結びつく。繊維に直接染着する直接染料は，主に綿の染色に用いられる。この染色法では，染料の分子と綿の分子は[6★★★]で結合するため結合力が弱く，色落ちに注意が必要である。（新潟大）

(1) アミノ　$-NH_2$
(2) 酸性
(3) カルボキシ　$-COOH$
(4) 塩基性
(5) イオン
(6) ファンデルワールス力
[別 分子間力，水素結合]

〈解説〉

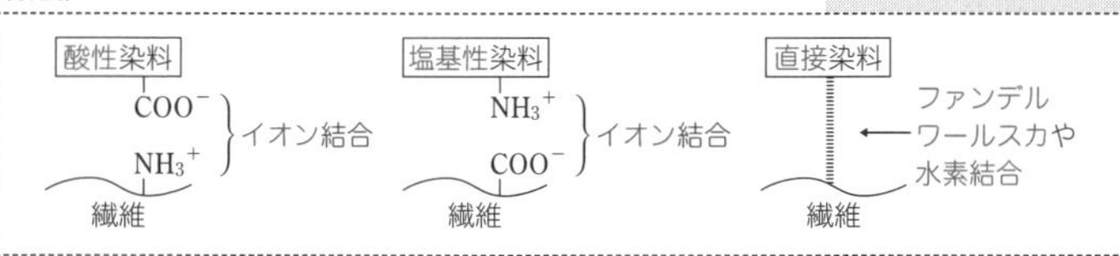

□9 ★
水溶性で繊維の中に入り込み分子間力で染着する染料を[1★]染料という。綿の染色に適しているが色落ちしやすい。（東洋大）

(1) 直接

4 単糖

▼ANSWER

□1 ★★ 糖類は，自然界に最も多く存在する天然有機化合物である。糖類の分子式は，$C_m(H_2O)_n$ の一般式で表されるので [1★★] ともよばれる。（金沢大）

(1) 炭水化物（たんすいかぶつ）

□2 ★★★ それ以上加水分解することができない，糖類の構成基本単位は [1★★★] とよばれる。（名古屋市立大）

(1) 単糖(類)（たんとう（るい））

□3 ★★ 単糖の中で炭素数が6のものは [1★★] と呼ばれ，炭素数が5のものは [2★★] と呼ばれている。（浜松医科大）

(1) ヘキソース［別 六炭糖（ろくたんとう）］
(2) ペントース［別 五炭糖（ごたんとう）］

□4 ★★★ 炭水化物を分類すると，グルコースやフルクトースなどの単糖類，スクロース（ショ糖）やマルトース（麦芽糖）などの [1★★★] 類，デンプンやセルロースなどの [2★★★] 類などがある。（琉球大）

(1) 二糖（にとう）
(2) 多糖（たとう）

□5 ★★★ グルコースは，水溶液中では図に示した鎖状構造とα型およびβ型の2種類の環状構造が平衡状態で存在している。グルコースは動植物の体内に広く存在しているだけでなく多糖類の [1★★★] や [2★★★]（順不同）などの構成成分である。[3★★★]〜[6★★★] をうめよ。

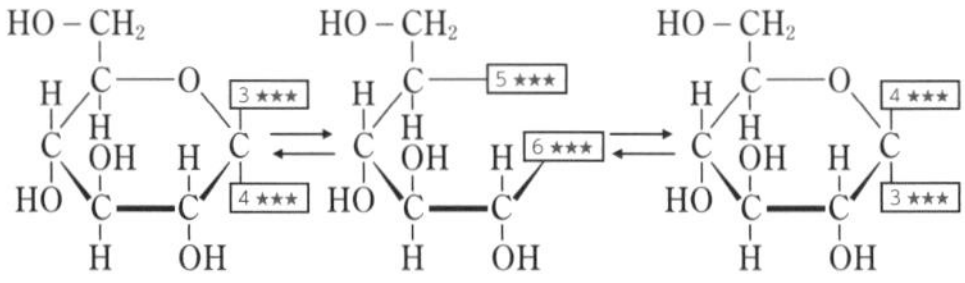

HO−CH₂ / C—O / H, H / C, OH, H, C [3★★★] [4★★★] / HO, C—C / H, OH
α-グルコース　⇄　グルコース（鎖状構造）[5★★★] [6★★★]　⇄　β-グルコース [4★★★] [3★★★]

（東邦大）

〈解説〉α型とβ型では1位のCにつく−OHの位置が異なる。

(1) デンプン $(C_6H_{10}O_5)_n$
(2) セルロース $(C_6H_{10}O_5)_n$［別 グリコーゲン］
(3) H
(4) OH
(5) OH
(6) CHO

□6 ★ グルコースは水溶液中で2つの環状構造と1つの鎖状構造が平衡状態にある。その環状構造の中には，−O−CH(OH)−C−の部分があり，これを [1★] 構造という。（浜松医科大）

〈解説〉同じC原子に直接−O−と−OHが結合した構造。この部分で環が開き，ホルミル基（アルデヒド基）を生じ還元性を示す。

(1) ヘミアセタール

□7 ★ 鎖状構造のグルコース (a) の炭素原子－5に結合するヒドロキシ基の酸素原子が，炭素原子－1に結合し，炭素原子－1の下方あるいは上方にヒドロキシ基をもつ環状構造のα-グルコース (b) とβ-グルコース (c) が生じる。鎖状構造での不斉炭素原子の数は［1★］個であるが，環状構造では［2★］個となる。α-グルコースを水に溶かすとbが36.4%，cが63.6%の平衡となり，aはわずか0.003%しか存在しない(25℃)。

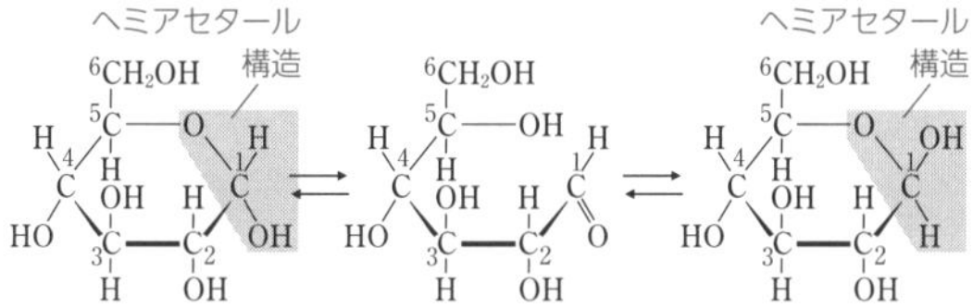

ヘミアセタール構造　　　　ヘミアセタール構造

b　　　　a　　　　c

（立命館大）

〈解説〉

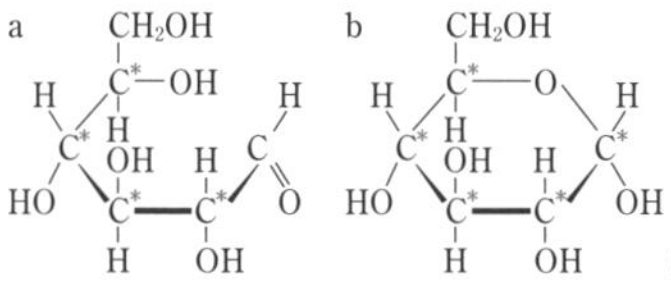

a　b

（C*が不斉炭素原子）

(1) 4
(2) 5

□8 ★★★ グルコースは水溶液中では，環状構造のα-グルコース，その［1★★］体であるβ-グルコース，および鎖状構造のグルコースの3種類が混ざり合った状態で存在する。グルコース水溶液にフェーリング液を加えて加熱すると，赤色沈殿［2★★★］が生じる。グルコース水溶液にアンモニア性硝酸銀水溶液を加えて温めると［3★★★］が析出する。 （愛媛大）

(1) (立体)異性（りったい いせい）
(2) 酸化銅(Ⅰ)（さんかどう） Cu_2O
(3) 銀（ぎん） Ag

□9 ★★ グルコースはフェーリング液を用いた次の反応で検出できる。［1★］と［2★★★］(順不同) にあてはまる化学式を書け。

$$C_5H_{11}O_5-CHO + 2Cu^{2+} + 5OH^-$$
$$\longrightarrow [1★] + [2★★★] + 3H_2O$$
（お茶の水女子大）

〈解説〉アルデヒドは酸化されてカルボン酸の塩(陰イオン)になる(銀鏡反応でも同様)。

(1) $C_5H_{11}O_5-COO^-$
(2) Cu_2O

□10 ★★ フルクトース分子は結晶中では (a) のような構造をとっているが，水溶液中では [1★] と [2★★] の構造と平衡状態になっている。フルクトースが還元性を示すのは [1★] のような構造になるためである。また，[1★] の構造で還元性を示す部分を□で囲め。（京都府立大）

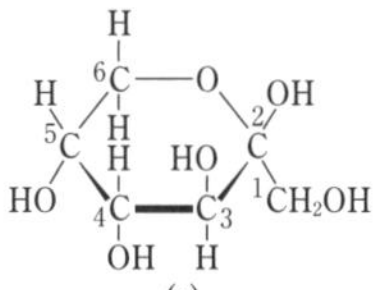

(a)

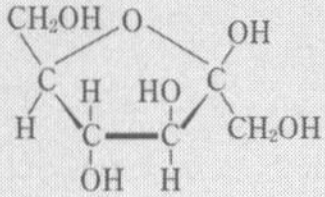

〈解説〉ふつう環状構造をもつものは，存在%の多いものを答える。次の(　　)の%は 40 ℃の水溶液中の%を表している。

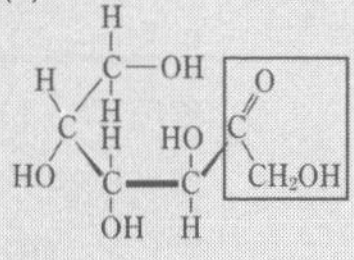

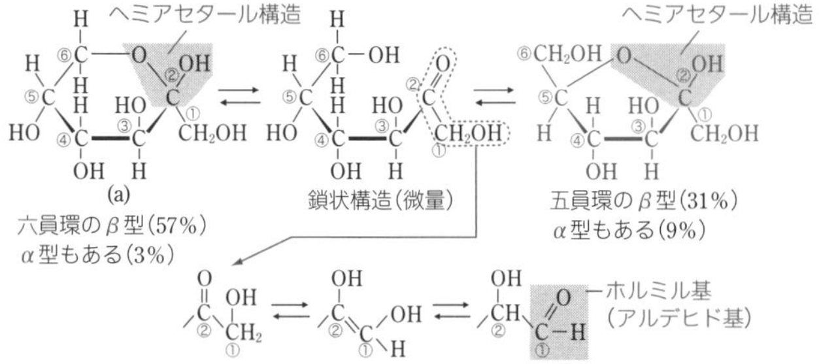

ヘミアセタール構造

(a)
六員環の β 型(57%)
α 型もある(3%)

鎖状構造(微量)

ヘミアセタール構造
五員環の β 型(31%)
α 型もある(9%)

ホルミル基
(アルデヒド基)

(1)

(2)

□11 ★ フルクトースは水溶液中で $-CO-CH_2OH$ 部分が以下のように [1★] と [2★] の構造の間の平衡状態で存在するために還元性がある。[1★]，[2★] にあてはまる構造式を書け。

$$-CO-CH_2OH \rightleftharpoons \boxed{1★} \rightleftharpoons \boxed{2★}$$

（お茶の水女子大）

(1) $-C(OH){=}C(OH)-H$

(2) $-CH(OH)-C({=}O)-H$

□12 ★★ 単糖の [1★★★] は，果実やはちみつ中に含まれ，甘みが天然の糖類の中で一番強いといわれている。また，デンプンやセルロースの構成成分であるグルコース，寒天の成分である多糖(ガラクタン)を加水分解して得られる [2★] も単糖であるが，[1★★★] ほど甘みはない。（長崎大）

〈解説〉グルコースやガラクトースのように水溶液中で $-CHO$ を生じる単糖類をアルドース，フルクトースのように $>C=O$ の構造を生じる単糖類をケトースという。

(1) フルクトース $C_6H_{12}O_6$ [別果糖(かとう)]

(2) ガラクトース $C_6H_{12}O_6$

□13 ★ グルコースの立体異性体であるガラクトースは，鎖状構造にホルミル（アルデヒド）基を持つ単糖の1つである。鎖状グルコースと鎖状ガラクトースを比較すると，4位の炭素原子に結合するヒドロキシ基の立体配置だけが異なる。図のβ-ガラクトースの環状構造を完成させよ。

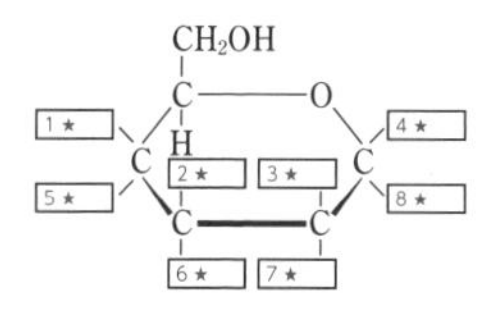

（九州大）

(1) OH
(2) OH
(3) H
(4) OH
(5) H
(6) H
(7) OH
(8) H

〈解説〉ガラクトース $C_6H_{12}O_6$ はグルコースと4位の－Hと－OHの配列が異なる。

ヘミアセタール構造　⑥ CH_2OH　⑤C　O　① H　HO　④C　H　OH　③C　②C　H　OH　OH

α-ガラクトース　⇄　鎖状ガラクトース　⇄　β-ガラクトース

□14 ★★★ 下式はグルコースからのアルコール発酵の過程を示したものである。空欄にあてはまる分子式を書きなさい。

［1★★★］ $\xrightarrow[\text{発酵}]{\text{酵素}}$ 2［2★★★］＋2［3★★★］ （(2)(3)順不同）

（神戸大）

(1) $C_6H_{12}O_6$
(2) C_2H_5OH
(3) CO_2

□15 ★★★ グルコース4.5gをすべてアルコール発酵させたところ，［1★★★］g（2ケタ）のエタノールが得られた。
$C_6H_{12}O_6 = 180$，$C_2H_5OH = 46$ （東京都市大）

(1) 2.3

$$C_6H_{12}O_6 \longrightarrow 2C_2H_5OH + 2CO_2$$

グルコース $C_6H_{12}O_6$ 1mol からエタノール C_2H_5OH 2mol が得られる。

よって，$\frac{4.5}{180} \times 2 \times 46 = 2.3$g

グルコース〔mol〕　エタノール〔mol〕　エタノール〔g〕

5 二糖

▼ ANSWER

□1 ★★ 二糖類であるマルトース（麦芽糖），スクロース（ショ糖），ラクトース（乳糖）は単糖2分子が [1★★] したものであり，水に溶けやすく，甘みをもつものが多い。（熊本大）

(1) (脱水)縮合

〈解説〉二糖類の分子式は

$$C_6H_{12}O_6 + C_6H_{12}O_6 - H_2O = C_{12}H_{22}O_{11}$$

□2 ★★ 二糖は，2分子の単糖が [1★★] 反応で結合したものであり，その際，一方の糖のヘミアセタール構造の－OHと，他方の糖の－OHが [1★★] してできる－C－O－C－を [2★★] 結合という。（名古屋市立大）

(1) (脱水)縮合
(2) グリコシド

□3 ★★★ α-グルコース2分子が互いに1位と4位の－OH間で脱水縮合したものを [1★★★]，α-グルコースとβ-フルクトース1分子ずつが互いに1位と2位の－OH間で脱水縮合したものを [2★★★] といい，これらは二糖類に分類される。（立命館大）

(1) (α-)マルトース $C_{12}H_{22}O_{11}$ [㊀麦芽糖]
(2) スクロース $C_{12}H_{22}O_{11}$ [㊀ショ糖]

〈解説〉α-マルトースは，α-グルコース2分子が，互いに1位と4位の－OHの間で脱水縮合した構造をもつ。右側のグルコースがβ-グルコース構造のものはβ-マルトースという。

⑥CH_2OH グリコシド結合 ⑥CH_2OH ヘミアセタール構造（鎖状構造のとき還元性を示す）

α-グルコースの単位　α-グルコースの単位

α-マルトース（右側のグルコースがα-グルコース構造のもの）

□4 ★★★ 水飴の主成分の一つであるマルトースは，2分子の [1★★★] がグリコシド結合によりつながった構造をとっている。（名古屋工業大）

(1) (α-)グルコース $C_6H_{12}O_6$ [㊀ブドウ糖]

□5 ★★★ 砂糖の主成分であり，2種類の [1★★★] が脱水縮合して [2★★] 結合により連結された構造をもつ化合物は [3★★★] である。（名古屋市立大）

(1) 単糖(類)
(2) グリコシド
(3) スクロース $C_{12}H_{22}O_{11}$ [㊀ショ糖]

□6 [1★★★] はサトウキビに多く含まれ，[2★★] の1位の炭素原子に結合した－OH と [3★★] の2位の炭素原子に結合した－OH との間で脱水縮合した二糖である。（名城大）

★★★

〈解説〉スクロース：α-グルコースの1位の－OH とβ-フルクトース(五員環構造)の2位の－OH 間で脱水縮合した構造をもつ。

(1) スクロース $C_{12}H_{22}O_{11}$ [別ショ糖]
(2) α-グルコース
(3) β-フルクトース

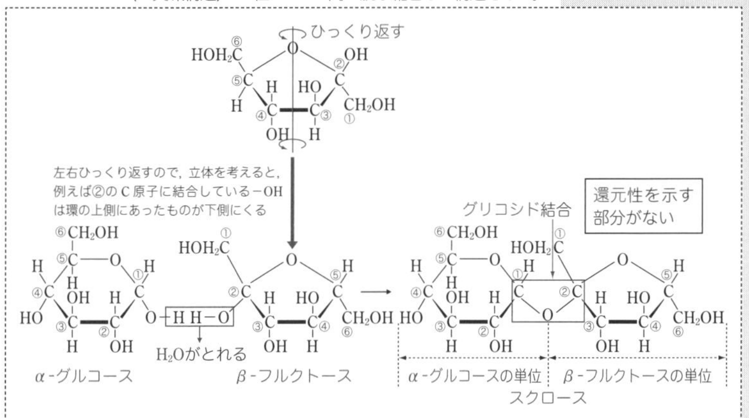

□7 スクロースの水溶液は還元性を [1★★★] が，マルトースのそれは還元性を [2★★★]。両者のこの性質の違いは，それぞれの水溶液中で環状構造と [3★★] との平衡が存在するかしないかに起因する。（琉球大）

★★★

(1) 示さない
(2) 示す
(3) 鎖状構造

□8 二糖類は2分子の単糖類が脱水縮合した構造をもち，加水分解によって2分子の単糖類を生じる。マルトースは2分子のグルコースが [1★★] 結合した二糖類で，マルターゼにより加水分解される。一方，スクロースは，[2★★★] により加水分解され，1分子のグルコースと1分子のフルクトースを生じる。（北海道大）

★★★

(1) グリコシド
(2) インベルターゼ [別スクラーゼ]

□9 スクロースはサトウキビに多く含まれる代表的な甘味料であり，[1★★★] により加水分解される。マルトースおよびセロビオースの水溶液はフェーリング液を [2★★★] するが，スクロース水溶液は [2★★★] しない。この [2★★★] 性は，水溶液中で生じた鎖状構造中の [3★★★] 基による。（岡山大）

★★★

(1) インベルターゼ [別スクラーゼ]
(2) 還元
(3) ホルミル －CHO [別アルデヒド]

〈解説〉代表的な二糖類

名称	構成単糖	加水分解する酵素	水溶液の還元性
α-マルトース（麦芽糖）	α-グルコース（1位のOH）＋α-グルコース（4位のOH）	マルターゼ	あり
β-セロビオース	β-グルコース（1位のOH）＋β-グルコース（4位のOH）	セロビアーゼ	あり
β-ラクトース（乳糖）	β-ガラクトース（1位のOH）＋β-グルコース（4位のOH）	ラクターゼ	あり
スクロース（ショ糖）	α-グルコース（1位のOH）＋β-フルクトース（2位のOH）	インベルターゼ（スクラーゼ）	なし

□10 ★★★
1分子のマルトースを酵素 [1★★★] により加水分解すると，2分子の [2★★★] になる。（東京理科大）

(1) マルターゼ
(2) グルコース $C_6H_{12}O_6$ [㊀ブドウ糖]

□11 ★★★
二糖類の一つである [1★★★] は，サトウキビやサトウダイコンのしぼり汁の主成分であり食用の砂糖として利用されている。[1★★★] は，[2★★★] と [3★★★] がグリコシド結合によりつながった構造をもち，銀鏡反応を示さない。[1★★★] に対して，[2★★★] は0.4倍程度，[3★★★] は2.0倍程度の甘さを示すことが知られている。蜂蜜は酵素のはたらきにより [1★★★] が [4★★] されて [2★★★] と [3★★★] の混合物となっているため [1★★★] より甘い。（名古屋工業大）

〈解説〉スクロースは，希硫酸などの希酸や酵素インベルターゼ（スクラーゼ）により加水分解され，グルコースとフルクトースの等量混合物（転化糖）になる。

$$C_{12}H_{22}O_{11} + H_2O \longrightarrow C_6H_{12}O_6 + C_6H_{12}O_6$$

スクロース　　グルコース　フルクトース

(1) スクロース $C_{12}H_{22}O_{11}$ [㊀ショ糖]
(2) グルコース $C_6H_{12}O_6$ [㊀ブドウ糖]
(3) フルクトース $C_6H_{12}O_6$ [㊀果糖]
(4) 加水分解

□12 ★★★
スクロースの加水分解で生じるグルコースと [1★★★] の等量混合物を [2★★] という。スクロースの水溶液は還元性を示さないが，[2★★] の水溶液はフェーリング液を還元し赤色沈殿を生じる。（愛媛大）

(1) フルクトース $C_6H_{12}O_6$ [㊀果糖]
(2) 転化糖

□13 ★★
ヒトの母乳成分の一つであるラクトースは，[1★] と [2★★★]（順不同）がグリコシド結合によりつながった構造をとっている。またマルトース，ラクトースは，スクロースとは異なり銀鏡反応を示す。（名古屋工業大）

(1) (β-)ガラクトース $C_6H_{12}O_6$
(2) (β-)グルコース $C_6H_{12}O_6$ [㊀ブドウ糖]

〈解説〉ラクトース $C_{12}H_{22}O_{11}$ は乳糖ともいい，β-ラクトースはβ-ガラクトースの1位の$-OH$とβ-グルコースの4位の$-OH$との間で脱水縮合した構造になっている。

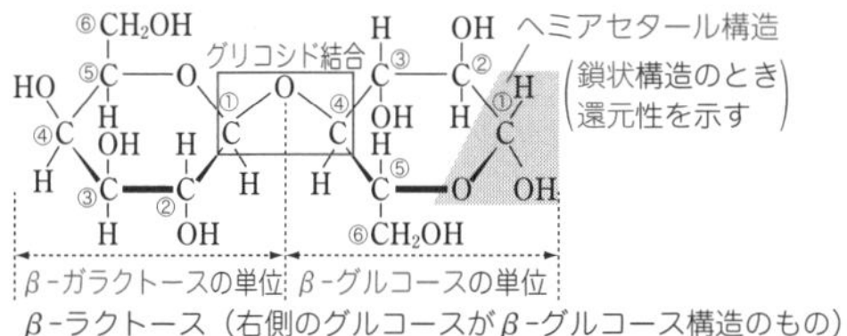

β-ラクトース（右側のグルコースがβ-グルコース構造のもの）

□14 ★★ 母乳や牛乳に含まれる二糖を［1★］といい，希硫酸あるいは酵素［2★★］で加水分解すると，グルコースと［3★］を生じる。　（高知大）

(1) ラクトース $C_{12}H_{22}O_{11}$ ［㊙乳糖（にゅうとう）］
(2) ラクターゼ
(3) ガラクトース $C_6H_{12}O_6$

□15 ★★ アからエの二糖の中で還元性を示す化合物を全て選んで記号で答えよ。［1★★］

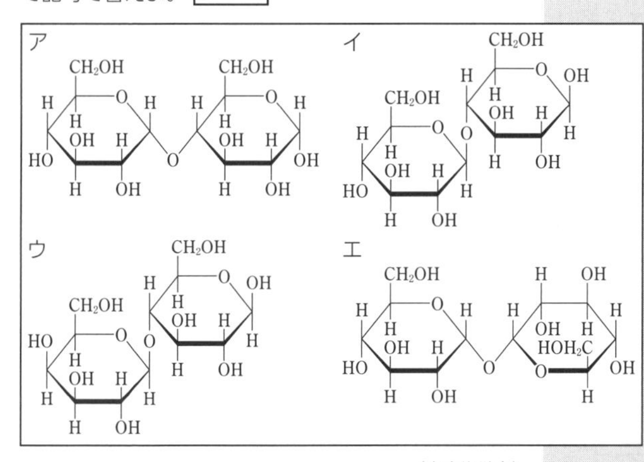

（東京海洋大）

(1) ア，イ，ウ

〈解説〉ヘミアセタール構造（$-O$–C(H)(OH) や $-O$–C(OH)(H)）をもつ糖類が還元性を示す。アはα-マルトース，イはβ-セロビオース，ウはβ-ラクトース，エはトレハロース。トレハロースは2分子のα-グルコースが1位の$-OH$どうしで脱水縮合した構造をもち，還元性を示さない。スクロース以外にも還元性を示さない二糖があることに注意しよう。

6 多糖

▼ANSWER

□1 ★★
米やパンなどの主成分である多糖のデンプンは，植物中で [1★★] と [2★★] (順不同) から光合成によってつくられる。(金沢大)

(1) 二酸化炭素(にさんかたんそ) CO_2
(2) 水(みず) H_2O

□2 ★★★
デンプンは植物の光合成によってつくられ，分子式 [1★★★] であらわされる多糖類である。(千葉大)

〈解説〉 $C_6H_{12}O_6 \times n - (n-1)H_2O$
$= H\text{-}(C_6H_{10}O_5)_n\text{-}OH \xrightarrow{n\text{が大きいので}} (C_6H_{10}O_5)_n$

(1) $(C_6H_{10}O_5)_n$

□3 ★★
分子量が 8.1×10^5 のデンプンがある。このデンプンに含まれるグルコースは [1★★] 個 (2ケタ) になる。ただし，H=1.0，C=12，O=16 とする。(東京海洋大)

〈解説〉 $C_6H_{10}O_5 = 162$ なので，$162n = 8.1 \times 10^5$ となり，$n = 5.0 \times 10^3$ となる。

(1) 5.0×10^3

□4 ★★★
デンプンは α-グルコースが [1★★★] したものであり，熱水に溶けやすい [2★★★] と熱水に溶けにくい [3★★★] に大別することができる。(群馬大)

(1) 縮合重合(しゅくごうじゅうごう)
(2) アミロース
(3) アミロペクチン

□5 ★★★
デンプンは，[1★★★] と [2★★★] を成分としており，ヨウ素デンプン反応では [1★★★] は赤紫色を示し，[2★★★] は青色(濃青色)を示す。(名古屋大)

(1) アミロペクチン
(2) アミロース

□6 ★★★
アミロースは数百から数千の [1★★★] が [2★★] 結合で結びついた鎖状ポリマーがらせん構造をとるのに対し，アミロペクチンは [2★★] 結合した骨格に，[1★★★] 約30個おきに [3★★] 結合した枝分かれがある。動物性貯蔵多糖であるグリコーゲンはアミロペクチンに似ているが，[1★★★] 約10個おきに [3★★] 結合による枝分かれがある。(東京理科大)

(1) α-グルコース
(2) (α-)1,4-グリコシド
(3) (α-)1,6-グリコシド

〈解説〉デンプン

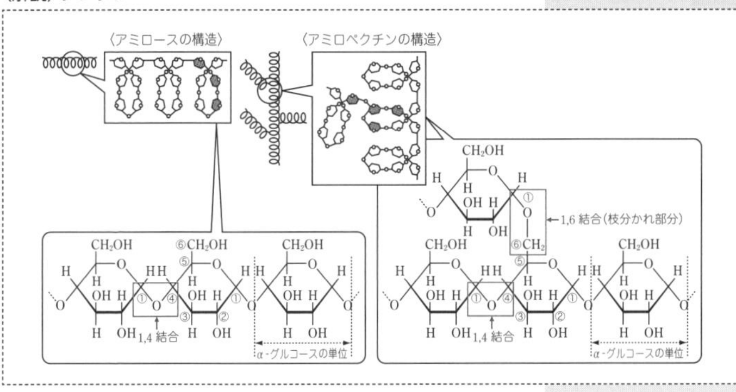

□7 ★★★ デンプンのうち温水に溶けやすい成分は [1★★★] とよばれ，直鎖状構造をもち，[2★★] 位と [3★★] 位(順不同)の炭素原子につく酸素原子で [4★★] 結合が形成されている。温水にも溶けにくい成分は [5★★★] とよばれ，直鎖状構造に加えて，枝分かれ構造をもつ。枝分かれの部位のグルコースでは [2★★] 位と [3★★] 位と [6★★] 位の炭素原子につく酸素原子で [4★★] 結合が形成されている。（和歌山県立医科大）

(1) アミロース
(2) 1
(3) 4
(4) グリコシド
(5) アミロペクチン
(6) 6

□8 ★★★ デンプンには [1★★★] と [2★★★] とよばれる結合様式の異なる二種類の構造があり，もち米には [1★★★] より [2★★★] が多く含まれている。（秋田大）

(1) アミロース
(2) アミロペクチン

□9 ★★★ [1★★★] は，動物の肝臓や筋肉に蓄えられている多糖で，動物デンプンともよばれ，ヨウ素デンプン反応では [2★★] 色を示す。（金沢大）

(1) グリコーゲン $(C_6H_{10}O_5)_n$
(2) 赤褐(せきかっ)

□10 ★★ グルコースは [1★★★] 基をもつため生体内で酸化されやすく，またそのままの形で細胞内に大量に貯蔵すると細胞内 [2★] が上昇してしまうため適さない。動植物は炭水化物をグルコースのような単糖ではなく，グルコースが [3★★] した多糖として貯蔵する。とくに動物ではグリコーゲンとして貯蔵される。（名古屋市立大）

(1) ホルミル $-CHO$ [別 アルデヒド]
(2) 浸透圧(しんとうあつ)
(3) (脱水)縮合(だっすい しゅくごう)

□11 ★★★ 植物において細胞壁を構成する主成分は [1★★★] であり，炭素原子6個から構成される β-グルコースが直鎖状に連なった構造をしている。（神戸大）

(1) セルロース $(C_6H_{10}O_5)_n$

□12 ★★★ セルロースは，β-［1★★★］が脱水縮合して重合した高分子である。綿繊維では，約10,000個のβ-［1★★★］がつながっている。このセルロースが平行に並び，繊維が形成されている。（長崎大）

(1) グルコース

〈解説〉

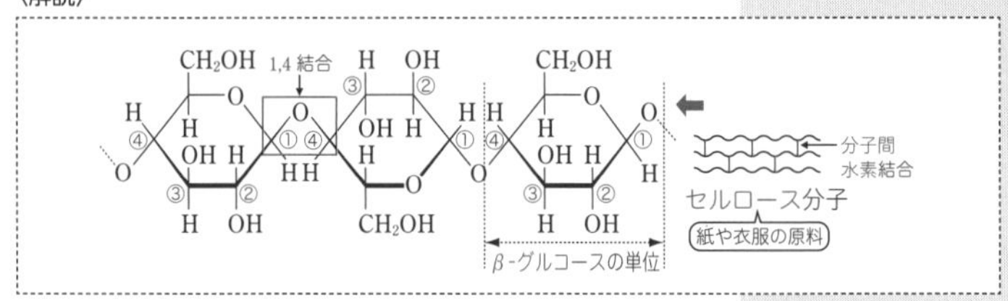

□13 ★★★ セルロースではグルコースが［1★★★］結合により直鎖状の結晶性構造を形成している。（名古屋工業大）

(1) β-1,4-グリコシド

□14 ★★★ セルロースは多数の［1★★★］が脱水縮合した天然高分子化合物で，［2★★★］からなるデンプンとは異なり，［3★★］をとらずに直鎖状になる。また，平行に並んだ直線状分子間には－OHによる［4★★★］がはたらくので，セルロースは丈夫な繊維になる。（京都府立大）

(1) β-グルコース
(2) α-グルコース
(3) らせん構造（こうぞう）
(4) 水素結合（すいそけつごう）

□15 ★★ デンプン水溶液にヨウ素溶液を加えると，デンプン分子の［1★★］構造の内側にヨウ素分子が入り込むために青紫色を呈する。熱を加えるとヨウ素分子が［2★］され色が消えるが冷やすと再び呈色する。（群馬大）

(1) らせん
(2) 放出（ほうしゅつ）

〈解説〉デンプンはらせん構造を有し，ヨウ素 I_2 溶液によって青紫色に呈色する。

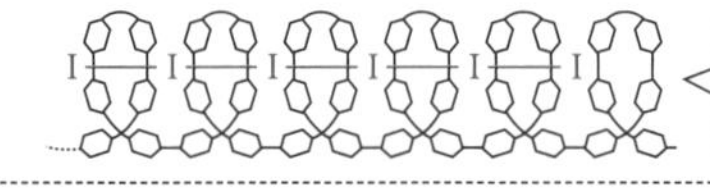

アミロースは濃青色，アミロペクチンは赤紫色，グリコーゲンは赤褐色に呈色する。

□16 ★★ デンプンは，α-グリコシド結合でつながった多糖類であり，［1★★★］構造をとる。［1★★★］構造の内部は［2★］性の環境であり，ヨウ素が取り込まれて青色を呈する。それに対しセルロースは，β-グリコシド結合でつながり［3★★］構造をとるためヨウ素を取り込むことができず青色を示さない。（和歌山県立医科大）

(1) らせん
(2) 疎水（そすい）
(3) 直鎖（状）（ちょくさじょう）
［別 鎖状（さじょう）］

□17 ★★★ 日本酒の原料である米には 1★★★ が多く含まれている。日本酒の生産過程では，米に含まれている 1★★★ は 2★★★ という酵素のはたらきで二糖類のマルトースに加水分解され，さらに，3★★★ という酵素によりグルコースに加水分解される。アルコール発酵ではグルコースは 4★★★ という酵素群によりエタノールに変換される。（東邦大）

(1) デンプン $(C_6H_{10}O_5)_n$
(2) アミラーゼ
(3) マルターゼ
(4) チマーゼ

〈解説〉デンプンの酵素による加水分解は，次のようになる。

デンプン $(C_6H_{10}O_5)_n$ 多糖類 —アミラーゼ（だ液中の酵素）→ デキストリン $(C_6H_{10}O_5)_m$ 多糖類 $(m < n)$ —アミラーゼ→ マルトース $C_{12}H_{22}O_{11}$ 二糖類 —マルターゼ（小腸の酵素）→ グルコース $C_6H_{12}O_6$ 単糖類

$C_6H_{12}O_6$ —チマーゼ→ $2C_2H_5OH + 2CO_2$

□18 ★★ セルロースは希塩酸などの触媒，または酵素のはたらきによって，グルコースに 1★★ される。ヒトはそのような酵素をもたないため，セルロースを消化することはできない。一方，ウシやヒツジなどの草食動物は腸内細菌によってセルロースを 1★★ してグルコースにすることができる。（香川大）

(1) 加水分解（かすいぶんかい）

〈解説〉セルロースの酵素による加水分解は次のようになる。

セルロース $(C_6H_{10}O_5)_n$ 多糖類 —セルラーゼ→ セロビオース $C_{12}H_{22}O_{11}$ 二糖類 —セロビアーゼ→ グルコース $C_6H_{12}O_6$ 単糖類

□19 ★★★ (1)〜(3)に適当な用語・分子式，(4)に化合物名，(5)，(6)にあてはまるすべての構成単糖類の名称を答えよ。

分類	分子式	名称	構成単糖類
単糖類	$C_6H_{12}O_6$	グルコース	
		フルクトース	
		ガラクトース	
1★★★	3★★★	スクロース	5★★★
		マルトース	グルコース
		4★★	グルコース
		ラクトース	6★
2★★★	$(C_6H_{10}O_5)_n$	デンプン	グルコース
		セルロース	

（岩手大）

(1) 二糖（類）（にとうるい）
(2) 多糖（類）（たとうるい）
(3) $C_{12}H_{22}O_{11}$
(4) セロビオース
(5) グルコース，フルクトース
(6) グルコース，ガラクトース

7 アミノ酸

▼ANSWER

□1 ★★★ タンパク質を加水分解して得られるα-アミノ酸では，中心のα-炭素原子に結合する水素原子，アミノ基，カルボキシ基の3つの部分は共通しているが，側鎖(R)の部分の違いでアミノ酸の種類が決まる。Rが水素である［1★★★］以外のアミノ酸は［2★★★］をもつので鏡像異性体が存在する。

$$H_2N-\underset{H}{\overset{R}{C}}-COOH$$

α-アミノ酸

（東京電機大）

〈解説〉 α-アミノ酸 β-アミノ酸

γ β α: $C-C-\underset{NH_2}{C}-COOH$　γ β α: $C-\underset{NH_2}{C}-C-COOH$

(1) グリシン
(2) 不斉炭素原子（ふせいたんそげんし）

□2 ★★★ アミノ酸は分子中に酸性を示す［1★★★］基と塩基性を示す［2★★★］基をもつ化合物で，これら2つの官能基が同一の炭素原子に結合しているものをα-アミノ酸という。（東京理科大）

(1) カルボキシ $-COOH$
(2) アミノ $-NH_2$

□3 ★★★ アミノ酸は分子内に酸性の［1★★★］基と塩基性の［2★★★］基をもち，結晶中では［1★★★］基の水素イオンが［2★★★］基に移動して，分子内に正と負の両電荷をもつ［3★★★］イオンになっている。（鹿児島大）

〈解説〉

H^+ →

双性イオン

(1) カルボキシ $-COOH$
(2) アミノ $-NH_2$
(3) 双性（そうせい）[㊀両性（りょうせい）]

□4 ★★★ 不斉炭素原子をもつアミノ酸には，化学的性質や物理的性質はほとんど変わらないが，光に対する性質の異なる一対の［1★★★］異性体が存在する。（長崎大）

(1) 鏡像（きょうぞう）[㊀光学（こうがく）]

□5 ★★★ アミノ酸は，正と負の電荷のある構造が無機の塩に似ているため，一般の有機化合物に比べて融点や沸点が［1★★★］，水に［2★★★］が，有機溶媒には［3★★★］。

（東京理科大）

(1) 高（たか）く
(2) 溶（と）けやすい
(3) 溶（と）けにくい

□6 ★★★

アミノ酸の化学的性質はα-アミノ酸の側鎖の種類によって決まる。[1★★★]を除くα-アミノ酸には[2★★★]があるので，[3★★★]が存在する。[3★★★]には[4★]と[5★]が存在し，天然のアミノ酸はほとんど[5★]である。 （東京理科大）

〈解説〉L体　D体

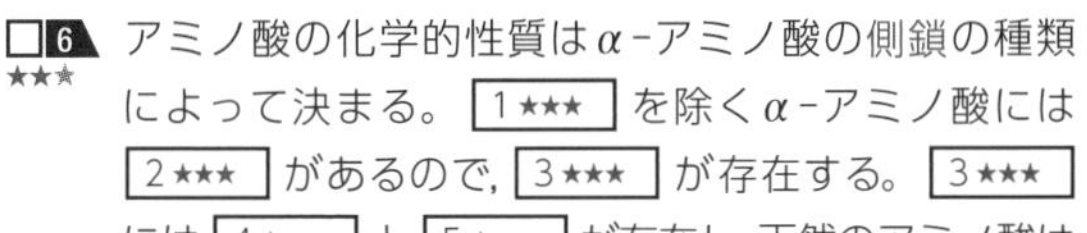

(1) グリシン H_2N-CH_2-COOH
(2) 不斉炭素原子（ふせいたんそげんし）
(3) 鏡像異性体（きょうぞういせいたい）［㊊光学異性体（こうがくいせいたい）］
(4) D体（たい）［㊊D形（がた）］
(5) L体（たい）［㊊L形（がた）］

□7 ★★★

タンパク質を構成するアミノ酸 [$R-CH(NH_2)COOH$] は約[1★★★]種類あり，遊離のアミノ酸は1分子中に正電荷と負電荷を有する[2★★★]構造をとっている。また，第二のアミノ基を側鎖(R−)の中にもつ[3★★★]アミノ酸や，第二のカルボキシ基を側鎖(R−)の中にもつ[4★★★]アミノ酸などがある。 （三重大）

〈解説〉いろいろなα-アミノ酸

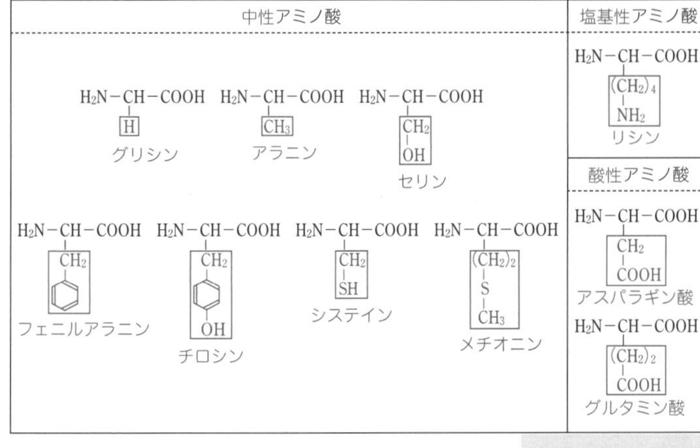

(1) 20
(2) 双性（そうせい）イオン［㊊両性（りょうせい）イオン］
(3) 塩基性（えんきせい）
(4) 酸性（さんせい）

□8 ★★★

分子式 $C_3H_7O_2N$ で示されるアラニンには，水素，メチル基，[1★★★]基，[2★★★]基（順不同）の4種類の異なる原子や原子団が結合している炭素原子がある。この炭素を[3★★★]といい，アラニンには一対の鏡像(光学)異性体が存在する。 （新潟大）

〈解説〉アラニン $C_3H_7O_2N$　$H_2N-CH(CH_3)-COOH$

(1) カルボキシ $-COOH$
(2) アミノ $-NH_2$
(3) 不斉炭素原子（ふせいたんそげんし）

25 天然高分子化合物 7 アミノ酸

□9 ★

天然のタンパク質を構成するアミノ酸のうちで，動物の体内でつくることができず，食物から摂取しなければならないアミノ酸を [1★] アミノ酸といい，ヒトの場合は 9 種類あるといわれている。（埼玉大）

〈解説〉メチオニン，フェニルアラニン，リシンなど

(1) 必須（ひっす）

□10 ★★

アラニンに十分量の無水酢酸を作用させたところ [1★★] (構造式)を得た。一方，アラニンをメタノールに溶かし，少量の濃硫酸を加えて煮沸し，中和したところ，[2★★] (構造式)を得た。（東京理科大）

〈解説〉カルボキシ基やアミノ基の反応

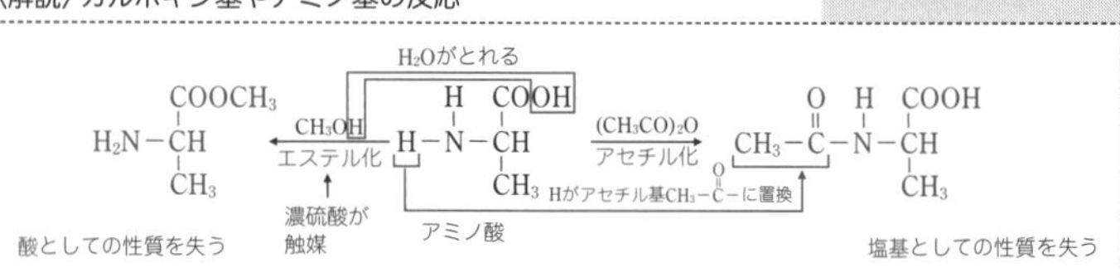

(1) $CH_3-CH(NHCOCH_3)-COOH$

(2) $CH_3-CH(NH_2)-COOCH_3$

□11 ★★★

[1★★★] 基の存在により α-アミノ酸はニンヒドリン反応で [2★★★] 色を呈する。（群馬大）

〈解説〉ニンヒドリン

(1) アミノ $-NH_2$

(2) (赤（あか）) 紫（むらさき）

□12 ★★★

α-アミノ酸を検出する方法には [1★★★] 反応があるが，α-アミノ酸を無水酢酸と反応させると [1★★★] 反応で検出できなくなる。なお，ペプチドやタンパク質も [1★★★] 反応によって検出される。（鳥取大）

〈解説〉$-NH_2$ が $-NHCOCH_3$ となり，検出できなくなる。

(1) ニンヒドリン

□13 ★★

アミノ酸は塩基性，酸性，両方の性質を有する [1★★] であり，水溶液中では pH の違いにより異なったイオン構造を示す。（京都府立大）

〈解説〉

$$H_3N^+-CH(R)-COOH \underset{H^+}{\overset{OH^-}{\rightleftarrows}} H_3N^+-CH(R)-COO^- \underset{H^+}{\overset{OH^-}{\rightleftarrows}} H_2N-CH(R)-COO^-$$

(1) 両性電解質（りょうせいでんかいしつ）［別 両性化合物（りょうせいかごうぶつ），両性物質（りょうせいぶっしつ）］

□14 ★★★ アミノ酸は水溶液中では，イオンとなり電離平衡の状態で存在する。分子内に正・負の電荷を併せ持つイオンを [1★★★] イオンという。この電離平衡は pH の影響をうける。アミノ酸の水溶液に酸を加えるとアミノ酸は [2★★] イオンの割合が増す。アミノ酸の水溶液が特定の pH になると，陽イオン，[1★★★] イオン，陰イオンの平衡混合物の電荷が全体として 0 になる。この時の pH を [3★★★] という。（昭和薬科大）

(1) 双性［㊐両性］
(2) 陽
(3) 等電点

〈解説〉中性アミノ酸は中性付近（5～6 程度）に，酸性アミノ酸は酸性側に，塩基性アミノ酸は塩基性側に等電点をもつ。

□15 ★★ カルボキシ基は [1★★] 性，アミノ基は [2★★] 性を示す官能基である。そのため，アミノ酸は中性水溶液中では電離し，分子内に正と負の両電荷をもつ [3★★★] イオンとなる。分子のもつ正電荷と負電荷を足した値を，分子の正味の電荷という。中性水溶液中での正味の電荷を価数で表すと，その値はアラニンでは [4★]，グルタミン酸では [5★]，リシンでは [6★] である。（神戸大）

(1) (弱)酸
(2) (弱)塩基［㊐(弱)アルカリ］
(3) 双性［㊐両性］
(4) 0
(5) −1
(6) ＋1

〈解説〉中性水溶液中では，次のように $-COOH$ や $-NH_2$ のどれもがイオンになった状態がほとんどになる。

アラニン
$CH_3-CH(NH_3^+)-COO^-$，

グルタミン酸
$^-OOC-(CH_2)_2-CH(NH_3^+)-COO^-$，

リシン
$H_3N^+-(CH_2)_4-CH(NH_3^+)-COO^-$

□16 ★ 図の各アミノ酸の等電点は表に示す通りである。また，A1 は A4 の鏡像異性体であり，A5 には鏡像異性体が存在しない。A1 〜 A5 に該当する図のアミノ酸の名称を答えよ。ただし，鏡像異性体は区別しなくてよい。

A1 [1★]　A2 [2★]　A3 [3★]
A4 [4★]　A5 [5★]

図

アミノ酸側鎖(R)の構造とアミノ酸の名称

$$H_2N-\underset{|}{\overset{R}{C}}H-COOH$$

α-アミノ酸　グリシン（側鎖 H）　アラニン（側鎖 CH_3）

グルタミン酸（側鎖 $-(CH_2)_2-COOH$）　リシン（側鎖 $-(CH_2)_4-NH_2$）

表

アミノ酸	等電点
A1	6.00
A2	3.22
A3	9.74
A4	6.00
A5	5.97

（京都大）

(1) アラニン
(2) グルタミン酸
(3) リシン
(4) アラニン
(5) グリシン

解き方

まず，A5 は鏡像異性体が存在しないとあるので，不斉炭素原子をもたないグリシンとなる。次に，A1 と A4 は等電点が中性付近(6.00)で鏡像異性体の関係にある。図の中性アミノ酸(グリシン，アラニン)のうち，不斉炭素原子をもつものはアラニンだけなので A1 と A4 はアラニンとなる。最後に，等電点が酸性側(3.22)にある A2 は酸性アミノ酸のグルタミン酸，等電点が塩基性側(9.74)にある A3 は塩基性アミノ酸のリシンとなる。

□17 ★★ アラニンは水溶液中で以下のような，Ⅰ，Ⅱ，Ⅲの３種類の異なる状態をとりうる。

$$\underset{\text{I}}{CH_3-\underset{NH_3^+}{CH}-COOH} \underset{H^+}{\overset{OH^-}{\rightleftarrows}} \underset{\text{II}}{CH_3-\underset{NH_3^+}{CH}-COO^-} \underset{H^+}{\overset{OH^-}{\rightleftarrows}} \underset{\text{III}}{CH_3-\underset{NH_2}{CH}-COO^-}$$

Ⅰ，Ⅱ，Ⅲの存在比はアラニン溶液の pH により異なり，等電点のときには [1★★] と [2★★] (順不同) の濃度は等しい。

（東京理科大）

(1) Ⅰ
(2) Ⅲ

〈解説〉等電点においては，アラニンのほとんどが双性イオン（Ⅱ）となっており，わずかにある陽イオン(Ⅰ)と陰イオン(Ⅲ)のモル濃度が等しい。

□18 ★★★ タンパク質を構成する約20種類のアミノ酸のうち，グルタミン酸(等電点3.2) $HOOC-(CH_2)_2-CH(NH_2)-COOH$ とリシン(等電点9.7) $H_2N-(CH_2)_4-CH(NH_2)-COOH$ を図のように pH7.0 の食塩水で湿らせたろ紙の上にのせ，直流の電源につなぐと，生じたイオンがろ紙上を移動する。この現象を [1★★★] とよぶ。[2★★] は陰極側へ，[3★★] は陽極側へそれぞれ移動する。（愛媛大）

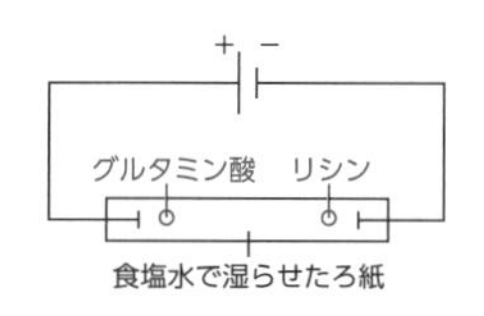

〈解説〉等電点より pH が小さいと陽イオンの割合が大きくなり陰極側へ移動し，等電点より pH が大きいと陰イオンの割合が大きくなり陽極側へ移動する。pH = 7.0 ではグルタミン酸は陰イオンの割合が大きく，リシンは陽イオンの割合が大きくなっている。

(1) 電気泳動(でんきえいどう)
(2) リシン
(3) グルタミン酸(さん)

□19 ★★★ 最も簡単な α-アミノ酸であるグリシンは，水溶液中で3種類のイオンX，Y，Zとして存在しており，以下のような電離平衡が成り立っている。

$$X \rightleftarrows Y + H^+ \text{(平衡定数 } K_1 = 4.0 \times 10^{-3} \text{mol/L)}$$

$$Y \rightleftarrows Z + H^+ \text{(平衡定数 } K_2 = 2.5 \times 10^{-10} \text{mol/L)}$$

イオンX，Y，Zの構造はそれぞれ [1★★★]，[2★★★]，[3★★★] である。Yのようなイオンを [4★★★] イオンとよぶ。[X] = [Z] のとき，グリシンの電荷は分子全体として0になる。このときの水溶液中の水素イオン濃度を，K_1 と K_2 を用いて表すと，$[H^+]$ = [5★★] となる。電荷が分子全体として0となる溶液の pH を等電点という。グリシンの等電点は [6★★] (2ケタ)である。（慶應義塾大）

(1) $H_3N^+-CH(H)-COOH$
(2) $H_3N^+-CH(H)-COO^-$
(3) $H_2N-CH(H)-COO^-$
(4) 双性(そうせい)[㊀両性(りょうせい)]
(5) $\sqrt{K_1K_2}$
(6) 6.0

解き方

グリシンは，水溶液中では次のような平衡状態にあって，これらの割合はpHによって変化する。

$$H_3N^+-\underset{\substack{|\\H}}{CH}-COOH \underset{+H^+}{\overset{+OH^-}{\rightleftarrows}} H_3N^+-\underset{\substack{|\\H}}{CH}-COO^- \underset{+H^+}{\overset{+OH^-}{\rightleftarrows}} H_2N-\underset{\substack{|\\H}}{CH}-COO^-$$

陽イオン　→　X
双性イオン　→　Y
陰イオン　→　Z

グリシンの平衡定数(電離定数) K_1，K_2 は，

$$X \rightleftarrows Y + H^+ \quad K_1 = \frac{[Y][H^+]}{[X]} = 4.0 \times 10^{-3} \cdots ①$$

$$Y \rightleftarrows Z + H^+ \quad K_2 = \frac{[Z][H^+]}{[Y]} = 2.5 \times 10^{-10} \cdots ②$$

となり，グリシン全体で電気的に中性(等電点)になるためには，$[X]=[Z]$のように正電荷と負電荷がつり合えばよい。

ここで，$K_1 \times K_2$ を求めると，

$$K_1 \times K_2 = \frac{[Y][H^+]}{[X]} \times \frac{[Z][H^+]}{[Y]} = [H^+]^2$$

双性イオンどうしなので消去できる

等電点では$[X]=[Z]$が成り立つので消去できる

となり，

$$[H^+]^2 = K_1K_2$$

$$[H^+] = \sqrt{K_1K_2} = \sqrt{4.0 \times 10^{-3} \times 2.5 \times 10^{-10}} = \sqrt{10^{-12}}$$

$$= 10^{-6}\text{mol/L}$$

$$pH = -\log_{10}[H^+] = -\log_{10}10^{-6} = 6.0 \ (\text{等電点})$$

★★

アラニン $H_2N-CH(CH_3)-COOH$ はアミノ酸の一つで，水溶液中では，陽イオン，双性イオン，陰イオンの形で存在し，次の2つの平衡を示す。

$$H_3N^+-CH(CH_3)-COOH \rightleftarrows H_3N^+-CH(CH_3)-COO^- + H^+$$
$$K_1 = 10^{-2.3} \text{〔mol/L〕}$$
$$H_3N^+-CH(CH_3)-COO^- \rightleftarrows H_2N-CH(CH_3)-COO^- + H^+$$
$$K_2 = 10^{-9.7} \text{〔mol/L〕}$$

アラニンの陽イオンと双性イオンの濃度が等しくなるpHは［1★］(2ケタ)で，陰イオンと双性イオンの濃度が等しくなるpHは［2★］(2ケタ) である。陽イオンの濃度はpHが［3★★］くなるほど高くなり，また，陰イオンの濃度はpHが［4★★］くなるほど高くなる。一方，双性イオンの濃度は，中性付近で［5★★］く，高いpHおよび低いpH範囲では［6★★］い。 （お茶の水女子大）

(1) 2.3
(2) 9.7
(3) 低（ひく）[別 小（ちい）さ]
(4) 高（たか）[別 大（おお）き]
(5) 高（たか）[別 大（おお）き]
(6) 低（ひく）[別 小（ちい）さ]

解き方

(1) $[H_3N^+-CH(CH_3)-COOH] = [H_3N^+-CH(CH_3)-COO^-]$ なので，
（陽イオン）（双性イオン）

$$K_1 = \frac{[H_3N^+-CH(CH_3)-COO^-][H^+]}{[H_3N^+-CH(CH_3)-COOH]} \text{ より，}$$

$[H^+] = K_1 = 10^{-2.3}$mol/L となる。

よって，そのpHは　$pH = -\log_{10}[H^+] = -\log_{10}10^{-2.3} = 2.3$

(2) $[H_2N-CH(CH_3)-COO^-] = [H_3N^+-CH(CH_3)-COO^-]$ なので，
（陰イオン）（双性イオン）

$$K_2 = \frac{[H_2N-CH(CH_3)-COO^-][H^+]}{[H_3N^+-CH(CH_3)-COO^-]} \text{ より，}$$

$[H^+] = K_2 = 10^{-9.7}$mol/L となる。

よって，そのpHは　$pH = -\log_{10}[H^+] = -\log_{10}10^{-9.7} = 9.7$

□21 ★★ アラニンは水溶液中で以下のようなI，II，IIIの３種類の異なる構造をとりうる。

$$\underset{\text{I}}{CH_3-\underset{|\atop NH_3^+}{CH}-COOH} \underset{H^+}{\overset{OH^-}{\rightleftarrows}} \underset{\text{II}}{CH_3-\underset{|\atop NH_3^+}{CH}-COO^-} \underset{H^+}{\overset{OH^-}{\rightleftarrows}} \underset{\text{III}}{CH_3-\underset{|\atop NH_2}{CH}-COO^-}$$

いま0.1mol/Lの塩酸溶液中のアラニン10mLを0.1mol/Lの水酸化ナトリウム水溶液で滴定すると，図1のような滴定曲線が得られた。

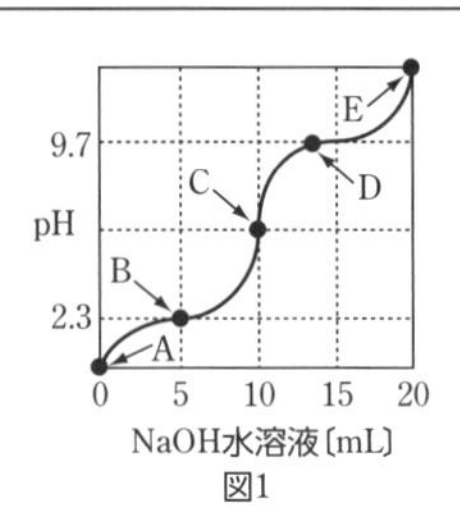

図1

アラニンの電離定数 K_1，K_2 を　$K_1 = \dfrac{[\text{II}][H^+]}{[\text{I}]}$

$K_2 = \dfrac{[\text{III}][H^+]}{[\text{II}]}$

とすると，K_1，K_2 の値はそれぞれ $10^{-2.3}$，$10^{-9.7}$ となった。ここで[I]，[II]，[III]は，それぞれI，II，IIIの濃度を表し，$[H^+]$は水素イオン濃度を表すものとする。

この滴定中におけるアラニンの状態の変化を調べると，点Aでは主に［1★★］の状態で存在しており，点Bでは［2★★］と［3★★］((2)(3)順不同)はほぼ等量存在している。また点Dでは主に［4★★］と［5★★］の状態で存在し，その存在量は［4★★］＜［5★★］である。さらに点Eでは主に［6★★］の状態で存在している。この滴定曲線において点Cは［7★★］であり，［8★★］と［9★★］((8)(9)順不同)の濃度が等しい。

（東京理科大）

〈解説〉点Bは，Iの $\frac{1}{2}$ を中和した点なので[I]＝[II]となる。

点Dは，IIの $\frac{1}{2}$ を中和する前なので[II]＞[III]となる。

(1) I［㊥陽(よう)イオン］
(2) I［㊥陽(よう)イオン］
(3) II［㊥双性(そうせい)イオン，両性(りょうせい)イオン］
(4) III［㊥陰(いん)イオン］
(5) II［㊥双性(そうせい)イオン，両性(りょうせい)イオン］
(6) III［㊥陰(いん)イオン］
(7) 等電点(とうでんてん)
(8) I［㊥陽(よう)イオン］
(9) III［㊥陰(いん)イオン］

□22 ★★★ アミノ酸の分子間で 1★★★ 基と 2★★★ 基(順不同)が脱水縮合したものを，特に 3★★★ 結合という。 (鹿児島大)

(1) カルボキシ $-COOH$
(2) アミノ $-NH_2$
(3) ペプチド $-\overset{\overset{O}{\|}}{C}-\overset{\overset{H}{|}}{N}-$

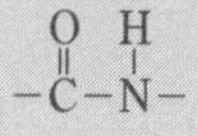

〈解説〉アミノ酸の脱水縮合

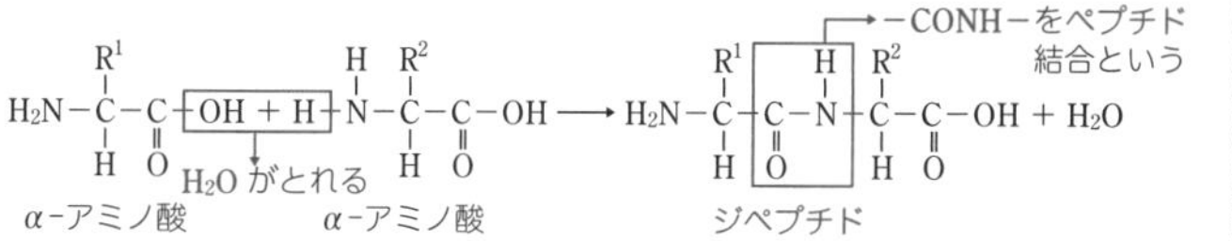

$$H_2N-\underset{\underset{H}{|}}{\overset{\overset{R^1}{|}}{C}}-\underset{\underset{O}{\|}}{C}-OH + H-\overset{\overset{H}{|}}{N}-\underset{\underset{H}{|}}{\overset{\overset{R^2}{|}}{C}}-\underset{\underset{O}{\|}}{C}-OH \longrightarrow H_2N-\underset{\underset{H}{|}}{\overset{\overset{R^1}{|}}{C}}-\underset{\underset{O}{\|}}{C}-\overset{\overset{H}{|}}{N}-\underset{\underset{H}{|}}{\overset{\overset{R^2}{|}}{C}}-\underset{\underset{O}{\|}}{C}-OH + H_2O$$

H_2O がとれる

α-アミノ酸　α-アミノ酸　ジペプチド

$-CONH-$ をペプチド結合という

□23 ★★★ あるアミノ酸分子のカルボキシ基と，別のアミノ酸分子のアミノ基との間で 1★★★ が起こると，アミド結合ができる。このように，アミノ酸どうしから生じたアミド結合を，特にペプチド結合という。アミノ酸 2 分子が 1★★★ して結合した分子を 2★★★ ，3 分子が結合した分子を 3★★★ ，多数のアミノ酸が 1★★★ により鎖状に結合した分子を 4★★★ という。 (鳥取大)

(1) (脱水)縮合
(2) ジペプチド
(3) トリペプチド
(4) ポリペプチド

□24 ★★★ ペプチド結合は，1 つのアミノ酸分子のアミノ基と別のアミノ酸分子のカルボキシ基が 1★★ して水が 1 分子とれることによって形成される。 2★★ タンパク質は，α-アミノ酸のみで構成されている 3★★★ である。n 個のα-アミノ酸が 1★★ して生成したペプチドの一般式は図のようになり，末端にアミノ基がある方を N 末端，カルボキシ基がある方を C 末端とよぶ(なお，$R^1 \sim R^n$ は各アミノ酸固有の置換基を示す)。α-アミノ酸の結合順序(一次構造)は，タンパク質の立体構造や機能に密接に関係しており，これを決定することは重要である。

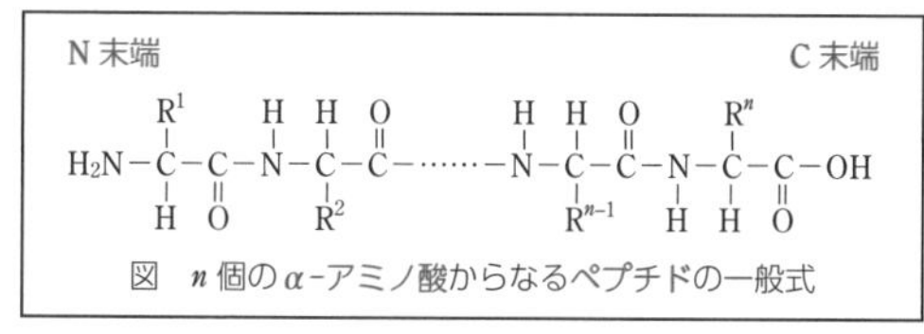

図　n 個のα-アミノ酸からなるペプチドの一般式

(群馬大)

(1) (脱水)縮合
(2) 単純
(3) ポリペプチド

□25 ★★★ 2つのアラニン分子が脱水縮合して生成するジペプチドの化学構造式を示せ。 [1★★★] （香川大）

〈解説〉

$$H_2N-CH(CH_3)-C(=O)\boxed{-O-H+H}-N(H)-CH(CH_3)-C(=O)-OH$$

アラニン　H_2O がとれる　アラニン

(1)
$$H_2N-CH(CH_3)-C(=O)-N(H)-CH(CH_3)-COOH$$

□26 ★★ 2種類のアミノ酸を縮合して得られるジペプチドは鏡像異性体を考慮しないと [1★★] 種類考えられる。

（東京電機大）

〈解説〉2種類のアミノ酸

例グリシンとアラニンからなるジペプチド

$$H_2N-CH_2-C(=O)\boxed{-O-H+H}-N(H)-CH(CH_3)-COOH \longrightarrow H_2N-CH_2-C(=O)-N(H)-CH(CH_3)-COOH+H_2O$$

グリシン　脱水縮合　アラニン

↖構造異性体が
↙2種類考えられる

$$H_2N-CH(CH_3)-C(=O)\boxed{-O-H+H}-N(H)-CH_2-COOH \longrightarrow H_2N-CH(CH_3)-C(=O)-N(H)-CH_2-COOH+H_2O$$

アラニン　脱水縮合　グリシン

(1) 2

□27 ★★ グリシンが，3分子縮合して生成するトリペプチドの構造式を記せ。 [1★★] （高知大）

$$H_2N-CH_2-C(=O)-N(H)-CH_2-C(=O)-N(H)-CH_2-COOH$$

〈解説〉

$$H_2N-CH(H)-C(=O)\boxed{-O-H+H}-N(H)-CH(H)-C(=O)\boxed{-O-H+H}-N(H)-CH(H)-C(=O)-OH$$

H_2Oがとれる　H_2Oがとれる

(1) 図参照

□28 ★★★ [1★★★] 以外のアミノ酸にはすべて不斉炭素原子が含まれており，[2★★★] が存在する。2個のアミノ酸分子が縮合して生じたアミド結合を [3★★★] という。グリシンとアラニン2分子が縮合してできたトリペプチドの異性体の数は [2★★★] を考慮しない場合 [4★] 種類ある。 （東京理科大）

〈解説〉グリシンをㇷ゚，アラニンをㇵとすると，構造異性体は

ⓖ－ⓐ－ⓐ　ⓐ－ⓖ－ⓐ　ⓐ－ⓐ－ⓖ

の3種類となる。

(1) グリシン
H_2N-CH_2-COOH
(2) 鏡像異性体（きょうぞういせいたい）
[別 光学異性体（こうがくいせいたい）]
(3) ペプチド結合（けつごう）
$$-C(=O)-N(H)-$$
(4) 3

8 タンパク質

▼ANSWER

□1 ★★★ 細胞内では，DNAに記録されている遺伝情報を設計図として，さまざまなタンパク質がつくられている。タンパク質は，およそ20種類のアミノ酸が重合したポリ［1★★★］であり，多様な機能を担っている。（名城大）

(1) ペプチド

□2 ★★★ タンパク質は多数のα-アミノ酸が［1★★★］結合により結びついたものであり，アミノ酸の結合順序や数により様々なタンパク質が生じることが知られている。

（東京理科大）

(1) ペプチド

$$\begin{matrix} \mathrm{O} & & \mathrm{H} \\ \| & & | \\ -\mathrm{C} & - & \mathrm{N}- \end{matrix}$$

□3 ★★★ タンパク質の一つに，毛髪に存在するケラチンがある。このタンパク質は側鎖に［1★★］原子を含むシステインと呼ばれるアミノ酸に富み，その側鎖が［2★★］されることによって，［1★★］原子同士が共有結合した［3★★★］結合が形成され，立体構造が安定化されている。（横浜国立大）

〈解説〉$-\mathrm{SH}+\mathrm{HS}- \underset{\text{還元}}{\overset{\text{酸化}}{\rightleftarrows}} -\mathrm{S}-\mathrm{S}-$

(1) 硫黄（いおう） S
(2) 酸化（さんか）
(3) ジスルフィド
$-\mathrm{S}-\mathrm{S}-$

□4 ★★★ 卵白水溶液に横からレーザー光を当てると光の通路が明るく光って見える。この現象を［1★★★］という。

（愛媛大）

(1) チンダル現象（げんしょう）

□5 ★★★ タンパク質を加熱したり，酸，塩基，アルコール，重金属イオンなどを加えると凝固し，ゲルとなり再びもとの状態にもどらなくなることがある。この現象をタンパク質の［1★★★］という。（名古屋市立大）

(1) 変性（へんせい）

〈解説〉

正常なインスリンの立体構造

熱 →

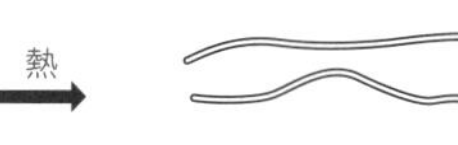
変性したインスリン

□6 ★★★ 天然のタンパク質には，[1★★★]結合で結合した[2★★★]の配列順序と数の違いにより，多くの種類がある。その配列順序を[3★]という。（お茶の水女子大）

(1) ペプチド
O H
‖ |
−C−N−
[⑩共有]
(2) (α-)アミノ酸
(3) 一次構造

□7 ★★ 動物繊維の主成分であるタンパク質は，主に図に示す2つの立体構造をとる。

らせん状を示す[1★★★]構造では分子内で，ジグザグ状を示す[2★★★]構造では分子間で[3★★★]がそれぞれ形成される。[1★★★]や[2★★★]のような部分的な立体構造をタンパク質の[4★]という。

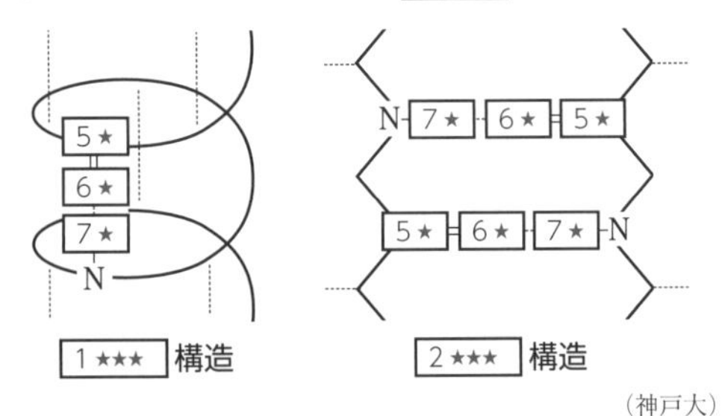

（神戸大）

(1) α-ヘリックス
[⑩らせんなど]
(2) β-シート
[⑩ひだ状の平面など]
(3) 水素結合
(4) 二次構造
(5) C
(6) O
(7) H

〈解説〉タンパク質の二次構造

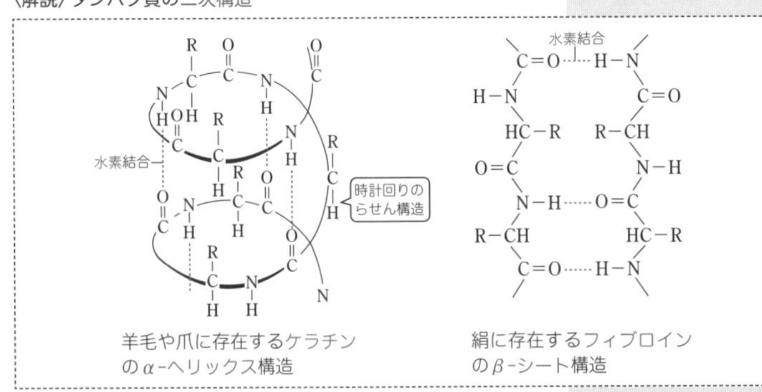

羊毛や爪に存在するケラチンのα-ヘリックス構造

絹に存在するフィブロインのβ-シート構造

□8 ★★★

タンパク質を構成する [1★★★] の配列順序をタンパク質の [2★] とよぶ。水溶液中ではタンパク質の [3★★] 鎖はらせん構造をとることがある。この構造を [4★★★] とよび，らせん1巻きに平均3.6個の [1★★★] 単位が入る。また [5★★★] とよばれる，となりあった [3★★] 鎖同士が波状に折れ曲がって並んだひだ状構造をとることもある。[4★★★] や [5★★★] のような基本構造は，タンパク質の [6★] とよばれ，[7★★] 結合に関与している官能基間の [8★★★] 結合によって形成される。タンパク質全体では，[8★★★] 結合や [9★★★] 結合の非共有結合や，共有結合である [10★★★] 結合により，分子全体が複雑な構造をとる。これをタンパク質の [11★] とよび，タンパク質の機能に重要である。（信州大）

〈解説〉二次構造以上をまとめてタンパク質の高次構造という。

(1) (α-)アミノ酸(さん)
(2) 一次構造(いちじこうぞう)
(3) (ポリ)ペプチド
(4) α-ヘリックス構造(こうぞう)
(5) β-シート構造(こうぞう)
(6) 二次構造(にじこうぞう)
(7) ペプチド
(8) 水素(すいそ)
(9) イオン
(10) ジスルフィド −S−S−
(11) 三次構造(さんじこうぞう)

□9 ★★

タンパク質の立体構造（三次構造）を決定するために重要な役割を果たしているものには，アミノ酸の正の電荷をもつ置換基と他のアミノ酸の負の電荷をもつ置換基の間にはたらく [1★★] 結合や，アミノ酸の [2★] 性置換基同士が水を避けるようにして集まる [2★] 性相互作用などもある。また，2つのシステインの置換基同士の間に形成される [3★★★] 結合もタンパク質の三次構造を決定するために重要な役割を果たしているが，この結合は還元剤を作用させると切断される。（大阪大）

〈解説〉 $-S-S- \underset{酸化剤}{\overset{還元剤}{\rightleftarrows}} -SH + HS-$

(1) イオン
(2) 疎水(そすい)
(3) ジスルフィド −S−S−

□10 ★★

四次構造をもつタンパク質としてヘモグロビンが知られている。ヘモグロビンはα-アミノ酸以外に色素を含む [1★★] タンパク質である。

タンパク質は，温度やpHなどの条件や重金属イオンの作用などで，通常，その一次構造は変化しないが，二次構造以上の [2★] 構造が変化する。これにより，凝固や沈殿することをタンパク質の [3★★★] という。（名城大）

(1) 複合(ふくごう)[㊥色素(しきそ)]
(2) 高次(こうじ)
(3) 変性(へんせい)

□11 ★★ タンパク質を分類すると，α-アミノ酸のみで構成されている [1★★] タンパク質と，アミノ酸以外に糖類，色素，リン酸などを含む [2★★] タンパク質がある。 (広島大)

(1) 単純(たんじゅん)
(2) 複合(ふくごう)

□12 ★ 単純タンパク質には，卵白中の [1★] やグロブリン，動物の毛や爪を構成する [2★]，軟骨や腱を作る [3★]，絹の繊維を作るフィブロインなどがある。複合タンパク質には，牛乳中のリン酸を含むカゼインや，血液に含まれる色素タンパク質のヘモグロビンなどがある。 (京都府立大)

(1) アルブミン
(2) ケラチン
(3) コラーゲン

□13 ★★ タンパク質は，加水分解したときにアミノ酸だけを生じる [1★★] と，アミノ酸以外の物質も同時に生じる [2★★] がある。[2★★] にはリン酸を含む [3★] や色素を含む [4★] などがある。 (東京理科大)

(1) 単純(たんじゅん)タンパク質(しつ)
(2) 複合(ふくごう)タンパク質(しつ)
(3) リンタンパク質(しつ)
(4) 色素(しきそ)タンパク質(しつ)

□14 ★★★ タンパク質は形状により，[1★★] 状タンパク質と [2★★] 状タンパク質に分類される。多くの場合，[1★★] 状タンパク質を水に溶かすと [3★★★] 溶液となる。水に溶けたタンパク質は親水 [3★★★] であり，多量の電解質を加えると沈殿する。

また，[2★★] 状タンパク質は一般に水に溶けず，生命体の構造維持にかかわる。[2★★] 状タンパク質である [4★★] は，毛髪に含まれる。毛髪は [4★★] 分子間の [5★★★] 結合によって一定の形状を保っている。 (千葉大)

(1) 球(きゅう)
(2) 繊維(せんい)
(3) コロイド
(4) ケラチン
(5) ジスルフィド −S−S−

〈解説〉

親水基を外側に向けて球形になっている。水に溶け，細胞の中で移動できる。知られている酵素のほとんどは球状タンパク質である

球状タンパク質
㊀ アルブミン

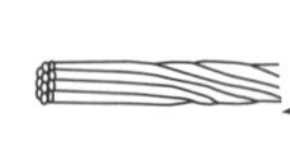
繊維状タンパク質
㊀ ケラチン，コラーゲン，フィブロイン

よじった糸のようになっており，強くて水に溶けないので，動物のひづめや筋肉などをつくっている

9 検出反応

▼ ANSWER

□1 ★★★ 2分子のα-アミノ酸が [1★★] したものはジペプチド，3分子のα-アミノ酸が [1★★] したものはトリペプチドとよばれる。トリペプチド水溶液に水酸化ナトリウム水溶液と硫酸銅(Ⅱ)水溶液を加えると赤紫色となる。この反応を [2★★★] 反応という。（同志社大）

(1) (脱水)縮合
(2) ビウレット

□2 ★★ ビウレット反応は，[1★] 個以上の [2★★★] 結合を有するペプチドの検出に用いられる。（神戸大）

〈解説〉ビウレット反応は，2個以上のペプチド結合をもつトリペプチド以上のペプチドやタンパク質が呈色する。

(1) 2
(2) ペプチド

```
O  H
‖  |
−C−N−
```

□3 ★★★ タンパク質の水溶液に水酸化ナトリウム水溶液を加えて塩基性にした後，うすい硫酸銅(Ⅱ)水溶液を少量加えると，[1★★★] 色に呈色する。この反応を [2★★★] 反応という。[2★★★] 反応は，連続する2つ以上の [3★★★] 結合部位で Cu^{2+} と配位結合を形成して呈色することに基づく。（福岡大）

(1) (赤)紫
(2) ビウレット
(3) ペプチド

```
O  H
‖  |
−C−N−
```

□4 ★★ ビウレット反応は，タンパク質中の [1★★★] 結合が Cu^{2+} と [2★] を形成することで起こる。（愛媛大）

(1) ペプチド

```
O  H
‖  |
−C−N−
```

(2) 配位結合
[㊓錯イオン]

□5 ★★★ [1★★] をもつアミノ酸を含むタンパク質の水溶液に濃硝酸を加え加熱すると，黄色に呈色し，冷却後にアンモニア水などを加えて塩基性にすると，橙黄色になる。この呈色反応を [2★★★] 反応という。[2★★★] 反応は，タンパク質を構成するアミノ酸に含まれる [1★★] が [3★★★] されるために起こる。（新潟大）

(1) ベンゼン環
⬡
[㊓芳香環]
(2) キサントプロテイン
(3) ニトロ化

□6 ★★★ タンパク質の水溶液に濃硝酸を加えて加熱すると [1★★★] 色になり，さらにアンモニア水などを加えて塩基性にすると，[2★★] 色に変化する。この反応を [3★★★] 反応という。[3★★★] 反応は，タンパク質を構成するアミノ酸成分として広く存在している [4★] やチロシンに含まれるベンゼン環がニトロ化されることによる。（福岡大）

〈解説〉 フェニルアラニン $C_6H_5-CH_2-CH(NH_2)-COOH$　チロシン $HO-C_6H_4-CH_2-CH(NH_2)-COOH$

(1) 黄（おう）
(2) 橙黄（とうおう）［㊙オレンジ］
(3) キサントプロテイン
(4) フェニルアラニン $C_6H_5-CH_2-CH(NH_2)-COOH$

□7 ★★★ タンパク質水溶液に水酸化ナトリウムを加えて加熱し，酢酸で中和後，酢酸鉛（Ⅱ）水溶液を加えると，黒色の沈殿 [1★★★] を生成する。この反応は，[2★★] 原子を含むタンパク質の検出に用いられる。（徳島大）

(1) 硫化鉛（りゅうかなまり）(Ⅱ) PbS
(2) 硫黄（いおう） S

□8 ★★★ システインなど [1★★] が含まれるタンパク質水溶液に固体の水酸化ナトリウムを加えて煮沸した後，中和し，酢酸鉛（Ⅱ）水溶液を加えると，[2★★★] 色の沈殿が生じる。（長崎大）

(1) 硫黄（いおう）(原子（げんし）)S
(2) 黒（こく）

□9 ★★★ アミノ酸に薄い [1★★★] 溶液を加えて温めると，赤紫～青紫色になる。この反応を [1★★★] 反応といい，アミノ酸の検出に用いられる。タンパク質でも [1★★★] 反応が見られる。（福井大）

(1) ニンヒドリン

□10 ★★ タンパク質水溶液にニンヒドリン水溶液を加えて温めると，ニンヒドリンが [1★★] 基と反応することで赤紫～青紫色を呈する。（信州大）

(1) アミノ $-NH_2$

□11 ★ タンパク質を高濃度の水酸化ナトリウム水溶液中で加熱すると，生じる気体が赤色リトマス紙を青く変色させる。この方法は，タンパク質に含まれる元素である [1★] の検出反応として知られている。（横浜国立大）

〈解説〉生じる気体は NH_3。

(1) 窒素（ちっそ） N

10 酵素

▼ANSWER

□1 ★★★ 反応の前後でそれ自身は変化しないが，[1 ★★★]を大きくするような物質を触媒という。触媒を用いると，反応のしくみが変わり，[2 ★★★]がより小さい新たな反応経路で反応が進む。生体内の化学反応に対して，触媒として働くタンパク質を[3 ★★★]という。

（お茶の水女子大）

(1) 反応速度（はんのうそくど）
(2) 活性化エネルギー（かっせいか）
(3) 酵素（こうそ）

□2 ★★★ 酵素がはたらく物質を基質とよび，反応速度には，基質の濃度，および反応系の[1 ★★★]や[2 ★★★]（順不同）が大きく影響する。

（早稲田大）

(1) 温度（おんど）
(2) pH [㊎水素イオン濃度，水素イオン指数]（すいそ／のうど／すい／そ／しすう）

□3 ★★★ それぞれの酵素は，特定の物質のみに作用する。その物質を[1 ★★★]と呼ぶ。例えば，[2 ★★]と呼ばれる酵素は，油脂を脂肪酸とモノグリセリドに加水分解する反応の触媒となる。また，アミラーゼと呼ばれる酵素は，[3 ★★★]をマルトースに分解する反応の触媒となる。アミラーゼは油脂に作用せず，[2 ★★]は[3 ★★★]に作用しない。これを酵素の[4 ★★★]と呼ぶ。

（富山県立大）

(1) 基質（きしつ）
(2) リパーゼ
(3) デンプン
(4) 基質特異性（きしつとくいせい）

□4 ★★★ 酵素の反応速度が最大となる温度を[1 ★★★]といい，それより高い温度では反応速度は低下し，ほとんどの酵素は60℃以上で触媒作用を失う。これは，熱によって酵素の立体構造が大きく変化するからである。このように熱などによってタンパク質の形状が変化して性質が変わることを[2 ★★★]といい，[2 ★★★]によって酵素の触媒作用が消失することを酵素の[3 ★★]という。

（名古屋大）

(1) 最適温度（さいてきおんど）
(2) (タンパク質の)変性（しつ／へんせい）
(3) 失活（しっかつ）

□5 ★★★ 酵素が触媒として作用する物質を[1 ★★★]といい，[1 ★★★]が酵素の活性部位に結合することにより，触媒反応が進行する。酵素の立体構造はpHによって変化するため，酵素ごとに最もよく働くpHがある。これを[2 ★★★]pHという。

（和歌山県立医科大）

(1) 基質（きしつ）
(2) 最適（さいてき）

□6 ★★★ 酵素が作用を及ぼす物質(基質)は，それぞれの酵素によって決まっているが，この性質を酵素の [1★★★] という。酵素がこの性質を示すのは，酵素には特有の立体構造をした [2★★] があり，その立体構造に一致した基質だけが結合できるからである。基質は，酵素と結合して [3★★] をつくり，酵素の作用を受け，生成物に変化する。 (長崎大)

(1) 基質特異性
(2) 活性部位 [別活性中心]
(3) 酵素-基質複合体

□7 ★★★ 酵素 (E) には触媒としての作用を示す活性部位があり，ここに基質 (S) を取り込んで酵素-基質複合体 (ES) を形成する。ここから反応が進行して生成物 (P) を与えて酵素(E)が再生する(式①を参照)。酵素-基質複合体(ES) の形成においても，[1★★★] 結合，[2★★] 結合(順不同)，[3★★] 性相互作用などが重要な役割を果たしている。

$$E + S \rightleftarrows ES \longrightarrow E + P \cdots ①$$ (大阪大)

(1) 水素
(2) イオン
(3) 疎水

〈解説〉

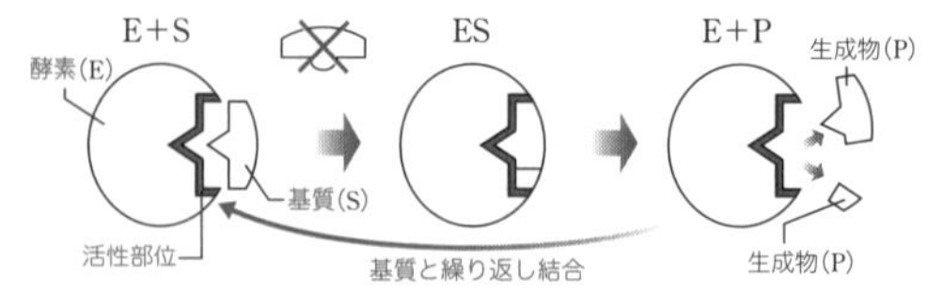

□8 ★ 酵素によっては，[1★] とよばれる別の物質を取り込んで触媒作用を発揮するものもある。例えば，ビタミン類の多くは [1★] としてはたらいている。(秋田大)

(1) 補酵素

□9 ★ 酵素反応には酵素反応を助ける補酵素を必要とする場合もある。補酵素は水溶性ビタミンから体内で合成される。例えばビタミン [1★] といわれる化合物が欠乏すると脚気になることが知られている。 (鳥取大)

(1) B_1

□10 ★★★ 単糖 $C_6H_{12}O_6$ は，酵母菌中に存在する [1★★★] という酵素群によりアルコール発酵を受ける。 (長崎大)

〈解説〉アルコール発酵

$$\underset{\text{グルコースなどの単糖}}{C_6H_{12}O_6} \xrightarrow{\text{チマーゼ}} 2C_2H_5OH + 2CO_2$$

(1) チマーゼ

□11 ★★★ 糖類の消化では，デンプンはだ液やすい液に含まれる酵素 1★★★ により，グルコースが 2★★★ 個結合したマルトースに加水分解され，小腸でさらに酵素マルターゼの作用で 3★★ 結合が加水分解を受けてグルコースになる。油脂は，胆汁によって乳化され，すい液に含まれる酵素 4★★ の作用で 5★★★ 結合が加水分解を受けて 2 分子の脂肪酸と 1 分子のモノグリセリドになる。タンパク質は，胃で酵素 6★★ の作用と，すい液に含まれる酵素 7★★ などの作用で，ペプチドを経て，最終的に 8★★★ にまで加水分解される。（秋田大）

(1) アミラーゼ
(2) 2
(3) グリコシド
(4) リパーゼ
(5) エステル

$$-\overset{\overset{\displaystyle O}{\|}}{C}-O-$$

(6) ペプシン
(7) トリプシン
(8) (α-)アミノ酸（さん）

□12 ★★★ デンプンは 1★★★ が重合した高分子化合物である。デンプンは，ヒトの体内で 2★★★ (酵素名)によりさまざまな分子量の 3★★ に分解され，さらに，二糖である 4★★★ にまで分解される。4★★★ は 5★★★ (酵素名) により 1★★★ に分解され，エネルギー源として利用される。（新潟大）

〈解説〉デンプン，デキストリン，マルトースのいずれも α-グルコースからなる。

デンプン $(C_6H_{10}O_5)_n$ —アミラーゼ→ デキストリン $(C_6H_{10}O_5)_m$ $(m < n)$ —アミラーゼ→ マルトース $C_{12}H_{22}O_{11}$ —マルターゼ→ グルコース $C_6H_{12}O_6$

(1) グルコース［別 ブドウ糖（とう）］
(2) アミラーゼ
(3) デキストリン
(4) マルトース［別 麦芽糖（ばくがとう）］
(5) マルターゼ

□13 ★★★ セルロースもデンプンと同様に 1★★★ の重合体である。ヒトはセルロースを分解する酵素をもたないため，エネルギー源として利用できない。ウシやヒツジでは，胃に共生している微生物が産生する 2★★ (酵素名)によりセルロースは 3★★ に分解され，さらに，4★★ (酵素名)により 3★★ は 1★★★ に分解され，エネルギー源として利用される。（新潟大）

〈解説〉セルロース，セロビオースのいずれも β-グルコースからなる。

セルロース $(C_6H_{10}O_5)_n$ —セルラーゼ→ セロビオース $C_{12}H_{22}O_{11}$ —セロビアーゼ→ グルコース $C_6H_{12}O_6$

(1) グルコース［別 ブドウ糖（とう）］
(2) セルラーゼ
(3) セロビオース
(4) セロビアーゼ

□14 ★★★ インベルターゼ(スクラーゼ)は，スクロースを 1★★ 類である 2★★★ とグルコースに分解する。（信州大）

(1) 単糖（たんとう）
(2) フルクトース［別 果糖（かとう）］

□15 ★ リパーゼは油脂を [1★] と脂肪酸に分解するが，タンパク質には作用しない。（山形大）

(1) モノグリセリド

□16 ★★ 私たちがタンパク質を食べると，タンパク質は胃液中の酵素 [1★★] により加水分解され，低分子量の [2★★] になる。さらに，[2★★] は酵素 [3★★] やペプチダーゼによりアミノ酸にまで加水分解される。（香川大）

(1) ペプシン
(2) ペプチド
(3) トリプシン

□17 ★★ すい液に含まれるリパーゼは糖類には作用せず，[1★★] の加水分解に選択的にはたらく。また，最適 pH が [2★★] 性領域にあるペプシンや最適 pH が [3★★] 性領域にあるトリプシンも糖類には作用しないが，タンパク質を加水分解することが知られている。（香川大）

(1) 油脂（ゆし）
(2) 酸（さん）
(3) 塩基（えんき）[㊞アルカリ]

〈解説〉酵素の反応速度と pH との関係

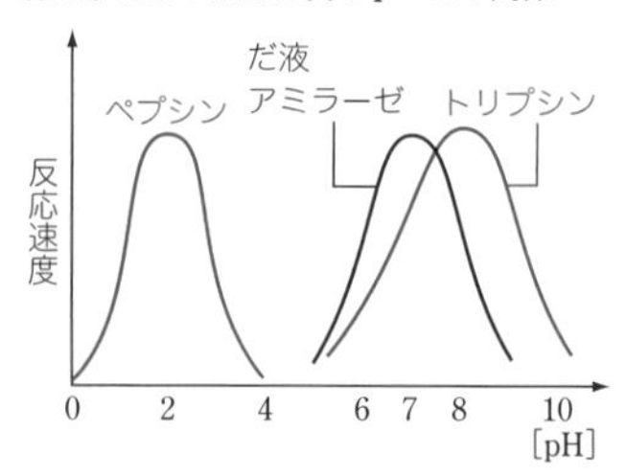

□18 ★★ 酵素は pH の影響を受け，反応速度が最大となる pH を [1★★★] といい，pH7 付近であることが多いが，胃液に含まれる [2★] は pH2 付近，すい液に含まれる [3★] は pH8 付近である。（鹿児島大）

(1) 最適（さいてき） pH
(2) ペプシン
(3) トリプシン

□19 ★★★ 生体内で起こるさまざまな化学反応は，37℃付近という比較的穏やかな条件下で進行する。[1★★★] は生体内で働く触媒である。肝臓や血液などに含まれる [2★★] は，[1★★★] の一種であり，[3★★] を分解して酸素と [4★★] を生成させる。実験室では，酸化マンガン（Ⅳ）を触媒とし，[3★★] を分解して酸素を発生させることができる。（慶應義塾大）

(1) 酵素（こうそ）
(2) カタラーゼ
(3) 過酸化水素（かさんかすいそ） H_2O_2
(4) 水（みず） H_2O

〈解説〉$2H_2O_2 \xrightarrow{\text{触媒（カタラーゼや } MnO_2\text{）}} 2H_2O + O_2$

11 核酸

▼ ANSWER

□1 ★★ 細胞には，糖類，タンパク質，脂質などの他，核酸とよばれる酸性の高分子化合物が存在する。核酸は大きく分けて2種類あり，一方はデオキシリボ核酸(DNA)，もう一方はリボ核酸(RNA)という。DNAは［1★］を伝えるはたらきがあるのに対し，RNAは［2★★★］合成に関与している。（鳥取大）

(1) 遺伝情報(いでんじょうほう)
(2) タンパク質(しつ)

□2 ★★ 核酸は大きく分けて2種類あり，一方はデオキシリボ核酸(DNA)，もう一方はリボ核酸(RNA)という。核酸は［1★★］を構成単位とし，［1★★］は核酸塩基(有機塩基)，糖，［2★★］より構成されている。（鳥取大）

〈解説〉DNAとRNAの基本構造は，窒素Nを含む核酸塩基と糖が結合したヌクレオシドがリン酸と結合したヌクレオチドである。

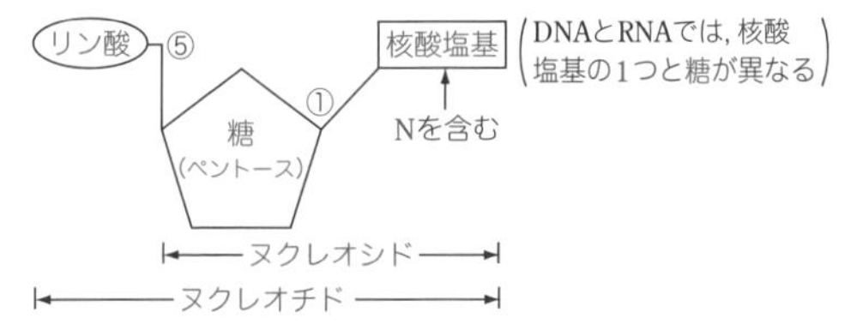

(1) ヌクレオチド
(2) リン酸(さん) H_3PO_4

□3 ★★★ 核酸は，ヌクレオチドどうしが糖部分の－OHと，リン酸部分の－OHとの間で［1★★★］した鎖状の高分子化合物である。（千葉大）

(1) 脱水縮合(だっすいしゅくごう)

□4 ★★ DNAとRNAはともに高分子化合物で，［1★★］とよばれる単位分子が多数つながった構造をとっている。［1★★］は，［2★★］に［3★★］と有機塩基が結合した化合物で，［1★★］から［3★★］がはずれた化合物はヌクレオシドとよばれる。（早稲田大）

(1) ヌクレオチド
(2) 五炭糖(ごたんとう)［別ペントース，糖(とう)］
(3) リン酸(さん) H_3PO_4

□5 ★★ DNAは糖の部分が［1★★］，RNAは糖の部分が［2★★］によって構成される。（宮崎大）

(1) デオキシリボース
(2) リボース

□6 ★★ 核酸を構成するペントースには，分子式 $C_5H_{10}O_4$ で表される [1★★] と分子式 $C_5H_{10}O_5$ で表される [2★★] の2種類がある。このペントースの構造の違いにより，核酸は DNA と RNA に分類される。（東京理科大）

(1) デオキシリボース
(2) リボース

〈解説〉
(a)DNA を構成するペントース　(b)RNA を構成するペントース

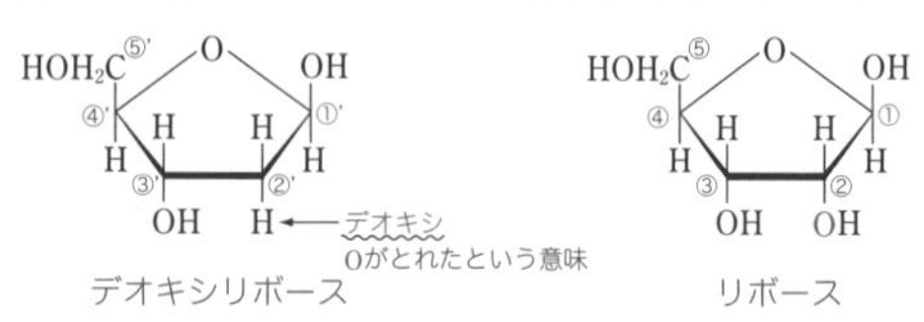

(a) の (b) との違いは，DNA を構成しているデオキシリボースが2位の C に−OH をもたない点である。

□7 ★ DNA の場合，糖部分はデオキシリボースでその分子式は $C_5H_{10}O_4$ であり，一方，RNA の場合はこの部分がリボースとなり，その分子式は [1★] である。（兵庫県立大）

(1) $C_5H_{10}O_5$

〈解説〉デオキシリボースは，リボースより O が1個少ない。

□8 ★★ 核酸の基本単位は，糖に塩基とリン酸が結合した化合物であり，ヌクレオチドとよばれる。核酸は，多数のヌクレオチドが脱水縮合してできた鎖状の高分子化合物であり，ポリヌクレオチドとよばれる。DNA の場合，糖は図に示すデオキシリボースであり，塩基はアデニン，グアニン，シトシンおよびチミンの4種類がある。図中の炭素番号で，塩基はデオキシリボースの [1★★] の炭素と結合し，ポリヌクレオチドでは，デオキシリボースの [2★★] と [3★★]（(2)(3)順不同）の2つの炭素のヒドロキシ基にリン酸が結合している。（埼玉大）

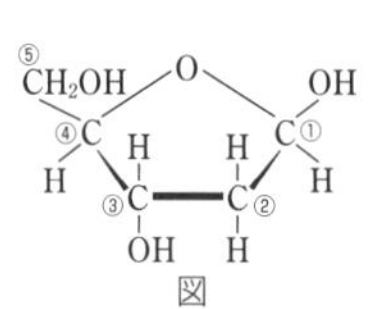

図

(1) ①
(2) ③
(3) ⑤

〈解説〉DNA の構造の一部

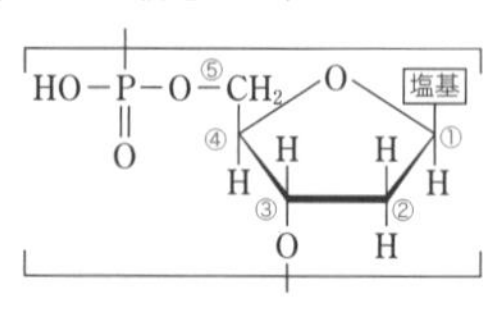

□9 ★ RNAを構成する糖であるリボースの構造式を図のデオキシリボースの構造式にしたがって記載すると [1★] となる。（熊本大）

⑤ CH_2OH O OH ④C H H C① H ③C C② H OH H

図 デオキシリボースの構造式

〈解説〉リボースは，②の炭素に－OHをもつ。

(1) CH_2OH O OH C H H C H C C H OH OH

□10 ★★★ DNAとRNAを構成する塩基は，それぞれ4種類ずつあり，そのうち略号Aで表される [1★★★]，略号Gで表される [2★★★]，略号Cで表される [3★★★] の3種類は共通である。残り1つの塩基は，DNAでは略号Tで表される [4★★★] であるが，RNAでは略号Uで表される [5★★★] である。（神戸薬科大）

(1) アデニン
(2) グアニン
(3) シトシン
(4) チミン
(5) ウラシル

〈解説〉

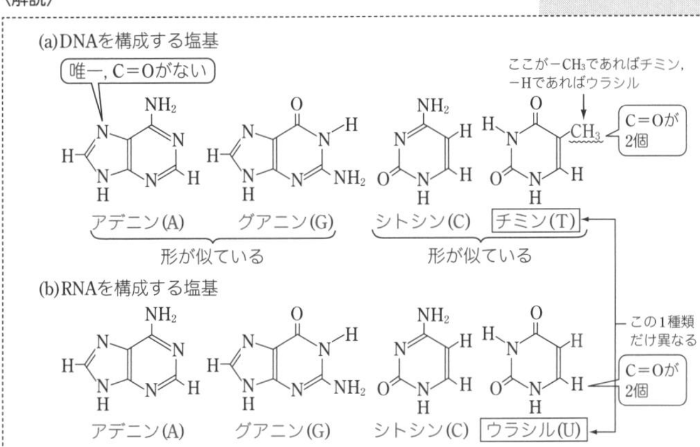

□11 ★★★ DNAには略号でA，G，CおよびTと表す4種類の塩基があり，その配列順序が遺伝情報となる。RNAにも4種類の塩基があるが，1種類だけがDNAとは異なっており，DNAの [1★★★] のかわりにRNAには [2★★★] が含まれている。（新潟大）

(1) チミンT
(2) ウラシルU

〈解説〉「チミンがうらぎる(ウラシル)」と覚えよう。

□12 ★★★

DNAは［1★★★］構造を形成している。その構造では，アデニンと［2★★］，［3★★］と［4★★］（(3)(4)順不同）がそれぞれ［5★★★］結合を形成している。

（鳥取大）

(1) 二重らせん（にじゅう）
(2) チミン
(3) グアニン
(4) シトシン
(5) 水素（すいそ）

〈解説〉**DNAの構造**

二重らせん構造を形成している。核酸塩基AとT，GとCが水素結合によって対をなしている。

アデニン(A)　チミン(T)

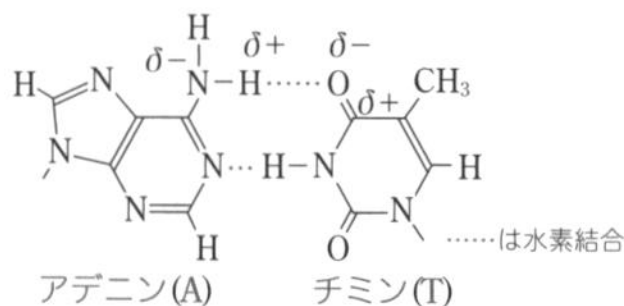

アデニンとチミンの間は2つの水素結合がある。

グアニン(G)　シトシン(C)

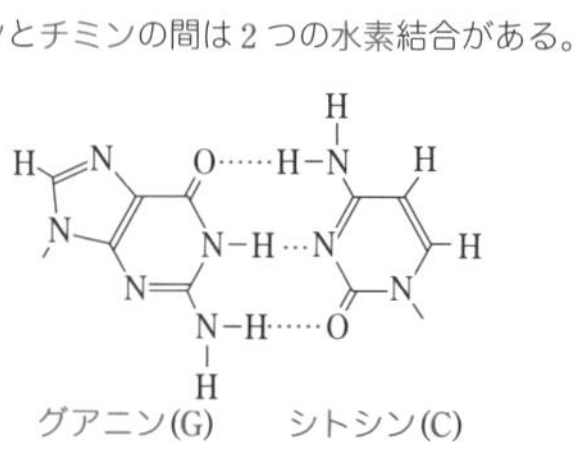

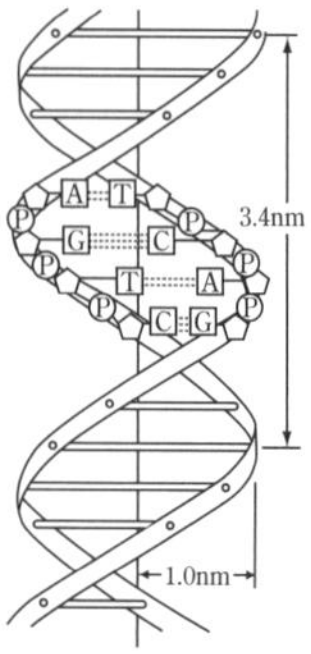

グアニンとシトシンの間は3つの水素結合がある。
そのため必ず対で存在し，AとT，GとCは常に同じmolずつ存在することになる。

□13 ★★

DNAでは，4種類の［1★★］のうちのグアニンと［2★★］，アデニンと［3★★］が対になっており，それぞれ［4★★］つおよび［5★★］つの水素結合によって引き合っている。

（名城大）

〈解説〉ジーさんシー（G3C），エーツーティー（A2T）と覚えよう。

(1) (核酸)塩基（かくさん えんき）
(2) シトシン
(3) チミン
(4) 3
(5) 2

□14 ★

一方のポリヌクレオチドが50個のヌクレオチドからなるDNA二重らせんの塩基の組成を調べたところ，シトシンが35個であった。このDNA二重らせん中のアデニンは［1★］個，グアニンは［2★］個，チミンは［3★］個になる。

（千葉大）

〈解説〉DNAのもつ塩基数は，
　アデニン(A)の数＝チミン(T)の数
　グアニン(G)の数＝シトシン(C)の数

(1) 15
(2) 35
(3) 15

DNAは二重らせん構造なので，このDNAは50 × 2 = 100個のヌクレオチドからなる。

ヌクレオチド1個には核酸塩基が1個含まれているので，このDNAには100個の核酸塩基が含まれている。

C = G = 35個となり，A = T = x〔個〕とおくと，

$\underbrace{35}_{C} + \underbrace{35}_{G} + \underbrace{x}_{A} + \underbrace{x}_{T} = 100$ 個なので，$x = 15$

よって，アデニン(A) 15個，グアニン(G) 35個，チミン(T) 15個

□15 ★★ 細胞が分裂して増殖するとき，DNAの[1★★★]構造がほどけ，新たに二組の[1★★★]構造をもつDNAが形成される。これを[2★]という。（筑波大）

(1)二重(にじゅう)らせん
(2)複製(ふくせい)

発展 □16 ★ RNAは通常[1★]鎖として存在し，主に伝令RNA(mRNA)，運搬RNA(tRNA)，[2★]RNA(rRNA)の3種類のRNAがある。（富山大）

(1)1本(ぽん)
(2)リボソーム

発展 □17 ★★ DNAからタンパク質が合成されるとき，[1★★★]構造の一部がほどけて，その遺伝情報が[2★]RNAに伝えられる。これを遺伝情報の[3★]という。[2★]RNAは核の外でリボソームと結合し，タンパク質の合成の準備をする。アミノ酸をリボソームに運ぶのは[4★]RNAである。このように，[2★]RNAのもつ遺伝情報にもとづいて，タンパク質が合成されることを遺伝情報の[5★]という。（千葉大）

(1)二重(にじゅう)らせん
(2)伝令(でんれい)［㊞メッセンジャー，m］
(3)転写(てんしゃ)
(4)転移(てんい)［㊞運搬(うんぱん)，トランスファー，t］
(5)翻訳(ほんやく)

発展 □18 ★★ タンパク質を合成するときは，まずDNAの情報がRNA (mRNA) に転写されることで，アミノ酸の結合順序が決定する。このとき，RNAの[1★]つの塩基が並ぶ順序が，1種類のアミノ酸を指定する。その順序は64通りあるため，タンパク質を構成する約[2★★★]種類のアミノ酸を指定するには充分である。（長崎大）

〈解説〉mRNAの3つの塩基の並ぶ順序をコドンという。

(1)3
(2)20

12 生命を維持する化学反応

▼ANSWER

□1 ★★ 生物は，さまざまな化学反応を利用して物質の分解や合成を行い，その生命活動を維持している。例えば，多くの生物は，好気呼吸によりグルコースを二酸化炭素と水に分解し，その際に生成するエネルギーを用いてアデノシン三リン酸 (ATP) を合成している。ATP は，［1★★］とリボースとリン酸から構成されており，［2★］個の高エネルギーリン酸結合（リン酸無水物結合）をもつ。ATP の末端のリン酸基 1 個が加水分解され，［3★］に変化する際に放出されるエネルギーは，エネルギーを必要とするさまざまな生命活動に利用されている。（長崎大）

(1) アデニン
(2) 2
(3) アデノシン二（に）リン酸（さん）(ADP)

〈解説〉ATP

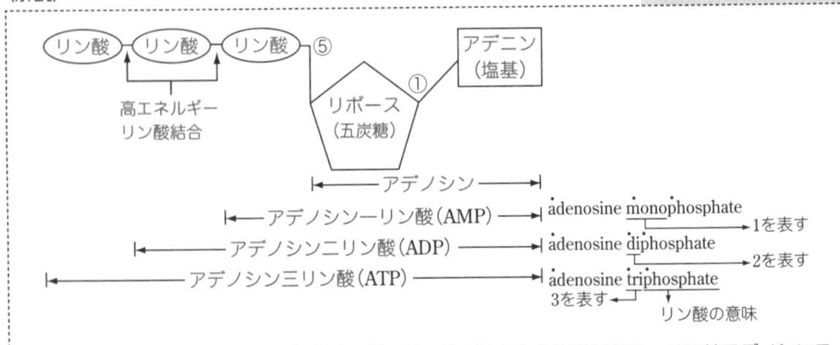

ATP は，リボース，アデニン，および 3 個のリン酸が結合した物質である。ATP はアデノシン二リン酸(ADP)がリン酸と脱水縮合することによって生じ，このときにエネルギーを吸収する。

□2 ★ 筋肉の収縮や体温の保持など，生物がエネルギーを必要とする場合，ATP が酵素により加水分解されて［1★］と ADP になる反応がおこり，このときに生じるエネルギーが用いられる。（熊本大）

(1) リン酸（さん） H_3PO_4

第26章 合成高分子化合物

1 繊維

▼ANSWER

□1 ★★★ 衣料として用いられている繊維には，天然繊維と [1★★★] 繊維がある。さらに，天然繊維は植物繊維と [2★★] 繊維に，[1★★★] 繊維は [3★★★] 繊維，半合成繊維，合成繊維に分類される。（群馬大）

(1) 化学（かがく）
(2) 動物（どうぶつ）
(3) 再生（さいせい）

□2 ★★★ 天然繊維は，木綿，麻などの [1★★] 繊維と，羊毛，絹のような [2★★] 繊維の2つに分類される。化学繊維は，セルロースなどの天然繊維を一度溶媒に溶解させ，紡糸した [3★★★] 繊維，天然繊維を化学的に処理し，置換基を結合させ，繊維状にした [4★★★] 繊維，石油などを原料にして得られる高分子化合物を繊維状にした [5★★★] 繊維などに分類される。（金沢大）

(1) 植物（しょくぶつ）
(2) 動物（どうぶつ）
(3) 再生（さいせい）
(4) 半合成（はんごうせい）
(5) 合成（ごうせい）

〈解説〉繊維の分類

- 繊維
  - 天然繊維
    - 植物繊維：木綿，麻（セルロース）
    - 動物繊維：羊毛，絹（タンパク質）
  - 化学繊維
    - 再生繊維：レーヨン ← セルロースを原料とする
    - 半合成繊維：アセテート ↙
    - 合成繊維：ナイロン，ポリエステルなど

□3 ★★★ 植物繊維である木綿の主成分は [1★★★] である。[1★★★] は [2★★★] が脱水縮合して結びついた多糖類である。（香川大）

(1) セルロース $(C_6H_{10}O_5)_n$ [別 $[C_6H_7O_2(OH)_3]_n$]
(2) β-グルコース

□4 ★ 絹は，カイコがつくるまゆ（繭）などから得られる動物繊維である。まゆから取り出される1本のまゆ糸は，2本の [1★] の繊維が [2★] によっておおわれた断面構造をしている。まゆ糸を熱水で処理すると，[2★] が溶け出して [1★] を主成分とする絹糸が得られる。（東京農工大）

(1) フィブロイン
(2) セリシン

26 合成高分子化合物 1 繊維

□5 ★★
羊の体毛を原料とした天然繊維を羊毛と呼ぶ。主成分であるタンパク質の [1★] は，らせん状の二次構造，すなわち [2★★★] 構造を形成しているため，繊維の伸縮性が大きい。（東京海洋大）

(1) ケラチン
(2) α-ヘリックス

□6 ★★★
木材から得られるセルロースは，そのままでは衣料に適していないために，適当な方法により溶解し，細孔から押し出し固化することで，繊維としている。ヒドロキシ基を変化させずに繊維にしたものが [1★★★] 繊維である。（群馬大）

(1) 再生(さいせい)

□7 ★★
セルロースは水には溶けないが，これを水酸化ナトリウムと反応させた後，[1★] と反応させるとビスコースとよばれる粘い液体が得られる。ビスコースを細孔から凝固液中に押し出し，高速で引っ張ると丈夫な糸になる。この糸を [2★★] という。（熊本大）

(1) 二硫化炭素(にりゅうかたんそ) CS_2
(2) ビスコースレーヨン

□8 ★★
ビスコースからセルロースを膜状に再生すると [1★★] が得られる。（群馬大）

(1) セロハン

□9 ★★
パルプのような繊維の短いセルロースは，そのまま紡いで糸にすることができない。そこで，水酸化銅（Ⅱ）を濃アンモニア水に溶かした [1★] 試薬にセルロースを溶かし，希硫酸中に細孔から押し出して繊維を再生したものが [2★★] である。[2★★] は，非常に細かい繊維であり，柔らかい感触と絹に似た風合いがあり，光沢があってなめらかな布になる。（岡山大）

(1) シュバイツァー [㊟シュワイツァー]
(2) 銅(どう)アンモニアレーヨン [㊟キュプラ]

□10 ★★
セルロースを適当な試薬を含む溶液に溶かし，これを再び糸状にしたものを [1★★★] という。例えば，セルロースを水酸化ナトリウム水溶液で処理してから二硫化炭素と反応させると [2★] とよばれる高粘度のコロイド溶液が得られるが，この [2★] を細孔から希硫酸中に押し出して糸状にしたものが [3★★★] である。また，[4★] を濃アンモニア水に溶かしたシュバイツァー試薬にセルロースを浸して得られるコロイド溶液を，希硫酸中に引き出して糸状にしたものが [5★★] である。（秋田大）

(1) 再生繊維(さいせいせんい) [㊟レーヨン]
(2) ビスコース
(3) ビスコースレーヨン
(4) 水酸化銅(すいさんかどう)(Ⅱ) $Cu(OH)_2$
(5) 銅(どう)アンモニアレーヨン [㊟キュプラ]

〈解説〉

レーヨンは，木材からパルプとして得られる繊維の短いセルロースを「塩基性の溶液に溶かし」，「希硫酸などの酸の中で繊維として再生」してつくる。

①ビスコースレーヨン

NaOH 水溶液で処理し，希硫酸中に押し出し繊維として再生しつくる。

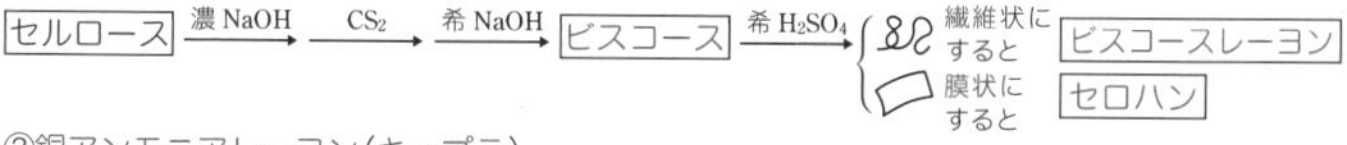

セルロース —濃 NaOH→ —CS_2→ —希 NaOH→ ビスコース —希 H_2SO_4→ { 繊維状にすると ビスコースレーヨン ／ 膜状にすると セロハン }

②銅アンモニアレーヨン(キュプラ)

シュバイツァー試薬($Cu(OH)_2$ ＋濃 NH_3 水)で処理し，希硫酸中に引き出し再生しつくる。

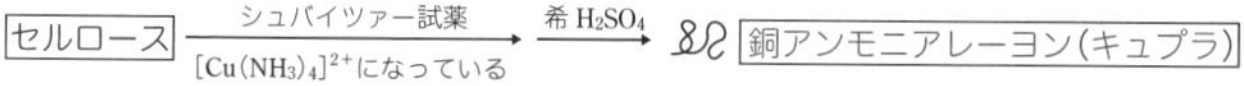

セルロース —シュバイツァー試薬 $[Cu(NH_3)_4]^{2+}$になっている→ —希 H_2SO_4→ 銅アンモニアレーヨン(キュプラ)

□11 ★★★ 天然繊維を化学的に処理し，官能基を化学変化させてつくられた繊維を [1★★★] 繊維という。 (慶應義塾大)

(1) 半合成(はんごうせい)

□12 ★★★ セルロースを無水酢酸と反応させ，すべてのヒドロキシ基をアセチル化すると [1★★★] が生成する。[1★★★] の一部のアセチル基を加水分解してジアセチルセルロースとし，アセトンに溶解したのち，これを細孔から温かい空気中に押し出しアセトンを蒸発させると，セルロースの [2★★★] 繊維である [3★★★] が得られる。[3★★★] を用いた中空状の糸は，血液の人工透析などにも利用されている。 (慶應義塾大)

(1) トリアセチルセルロース $[C_6H_7O_2(OCOCH_3)_3]_n$
(2) 半合成(はんごうせい)
(3) アセテート

〈解説〉

セルロース $[C_6H_7O_2(OH)_3]_n$	無水酢酸 $(CH_3CO)_2O$ →	トリアセチルセルロース $[C_6H_7O_2(OCOCH_3)_3]_n$	加水分解 H_2O →	ジアセチルセルロース $[C_6H_7O_2(OH)(OCOCH_3)_2]_n$

□13 ★★ トリアセチルセルロースでは，セルロースのすべてのヒドロキシ基が [1★★] に変換されるので分子間での [2★★] の形成ができなくなり，溶媒に溶けやすくなる。 (同志社大)

(1) 酢酸(さくさん)エステル $-OCOCH_3$ [⑩アセチル基(き) $-COCH_3$]
(2) 水素結合(すいそけつごう)

□14 ★★★ セルロースは，酸と反応させてエステルをつくることができる。例えば，セルロースに濃硝酸と濃硫酸の混合物を反応させると，硝酸エステルである [1★★★] が得られる。[1★★★] は，硝化綿といい，火薬の原料となる。 (信州大)

(1) トリニトロセルロース $[C_6H_7O_2(ONO_2)_3]_n$

〈解説〉

セルロース $[C_6H_7O_2(OH)_3]_n$	HNO_3 濃 H_2SO_4 エステル化 →	トリニトロセルロース(無煙火薬の原料) $[C_6H_7O_2(ONO_2)_3]_n$

□15 ★ ジニトロセルロースを主成分とする原料に，ショウノウとエタノールを加えて [1★] が合成される。[1★] は，世界最初の熱可塑性樹脂である。（浜松医科大）

〈解説〉ジニトロセルロース$[C_6H_7O_2(OH)(ONO_2)_2]_n$ は，トリニトロセルロースの一部を加水分解したもの。セルロイドは，合成樹脂登場以前に広く使われた。

(1) セルロイド

□16 ★★★ 合成繊維の中でナイロン，ポリエステル，アクリル繊維は三大合成繊維とよばれている。

代表的なナイロンにナイロン66がある。ナイロン66は [1★★★] と [2★★★]（(1)(2)順不同）の縮合重合により得られる高分子であり，[3★★★] 基と [4★★★] 基（(3)(4)順不同）から脱水することにより生じる [5★★★] 結合を有している。ナイロン6も [5★★★] 結合を有する高分子である。ナイロン6は環状化合物 [6★★] の [7★★] 重合により得られる。

代表的なポリエステルにポリエチレンテレフタラート (PET) がある。PETは [8★★★] と [9★★★]（(8)(9)順不同）の縮合重合により得られる高分子である。

（九州工業大）

〈解説〉①ナイロン66 (6,6-ナイロン)

ヘキサメチレンジアミンのアミノ基$-NH_2$ とアジピン酸のカルボキシ基$-COOH$ との間の縮合重合により合成される。

$$nH-N(H)-(CH_2)_6-N(H)-H + nHO-C(=O)-(CH_2)_4-C(=O)-OH$$

ヘキサメチレンジアミン　アジピン酸　（H_2O がとれる）

$$\xrightarrow{\text{縮合重合}} \left[-N(H)-(CH_2)_6-N(H)-C(=O)-(CH_2)_4-C(=O)-\right]_n + 2nH_2O$$

ナイロン66　（アミド結合）（靴下やロープなどに使われる）

②ナイロン6 (6-ナイロン)

環状の(ε-)（イプシロン）カプロラクタムに少量の水を加え，加熱して合成する。環状構造が切れて，次のような開環重合が起こる。

$$n\,H_2C\begin{matrix}CH_2-CH_2-C=O\\ CH_2-CH_2-N-H\end{matrix} + H_2O \xrightarrow{\text{開環重合}} \left[-N(H)-(CH_2)_5-C(=O)-\right]_n$$

(ε-)カプロラクタム　ナイロン6　（アミド結合）

(1) ヘキサメチレンジアミン
$H_2N-(CH_2)_6-NH_2$

(2) アジピン酸（さん）
$HOOC-(CH_2)_4-COOH$

(3) アミノ $-NH_2$

(4) カルボキシ $-COOH$

(5) アミド
$-C(=O)-N(H)-$

(6) (ε-)カプロラクタム
$H_2C\begin{matrix}CH_2-CH_2-C=O\\ CH_2-CH_2-N-H\end{matrix}$

(7) 開環（かいかん）

(8) テレフタル酸（さん）
$HOOC-C_6H_4-COOH$

(9) エチレングリコール
$HO-(CH_2)_2-OH$
[㊞1, 2-エタンジオール]

③ポリエチレンテレフタラート(PET)
テレフタル酸のカルボキシ基$-COOH$とエチレングリコールのヒドロキシ基$-OH$との間の縮合重合により合成される。

$$n\,HO-\overset{O}{\overset{\|}{C}}-C_6H_4-\overset{O}{\overset{\|}{C}}-OH + n\,H-O-(CH_2)_2-O-H$$

テレフタル酸　エチレングリコール　(H_2Oがとれる)

縮合重合 →

$$\left[\overset{O}{\overset{\|}{C}}-C_6H_4-\overset{O}{\overset{\|}{C}}-O-(CH_2)_2-O\right]_n + 2nH_2O$$

ポリエチレンテレフタラート(エステル結合)(ワイシャツなどに使われる)

□17 ★★★ 次の文章はナイロンがポリエステルに比べて，高い安定性と強さをもつ理由を示したものである。

「ナイロンの分子構造を見ると，その繰り返し単位には，[1 ★★★] 結合があるため，分子間力である [2 ★★★] によって，ナイロン分子が強く会合するから。」(北海道大)

(1) アミド

$$-\overset{O}{\overset{\|}{C}}-\overset{H}{\overset{|}{N}}-$$

(2) 水素結合(すいそけつごう)

□18 ★★ 実験室でナイロン66の繊維を得るには，界面重合が適している。この重合は，アジピン酸の代わりにアジピン酸ジクロリドを用いて，下記のように行われる。

操作1　溶媒Aに，水酸化ナトリウムとモノマー [1 ★★★] を加え，よくかき混ぜる。
操作2　溶媒Bに，アジピン酸ジクロリドを溶かす。
操作3　操作1で得られた溶液の上に，操作2で得られた溶液を静かに注ぐ。
操作4　界面(境界面)にできた膜をピンセットで静かに引き上げ，ガラス棒に巻きつける。
操作5　得られた糸をアセトンで洗い，乾燥させる。

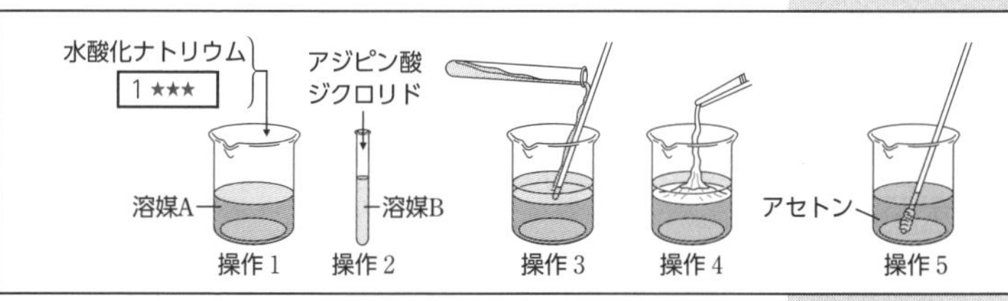

溶媒A，Bとして最も適切なものを，①～⑤からそれぞれ1つずつ選び，その番号を記せ。

溶媒A [2 ★]，溶媒B [3 ★]

①アセトン　②エタノール　③酢酸　④ヘキサン　⑤水

(群馬大)

(1) ヘキサメチレンジアミン
$H_2N-(CH_2)_6-NH_2$
(2) ⑤
(3) ④

〈解説〉アジピン酸ジクロリド $Cl-\overset{O}{\overset{\|}{C}}-(CH_2)_4-\overset{O}{\overset{\|}{C}}-Cl$ を用いると，加熱や加圧が不要となる。また，NaOH を加えることで，生じる HCl を中和することができるので重合が速やかに進行する。

$$n\ H-\overset{H}{\overset{|}{N}}-(CH_2)_6-\overset{H}{\overset{|}{N}}-H + n\ Cl-\overset{O}{\overset{\|}{C}}-(CH_2)_4-\overset{O}{\overset{\|}{C}}-Cl$$
$$\longrightarrow \left[\overset{H}{\overset{|}{N}}-(CH_2)_6-\overset{H}{\overset{|}{N}}-\overset{O}{\overset{\|}{C}}-(CH_2)_4-\overset{O}{\overset{\|}{C}}\right]_n + 2n\ HCl$$

ナイロン66

溶媒 A と B は2層に分かれるため，混ざり合わない組み合わせになる。また，溶媒 A は NaOH が溶解することから水とわかる。
アジピン酸ジクロリドのヘキサン溶液は上層，ヘキサメチレンジアミンの水溶液は下層になる。

□19 ★★ ナイロン6は [1★★] の [2★★] 重合により得られる。ナイロン6を高温に加熱すると，[1★★] を含む平衡状態になる。この状態で，[1★★] を反応系外へと取り出すと，単量体である [1★★] が連続的に再生してくる。（九州大）

(1) (ε-)カプロラクタム

$$H_2C\langle\begin{matrix}CH_2-CH_2-C=O\\ CH_2-CH_2-N-H\end{matrix}$$

(2) 開環（かいかん）

□20 ★★★ [1★★★] は，*p*-キシレンを酸化することで得られる芳香族カルボン酸であり，エチレングリコールと縮合重合させると，ペットボトルなどに利用される [2★★★] が得られる。（神戸薬科大）

〈解説〉 $H_3C-C_6H_4-CH_3 \xrightarrow{KMnO_4} HOOC-C_6H_4-COOH$

p-キシレン　　テレフタル酸

(1) テレフタル酸（さん）
$HOOC-C_6H_4-COOH$
(2) ポリエチレンテレフタラート (PET)

□21 ★★★ アクリルには，アクリロニトリルを [1★★★] 重合させたポリアクリロニトリルを主成分とするアクリル繊維と，アクリロニトリルに酢酸ビニルを [1★★★] 重合させたアクリル系繊維がある。アクリル系繊維のように，2種類以上の単量体を [1★★★] 重合させることを [2★★] 重合という。（新潟大）

〈解説〉 $n\ CH_2=\underset{CN}{\underset{|}{CH}} \xrightarrow{付加重合} \left[CH_2-\underset{CN}{\underset{|}{CH}}\right]_n$，　$CH_2=\underset{OCOCH_3}{\underset{|}{CH}}$

アクリロニトリル　ポリアクリロニトリル　酢酸ビニル

(1) 付加（ふか）
(2) 共（きょう）

□22 ★★ エステル構造を有するアクリル酸メチルと [1★★] を [2★★] 重合した共重合体はアクリル系繊維として衣料などに用いられる。（お茶の水女子大）

〈解説〉アクリル酸メチル $CH_2=CH(COOCH_3)$

(1) アクリロニトリル $CH_2=CH(CN)$
(2) 共[⑳付加]

□23 ★ ポリアクリロニトリルを主成分とする合成繊維はアクリル繊維と呼ばれる。アクリル繊維を不活性ガス中において高温で炭化して得られる繊維は [1★] と呼ばれ，軽量で強度や弾性に優れており，航空機の機体やテニスのラケットなどに利用される。（秋田大）

(1) 炭素繊維 [⑳カーボンファイバー]

□24 ★ 合成高分子化合物はその用途に応じて，合成繊維や合成樹脂などに分類される。単量体として，芳香族ジカルボン酸クロリドと芳香族ジアミンを用いてつくられるポリアミド繊維は特に [1★] 繊維と呼ばれ，高い強度を示す。代表的なものはテレフタル酸ジクロリドと *p*-フェニレンジアミンの縮合重合によって得ることができる。（横浜国立大）

〈解説〉アラミド繊維（ポリ-*p*-フェニレンテレフタルアミド繊維）

nClOC-⟨ベンゼン環⟩-COCl ＋ nH₂N-⟨ベンゼン環⟩-NH₂

テレフタル酸ジクロリド　*p*-フェニレンジアミン

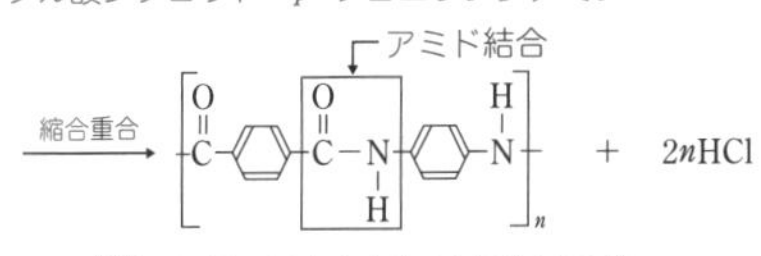

ポリ-*p*-フェニレンテレフタルアミド

(1) アラミド

□25 ★★★ 日本で初めて開発された合成繊維として有名なビニロンは優れた強度をもつ材料である。ビニロンは次のように生成される。酢酸ビニルを [1★★★] 重合させて得られるポリ酢酸ビニルを水酸化ナトリウム水溶液で [2★★] すると，水溶性高分子であるポリビニルアルコールが得られる。このポリビニルアルコールのヒドロキシ基を部分的に [3★★] すると水に不溶のビニロンができる。その分子間にはヒドロキシ基が残っているため，タンパク質と同様に [4★★★] が形成され，高い強度をもつ。（神戸大）

(1) 付加
(2) 加水分解 [⑳けん化]
(3) アセタール化
(4) 水素結合

〈解説〉ビニロンは，木綿によく似た感触をもつ合成繊維。
酢酸ビニルを付加重合して得られるポリ酢酸ビニルを NaOH 水溶液で加水分解（けん化）し，ポリビニルアルコールを得る。

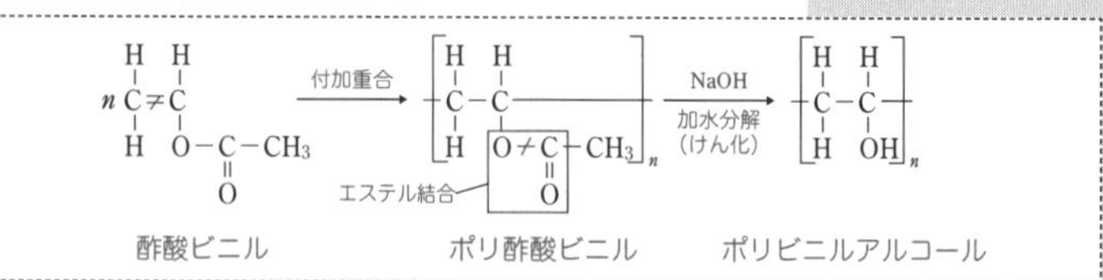

ポリビニルアルコールの多数の－OH の一部をホルムアルデヒドと反応させる（アセタール化）とビニロンが生成する。

$$\cdots-CH_2-\underset{\displaystyle OH}{\underset{|}{CH}}-CH_2-\underset{\displaystyle OH}{\underset{|}{CH}}-\cdots \xrightarrow[-H_2O]{HCHO} \cdots-CH_2-\underset{\displaystyle O}{\underset{|}{CH}}-CH_2-\underset{\displaystyle O}{\underset{|}{CH}}-CH_2-\underset{\displaystyle OH}{\underset{|}{CH}}-\cdots$$

（2つの O は $-CH_2-$ で結ばれる：$O-CH_2-O$）

アセタール化

ポリビニルアルコール　　　　ビニロン

□26 ★★★ ポリビニルアルコールは，形式的にはビニルアルコールが［1★★★］重合してできる構造をもつが，ビニルアルコールは不安定であり，生成後ただちに安定な［2★★★］に変化する。そのため，酢酸ビニルを［1★★★］重合して得られるポリ酢酸ビニルをけん化することでポリビニルアルコールを合成する。（岐阜大）

(1) 付加（ふか）
(2) アセトアルデヒド

$$CH_3-\underset{\displaystyle O}{\underset{\|}{C}}-H$$

〈解説〉

$$\left(\begin{array}{c} H \\ H \end{array}\!\!>C=C<\!\!\begin{array}{c} H \\ O-H \end{array}\right) \xrightarrow{\text{分子内転位}} H-\underset{\displaystyle H}{\underset{|}{\overset{\displaystyle H}{\overset{|}{C}}}}-C\!\!\begin{array}{l} \diagup H \\ \diagdown\!\!\!\diagdown O \end{array}$$

ビニルアルコール（エノール形）（不安定）　　アセトアルデヒド（ケト形）

□27 ★ ポリビニルアルコールの分子量を 6.60×10^4 とすると，このポリビニルアルコール1分子中にヒドロキシ基は［1★］個（整数）存在する。H = 1.0，C = 12，O = 16 とする。（神戸大）

(1) 1500

解き方

ポリビニルアルコールの繰り返し単位 $-CH_2-\underset{\displaystyle OH}{\underset{|}{CH}}-$ の式量が 44 なので，ポリビニルアルコール $\left[-CH_2-\underset{\displaystyle OH}{\underset{|}{CH}}-\right]_n$ の平均分子量は $44n$ となる。

$44n = 6.60 \times 10^4$ より，$n = 1500$ になる。

□28 ★★★ ビニロンは日本で開発された合成繊維であり，次のような操作により合成される。まず，酢酸ビニルを［1 ★★★］重合させて［2 ★★★］を合成した後，水酸化ナトリウム水溶液でけん化（加水分解）して［3 ★★］とする。次に，［3 ★★］の水溶液を細孔から硫酸ナトリウム水溶液に押し出して凝固させ，紡糸する。これを酸性条件下ホルムアルデヒド水溶液で処理すると，ホルミル基(アルデヒド基)が2個のヒドロキシ基と反応して水1分子が脱離し（この反応を［4 ★★］化という），ビニロンが得られる。（神戸薬科大）

(1) 付加
(2) ポリ酢酸ビニル $\left[CH_2-CH(OCOCH_3) \right]_n$
(3) ポリビニルアルコール $\left[CH_2-CH(OH) \right]_n$
(4) アセタール

□29 ★★ グルコースの誘導体を用いて合成される高分子［1 ★］は，高い生分解性をもつ。また，乳酸を重合させてつくられる［2 ★★］は，生分解性プラスチックとして一般に広く用いられている。（岐阜大）

〈解説〉

$$n\,HO-CH_2-C(=O)-OH \longrightarrow \left[O-CH_2-C(=O) \right]_n + n\,H_2O$$

グリコール酸　→　ポリグリコール酸

$$n\,HO-C^*H(CH_3)-C(=O)-OH \longrightarrow \left[O-C^*H(CH_3)-C(=O) \right]_n + n\,H_2O$$

乳酸　→　ポリ乳酸

（C*が不斉炭素原子）

(1) ポリグリコール酸 $\left[O-CH_2-C(=O) \right]_n$
(2) ポリ乳酸 $\left[O-CH(CH_3)-C(=O) \right]_n$

□30 ★★★ ポリ乳酸は，生体内の酵素や自然環境中で微生物により最終的に水と［1 ★★★］に分解される。そのため，このような高分子を［2 ★★★］という。（東京電機大）

(1) 二酸化炭素 CO_2
(2) 生分解性高分子［㊀生分解性プラスチック］

□31 ★★★ ポリ乳酸は，多数の乳酸が［1 ★★★］結合によって連なった高分子化合物であり，2分子の乳酸が脱水縮合した環状の［1 ★★★］であるラクチドを開環重合させることにより得ることができる。ポリ乳酸でつくられた糸は，生体内で分解・吸収されるため，外科手術用の縫合糸として利用されている。（岡山大）

〈解説〉

ラクチド（環状構造：O=C, O, C(H)(CH₃), O, C(H)(CH₃), C=O）　―開環重合→　$\left[O-CH(CH_3)-C(=O) \right]_n$

ポリ乳酸
（高分子化合物）

(1) エステル

2 プラスチック

▼ANSWER

□1 ★★★ 分子量が1万を超えるような巨大な分子からなる化合物を一般に「[1★★★]化合物」とよぶ。多くの「[1★★★]化合物」は，小さな構成単位が繰り返し結合した構造をしている。構成単位となる分子量が小さい分子を「[2★★★]」といい，これらが結合してできる「[1★★★]化合物」を「[3★★★]」という。「[1★★★]化合物」にはタンパク質などの天然に存在している化合物と，人工的に合成された化合物が存在する。後者の中には，熱や圧力を加えることによって目的の形に成形することができる「合成[4★★★]」や，独特の弾性をもつ「合成ゴム」，衣料等に使用される「合成[5★★★]」などがあげられる。 (慶應義塾大)

(1) 高分子(こうぶんし)
(2) 単量体(たんりょうたい)[㊊モノマー]
(3) 重合体(じゅうごうたい)[㊊ポリマー]
(4) 樹脂(じゅし)
(5) 繊維(せんい)

〈解説〉合成高分子の種類

n○ —重合→ [○]$_n$ (n：重合度)
- →樹脂状→合成樹脂(プラスチック)
- →ゴム→合成ゴム
- →繊維→合成繊維

単量体(モノマー)　重合体(ポリマー)

□2 ★★★ 高分子化合物は，1種類または数種類の最小単位である[1★★★]が，数百から数千以上も共有結合でつながった巨大分子である。このように多数の[1★★★]が結びつき，巨大分子を形成する反応を[2★★★]といい，[1★★★]の繰り返しの数を[3★★★]という。 (長崎大)

(1) 単量体(たんりょうたい)[㊊モノマー]
(2) 重合(じゅうごう)(反応(はんのう))
(3) 重合度(じゅうごうど)

□3 ★★★ 単量体をつなぐ反応を重合といい，その反応形式により付加重合と[1★★★]重合に分類される。付加重合は，[2★★]結合をもつ化合物が連続的に付加する反応に基づいている。[1★★★]重合は，水などの小さい分子がとれて結合する反応に基づいている。この際の単量体には，少なくとも2個の官能基がなければならない。 (群馬大)

(1) 縮合(しゅくごう)
(2) 不飽和(ふほうわ)[㊊(炭素(たんそ)-炭素(たんそ)間(かん))二重(にじゅう)]

〈解説〉①付加重合：C=C 結合などをもつ化合物が付加反応によって次々と結びつく反応

…＋ 単量体（二重結合，切れる）＋…　付加重合→　重合体（くっつく）

②縮合重合：H_2O などの簡単な分子がとれて次々と結びつく反応

…＋ 単量体（とれる）＋…　縮合重合→　重合体（縮合重合でとれる）

□4 ★★★
重合はその反応様式により付加重合と縮合重合に分けられる。［1★★★］が2種類あるいはそれ以上あるときの付加重合を特に［2★★］とよぶ。（信州大）

〈解説〉2種類以上の単量体を用いた付加重合を共重合という。

…＋○○＋□□＋○○＋…　共重合→

(1) 単量体［㊊モノマー］
(2) 共重合

□5 ★★
多くの鎖状合成高分子の構造は，図に示すように，分子鎖が規則的に配列した［1★★］の部分と，分子鎖が不規則に配列した［2★★］の部分で構成され，分子間力は［1★★］の部分の方が［2★★］の部分に比べ［3★］。また，高分子化合物は明確な融点をもたず，加熱して，ある温度でやわらかくなって変形するものが多い。この温度を［4★★］点という。

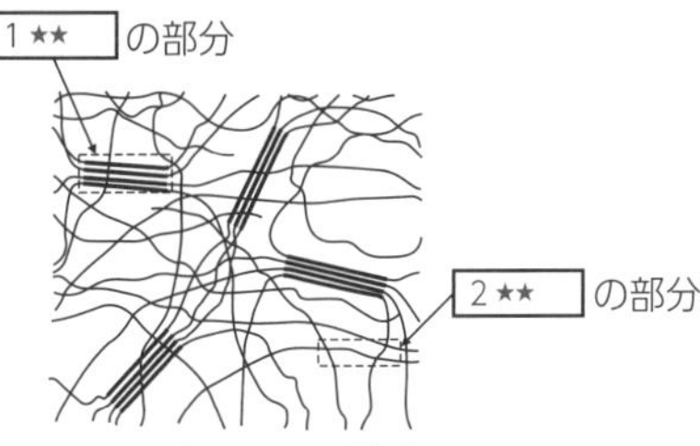

鎖状合成高分子の構造　（昭和薬科大）

(1) 結晶
(2) 非結晶［㊊無定形，非晶，アモルファス］
(3) 大きい［㊊強い］
(4) 軟化

□6 ★★★
合成樹脂には，加熱すると軟化し，冷却すると再び硬化する［1★★★］性樹脂と加熱により硬化する［2★★★］性樹脂がある。［1★★★］性樹脂は成形・加工はしやすいが，機械的強度や耐熱性などは高くない。一方，［2★★★］性樹脂は硬く，耐熱性には優れるが，一度硬化すると加熱しても再び軟化することはない。（群馬大）

(1) 熱可塑
(2) 熱硬化

〈解説〉

プラスチック（合成樹脂）
- 熱可塑性樹脂：加熱すると軟らかくなり，冷えると固まる。
- 熱硬化性樹脂：加熱すると硬くなり，再び加熱しても軟らかくはならない。

□7 ★★★
合成樹脂は，熱に対する性質の違いにより [1★★★] 性樹脂と [2★★★] 性樹脂に分類される。[1★★★] 性樹脂は，一般に一次元 [3★★★] 構造をもち，温度の上昇に伴い軟化して流動性を示すが，冷えると再び固まる性質をもつ。一方，[2★★★] 性樹脂は，一般に三次元 [4★★★] 構造をもち，温度が上昇しても軟化せず，それ以上に加熱すると分解する性質をもつ。（名古屋工業大）

(1) 熱可塑（ねつかそ）
(2) 熱硬化（ねつこうか）
(3) 鎖状（さじょう）
(4) 網目（あみめ）(状（じょう）)

□8 ★★★
熱を加えると軟らかくなる高分子化合物を [1★★★] 樹脂という。[1★★★] 樹脂は，一般に二重結合をもつ単量体が付加を繰り返す付加重合，2つ以上の官能基をもつ単量体が小分子の放出を伴いながら縮合を繰り返す縮合重合，そして環状の単量体が開環しながら反応する開環重合によって合成される。[1★★★] 樹脂には，分子が不規則に配置した [2★★] 部分しかないものや，[2★★] 部分と分子が規則的に配列した [3★★★] 部分の両方を含むものがある。硬い状態の [1★★★] 樹脂を加熱すると [2★★] 部分が先に軟らかくなる。この軟らかくなる温度を [4★★] 点という。

　熱を加えると反応が促進し硬くなる高分子化合物を [5★★★] 樹脂という。[5★★★] 樹脂の多くは，付加反応と縮合反応を繰り返す付加縮合で合成される。例としてフェノール樹脂がある。（長崎大）

(1) 熱可塑性（ねつかそせい）
(2) 非結晶（ひけっしょう）
[別 無定形（むていけい），非晶（ひしょう），アモルファス]
(3) 結晶（けっしょう）
(4) 軟化（なんか）
(5) 熱硬化性（ねつこうかせい）

□9 ★
高分子化合物を構成する繰り返し単位の数は一定ではなく，高分子化合物にはさまざまな分子量をもつものが存在する。そのために，高分子化合物の分子量を表すには，[1★] 分子量が用いられている。[1★] 分子量は，それぞれの分子の分子量の総和を，分子の総数で割ったものである。（群馬大）

(1) 平均（へいきん）

□10 ★★★
ポリエチレンは，熱可塑性樹脂である。重合度を n としてポリエチレンの構造式を示せ。[1★★★]（香川大）

(1) $\left[-\mathrm{CH_2}-\mathrm{CH_2}- \right]_n$（各Cに H が上下に結合した構造式）

□**11** ★★★ 熱可塑性樹脂の一つであるポリエチレンは，エチレンを［1★★★］重合して得られるが，反応条件の違いにより，性質の異なるポリエチレンが合成される。［2★★］密度ポリエチレンは，分子に枝分かれが少ないため結晶領域が多く，不透明で強度が大きいので，ポリ容器などに用いられる。また，［3★★］密度ポリエチレンは，結晶領域が少なく，透明で軟らかいので，ポリ袋などに用いられる。（岩手大）

(1) 付加
(2) 高
(3) 低

〈解説〉〈高密度ポリエチレンの例〉〈低密度ポリエチレンの例〉

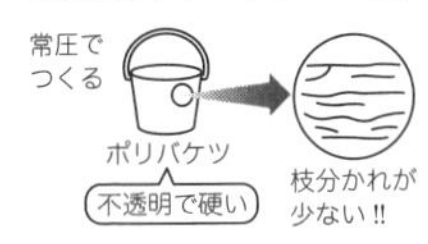

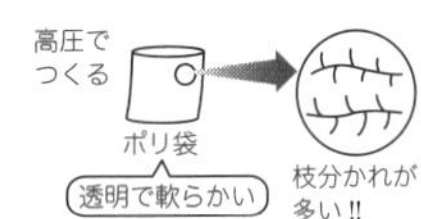

□**12** ★★★ 私たちの身のまわりに存在する合成樹脂（プラスチック），繊維，ゴムなどはすべて高分子とよばれる物質で構成されている。例えば，プラスチック製品としては，スーパーマーケットでレジ袋として使用されている［1★★★］，トレイやカップめんの容器に使用されている［2★★★］など多くの例があげられる。（熊本大）

(1) ポリエチレン $\{CH_2-CH_2\}_n$
(2) ポリスチレン $[CH_2-CH(C_6H_5)]_n$

〈解説〉

$nCH_2{=}CH_2$ —付加重合→ $\{CH_2-CH_2\}_n$ ➡ポリ袋や容器などに利用
エチレン　　　ポリエチレン

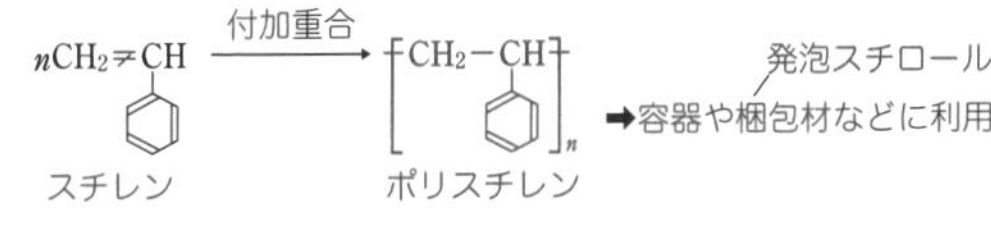

□**13** ★★★ スチレン ——［1★★★］重合——→ ポリスチレン（岐阜大）

(1) 付加

□**14** ★★★ 塩化ビニルを［1★★★］重合させてつくられるポリ塩化ビニルは合成樹脂の一つである。（名古屋市立大）

(1) 付加

〈解説〉

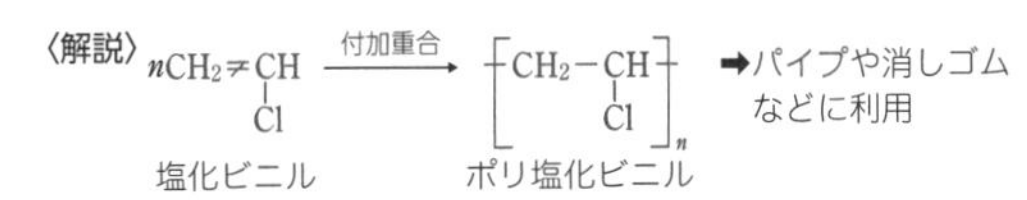

□15 ★★★ [1★★★] は難燃性，耐薬品性という特徴があり，水まわり配管用パイプや建材などに利用されている。このポリマーは塩素原子を含むので焼却すると大気中に塩化水素（HCl）ガスなどの有毒ガスを発生する。（熊本大）

(1) ポリ塩化ビニル
$$\left[CH_2-CH(Cl) \right]_n$$

□16 ★★★ アセチレンに [1★★★] を付加させてから付加重合させると，接着剤やガムベースなどに利用されている高分子化合物 [2★★★] が得られる。（東京農工大）

〈解説〉
$$nCH\equiv CH \xrightarrow[\text{付加}]{CH_3COOH} nCH_2=CH(OCOCH_3) \xrightarrow{\text{付加重合}} \left[CH_2-CH(OCOCH_3) \right]_n$$
アセチレン（エチン）　酢酸ビニル　ポリ酢酸ビニル

(1) 酢酸
CH_3COOH
(2) ポリ酢酸ビニル
$$\left[CH_2-CH(OCOCH_3) \right]_n$$

□17 ★★ メタクリル樹脂はメタクリル酸メチル（MMA）を [1★★★] 重合させて得られるポリメタクリル酸メチル（PMMA）から成る。PMMAは鎖状の高分子が規則性を持たず無秩序に絡まった [2★] 構造を持ち，その透明度の高さもあって，「アクリルガラス」とも呼ばれる。（東京医科歯科大）

MMA　PMMA
$$n\,CH_2=C(CH_3)-C(=O)-O-CH_3 \longrightarrow \left[CH_2-C(CH_3)(C(=O)-O-CH_3) \right]_n$$
図　メタクリル酸メチルの重合反応

〈解説〉強化ガラスやコンタクトレンズなどに利用される。

(1) 付加
(2) 非結晶
[㊉無定形，非晶，アモルファス]

□18 ★★ [1★★] はきわめて透明度が高いことから有機ガラスともいわれ，水族館の展示用水槽などに用いられる。（北海道大）

(1) メタクリル樹脂
[㊉アクリル樹脂，ポリメタクリル酸メチル（PMMA）]

□19 ★★★ テレフタル酸と1,2-エタンジオール（エチレングリコール）を反応させて得られるポリエステル高分子の名称を答えよ。[1★★★]（名古屋大）

(1) ポリエチレンテレフタラート（PET）

〈解説〉

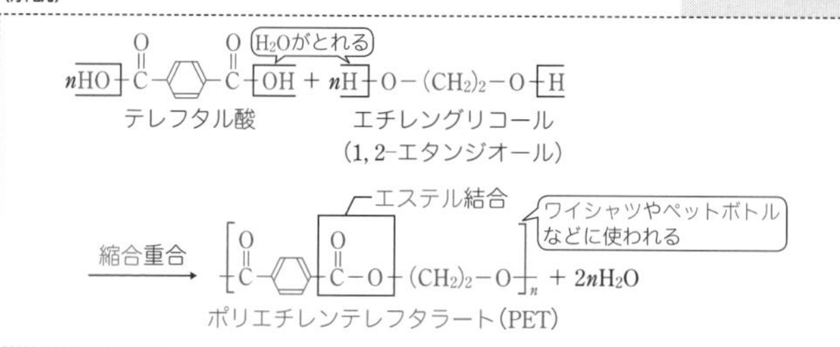

□20 ★★★ 合成高分子化合物の一種であるポリエステルは，テレフタル酸などの [1 ★★★] 基とエチレングリコールなどの [2 ★★★] 基が [3 ★★] 重合して生じる。（日本大）

(1) カルボキシ $-COOH$
(2) ヒドロキシ $-OH$
(3) 縮合（しゅくごう）

□21 ★★ ナイロン 66 は絹を模して開発された合成繊維であるが，アジピン酸とヘキサメチレンジアミンとが [1 ★★] したポリマーである。（鹿児島大）

(1) 縮合重合（しゅくごうじゅうごう）

〈解説〉

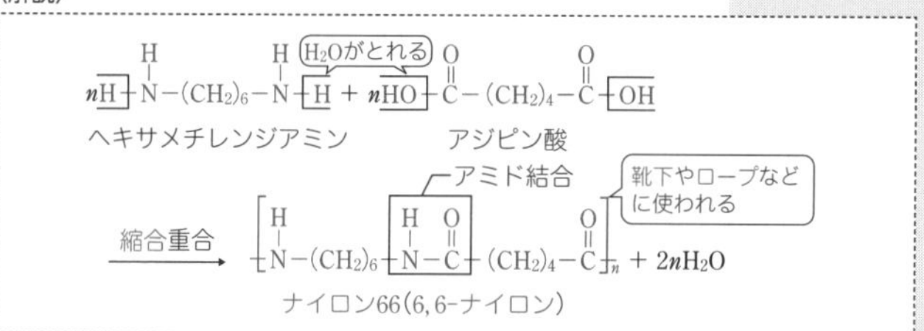

□22 ★★★ ナイロンなどのポリアミドは，ヘキサメチレンジアミンなどの [1 ★★★] 基とアジピン酸などの [2 ★★★] 基がアミド結合をつくっている。（日本大）

(1) アミノ $-NH_2$
(2) カルボキシ $-COOH$

□23 ★★★ 熱硬化性樹脂には，フェノールと [1 ★★★] から合成されるフェノール樹脂や，尿素と [1 ★★★] から合成される尿素樹脂などがあり，電気機器の容器や回路基板，食器などに用いられる。（岩手大）

(1) ホルムアルデヒド HCHO

〈解説〉

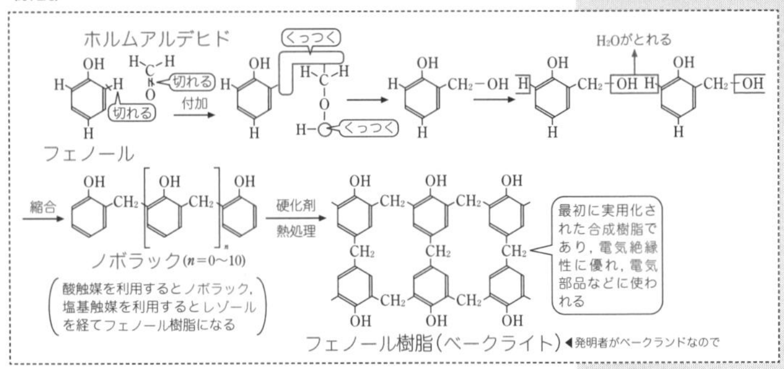

□24 ★★ フェノール樹脂は，フェノールと［1 ★★★］の付加反応と，続いて起こる縮合反応を繰り返す［2 ★★］によってつくられる。酸を触媒とした場合，［3 ★］という中間生成物が得られ，塩基を触媒とした場合，［4 ★］という中間生成物が得られる。（横浜国立大）

(1) ホルムアルデヒド HCHO
(2) 付加縮合(ふかしゅくごう)
(3) ノボラック
(4) レゾール

□25 ★★ 尿素とホルムアルデヒドから得られる尿素樹脂の構造を，図に示した。図の炭素Aと炭素Bのうち，ホルムアルデヒドの炭素に由来するものは［1 ★］である。またこの反応で同時に生成する物質は［2 ★★］である。

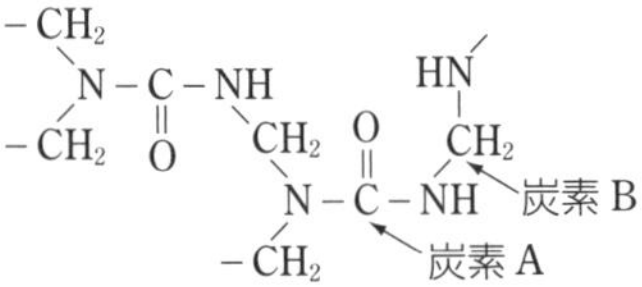

$-CH_2$、N－C－NH、$-CH_2$、O、CH_2、O、HN、N－C－NH、CH_2、$-CH_2$、炭素B、炭素A

（福岡大）

(1) (炭素(たんそ)) B
(2) 水(みず) H_2O

〈解説〉尿素とホルムアルデヒドを加熱すると，付加縮合が起こる。

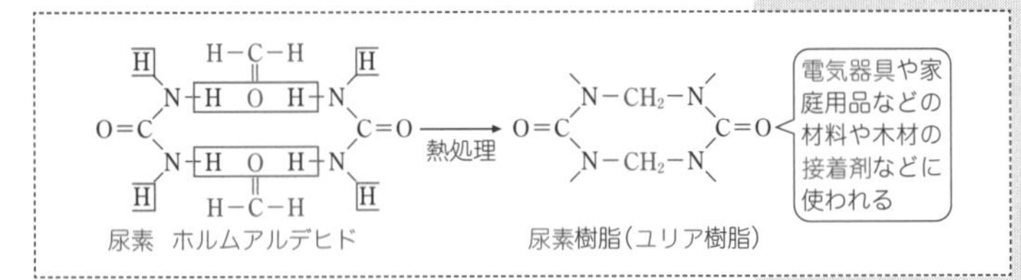

□26 ★ 樹脂の原料や肥料などに用いられる有機化合物である［1 ★］は，アンモニアと二酸化炭素から工業的に合成される。（慶應義塾大）

(1) 尿素(にょうそ) $(NH_2)_2CO$

〈解説〉 $2NH_3 + CO_2 \longrightarrow (NH_2)_2CO + H_2O$

□27 ★★★ フェノール，メラミンや尿素が原料となる合成樹脂は，［1 ★★★］樹脂であり，立体網目状構造を形成する。そして，家庭用プラスチック製品とともに，建材用合板や内装材等の接着剤としても使用されている。いずれも［2 ★★★］を添加して合成される。（名古屋大）

〈解説〉①メラミンとホルムアルデヒドを加熱すると，付加縮合が起こり合成される。

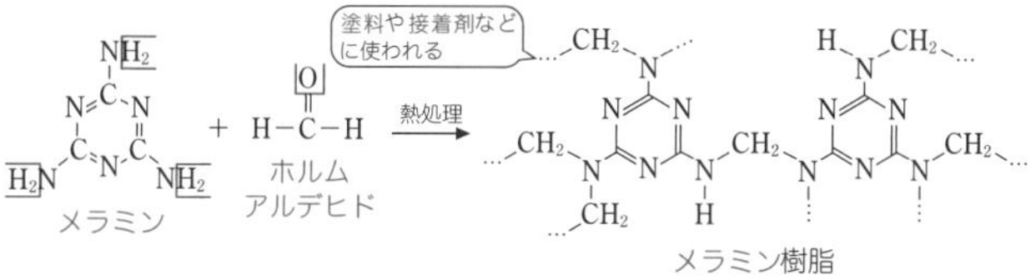

（メラミン）＋ $H-C(=O)-H$（ホルムアルデヒド） —熱処理→ メラミン樹脂

塗料や接着剤などに使われる

②尿素樹脂やメラミン樹脂のような樹脂は，アミノ樹脂ともよばれる。

(1) 熱硬化性（ねつこうかせい）
(2) ホルムアルデヒド HCHO

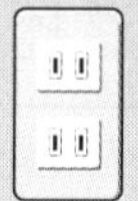

□28 ★★ ［1 ★★★］とグリセリンとの反応では，熱［2 ★★］性をもつ［3 ★］樹脂の代表的な化合物であるグリプタル樹脂が得られ，いろいろな硬さのものをつくることができる。（金沢大）

〈解説〉多価カルボン酸の無水物とグリセリンなどの多価アルコールから得られる樹脂がアルキド樹脂。特に無水フタル酸とグリセリンから得られる樹脂はグリプタル樹脂とよばれる。

(1) 無水フタル酸（むすいフタルさん） 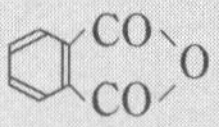
(2) 硬化（こうか）
(3) アルキド

□29 ★ グリセリンは，無水フタル酸などの酸無水物との反応により得られる比較的安価で耐熱性や耐候性に優れた［1 ★］樹脂の原料として重要である。（大阪大）

〈解説〉

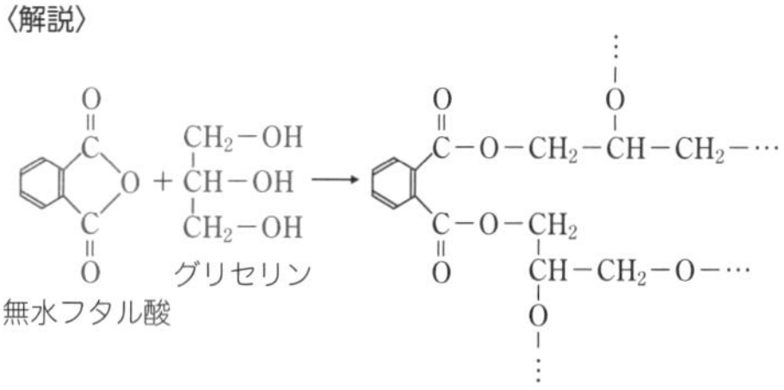

無水フタル酸 ＋ グリセリン（CH_2-OH, $CH-OH$, CH_2-OH） → アルキド（グリプタル）樹脂

(1) アルキド［別 グリプタル］

3 イオン交換樹脂

▼ANSWER

□1 ★★★ スチレンに少量の*p*-ジビニルベンゼンを混ぜて [1★★] 重合させると架橋構造をもったポリスチレンが得られ，これを濃硫酸によってスルホン化すると，架橋構造をもつポリスチレンスルホン酸が樹脂として得られる。この樹脂をカラム(筒状容器)に詰め，上から塩化ナトリウム水溶液を流すと，樹脂中の [2★★★] が水溶液中の [3★★★] で置換される。また，[3★★★] で完全に置換された樹脂を用いると，溶液中の [4★★★] イオンを [3★★★] で置き換えることができる。このような樹脂を [5★★★] 樹脂という。　(奈良女子大)

(1) 共(きょう)
(2) (スルホ基(き)の)水素(すいそ)イオン H^+
(3) ナトリウムイオン Na^+
(4) 陽(よう)
(5) 陽(よう)イオン交換(こうかん)

〈解説〉

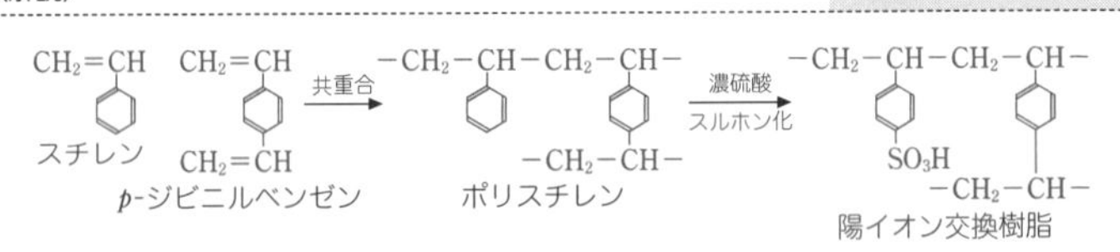

□2 ★★★ 陽イオン交換樹脂 $R-SO_3H$ をカラムに十分な量つめ，0.01mol/Lの塩化ナトリウム水溶液を通すと，流出液としてpHが [1★★] (整数)の [2★★★] が得られる。

(早稲田大)

(1) 2
(2) 塩酸(えんさん) HCl

〈解説〉

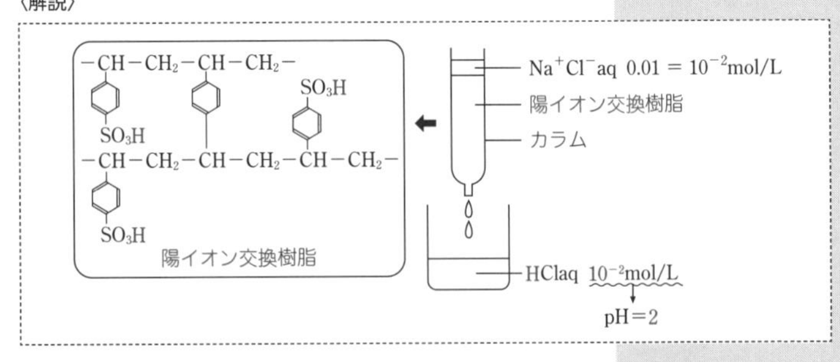

□3 ★★ アルキルアンモニウム基と水酸化物イオンが結合した樹脂$-N^+R_3OH^-$ (Rはアルキル基)に，塩化ナトリウム水溶液を通すと，樹脂中の [1★★] と溶液中の [2★★] が交換される。このような樹脂を [3★★★] イオン交換樹脂という。

[4★★★] イオン交換樹脂と [3★★★] イオン交換樹脂に，塩化ナトリウム水溶液を順次通じると，塩化ナトリウムが除去される。イオン交換樹脂のこの性質を利用することにより，塩を含む水溶液から [5★] が得られ，実験室などで蒸留水のかわりに用いられる。また，イオン交換は可逆的である。そのため，例えば，使用後の [3★★★] イオン交換樹脂は，[6★] 性の水溶液で処理することによって，その機能が再生される。

（金沢大）

(1) 水酸化物イオン OH^-
(2) 塩化物イオン Cl^-
(3) 陰
(4) 陽
(5) 脱イオン水 [別イオン交換水，純粋な水，水 H_2O]
(6) 強塩基 [別強アルカリ]

〈解説〉

$$\text{(樹脂)-C}_6\text{H}_4\text{-CH}_2\text{-N}^+(\text{CH}_3)_3\text{OH}^- + \text{Na}^+ + \text{Cl}^- \rightleftarrows \text{(樹脂)-C}_6\text{H}_4\text{-CH}_2\text{-N}^+(\text{CH}_3)_3\text{Cl}^- + \text{Na}^+ + \text{OH}^-$$

陰イオン交換樹脂

Na^+Cl^- 水溶液 → [陽イオン交換樹脂] → H^+Cl^- 水溶液 → [陰イオン交換樹脂] → H^+OH^- (H_2O) 純粋な水になる

（Na^+とH^+が交換される）　（Cl^-とOH^-が交換される）

□4 ★★★ イオン交換樹脂を用いてアミノ酸の分離を行うことが可能である。α-アミノ酸溶液を強酸性にすると，α-アミノ酸は [1★★] に荷電した状態になる。これを [2★★★] のつまったカラムに通すとすべて樹脂に吸着する。その後，このカラムにpHの低い緩衝液から高い緩衝液を順次流していくことにより分離できる。

（名城大）

〈解説〉流している緩衝液のpHが等電点になると，そのα-アミノ酸の平衡混合物の電荷が全体として0になり，陽イオン交換樹脂に吸着できなくなるので分離できる。

(1) 正 [別プラス]
(2) 陽イオン交換樹脂

□5 ★★ 3種のα-アミノ酸 A, B, C を含む混合水溶液を pH2.5 に調整し，この水溶液を－COOH をもつ樹脂を充填したカラムに通した。このカラムに，緩衝液を pH2.5 から pH12.0 まで徐々に上げながら流した。A，B，C の等電点はそれぞれ 5.7, 9.7, 3.2 である。A～C をカラムから溶出する順に並べて記号を書け。［1★★］

（新潟大）

〈解説〉陽イオン交換樹脂には－COOH を用いたものもある。pH を徐々に上げているので，等電点の小さなものから順に溶出する。

(1) C → A → B

□6 ★ 大量の水を吸収し，保持する機能をもつ高分子を吸水性高分子とよび，紙おむつなどに利用されている。吸水性高分子のポリアクリル酸ナトリウムは，－COONa をもつ立体網目構造の高分子である。ポリアクリル酸ナトリウムの網目のすき間に水が取り込まれると，－COONa が電離してイオン濃度が［1★］し，網目のすき間が拡大するため，水をさらに吸収することができる。

（新潟大）

〈解説〉

$n CH_2=CH(COONa)$ —付加重合→ $\left[CH_2-CH(COONa) \right]_n$ ⟶ 高吸水性樹脂

アクリル酸ナトリウム　　ポリアクリル酸ナトリウム（紙おむつなどに使われる）

$-COO^-$ どうしの反発により網目が拡大する。

(1) 増加(ぞうか)［㊞上昇(じょうしょう)］

□7 ★★ ポリアクリル酸ナトリウム系吸水性高分子が吸水すると，分子中の－COONa が［1★★］し，網目の内側では，イオンの濃度が［2★］なるため，［3★★］が高くなり，大量の水が吸収される。吸収された水分子は $-COO^-$ や［4★］と［5★★］し，この網目の内側に閉じ込められる。また，$-COO^-$ 同士が［6★］して網目の隙間が広がり，この隙間にさらに多くの水を保持することができる。この性質を利用したものに，紙おむつをはじめ，携帯トイレ，湿布薬，土壌保水剤，保冷剤がある。

（東京海洋大）

(1) 電離(でんり)
(2) 高(たか)く［㊞大(おお)きく］
(3) 浸透圧(しんとうあつ)
(4) ナトリウムイオン Na^+
(5) 水和(すいわ)
(6) 反発(はんぱつ)

〈解説〉

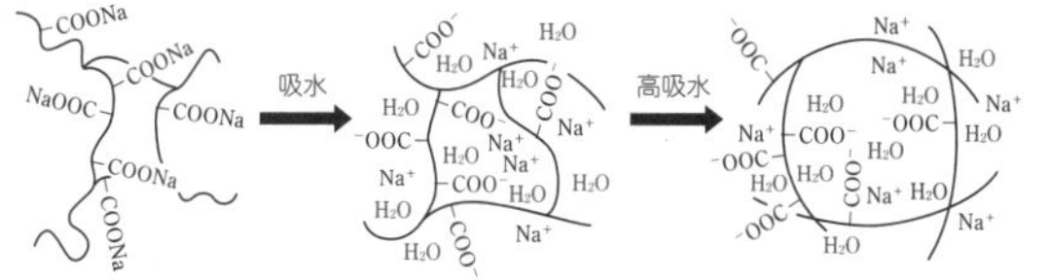

(図：高吸水性樹脂の吸水の模式図 — COONa, NaOOC, 吸水, COO^-, H_2O, Na^+, 高吸水)

□8 ★★★ 2000年にノーベル化学賞を受賞した白川英樹博士は，アセチレン分子が分子間で次々に [1★★★] 反応を繰り返しながら結びつく [1★★★] 重合により得られるポリアセチレンの薄膜に，少量のハロゲンを添加すると金属なみに電気を通すことをつきとめた。この現象は，ハロゲン原子がポリアセチレンから電子を受け取ることで分子鎖中に電子が不足した部分を生じ，別の電子が順送りで動けるようになるためと説明される。また，ハロゲン原子が用いられる理由は，原子が電子1個を受け取って1価の陰イオンになるときに放出されるエネルギーである [2★★★] が大きいためである。

（慶應義塾大）

(1) 付加（ふか）
(2) 電子親和力（でんししんわりょく）

□9 ★★ 導電性高分子の一つであるポリアセチレンの構造式 [1★] と原料モノマーであるアセチレンの構造式 [2★★★] を示しなさい。

（大分大）

(1) $\text{+}CH{=}CH\text{+}_n$
(2) $CH{\equiv}CH$

□10 ★ 乳酸を [1★] 重合させたポリマーがポリ乳酸であり，生分解性プラスチック原料として注目されている。乳酸の重合反応において，加熱により，いったん乳酸2分子からなる環状二量体構造の化合物 [2★] が得られ，続いてスズ触媒によって，それが開環すると同時に重合してポリマーになる。

（九州大）

(1) 縮合（しゅくごう）
(2) ラクチド

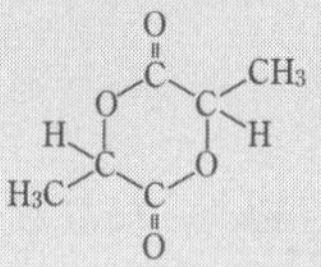

(ラクチドの構造式：O, C, CH_3, O, C, H, H, C, O, H_3C, C, O)

〈解説〉

乳酸 $CH_3-\overset{*}{C}H$（$-O-H$, $-C(=O)-O-H$）2分子 → 脱水縮合・加熱 → 開環重合・触媒 → $\left[-O-\overset{*}{C}H(CH_3)-C(=O)-\right]_n$ ポリ乳酸

（$\overset{*}{C}$が不斉炭素原子）

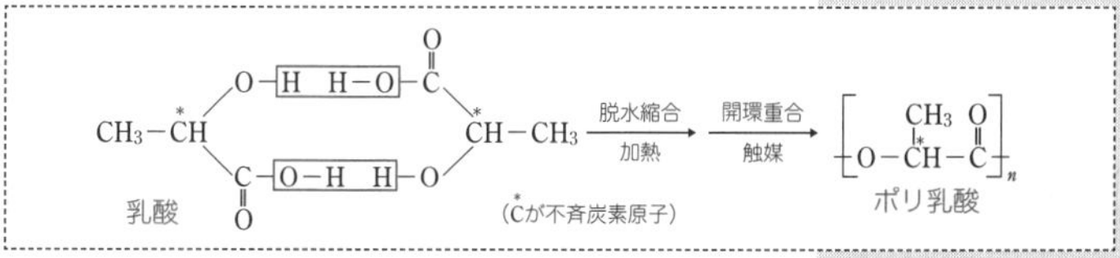

4 ゴム

▼ANSWER

□1 ★★
ゴムノキから 1★ と呼ばれる乳白色の粘性のある樹液が得られる。これは一種のコロイド溶液であり，2★ を加えて凝固させたものを 3★★ ゴムという。3★★ ゴムの主成分はポリイソプレンと呼ばれる高分子化合物であり，その繰り返し単位構造には二重結合が一個存在し，その立体構造は 4★★ 形である。（名古屋工業大）

(1) ラテックス
(2) 酸（さん）
(3) 天然（てんねん）[別 生（なま）]
(4) シス

〈解説〉

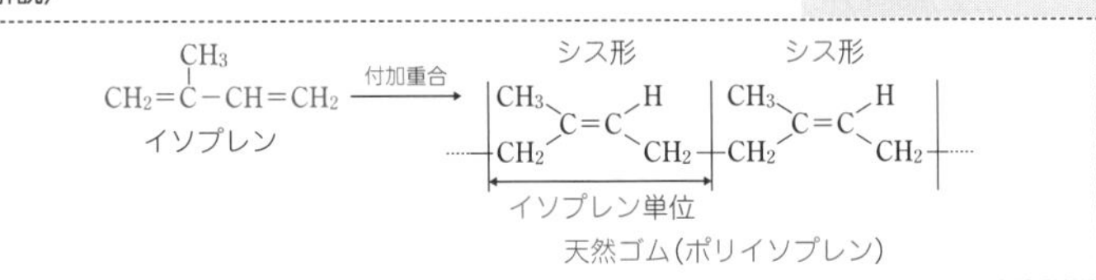

□2 ★★★
天然ゴムはイソプレンが 1★★★ 重合したものであり，分子中に炭素-炭素二重結合をもつ。生ゴム中に数%の 2★★★ を添加して加熱するとポリマー分子どうしが 3★★★ 構造を形成し，生ゴムの弾性が向上する。この操作を 4★★★ という。（大阪大）

(1) 付加（ふか）
(2) 硫黄（いおう）S
(3) 架橋（かきょう）
(4) 加硫（かりゅう）

〈解説〉弾性ゴム

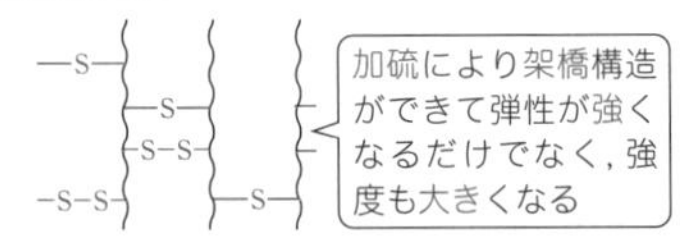

□3 ★★★
生ゴムに数%の 1★★★ を加えて加熱すると分子間に架橋構造が生成し，弾性の高いゴムが得られる。この操作を 2★★★ という。また，30～40%の 1★★★ を用いて 2★★★ を行うと，3★ とよばれる硬い樹脂状の固体が得られる。（愛媛大）

(1) 硫黄（いおう）S
(2) 加硫（かりゅう）
(3) エボナイト

□4 ★
アカテツ科の樹液から採れるグタペルカ（グッタペルカ）は，1★ 形のポリイソプレンであり，常温では硬い固体である。（北海道大）

(1) トランス

□5 ★ 天然ゴムを空気中に放置しておくと，分子中の C=C 結合が [1★] され，ゴム弾性が失われる。（群馬大）

〈解説〉この現象をゴムの老化（劣化）という。空気中の酸素やオゾン，光により酸化される。

(1) 酸化（さんか）

□6 ★★★ タイヤなどに用いられるブタジエンゴムは 1, 3-ブタジエンを [1★★★] させることにより得られる。（名城大）

〈解説〉
$$nCH_2{=}CH{-}CH{=}CH_2 \xrightarrow{\text{付加重合}} \left[CH_2{-}CH{=}CH{-}CH_2\right]_n$$
1, 3-ブタジエン → ブタジエンゴム(BR)（ポリブタジエン）

(1) 付加重合（ふかじゅうごう）

□7 ★★ クロロプレンゴムはクロロプレンの [1★★] 重合によってつくられる。（鹿児島大）

〈解説〉
$$nCH_2{=}C(Cl){-}CH{=}CH_2 \xrightarrow{\text{付加重合}} \left[CH_2{-}C(Cl){=}CH{-}CH_2\right]_n$$
クロロプレン → クロロプレンゴム(CR)（ポリクロロプレン）

(1) 付加（ふか）

□8 ★★ アクリロニトリルを [1★★] とともに共重合して得られる合成高分子は，耐油性・耐熱老化性にすぐれた，NBR とよばれる合成ゴムである。（名古屋工業大）

〈解説〉
$$nxCH_2{=}CH{-}CH{=}CH_2 + nyCH_2{=}CH(CN) \xrightarrow{\text{共重合}} \left[\left(CH_2{-}CH{=}CH{-}CH_2\right)_x\left(CH_2{-}CH(CN)\right)_y\right]_n$$
1, 3-ブタジエン，アクリロニトリル → アクリロニトリルブタジエンゴム(NBR)

(1) 1,3-ブタジエン $CH_2{=}CH{-}CH{=}CH_2$

□9 ★★ [1★★] と，1, 3-ブタジエンを [2★★] 重合させた場合には，[3★★] ができ，主に自動車のタイヤに用いられている。（東京海洋大）

(1) スチレン $CH_2{=}CH(C_6H_5)$
(2) 共（きょう）
(3) スチレンブタジエンゴム (SBR)

〈解説〉
$$nxCH_2{=}CH{-}CH{=}CH_2 + nyCH_2{=}CH(C_6H_5) \xrightarrow{\text{共重合}} \left[\left(CH_2{-}CH{=}CH{-}CH_2\right)_x\left(CH_2{-}CH(C_6H_5)\right)_y\right]_n$$
1, 3-ブタジエン，スチレン → スチレンブタジエンゴム(SBR)

5 合金・ガラス

▼ANSWER

□1 ★
[1★]は，加工したときの形状を覚えていて，変形しても，加熱や冷却により元の形に戻る。（富山県立大）

(1) 形状記憶合金（けいじょうきおくごうきん）

発展 □2 ★
金属の中には，ある温度以下になると電気抵抗がゼロになるものがある。この現象を[1★]とよび，医療診断機器やリニアモーターカーに利用されている。

（長崎大）

(1) 超伝導（ちょうでんどう）

□3 ★★
[1★★]は，ケイ砂，炭酸ナトリウム，石灰石などを混合し高温で融解した後，冷却し凝固したものである。原料の混合割合を変えると，生成する[1★★]の軟化点や耐水性などの性質が変化する。[1★★]は，図のSiO_4四面体が$Si-O-Si$結合で連結し，その立体構造中にNa^+やCa^{2+}が入りこんだ不規則な構造をしている。（広島大）

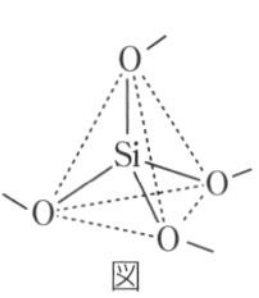

図

〈解説〉ケイ砂や粘土などを高温で焼き固めてつくられたガラス，セメントなどの固体材料は，セラミックス（窯業製品）とよばれる。

(1) ソーダ石灰（せっかい）ガラス［別 ガラス，ソーダガラス］

□4 ★★
二酸化ケイ素だけからなるガラスを[1★★]ガラスという。

（広島大）

(1) 石英（せきえい）

□5 ★★
石英ガラスは代表的な[1★★]であり，共有結合の結晶である石英を加熱して融解し，それを冷却して凝固させると得られる。

（慶應義塾大）

(1) 非晶質（ひしょうしつ）［別 アモルファス］

□6 ★★
ガラスの中で最も多く使われているのは，窓ガラスやガラス瓶に使われる[1★★]ガラスである。（明治大）

(1) ソーダ（石灰（せっかい））

発展 □7 ★
[1★]ガラスは，耐熱性に優れ，熱膨張率が小さく，ビーカーなどの理化学器具に広く使われる。（同志社大）

(1) ホウケイ酸（さん）

発展 □8 ★
[1★]ガラスは，屈折率が大きいため，装飾工芸品，光学レンズに用いられる。またX線の吸収能に優れ，放射線遮蔽窓に利用される。

（同志社大）

(1) 鉛（なまり）

6 肥料・セメント

▼ANSWER

□1 ★★★ 植物が正常に生育するためには，少なくとも16種類の元素が必要であり，これらの元素のことを［1★］という。［1★］の中で，土壌中で不足しがちな窒素と［2★★★］と［3★★★］((2)(3)順不同)の三元素は，植物を育てる際には肥料として補う必要性が高いため，［4★★★］といわれている。（岩手大）

(1) 必須元素（ひっすげんそ）
(2) リン P
(3) カリウム K
(4) 肥料の三要素（ひりょうのさんようそ）

□2 ★ 植物が生育するために必要な成分の中で，特に不足しがちな元素として，窒素 N，リン P，カリウム K がある。主に，N はアンモニウムイオンや［1★］，P は［2★］，K はカリウムイオンの形で水とともに植物に吸収される。（長崎大）

(1) 硝酸イオン（しょうさん） NO_3^-
(2) リン酸二水素イオン（さんにすいそ） $H_2PO_4^-$

□3 ★★ 窒素肥料の一つである尿素は，高温高圧下でアンモニアと二酸化炭素から合成される。この反応の反応式を書け。［1★★］（岩手大）

(1) $2NH_3 + CO_2 \longrightarrow (NH_2)_2CO + H_2O$

発展 □4 ★ アンモニアは，窒素肥料の製造に最も重要な化合物である。自然界では，マメ科植物にすむ根粒菌などが，常温・常圧下で空気中の窒素を［1★］し，アンモニアにできる。（秋田大）

(1) 固定（こてい）

発展 □5 ★★★ 建築用材料として広く用いられているポルトランドセメントは，次のように製造されている。まず，石灰石に［1★］やケイ石などを混ぜ高温で焼く。ここで石灰石が分解して［2★★★］が放出されるとともに［3★★★］が生成する。［3★★★］はさらに［1★］やケイ石などと反応する。この反応物に少量のセッコウを加えて粉砕すると，セメントが得られる。（福岡大）

〈解説〉$CaCO_3 \longrightarrow CaO + CO_2$
セメント：石灰石 $CaCO_3$，粘土，セッコウ $CaSO_4 \cdot 2H_2O$ からつくられる。

(1) 粘土（ねんど）
(2) 二酸化炭素（にさんかたんそ） CO_2
(3) 酸化カルシウム（さんか） CaO ［別 生石灰（せいせっかい）］

索引

INDEX

この索引(さくいん)には，本書の「正解（赤文字）」や問題文と解説の中で登場する，重要な「化学の用語」が五十音順に整理されています。
用語の右側にある数字は，その用語に関する重要な問題が掲載されているページです。

あ　PAGE ▼

亜鉛 Zn……106, 107, 108, 248, 253, 258, 260, 261
亜鉛イオン Zn^{2+}……108
亜鉛板……106, 107
アオカビ……361
アクリル樹脂……416
アクリル繊維…408, 409
アクリロニトリル……295
アジピン酸 $C_6H_{10}O_4$……406
亜硝酸ナトリウム $NaNO_2$……351
アスピリン……358
アセタール化…409, 410
アセチル化……359
アセチル基……405
アセチルサリチル酸……345, 358, 359
アセチレン C_2H_2……294, 296, 306
アセテート……403, 405
アセトアニリド……348
アセトアルデヒド……292, 295, 303, 306, 307, 308, 321, 410
アセトン……292, 296, 310, 341
アゾ基……349, 350, 362
アゾ染料……363
圧平衡定数……147, 148
圧力……22, 24, 47, 132
アデニン……399, 402
アデノシン二リン酸（ADP）……402
アデノシン三リン酸（ATP）……402
アニリン……346, 359
アニリン塩酸塩……346
アニリンブラック……346, 347
アボガドロ定数……127
アマルガム……261
アミド結合……348, 406, 407
アミノ基……266, 363, 376, 377, 378, 385, 392, 406, 417
（α-）アミノ酸……388, 389, 395
網目（状）構造……414
アミラーゼ……375, 395
アミロース……372, 373
アミロペクチン……372, 373
アモルファス……59, 413, 416, 426
アラニン……380
アラミド繊維……409
亜硫酸 H_2SO_3……239
アルカリ金属……205
アルカリ性……19, 117, 164, 171, 210, 212, 379, 396
アルカリ土類金属……211
アルカリマンガン乾電池……114
アルカン C_nH_{2n+2}……288, 297
アルキド樹脂……419
アルキル基……14, 265, 266, 298
アルキン C_nH_{2n-2}……293
アルケン C_nH_{2n}……288, 290
アルコール……266, 321
アルコール発酵……299
アルゴン Ar……246
アルデヒド……303, 312
アルデヒド基…266, 267, 308, 309, 369, 373
α-グルコース……356, 368, 369, 372, 374
α-ヘリックス構造…388, 389, 404
アルブミン……390
アルマイト……216
アルミナ Al_2O_3……216, 218
アルミニウム Al……215, 217, 248, 251
アルミニウムイオン Al^{3+}……216
安息香酸……336, 342, 343, 352
アンモニア NH_3……76, 162, 167, 169, 190, 191, 209, 210, 227, 269, 427
アンモニアソーダ法 208
アンモニウムイオン NH_4^+……162, 167, 169

い

硫黄 S…192, 239, 241, 387, 392, 424
硫黄酸化物 SO_x……228
イオン化エネルギー……204, 211
イオン化傾向…119, 215, 217, 240, 248, 254, 255, 258
イオン結合……236, 363, 389
イオン結晶……66
イオン交換水……421
いす形……288
異性体……268
イソプロピルベンゼン……334, 340, 341
1,1,2,2-テトラブロモエタン $C_2H_2Br_4$……295
1,3-ブタジエン C_4H_6……425
一次構造……388, 389
一次電池…106, 112, 117
1-ナフトール……273
1-ブテン……302
1,2-エタンジオール $C_2H_6O_2$……406
1,2,3-プロパントリオール $C_3H_8O_3$……322, 325, 357
1,2-ジクロロエタン $C_2H_4Cl_2$……332
1,2-ジブロモエタン $C_2H_4Br_2$……291
1,2-ジブロモプロパン $C_3H_6Br_2$……291
1,4-グリコシド結合…372
1,6-グリコシド結合…372
1 価アルコール……299, 300
1 価カルボン酸……314
一酸化炭素 CO……195, 203, 221, 222, 251, 252, 268, 299
一酸化窒素 NO……203, 228, 229, 230, 233, 234, 358
遺伝情報……397
陰イオン……384
陰イオン交換樹脂……421
陰極…39, 119, 123, 129, 218, 219, 257, 258
インスリン……361
インフルエンザウイルス……361
インベルターゼ……369
引力……53, 55

う

ウラシル……399
運動エネルギー……22
運搬 RNA……401

え

エアロゾル……36
エーテル……304

エーテル結合……266
エーロゾル……36
液化石油ガス(LPG)……289
液化天然ガス(LNG)……289
液体……40, 94, 261
液体空気……227, 235
エステル……318, 319, 320, 325
エステル化……303, 320, 322, 328
エステル結合……266, 322, 357, 395, 411
エタノール C_2H_5OH……195, 290, 292, 304, 306, 307
エタン C_2H_6……293, 294
エチル基……14, 265
エチルメチルエーテル $C_2H_5OCH_3$……304
エチレン C_2H_4……294, 299, 301, 306
エチレングリコール $C_2H_6O_2$……406
X線……214, 226
エノール形……295
エボナイト……424
エマルション……327
L体(L形)……377
塩……166, 346
塩化アンモニウム NH_4Cl……208, 227
塩化カルシウム $CaCl_2$……201, 205, 210, 269
塩化銀 $AgCl$……39, 178, 187, 245
塩化コバルト(Ⅱ) $CoCl_2$……224
塩化水素 HCl……191, 195, 244, 351
塩化鉄(Ⅲ) $FeCl_3$……194, 332
塩化銅(Ⅱ) $CuCl_2$……269
塩化鉛(Ⅱ) $PbCl_2$……178, 183
塩化ビニル C_2H_3Cl……295
塩化物イオン Cl^-……16, 125, 126, 421
塩化ベンゼンジアゾニウム……341, 350, 351, 363
塩化メチル CH_3Cl……287
塩化メチレン CH_2Cl_2……287
塩基性……19, 117, 164, 171, 210, 212, 236, 266, 311, 328, 379, 396
塩基性アミノ酸……377
塩基性酸化物……236, 254
塩基性染料……363
塩酸 HCl……420
炎色反応……204
延性……60, 253
塩析……37
塩素 Cl_2, Cl……121, 125, 126, 194, 205, 206, 214, 242, 243, 244, 332
塩素酸 $HClO_3$……237

お

王冠状……238
王水……255
黄銅……253
黄銅鉱 $CuFeS_2$……257
黄リン P_4……231
大村智……361
オキソ酸……228
オストワルト法……233, 234
オゾン O_3……235
オゾン層……236
オゾン分解……292
オゾンホール……236
オルト(*o*-)(置換体)……331, 334
オルト位(*o*-位)……337
o-キシレン……343
オレイン酸 $C_{17}H_{33}COOH$……323
折れ線形(構造)……73, 74
温室効果ガス……221, 285
温度……15, 47, 132, 393

か PAGE▼

カーバイド CaC_2……213, 293, 294
カーボランダム SiC……222
カーボンナノチューブ……220
カーボンファイバー……409
外圧……46
開環重合……406, 408
会合コロイド……37, 329
界面活性剤……327
過塩素酸 $HClO_4$……236, 237
化学エネルギー……88
化学繊維……403
化学発光……91, 92
化学平衡(の状態)……142
化学平衡の法則……144
化学療法薬……358, 359
化学ルミネセンス……92
可逆反応……139, 142, 151
架橋構造……424
拡散……47
核酸……397
(核酸)塩基……400
過酸化水素 H_2O_2……194, 235, 396
加水分解……356, 370, 375, 409
下層……333, 352
カタラーゼ……194, 396
活性化エネルギー……132, 133, 154, 393
活性部位(活性中心)……394
活物質……105
カップリング……350
(ε-)カプロラクタム……406, 408
価電子……60, 73, 220, 222
果糖……366, 370, 395
下方置換……193, 199, 238
過マンガン酸イオン MnO_4^-……260
ガラクトース……366, 370, 371, 375
ガラス……426
カリウム K……304, 427
カリウムイオン K^+……186
加硫……424
カルシウム Ca……209
カルシウムイオン Ca^{2+}……181, 186, 328
カルシウムカーバイド CaC_2……213, 293, 294
カルボキシ基……266, 301, 312, 342, 363, 376, 377, 385, 406, 417
カルボキシラートイオン……309
カルボニル基……266
カルボン酸……266, 303, 321
カルボン酸イオン……309
カルボン酸無水物……319
過冷却……30, 31
還元……119, 125, 219, 251, 257, 308, 309, 324, 369

還元剤……105, 239
還元作用……205
還元性……308
還元反応……105, 111, 116, 119, 126
感光性……178, 256
環式(化合物)……264, 256
環式炭化水素……265
環状……238
緩衝液……166, 170, 171
緩衝作用……172
乾性油……324
乾燥剤……200
官能基……265
乾留……310
顔料……362

き

気液平衡……44
幾何異性体……272, 274, 275, 313
貴ガス……246
ギ酸 HCOOH……221, 309, 312, 314
キサントプロテイン反応……391, 392
基質……393
基質特異性……393, 394
希硝酸 HNO_3……192
気体……40, 245
気体コロイド……36
気体定数……48
キップの装置……197
逆反応……139, 142
吸湿性……240
吸収……89
球状タンパク質……390
吸熱(反応)……15, 23, 88, 98, 151, 157
キュプラ……404
強塩基性……421
凝固……41
凝固エンタルピー……93
凝固点……31
凝固点降下(度)……29, 31
凝固熱……31
共重合……413, 420, 425
凝縮……41, 44
凝縮エンタルピー……93
凝析……37
鏡像異性体……272, 274, 275, 276, 376, 377, 386
共通イオン効果……16, 166, 175, 176
共有結合……77, 83, 84, 85, 95, 204, 222, 242, 244, 388
共有結合の結晶……83
共有電子対……73, 75, 298
極性……15, 73, 77, 237
極性分子……73, 74
希硫酸 H_2SO_4……106, 110, 314, 340, 344, 345, 370, 371, 404
金 Au……255, 256, 257, 258
銀 Ag……255, 256, 257, 258, 365
銀アセチリド Ag_2C_2……296
銀イオン Ag^+……308
均一系触媒(均一触媒)……141
銀鏡反応……308
金属結合……60
金属結晶……59, 60
銀白色……204

く

グアニン……399, 400
空気……232
クーロン力……59, 66, 77
グタペルカ(グッタペルカ)……424
クメン……334, 340, 341
クメンヒドロペルオキシド……340, 341
クメン法……340
グラファイト……220
グラフェン……220
グリコーゲン……364, 373
グリコシド結合……368, 369, 373, 395
グリシン……376, 380, 386
グリセリン $C_3H_8O_3$……322, 325, 357
グリプタル樹脂……419
グルコース $C_6H_{12}O_6$……368, 370, 375, 395
グルタミン酸……380, 381
クロム Cr……248, 252
クロム(Ⅲ)イオン Cr^{3+}……259
クロム酸イオン CrO_4^{2-}……259
クロム酸銀 Ag_2CrO_4……179, 183
クロム酸鉛(Ⅱ) $PbCrO_4$……179
クロム酸バリウム $BaCrO_4$……183
クロロプレン C_4H_5Cl……296
クロロベンゼン……332, 339
クロロホルム $CHCl_3$……287
クロロメタン CH_3Cl……287

け

ケイ酸 H_2SiO_3……223
ケイ酸ナトリウム Na_2SiO_3……223
形状記憶合金……426
ケイ素 Si……114, 215, 220, 223
軽油……289
結合エネルギー……95
結合エンタルピー……95
結合距離……290
結晶……413
ケト形……295
ケトン……303
ケトン基……266
ケラチン……390, 404
ゲル……36
ゲルマニウム Ge……220
原因療法薬……358, 359
けん化……325, 409
けん化価……326
元素分析……268, 269

こ

鋼……252
光化学反応……92
光学異性体……272, 274, 275, 276, 376, 377, 386
硬化油……324
高級脂肪酸……318, 328
合金……216, 248
光合成……92
高次構造……389
硬水……328
合成ゴム……412, 425
合成樹脂……412
合成繊維……403
合成洗剤……329
抗生物質……360, 361
酵素……393, 396
構造異性体……272, 273, 283
酵素-基質複合体……394
高度さらし粉 $Ca(ClO)_2 \cdot 2H_2O$……244
高分子化合物……412

高密度ポリエチレン……415
コークス……251
黒鉛……118, 220
固体……40, 41
五炭糖……364, 397
固定……427
コニカルビーカー……189
ゴム状硫黄 S_x……237
コラーゲン……390
孤立電子対……76, 184, 247
コロイド溶液……390
混酸……332, 333

さ PAGE ▼

最外殻電子……220, 229
再結晶……16
再生繊維……403, 404
最適温度……393
細胞壁……360
錯イオン……76, 184, 247, 391
錯塩……184
酢酸 CH_3COOH……292, 303, 306, 307, 312, 315, 416
酢酸イオン CH_3COO^-……167, 321
酢酸エステル……405
酢酸エチル $CH_3COOC_2H_5$……303, 320
酢酸ナトリウム CH_3COONa……167, 286, 321
酢酸ビニル $C_4H_6O_2$……295, 318, 321
鎖式(化合物)……264
鎖式炭化水素……265
鎖式飽和化合物……265
鎖状構造……374
さらし粉 $CaCl(ClO)\cdot H_2O$……244, 347
サリチル酸……344, 345
サリチル酸メチル……345, 359
サルファ剤……360
酸……163, 424
酸化……119, 125, 133, 215, 258, 305, 309, 387, 425
酸化亜鉛 ZnO……248
3価アルコール……300
酸化アルミニウム Al_2O_3……216, 218
酸化カルシウム CaO……196, 200, 209, 210, 213, 294, 427
酸化還元(反応)……119
酸化銀 Ag_2O……179, 180, 184, 256
酸化銀電池……115
三角すい形(構造)……74, 75, 227
三角フラスコ……189
酸化剤……105, 239
酸化作用……235, 256
酸化数……247
酸化鉄(II) FeO……249
酸化鉄(III) Fe_2O_3……249, 250
酸化銅(I) Cu_2O……253, 309, 365
酸化銅(II) CuO……253, 254, 255, 268
酸化鉛(IV) PbO_2……110
酸化バナジウム(V) V_2O_5……241
酸化反応……105, 111, 116, 119, 126, 216
酸化被膜……249
酸化物……216, 248, 249
酸化マグネシウム MgO……212
酸化マンガン(IV) MnO_2……194, 196, 235, 260
酸化力……192, 254, 260
三酸化硫黄 SO_3……241, 255
三次構造……389
三重結合……294
酸性……238, 312, 396
酸性アミノ酸……377
酸性雨……238
酸性酸化物……236
酸性染料……363
酸性土壌……212
酸素 O_2, O……14, 115, 117, 119, 122, 194, 196, 205, 215, 221, 232, 234, 243, 298, 324
酸素アセチレン炎……294
酸敗……324
酸無水物……319
三ヨウ化物イオン I_3^-……15, 244
散乱……38

し

次亜塩素酸 $HClO$……237, 243, 244
次亜塩素酸イオン ClO^-……214
ジアゾ化……350
ジアゾカップリング……350
ジアンミン銀(I)イオン $[Ag(NH_3)_2]^+$……180, 187, 245, 256, 308
ジエチルエーテル $C_4H_{10}O$……301, 302
四塩化炭素 CCl_4……287
紫外線……235, 236
ジカルボン酸……313
脂環式炭化水素……265
色素タンパク質……389
シクロプロパン C_3H_6……288
シクロヘキサン C_6H_{12}……335
ジクロロメタン CH_2Cl_2……287
刺激臭……238
四酸化三鉄 Fe_3O_4……233, 249, 251, 252
脂質……356
シス形……185, 186, 274, 323, 424
シス-トランス異性体……272, 274, 275, 313
ジスルフィド結合……387, 389, 390
示性式……265
自然発火……231
失活……393
実験式……268, 269
実在気体……53
十酸化四リン P_4O_{10}……231, 232
質量……24
質量作用の法則……144
質量モル濃度……27
シトシン……399, 400
ジペプチド……385
脂肪……322, 323
脂肪酸……312, 314, 328
脂肪油……322, 323, 324
ジメチルエーテル CH_3OCH_3……302
弱アルカリ性……171, 210, 227, 328, 346
弱塩基性……19, 171, 210, 227, 328, 346, 379
弱酸性……217, 336, 379
斜方硫黄 S_8……238
シャルルの法則……47
臭化銀 $AgBr$……92
臭化鉄(III) $FeBr_3$……332
臭化物イオン Br^-……182

重合体……412
重合度……412
重合(反応)……412
シュウ酸カルシウム
CaC_2O_4……196
集積回路(IC)……222
臭素 Br_2……242, 243, 291
重曹 $NaHCO_3$……207
臭素酸 $HBrO_3$……237
充電……112
自由電子……59, 60, 220
重油……289
縮合重合……362, 372, 412, 417, 423
縮合反応……318
シュバイツァー(シュワイツァー)試薬……404
ジュラルミン……216
純粋な水……421
昇華……40, 41, 43
蒸気圧……26, 44
蒸気圧曲線……41
蒸気圧降下……26
硝酸 HNO_3……233
硝酸イオン NO_3^-……427
硝酸銀 $AgNO_3$……256
消石灰 $Ca(OH)_2$……209, 213, 214
上層……333, 352
状態図……42, 43
状態方程式……48
蒸発……40, 41, 44
蒸発エンタルピー……40, 93
蒸発熱……40
蒸発平衡……44
上方置換……190, 227
生薬……358
触媒……132, 150, 154, 241, 332
植物繊維……403
ショ糖 $C_{12}H_{22}O_{11}$……368, 369, 370
シリカゲル……223, 224
親水基……14, 37, 357
親水コロイド……37
親水性……37, 327
真ちゅう……253
浸透圧……373, 422
親油基……14, 357
親油性……327

す

水銀 Hg……261, 306
水銀(Ⅱ)イオン Hg^{2+}……306
水酸化亜鉛 $Zn(OH)_2$……185, 261
水酸化アルミニウム
$Al(OH)_3$……180, 187
水酸化カリウム KOH……235
水酸化カルシウム
$Ca(OH)_2$……209, 212, 213, 214, 294
水酸化鉄(Ⅱ) $Fe(OH)_2$……179, 250
水酸化鉄(Ⅲ)……39, 179, 187, 250
水酸化銅(Ⅱ) $Cu(OH)_2$……184, 254
水酸化ナトリウム NaOH……125, 126, 206, 218
水酸化バリウム
$Ba(OH)_2$……212
水酸化物イオン OH^-……122, 126, 167, 206, 421
水酸化マグネシウム
$Mg(OH)_2$……212
水晶 SiO_2……59, 222
水上置換……199
水素 H_2, H……54, 106, 115, 119, 124, 125, 126, 133, 191, 206, 212, 215, 218, 221, 240, 248, 249, 255, 260, 291, 298, 301, 304, 324, 336
水素イオン H^+……76, 117, 164, 167, 420
水素イオン指数……157, 393
水素イオン濃度……393
水素吸蔵合金……117
水素結合……15, 77, 78, 79, 80, 82, 300, 358, 363, 374, 388, 389, 394, 400, 405, 407, 409
水溶液……32
水和……14, 29, 422
スクラーゼ……369
スクロース $C_{12}H_{22}O_{11}$……368, 369, 370
すす……330
スズ Sn……225, 226, 253
スチレン……425
スチレンブタジエンゴム(SBR)……425
ステアリン酸
$C_{17}H_{35}COOH$……323
ステンレス鋼……248
ストレプトマイシン……361
ストロンチウムイオン
Sr^{2+}……186
スラグ……252
スルファニルアミド……358
スルファミン……358
スルファミン剤……360
スルホ基……266, 267, 301
スルホン化……334

せ

正極……105, 106, 109, 112, 115, 116, 117, 118, 119
正極活物質……105, 114
正孔……222
正四面体(形)……74, 75, 79, 82, 84, 85, 185, 287
生成物……134
生石灰 CaO……196, 209, 210, 213, 427
静電気力……59, 66, 77
青銅……253
正八面体形……185
正反応……139, 142
生分解性高分子……411
生分解性プラスチック……411
石英……222
石英ガラス……224, 426
赤外線……285
石油……237
赤リン P……230
石灰水……213
石灰石 $CaCO_3$……213, 224
セッケン……327
セッコウ $CaSO_4 \cdot 2H_2O$……214
セメントの原料……252
セリシン……403
セルラーゼ……395
セルロイド……406
セルロース……364, 373, 403
セロハン……404
セロビアーゼ……395
セロビオース……375, 395
遷移元素……247
繊維状タンパク質……390
銑鉄……252

染料……362

そ

双性イオン……376, 377, 379, 381, 384
総熱量保存の法則……97
ソーダ石灰……201, 268, 269
ソーダ(石灰)ガラス……224, 426
疎水基……14, 357
疎水コロイド……37
疎水性……327
疎水性相互作用……389, 394
疎水性置換基……389
粗製ガソリン……289, 290, 302
組成式……268, 269
ゾル……36
ソルベー法……208

た

第一級アルコール……299, 300, 312
大気圧……46
第三級アルコール……299, 300
対症療法薬……358
体心立方格子……60, 62
耐性菌……358, 360
体積……24, 53, 55
第二級アルコール……299, 300
ダイヤモンド……222
太陽電池……222
多価アルコール……299
多原子イオン……119
多孔質……223
脱イオン水……421
脱色……194
脱水作用……239
脱水縮合……368, 373, 385, 391, 397
脱硫……241
建染め法……362
多糖(類)……364, 375
ダニエル型電池……108
ダニエル電池……107
単位格子……60, 61
炭化……239
炭化カルシウム CaC_2……213, 293, 294
炭化ケイ素 SiC……222
炭化水素基……14, 298
単結合……242
炭酸カルシウム $CaCO_3$……187, 196, 213, 214, 224
炭酸水素イオン HCO_3^-……210
炭酸水素カルシウム $Ca(HCO_3)_2$……213, 214
炭酸水素ナトリウム $NaHCO_3$……207, 208, 210
炭酸ナトリウム Na_2CO_3……206, 208, 224
炭酸バリウム $BaCO_3$……178
単斜硫黄 S_8……237
単純タンパク質……385, 390
炭水化物……356, 364
炭素 C……118, 418
炭素数……324
炭素繊維……409
単体……89
単糖(類)……364, 368, 395
タンパク質……356
タンパク質合成……397
単量体……412, 413

ち

置換……286, 287
置換反応……331, 332, 335
蓄電池……106
窒素 N_2, N……351, 392
窒素酸化物 NO_x……228
チマーゼ……299, 375, 394
チミン……399, 400
中性……297, 329, 336
中性脂肪……357
中和……328
中和エンタルピー……91
潮解(性)……125, 206
超伝導……261, 426
長方形……290
超臨界流体……43
直鎖……300
直鎖(状)構造……374
直接染料……363
直線形(直線構造)……73, 80, 207, 293
チンダル現象……38, 387

て

D体(D形)……377
低密度ポリエチレン……415
デオキシリボース……397, 398
デキストリン……395
鉄 Fe……248, 257, 258, 332
鉄(Ⅱ)イオン Fe^{2+}……182
鉄(Ⅲ)イオン Fe^{3+}……182
テトラアンミン亜鉛(Ⅱ)イオン $[Zn(NH_3)_4]^{2+}$……180
テトラアンミン銅(Ⅱ)イオン $[Cu(NH_3)_4]^{2+}$……180, 254
テトラクロロメタン CCl_4……287
テトラヒドロキシド亜鉛(Ⅱ)酸イオン $[Zn(OH)_4]^{2-}$……180
テトラヒドロキシドアルミン酸イオン $[Al(OH)_4]^-$……180, 216
テルミット反応……248
テレフタル酸……343, 406, 408
電圧……105
転移 RNA……401
電位差……105
電解質……14
転化糖……370
電気……60
電気陰性度……73, 77, 78, 79, 204, 211, 298
電気泳動……39, 381
電気エネルギー……105, 114, 116
電気素量……127
電気伝導性……83
電気分解……119
典型元素……204
電子……242
電子親和力……423
転写……401
展性……60
天然ゴム……424
デンプン……364, 375
電離……27, 30, 422
電離定数……245
電離平衡……156, 379
伝令 RNA……401

と

糖……356, 397
銅 Cu……121, 123, 216
銅アンモニアレーヨン……404
同位体……204, 215

糖質……356
透析……39
同族元素……260
同族体……285
同素体……59, 118, 225, 230, 235
導電性……83
等電点……379, 384
銅(II)イオン Cu^{2+}……107, 108, 109, 309
銅板……106, 107
動物繊維……403
動物デンプン……373
灯油……289
毒性……361
トタン……225, 248
ドライアイス……80
トランス形……185, 186, 274, 424
トランスファー(t)RNA……401
トリクロロメタン $CHCl_3$……287
トリニトロセルロース……405
トリプシン……395, 396
トリペプチド……385
塗料……324
トルエン……352, 354

な PAGE ▼

ナイロン……406
ナイロン 6……406, 408
ナイロン 66……406, 417
ナトリウム Na……205, 304
ナトリウムアルコキシド……301
ナトリウムイオン Na^{+}……125, 126, 186, 207, 420, 422
ナトリウムエトキシド C_2H_5ONa……304
ナトリウムフェノキシド……336, 339, 344, 350
ナフサ……289, 290, 302
生ゴム……424
鉛 Pb……110, 226
鉛ガラス……426
鉛蓄電池……110
軟化点……413

に

2 価カルボン酸……313
二クロム酸イオン $Cr_2O_7^{2-}$……259
2-クロロ-1,3-ブタジエン C_4H_5Cl……296
二酸化硫黄 SO_2……190, 191, 192, 238, 239, 254
二酸化ケイ素 SiO_2……83
二酸化炭素 CO_2……92, 190, 204, 206, 207, 209, 210, 221, 251, 268, 299, 314, 411, 427
二酸化窒素 NO_2……230, 233, 234
二次構造……388, 389
二次電池……106, 112
二重結合……291, 324, 412
二重らせん構造……400, 401
ニッケル Ni……248, 253, 258, 324
ニッケル水素電池……117
二糖(類)……364, 375
ニトロ化……332, 391
ニトロ基……266, 267, 347
ニトログリセリン $C_3H_5(ONO_2)_3$……319
ニトロベンゼン……332, 347, 348
2-ナフトール……273
2-ブテン……302
2-プロパノール $CH_3CH(OH)CH_3$……303, 310
乳化……327
乳濁液……327
乳糖……371
尿素 $(NH_2)_2CO$……418
尿素樹脂……418
2,4,6-トリニトロトルエン(TNT)……338
2,4,6-トリニトロフェノール……337
2,4,6-トリブロモフェノール……337, 338
二硫化炭素 CS_2……404
ニンヒドリン……392
ニンヒドリン反応……378, 392

ぬ

ヌクレオチド……397

ね

熱……60, 220, 228
熱運動……22, 44, 47
熱エネルギー……22, 23
熱可塑性樹脂……413, 414
熱硬化性樹脂……413, 414, 419
熱伝導性……253, 255
熱分解……210
粘土……427
燃料電池……115, 116

の

濃塩酸 HCl……255
濃硝酸 HNO_3……192, 333
濃青色……184, 187, 250
濃度……138
濃度平衡定数……143
濃硫酸 H_2SO_4……193, 228, 240, 241, 302, 303, 320, 329, 333
ノックス NO_x……228
ノボラック……418

は PAGE ▼

ハーバー・ボッシュ法(ハーバー法)……154
配位結合……76, 184
配位数……61, 67
麦芽糖……364, 368, 370
白銅……253
発煙硫酸……241
白金線……186
発熱(反応)……22, 23, 88, 91, 97, 133, 141, 151, 155, 212
パラ(*p*-)(置換体)……331, 334
パラ位(*p*-位)……337
p-キシレン……343
p-ニトロフェノール……338
p-ヒドロキシアゾベンゼン……350, 363
p-フェニルアゾフェノール……350, 363
バリウムイオン Ba^{2+}……186
ハロゲン(元素)……242
半乾性油……324
半合成繊維……403, 405
半導体……222
半透膜……32
反応エンタルピー……88
反応速度……393
反応速度式……138
反応速度定数……138
反応熱……88
反応物……134
反発……75, 422

ひ

pH……393

ビウレット反応……391
光……92, 182, 228, 286
光エネルギー……114
光触媒……92
光ファイバー……222
非共有電子対……75, 76, 184, 247
非金属性……220
ピクリン酸……337
非結晶……413, 414, 416
非晶……413, 414, 416
非晶質……59, 426
ビスコース……404
ビスコースレーヨン……404
ビタミン……356, 357, 360
ビタミン B_1……394
必須アミノ酸……378
必須元素……427
非電解質……14
ヒドロキシ基……14, 223, 265, 266, 267, 297, 298, 299, 301, 314, 322, 336, 362, 417
ビニルアセチレン C_4H_4……296
ビニルアルコール C_2H_4O……295, 306, 321
ビニロン……410
比熱(容量)……93
ビュレット……189
氷酢酸……314
氷晶石 Na_3AlF_6……219
表面積……133
表面張力……327
肥料の三要素……427

ふ

ファラデー定数……127
ファラデーの法則……127
ファンデルワールス力……59, 77, 79, 80, 81, 220, 242, 363
ファントホッフの法則……33
V字形(構造)……73, 74
フィブロイン……403
風解……19, 207
フェーリング液……309
フェニルアラニン……392
フェニル基……266
フェノール……336, 337, 338, 339, 341, 345, 354
フェノール樹脂……418
フェノール類……266, 336
不可逆反応……141
付加重合……408, 409, 410, 411, 415, 416, 423, 424, 425
付加縮合……418
付加(反応)……291, 294, 331, 332, 335, 423
不乾性油……324
不揮発性……195
負極……105, 107, 112, 115, 116, 117, 118, 119
負極活物質……105, 114
不均一系触媒(不均一触媒)……141
複塩……217
複合脂質……356
複合タンパク質……389, 390
副作用……358
複製……401
不斉合成……275
不斉炭素(原子)……275, 288, 376
フタル酸……316, 317, 343, 344
不対電子……73
フッ化水素 HF……195
フッ化水素酸 HF……224
物質量……24, 29
フッ素 F_2……242, 243, 244
沸点……40, 77
沸点上昇(度)……26, 27
沸騰……46
不動態……215, 229, 249, 252, 259
ブドウ糖……368, 370, 395
舟形……288
不飽和化合物……264
不飽和結合……284, 412
不飽和脂肪酸……312, 323, 324
不飽和炭化水素……265
フマル酸 $C_4H_4O_4$……275, 313, 316
フラーレン……220
ブラウン運動……38
腐卵臭……238
ブリキ……225, 248
フルクトース……366, 370, 375, 395
ブレンステッド・ローリーの定義(ブレンステッドの定義)……164
プロパン C_3H_8……294
プロピオンアルデヒド C_3H_6O……292
プロペン(プロピレン) C_3H_6……288, 294, 310, 311, 334, 341
ブロモベンゼン……332
ブロンズ……253
分圧……22, 23, 132
分圧の法則……50
分極……106
分散……38
分散質……36
分散媒……36
分子間脱水反応……301
分子間力……22, 53, 54, 55, 59, 77, 80, 81, 220, 242
分子結晶……80, 81, 82
分子コロイド……37
分子内脱水反応……301
分子量……77, 79, 268, 298

へ

平均分子量……414
平衡移動の原理……15, 150, 157, 166
平衡状態……142
平面形……290
平面構造……83
ベークライト……418
β-1,4-グリコシド結合……374
β-ガラクトース……370
β-グルコース……362, 370, 374, 403
β-シート構造……388, 389
β-フルクトース……369
へき開性……66
ヘキサクロロシクロヘキサン $C_6H_6Cl_6$……335
ヘキサメチレンジアミン……406, 407
ヘキサン……407
ヘキソース……364
ヘスの法則……97, 104
ペニシリン……358, 360, 361
ペプシン……395, 396
ペプチド(鎖)……385, 389, 396
ペプチド結合……348, 386, 387, 388, 389, 391

ヘミアセタール構造 ……364
ヘモグロビン……221
ヘリウム He……246
ベンズアルデヒド……307, 342, 343
変性……387, 389, 393
ベンゼン C_6H_6, CH ……270, 296, 335
ベンゼン環……391
ベンゼンスルホン酸 ……334, 336, 339
ベンゼンスルホン酸ナトリウム……339
ベンゼンヘキサクロリド $C_6H_6Cl_6$……335
ペンタン C_5H_{12}……271
ペントース……364, 397
ヘンリーの法則…22, 24

ほ

ボイル・シャルルの法則 ……47
ホウケイ酸ガラス ……224, 426
芳香……319
芳香環……391
芳香族アミン……346
芳香族化合物 ……264, 265
芳香族カルボン酸……314
芳香族炭化水素 ……265, 330
放射線……226
放出……30, 89, 374
放電……105
飽和脂肪酸……312, 323
飽和蒸気圧……26, 44
飽和水溶液……16
飽和炭化水素 ……265, 285
飽和溶液……15
ボーキサイト $Al_2O_3 \cdot nH_2O$ ……218, 219
ホール……222
ホールピペット……189
補酵素……394
保護コロイド……38
ポリイソプレン……424
ポリエチレン…245, 415
ポリエチレンテレフタラート(PET)……318, 408, 416
ポリ塩化ビニル ……295, 416
ポリグリコール酸……411
ポリ酢酸ビニル……295, 411, 416
ポリスチレン……415
ポリ乳酸……411
ポリビニルアルコール ……411
ポリペプチド(鎖)……356, 385, 387, 389
ポリマー……412
ポリメタクリル酸メチル(PMMA)……416
ボルタ電池……106
ホルマリン……305, 314
ホルミル基……266, 267, 308, 309, 369, 373
ホルムアルデヒド CH_2O, HCHO……305, 309, 417, 418, 419
翻訳……401

ま PAGE ▼

マーガリン……324
マグネシウムイオン Mg^{2+}……328
麻酔作用……304
マルターゼ……370, 375, 395
マルトース……368, 395
マレイン酸 $C_4H_4O_4$ ……275, 313, 316
マンガン(II)イオン Mn^{2+} ……239
マンガン乾電池……114

み

見かけの分子量……48
水 H_2O…31, 32, 82, 94, 122, 125, 164, 167, 193, 240, 268, 293, 322, 351, 372, 396, 418, 421
水ガラス……223
水のイオン積……157
ミセル……327
ミセルコロイド……37
ミネラル……357
ミョウバン $AlK(SO_4)_2 \cdot 12H_2O$ ……217

む

無機塩類……357
無機質……357
無極性分子…73, 74, 77
無水コハク酸 $C_4H_4O_3$ ……317
無水酢酸 $(CH_3CO)_2O$ ……315
無水フタル酸……316, 317, 419
無水マレイン酸 $C_4H_2O_3$ ……313, 316
無定形……413, 414, 416
無定形炭素……220

め

メタ(*m*-)(置換体) ……331, 334
メタクリル樹脂……416
メタノール CH_3OH ……321
メタン CH_4……54, 286, 289
メタンハイドレート…285
メチル基……265, 286
めっき……225, 248
メッセンジャー(m)RNA ……401
メラミン樹脂……419
面心立方格子……60, 62, 68, 80

も

モノカルボン酸……314
モノグリセリド……396
モノマー……412, 413
mol……24, 29
モル凝固点降下…29, 30
モル沸点上昇……27

や PAGE ▼

焼きセッコウ $CaSO_4 \cdot \frac{1}{2}H_2O$……214
薬理作用……358

ゆ

融解……40, 41, 66
融解エンタルピー ……40, 93
融解塩電解……212, 217, 218, 219
融解曲線……41, 42
融解熱……40
有機溶媒……356
融点……40, 83
油脂……356, 396
ユリア樹脂……418

よ

陽イオン……119, 207, 211, 260, 379, 384, 420
陽イオン交換樹脂 ……420, 421

陽イオン交換膜……125, 206, 207
溶解……15, 66
溶解エンタルピー……90, 91
溶解度……15, 16
溶解度曲線……16
溶解度積……173
溶解平衡……15, 173
ヨウ化カリウム KI…235
ヨウ化銀 AgI…182, 245
ヨウ化鉛(Ⅱ) PbI_2…226
陽極……119, 123, 129, 257, 258, 329
陽極泥……258
葉酸……360
陽子……76
溶質……29
陽性……236
ヨウ素 I_2……124, 236, 242
ヨウ素価……326
ヨウ素酸 HIO_3……237
ヨウ素デンプン反応……236
溶媒……27, 29, 31
溶融塩電解……212, 217, 218, 219
ヨードホルム(反応) CHI_3……311, 341
四次構造……389

ら

PAGE ▼

ラクターゼ……371
ラクチド……423
ラクトース $C_{12}H_{22}O_{11}$……371
ラセミ体……275
らせん(状)構造……374, 388
ラテックス……424

り

リシン……380, 381
理想気体……48, 53
リチウム電池……117
リチウムイオン電池…118
立体異性体……272, 365
リノール酸 $C_{17}H_{31}COOH$……323
リノレン酸 $C_{17}H_{29}COOH$……323
リパーゼ……322, 357, 393, 395
リボース……397, 398
リボソーム(r) RNA……401
硫安 $(NH_4)_2SO_4$……227
硫化亜鉛 ZnS……184, 187
硫化銀 Ag_2S……256
硫化水素 H_2S……190, 238, 256
硫化鉄(Ⅱ) FeS……181
硫化銅(Ⅰ) Cu_2S……257
硫化銅(Ⅱ) CuS……184, 187
硫化ナトリウム Na_2S……269
硫化鉛(Ⅱ) PbS……392
硫化マンガン(Ⅱ) MnS……259
硫酸 H_2SO_4……236
硫酸アルミニウム $Al_2(SO_4)_3$……217
硫酸アンモニウム $(NH_4)_2SO_4$……227
硫酸イオン SO_4^{2-}……108
硫酸カリウム K_2SO_4……217
硫酸カリウムアルミニウム十二水和物 $AlK(SO_4)_2 \cdot 12H_2O$……217
硫酸カルシウム $CaSO_4$……178
硫酸カルシウム二水和物 $CaSO_4 \cdot 2H_2O$……214
硫酸カルシウム半水和物 $CaSO_4 \cdot \frac{1}{2}H_2O$……214
硫酸水銀(Ⅱ) $HgSO_4$……306
硫酸銅(Ⅱ) $CuSO_4$…107, 108, 109
硫酸銅(Ⅱ)五水和物 $CuSO_4 \cdot 5H_2O$……254, 309
硫酸銅(Ⅱ)無水塩 $CuSO_4$……254
硫酸鉛(Ⅱ) $PbSO_4$…110, 111, 178, 183
硫酸バリウム $BaSO_4$……178, 212
両性……216
両性イオン……376, 377, 379, 381, 384
両性化合物……378
両性金属……215, 216, 226, 260
両性酸化物……216, 236
両性水酸化物……261
両性電解質……378
両性物質……378
リン P……427
臨界点……41
リン鉱石……230
リン酸 H_3PO_4……232
リン酸カルシウム $Ca_3(PO_4)_2$……230
リン酸二水素イオン $H_2PO_4^-$……427
リン酸二水素カルシウム $Ca(H_2PO_4)_2$……232
リンタンパク質……390

る

ルシャトリエの原理…15, 150, 157, 166
ルビー……216
ルミノール(反応)……92

れ

レーヨン……404
レゾール……418
劣化……324

ろ

緑青 $CuCO_3 \cdot Cu(OH)_2$, $CuSO_4 \cdot 3Cu(OH)_2$……253
六炭糖……364
六方最密構造……60

※この本は「化学基礎」を前提に，高校「化学」科目に完全対応しています。

大学受験　一問一答シリーズ
化学 一問一答【完全版】3rd edition

発行日：2024年　2月26日　初版発行
発行日：2024年　5月15日　第2版発行

著　者：**橋爪健作**
発行者：**永瀬昭幸**
発行所：株式会社ナガセ
〒180-0003　東京都武蔵野市吉祥寺南町1-29-2
出版事業部（東進ブックス）
TEL：0422-70-7456／FAX：0422-70-7457
www.toshin.com/books/（東進WEB書店）
（本書を含む東進ブックスの最新情報は，東進WEB書店をご覧ください）

編集担当：中島亜佐子

カバーデザイン：LIGHTNING
本文デザイン：東進ブックス編集部
本文イラスト：新谷圭子・大木誓子
制作協力：澤田ほむら・小林朱夏・金井淳太
DTP・印刷・製本：シナノ印刷株式会社

ISBN978-4-89085-949-8　C7343

合格の秘訣1 全国屈指の実力講師陣

東進の実力講師陣 数多くのベストセラー参考書を執筆!!

東進ハイスクール・東進衛星予備校では、そうそうたる講師陣が君を熱く指導する！

本気で実力をつけたいと思うなら、やはり根本から理解させてくれる一流講師の授業を受けることが大切です。東進の講師は、日本全国から選りすぐられた大学受験のプロフェッショナル。何万人もの受験生を志望校合格へ導いてきたエキスパート達です。

英語

本物の英語力をとことん楽しく！日本の英語教育をリードするMr.4Skills.

安河内 哲也先生
[英語]

100万人を魅了した予備校界のカリスマ。抱腹絶倒の名講義を見逃すな！

今井 宏先生
[英語]

爆笑と感動の世界へようこそ。「スーパー速読法」で難解な長文も速読即解！

渡辺 勝彦先生
[英語]

雑誌『TIME』やベストセラーの翻訳も手掛け、英語界でその名を馳せる実力講師。

宮崎 尊先生
[英語]

いつのまにか英語を得意科目にしてしまう、情熱あふれる絶品授業！

大岩 秀樹先生
[英語]

全世界の上位5％(PassA)に輝く、世界基準のスーパー実力講師！

武藤 一也先生
[英語]

関西の実力講師が、全国の東進生に「わかる」感動を伝授。

慎 一之先生
[英語]

数学

数学を本質から理解し、あらゆる問題に対応できる力を与える珠玉の名講義！

志田 晶先生
[数学]

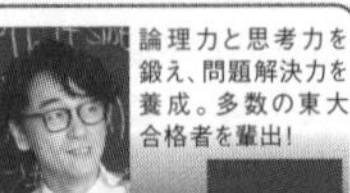

論理力と思考力を鍛え、問題解決力を養成。多数の東大合格者を輩出！

青木 純二先生
[数学]

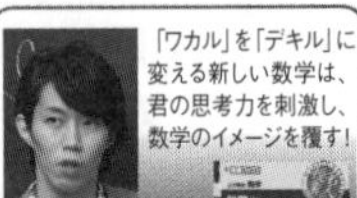

「ワカル」を「デキル」に変える新しい数学は、君の思考力を刺激し、数学のイメージを覆す！

松田 聡平先生
[数学]

明快かつ緻密な講義が、君の「自立した数学力」を養成する！

寺田 英智先生
[数学]

国語

「脱・字面読み」トレーニングで、「読む力」を根本から改革する！
輿水 淳一先生
[現代文]

明快な構造板書と豊富な具体例で必ず君を納得させる！「本物」を伝える現代文の新鋭。
西原 剛先生
[現代文]

東大・難関大志望者から絶大なる信頼を得る本質の指導を追究。
栗原 隆先生
[古文]

ビジュアル解説で古文を簡単明快に解き明かす実力講師。
富井 健二先生
[古文]

縦横無尽な知識に裏打ちされた立体的な授業に、グングン引き込まれる！
三羽 邦美先生
[古文・漢文]

幅広い教養と明解な具体例を駆使した緩急自在の講義。漢文が身近になる！
寺師 貴憲先生
[漢文]

小論文、総合型、学校推薦型選抜のスペシャリストが、君の学問センスを磨き、執筆プロセスを直伝！
正司 光範先生
[小論文]

文章で自分を表現できれば、受験も人生も成功できますよ。「笑顔と努力」で合格を！
石関 直子先生
[小論文]

理科

正しい道具の使い方で、難問が驚くほどシンプルに見えてくる！
宮内 舞子先生
[物理]

化学現象を疑い化学全体を見通す"伝説の講義"は東大理三合格者も絶賛。
鎌田 真彰先生
[化学]

「なぜ」をとことん追究し「規則性」「法則性」が見えてくる大人気の授業！
立脇 香奈先生
[化学]

「いきもの」をこよなく愛する心が君の探究心を引き出す！生物の達人。
飯田 高明先生
[生物]

地歴公民

歴史の本質に迫る授業と、入試頻出の「表解板書」で圧倒的な信頼を得る！
金谷 俊一郎先生
[日本史]

つねに生徒と同じ目線に立って、入試問題に対する的確な思考法を教えてくれる。
井之上 勇先生
[日本史]

"受験世界史に荒巻あり"と言われる超実力人気講師！世界史の醍醐味を。
荒巻 豊志先生
[世界史]

世界史を「暗記」科目だなんて言わせない。正しく理解すれば必ず伸びることを一緒に体感しよう。
加藤 和樹先生
[世界史]

どんな複雑な歴史も難問も、シンプルな解説で本質から徹底理解できる。
清水 裕子先生
[世界史]

わかりやすい図解と統計の説明に定評。
山岡 信幸先生
[地理]

政治と経済のメカニズムを論理的に解明しながら、入試頻出ポイントを明確に示す。
清水 雅博先生
[公民]

「今」を知ることは「未来」の扉を開くこと。受験に留まらず、目標を高く、そして強く持て！
執行 康弘先生
[公民]

※書籍画像は2024年3月末時点のものです。

ココが違う 東進の指導

01 人にしかできないやる気を引き出す指導

夢と志は志望校合格への原動力！

夢・志を育む指導

東進では、将来を考えるイベントを毎月実施しています。夢・志は大学受験のその先を見据える、学習のモチベーションとなります。仲間とワクワクしながら将来の夢・志を考え、さらに志を言葉で表現していく機会を提供します。

一人ひとりを大切に君を個別にサポート

担任指導

東進が持つ豊富なデータに基づき君だけの合格設計図をともに考えます。熱誠指導でどんな時でも君のやる気を引き出します。

受験は団体戦！仲間と努力を楽しめる

チーム制

東進ではチームミーティングを実施しています。週に1度学習の進捗報告や将来の夢・目標について語り合う場です。一人じゃないから楽しく頑張れます。

現役合格者の声

東京大学 文科一類
中村 誠雄くん
東京都 私立 駒場東邦高校卒

林修先生の現代文記述・論述トレーニングは非常に良質で、大いに受講する価値があると感じました。また、担任指導やチームミーティングは心の支えでした。現状を共有でき、話せる相手がいることは、東進ならではで、受験という本来孤独な闘いにおける強みだと思います。

02 人間には不可能なことをAIが可能に

学力×志望校 一人ひとりに最適な演習をAIが提案！

AI演習

東進のAI演習講座は2017年から開講していて、のべ100万人以上の卒業生の、200億題にもおよぶ学習履歴や成績、合否等のビッグデータと、各大学入試を徹底的に分析した結果等の教務情報をもとに年々その精度が上がっています。2024年には全学年にAI演習講座が開講します。

AI演習講座ラインアップ

高3生 苦手克服＆得点力を徹底強化！

「志望校別単元ジャンル演習講座」
「第一志望校対策演習講座」
「最難関4大学特別演習講座」

高2生 大学入試の定石を身につける！

「個人別定石問題演習講座」

高1生 素早く、深く基礎を理解！

「個人別基礎定着問題演習講座」 2024年夏 新規開講

現役合格者の声

千葉大学 医学部医学科
寺嶋 伶旺くん
千葉県立 船橋高校卒

高1の春に入学しました。野球部と両立しながら早くから勉強をする習慣がついていたことは僕が合格した要因の一つです。「志望校別単元ジャンル演習講座」は、AIが僕の苦手を分析して、最適な問題演習セットを提示してくれるため、集中的に弱点を克服することができました。

「遠くて東進の校舎に通えない……」。そんな君も大丈夫！ 在宅受講コースなら自宅のパソコンを使って勉強できます。ご希望の方には、在宅受講コースのパンフレットをお送りいたします。お電話にてご連絡ください。学習・進路相談も随時可能です。

0120-531-104

03 本当に学力を伸ばすこだわり

楽しい！わかりやすい！そんな講師が勢揃い

実力講師陣

わかりやすいのは当たり前！おもしろくてやる気の出る授業を約束します。1・5倍速×集中受講の高速学習。そして、12レベルに細分化された授業を組み合わせ、スモールステップで学力を伸ばす君だけのカリキュラムをつくります。

英単語1800語を最短1週間で修得！

高速マスター

基礎・基本を短期間で一気に身につける「高速マスター基礎力養成講座」を設置しています。オンラインで楽しく効率よく取り組めます。

本番レベル・スピード返却学力を伸ばす模試

東進模試

常に本番レベルの厳正実施。合格のために何をすべきか点数でわかります。WEBを活用し、最短中3日の成績表スピード返却を実施しています。

パーフェクトマスターのしくみ

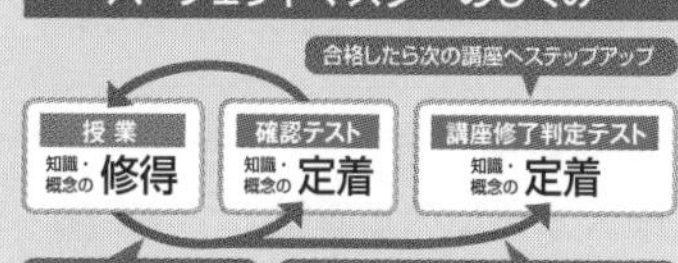

現役合格者の声

早稲田大学 基幹理工学部
津行 陽奈さん
神奈川県 私立 横浜雙葉高校卒

私が受験において大切だと感じたのは、長期的な積み重ねです。基礎力をつけるために「高速マスター基礎力養成講座」や授業後の「確認テスト」を満点にすること、模試の復習などを積み重ねていくことでどんどん合格に近づき合格することができたと思っています。

ついに登場！

君の高校の進度に合わせて学習し、定期テストで高得点を取る！

高等学校対応コース

目指せ！「定期テスト」20点アップ！
「先取り」で学校の勉強がよくわかる！

楽しく、集中が続く、授業の流れ

1. 導入

授業の冒頭では、講師と担任助手の先生が今回扱う内容を紹介します。

2. 授業

約15分の授業でポイントをわかりやすく伝えます。要点はテロップでも表示されるので、ポイントがよくわかります。

3. まとめ

授業が終わったら、次は確認テスト。その前に、授業のポイントをおさらいします。

合格の秘訣3 # 東進模試

申込受付中
※お問い合わせ先は付録7ページをご覧ください。

学力を伸ばす模試

本番を想定した「厳正実施」
統一実施日の「厳正実施」で、実際の入試と同じレベル・形式・試験範囲の「本番レベル」模試。
相対評価に加え、絶対評価で学力の伸びを具体的な点数で把握できます。

12大学のべ42回の「大学別模試」の実施
予備校界随一のラインアップで志望校に特化した"学力の精密検査"として活用できます(同日・直近日体験受験を含む)。

単元・ジャンル別の学力分析
対策すべき単元・ジャンルを一覧で明示。学習の優先順位がつけられます。

最短中5日で成績表返却 WEBでは最短中3日で成績を確認できます。※マーク型の模試のみ

合格指導解説授業 模試受験後に合格指導解説授業を実施。重要ポイントが手に取るようにわかります。

2024年度

東進模試 ラインアップ

共通テスト対策
- 共通テスト本番レベル模試 全4回
- 全国統一高校生テスト〈全学年統一部門〉〈高2生部門〉〈高1生部門〉 全2回

同日体験受験
- 共通テスト同日体験受験 全1回

記述・難関大対策
- 早慶上理・難関国公立大模試 全5回
- 全国有名国公私大模試 全5回
- 医学部82大学判定テスト 全2回

基礎学力チェック
- 高校レベル記述模試〈高2〉〈高1〉 全2回
- 大学合格基礎力判定テスト 全4回
- 全国統一中学生テスト〈全学年統一部門〉〈中2生部門〉〈中1生部門〉 全2回
- 中学学力判定テスト〈中2生〉〈中1生〉 全4回

※ 2024年度に実施予定の模試は、今後の状況により変更する場合があります。
最新の情報はホームページでご確認ください。

大学別対策
- 東大本番レベル模試 全4回
- 高2東大本番レベル模試 全4回
- 京大本番レベル模試 全4回
- 北大本番レベル模試 全2回
- 東北大本番レベル模試 全2回
- 名大本番レベル模試 全3回
- 阪大本番レベル模試 全3回
- 九大本番レベル模試 全3回
- 東工大本番レベル模試[第1回] 東京科学大本番レベル模試[第2回] 全2回
- 一橋大本番レベル模試 全2回
- 神戸大本番レベル模試 全2回
- 千葉大本番レベル模試 全1回
- 広島大本番レベル模試 全1回

同日体験受験
- 東大入試同日体験受験 全1回
- 東北大入試同日体験受験 全1回
- 名大入試同日体験受験 全1回

直近日体験受験 各1回
- 京大入試 直近日体験受験
- 北大入試 直近日体験受験
- 阪大入試 直近日体験受験
- 九大入試 直近日体験受験
- 東京科学大入試 直近日体験受験
- 一橋大入試 直近日体験受験

※2024年4月現在

元素の周期表

周期＼族	1	2	3	4	5	6	7	8	9
1	1 H 水素								
2	3 Li リチウム	4 Be ベリリウム							
3	11 Na ナトリウム	12 Mg マグネシウム							
4	19 K カリウム	20 Ca カルシウム	21 Sc スカンジウム	22 Ti チタン	23 V バナジウム	24 Cr クロム	25 Mn マンガン	26 Fe 鉄	27 コ
5	37 Rb ルビジウム	38 Sr ストロンチウム	39 Y イットリウム	40 Zr ジルコニウム	41 Nb ニオブ	42 Mo モリブデン	43 Tc テクネチウム	44 Ru ルテニウム	45 ロジ
6	55 Cs セシウム	56 Ba バリウム	57〜71 ランタノイド	72 Hf ハフニウム	73 Ta タンタル	74 W タングステン	75 Re レニウム	76 Os オスミウム	77 イリ
7	87 Fr フランシウム	88 Ra ラジウム	89〜103 アクチノイド	104 Rf ラザホージウム	105 Db ドブニウム	106 Sg シーボーギウム	107 Bh ボーリウム	108 Hs ハッシウム	109 マイト

典型元素　　遷移元素

アルカリ金属　　アルカリ土類金属

※12族元素は，遷移元